致密储层及沉积环境
Tight Reservoir Sedimentary Environment

张金亮　著

科学出版社
北　京

内 容 简 介

本书首先简要介绍了致密气藏的主要特征、成藏机制、主控地质因素、成藏模式及评价技术，继而讨论了河流及分支河流体系的主要沉积特征及沉积相模式，阐述了浪控滨岸沉积环境和沉积相的发育特点，加强了对砾质滨岸、沙漠沙丘滨岸、障壁滨岸及高破坏性三角洲滨岸模式的认识；基于“将今论古”的地质类比分析，提出了海湖环境判别分析方法。本书既体现了以相标志、相层序和相模式为核心的现代储层沉积学的基础研究，又反映了现代和古代实例相结合的前缘研究领域。

本书可作为高等院校石油地质学和沉积学专业研究生的教学用书，也可供从事油气田勘探开发的广大地质工作者参考。

图书在版编目(CIP)数据

致密储层及沉积环境/张金亮著. —北京：科学出版社，2022.6
ISBN 978-7-03-067139-4

Ⅰ. ①致… Ⅱ. ①张… Ⅲ. ①致密储层-致密砂岩气-沉积环境-研究
Ⅳ. ①P618. 130.2

中国版本图书馆 CIP 数据核字（2020）第 243959 号

责任编辑：王 运 崔 妍 张梦雪／责任校对：何艳萍
责任印制：吴兆东／封面设计：图阅盛世

科学出版社 出版
北京东黄城根北街 16 号
邮政编码：100717
http://www.sciencep.com
北京建宏印刷有限公司 印刷
科学出版社发行 各地新华书店经销
*
2022 年 6 月第 一 版 开本：787×1092 1/16
2022 年 6 月第一次印刷 印张：25 3/4
字数：610 000

定价：378.00 元

（如有印装质量问题，我社负责调换）

序

致密油气属于非常规油气资源范畴，表现为储层致密、资源丰度低、含油气面积大、“甜点”局部富集、油气水关系复杂、异常压力普遍，储层改造后表现出初期产量高、递减快、生产周期较长的特点。致密气藏多储集于致密砂岩中，常常紧邻优质烃源岩，多数未经大规模、长距离运移，一般需通过大规模压裂技术才能形成工业产能。近年来，致密气藏勘探开发快速发展，正成为继煤层气、页岩气之后全球非常规天然气勘探开发的热点。水平井和压裂改造技术的进步及规模化的应用，提高了单井产量，降低了生产成本，有力地推动了致密气藏的勘探开发进展。

致密气藏涉及的研究内容十分广泛，但大型致密气田的形成环境无疑是最基本和最重要的内容之一，在早期深盆气的研究中，人们就非常重视岩相古地理分析和制图，提出了大型致密气田生储岩系的沉积环境为河流和滨岸沉积为主的聚煤环境，如北美落基山地区大型致密气储层沉积相类型就有河流、海滩、障壁岛及入潮口、浪成三角洲等类型，国内大型致密气田也是如此，如鄂尔多斯盆地上古气田，煤系烃源岩和河道砂岩的组合形成了大型致密气田的主控沉积要素。

很有幸先读了《致密储层及沉积环境》这部著作。该书首先介绍了致密砂岩气藏的主要特征、成藏机理及储层评价技术，继而讨论了河流类型、河流体系及其主要沉积特征和沉积相模式，并通过实例分析总结了冲积扇、末端扇、辫状河扇、曲流河扇等多种分支河流体系的沉积特征和沉积相模式；在对现代海湖滨岸环境考察的基础上，阐述了滨岸沉积环境和沉积相的发育特点，建立了砾质滨岸、沙漠沙丘滨岸、障壁滨岸、三角洲破坏相及侵蚀型滨岸沉积层序和沉积模式；基于“将今论古”的地质类比分析，以沉积相标志识别为基础、海平面变化为核心，提出了陆内盆地海–湖环境判别分析方法。作者在相标志、相层序和相模式的论述中，配以丰富的实例资料和照片，使人耳目一新。

张金亮教授现为北京师范大学二级教授、博士生导师，他是我的大学同窗，也是同乡，还是我们同学中少有的三位直读研究生之一。近四十年来，他一直工作在高校教学科研第一线。与一般学者不同的是，他转战南北专注于油气地质这一学科方向，他的见识和阅历是很不一样的。同时，他又是执着的和坚守的，有着自己的学术风格，也体现在了著作中。在该书出版之际，向有关读者做一推荐，并祝张金亮教授不断取得更新的成果贡献于学界同仁。

中国工程院院士
孙龙德
2021 年 3 月，大庆

前　　言

致密气藏储集于致密储层中，以致密砂岩气最为常见。人们通过致对密砂岩气储层特征、成藏机理和分布规律的探索，建立了致密砂岩气聚集的动态模型，并通过艾伯塔盆地深盆气实例分析，建立了深盆模式。随着研究工作的深入，人们对原来致密砂岩气动态模型的适用性提出了质疑，随后建立了多种致密气成藏模式，并进一步认识到成熟烃源岩与储层紧密接触对致密砂岩成藏的关键性，明确了天然气的充注量与储层可容空间的相对关系决定了气藏的压力。这些致密气藏单元还会出现在构造抬升盆地的边缘和浅处，有人使用“广布型致密砂岩气”和“连续性气藏”的术语来描述。致密砂岩气分布广泛，是目前含油气盆地中最重要的剩余油气资源之一。

从目前国内外发现的大型致密气田的形成环境来看，致密气储层可以发育在陆相、海相和海陆过渡相的各种地层中，但沉积环境多以河流、河流扇和滨岸体系为主。从北美大型致密气储层发育特征来看，主要的沉积相类型有辫状平原、河道、海滩、障壁岛、潮汐水道、浪控三角洲等，尤其是一些被煤系烃源岩直接覆盖的海岸障壁砂体构成了致密气藏的良好储层。国内几个大型致密气田也形成于类似的沉积背景，如最典型的鄂尔多斯盆地山西组和下石盒子组致密气田形成于大型河流扇体系，而太原组致密气田则主要形成于浪控滨岸体系，东海盆地西湖凹陷的主要含气层系平湖组也形成于一系列大型浪控滨岸体系。河流扇和滨岸沉积体系都是重要的成煤体系，广布型的成熟煤系源岩是大型致密气田形成的基础。为此，本书试图在一定程度上为解释致密储层常见古代环境提供一个基础，特别是通过现代和古代沉积分析，对致密气田形成的主要沉积环境进行论述。

沉积环境的概念涉及范围很广，不仅仅是沉积作用、沉积过程和沉积产物，还包含了侵蚀作用、侵蚀过程和侵蚀产物。物源区母岩性质、沉积盆地的气候和地形都是影响沉积环境和沉积作用的重要因素。沉积环境涵盖了沉积过程与沉积产物，涉及沉积物产生、搬运及各种沉积过程，这也是地质工作者更关心的内容。在地质记录中，沉积作用在沉积物中留下了活动遗迹，并产生了原生沉积构造及沉积序列，在地层成因分析中起到了重要作用。原生沉积构造一般能够反映沉积物的水动力条件，包括沉积介质、水流与波浪的强度和速度、水深等。不仅一些特殊成因的构造对古代沉积环境的判别具有重要的指相意义，一些特定的矿物类型也会为沉积介质的 Eh、pH 和古盐度的确定提供重要的线索，还有古生物和古生态资料，也能够提供水深、盐度、温度、水流状态和沉积速率等资料。气候变化和地形起伏在物源区和沉积盆地中都起着很重要的作用，如潮湿气候条件下与干旱气候条件下的沉积体系有许多差异，对油气的生成和储集也有很大的差异。只有在汇聚河流体系庞大、物源供给充足的大型低起伏的盆地中，才能形成长达超过几百千米的大型河流扇体系。

不同的沉积环境有着不同的沉积过程，并形成具有不同沉积特征的相类型，通过总结这些沉积特征并与现代沉积实例对比，可以建立沉积相模式。近年来有关现代沉积环境的调研和沉积物理模拟的实验与日俱增，人们早已认识到沉积过程及其所形成的沉积特征有助于更好地理解在古代沉积中所见到的各种特征。虽然现代沉积环境调研对识别古代沉积环境的重要性不言而喻，但不是所有的古代环境都具有现代环境的类比模式。尽管如此，现实主义原理总的来说仍然有它的合理性，特别是在地质历史中控制沉积作用的物理和化学定律是不变的，在一定的水动力条件下，在现代和古代沉积物中都可以发育相同的沉积现象。

本书内容选自作者为北京师范大学油气资源专业讲授的《储层沉积学》课程中的有关内容，考虑到河流和滨岸沉积是大型致密气田形成的主要沉积环境，故对这两部分内容进行了扩充和整理，并融入了大量现代和古代的沉积实例和照片，取名为《致密储层及沉积环境》。当然，致密气藏的生储环境是非常广泛和非常复杂的，并不局限于冲积体系和滨岸体系。随着油气勘探向深水盆地推进，越来越多的储集砂体类型逐渐被发现，如莺歌海盆地东方 13-1 气田的储集砂体形成于浅水陆架环境，而琼东南盆地的陵水 17-2 气田则形成于较深水的峡谷水道环境。随着越来越多的现代和古代沉积环境的知识积累，加上致密气田加密井网区的沉积学解剖，相关沉积相模式会很快地臻于完善和精确。

本书的编写得到许多个人和单位的关心和帮助，周心怀、宋明水、吴朝东、施和生、徐发、刘金水、张学才、张昌民、哈斯、谢俊、王金凯、李存磊和张鹏辉等许多教授和学者给予了很大的帮助和支持，并提供了资料收集等诸多便利。书中图件主要由王玲玲、陈涛、孙龙和张源培绘制。该书的出版还得到国家科技重大专项子课题（编号 2016ZX05027-001-006）和中央高校基本科研业务费专项资金（编号 2015KJJCB11）的资助。对于所有关心、帮助本书编写工作的个人和单位，在此一并致谢。最后感谢孙龙德院士为本专著撰写序言！

由于作者水平有限，书中难免存在某些不足，敬请读者批评指正。

张金亮

2021 年 3 月

目　　录

第一章　致密储层和致密气

第一节　概　　述

致密储层多以砂岩和砂砾岩为主，通常是指储层渗透率低的砂岩储层。不同学者对致密砂岩储层有不同的分类方案，不同类型致密砂岩气藏的成藏机理和资源潜力也有重要差别。美国通常把砂岩储层渗透率小于0.1mD[①]的气藏称为致密砂岩气藏，也就是传统意义上的低渗透气藏。当然，这个划分界限并不统一，如加拿大通常用1.0mD作为统一的界限。致密砂岩气的基本定义是储层低渗透，但是具体渗透率多低的储层才算是致密呢？目前国内总体上有一个共识，即认为地层条件下渗透率小于0.1mD的气藏称为致密砂岩气藏，可见这类气藏需要大规模的水力压裂才能形成商业性产能。在致密气藏研究中，一些人把1～5mD的储层也纳入致密储层，还有一些称之为“甜点”气藏的平均渗透率高达几十到几百毫达西以上。这里还存在一个渗透率测量问题，即渗透率需要在原始地层条件下测量，在地表压力下测量渗透率会高于原始压力下的渗透率。可见在致密储层的定义中，渗透率的界定标准比较模糊，所以有人想从生产上来界定，即“除非采用人工压裂增产或是用水平井或丛式井生产，否则不能够产生经济流量或是经济开采数量的天然气”的气藏称为致密砂岩气藏。也就是说，看一个气藏是否属于致密砂岩气藏，还可以从生产历史资料和气藏生产数据来加以判断。

与致密气藏相似的术语还有深盆气藏、盆地中央气藏、连续型气藏等。Masters（1979）首先对北美地区已发现的深盆气藏进行了系统的总结，提出了深盆气圈闭（deep basin gas trap）的概念。Masters（1984）主编出版了AAPG论文专集《深盆地气田实例研究：埃尔姆沃斯（Elmworth）》，该文集对深盆气的沉积背景、成藏理论、勘探方法和开采技术进行了系统的论述。大部分深盆气藏都处于构造下倾方向或邻近盆地的轴部，尽管目前这些致密气单元由于广泛的抬升剥蚀可以出现在盆地的边缘和浅处。北美有超过20个盆地广泛分布着致密气藏，这些气藏的烃源岩热演化程度都达到了成熟阶段，一般分布在盆地深部位，且烃源岩处于生气窗范围内。处于相对浅层的致密砂岩气藏曾经都经历过生气窗阶段，随后又遭遇抬升剥蚀。

Law（2002）将盆地中央气系统定义为低渗透、具有异常压力、面积大、无明显气水边界的气藏。盆地中央气藏直径为数十千米，常位于具有正常压力、气水边界清晰的常规构造和地层圈闭之下（图1-1）。与常规气藏相比，盆地中央气藏的边界不清晰，无明显的圈闭、盖层和气水界面，异常压力最高点处于生气窗顶部或附近，内部分布有产量较高的“甜点”区。在Law（2002）的直接型盆地中央气圈闭中，沿上倾方向低渗透含气砂岩

---

① $1\text{mD}=0.986923\times10^{-3}\mu\text{m}^2$。

渐变为高渗透含水砂岩，气体被圈闭在下倾部位，虽然缺乏或没有明显的盖层，但气体不会很快溢散，顶部异常压力界面可以穿越不同的地层边界。

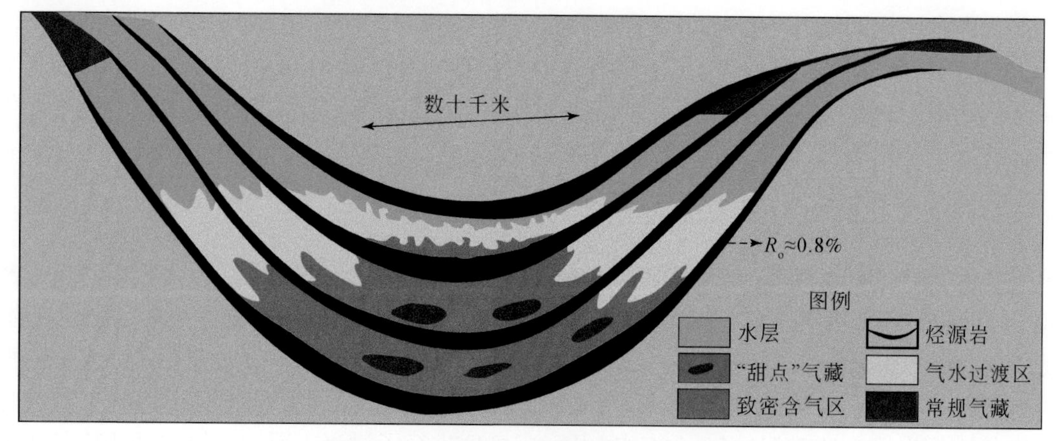

图 1-1　盆地中央气藏横剖面示意图

对一些大面积分布、缺乏明显气水界面的气藏，也称之为连续型气藏（Gautier et al.，1996；Schmoker，2002）。连续型气藏是一个很宽阔的概念，包括了致密砂岩气、煤层气、页岩气及天然气水合物等。这是气藏的一个大类，气水边界不清且伴生水较少的特征说明该气藏是一个不受浮力控制的系统。不管致密气藏以何种名称出现，是深盆气藏、盆地中央气藏还是连续型气藏，它们的资源潜力都非常巨大。这些非常规天然气聚集也是大规模勘探开发的对象，在经济和技术条件允许的情况下，它们将成为重要的资源。

致密砂岩气资源量是巨大的，但是到底有多大，是个颇具争议的问题，需要掌握充分的数据才能做出回答。其中地质信息最为重要，主要包括盆地构造、沉积环境、圈闭类型、流体类型、压力体系及储层的性能等。致密砂岩气的采收率一般很低，随着气价升高，需要进一步提高增产技术，最终都将促使井网的加密。开发井的加密将会导致单井储量和产量的下降。但无论是过去还是现在，致密砂岩气都是天然气生产中不断增长的、也是不可或缺的领域。它对天然气工业的日益增长的重要性不言而喻，也仍将是我国天然气工业不可或缺的重要部分（戴金星等，2000；戴金星，2014）。

美国大部分致密砂岩气产量来自三个区域：①西部落基山盆地群；②东得克萨斯和北路易斯安那；③南得克萨斯。落基山盆地群中大多数盆地，如圣胡安（San Juan）、尤因塔（Uinta）、皮申思（Piceance）、大绿河（Greater Green River）和风河（Wind River）的白垩系储层，是美国致密砂岩气的核心产区。东得克萨斯和北路易斯安那的上侏罗统和下白垩统储层为美国第二大致密砂岩气的生产中心。南得克萨斯古新统以及上白垩统致密砂岩气产量与西部落基山盆地群产量相当，但由于其增长率太低，屈居第三位。其他地区的致密砂岩气产量都不大。阿纳达科（Anadarko）盆地致密砂岩气产量的快速增长使之成为一个重要的致密砂岩的产气区。

Emmons（1921）在《石油地质学》一书中指出，宾夕法尼亚地质调查局的很多研究者反对背斜理论，他们认为"有很多油气聚集在向斜中"。这说明很早以前，这些大量的、非常规油气的聚集已经被注意到了，然而遗憾的是，只能将这些油气聚集解释为独特性，而没有创造性地提出一些新的理论。在圣胡安盆地早期开发中，人们就认识到天然气的普遍分布，大量低压的天然气分布在盆地向斜或者深部位，气藏基本不含水，而且这些气藏沿着沉积走向一直到附近的露头呈连续分布而散失掉。人们猜测，这个巨大的天然气藏很可能是个水动力圈闭。于是，在石油地质类的教科书中，就有了圣胡安盆地作为水动力圈闭的典型实例。同样处于丹佛盆地向斜部位的瓦滕堡（Wattenburg）气田，当时也被认为是常规的地层圈闭，其分布面积很大，没有底水。之后，通过对比不同盆地各个单元，发现一些大型油气田都分布在盆地的向斜部位，没有底水或者边水，常具异常压力，即使含气单元与附近露头连续分布，天然气也没有散失。

20 世纪 70 年代以来，美国、加拿大政府和各大石油公司对致密砂岩气的研究给予了高度重视，并进行了理论技术和方法的综合研究，特别是在烃源岩地球化学评价、成藏模拟、岩心和测井储层评价、“甜点”描述及压力分布预测方面取得了很大的进展，广泛推进了深盆气地质理论的发展。在深盆地气田实例研究中，涉及的内容非常广泛，不仅包括了盆地沉积环境、地球化学、测井曲线岩性标定、异常压力、生产特性、完钻井以及具体单元的勘探史等，还对深盆气气水倒置及形成机理进行了讨论，通过对埃尔姆沃斯气田的研究，建立了艾伯塔盆地气田模式（Masters，1984）。Spencer 和 Mast（1986）出版了 AAPG 论文专集《致密储层地质学（Geology of Tight Gas Recenoir)》，该文集对美国大陆内盆地深盆气藏的成藏理论、分布规律和技术进行了论述。他们从储层的角度总结了大量盆地及地质背景下的致密砂岩气藏的数据和资料，提出了裂缝和二次溶蚀在“甜点”形成过程中的重要作用，这些“甜点”的区域储层特性及天然气产量都非常好。之后，加拿大、美国、墨西哥等地的致密砂岩气盆地都不断进行着各种勘探、评价和开发，对深盆气藏的研究一直没有停止，主要集中在深盆气藏形成机理与分布规律方面。Law 和 Dickinson（1985）以及 Meissner（1979，1982，1987）等通过描述起初的超压气到现在的低压气的演化过程，解决了异常压力的问题。他们强调了天然气的生成量与散失量、上倾运移量、扩散量之间相对平衡的重要性。天然气生成初期，从烃源岩中生成的天然气进入邻近的储层形成超压封隔箱，随着干酪根的全部转换或者生烃灶因抬升作用而关闭，封隔箱中的天然气继续散失，使得超压系统从上倾的边界开始逐渐变为低压系统（Sundam et al.，1997）。

Shanley 等（2004）认为怀俄明州西南部大绿河盆地的低渗透气藏可能不属于盆地中央气藏的模式，把这些气藏看作常规圈闭可能更合适，是常规构造、地层和复合圈闭。底水的存在、天然裂缝以及影响产量的地层变化与盆地中央气藏模式不一致。这些隐蔽圈闭以前看作是“甜点”，但随着认识的深入，有些观点可能要改变。隐蔽的常规构造、地层圈闭也是商业性气藏的有利聚集区。

有关致密砂岩气的文献论述颇多，涉及烃源岩、成熟度、排烃和运移、压力、储层性质以及流体性质之间的关系等多方面的研究。

第二节　致密气藏的主要特征

致密砂岩气涉及的研究内容十分广泛，包括盆地的构造背景、致密储层的沉积环境、烃源岩及成熟度、排烃和运移、地层压力、储层性质以及流体性质等多个方面。在早期深盆气的研究中，人们提出了天然气的形成过程是动态的、不断变化的，也认识到了这些天然气与常规构造、地层圈闭中静态的天然气不同。随着对致密砂岩气研究的深入，人们对原来深盆气运聚模型的适用性提出了质疑，相继提出了多元化的致密砂岩气预测模型，强调了优质成熟烃源岩与储层紧邻接触对致密砂岩成藏的关键性，并通过实验分析发现天然气的充注与储层空间的相对关系决定了气藏的压力。

致密气田大都分布在盆地中央或构造下倾部位，且分布规模巨大。这些盆地多紧靠物源区，碎屑沉积活跃，碳质泥岩和煤层发育，储层成岩作用强度大，加快了致密储层的形成。成熟的煤系源岩、致密储层、页岩隔层便组成了一个高性能的烃类产生器。尤其是成熟的煤系烃源岩与储层的紧密接触，产生了天然气高效充注的无水气藏。

一、河流扇和浪控滨岸是主要沉积背景

从目前国内外发现的大型致密气田的形成环境来看，致密气储层可以发育在陆相、海相和海陆过渡相的各种地层中，但大型致密气田生储岩系的沉积环境以河流扇和滨岸沉积为主。据 Masters（1984）、Smith 等（1984）、Spencer 和 Mast（1986）等的研究，北美落基山地区大型致密气储层主要为砂岩和砾岩，其沉积相类型有辫状河平原、河道、海滩、障壁岛、潮汐水道、浪成三角洲等几种，尤其是一些被煤系烃源岩直接覆盖的海岸障壁砂体是致密气充注最好的单元，这已在艾伯塔盆地深层的 Falher 组中得到证实。也就是说河流及河流扇体系、浪控滨岸体系是各类致密气田形成的主要环境（Zhang et al.，2019a，b，c）。从国内情况来看也是如此，如鄂尔多斯盆地山西组致密气田形成于广阔的河流扇体系，而太原组致密气田形成于浪控滨岸环境的障壁-潟湖体系。我国的近海盆地浪控滨岸沉积更为发育，主要为海滩和滨面、障壁岛-潟湖和浪控三角洲（Zhang et al.，2019c；Liu et al.，2019）。但是，从大气田储集砂体的规模来看，河流（尤其是河流扇）体系是形成大型-特大型致密气田的主控沉积要素。

河流扇根据河道类型可以进一步划分为辫状河扇和曲流河扇，主要是由多条分支状的辫状河和曲流河在湿地环境中穿行而形成的多河道沉积体系。河流扇的主要特点如下：①体系规模巨大，半径可达几十至几百千米，多为大型和中型河流扇，分布面积多超过 1×10^4km²；②既可以是单物源也可以是多物源，可包括一条或多条分支河道，从近源到远源呈放射状展布；③顺着沉积斜坡向下游，沉积物粒度变小，河道的尺度规模减小；④从近源到远源，随着蒸发作用增加，可由湿地环境向旱地环境转化；⑤河道的远端缺乏稳定的水体，不存在传统的三角洲前缘沉积环境；⑥从近源到远源，煤层和暗色泥岩的分布厚度变小。

鄂尔多斯盆地位于中国华北地块的西缘，是一个多旋回克拉通盆地，面积为 37×10^4km²。盆地基底由太古宇及元古宇变质岩组成，中新元古界以海相、陆相的裂谷沉积为特征，厚度为 200～3000m；下古生界以海相碳酸盐岩为主，厚度为 400～1600m；上古生界发育的石炭-二叠系沉积不整合超覆在元古宇或下古生界（主要奥陶系）组成的沉积基础层之上，缺失泥盆-下石炭统，以浪控滨岸、河流扇和湿地沼泽相为主，厚度为 600～1700m；中生界主要以内陆河流、湖泊沼泽相沉积为主，地层厚 500～300m；新生界在盆地内部较薄，一般厚约 300m。盆地内部构造平缓、断裂发育较少。盆地油气分布的总格局为古生界聚气，中生界聚油。

上石炭统本溪组厚 5～50m，主要由灰岩、泥页岩、煤层和细砂岩组成，并含有孔虫、䗴、腹足和瓣鳃类等化石。沉积相有滨岸相的具体类型，沉积环境多处于前滨–近滨环境。沿陆地边缘，可有小规模河道注入。下二叠统太原组厚度为 30～100m，自下而上可分为太 2 段和太 1 段，岩性主要为砂岩、灰岩、泥岩和煤层。该沉积时期，海域扩大，沉积较为连片，除了东北部盆地边缘有河流注入外，盆地大面积处于前滨–近滨沉积环境，发育障壁–潟湖、潮汐水道、水下浅滩等浪控滨岸体系，碳酸盐沉积与碎屑沉积共存。既有砂岩障壁砂体，也有浅水碳酸盐水下滩坝沉积。大牛地气田太原组便是一个发育良好的障壁–潟湖体系。

下二叠统山西组厚度为 90～110m，是一套含煤碎屑沉积，岩性主要是灰白色石英砂岩和细砾岩，部分为岩屑砂岩，夹薄层粉砂岩、泥岩和煤层，自下而上划分为山 2 段和山 1 段。中二叠统下石盒子组厚 80～220m，为一套河流沉积，岩性为浅灰色含砾粗砂岩，灰色–灰白色中粗砂岩及灰绿色长石岩屑质石英砂岩，夹灰绿色泥岩，自下而上可分为盒 8 段、盒 7 段、盒 6 段、盒 5 段 4 个段。太原组和山西组发育的滨岸体系和河流扇体系是大气田的主要生储岩系，同时也是上覆含气层系供烃中心（图 1-2）。

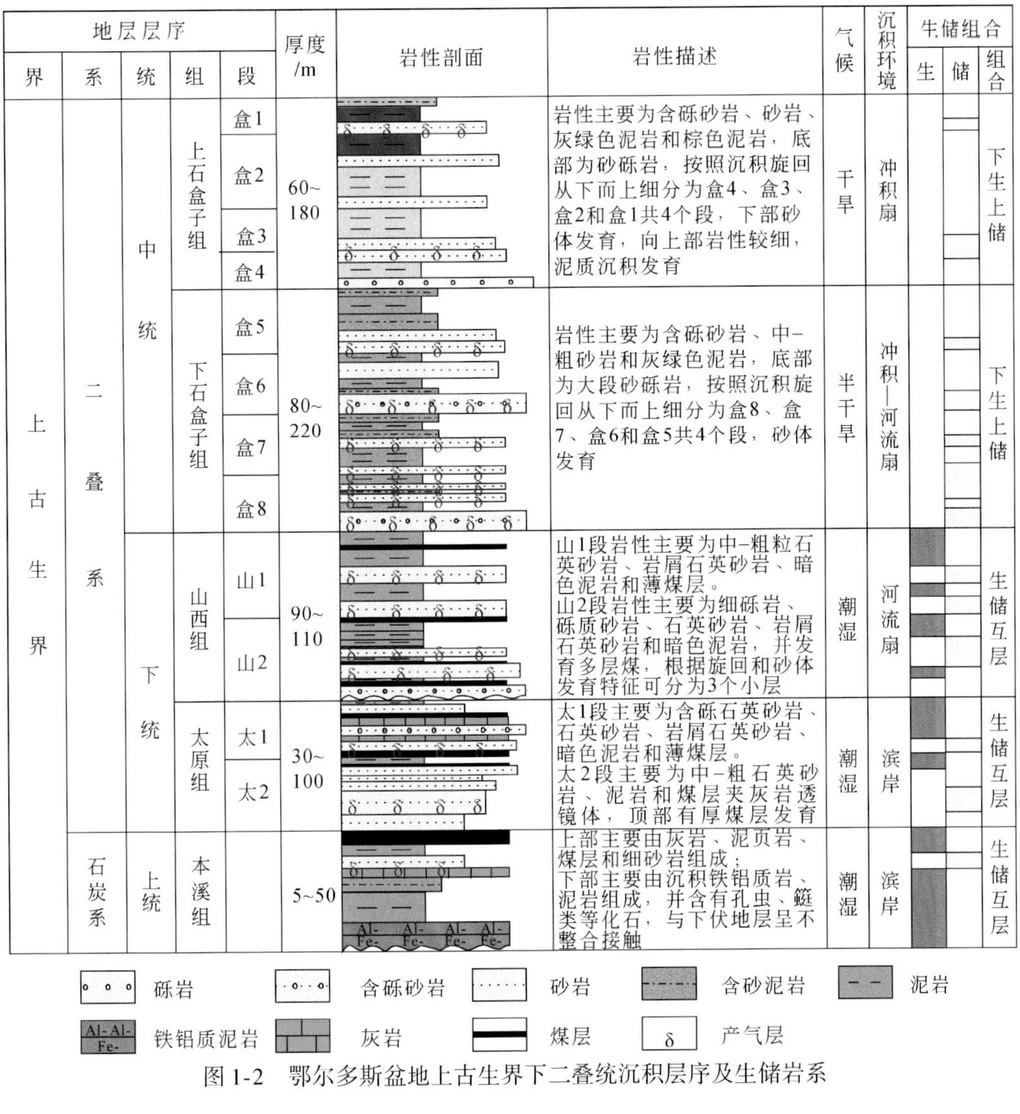

地层层序					厚度/m	岩性剖面	岩性描述	气候	沉积环境	生储组合		
界	系	统	组	段						生	储	组合
上古生界	二叠系	中统	上石盒子组	盒1 盒2 盒3 盒4	60~180		岩性主要为含砾砂岩、砂岩、灰绿色泥岩和棕色泥岩，底部为砂砾岩，按照沉积旋回从下而上细分为盒4、盒3、盒2和盒1共4个段，下部砂体发育，向上部岩性较细，泥质沉积发育	干旱	冲积扇			下生上储
			下石盒子组	盒5 盒6 盒7 盒8	80~220		岩性主要为含砾砂岩、中–粗砂岩和灰绿色泥岩，底部为大段砂砾岩，按照沉积旋回从下而上细分为盒8、盒7、盒6和盒5共4个段，砂体发育	半干旱	冲积—河流扇			下生上储
		下统	山西组	山1 山2	90~110		山1段岩性主要为中–粗粒石英砂岩、岩屑石英砂岩、暗色泥岩和薄煤层。 山2段岩性主要为细砾岩、砾质砂岩、石英砂岩、岩屑石英砂岩和暗色泥岩，并发育多层煤，根据旋回和砂体发育特征可分为3个小层	潮湿	河流扇			生储互层
			太原组	太1 太2	30~100		太1段主要为含砾石英砂岩、石英砂岩、岩屑石英砂岩、暗色泥岩和薄煤层。 太2段主要为中–粗石英砂岩、泥岩和煤层夹灰岩透镜体，顶部有厚煤层发育	潮湿	滨岸			生储互层
	石炭系	上统	本溪组		5~50		上部主要由灰岩、泥页岩、煤层和细砂岩组成； 下部主要由沉积铁铝质岩、泥岩组成，并含有孔虫、䗴类等化石，与下伏地层呈不整合接触	潮湿	滨岸			生储互层

图例：砾岩　含砾砂岩　砂岩　含砂泥岩　泥岩　铁铝质泥岩　灰岩　煤层　产气层

图 1-2　鄂尔多斯盆地上古生界下二叠统沉积层序及生储岩系

鄂尔多斯盆地在太原组沉积末期结束了障壁海岸–浅水海盆的沉积历史，经过一段时间的抬升剥蚀，进入了陆内拗陷盆地的演化阶段。山西组沉积时期，沉积作用受盆地北缘物源控制。在山2段沉积时期，来自北缘山区充沛的降水携带大量的粗碎屑物质，由4～5条山谷倾入鄂尔多斯盆地，汹涌的洪流除了在山口附近形成了厚层近源的砂砾岩体外，向盆地方向形成了大型辫状河道分支体系，延伸长度为250～450km，以中部轴向河道体系最为发育，延伸长度最大。这些南北向的主河道实为摆动型河道，河道宽5～10km，最大水深可达20～25m，河道沙坝长度为3～6km，宽度为1～3km，河流规模不小于现代的伊洛瓦底江，堪比布拉马普特拉河（雅鲁藏布江）。随着河道向南推进，河水满溢并发生河岸冲裂和决口。河水所到之处，生物繁盛，水美草肥。河道之间广阔的湿地分布有湖泊和沼泽。推进到浅水沼泽的河道底部，冲刷作用变弱，底部可出现前积纹层，而某些推进到湖泊中的决口河道可形成向上变粗的小型沙坝层序。尽管存在浅的水体对河道作用的影响，但盆地内缺乏稳定的水体，缺乏三角洲前缘赖以发育的可容纳空间。在长达450km的盆地长轴方向上，遍布有河道、湿地、沙岛、漫滩和草地，由近源至远源，随着河道的延伸和分汊，砾质辫状河道逐渐演化为砂质辫状河道，河道的尺度规模也逐渐变小，并随着河道的延伸、水体不断蒸发和渗漏，湿地逐渐减少，旱地逐渐增加，永久性沼泽逐渐变为季节性沼泽和泥滩（图1-3）。榆林气田山2段便是一个典型的辫状河扇体系。

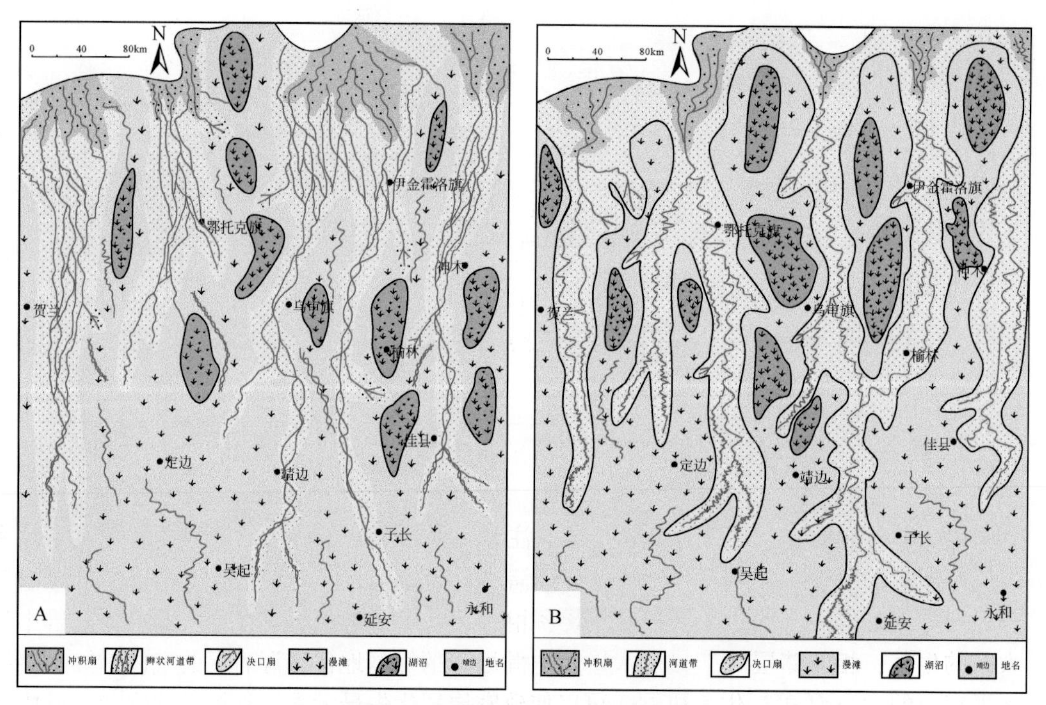

图1-3　鄂尔多斯盆地山西组河流扇沉积相分布示意图

A. 山2段辫状河扇；B. 山1段曲流河扇

山1段沉积时期，物源水系继承性发育，古地形仍呈现为北高南低的特点，北缘除局部范围的砂砾岩沉积外，大面积分布有砂质河流沉积，特别是东北地区发育的由东北向西南方向推进的三条水系，左右了中北部地区的沉积格局，所经之地形成了广阔的河流湿地沉积，主要表现为分支河道砂岩、漫岸细粒沉积与湿地泥岩及薄煤层的互层，湿地漫湖环境还可出现薄层的席状砂沉积。与山2段相比，河道规模变小，粒度变细，多呈低弯度曲流河特征（图1-4）。苏里格气田山1段便是一个发育良好的曲流河扇体系。

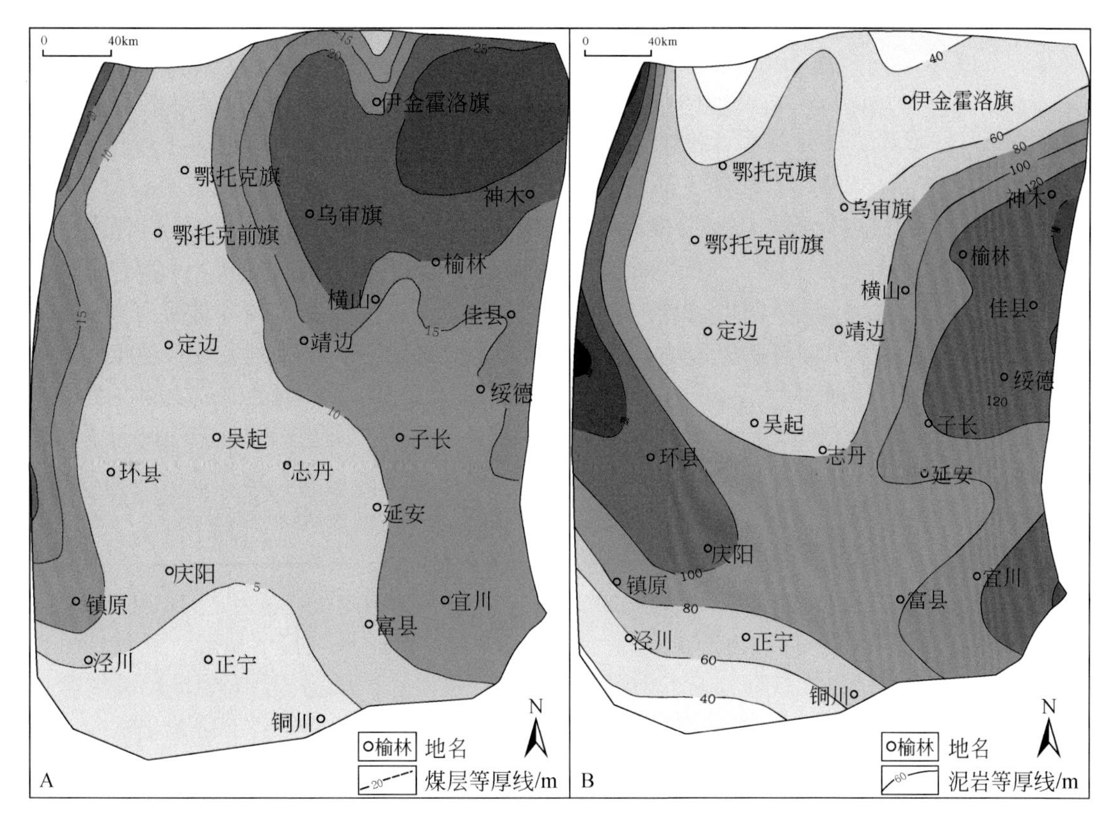

图1-4 鄂尔多斯盆地上古生界煤层（A）和暗色泥岩（B）厚度分布图

（据张金亮等，2000a）

二、气源岩主要为煤系地层

充足成熟的烃源岩保证气体能够持续充注。煤系烃源岩与储层的紧密接触关系是致密砂岩气藏形成的关键，尤其是成熟烃源岩与储层直接相通，形成天然气完全充注的无水气藏。稳定分布的煤系气源岩与致密储层紧密相邻或呈互层接触或包容式接触时，源岩中长期大量的生气，相邻储层处于"近水楼台先得月"的优越地位，源岩中的气体对接触储层产生强有力的"气泵式"供气机制，可以使致密储层优先最大限度地被天然饱和，形成就地取材式成藏模式，二者的接触范围、相互距离都会影响到气藏的分布，距离越近，接触越密切，越有利于气藏形成。

致密气源岩主要是倾气型的偏腐殖型有机质，北美地区已发现的深盆气藏源岩主要是暗色泥岩、泥岩、粉砂质页岩及煤层。有机质丰度大都较高，艾伯塔、圣胡安及大绿河盆地气源岩有机碳丰度平均可达2%以上，煤层中高达80%以上。热演化程度普遍较高，艾伯塔深盆区含气层以下（1065m）的镜质组反射率为 0.7% ~2.0%（Masters，1979；Welte，1984），圣胡安盆地深盆含气区内源岩有机质镜质组反射率为 0.6% ~2.0%（Law，1992），大绿河盆地梅萨维德群（Mesaverde）煤层、泥页岩气源岩有机质镜质组反射率为 0.8% ~1.5%。

艾伯塔下白垩统，在北部的埃尔姆沃斯地区煤层厚度最大。在该区，清水（Clearwater）海在较长时期内比较稳定，形成了九套法赫（Falher）组滨岸相砂层，煤层在障壁后也重叠分布。下白垩统煤层厚度一般超过 3m（10ft①），最大达 15m（50ft），覆盖面积达 12950km^2（5000$mile^2$），煤炭资源量约 10×10^{12}t。进入生气窗的煤总产气量达 $85\times10^{12}m^3$。埃尔姆沃斯地区煤层与砾岩和砂岩的接触关系是保持天然气充注机理的重要条件。艾伯塔卡多明（Cadomin）组深盆区呈现煤系与冲积砂砾岩接触组合，同时也通过不整合面与侏罗系海相页岩呈现该类组合，艾伯塔格辛（Gething）组、蓝天（Bluesky）组、法赫组呈现煤系与河道砂砾岩组合。表现为煤系与海相砂岩、海滩障壁砂坝组合的还有阿尔伯达法赫组。阿尔伯达蓝天组海进砂岩底界为煤系，而顶界则为海相页岩，表现出煤系、海相页岩与海进砂岩的组合。

圣胡安盆地的气源主要来自地层中的暗色泥页岩和广泛夹层状出现的煤（系地）层，盆地内有机质基本均已成熟，镜质组反射率在大部分地区均为 0.6% 以上。在上白垩统地层的每一层系中几乎都包含了广泛分布的煤（系地）层，梅萨维德（Mesaverde）组和弗鲁特兰（Fruitland）组发育有最厚、最好的煤层，它们在盆地内分布面积达 16188km^2，仅在弗里特兰组地层中就拥有 2010×10^8t 煤，形成了 $900\times10^9m^3$的煤层气资源，是致密气藏最主要的天然气来源。在该盆地，目前除了深盆气开发以外，煤层气开采也已形成规模。

事实上源岩现今是否仍然在生气并非是致密气成藏的必备源岩条件，阿尔伯达盆地在距今 30Ma 达到最大埋深后，一直处于上升剥蚀状态，地温不断降低，生烃能力迅速减弱。鄂尔多斯盆地自白垩纪以来抬升遭受剥蚀，生烃趋于停止，但它们仍可以形成巨大的致密气藏。

有效气源层与储集层的接触组合是控制致密气藏形成最主要的地质因素。这里有效气源岩指不仅能大量生气，而且能大量排气的气源岩，其对应的有机质成熟度是不同的，一般有机质丰度越高，对应的有机质成熟度就越低。控制烃源岩与储集层接触的地质因素主要是沉积环境的变化，包括相带的变化及沉积间断。

鄂尔多斯盆地上古生界有效源岩层包括石炭系本溪组、太原组和二叠系山西组 3 套海陆过渡相含煤岩系，其中煤层、碳质泥岩、暗色泥岩和局部泥灰岩是主要烃源岩，展布面积可达 $18\times10^4km^2$。煤层在全区一般厚度为 5 ~20m，东部和西缘厚，中部相对薄而稳定；暗色泥岩厚度一般为 30 ~60m，亦表现为东西两缘厚而中央隆起带相对薄的特点（图 1-4）。总体可见上古生界源岩在盆地内呈广覆型展布，受同期构造控制，在盆地东部和西缘形成两个厚度中心。一般认为，煤层对上古生界天然气生成的贡献要高于暗色泥岩。

鄂尔多斯盆地在晚古生代以来经历了晚三叠世末—早侏罗世、早白垩世两次抬升剥蚀，平均剥蚀厚度有上千米。燕山中晚期是华北盆地晚古生代以来最重要的岩浆热事件发生时

① 1ft=0.3048m；

期，地壳深部热流机制发生了明显变化，造成地史期异常高地温场。晚三叠世以来，主要受控于深成变质作用，仅在盆地中西部进入生烃阶段，晚三叠世末，生气强度达$5\times10^8m^3/km^2$，生气速率为$0.1\times10^8m^3/(km^2\cdot Ma)$；早中侏罗世期间，热演化受控于深成变质作用和局部热异常，有机质普遍进入成熟阶段，盆地中气源岩层古地温在70～90℃，R_o在0.5%～1.25%，生烃强度为$5\times10^8m^3/km^2$，生气速率达$0.1\times10^8m^3/(km^2\cdot Ma)$；侏罗纪末期，生气强度达$16\times10^8m^3/km^2$，生气速率为$0.16\times10^8m^3/(km^2\cdot Ma)$；晚侏罗世至早白垩世，古地温增加速度快，$R_o$达1.6%，生气强度为$28\times10^8m^3/km^2$，生气速率达$0.36\times10^8m^3/(km^2\cdot Ma)$，生、排气速率快，有效供气强度大，盆地大范围内生气并达到高峰，成为鄂尔多斯盆地上古生界致密气形成的重要时期。其后的抬升剥蚀使气源岩埋深变浅，地温降低为30～50℃，生、排气速率逐渐降低，平均生气速率仅为$0.14\times10^8m^3/(km^2\cdot Ma)$。

根据上古生界气源岩生气强度，在鄂尔多斯盆地内明显存在两个生气中心，一个是盆地北部的乌审旗一带，最大生气强度达$35\times10^8m^3/km^2$；另一个是盆地南部的延安—富县一带，最大生气强度可达$40\times10^8m^3/km^2$。此外在盆地西缘也有小范围的生气中心。这些游离态的气相在自身势场支配下，在这两个生气中心的四周形成聚集。上古生界气源岩生气量达$539.83\times10^{12}m^3$，累计生气量最多的是伊陕斜坡，大约占56%，其次为晋西挠褶带，大约占15%。

可见上古生界煤系气源岩表现出以广覆型分布、较高有机质丰度、倾气性的腐殖型有机质为主的特点，现今大多处于大量生气阶段，产气量大，生气强度中等，生气速率相对较慢，生气高峰期地质时代较老。这一切为上古生界致密气藏的形成提供了充足的气源供给。与阿尔伯达盆地相比，二者除了气源类型相似，基本地球化学特征接近外，鄂尔多斯盆地属于全天候式生气，生气高峰期较早，生气速率低，而阿尔伯达为深盆区生气，生气峰期较晚，但生气速率高（张金亮等，2000b）。

四川盆地上三叠统烃源岩为一套海陆交互环境的煤系地层，由暗色泥岩、碳质页岩和煤组成。有机显微组分以镜质体和半镜质体为主，平均含量在85%以上，有机质类型以Ⅲ型为主。煤层厚度一般为2～10m，最厚可达28m；暗色泥页岩厚度一般为300～1000m，在川西拗陷最厚可达1400m左右（图1-5）。煤系气源岩广泛分布在四川盆地华蓥山以西、龙门山以东、面积约为$9.7\times10^4km^2$的中西部地区，并呈现出由西向东和由南向北源岩厚度减薄的特点。

上三叠统气源岩具有较高的有机质丰度，其中碳质页岩和煤的有机碳含量一般大于35%，氯仿沥青“A”含量平均高达0.53%，总烃含量平均为2016×10^{-6}，暗色泥页岩的有机碳含量一般大于1%，总烃含量大于150×10^{-6}。从区域分布来看，有机质丰度在川西拗陷源岩最高，向北部和东部地区有机质丰度逐渐降低。上三叠统源岩在川西拗陷形成较高演化区，R_o以此为中心，向周缘呈环带状减小。但总的来看，除地面露头外，绝大部分地区的源岩R_o大于1.0%，都已进入生气窗范围。

四川盆地受燕山运动和喜马拉雅运动的影响，上三叠统地层经历了抬升、剥蚀，烃源岩的生气速率明显减缓，但其热演化生气作用并未停止，源岩至今仍具有缓慢的生气作用。川西拗陷上三叠统普遍具有的异常高压现象与活跃的生气作用有关。上三叠统煤系气源岩分布广、厚度大、生气潜力高、热演化程度高，从而为川西拗陷致密气田的形成提供

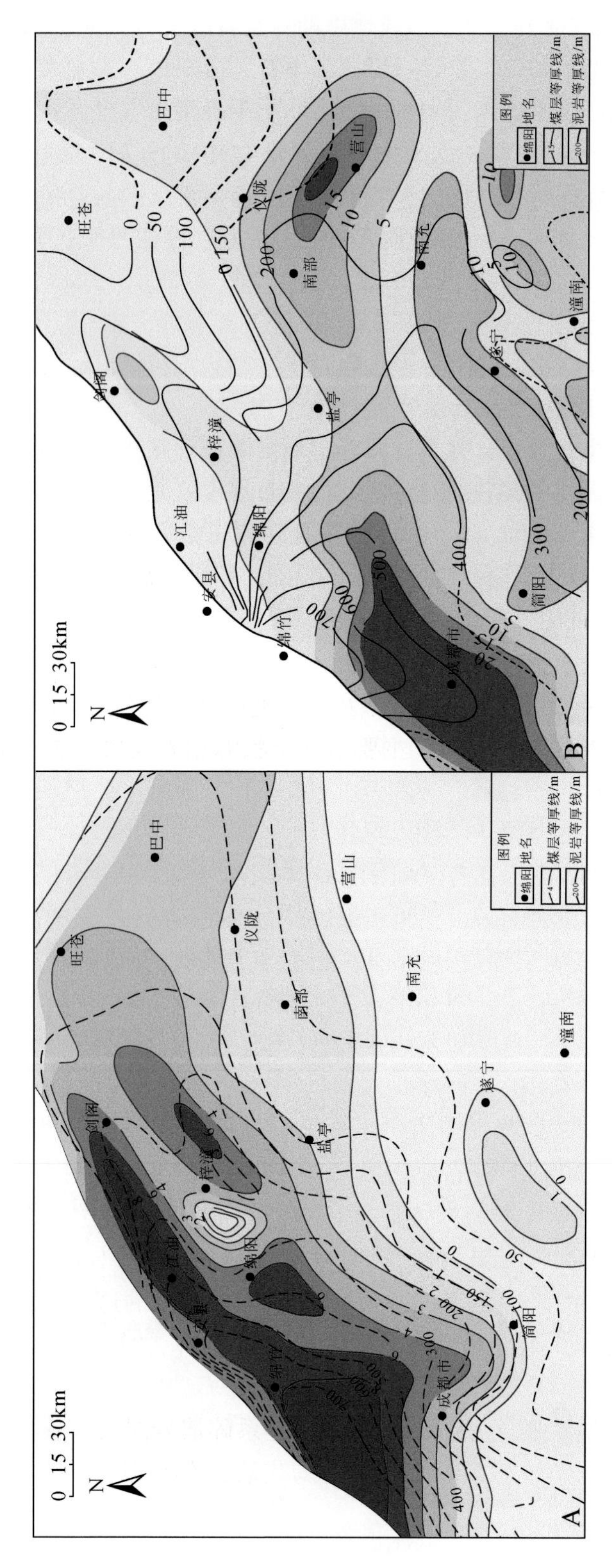

图1-5　四川盆地中西部上三叠统须家河组（A）和香溪群（B）气源岩厚度等值线图

（据张金亮和常象春，2002）

了充足的气源（张金亮等，2002a）。

东海盆地西湖凹陷平湖组和花港组煤系烃源岩发育，分布广、厚度大，尤其是平湖组和花港组下段煤层和暗色泥岩烃源岩较发育，有机质属于Ⅲ型生气型腐殖干酪根，有机质丰度较高，估计总生烃量可达2200×10^8t，大约在距今44Ma时开始大量生烃，趋势明显，至今仍在生排烃，是全天候的优质烃源岩，特别是平湖组下部，同时包括古新统未揭示层位，现今仍具有巨大的生烃潜力，烃源岩的持续供烃为岩性油气藏的形成提供了有利条件。

三、致密储层广泛但多具“甜点”

致密气盆地多为海陆交互环境，紧靠物源区，碎屑沉积活跃，沉降快速，成岩作用加快了储层的致密化过程。目前所发现的致密气藏的分布规模巨大，阿尔伯达盆地含气面积达67600km^2，已探明天然气储量1.9×10^{12}m^3，预测致密气资源量达100×10^{12}m^3。大绿河盆地含气面积约21250km^2，地质储量为1.27×10^{12}m^3。圣胡安盆地含气面积为9325km^2，地质储量为0.91×10^{12}m^3。

圣胡安盆地地层沉积从寒武纪至第四纪，历经数次海进–海退作用影响，形成了最厚达4572m的地层层系。除三叠系和新生界为陆相沉积地层外，其余地层均以海相或海陆过渡相为主。上白垩统为主要的含气地层，主要由互层状海相砂页岩组成，厚度达1200～1600m，沉积物粗细的有序变化构成了一个完整的海进海退旋回。上白垩统下部的达科他（Dakota）组砂岩厚26～76m，储气砂岩平均孔隙度为7%，渗透率为0.15mD，产层厚度为18m，几乎在盆地各处都产气，拥有1981×10^8m^{3}的天然气可采储量；上白垩统中部的梅萨维德群包括了瞭望点（Point Lookout）组、梅内菲（Menefee）组和崖屋（Cliff House）组3套致密砂岩储层，最大地层厚度达到240m，储气层平均孔隙度为10%，渗透率为1.5mD，产层厚度为24.4m，平面长约110km，宽60km，占有3113×10^8m^{3}的可采天然气储量；上白垩统上部的地层组同样是有利的致密含气层，画崖（Pictuered Cliff）砂岩组储层平均厚度24m，含有巨大的可采天然气储量。

丹佛盆地向斜轴部的瓦腾伯格气田的主要产层为“J”砂岩，也称穆迪（Muddy）砂岩。“J”砂岩埋深2300～2600m，分布面积2400km^2，砂层厚度范围为23～46m，纯产气层厚度为3～15m，据估计其中含有天然气储量3.68×10^{12}m^3。该套储层为致密状，孔隙度为8%～12%，渗透率为0.05～0.005mD，“J”砂岩由科林斯堡（Fort Collins）段和马牙（Horsetooth）段所构成，为海岸相至河流相沉积。“J”砂岩中的这两个砂层段均产天然气，但主要的产气砂层仍是科林斯堡段的滨岸相砂体。据估算，“J”砂岩的最终油气可采储量为13×10^{12}ft^{3}天然气和3000×10^4Bbl①凝析油。

阿尔伯达盆地深盆气型致密气藏主要分布于白垩系碎屑岩层段中。在埃尔姆沃斯地区，以卡托特（Cadotte）组、法赫组及卡多明组为代表，在药帽（Medicine Hat）地区，

① 1Bbl（petroleum）= 42gal（US）= 1.58987×10^{-2}dm^3。

则以牛奶河（Milk River）组地层为代表。埃尔姆沃斯、牛奶河及霍德利气田的致密气储层分别为下白垩统致密砂岩、上白垩统牛奶河组致密砂岩和下白垩统海绿石组砂岩。其中埃尔姆沃斯气田的下白垩统砂岩孔隙度小于13%，渗透率一般小于1mD，平均孔隙度约为8.0%，平均渗透率约为0.001mD，反映了储层的致密特性。尽管饱含气带储层较为致密，孔隙度分布范围集中于7%～12%，多数小于10%，渗透率通常低于0.11mD，含水饱和度一般在30%～70%，但其中的天然气储量几乎占整个盆地总储量的50%。

从目前美国已开发的致密砂岩气藏的储层物性数据来看，致密砂岩储层孔隙度分布范围为5%～14%，平均原始渗透率从几个毫达西到千分之几毫达西不等。具有商业开发价值的致密砂岩储层孔隙度一般为7%～10%，渗透率为百分之几毫达西。可见，在广泛分布的各种岩性地层中，可以在某些优势层段形成气体的高浓度富集，形成致密储层中广泛发育的被称之为“甜点”的渗透性储层，这一点已被油气勘探人员广泛接受。由于储层物性的非均质性，以及沉积成岩作用和地质流体影响，在致密储层内部形成局部的高孔隙度、高渗透性地层带，当天然气在致密储层中排替自由孔隙水运聚成藏时，这些物性好的储层段中会优先充满天然气，就形成了富气的“甜点”。如阿尔伯达盆地在深盆区海滩相的粗粒砂岩与砾岩质储层孔隙度可达15%，平均渗透率可高达20～80mD。在储层下倾方向致密砂岩气聚集范围内，富气的高孔渗砂岩发育带多以孔隙型和裂隙型为主。在法赫段储层中，海滩相砾岩渗透率一般较高，有些地方可高达几百毫达西。在卡托特（Cadotte）组、诺提克温（Notikewin）组和蓝天（Bluesky）组剖面中也有类似高孔渗海滩相富气点发育。圣胡安盆地的布兰科气田（Blanco）和丹佛盆地的瓦滕堡气田（Wattenberg）的天然气储量也归功于储层内发育高孔渗的裂隙。虽然这些储层的天然气产量相当高，但是低孔低渗仍然是致密气商业性开发的主要障碍。

“甜点”的形成原因很复杂，涉及天然气富集成藏的多个因素。地质人员可以根据储层参数进行判别分析，特别是注意盆地中岩性、岩相的变化趋势和储层性质发育的关系，裂缝储层的发育及分布、异常压力的分布，以及常规圈闭和致密气的区域分布关系等。有人认为沉积成岩作用是重要的因素之一。碎屑岩储层都是经过各种沉积成岩作用变得致密的，特别是成岩作用使砂体或砂体内部的储集物性形成严重的非均质性，如果烃源岩大量生成排出气体是在储层致密化之前完成的，那么形成的更可能是常规气藏。储层储集空间多为次生孔隙。次生孔隙形成的同时或其后出现的次生胶结作用可能使某些层段的砂体成为低渗透层，从而形成砂体内部的成岩圈闭。储层的致密化完成后，不仅可以储气，还可以作为气散失的遮挡层。当然储层非均质性决定了其沉积成岩作用的非均质性，在致密储层中也可发育物性较好的储层，这些局部高孔渗地带可能是沉积作用控制的原生孔隙残留的高孔渗带；可能是次生溶蚀作用控制的高孔渗带；也可能是构造与成岩裂缝控制的高孔渗带。它们可成为主要的产气层，即“甜点”。阿尔伯达盆地下白垩统精灵河（Spirit River）组的气层被解释为砂岩的成岩圈闭带，饱和天然气的致密砂岩的渗透率为0.01～0.5mD。这些砂体经受了强烈的成岩作用而降低了孔隙度，主要成岩事件为石英次生加大和自生、碎屑颗粒的压实和变形、含铁碳酸盐和黏土矿物的胶结（Cant，1983）。普通储层孔隙度为15%，渗透率达1mD。这些致密砂岩便形成封闭作用，下倾含煤层系产生的天然气则由于向上流动减缓而被捕集（图1-6）。

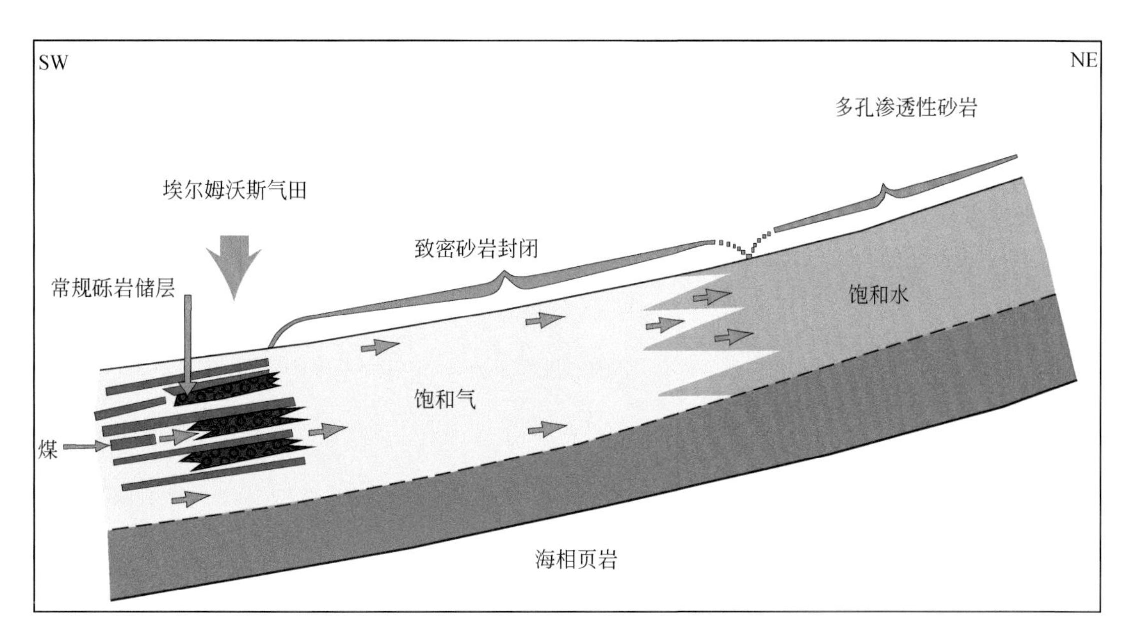

图1-6　阿尔伯达盆地下白垩统精灵河组成岩圈闭（据Cant，1983）

尽管某些致密气可以在全区范围内进行商业开采，但多数无大的商业开采价值。因此，必须识别出储层性质好的地区，也就是“甜点”。“甜点”可以是构造“甜点”，也可以是地层和岩性“甜点”。地层和岩性“甜点”的识别比构造“甜点”复杂一些，这是因为沉积相图的绘制需要大量的地下钻井资料。

鄂尔多斯盆地上古生界致密气的主要赋存层位为山西组和下石盒子组，砂体分布广泛，但岩性致密（图1-7）。山西组沉积时期古地形北高南低，北部上倾部位发育冲积扇沉积体系，沉降幅度较大的中南部则发育曲流河扇和辫状河扇沉积体系。砂体厚度一般为40～60m，砂岩主要为岩屑石英砂岩和岩屑砂岩，储层成岩演化处于晚成岩A期和晚成岩B期，原生孔隙已基本压缩，以次生孔隙占主导地位，面孔率为3.55%，平均孔隙度为4.3%，平均渗透率为$0.48\times10^{-3}\mu m^2$。下石盒子组沉积时期，古气候发生了很大变化，由湿润型演变为半干旱型，不利于煤系地层的形成，加之北部内蒙古陆进一步抬升，供屑能力增强，形成冲积扇和辫状河扇沉积。下石盒子组砂岩以岩屑石英砂岩和岩屑砂岩为主，自北向南，颗粒由粗逐渐变细，砂体厚度一般为40～60m，面孔率为3.72%，平均孔隙度为7.64%，平均渗透率为$0.72\times10^{-3}\mu m^2$。

鄂尔多斯盆地山西组和下石盒子组的“甜点”气藏是储层性质较好的部分，与“甜点”气藏相连的致密砂岩也是含气的，只不过储层性质稍差而已。可见，在对这类气藏的研究上应将储层的成岩作用与盆地的演化联系起来进行综合研究，对压力场、温度场、流体场所引起的盆地范围内的储层变化进行综合表征，应研究致密气的运移和聚集与储层性质演化的物化条件，建立沉积-成岩-成藏综合模式，从而为致密气的勘探提供地质依据。

从致密气的勘探开发过程我们可以看到，最初认为储层太过致密而没有商业价值，随后老井复查发现一些气藏中含有“甜点”，最后重新圈定富气范围并通过压裂技术使其成

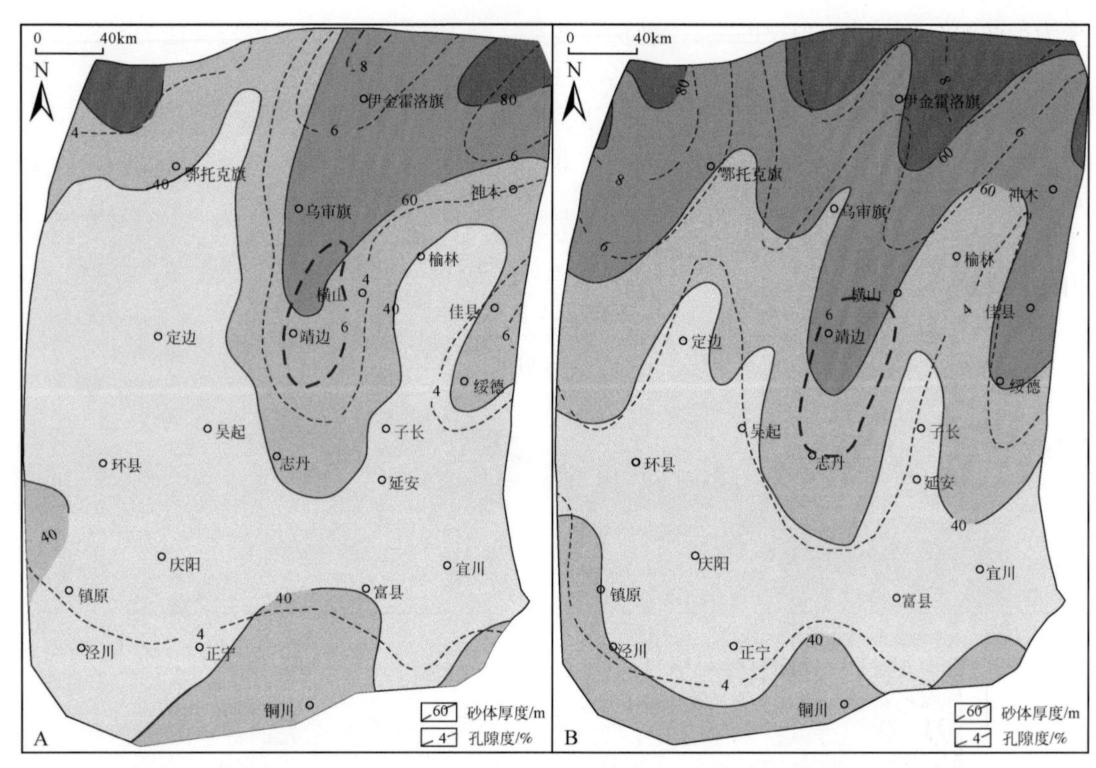

图 1-7　鄂尔多斯盆地山西组（A）和下石盒子组（B）砂体厚度和孔隙度等值图（据张金亮等，2005）

为商业性气藏。在致密气“甜点”的识别上，目前已有很多地震和非地震技术得到应用。在落基山盆地某些层段，一些“甜点”的孔渗值比致密砂岩气藏的平均值高很多，这些具有异常压力的“甜点”可以用异常低地震速度谱结合其他的地震参数来识别，如频率等。还有一些高分辨率反演和频谱成像等新的地震技术也被用来预测裂缝发育的砂岩气藏。应用非地震技术，如土壤微生物法、航空电阻率测量法等，对“甜点”的预测也获得了一些成功的经验。

四、致密气产层常具异常压力

致密气产层常常具有异常压力。这些生产单元可以是低压，也可以是超压，或者是两者兼具。北美地区已发现的深盆气藏气层压力总是低于区域静水压力或者高于区域静水压力。阿尔伯达盆地、圣胡安盆地和丹佛盆地的白垩系深盆气藏多具异常低压特征，大绿河盆地、皮申斯盆地和尤因塔盆地的白垩系多具异常高压特征。阿尔伯达盆地的深盆气藏均在饱含气段出现了异常低压特征。卡托特组和法赫组为埃尔姆沃斯气田最典型的含气层段，两者均为下白垩统顶部地层，由海陆交互相砂岩组成，下倾部位为低孔渗层段。卡托特组在地层的压力-埋深曲线上表现出两个主要的压力系统，一个是正常压力系统，主要与常规气藏对应；另一个是异常低压系统，主要与致密气藏对应。法赫组的地层压力-深度曲线同样表现为两个压力系统，饱含气段同样表现为异常低压。牛奶河组地层为上白垩统，为药帽地区的典型深盆气储层，由近岸或临滨沉积物组成，沉积物由西南向北方向渐变为远洋泥沉积。该组地层的压力-埋深曲线从区域上展示了该地区的整体压力系统，整条剖面位于海平面以上，正常压力系统从露头区向下一直可延续到海拔539m的深度，在597m处向下开始出现异常低压记录，再向下延伸到海拔213m处。这样，在实际剖面中就形成了一个高度为384m的气柱，这一异常低压系统在剖面上与牛奶河组地层的采气段相对应。

Law和Dickinson（1985）在落基山地区深盆气型致密气藏研究的基础上，提出了落基山地区低渗透层中异常压力气聚集的成因模式（图1-8）。模式中的岩层经历了以下四个

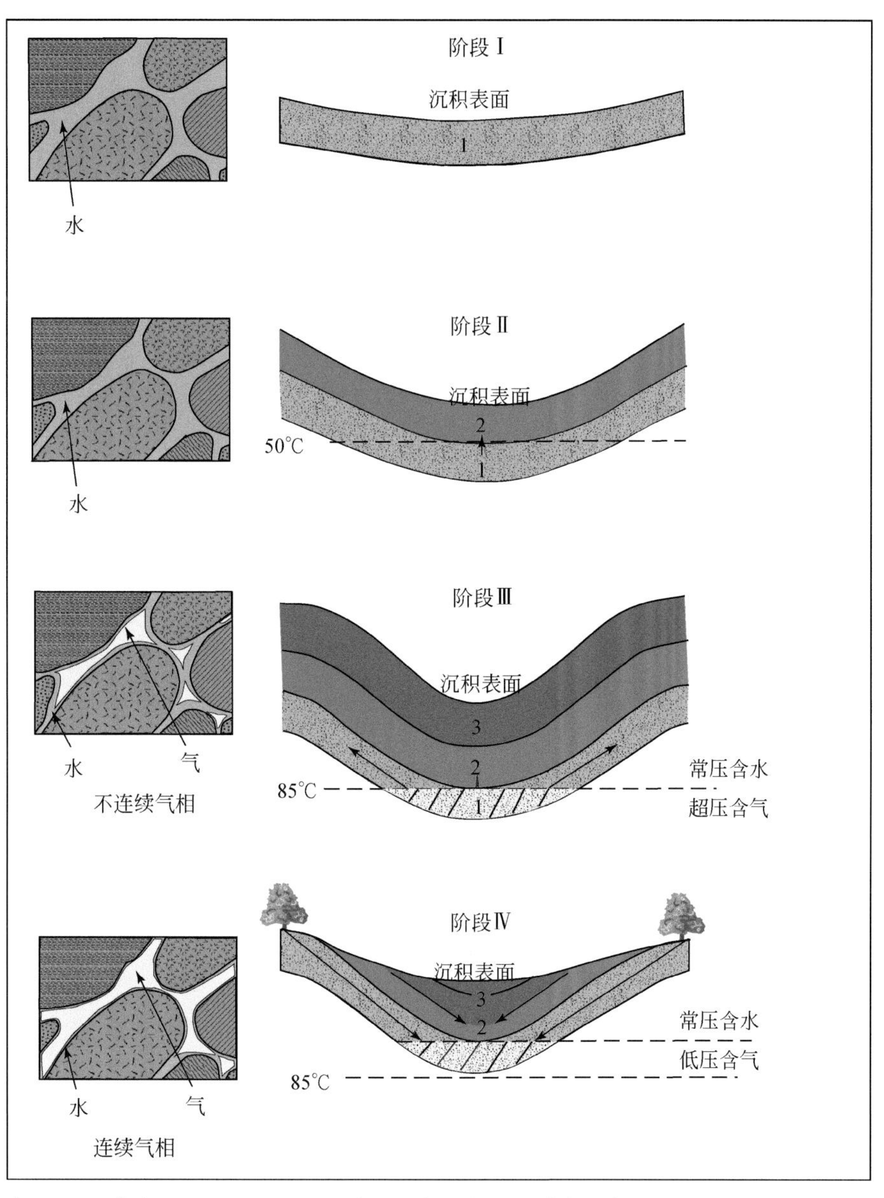

图1-8　埋藏阶段（Ⅰ～Ⅳ）的异常压力气聚集成因模式（据Law和Dickinson，1985）

1、2、3表示沉积层，箭头指示水流方向，左图表示各阶段的孔隙网络和孔隙流体

埋藏阶段。阶段Ⅰ代表沉积后的早期埋藏阶段，水在储层空间中自由流动，原始孔隙度可达30%～40%，孔隙度降低的主要作用是压实和粒间胶结物的沉淀。阶段Ⅱ为中期埋藏阶段，地温约50℃，热演化形成的CO_2和酸性水可引起颗粒和胶结物的溶解，但溶解后形成的孔隙度增加可被进一步的压实和胶结作用所抵消，大气水在孔隙中的流动减弱，但来自于煤及黏土的压实脱水可进入孔隙系统中。阶段Ⅲ的特点是有大量的热成气生成并充满储层空间，胶结作用使物性进一步变差。大气水对这一深盆区已不起作用，随着气体的不断生成，孔隙压力上升到区域静水压力之上，自由水和弱束缚水被迫从含气带进入上覆地层和上倾较低压力的岩层，残余束缚呈薄膜状分布在颗粒表面，由于它们不能运动，也就难以迁移溶解物质，溶蚀作用也较难发生。由于气的生成和聚集速率大于其散失速率，所形成的高压可能减弱了孔隙度的进一步压实。阶段Ⅳ的特点是盆地的动力平衡被打破，构造抬升，有的地层单元遭剥蚀并充当泄水区，结果气的散失速率大于聚集速率，使阶段Ⅲ形成的超压气聚集体变成了低压气聚集体。

可见致密气藏的超压程度取决于生烃速率、有效孔隙度和渗透率。当烃源岩产生的大量气体来不及或者不能从致密砂岩中排出时，就会产生压力瓶颈，而过量的气体导致了超压系统的形成。从其具有的异常压力特征来看，反映出处于一种相对封闭的系统。天然气进入致密储层时，驱动压差不足以克服界面封堵阻力，必然在流体中形成高于静水压力的异常高压。一旦生烃作用停止，随着超压区上倾边缘的天然气不断散失，在超压区上倾边缘便会产生低压系统。构造抬升或断裂破坏强烈时，异常高压释放过程可以进行到底，可能除了局部地区存在高压条带外，整个系统将变成低压。因此，致密气藏的压力取决于烃源岩与储层的紧密接触程度、烃源岩丰度、成熟度、地温梯度、生烃史、地层抬升量以及天然气运移和扩散的损失量。在美国落基山地区的大多数盆地的较深部位都出现了超压储层，这些盆地有威利斯顿（Williston）、粉河（Powder River）、大角（Big Horn）、风河（Wind River）、汉纳（Hanna）、大绿河、尤因塔和皮申斯等。虽然引起超压的原因有许多，但在这一地区异常高压是由低渗透层系内目前或最近几百万年活跃的生烃作用造成的（Spencer，1987）。在老于白垩系的岩石中很少出现异常高压，因为没有足够的烃类来维持异常高压。几乎所有的超压储层和烃源岩的温度都达到93℃或更高，而且有足够的资料证实，与烃类生成有关的超压作用要求的R_o值都较高，一般要达到0.6%～0.8%，或更高。

根据鄂尔多斯盆地90多口井的下二叠统探井压力资料可知，压力系数介于0.9～1.1，平均为0.92，压力系数小于1的约占75%，并主要分布于盆地的中部和北部。盆地北部压力系数一般为0.746～0.981，中部下石盒子组压力系数为0.787～0.998，在盆地西部的横山堡、刘家庄和伊盟北部的构造气藏中，具有边水或底水，属于常规气藏，压力系数介于0.938～1.01，在压力-埋深关系曲线中两者相关性极好，表明其以正常压力为主。在盆地东部镇川堡—绥德一带，则出现高于和低于正常压力趋势线的压力分布同时存在。高压在盆地中较为少见，主要分布在盆地东部。从全盆地来看，异常低压占主体（图1-9）。鄂尔多斯盆地中部以异常低压占优势的靖边—乌审旗一带，在地层压力-埋深关系曲线上，存在一个位于假定的区域性水压力与埋深关系曲线之下的气体剖面，其趋势线大致与区域静水压力曲线呈斜交关系，这与北美深盆气藏压力分布特征相似。李明诚等

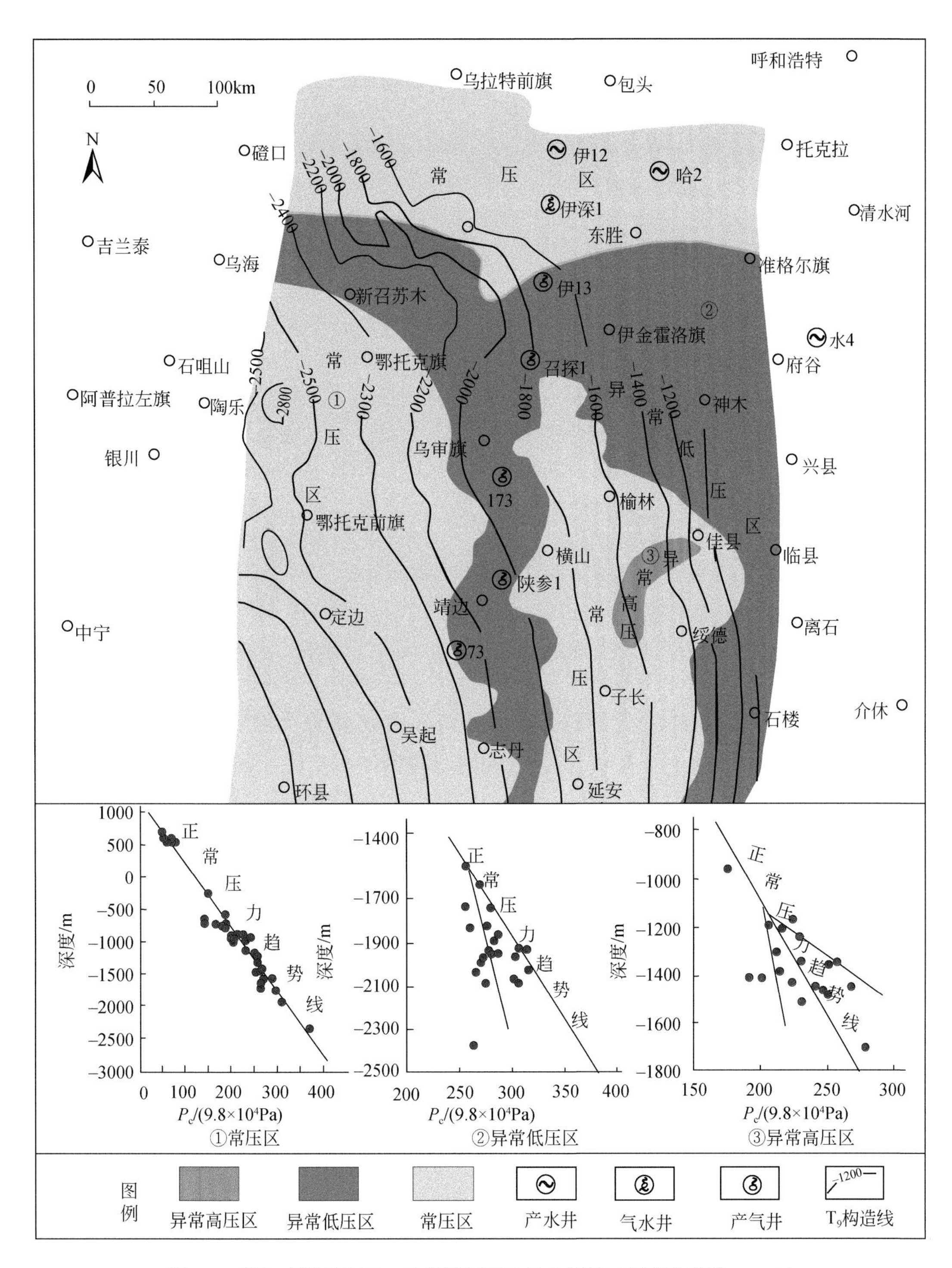

图 1-9　鄂尔多斯盆地下二叠统储层压力分布特征（据张金亮等，2005）

（2001）则认为异常低压的成因机制迄今为止尚未完全了解，从成藏动力学的角度考虑，天然气注入致密储层的驱动力主要是生烃作用的膨胀压力，此时流体压力必然大于静水压力，只有在异常高压的驱动下，天然气才能在致密储层中运移扩展。而异常低压可能是深盆气在保存时散大于供的萎缩阶段形成的，并提出由正常静水压力→异常高压→异常低压→常压的深盆气压力旋回。

在国内外典型深盆气藏中，既有异常低压，又有异常高压，还有正常压力，而且这3种压力特征在鄂尔多斯盆地中均有体现。根据深盆气或盆地中央气藏运聚机理可知，源岩中生成的气体要排驱相邻储层中的自由水或弱束缚水，其驱动压力必须大于排替压力，气水界面的不断推进也可表明其地层压力应当是正异常的。而异常低压力的形成可能是地层抬升遭受剥蚀，温度降低，生烃作用减弱甚至于停止，加上气体的散失，造成压力的降低，倘若有剧烈构造活动或活跃水动力改造的配合，压力会下降更快，并产生异常低压或常压特征。国内外致密气藏的实例表明，年代较老的气藏多具异常低压特征，而年代较新的气藏多为异常高压特征。上古生界生烃强度已充分表明，盆地中两个生烃中心分别在乌审旗和延安—富县带，要说供气量最大地区非此二者莫属，那么为什么盆地异常高压并不在这两处，而它们反倒分属于常压区和异常低压区？若将鄂尔多斯深盆气的形成聚集理解为“散聚动平衡”，即天然气供给量大于散失量，那么聚集量抵消散失量后的多余气体必然使原有储层空间中体积膨胀，产生异常高压。为什么鄂尔多斯盆地深盆气区主体却处于异常低压或常压？其实鄂尔多斯盆地在白垩纪末抬升后，地温降低，生烃趋于停止，原来形成的原生深盆气被界面阻力封堵，不能向上运移，而少部分水溶气或游离相气体向上散失，必然会造成压力缓慢释放，盆地边缘水动力的扰动也会影响气藏的保存，进而影响压力的赋存状态。这也正是上古生界异常低压主要分布在盆地杭锦旗以北地区（水动力活跃区），而气水过渡区以低压为主、深盆气主体分布区则以常压和低压为主的分布原因，而局部的异常高压是由于有上覆膏盐层封锁，压力不易释放所致。

五、致密气藏气水关系复杂

致密气盆地中大型气藏在构造上倾方向常常表现为饱含水层，在构造下倾方向为饱含气层，气与水之间存在气水过渡带，气水边界不受构造等高线控制。气水过渡带的位置分布及规模大小受储层岩相及物性条件变化影响，饱含气层除了向构造上倾方向渐变为饱含水层外，一般无活跃的底水和边水存在。这就是深盆气概念的由来，即气藏位于构造下倾部位或盆地中央，而且气藏上倾部位含水（Masters，1979；McMasters，1981）。

阿尔伯达盆地西侧深盆中分布有巨大的天然气资源，主要含气储层是下白垩统致密砂岩，在构造下倾方向上，储层物性较差，为饱含气；在构造上倾方向上，储层物性较好，为饱含水（图1-10A）。气层段和水层段之间没有岩性或构造阻隔，仅表现为气、水含量百分比的逐渐过渡。气水过渡带的平面宽度在10km左右，深度范围一般在760～1370m。深盆区整个中生界从大约1000m以下全部为含气层，天然气蕴藏于最大厚度达3000m的狭长状楔形地层体内，随着楔状体向东减薄尖灭，含气饱和度不断减小，当含水饱和度达到65%时，天然气相对渗透率接近于零，此时不具备工业开采价值。在饱含气层内，虽然有时产气量较小而不具备开采价值，但也没有出现过干井或产水井，地层水全部为孤立孔隙水或吸附于连通孔隙壁上的束缚水。至西北端，当整个砂岩相变为页岩相时，含气楔状

体逐渐消失，储层上覆的区域盖层也在深盆区明显加厚。

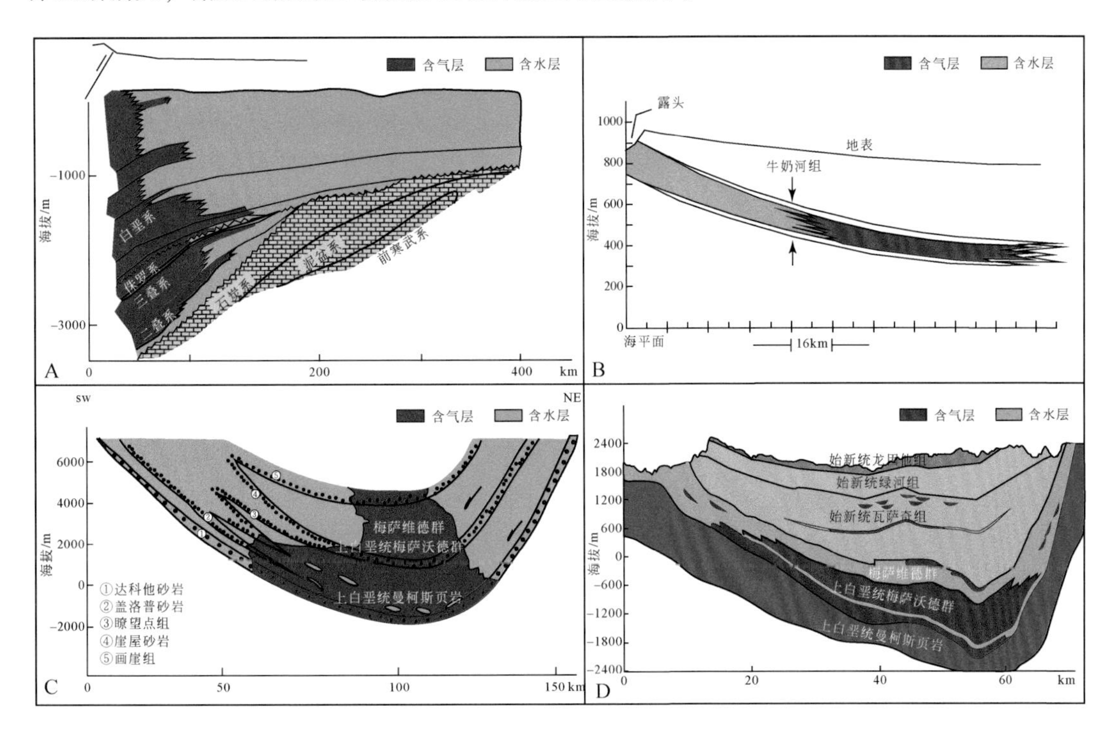

图 1-10　国外重点盆地的深盆气型致密气藏剖面（据 Masters，1979；Yurewicz et al.，2008 修改）

A. 阿尔伯达盆地；B. 牛奶河组气藏；C. 圣胡安盆地；D. 皮申斯盆地

阿尔伯达盆地牛奶河气田北部下倾方向的含气粉砂岩向南经过约 16km 的气水过渡带进入上倾含水层（图 1-10B）。下倾气层的孔隙度为 10% ~18%，渗透率低于 1mD。上倾含水层多为常规储层，孔隙度为 10% ~30%，渗透率为 1 ~300mD。牛奶河组的产层为粉砂岩和细粒岩屑砂岩，虽然储层较薄但分布广泛，天然气呈连续型聚集且缺乏明显的气水界面，薄层砂岩中的孔隙水已完全被微生物气驱替，地层中含有厚层的细粒海相泥岩和页岩可阻碍穿层流体流动。仅有极少量泄漏的天然气通过上倾方向发生运移。饱含气层段的压力梯度与饱含水层段的压力梯度不同，说明两者之间不存在压力连通，因此不可能发生广泛的天然气泄漏。多数岩性的孔喉直径极小，界面张力产生的阻力超过浮力，有助于天然气聚集于含水层的下倾方向，即使地层从最大埋藏深度抬升至浅层，也能维持已经形成的气水分布格局。而且，随着压力降低，界面张力增大，相应孔喉直径的岩石在浅层具有更高的临界毛细管压力，上倾方向的封堵作用将会变得更强。因此，即便天然气因地层抬升所致的压力下降而发生膨胀，更高的毛细管压力也能使大多数天然气滞留于细粒储集岩中，而不会向上倾方向运移至粗粒含水层岩石并最终泄漏至地表。当然，当浮力最终超过界面张力时，天然气向上倾方向泄漏的现象会有发生。

圣胡安盆地气田的储层主要由上白垩统下部的达科他（Dakota）砂岩和中部的梅萨维德群组成，产气区西南翼地层平缓，西北缘地层较陡，气层与上倾含水层之间没有明显的岩性和构造遮挡。盆地向斜轴部，含气层段为致密砂岩，且多为薄层含泥质砂岩。自向斜轴部向上倾方向砂岩层厚度增加，储层物性变好。盆地气藏的气水过渡带宽度为 8 ~ 16km。气水过渡带地区的某些井最初只产水，然后是产气和水，最后只产气。在深盆区内，虽然大部分储层中都饱含天然气，仍可出现含水岩层，但缺乏分离的气水界面（图 1-10C）。

皮申斯盆地梅萨维德群天然气也具有盆地中央气藏的特征。大面积的天然气聚集于盆地中央较深部位，气体分布与构造圈闭或地层圈闭无关，储层为不连续的辫状河道砂体，储层性质为低孔（小于 13%）、低渗（小于 0. 1mD）。饱含气区的储层很少或不产水，在纵向上和横向上可穿越地层边界到气水过渡带和横向连续性好的含水层。梅萨维德群上部 300 ~ 500m 的地方仅见零星的气显示，通常会产出大量的水（图 1-10D）。

在常规气藏的形成中，气体在储层中的二次运移以浮力驱动、构造运动力直接作用或产生运移通道和水动力为主要动力源，天然气的聚集成藏主要是依靠浮力或浮力与水动力的共同作用形成力学平衡，使得运移中的气体在圈闭的构造高部位开始聚集直到充满、超出溢出点，含气面积不超过圈闭容积，经重力分异后形成气在上、水在下的分布特征，故而在气藏底部存在边水或底水，气水界面在气藏主体下部，同时常规气藏的含气储层一般物性较好，为防止气体散失，还必须存在物性封闭、超压封闭或烃浓度封闭机制，气藏一般在局部生储盖配置良好的范围内富集。致密气藏主要成藏于紧邻源岩的储层中，而且储层在天然气大量生成充注前已完成致密成岩作用，随着气体的不断供给，在压实作用、生烃膨胀力等驱动下，排替自由孔隙水推动气水界面向上倾方向运移，直至到达物性变好的饱含水带，界面阻力的封堵造成天然气在致密储层中聚集成藏，形成下气上水的分布格局。因此，在气藏下倾部位不存在边水或底水，气水界面存在于气藏上方，以气水过渡带的形式出现。致密气成藏不需要传统意义上的圈闭构造高点和盖层封闭条件，气藏分布范围一般较大，在致密储层中广泛存在高度富气的“甜点”。

致密气成藏后，还会受到次生条件的改造和调整。构造应力作用使岩层破裂或形成断裂通道，盆地抬升遭受剥蚀后造成原生深盆气藏内部温压条件变化，产生压力泄漏或气藏上倾方向存在活跃水动力条件使气藏受到扰动，都可能引起气体外泄，继续运移的气体在致密储层之外的合适圈闭外重新聚集成藏，也能形成常规气藏。

苏里格气田是中国目前发现的最大的致密砂岩气田，也是典型的“低孔、低渗、低压、低丰度和低产”气田，主力含气层段为下石盒子组盒 8 段和山西组山 1 段。苏里格气田气水分布关系虽然复杂，但有一定的规律可循。在平面上，与成熟烃源岩紧密接触的地区，储层性质好的储层天然气充注程度较高，储层性质差的则较低，所以近源供烃是致密气聚集的首要条件。在缺乏成熟烃源层覆盖的地区，水层和干层较多，在构造抬升的东北部区域，储集层距离烃源岩越远，则含气水层、气水层较为发育。在垂向上，在生烃强度较大的区域内，距离烃源岩相对较近的山 1 段、盒 8 段中下部的优质储集层天然气充注程度较高，以气层为主；盒 8 段上部则以气水层为主，总体表现为下部气层较多、上部气水层较多的特征。在相对较为充足的气源供给条件下，物性相对较好的砂体天然气饱和度较高，试气产能高；而物性较差的砂体则天然气饱和度较低，含水饱和度较高，试气产能低。由于构造平缓，对气、水分布控制不明显，垂向上气水难以分异。苏里格气田平均坡降梯度为 0. 003 ~ 0. 005，缺乏形成较高垂直气柱高度的条件，天然气向上的浮力难以有效克服储集层毛细管阻力，气水难以分异，因此，气水分布基本不受构造幅度的控制。气层、气水层、含气水层多以孤立状为主。

东海盆地西湖凹陷平湖组烃源岩普遍在始新世末期进入生烃门限，在渐新世末期达到生烃高峰。花港组下段烃源岩在早中新世开始生烃，晚中新世开始进入生排烃高峰。在平湖组烃源岩进入生排烃高峰期时，平湖组之上地层已达2500m，强烈的机械压实使得平湖组低渗透储层大面积形成。中新世末期主要的油气充注期晚于平湖组致密低渗透储层的形成时期，天然气只能依靠驱动压差排驱自由孔隙水或弱束缚水，而致密储层段与含水饱和带的较好物性带之间存在较大界面阻力，气水界面由此形成，导致气水倒置的分布格局。平湖组3、4段及其以下地层为复杂岩性油气藏发育的饱含气带，平湖组1、2段和花港组下段为区域气水过渡带，花港组上段则为渗透性饱含水带。在对西湖凹陷生储盖研究的基础上，可对油气藏气水分布规律进行预测（图1-11）。

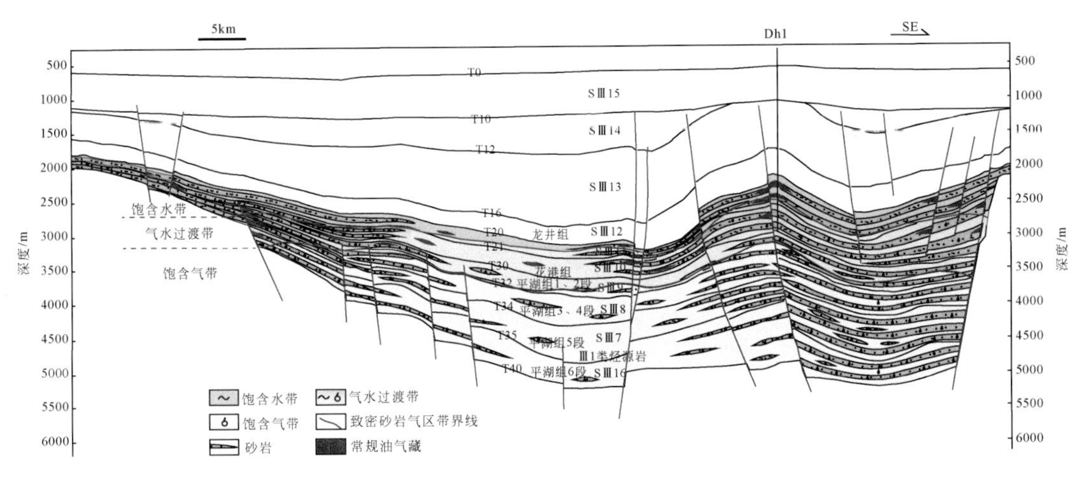

图1-11　东海盆地西湖凹陷气水分布预测图

第三节　致密气藏的形成

目前国内外已对致密气藏进行了成功的勘探开发和利用，我国的鄂尔多斯盆地、四川盆地、准噶尔盆地、东海盆地具有形成大型致密气田的地质条件，有些也为勘探实践所证实（张金亮等，2000a，b；2002a，b）。致密气田储层物性差，非均质性强，水关系复杂，地层压力有异常高压，也有异常低压，造成勘探开发的难度较大。致密气藏特别是大型深盆气型致密气藏的成藏机制也存在许多问题，仅从地质条件的类比，难以有效地指导致密气藏的评价与勘探。研究中，应通过典型气藏的详细解剖与成藏模拟实验相结合，分析气藏形成机制及主控地质因素，结合天然气勘探开发实践建立不同地质条件下的成藏模式。

一、“动态圈闭”的概念

在北美早期深盆气藏勘探开发中，许多人对这种气藏的形成机理进行了研究，提出了

“动态圈闭”的概念，也就是将深盆气的形成描述为这样一个动态平衡：一方面，煤层和碳质泥岩生成大量天然气；另一方面，又有大量天然气在地层上倾方向散失。深盆区生成的天然气进入该区致密砂岩储层后，排出的水向上倾方向孔渗性相对较好的储层中运移。当天然气补给不断增加，气体也随之向上倾方向运移，并不断渗漏，但散失的量小于深盆区天然气继续生成和持续补给该区致密砂岩的量。在下倾含气砂岩和上倾含水砂岩间多无明显的界线，而是有一个较宽的气水过渡带。此类气藏不存在完全的流体封堵条件，而是处于气体不断补给和不断散失的平衡过程中，当补给量大于散失量时，气体便在深盆区被“圈闭”起来，这就是所谓的“动态圈闭”。Welte（1984）分析表明，阿尔伯达盆地埃尔姆沃斯气田剖面的致密层中，没有发生过重烃的重新分布，也没有水的流动，但轻烃却发生过大规模的运移，其运移方式是以扩散为主。埃尔姆沃斯气田至今仍存在一个气体生成带，这个带位于2000m以下较深部位，深度为2000～3500m，温度为80～120℃，成熟度R_o=0.9%～2.0%。Gies（1984）的研究也提出，天然气的聚集不是一种静态平衡，而是一种不断有天然气沿上倾方向运移的动态平衡，沿上倾方向存在压力降，导致天然气向上倾方向运移。在Gies（1984）的深盆气圈闭实验中，虽然模拟的是低渗透的卡多明储层，但所用的细砂和粗砂均具有良好的渗透性，这便存在一个气体上浮的孔隙大小与渗透率界线问题，值得做进一步探讨。

二、气水倒置的理论模型

为了搞清楚牛奶河组气藏的聚集机理，Berkenpas（1991）从气水分布的整个体系中各种力的动力学机制出发，建立了形成气水倒置聚集模式的理论模型。研究宏观模型的前提条件是在区域上稍微倾斜的饱含水储层中，往上倾方向其渗透率变好，而往向下倾方向物性变差，渗透率降低，一定距离内，页岩中生成的生物成因气以气驱水模式向储层中充注进而形成气藏。有三种主要动力控制着气驱水的动态过程和最终形成的气聚于水体之下的静态平衡过程，分别是浮力（F_b）、界面张力（F_i）和压力（F_p）（图1-12）。由于流速非常低，摩擦力可以忽略不计。通过对该体系中4个孔隙的微观观察，可以解释牛奶河组气藏的形成过程、主控动力和气水分布特征。人们直觉上认为浮力是起重要作用的，其实只有在存在连续可动水的情况下浮力才是有效的，因为浮力只有靠连续可动水才能向上传递，而不可动的原生水由于分子引力被吸附在岩石表面，不能传递力的作用。浮力是垂直向上的，但真正起作用的是沿地层倾向上的分力。浮力F_b定义为

$$F_b = 4/3\sin\theta\ (\rho_w - \rho_g)\ g\pi r_p^{\ 3} \tag{1-1}$$

式中，F_b为浮力，N；θ为气水接触角，(°)；ρ_w为油藏条件下水的密度，kg/m^3；ρ_g为油藏条件下气的密度，kg/m^3；g为重力加速度，9.81m/s；r_p为孔隙半径，m。

由于界面张力F_i是气水界面张力、岩石润湿性及孔隙喉道半径的函数，气水界面张力又随着温度、压力的降低而升高，所以界面张力对牛奶河组气藏的影响作用远比那些埋藏较深、温度和压力更高的地层强得多。界面张力可由毛细管压力公式推出：

$$P_c = (2\sigma\cos\theta)/r_t$$
$$F_i = P_c \cdot A = (2\sigma\cos\theta)/r_t(\pi r_t^2)$$

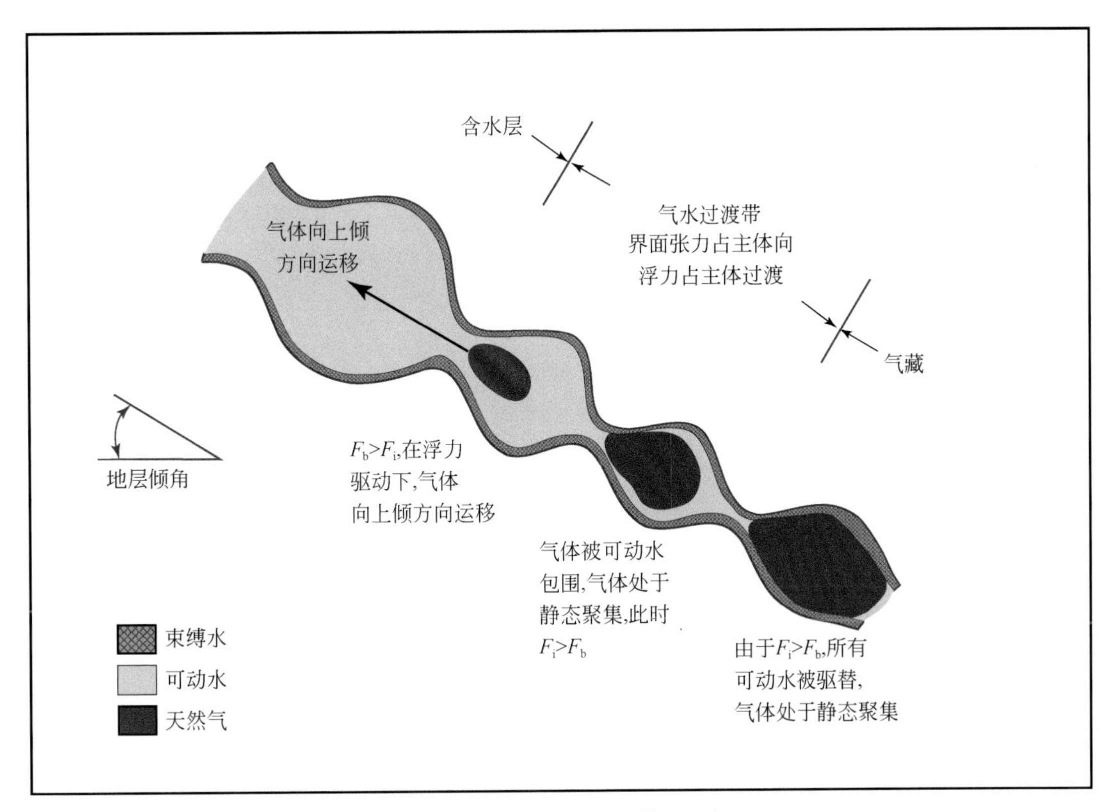

图 1-12　气水倒置的微观聚集机理与理论模型（据 Berkenpas，1991）

$$F_i = 2\sigma\cos\theta\pi r_t \tag{1-2}$$

式中，P_c 为毛细管压力，kPa；F_i 为界面张力，N；σ 为气水界面张力，N/m；r_t 为喉道半径，m；A 为界面面积，m^2。

第三种力是气体与可动水作用于界面面积上的压力分力。气体的压力一般高于可动水的压力，但只有当可动水被完全驱替后才能在各个方向起作用，一旦气完成了对可动水的驱替，必将在气水界面形成压力分量，进而产生与 F_i 作用方向相反的力 F_p：

$$F_p = \pi r_t^2 \ (\rho_g - \rho_w) \tag{1-3}$$

从图 1-12 可以看出，在下倾方向的孔隙中，气体驱替了所有的可动水，此时 $F_b=0$。随着气体的压力逐渐增高，直到 F_i 小于（F_p+F_b），这时气泡就会进入下一个孔隙中。供给的气体越多，压力就越容易升高，更多的气体就会进入上顷方向的孔隙中。由于 F_i 大于 F_p 且 $F_b=0$，所以气体就会停留在该孔隙中。只要 F_i 大于（F_b+F_p），进入另一个孔隙中的气泡也会停留其中。如果可动水没有被驱替，F_p 为 0，那么气泡就会保留在孔隙中，直至 F_i 小于 F_b。

其实气水倒置聚集机制的关键控制因素是地层倾角和孔隙及喉道的大小。界面张力与喉道半径呈正比，压力分量与喉道半径的平方呈正比，而浮力则与孔隙半径的立方呈正比。Berkenpas（1991）给出了在 21℃、3000kPa 时的气水界面张力（σ）、45°的水-气-岩接触角、气水密度分别为 21. 6kg/m^3 和 1056kg/m^3 条件下，不同孔隙半径和喉道半径的 F_i 和 F_b 的双对数坐标图解（图 1-13）。孔隙半径与有效喉道半径的比值是非常重要的，这里选用了 5 作为常数值。图 1-13 中的两条 F_b 直线分别代表垂直体系和相当于牛奶河组气田倾角（1/100）的体系。在较小的喉道半径时（相当于图 1-12 中的第二个孔隙）F_i 大于 F_b，但随着孔隙半径的增大，这种关系发生相应变化，在第三个孔隙中，F_i 小于 F_b，此时浮力就促使气泡向上倾方向运移。

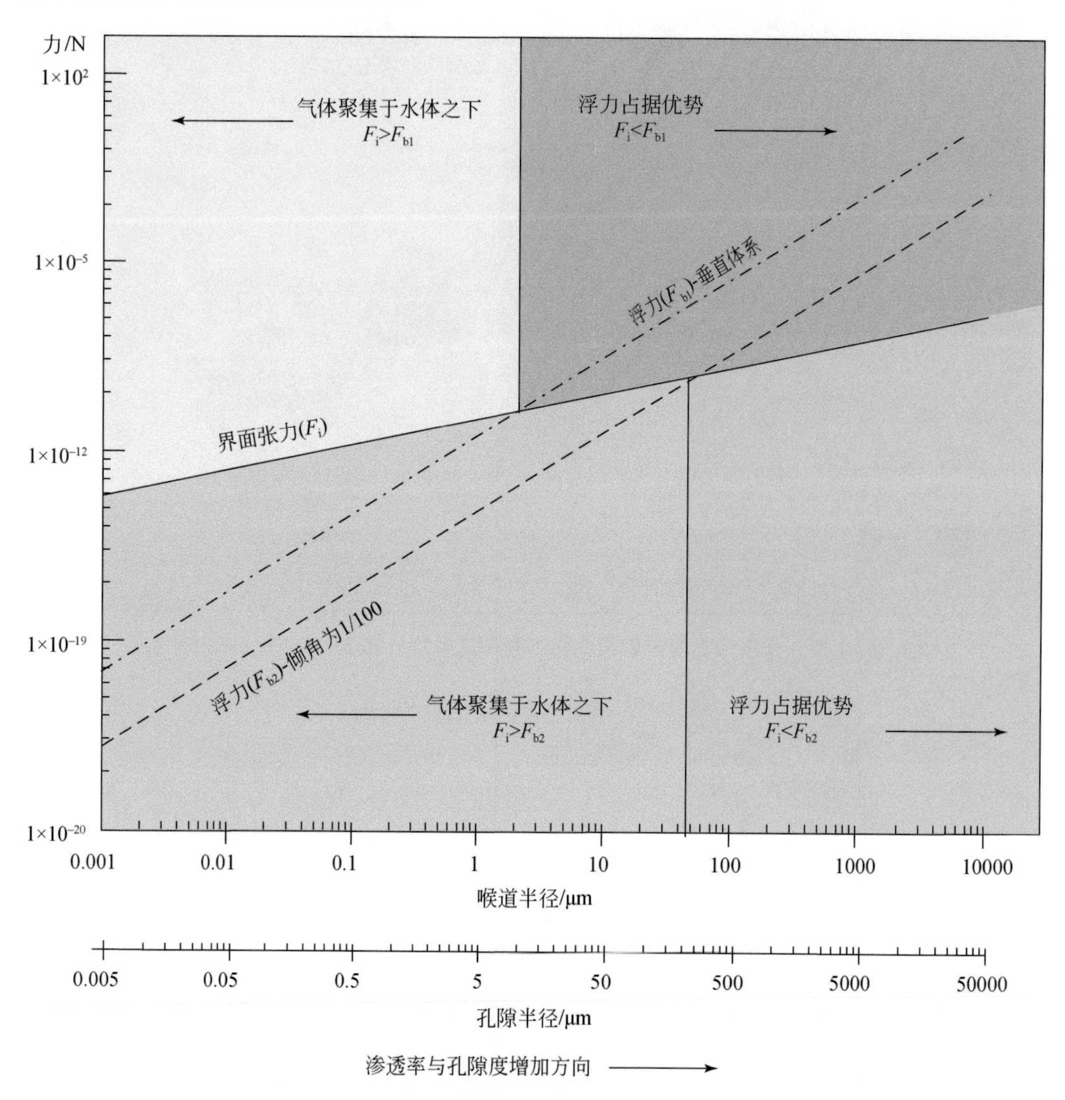

图 1-13　各种动力与孔隙半径/喉道半径的变化关系（据 Berkenpas，1991）

根据前面的研究，可以得出如下认识。

（1）气体将聚集于界面张力和压力平衡处的最后一个孔隙喉道下面。

（2）牛奶河气田中，下倾方向的孔隙喉道特别小，故绝大多数可动水被气体所驱替，在气藏下倾部分不存在水柱。

（3）受浮力驱动向上倾运移的气体如果向着足够小的孔隙喉道方向运移，同样能够被封堵于水体之下。这种聚集机理可能正是形成气藏南部的气水过渡带或气水混合区的原因。

（4）在气体聚集且被可动水环绕的地方可能在测井中显示饱含气，但气可随水产出。

（5）由于界面张力随着温度和压力的降低而升高，所以在同一孔隙喉道在浅的地层中将表现出较高的临界毛细管压力，更容易在上倾方向上形成水体聚集。

（6）在牛奶河气田中，向上倾方向渗透率和孔隙度不断增加，界面张力也随之增加，但是由于浮力与孔隙半径的立方呈正比，而 F_i 与喉道半径呈正比，所以浮力上升得更快。

三、气藏运聚模式

根据深盆气的运移和聚集特点，可将深盆气藏的形成分成以下三个阶段（图 1-14）。

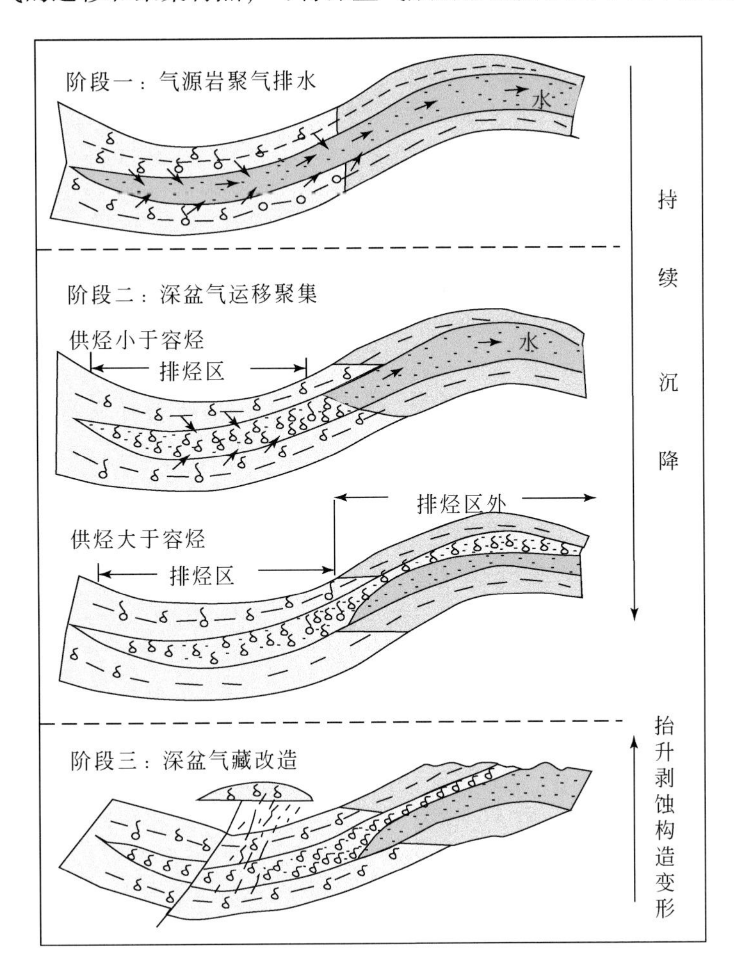

图 1-14　深盆气藏形成的地质模式（据张金亮等，2000b）

阶段一：气源岩聚气排水阶段。在有机质未成熟阶段，尽管可以生成生物气，但这时气源岩中含有大量的水，在压实作用的影响下，水优先从气源岩中排出，而气则在气源岩中由分散态不断富集。这个阶段储层的孔隙度和渗透率可因压实作用和胶结作用而大量减少，但地层水流动性好，因而还会产生次生溶蚀孔隙，并在某种程度上改善孔渗性能。

阶段二：深盆气运移聚集阶段。在有机质大量生气阶段，气源岩中可供排出的水已经很少，可能主要是束缚水，随着气量的增多，气相便在压实作用和膨胀作用产生的压差驱动下排出气源岩，首先在气源岩和储集岩的接触面上聚集，逐渐把储层中的水驱走，形成气水倒置的格局。由于这时地层水不活跃，形成次生孔隙的作用趋于停止，储层孔隙度和渗透率可因压实作用而进一步减小，并最终形成低渗透储层。气藏的压力有可能是超压，也有可能是负压，这取决于供气和泄水的相对速率。若气量供应充足，并超过排气区与储层接触范围内储层的容气量，那么会沿储层向上倾方向继续运移，并形成常规气藏（即下水上气的气藏）。

阶段三：深盆气藏改造阶段。深盆气藏的改造大致有三种方式。第一种方式是气藏压力若超过储层和气源岩的破裂强度，就会产生裂隙，再加上断裂作用，深盆气会沿这些裂缝或断裂垂向运移，并在更浅的地层中聚集。第二种方式是深盆区整体抬升，遭受风化剥蚀，构造格局的变化一般不会对深盆气藏的保存产生较大影响，只有当扩散作用十分强烈，深盆气藏才会遭受破坏。第三种方式是水动力条件下的活跃程度，地下水的水文地质开启程度高，则会对形成的深盆气藏产生扰动，使其发生散失，一个相对稳定的水动力环境有利于深盆气藏的保存。

在油气运聚物理实验中，我们发现，当油气从下部低渗区注入时，首先在近注入点实现饱和度增长或聚集，并沿有限的前缘向前运移。当油气充注过程结束后，油气即使是在高渗透层中，也不能靠自身的浮力上浮，这时原生连续性岩性油气藏进入保存期；若将上部水层与中上高渗区连通，在下伏可动水的作用下，油气浮力克服了界面阻力，向储集层的顶面运移，可在高渗储集层顶面圈闭中形成常规油气藏；若将上部水层和底部低渗区连通，由于渗透性地层的界面阻力大，可动水产生的浮力只能促使油气在已经存在的水道区向上倾方向发生缓慢的运移，并受到物性非均质性影响而滞留部分油气。实验表明，原生连续性岩性油气藏形成后，进入改造与保存期，活跃的水动力扰动，也会使连续性岩性油气藏发生调整，形成水溶气或游离油气相向上运移，可能形成新的常规油气藏。可见常规油气藏是在连续性岩性油气藏的基础上演化而来的，分布于连续性岩性油气藏的上倾部位的圈闭或有断裂或裂缝相连的上覆圈闭中。实验表明，连续性岩性油气藏应是石油地质学中最基本的成藏模式，从成因机制来看是“常规的”“原生的”，而我们所熟悉的常规油气藏才是经过运动和改造的油气藏。

第四节　致密气藏的分布

一、影响因素分析

通过对深盆气型大型致密气藏储层和隔层的特征、储层与烃源层接触关系以及对运移、聚集、封闭机制的分析，认识到有效气源层与储层的接触组合是控制致密气藏形成最主要的地质因素。这里有效气源岩指不仅能大量生气，而且能大量排气的气源岩，其对应的有机质成熟度是不同的，一般是有机质丰度越高，对应的有机质成熟度就越低。控制烃源岩与储层接触的地质因素主要是沉积环境的变化，稳定分布的煤系气源岩与致密储层紧密相邻或呈互层接触或包容式接触时，可以使致密储层优先最大限度地被天然气饱和，二者的接触范围、相互距离都会影响到气藏的分布，距离越近，接触越密切，越有利于气藏形成。

在深盆气型致密气藏中，要形成气水倒置的分布关系，储层的成岩致密化作用必须在天然气大量注入前完成。天然气在致密储层中依靠驱动压差排驱自由孔隙水或弱束缚水，不断将上倾饱含水带推进气水界面，而致密储层段的含水饱和带与较好物性带之间存在较大界面阻力，封存气水界面的进一步上移，形成气水倒置格局。倘若天然气大量生成和排烃时，储层的致密化成岩作用尚未完成，储层保留着较好的孔隙度和渗透性，那么天然气在储层中的运移排替阻力就会很小，有利于气体作相对远距离运移，直到遇见合适的构造高点，在浮力和水动力的力学平衡下聚集成藏，经重力分异后形成具有边水或底水的正常气藏。当然，水动力条件对油气藏的保存具有重要意义。地层水的性质（矿物含量、成分组成、密度、温度变化、区域流动方向等）及水文地质开启程度都会影响到原生气藏的保存，对其产生改造或调整。水体自由交替不利于深盆气藏的形成保存，而交替封闭带有利于深盆气藏的保存。

深盆气藏形成以后，还要受到盆地构造运动的巨大影响。一方面，界面阻力封堵下的天然气多具有压力异常，构造运动直接以构造应力作用于深盆气藏，或抬升遭受剥蚀，均会造成地层压力的剧增，若突破了岩层破裂强度，会产生裂缝，形成运移通道，造成气体外泄。另一方面，构造运动也可能产生断裂作用，形成沟通性断层，引起压力释放、气体泄漏。强烈的构造运动对深盆气藏的调整改造会因强度的不同或地质条件的不同产生不同结果。开启性断裂或裂缝通道体系，引起深盆气藏的气体向上运移，当上部地层仍属于成岩作用强的致密岩层，顶部存在物性较好的饱含水带封闭时，形成的仍是深盆气藏类型；倘若沟通的是深盆气藏与物性较好的储层，则外泄的气体会按照常规气藏的运聚模式形成常规气藏，若伸到地面则会造成完全破坏。

深盆气藏中含气面积常与有效气源岩区分布面积相同，但天然气多处于致密储层中，而且含气密度在储层中的分布是不均匀的。由于差异成岩作用、后期构造改造作用等因素影响，在致密储层中局部发育一些高孔渗带，在深盆气聚气排水发生运移聚集时，这些高孔渗带同样进行气体驱替可动水的过程，形成天然气局部富集点，即所谓的“甜点”或富气点。深盆气藏的形成机理和北美地区的实例都可以说明，深盆气藏是天然气分布的一个最基本的地质单元，它广泛分布于盆地下倾方向与有效供气层接触的储层中。深盆气藏中气的富集程度是有差异的，这种差异性取决于气源岩的供气程度和储层的物性。若供气量高，储层物性好，那么气藏中天然气相对富集，反之，则可成为干层。原生深盆气藏形成后，进入改造与保存期。受构造运动影响，原生的深盆气藏被重新分配，部分或全部天然气不断通过渗滤通道向上运移或散失，当遇到合适的圈闭条件时，即以常规天然气的聚集原理形成气藏。活跃的水动力扰动，也会使深盆气藏发生调整，形成水溶气相或游离气相的向上运移，并形成新的常规气藏，不过更多的是发生破坏溢散。某些常规气藏是在深盆气藏的基础上演化而来的，仅分布于深盆气藏上倾部位的圈闭或有断裂或裂缝相连的上覆圈闭中，是局限分布的。

鉴于深盆气藏的一些特殊地质特点，其勘探理论与技术也需采用特别的措施。深盆气藏多出现于盆地深凹带或构造低部位，同时多处于孔渗性较差的致密储层中，而这却又是常规油气勘探所不重视的地区。通过研究深盆气藏形成的基本地质条件，论证其气源岩分布、类型及演化、储层的成岩作用演化及其与气源岩接触配置关系、储层成岩作用与主生排烃期的配置、成藏后期构造运动、水动力条件的演变，特别是已有井的气水分布情况，可以初步确定深盆气藏的存在。在明确了存在深盆气藏的地质条件，同时在有生产井的气水分布证明的基础上，重新认识盆地的构造发育史、沉积相带和沉积环境演变，甚至进行老井复查，进而必须详细解剖气源岩的成熟阶段及演化模式、气源岩与储层的构造配置、地层压力演化及分布特点、储集层成岩作用造成的物性差异及其主控地质因素，建立成藏模式，明确成藏机理，圈定气水边界，寻找致密储层中的“甜点”，分析次生气藏的分布及控制要素。

二、鄂尔多斯盆地的深盆气型致密气藏

鄂尔多斯盆地除了盆地西缘为逆冲构造带外，上古生界自晚三叠世至今整体表现为环县—庆阳—吴旗一带为深凹陷区，并由此向北、东、南为构造斜坡的深盆地构造格局。上古生界煤系有机质是全天候的优质气源岩，同时太原组、山西组和下石盒子组砂岩孔隙度一般介于5%～10%，属于致密砂岩，并且在全盆地范围内气源岩与砂岩储集体直接接触，尽管南北向砂体物性变化较大，但总体上北部砂体物性要优于南部，早侏罗世至早白垩世末深盆气藏形成时，砂体展布与古构造倾向基本一致。晚三叠世以来，上古生界气源岩开始生气，现今除东胜、杭锦旗以北及神木以北地区未达到成熟以外，其他地区全进入高成熟-过成熟生气的热演化阶段，可以预测在鄂尔多斯盆地上古生界可形成几乎覆盖全区的深盆气型特大型气藏（图1-15）。

通过对鄂尔多斯盆地100余口井的试气结果分析，区域上，盆地伊盟北部、天环拗陷、盆地东部普遍出水或气水同出，盆地中部隆起带砂岩普遍含气，水层相对减少；纵向上，含气层位主要分布于盒7段、盒8段、山1段、山2段，含水层则主要分布于盒6段、盒7段。山西组、下石盒子组东胜-乌审旗-靖边三角洲体系长约200km，宽约50km，北东向的河道砂体呈现带状分布，连通性好，越向北渗透性越好，气主要分布在下倾方向的储层中，向上倾方向逐渐转变为气水过渡带和含水区，充分表现出深盆气藏特有的气水倒置特征（图1-16）。山西组和下石盒子组具有南气北水、下气上水的特征，以阿布劳庙-泊尔江海子断裂带和鄂3井—召3井—鄂10井一线为界，可以划分出饱含气带、气水过渡带和饱含水带。在盆地南北向剖面上，整体来看，气水分布具有南北向明显倒置关系，尚未发现明显的边水或底水，而且分布不受构造控制，属于典型的深盆气藏。总的来看，上古生界天然气分布最集中的是盆地中部地区，跨越了两个高强度的生气中心，富集于和气源岩邻接的致密储层中。近南北向的河流三角洲沉积体系中，主河道、河漫平原、冲积平原和冲积扇北端靠近物源区储层物性较好的部位普遍含水，而三角洲平原、三角洲前缘储层物性较差的地区则普遍含气。可见盆地气水分布主要与构造面貌、生气强度中心和沉积体系有关。

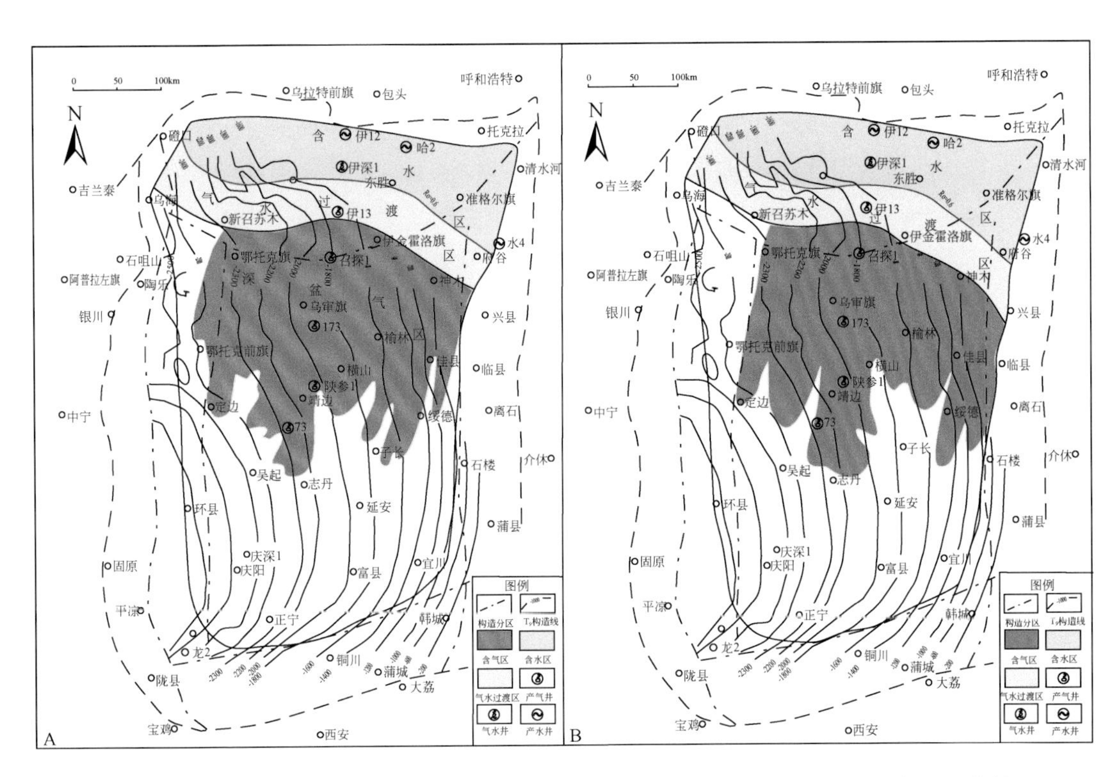

图 1-15　鄂尔多斯盆地上古生界山 2 段（A）和盒 8 段（B）深盆气藏平面分布图（据张金亮等，2005）

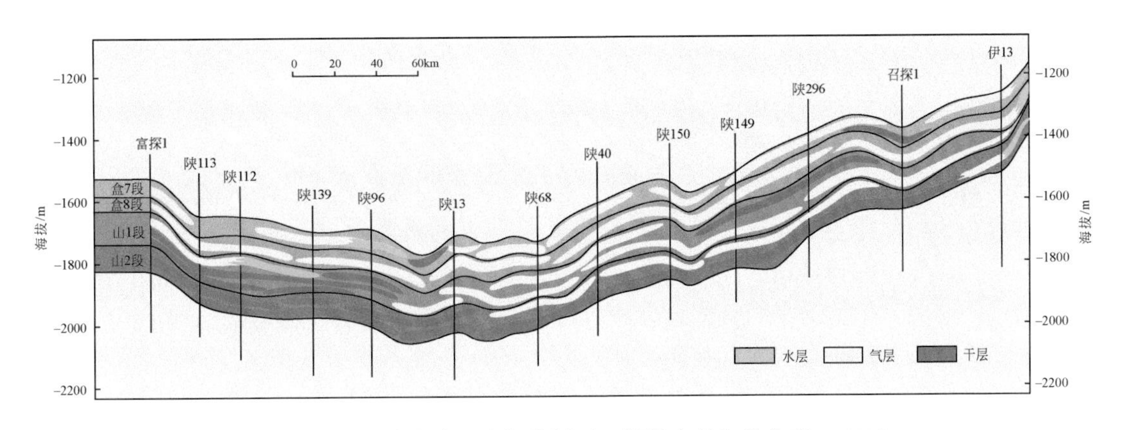

图 1-16　鄂尔多斯南北向气藏剖面（据张金亮和常象春，2002）

气水分布在东西向剖面上与南北向较相似，东部地区以产淡水为主，含气；向西在伊陕斜坡上倾部位以低产气井为主，部分井气水同出；再往西则天然气相对富集，产气；到最低构造部位的天环拗陷则气水同出（图 1-17）。天环向斜内水层分布比较普遍，地层水矿化度较中部要低，在西部的最大埋深处的钻井都产水或气水同出，鄂 6 井盒 8 段日产水为 20.9m^3、日产气为 983m^3。总体来看，中部地区为主要含气区，东西向上气水倒置没有南北向明显。盆地大部分基底向西倾，上古生界三角洲向南延伸等区域性地质格架控制了天然气的运移和聚集，产气层位由东向西，自南向北逐渐上移，进而形成了气水层的现今分布特点。

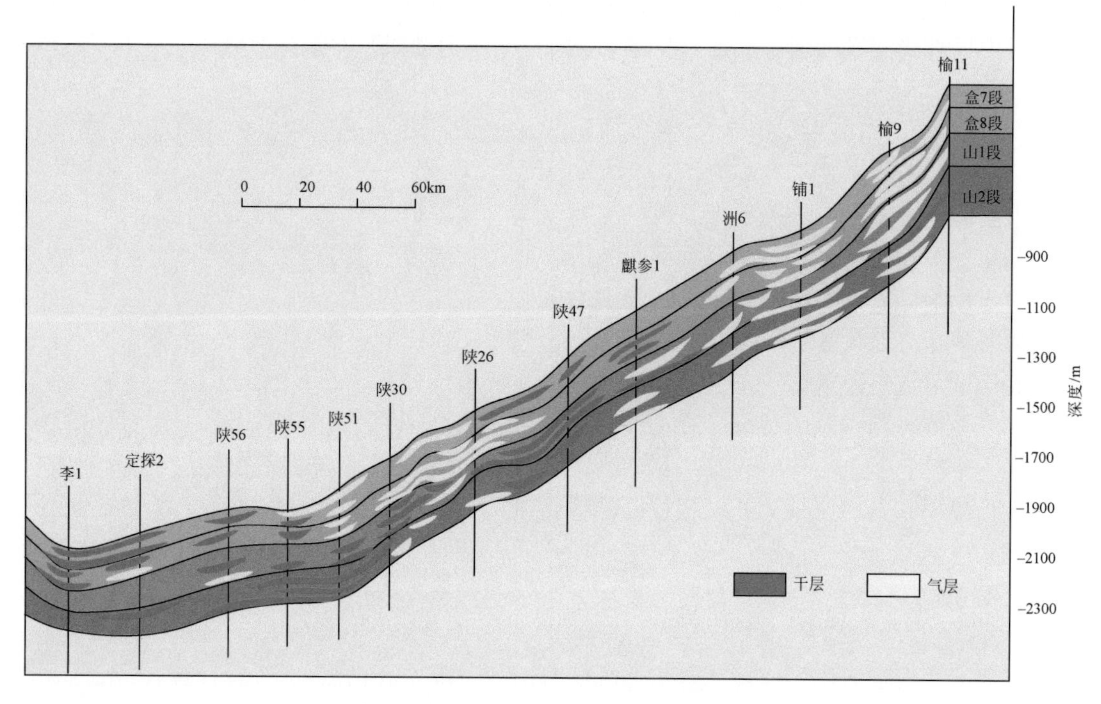

图 1-17　鄂尔多斯东西向气藏剖面（据张金亮和常象春，2002）

纵向上，含气层位主要分布于盒 8 段、山 1 段、山 2 段，其上覆的盒 5 段、盒 6 段、盒 7 段气水分布关系较为复杂，气层零星分布于盆地中部和北部，水层在各个地区均占有较高比例。但有一点与盒 8 段–山西组相似，即由下至上含气范围逐渐增大。

在深盆气藏分布区内，上古生界凡是与良好气源岩接触的砂岩，绝大多数饱含气，水层仅出现在不与烃源岩接触的砂岩中。这主要是砂岩的致密化发生在深盆气主体形成之前，天然气优先排驱相邻储层中的自由水而发生聚集，天然气的进一步排水运移受限，不与源岩接触的储层中地下水的排驱较为困难所致。在深盆气藏区以外的井，即使有暗色泥岩与砂岩直接接触，砂岩中大都含水，但可见气的显示。

鄂尔多斯盆地上古生界气藏虽然具备深盆气藏的特征，但与国外深盆气藏相比，其运移聚集方式及保存机理并不是完全一致。差异之处是其聚集成藏并不是遵循天然气运聚动平衡模式，而是丰富的气源岩在热演化过程中大量生成天然气，并向紧邻的致密储层中运移，进而在储层中二次运移，进一步的运移受到上倾方向饱含水储层的界面封堵，发生聚集成藏。早白垩世后盆地抬升受剥蚀，古地温降低，源岩生烃演化近于停止，其后在构造和水动力相对稳定的盆地中，天然气聚集的地质条件不能形成突破渗透性好的饱含水储层与致密含气储层间界面阻力的驱动压差，在界面阻力的封堵下，气体扩散速率较小，使得形成的气藏得以保存，具有良好的勘探远景。

储层与其上下相邻的有效气源岩组合是深盆气藏形成的基本地质单元，或者说气源岩与储集层的紧密接触是控制深盆气藏形成最主要的地质因素，因此，可以用有效生储组合预测深盆气藏的分布范围（张金亮等，2002a，c）。由于生储组合内部储层物性差异较小，运移动力主要来自烃源岩内动力而不是来自浮力和水动力。成岩作用的差异必将在致密化的储层中局部形成孔渗条件相对较好的“甜点”，成为勘探开发的有利地区。

三、四川盆地的深盆气型致密气藏

川西前陆盆地的盆地结构保存较好，盆地呈西陡东缓、向西倾斜的不对称形态。西部为深凹陷，与龙门山冲断带以一系列冲断层相连；东部较浅，以平缓的斜坡与前陆隆起过渡。川西拗陷的发展演化保持了相对稳定的古构造格局，但盆地后期构造运动较强，局部隆起和断裂对气藏的形成和保存影响较大。川西前陆盆地的盆地的演化、结构和相对稳定的斜坡构造对上三叠统深盆气型致密气的形成和聚集十分有利。

上三叠统包括须家河煤系和香溪群，是一套假整合于中三叠统雷口坡组碳酸盐岩侵蚀面之上、不整合-整合伏于侏罗系红层之下的一套以砂泥岩为主的煤系地层。上三叠统沉积厚度为西厚东薄，沉降中心紧靠龙门山冲断带一侧，厚度超过4000m。须家河煤系及其上部的香溪群共分为八个段。其中须1段、须3段和香3段、香5段这四个段以泥质岩沉积为主，夹煤层、煤线；须2段和香2段、香4段、香6段这四个段以砂质沉积为主。须家河时期可能存在不同性质的两种沉积环境，即早期（须1段）的海湾环境和晚期（须2段和须3段）的近海湖盆环境。香溪群沉积时期，沉降中心仍然位于川西地区，龙门山北段隆起较明显，主要发育冲积平原、扇三角洲和三角洲沉积体系。上三叠统储层以低孔隙度、低渗透率、高含水饱和度和细小喉道为特征。储集砂体分布面积大，砂层厚度大。须2段储集砂岩厚度为200～300m，平均孔隙度一般为3%～6%，个别样品孔隙度可达15%。须2段上覆于须1段海湾泥质岩之上，下伏于须3段湖沼沉积之下，两侧有不断的天然气供给，形成天然气聚集的有利相带。香2段砂体厚度为50～250m，分布面积广，孔隙度一般在4%～7%，最大达10%。该段砂体的上覆和下伏层均为暗色泥岩夹薄煤层的气源岩，因此，对深盆气的聚集和富集成藏十分有利。香4段砂体厚度比香2段小，变化也较大，砂体厚达50～250m，平均孔隙度为3.7%～6.8%。香6段砂岩厚度一般为50～150m，局部遭剥蚀。可见，上三叠统沉积泥质岩和煤层与上下致密储层大都直接接触，储集砂体分布面积大，砂层厚度大，这种有利的生储组合是致密气藏形成的先决条件。虽然储层以低孔隙度、低渗透率、高含水饱和度和细小喉道为特征，但对于致密气仍是十分有效的储层。砂体的上覆层和下伏层均为暗色泥岩夹薄煤层的气源岩，对深盆气型致密砂岩气的聚集和富集十分有利。

上三叠统气源岩为一套海湾-半咸水湖沼相煤系地层，有机质含量丰富，除地面露头外，绝大部分地区的源岩R_o大于1.0%，进入了生气窗范围。煤系气源岩分布广、厚度大、生气潜力高、热演化程度高，为川西拗陷深盆气藏的形成提供了充足的气源，生气中心及其周缘是致密气有利聚集区。喜马拉雅运动的断裂作用在构造应力强烈区改造原生气藏进而形成常规气藏。早白垩世—晚白垩世中期，源岩进入生气高峰，为致密气形成的重要时期。川西拗陷晚侏罗世中期至早白垩世末期储层开始致密化，早白垩世以后储层进入超致密阶段，砂岩孔渗性大为降低，地层水相对不活跃，但供气速率较大，造成孔隙中流体体积急剧膨胀，引起川西区处于超压环境。喜马拉雅运动晚期造成周边形成供水区，但是由于地层致密且断裂以压性为主，周缘的水自由交替带和交错缓慢带不可能很宽，盆地大范围仍处于交替停滞带，弱的水动力条件加上致密的砂岩储层等因素有利于致密气藏的保存，上三叠统在喜马拉雅运动改造后仍大面积存在整体封存条件。

研究表明，川西拗陷上三叠统不仅具备深盆气型致密气藏的形成条件，而且形成了一个几乎覆盖全盆地的特大型深盆气藏。影响深盆气型致密砂岩气分布的主控地质因素有源岩条件、供气充足程度及构造运动和水动力条件等，综合这些因素可将川西拗陷分为深盆气分布区、气水过渡区和上倾含水区（常规气藏分布区）三个区带（图 1-18）。从全盆地看气水分布具有明显的倒置关系，气水分布不受构造控制，区域上的气水过渡带处于煤层厚度为 5～10m，压力系数介于 1.4～1.6，宽数千米至数十千米的地带，在水相对活跃区，不连续煤层发育的地区也可分布常规气藏。

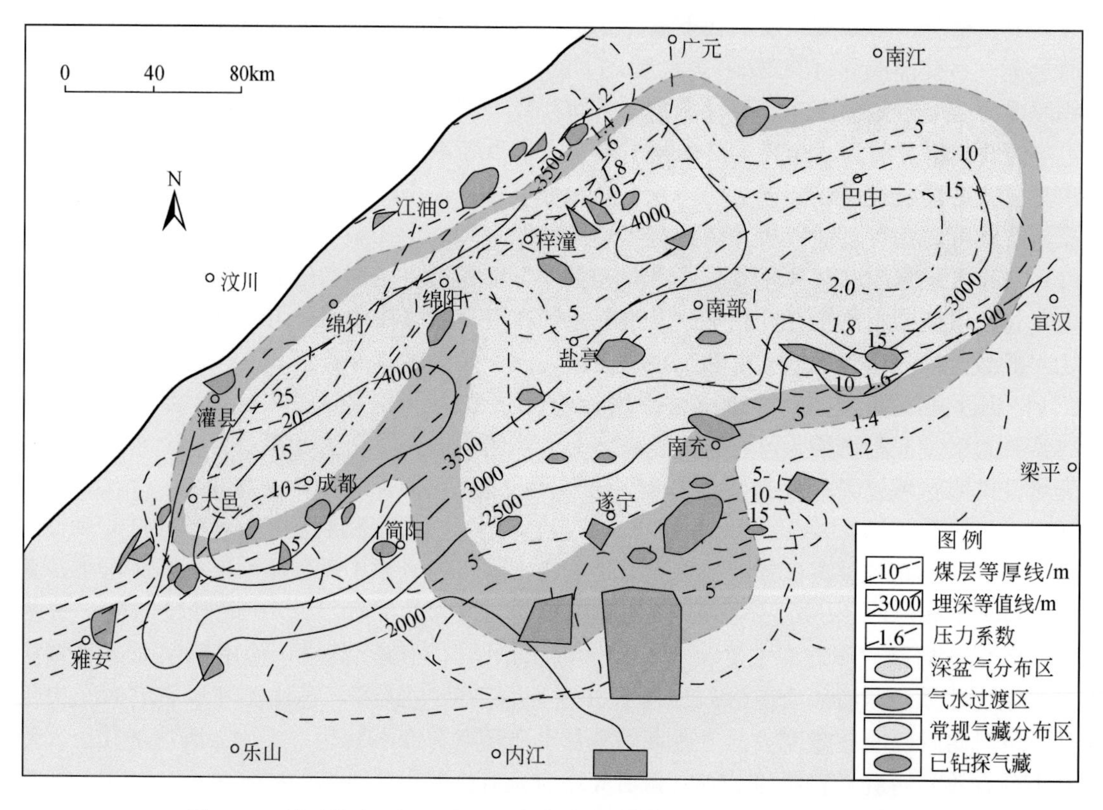

图 1-18　川西拗陷上三叠统深盆气藏分布预测图（据张金亮等，2002a）

四、东部深层油气成藏序列

大量的物理实验模拟和油气藏实例解剖表明，油气藏的形成经历了源岩聚烃排水供烃、压差驱动下受储层性质与盖层连续性控制的油气运移与聚集过程，从而在洼陷带或紧邻洼陷带形成了各种复杂岩性油气藏富集发育带。驱动压差是深层油气运移和聚集的关键动力条件，孔隙压力和浮力与界面张力的相对大小控制着微观流体的静动态过程。在上倾储层连续的背景下，深部主要为缺乏连续可动水的复杂岩性油气藏，沿构造上倾方向或者斜坡带为复杂地层-岩性油气藏，可划分为缓坡型、断坡型和深洼型等不同结构类型的油气藏分布组合模式。由深层到中浅层、由洼陷中心向斜坡带，原始成藏体系逐渐演化为改造成藏体系，形成可以预测的油藏序列模式。

渤海湾盆地济阳坳陷发育多个稳定的生烃中心，稳定分布的源岩与储层紧密相邻，呈互层或包容式接触，热场控制着生排烃机制。活跃的生烃作用可导致异常压力发生，产生排烃压力场。压力场是储层内部压力和浮力与界面阻力消长的综合表现，油气向着驱替阻力小的区域运移，构成流体势场，除了油气富集分布区与压力梯度递减区具有相关关系外，异常压力可导致烃源岩生烃门限下延和储层物性改善。储层性质受砂体微相和成岩作用的控制，故油气富集分布区还与沉积相和优势岩石物理相（成岩相）具有明显的相关关系，其成藏特征可以归纳为“近源供烃、压差驱动、相场共控、耦合成藏”。近源供烃是深层油气系统形成和存在的前提条件，在洼陷带或紧邻洼陷带可形成独立的深层成藏体系，为原生岩性油藏富集发育区；压差驱动是形成深层原生岩性油藏充注的必要动力条件，烃源岩的异常压力以及源盖层与其间储层的压差（势能差）控制着深层油气藏的聚集和运移；相场共控是指相势共同控制着深层油气藏的类型、规模和连续性；耦合成藏反映了深层油气藏保存和改造的平衡过程。

济阳坳陷深层多处于盆地发育的初陷期和深陷期，生烃中心主要为同层和高层生烃中心，每个洼陷带都形成了稳定的生烃中心，活跃的生烃作用可导致异常压力发生，异常压力可导致烃源岩生烃门限下延和储层物性的改善。深层油气藏的形成经历了源岩聚烃排水供烃、压差驱动下受储层性质和盖层连续性控制的运移和聚集，以及油气藏保存改造的动态成藏过程。东营凹陷沙 4 段烃源岩便为一套高效优质的深层近源供烃体系，在洼陷带或紧邻洼陷带形成了各种复杂岩性油藏富集发育带，驱动压差成为深层油气运移和聚集的关键动力条件，浮力、界面张力和孔隙压力这三种主要动力控制着油气聚集的初始静动态过程。在上倾储层连续的背景下，深部主要为缺乏连续可动水的油气藏（储层多为油气层和干层），沿构造上倾方向变为正常的油气藏，两者之间为油气水共存带（图 1-19）。东营凹陷深层的储层成因类型主要为近岸水下扇、浊积岩体和末端扇砂体，部分环洼滩坝砂体也进入深层演化阶段。有效源岩层与储层的包容式接触组合是控制岩性油气藏形成的重要因素，储层性质和盖层的有效性控制着深层油气藏的分布和规模，可划分为缓坡型、断坡型和深洼型等不同结构类型的油气藏分布组合模式。

济阳坳陷惠民凹陷临南洼陷带从沙 3 段中亚段开始进入深层演化阶段，成岩演化进入中成岩 A 期，各类扇三角洲、三角洲、浊积岩和滩坝砂体形成了良好的储层，尤其是三角洲十分发育，形成三个砂体厚度中心，即双丰三角洲、江家店三角洲和瓦屋三角洲，它们与邻近烃源岩形成的良好生储组合，构成了深洼-缓坡型岩性油气藏组合模式。深层原始成藏体系会受到后期构造活动和水动力的改造，由洼陷中心向斜坡或由深层向中浅层，由岩性油气藏（或深盆油气藏）组合变为构造-岩性油气藏组合，向构造上倾方向再转变为构造或地层油气藏组合，构成由深层到中浅层、由洼陷中心向周边的原始成藏体系到改造成藏体系的发育演化模式（图 1-20）。在油气沿输导体系向中浅层运移的同时，周围烃源

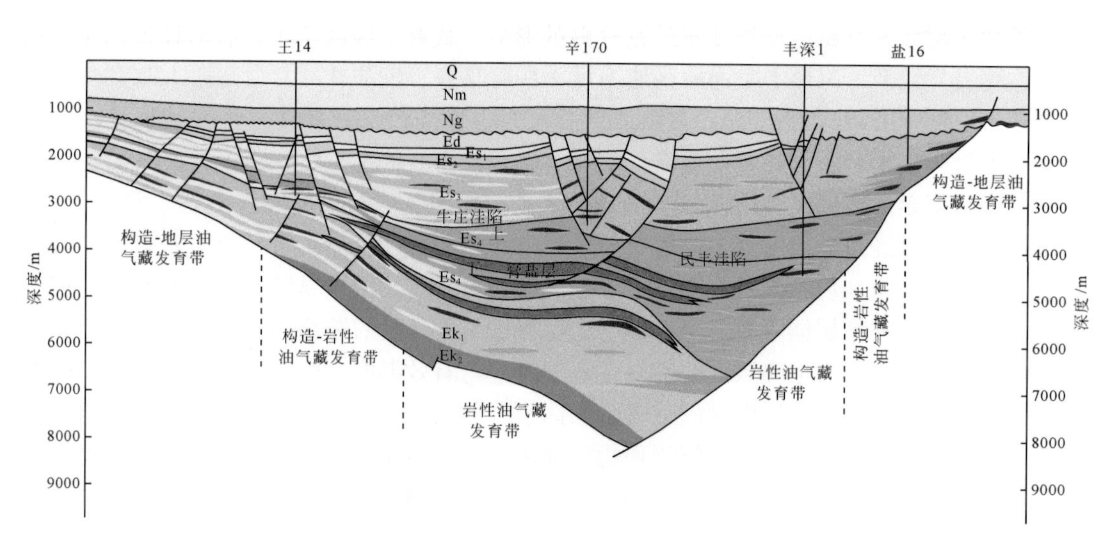

图 1-19　东营凹陷油气藏分布序列示意图

岩可持续充注，达到聚散动态平衡。深层油气藏的成藏类型主要有负向构造油气成藏、继承性隆起持续多期多向成藏、远洼单斜构造岩性油藏成藏、低幅度构造及反向正断层遮挡成藏和近洼近源多层系复合成藏等。可以用相场共控、耦合成藏的观点刻画深层油气藏形成、改造和保存的过程，将深层与中浅层油气成藏有机地组成一个完整的动力学系统，可进一步深化对深层油气成藏条件、成藏机理和富集分布规律的认识。在成藏规律认识的基础上，还可以通过盆地模拟和含油气系统数值模拟相结合的方法，直观地再现和预测有利油气富集分布区。

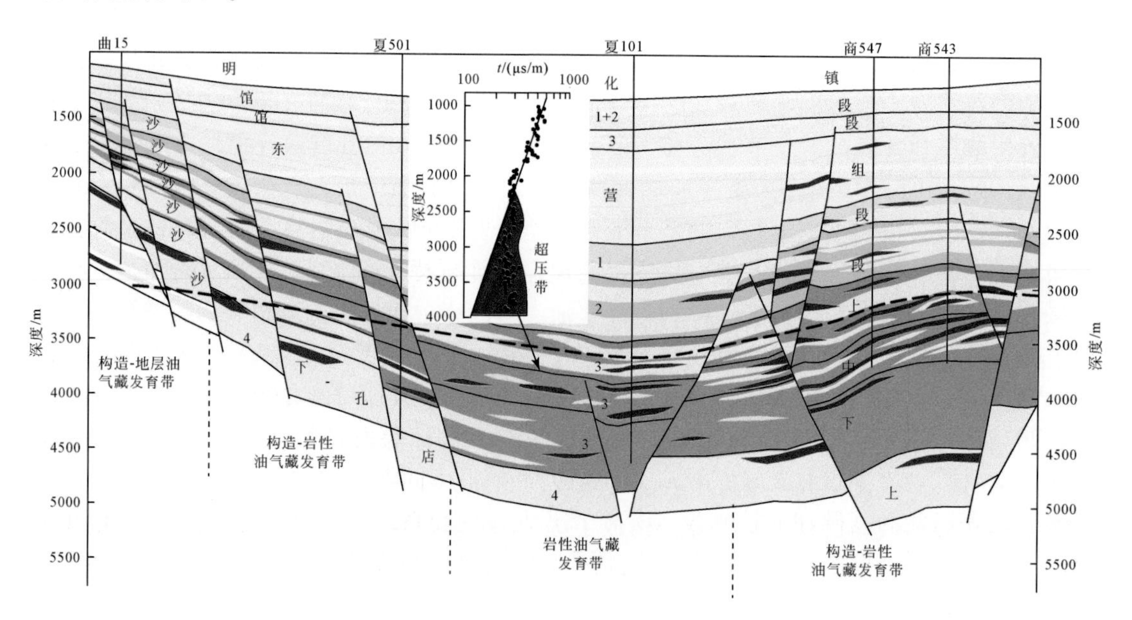

图 1-20　惠民凹陷油气藏分布序列示意图

近年来对致密气藏的研究使对致密气藏的形成方式有了新的认识，有力地推动了致密气的勘探开发，致密气资源潜力也随之有了大幅度增长，即使在一些勘探老区也仍然有很大的拓展空间。随着石油工业钻井和完井技术的进步，致密砂岩储层将会贡献更多的资源。随着气价的攀升，一些针对致密气储层的新的压裂技术也会应运而生。

济阳拗陷是胜利油田原油储量产量的主要阵地，原油产量占全国的12%，历经60年的勘探开发，已经进入高勘探程度挖潜阶段。勘探实践证实，剩余资源具有很强的隐蔽性和复杂性，尤其是地质条件的复杂使得油藏类型较难识别，特别是陡坡带的非均质砂砾岩油藏、缓坡带上的地层油藏和构造-岩性油藏以及深洼部位的透镜体砂岩油藏，都蕴涵着巨大的油气资源潜力，但多数无法利用传统方法进行有效勘探。这些剩余资源的分布受控于多种因素，包括宏观地质因素和微观地质因素。成藏组合多以岩性为主，油层物性变化大，非均质性较强。构造环境、沉积环境、油源条件、砂体储集物性等多种因素，对岩性油气藏起到主要的控制作用。油气运移通道因素、流体动力因素、储层临界物性因素和砂体封闭因素控制着岩性圈闭的有效性。济阳拗陷除了构造油气藏探明程度超过60%外，地层和岩性油气藏的探明程度都不到40%，尤其是复杂岩性油气藏已成为目前最大的增储上产类型。

对倾斜构造背景下，在一个由低渗透到高渗透连续物性变化的剖面中，油气从下部低渗区注入时，首先在近注入点实现饱和度增长或聚集，并沿有限的前缘向前和向上运移。当油气充注过程结束并达到平衡状态后，油气即使是在高渗透层中也不能靠自身的浮力上浮，这时，原生连续性岩性油气藏进入保存期。若将上部水层与下部连通，在下部可动水的作用下，油气才能克服界面阻力，向储集层的顶面运移，可在高渗储集层顶面圈闭中形成常规油气藏，在渗透性区的界面阻力大，可动水产生的浮力很完全驱替储层中的油气，从而产生复杂的油水关系。

实际上，储层内部结构的非均质性、油气充注的复杂性导致了油水分布关系复杂，即使在断陷盆地同一构造单元上同层系油气藏也具有多藏伴生的特点。虽然这些油气藏具有明显的构造形态，但每个小层的油气水分布都遵循岩性油藏的特点。若用构造模式认识这类油藏，就有可能产生油气藏地质认识上的误区，从而制约勘探发现。为此，吕传炳等（2020）提出了油藏单元的概念，并以油藏单元为对象开展研究，精细解剖复式油藏，从而揭示了不同类型油藏的成因机制和富集规律，使油藏特征和成藏认识发生了重大变化，取得了岩性油气藏研究的重要进展。

随着油气勘探理论和技术的不断提高，各种研究方法日新月异，对复杂隐蔽油气藏油气富集分布和成藏过程的认识也有了很大的提升（周心怀等，2009；宋明水和徐春华，2019）。针对老区剩余资源的特点，通过烃源岩和储层发育特征分析，系统开展成藏条件、成藏动力学过程及成藏模式系统研究，搞清不同期次的成藏组合关系，建立成藏模式，并以此为基础加大技术投入力度，开发出一套系统、有效、完善的剩余资源挖潜关键技术体系，以满足复杂隐蔽油气藏勘探的需求，并获得一系列的勘探突破（孙龙德等，2013）。

第五节　致密储层评价技术

与常规储层的分级评价相比，致密储层评价有一定的特殊性，如在参数分级界线上要比常规储层低得多，在渗流评价和产能评价方面，也有特定的界定标准。通常情况下，根据评价的精确程度进行划分，可将致密储层评价分为定性评价和定量评价两种类型。根据评价的角度不同，致密储层评价又可以分为宏观参数评价和微观参数评价两种类型。根据分级评价使用的数据不同，致密储层评价还可以分为静态参数评价和动态参数评价两种类型。具体到每一种评价类型，使用的方法也不同（林壬子和张金亮，1996；王大兴，2016，Hu et al.，2018）。

致密储层的定性评价在勘探阶段应用较多，是指在储层岩石学特征、成岩作用、孔隙结构特征及物性特征分析研究的基础上，结合致密储层含油性，对致密储层进行定性的分类评价。当油气田进入正式开发阶段后，致密储层评价工作也要从宏观特征评价逐渐深入致密储层内部的微观非均质特征评价，要从定性描述向定量表征和精细预测发展。致密储层定量评价就是建立在大量开发井资料基础之上的，主要综合静态资料和动态资料计算评价所需参数，并依此开展系统性和全面性储层综合定量评价。总体思路是首先选择评价指标，然后通过评价指标的标准化赋予每个评价指标一定的权重系数，并通过致密储层综合评价系数计算和致密储层类型划分，最终完成储层综合定量评价。目前，我国致密油气储层领域用的定量分级评价的方法主要是宏观参数评价法、微观参数评价法、渗流参数评价法及动态参数评价法等。致密储层宏观参数评价即利用致密储层的宏观物性参数对其存储性和渗流性进行系统评价，主要的宏观参数评价方法是非均质性评价，致密储层非均质性研究中使用最多的基本参数主要是以渗透率为主线形成的统计量（张金亮和谢俊，2011）。

一、成岩作用与成岩相分析

自20世纪70年代以来，碎屑岩储层成岩作用研究取得了很大的进展，对于分析砂岩储层储集物性的影响、确定优质储层具有重要意义，在致密砂岩储层评价中也得到了很好的应用。（Wolf and Chilingar，1992；Wilson and Stanton，1994；Salem et al.，2000；Milliken，2003；Taylor et al.，2010；张金亮等，2002c，2003，2004，2013；Xu et al.，2015；Zhang et al.，2008，2014a，b）

（一）成岩作用及影响因素

成岩作用是指沉积物在沉积后到发生变质作用之前所发生的各种物理、化学以及生物化学变化，而不是仅指狭义的石化和固结作用（郑浚茂和庞明，1989）。成岩作用的研究可合理解释储集空间形成机理及有利孔隙发育带的分布规律，为储层评价提供定性和定量方面的依据。成岩作用主要是由不同成岩阶段沉积物所处的物理化学环境不断发生变化而引起的物理和化学变化，受相互依存的各种因素控制，这些因素主要包括物理化学条件（温度、压力、细菌活动、水介质的pH、Eh等）、埋藏的速率、沉积物的成分和构造、沉积环境和构造环境、化学反应速率、水动力梯度和地温梯度以及其他因素（刘宝珺和张锦泉，1992）。在众多的影响因素中，尤以孔隙水的性质及运动最为重要。碎屑储集层的主要成岩作用有机械压实作用、压溶作用、胶结作用、溶解作用、交代作用及重结晶作用等，这些成岩作用类型决定了储层储集空间的形成与消亡（张金亮和常象春，2004）。

胶结作用是碎屑岩主要的成岩作用，也是进行成岩类型和成岩相划分的主要依据。胶结作用的控制因素有多种。胶结作用受到砂岩陆源组分及其物源的影响，因为砂岩中很多自生矿物是陆源组分溶解-再沉淀的产物或陆源组分与孔隙水相互反应的产物。砂岩沉积物的结构也是控制胶结作用的一个因素，自生矿物大多富集在分选良好、粒度较粗和杂基含量少的砂岩中。砂粒表面的黏土矿物膜对石英、长石和其他矿物的再生长有明显的抑制作用，当膜达到一定厚度时，被膜包裹的碎屑矿物就失去了成核作用的能力，因而就不能形成共轴再生长胶结物（Pittman et al.，1992；Anjos et al.，2003；张金亮等，2004；Berger et al.，2009；Ajdukiewicz and Larese，2012）。孔隙水是元素迁移和扩散的介质，所以只有孔隙水不断地渗流、交替，并不断从中沉淀出自生矿物，才能在孔隙中形成较多自生矿物。至于析出何种自生矿物则与孔隙水的成分和砂岩的矿物组分有关。当石油和气态烃运移进砂岩后有阻止某些自生矿物沉淀的能力，如伊利石、黏土等。自生矿物的形成亦明显受到地温、压力和水介质的影响（Gaupp et al.，1993；McAulay et al.，1994）。

Primmer 等（1997）研究了沉积物组分和沉积环境对成岩类型的影响，提出了原始沉积物组分和沉积环境的差异对成岩类型的控制作用（图 1-21）。石英胶结物常见于成熟的石英砂岩中，如风成、三角洲和浅海沉积环境，而矿物成分未成熟的砂岩，无论是长石砂岩还是岩屑砂岩，都很可能被碳酸盐和沸石胶结。高岭石出现在较为成熟的砂岩中，如石英砂岩、亚长石和亚岩屑砂岩，而且除风成沉积环境外，是所有沉积环境中最常见的黏土矿物。伊利石更常见于风成或河流环境的石英砂岩和亚长石砂岩中。绿泥石最常见于三角洲和浅海相砂岩中。早期菱铁矿胶结物常见于河流和边缘海环境相对成熟的砂岩中。成岩晚期的铁白云石胶结物，常见于亚长石或亚岩屑砂岩中，而晚期方解石胶结物常见于成熟度低的长石或岩屑砂岩中。Primmer 等（1997）指出，沉积物组分、沉积环境、埋藏温度和进入砂岩的外来物质等每个因素都对成岩作用产生重要的影响，因此可以通过有关沉积物组分、沉积环境、埋藏深度和温度等资料，对砂岩的成岩历史进行预测。

除了自生胶结物对储层性质的影响外，压实作用也是影响储层孔隙度和渗透率的主要因素。孔隙度大小及演化特征受埋藏深度、地层超压、软颗粒及黏土含量等多个变量的制约，渗透率与孔隙度、粒级、分选和胶结类型有着密切的相关关系。根据粒级、分选等结构参数与原始孔隙度和渗透率的关系，可以推算研究区目的层位的原始孔隙度。在孔隙度-深度关系研究的基础上，通过孔隙度-渗透率关系曲线，结合粒度和分选，可以预测不同成熟度砂岩的储层性质演化特征。例如，两个具有相同粒级的石英砂岩和亚长石砂岩，在同一埋藏深度和温度条件下，两者的渗透率相差 30 倍（图 1-22），渗透率较高的石英砂岩，分选中-好，具高的成分成熟度，为石英胶结；而渗透率较低的亚长石砂岩分选中等，具低的成分成熟度，为高岭石和伊利石胶结。

砂岩孔隙度演化规律研究是储层评价和有利储集相带预测的重要内容，也是埋藏历史分析、剥蚀厚度恢复和地层压力预测重要依据。处于不同演化阶段及不同埋藏深度的储

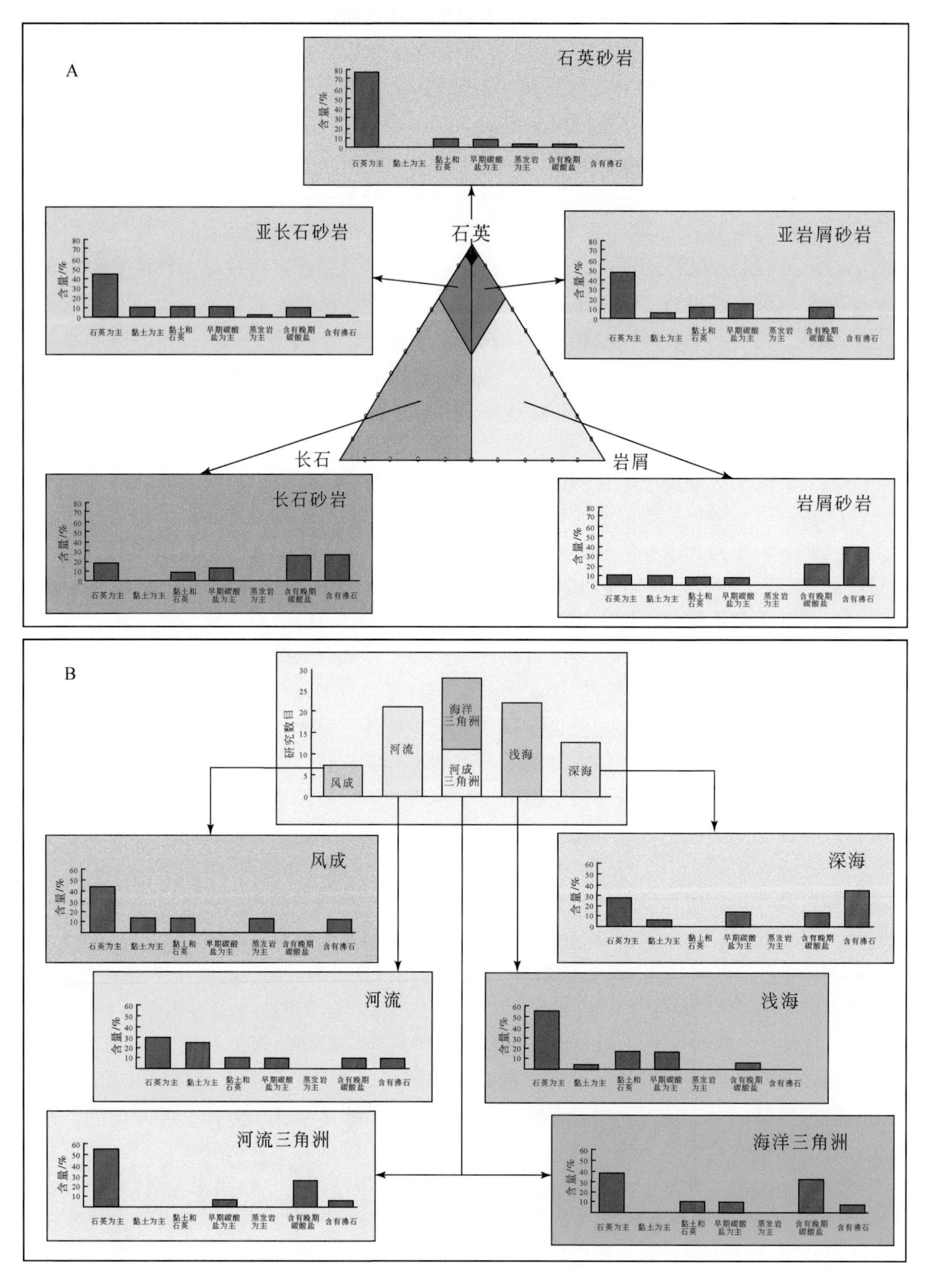

图 1-21　原始沉积物组分和沉积环境的差异对成岩类型的抑制作用（据 Primmer 等，1997）

A. 不同成分成熟度砂岩成岩类型的分布；B. 不同总体沉积和环境中砂岩类型的分布

层，由于成岩作用的差异，表现出各自的成岩特征和孔隙演化历史，因此原始孔隙度的准确求取是非常必要的。在获得特定储层的原始孔隙度以后，我们可以通过负胶结物孔隙度（minuscement porosity）的测定，大致确定这些砂岩储层的孔隙演化，并进行主要控制因素分析。Sneider（1987）建立了砂岩结构与原始孔隙度和渗透率的相关关系图，也称之为Sneider 图版，是计算原始孔隙度最常用的方法之一（图 1-23）。

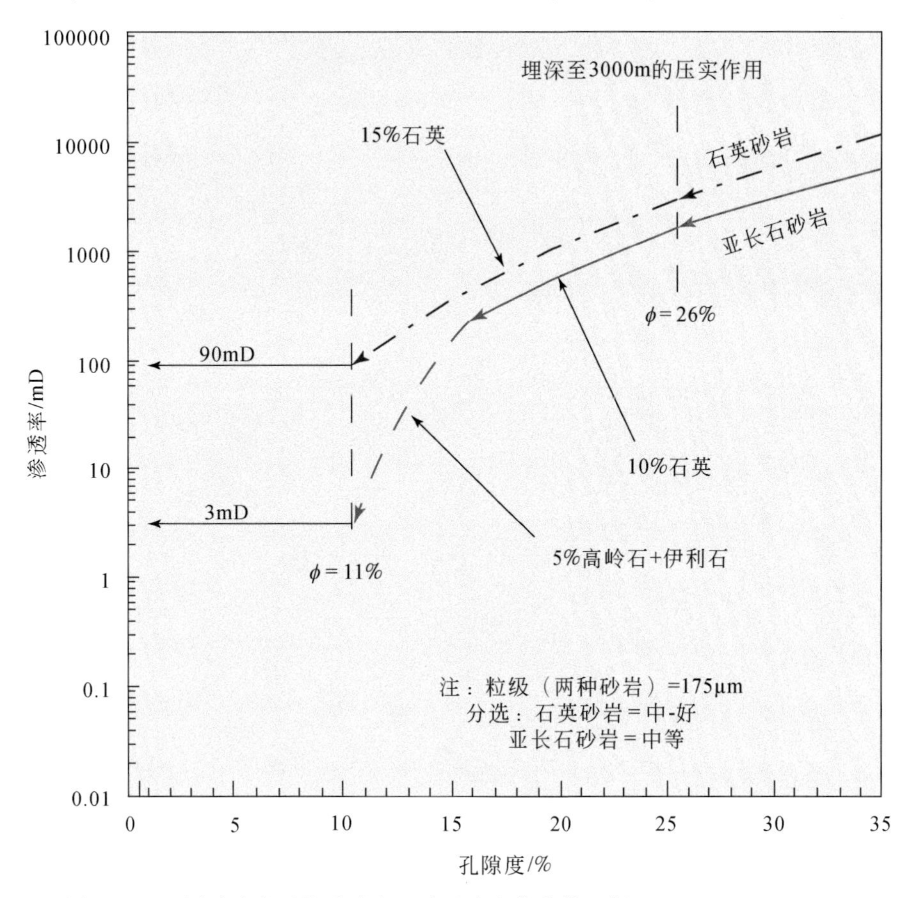

图 1-22　不同砂岩类型的孔隙度和渗透率变化趋势（据 Primmer et al.，1997）

致密储层多属于碱性成岩环境。不同学者在含油气盆地成岩作用研究中发现了碱性成岩环境存在的依据，并以碱性成岩环境为背景，探讨了成岩作用过程中碎屑岩储层中主要造岩矿物的稳定性，以及碱性成岩作用下成岩变化特征及其对储集空间的影响（陈忠等，1996；邱隆伟等，2001；邱隆伟和姜在兴，2006；张金亮等，2013）。在埋藏成岩作用过程中，总体以碱性地层水为背景，使得储层埋藏过程中的成岩响应及次生孔隙发育特征与经典的次生孔隙形成机制相区别（图 1-24）。碱性成岩作用的提出，是对经典的成岩作用理论的挑战，同时，这一理论的提出也促使对成岩环境及其影响的更为深入的认识，准确分析了储层不同成因类型的孔隙特征，丰富和完善了成岩作用理论，同时也为储层评价和预测提供新的理论指导。

平均粒径/mm
1.0
0.5
0.25
0.125
0.064
0.044
孔隙度(%)
42
40
38
36
34
32
30
28
26
渗透率(mD)
400
200
100
50
25
10
5
2.5
1.0
0.5
分选/S
1.0
1.1
1.2
1.4
2.0
2.7
5.7
极好
非常好
好
中等
差
非常差
分选
粗砂
中砂
细砂
极细砂
细砂
粒级

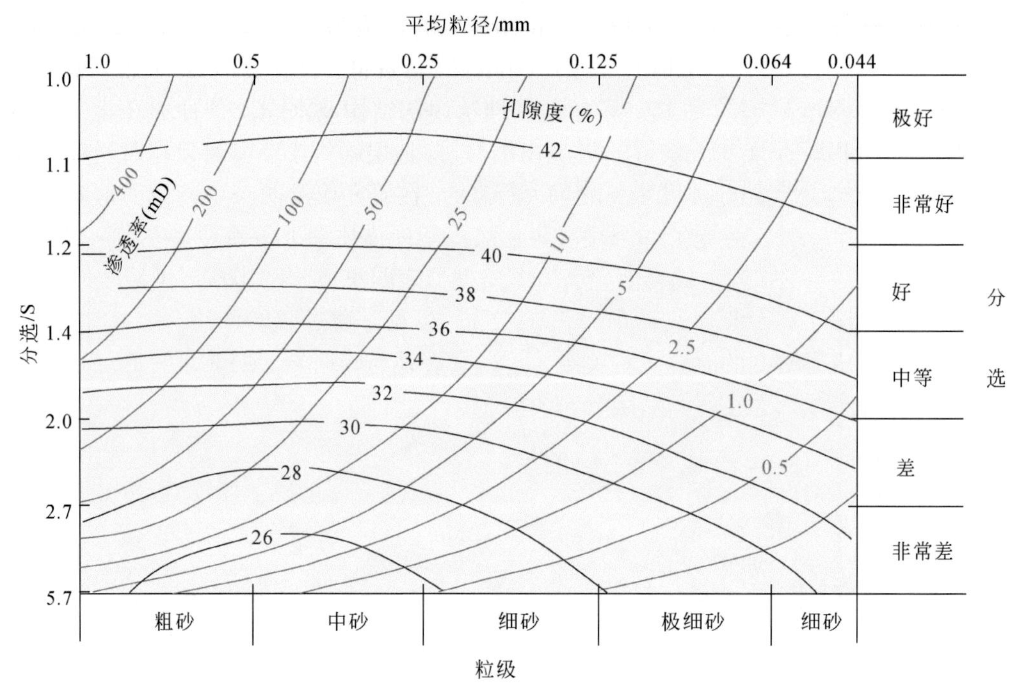

图 1-23　砂岩结构与原始孔隙度和渗透率的相关关系图（据 Sneider，1987）

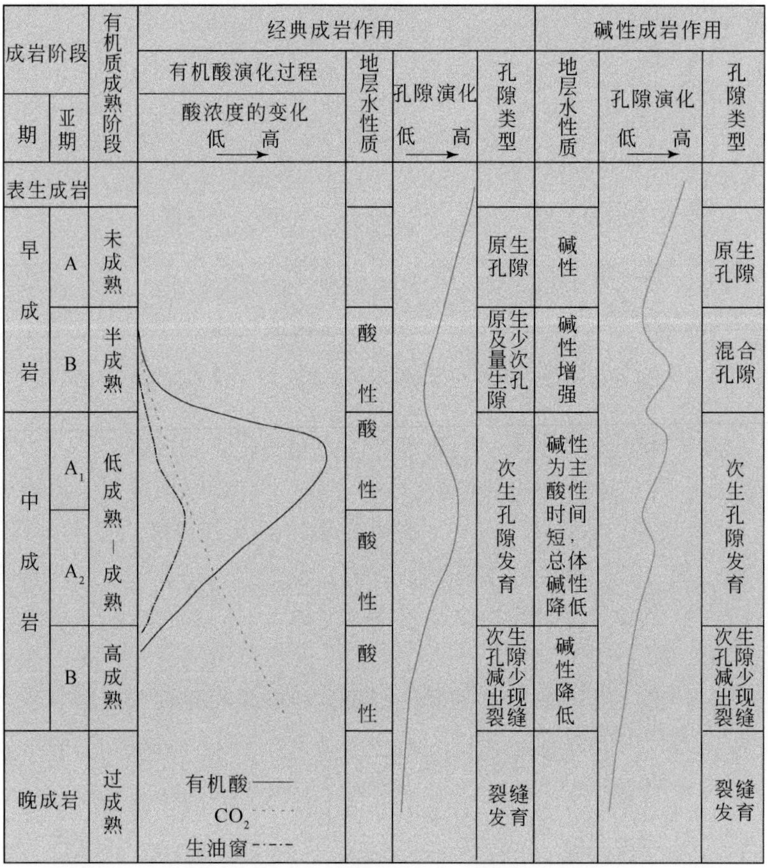

成岩阶段
期
亚期
有机质成熟阶段
经典成岩作用
有机酸演化过程
酸浓度的变化
低 高
地层水性质
孔隙演化
低 高
孔隙类型
碱性成岩作用
地层水性质
孔隙演化
低 高
孔隙类型
表生成岩
早成岩
A
未成熟
原生孔隙
碱性
原生孔隙
B
半成熟
酸性
原生及少量次生孔隙
碱性增强
混合孔隙
中成岩
A1
低成熟-成熟
酸性
次生孔隙发育
碱性为主酸性时间短，总体碱性降低
次生孔隙发育
A2
酸性
B
高成熟
酸性
次生孔隙减少出现裂缝
碱性降低
次生孔隙减少出现裂缝
晚成岩
过成熟
裂缝发育
裂缝发育
有机酸
CO2
生油窗

图 1-24　碱性成岩作用和经典成岩作用对孔隙发育的影响对比图（据张金亮等，2013）

近年来，将成岩作用与层序地层和沉积相相结合已成为一种发展趋势（Taylor et al., 1995；Ketzer et al., 2003；El-Ghali et al., 2006；Morad et al., 2010；Kordi et al., 2011；Xu et al., 2015）。海平面变化会引起沉积类型及储层内部结构及水介质条件的变化，促使了各种成岩作用的非均质性。通过整合成岩作用与层序地层结构模型，可以在时间和空间约束的范围内进行储层性质的预测。Kordi 等（2011）在研究埃及西奈半岛西南部寒武系—奥陶系底部砂岩单元时，建立了一个在层序地层框架内描述潮下带海侵体系域（TST）和河流相低位体系域（LST）中成岩演化的概念模型，表明早成岩和中成岩的成岩变化均可关联到沉积相、层序界面及体系域中（图 1-25）。可见，通过成岩作用与层序地层/沉积相的交叉来研究成岩演变的时空配置关系，可以更好地与碎屑岩储层质量和储层非均质性相关联，从而提升预测潜在有利储层分布的能力。

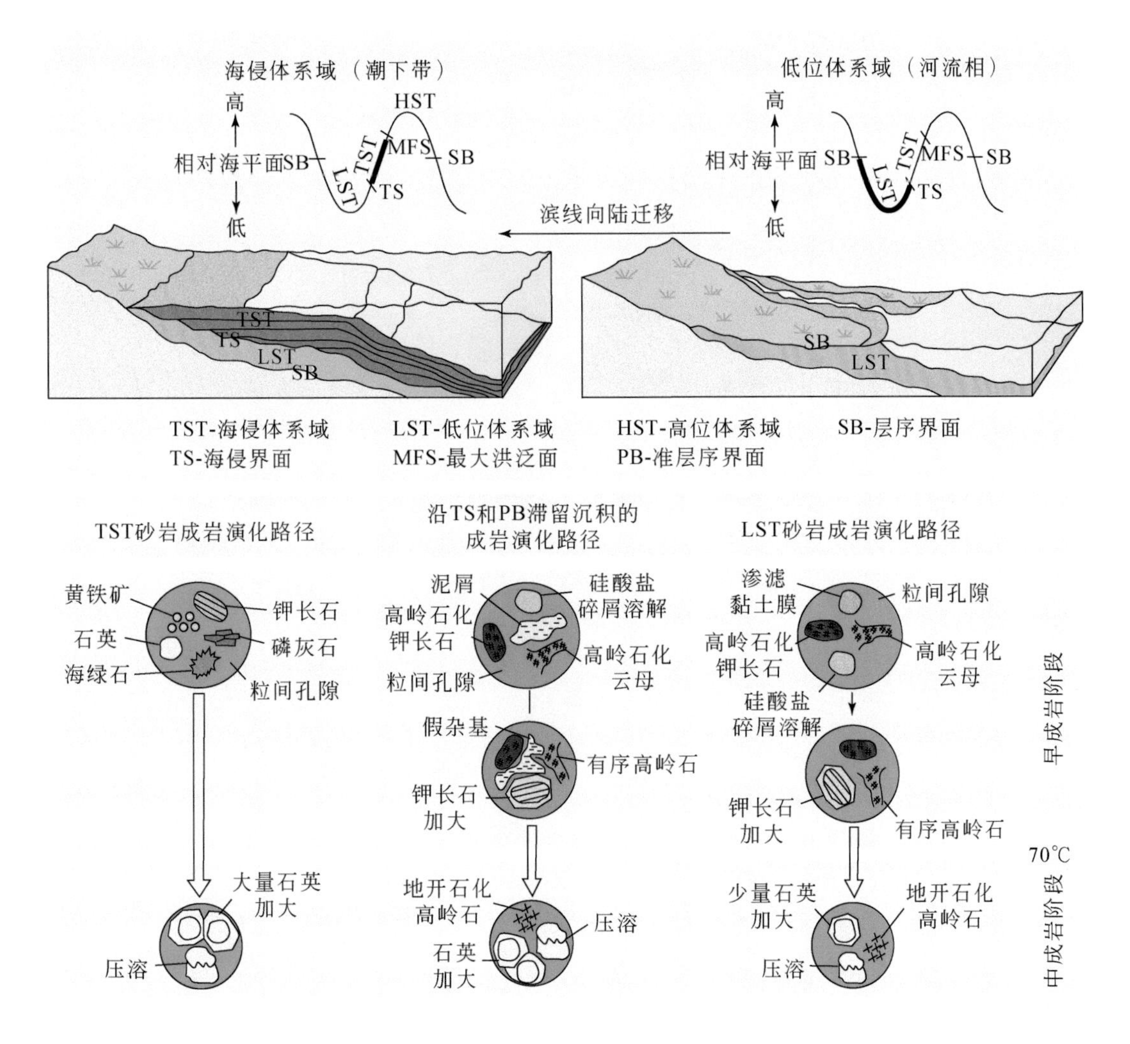

图 1-25　西奈半岛西南部寒武-奥陶系层序格架内砂岩成岩变化的演化路径和时空分布模式示意图（据 Kordi et al., 2011）

Xu 等（2015）通过对东海丽水气藏的成岩作用研究，得出主要含气层系明月峰下段经历的压实作用的影响远大于胶结作用，储层孔隙的生成、破坏和保存特征与成岩过程密切相关，并在沉积-层序格架内构建了成岩时空分布预测模式，将成岩作用与沉积环境和体系域相关联（图 1-26）。该区储层质量取决于沉积环境和层序地层学框架内成岩过程的变化，形成储层的主要成岩作用是碎屑骨架颗粒的溶解导致的次生孔隙的形成。破坏储层质量的成岩作用主要包括机械压实、碳酸盐胶结和石英胶结作用。特别是在滨面 TST 砂岩中发生的局部但重要的碳酸盐胶结作用可能会阻塞大部分孔隙空间，从而在油气聚集起主要的遮挡作用，有助于保持储层质量的成岩作用，能够促使高岭石转变为地开石、伊利石化以及绿泥石的形成。此外，黄铁矿、菱铁矿和片钠铝石的形成以及颗粒高岭土化对储层质量影响较小。

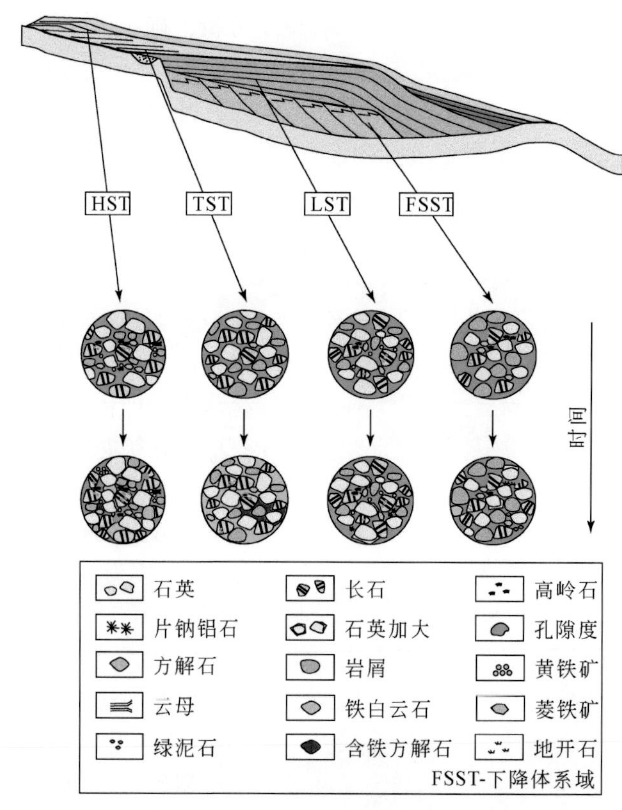

图 1-26　沉积-层序格架内成岩时空分布预测模式（据 Xu et al.，2015）

将成岩作用对储层非均质性的影响与沉积环境和层序地层联系起来，可以预见，三角洲的 LST 和 FSST 砂岩将是天然气成藏的重要目标，储层质量相对较好。这些知识以及在不同沉积环境和系统域的框架内建立储层质量演化模型将为有效储层预测和分级评价提供有效手段。

（二）成岩相分析

成岩相是在一定的构造、流体、温度和压力条件下，沉积物经历一定的成岩作用和演化阶段后的产物，包括岩石颗粒、胶结物、组构及孔洞缝等综合特征，其形成过程和最终形态受到成岩作用的决定性影响，是关乎和决定储集层性能和油气富集的核心要素，也是成岩环境和成岩矿物的综合。由于成岩作用的影响因素复杂，在垂向上的变化频率很快，同一层位的储层往往是多种成岩相频繁叠置而成的，因此在平面上展示的仅仅是目的层占主导地位的成岩相即优势成岩相（赵澄林等，1992；邹才能等，2008；张鹏辉等，2012；赖锦等，2013；张金亮等，2013）。近年来，国内外学者对成岩相的概念提出了不同的认识，通过研究总结出了多套分类方案。而对于以陆相油气储层为主的中国含油气盆地，其多物源、近物源、堆积快、相变大等特点会造成碎屑岩储层沉积成岩特征的较大差异，因而对于陆相碎屑岩成岩相研究也就成了在陆相盆地新的勘探阶段的研究重点之一，对油气储集层评价具有指导意义。邹才能等（2008）根据成岩作用和成岩相的成岩机制和勘探需要，提出了成岩相的四步评价法（①沉积成岩环境分析，确定成岩相宏观分布规律；②确定单井成岩相类型及模式，编制单井成岩相剖面分布图；③通过测井相分析和地震相预测，确定成岩测井相及其岩性和孔渗分布，探求无取心井间成岩相类型及分布；④成岩相综合分析评价，根据勘探需要编制相应的成岩相平面、剖面分布图），从而实现了半定量-定量地预测有利成岩相带的目的。结合沉积成岩环境，通过深入探讨成岩相的成因机制，可以更好地预测各种成岩相的空间分布，从而为评价和预测有利储集体、开展精细油气勘探服务。

Wescott（1983）对得克萨斯州东部的棉花谷致密砂岩储层成岩作用和成岩相的研究是成岩相研究最有代表性的早期实例之一，前面阐述了沉积环境是控制成岩作用和成岩相的主要因素，改变了人们对储层性质及其演化的传统认识，即传统上好的储层变成了不好的储层，而不好的储层则变成了较好的储层（图 1-27）。在棉花谷砂岩中，高能环境中纯净的、分选较好的砂岩储层会因为硅质加大和亮晶方解石胶结而致密化（因子Ⅰ的岩石），而低能环境中的碎屑黏土物质可抑制加大边生长从而保存较好的孔隙度（因子Ⅱ的岩石），而那些富含长石、岩屑和其他不稳定组分的岩石，最后则成为最好的储层（因子Ⅲ的岩石）。Wescott（1983）较早地采用 R 型因子分析对美国得克萨斯州东部的棉花谷致密砂岩进行了成岩相的分类，其选用的分类参数主要为薄片鉴定获得的矿物成分含量，这一研究较早地将储层成岩相划分提高到定量的层次，不足之处就是所选参数类别较为单一，所能反映的储层物性控制因素相对局限。

榆林致密气田山 2 段主要储集岩类型为细砾岩、极粗砂岩、粗砂岩和砂岩，石英含量变化较大，含量为 55% ~98%，岩屑含量为 2% ~45%，主要有石英岩、硅质岩、泥岩、千枚岩和石英砂岩等。砂岩主要类型为石英砂岩、亚岩屑砂岩和岩屑砂岩，主要的成岩矿物类型有石英、高岭石、伊利石和方解石。石英砂岩（有人称为白砂岩）以二氧化硅胶结作用为主，表现出很强的压溶作用，缝合线发育，面孔率为 0% ~3%，构成了二氧化硅胶结和二氧化硅胶结-弱溶蚀成岩相；而岩屑砂岩（有人称为灰砂岩）以机械压实作用为主，泥岩和千枚岩岩屑变形严重，多数已经发生假杂基化，构成压实成岩相，有的岩屑砂岩被方解石胶结和交代，形成压实-方解石胶结交代成岩相。在含有少量（3% ~8%）千枚岩和砂泥岩岩屑的石英砂岩和部分亚岩屑砂岩中，次生溶蚀孔隙发育，构成二氧化硅胶结-不稳定碎屑溶蚀成岩相。以该类成岩相为主的储层物性最好，面孔率一般为 5% ~

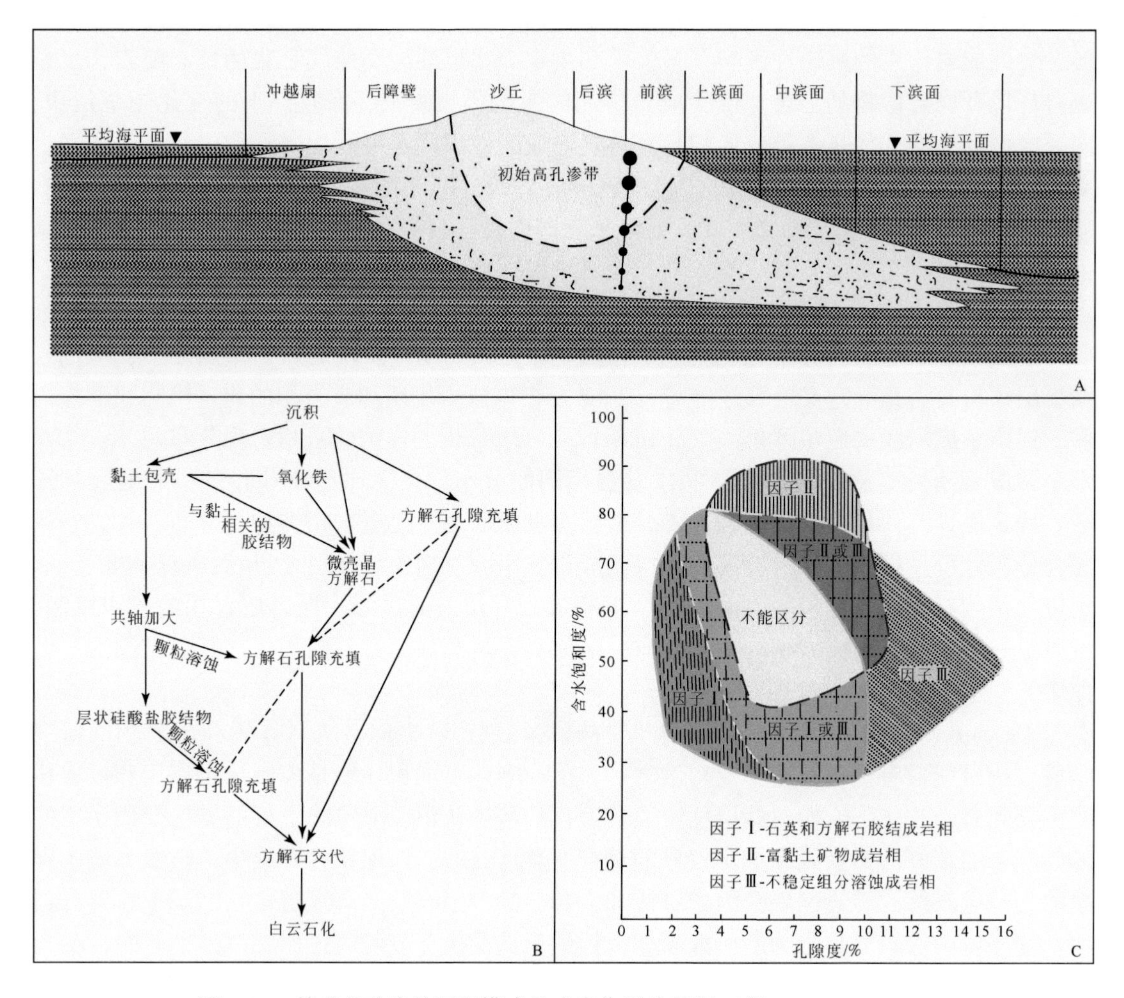

图 1-27　棉花谷砂岩的沉积模式及成岩作用分析图（据 Wescott，1983）

A. 棉花谷砂岩的沉积模式，表示了障壁岛的各个亚环境、初始的高孔渗带，黑色圆点表示了粒度的相对大小；B. 根据马尔科夫链分析的成岩演化序列；C. 代表不同成岩相的因子载荷与测井解释孔隙度和渗透率的相关关系

8%，孔隙类型主要为粒间孔隙、骨架颗粒溶孔、黏土矿物晶间孔和微裂隙等，绝大多数扩大的粒间孔是由骨架颗粒溶孔经过调整变化而来，骨架颗粒溶孔内部有大量的高岭石和伊利石充填（图 1-28）。

在饶阳凹陷古近系沙 3 段 3700 ~4000m 厚的深层中，多口取心井岩心分析表明，孔隙并没有完全被压缩，特别是在某些亚长石砂岩中，孔隙较为发育，面孔率为 8% ~12%，孔隙度为10% ~18%，渗透率为 1 ~38mD。储层以次生孔隙发育为主，主要孔隙类型为粒间孔隙、粒内孔隙、铸模孔隙、微裂隙和微孔隙等（图 1-29）。储层自生矿物类型主要有石英加大和自生微晶石英、绿泥石、伊利石、高岭石、方解石和钠长石，其中高岭石已经向伊利石转化。从岩心剖面来看，这些优质储层主要形成于河流和浅水滨岸环境，没有与大套的暗色形成互层，因此并不具备超高压控制作用。油层和水层微观孔隙与物性并没有表现出很大的压实差异，推测油气的充注对胶结作用的抑制并不明显。但是成岩相分析表

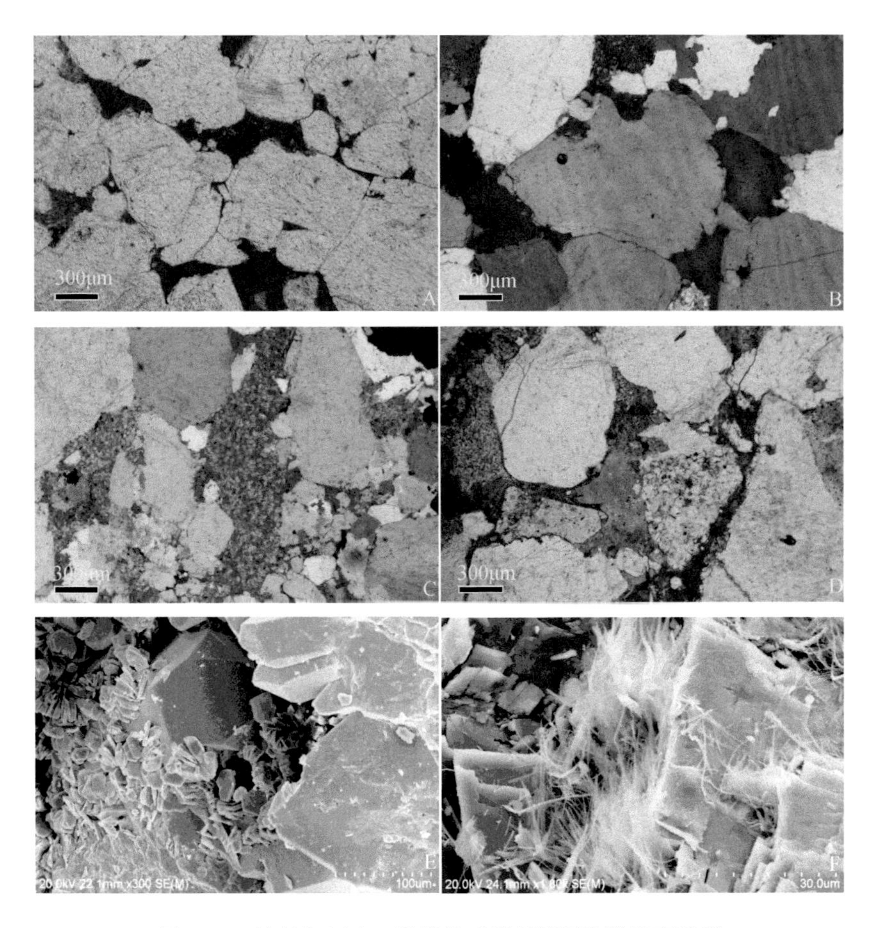

图 1-28　榆林气田山 2 段优势成岩相储层孔隙发育特征

A. 石英砂岩发育的粒间孔隙系是由骨架颗粒调整而形成的，石英加大边发育，孔隙内充填微晶石英和高岭石，榆 38-15 井，2827.39m，5×10 倍；B. 石英加大生长和调整后的粒间孔隙发育特征，上部孔隙内充填高岭石，榆 41-17 井，2742.27m，5×10 倍；C. 亚岩屑砂岩次生溶蚀孔隙发育特征，骨架颗粒溶孔内充填大量高岭石，见有少量黄铁矿和菱铁矿，陕 211 井，2926.73m，5×10 倍；D. 亚岩屑砂岩次生溶蚀和裂缝孔隙发育特征，孔隙内充填大量高岭石，局部颗粒间出现压溶缝合线，榆 43-2A 井，2874.20m，5×10 倍；E. 石英加大和自生，剩余孔隙内充填高岭石，榆 45-4 井，2894.2m，300 倍；F. 粒间方解石胶结，剩余孔隙内生长伊利石，榆 47-10 井，2837.01m，1800 倍

明，优质储层与较高的成分成熟度具有很好的相关性，可见物源、砂体微相和成岩作用控制了优质储层或“甜点”的发育。

二、储层分级评价

储层分级评价的具体方法有地质经验法、权重分析法、层次分析法、模糊数学法、人工神经网络法、分形几何法、变差函数法、聚类分析法、灰色关联法、各种测井方法和地震方法等。总之，对于不同构造带内的致密气藏来说，其储层类型、所处的开发阶段、开发方式及开发效果等都不尽相同，开展分级评价时使用的方法也会不同。

图 1-29　饶阳凹陷古近系深层储层孔隙类型及自生矿物发育特征

A. 亚长石砂岩发育的粒内孔隙，留 70-114 井，3815. 97m，10×10 倍；B. 亚长石砂岩发育的粒间孔隙、铸模孔隙和微裂隙，骨架颗粒溶孔充填高岭石，留 70-57 井，3814. 34m，10×10 倍；C. 亚长石砂岩发育的粒间孔隙和粒间溶蚀扩大孔隙，留 70-114 井，3831. 76m，10×10 倍；D. 亚长石砂岩发育的粒间孔隙、粒内孔隙和铸模孔隙，留古 3 井，3826. 36m，10×10 倍；E. 石英加大和自生，颗粒表面生长绿泥石，留 70-114 井，3831. 76m，1200 倍；F. 孔隙充填高岭石，表面有伊利石生长，留 70-94 井，3723. 92m，3000 倍

储层微观参数评价主要是利用实验手段获取各种储层参数，以此为基础表征储层内部的颗粒骨架及孔隙结构特征，对其渗流通道和孔隙空间进行定量评价，划分不同级别，实现对储层的综合分类评价。储层微观参数评价常用的实验手段有铸体薄片观察、扫描电镜实验、恒速压汞、核磁共振、离心实验及油水驱替实验等，这些实验手段从不同的角度对储层的孔隙结构进行表征，以获取全方位的、合理的评价参数。油气藏储层微观孔隙结构特征是决定其宏观物性参数及渗流能力的主要因素，也是油气资源开采的主要因素。对于致密储层而言，其微观孔隙结构极大地影响储层物性条件，致密储层物性差、储层岩石比表面较大，束缚水饱和度较高且毛管压力作用明显，而且储层孔隙和喉道的几何形状、大小、分布、连通关系极其复杂，这些因素最终会决定产能的大小。由于致密储层的孔喉大都处于亚微米、纳米尺度，利用传统的孔喉描述手段已经难以满足致密储层的微观孔隙结构研究要求，应当运用更为准确的实验技术，开展孔隙结构参数的量化分析，为储层定量分级评价提供依据。

（一）孔喉参数评价

孔隙和喉道发育的总体特征称为孔隙结构，它是指岩石所具有的孔隙和喉道的几何形状、大小、分布及其相互连通关系。储层的孔隙结构特征与储层的储集性能有着极为密切的联系，孔隙结构的好坏是储集层评价的重要依据，分析并把握储层的孔隙结构特征及其演化规律是寻找和预测有利储集岩体的重要环节。孔隙是存储流体的基本空间，能反映岩石的储集能力；喉道是控制流体在岩石中渗流的通道，喉道的形态、分布是影响储层渗流特征的主要因素。

苏里格召30区块的显微岩石学初步观察结果显示：中–粗砂岩石英含量基本在70%～80%，个别样品的石英含量超过90%，在这些富含石英的砂岩中常发育缝合线构造。极粗砂岩和细砾岩石英含量较低，为60%～70%。长石含量很少，只在个别较粗的砂砾岩样品中可观察到少量长石，含量不超过3%，而且已经发生了强烈的淋滤现象；岩屑含量变化较大，为10%～30%，主要有石英岩、硅质岩、泥岩、千枚岩和石英砂岩等，泥岩和千枚岩岩屑受挤压变形严重，多数已经发生假杂基化。储层以低孔低渗为主，局部发育较好的孔隙体系，自生矿物的生长使孔隙结构变得更加复杂（图1-30）。储层孔隙类型主要为缩小的粒间孔隙、扩大的粒间孔隙、粒内孔隙、铸模孔隙、微裂隙和微孔隙等。缩小的粒间孔隙是储层经过了复杂的压实与胶结作用后残存的粒间孔隙，这类孔隙在研究区样品中所占含量较低，但是此类孔隙是较为理想的储集空间，对研究区储层孔隙度的大小有较为重要的影响。扩大的粒间孔隙主要是次生溶蚀作用形成的，包括粒间填隙物的溶蚀孔隙和临近颗粒边缘的溶蚀，多由原生粒间孔隙溶蚀形成，形状较为不规则，孔隙规模差别较大；颗粒溶蚀孔隙主要包括各类岩屑的溶孔，由颗粒边缘和内部易溶的矿物溶解形成，被完全溶蚀的颗粒则形成铸模孔隙。微裂隙发育于各种矿物破裂接缝处，由于成岩时期压实作用的发育，微裂缝孔径一般极小，对储层孔隙度影响不大，但对渗透率有较大影响。储层主要的成岩矿物类型有石英、高岭石、伊利石、绿泥石和方解石等，成岩矿物的生长不仅缩小了各种孔隙空间，而且使得孔隙和喉道结构进一步复杂化。

利用恒速压汞技术可以得到岩心样本的矿物孔隙半径、喉道半径、孔喉比等量化参数，

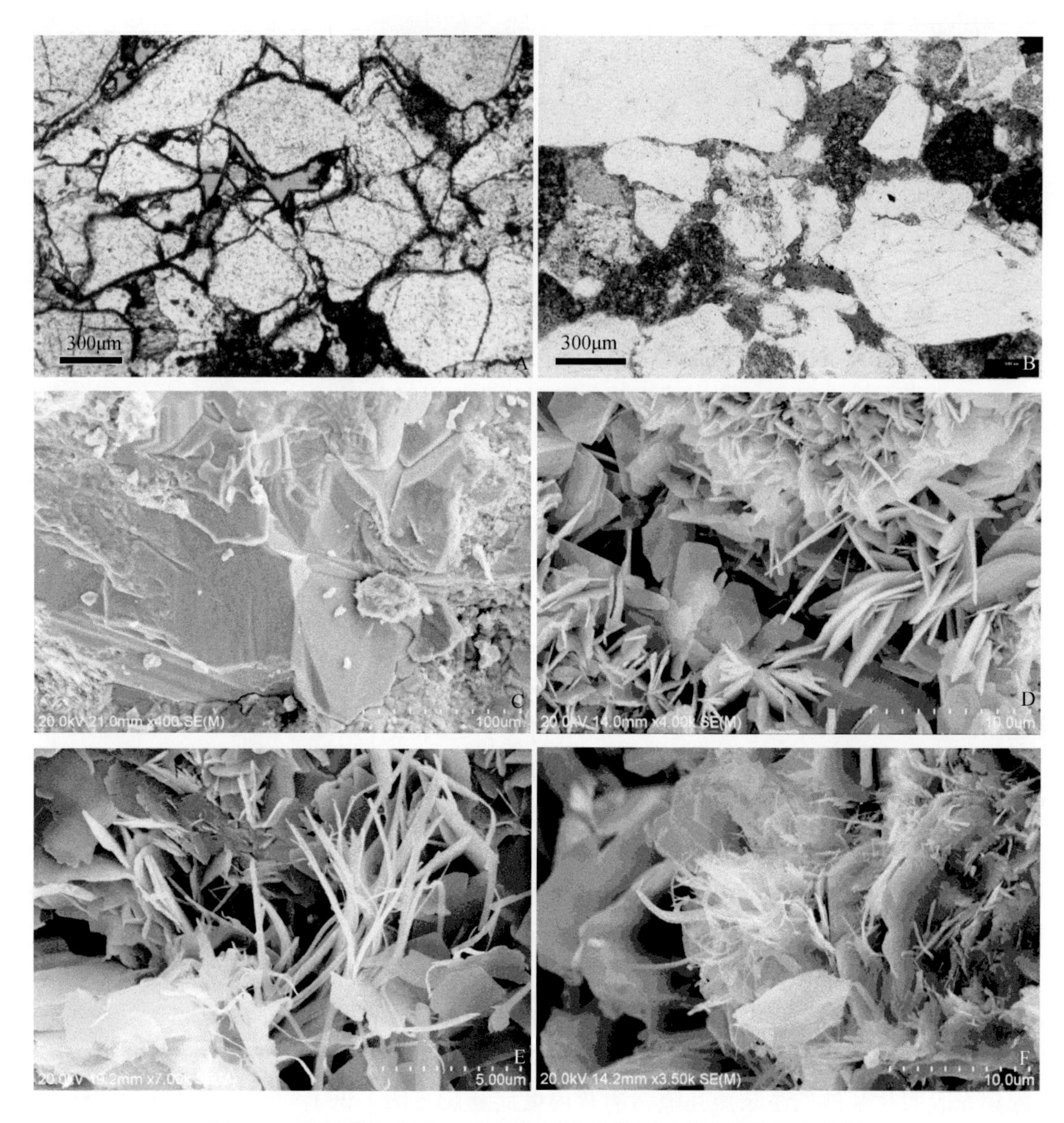

图 1-30　苏里格气田召 30 区块储层孔隙类型及自生矿物发育特征

A. 石英砂岩发育的缩小的粒间孔隙，部分粒间孔隙骨架颗粒部分溶蚀而形成的，颗粒边缘有绿泥石环边发育，苏东加 3 井，3027. 71m，5×10 倍；B. 亚岩屑砂岩局部发育的扩大的粒间孔隙和骨架颗粒溶孔，孔隙内充填高岭石，召 16 井，3008. 58m，5×10 倍；C. 石英颗粒的加大生长局部封闭了粒间孔隙，召 16 井，3024. 75 m，400 倍；D. 颗粒表面生长绿泥石，粒间孔隙内充填高岭石和绿泥石，苏东加 3-6 井，3080. 30，4000 倍；E. 孔隙充填伊利石和绿泥石，召 30 井，3030. 27m，7000 倍；F. 孔隙内高岭石表面生长伊利石，苏东加 3-6 井，3080. 00m，3500 倍

以此为基础可以开展定量的储层孔隙结构进行研究，这是目前致密其储层评价领域常用的定量储层参数获取方法。孔隙半径可明显反映出样品储层的储集能力，喉道半径可以反映储层的渗流能力，而孔喉比参数可以反映储层样品中孔隙和喉道差异的大小，指示储层非均质性的强弱。对于致密储层而言，孔喉比越大，孔径和喉径的差异就越大，储层的非均质性就

越强；而孔喉比小则说明孔喉的差异较小，孔隙介质网络中毛细管的半径比较接近，储层的渗流阻力更小，流体越容易流动，油气藏的开发效果也就越好（陈大友，2016）。

将实验得到的孔隙半径、喉道半径、孔喉比等参数同储层的孔渗参数基性比较分析，可以表征储层微观孔隙结构和储层储集与渗流能力的关系。如苏里格气田召30区块的砂岩储层属于致密超低渗透储层，其孔隙小、吼道细，孔喉比差异大，残余流体的比例相对较高，常规的开发方式难以取得较好的效果。

综合分析来看，平均孔隙半径各层差别不大，盒8段上亚段的平均孔隙半径最小，山1段次之，盒8段下亚段最大；盒8段上亚段岩心的平均孔喉比参数最大，山1段次之，盒8段下亚段最小；盒8段下亚段岩心平均喉道半径最大，山1段次之，盒8段上亚段最小。盒8段下亚段是主力气层，开发贡献程度最高，因此，该致密储层的渗流能力主要受到喉道大小和形状的控制（图1-31）。

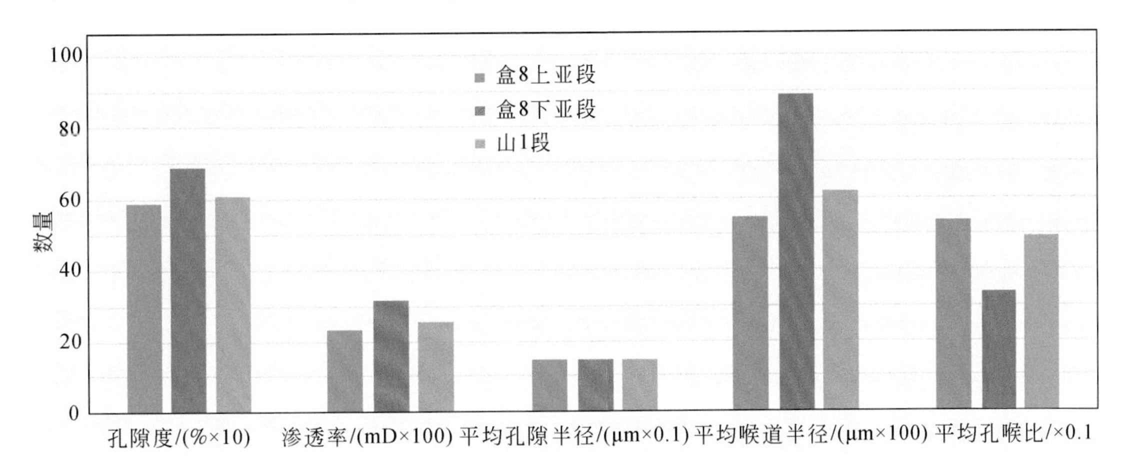

图1-31　苏里格气田召30区块不同层段的物性参数图

分析来看，苏里格气田召30区块盒8段下亚段储层的孔喉结构的非均质性最弱，孔隙与喉道之间差异化程度最小，流体的流动主要发生在较大喉道内。因此，在致密储层大孔隙和大喉道内的流体渗流能力最强，对应的渗透率最大，该类型的储层多为优质储层。而山1段储层样本与盒8段下亚段储层样本相比，其孔喉比参数呈现逐渐增大的趋势，孔喉结构非均质性较强，孔喉半径的差异大，储层的渗流能力差，渗透率较低，多为差储层（图1-32）。

（二）渗流参数评价

对于低渗透砂岩储层来说，流体在其孔隙介质中的流动能力，除了受孔喉结构特征的影响外，还与岩石颗粒骨架的吸附性能有关，且处在孔隙不同位置的流体受这种吸附力的影响也存在较大差别。孔隙介质通道中部的流体由于受固-液界面作用影响小，流动规律接近常规流体，称为可动流体；而位于孔隙介质表面的流体，由于受到较强的岩石骨架的吸附力，其在孔隙介质表面形成一层边界流体或者束缚流体。当孔隙中存在多相流体时，位于孔隙壁上的束缚流体在一定的压力梯度下难以动用，这会直接影响油气藏的开发效

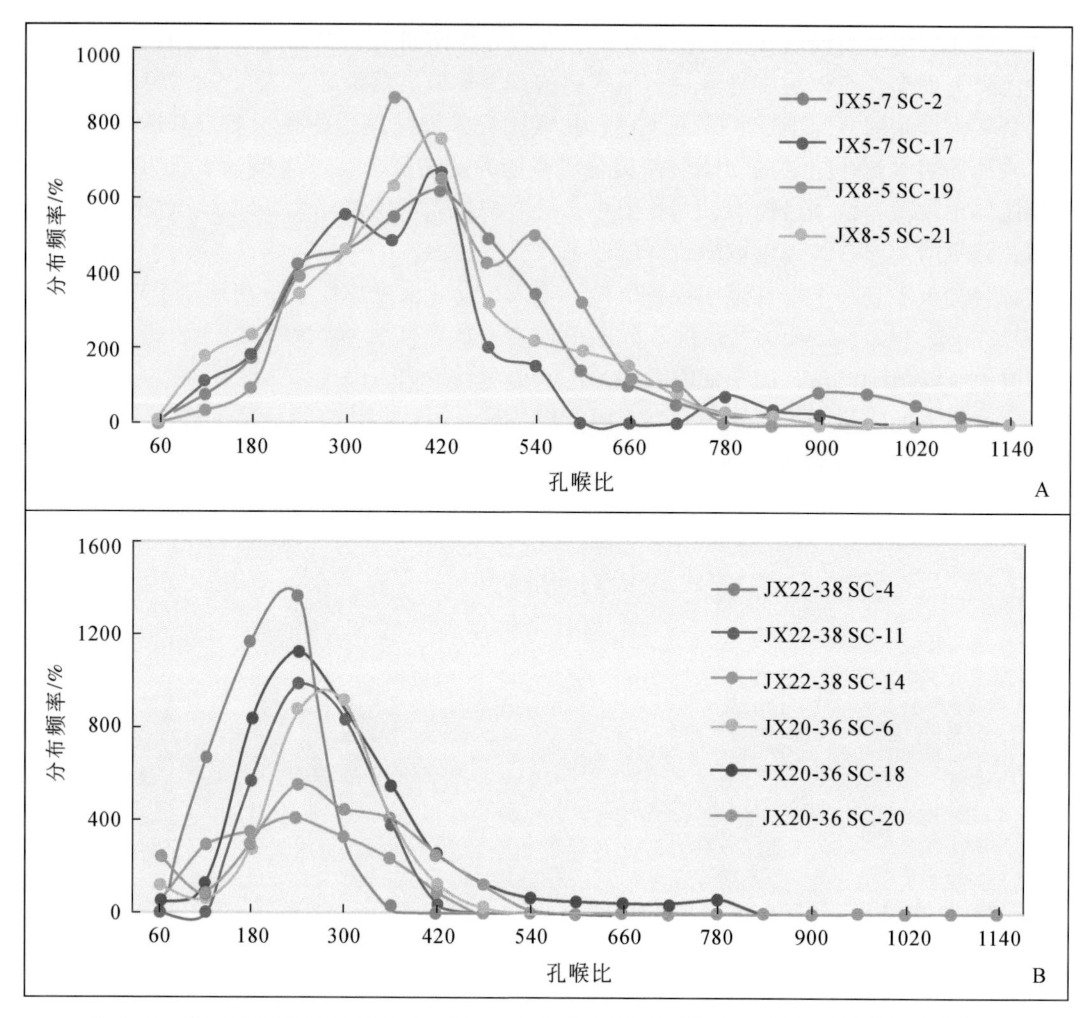

图 1-32 苏里格气田召 30 区块山 1 段（A）和盒 8 段下亚段（B）孔喉比参数分布曲线图

率。因此，储层中束缚流体的比例及分布特征可以定量表征流体的渗流能力及其采出程度，这对制定合理的油气田开发方案有重要的指导意义。

目前来看，测试含油气储层中可动流体和束缚流体的比例，常用的方法为核磁共振（NMR）技术，该技术已在测井、录井和岩心分析中得到广泛应用。核磁共振是原子核和磁场之间的相互作用，描述这个作用的一个重要的物理量是弛豫时间（T_2），即磁化矢量在受到射频场的激发下发生核磁共振时偏离平衡态后又恢复到平衡态的过程。对于含氢质子的样品，每个氢核的周围环境及原子核相互作用均相同，因此可用一个弛豫时间描述样品的物性。弛豫时间较大的流体是可动流体，弛豫时间较小的流体是束缚流体，T_2谱上可动流体与束缚流体之间的界限称为 T_2 截止值。实验室岩心核磁共振测量可以确定 T_2 截止值，同时用以建立孔隙度、渗透率、束缚流体饱和度、可动流体饱和度等模型参数。

一般情况下，核磁共振 T_2截止值右边的峰值越高，说明大孔隙越多，储集性能越好，可动流体比例越多；相反，若核磁共振 T_2截止值右边的峰值越低，说明储层孔隙越小，储集性能越差，甚至是非储层，可动流体的比例也就越小。因此，利用核磁共振实验样品中

T_2谱截止值的大小与前后峰值的相对位置关系，可以定量分析储层中可动流体和束缚流体的比例，从而对油藏储层的性质进行分类评价。

T_2 截止值基本上在 T_2 谱两峰的交会点附近，不同岩石类型的 T_2 截止值会有所不同，对于砂岩储层，T_2 截止值会随其黏土基质含量的增加而减少。通过多组核磁共振实验，可得到不同类型储层的 T_2 谱曲线，这些 T_2 谱曲线形态可作为储层级别划分的依据，一般将砂岩储层划分为Ⅰ～Ⅳ类，其中Ⅰ类属于高孔高渗储层，T_2 谱一般呈中等幅度的双峰分布，左峰值低于右峰值，T_2 截止值在15ms左右，在致密储层中很少出现。如东海丽水天然气储层大致划分为Ⅱ类（包括$Ⅱ_1$ 和$Ⅱ_2$ 两个亚类）、Ⅲ类和Ⅳ类储层。

$Ⅱ_1$类核磁共振 T_2谱图一般出现在储层物性较好的油层中（高孔、高渗储层），这类储层的 T_2谱图呈现出左峰（束缚流体）信号强度高，右峰（可动流体）信号强度低的特点，且左峰值明显低于右峰值（图1-33A）。这类曲线说明样品的孔隙以中-大孔隙为主，流体在孔隙中容易流动，可动流体比例高，开发程度也高。$Ⅱ_2$类核磁共振 T_2谱图一般出现在中孔中渗透储层，该类型储层的 T_2谱图左锋和右峰信号强度不易分辨，常呈现单峰状态，即储层中的可动流体与束缚流体的比例差别不大（图1-33B），这与$Ⅱ_1$类的储层性质相近。Ⅲ类核磁共振 T_2谱图一般出现在低渗透储层中，该类型储层的 T_2谱图常呈现出左峰明显高于右峰的形态，说明储层中束缚流体明显多于可动流体，属于储层中类型较差的级别。这类储层中流体的渗流能力受到限制，开发程度也相对较低（图1-33C）。Ⅳ类核磁共振 T_2谱图一般出现在特低渗储层中，该储层的 T_2谱图中一般只能观察到一个峰值，呈现单左锋的形态，其峰值出现在1ms左右，储层内部的孔隙以毛细孔隙为主；由于孔隙中的可动流体比例极低，T_2谱的右峰几乎消失（图1-33D）。这类型的储层中一般没有常规技术可以开发的可动流体，一般需借助压裂技术才能实现工业开发，且采收率相对偏低。

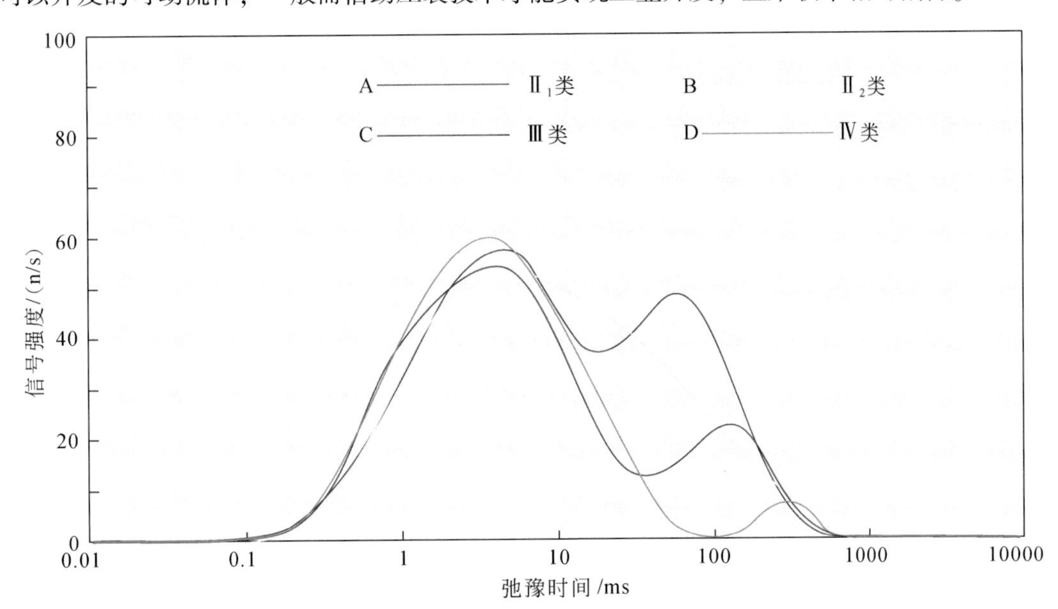

图1-33 不同类型的核磁共振 T_2谱曲线

A. 丽水36-2-1，2237.00m；B. 丽水36-1-2SA，2240.40m；C. 丽水35-7-1D，3342.21m；D. 丽水35-7-1D，3756.30m

根据上述岩心样品的核磁共振 T_2 谱图分析可知，该地区储层的类型一般呈现右峰偏低、左锋偏高的不对称双峰形态，右峰值小于100ms；或呈现两峰难以分辨的单峰状态，多数属于Ⅲ类储层，即中低孔、低渗储层。

（三）动态参数评价

动态参数评价储层的方法一般使用在油气藏开发的中后期，单井产能积累到一定程度时，可以用不同位置的井的产能情况对地下储层的好坏进行逆向评价。

1. 储层流体的充注能力评价

油气成藏和开发过程中的两相或三相流体相互驱替时，孔隙中的流动并非活塞式的，即一种流体驱替另一种流体时，无法实现完全驱替，而是存在三个不同的渗流区域。由于受到孔隙结构及流体性质的影响，这三个区域内的流体类型和相对比例都有很大差异。以水驱油藏开发过程为例，从水井到油井的驱替过程中，这三个区域分别为水相区域（流体为水+残余油）、油水两相区域（流体为水+可动油）以及油相区域（流体为油+束缚水）。

一般使用相对渗透率这个概念来表征油气藏开发过程中岩石孔隙中的多相流的渗流规律，相对渗透率是两相流体（油气、油水、气水）在束缚水条件下的相对渗透率。岩心室内试验可以得到样品相对渗透率变化曲线，从而可以表征不同岩石孔隙结构下的流体渗流规律。岩石类型不同，其孔隙结构也差异较大，这种多样性会产生多种相对渗透率曲线形态；另外，油气藏开发的不同阶段，储层孔隙结构的非均质性对渗流的影响也需要用多条相渗曲线进行表征（Ahmadi，2015）。相对渗透率的大小不但和岩石本身的性质有关，而且和岩石对不同流体的润湿性以及油、气、水各相流体饱和度有密切关系。

一般来说，油气的充注过程和排出过程中流体的渗流规律是一致的，即气-水、油-气以及油-水两相渗流的相对渗透率是不变的。因此，大多数储层的渗流结构评价都是基于常规相对渗透率的值及其曲线形态而开展的，进而对储层的孔隙结构及渗流规律进行评价（图1-34A）。但实际油-水及气-水互驱实验表明，排驱和充注过程中，两相流的相对渗透率差异较大（图1-34B），这种现象叫相对渗透率的滞后效应，若不考虑这种效应的影响，对储层的评价结果会造成差异，进而影响合理开发方案的制定。

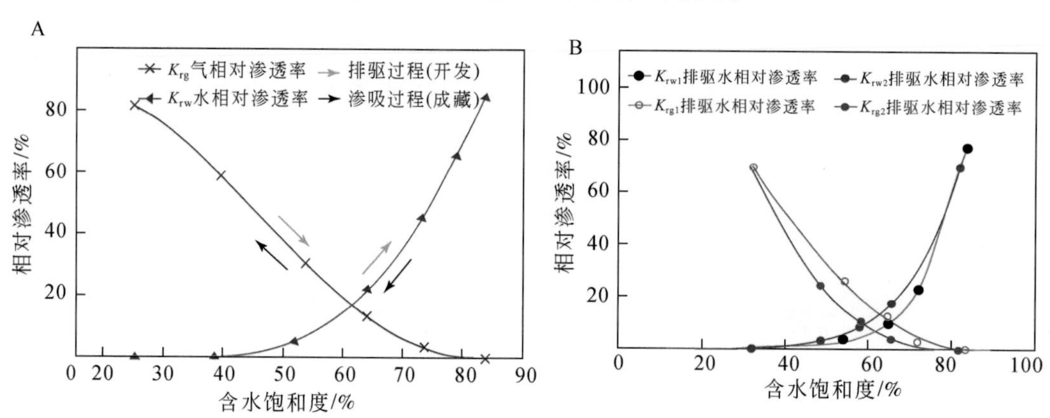

图1-34 滞后效应对气-水相对渗透率曲线的影响

A. 不考虑滞后效应的气体排驱和渗析相对渗透率曲线；B. 考虑滞后效应的气体排驱和渗析相对渗透率曲线

通过对东海丽水气藏岩心样品多轮次不同驱动压力下的气–水互驱实验分析，并在实验过程中实时监测样品中气、水的相对含量及分布规律，获得了不同时刻、不同孔隙结构及不同压力下的流体比例。借助实验数据，可以定量表征气体成藏过程与开发过程的渗流差异，并对低渗透储层的渗流结构相做出系统评价。图 1-35 为实验测得的岩石样品中不同级别的孔隙所占的比例，可以看出，研究区的储层孔隙大小主要为 0.01 ~ 10μm，分选性相对较好，大于 10μm 的孔隙和小于 0.01μm 的孔隙占的比例很小，对流体的储存和渗流影响较小。

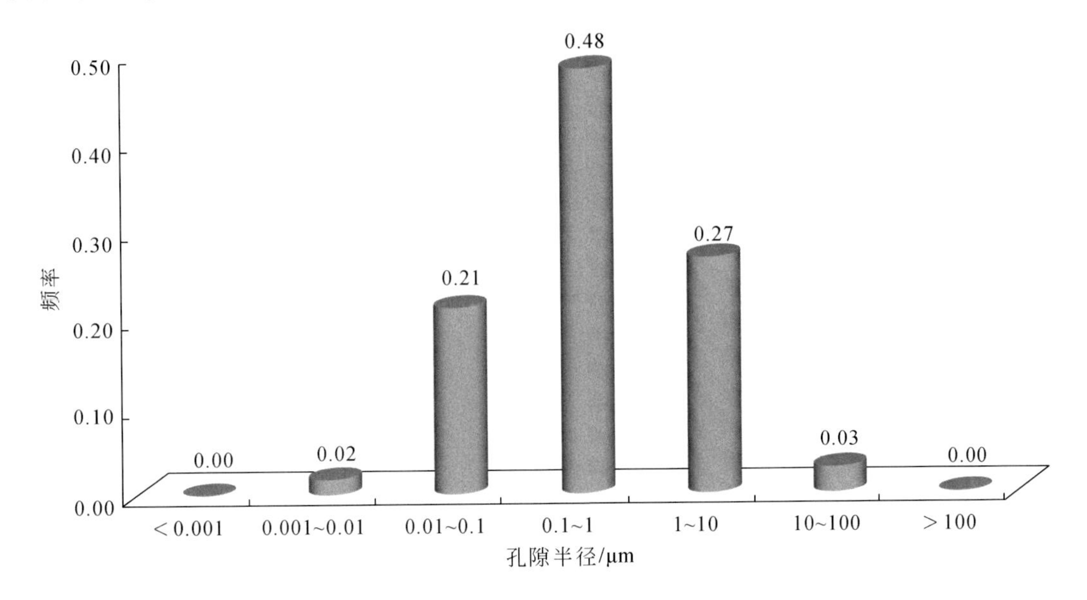

图 1-35　不同孔径的孔隙所占的比例

从气驱水的实验结果来看，气体连续注入过程中，对其充注效率影响最大的因素并不是储层孔隙的数量，而是孔隙半径的大小（图 1-36）。对岩石样品充注效率贡献最大的是 1 ~ 10μm 的孔隙，占整个孔隙充注量的 60% 以上；而数量占比最多的 0.1 ~ 1μm 的孔隙，仅占总孔隙充注量的 25%。气驱水过程结束后，样品总的气体饱和度仅为 50%，与原始气饱和度 65% 相比，差别较大。这说明气体的排驱和渗吸过程中，两相流的渗流规律和渗流能力是不同的，产生这种现象的主要原因就是储层的孔隙结构和对流体吸附性能的差异。稍大的孔隙并未对气体饱和度产生较大影响。

图 1-37 为岩石样品气驱水实验过程中不同级别孔隙的气体注入效率曲线图，从图 1-37 中可以看出：随着注入压力的升高，样品中束缚水饱和度逐渐降低，气体的充注饱和度会不断增加，并逐渐接近原始饱和状态。另外，当孔隙半径超过 10μm 时，气体的充注量基本达到极限，而半径小于 1μm 时，充注量却很小，这说明研究区目的层段的最优储层孔隙半径范围为 1 ~ 10μm。

2. 产能约束下的储层评价

理论上讲，油气井的产能直接反映地下储层的好坏，它可以表征储层的储集能力和渗流能力，产能较高井分布集中的区域往往储层的物性较好。但在油气井的实际生产过程

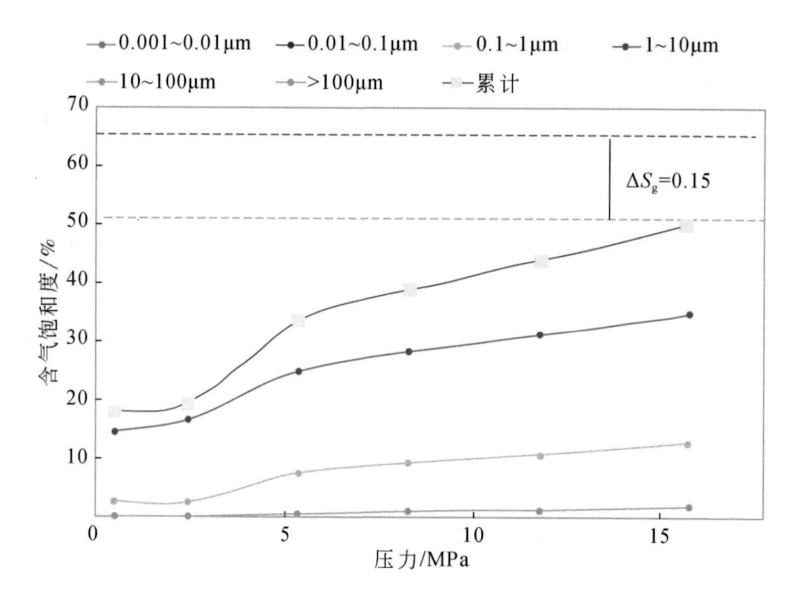

图 1-36　气驱水实验过程中不同孔隙半径的气体注入效率曲线

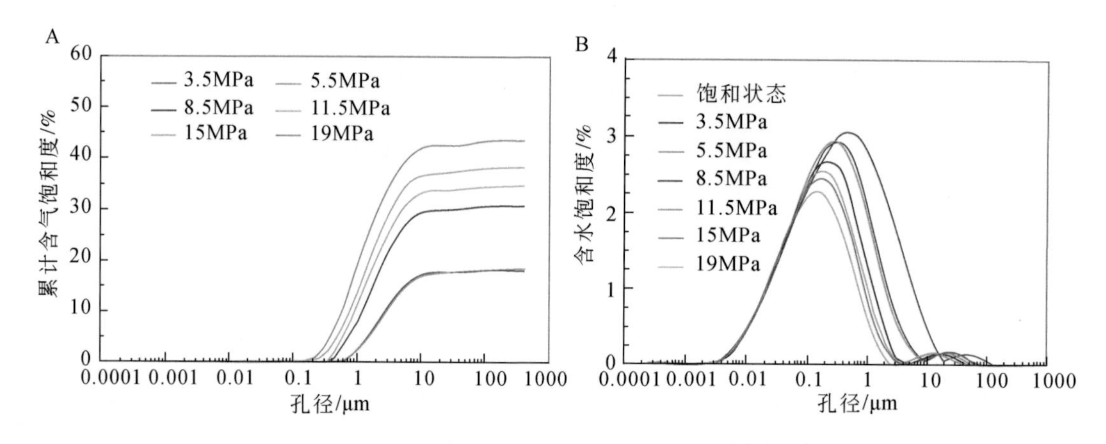

图 1-37　气驱水实验过程中不同级别孔隙的气体注入效率曲线

A. 不同压差下的气体充注率；B. 不同压差下的气体饱和程度变化

中，由于受到生产条件和工程因素的制约，动态参数对储层特征的反应又有一定的局限性，并非所有井的生产数据都与储层有直接关系（王祝文等，2003）。因此，动态参数往往不被直接应用于储层的分级评价，而是要在静态参数分布规律的约束下进行动态分级，动静结合才能合理评价储层。以苏里格气田召 30 区块的动态数据为例，结合其地质特征，对储层进行了分级评价（表 1-1）。

表 1-1　加密井区产能分布表

加密井区目前产能分布					
产量范围/10^4m^3	<0.5	0.5～1.0	1.0～1.5	1.5～2.0	>2.0
平均日产量/10^4m^3	0.167	0.71	1.248	1.805	3.982

续表

加密井区目前产能分布					
井数	178	30	12	5	12
所占比例/%	75.1	12.7	5.1	2.1	5.1
加密井区平均产能分布					
产量范围/10^4m^3	<0.5	0.5～1.0	1.0～1.5	1.5～2.0	>2.0
平均产量/10^4m^3	0.239	0.733	1.195	1.704	3.466
井数	90	70	44	15	18
所占比例/%	38	29.5	18.6	6.3	7.6
加密区水平井目前产能分布					
产量范围/10^4m^3	<0.5	0.5～1.0	1.0～1.5	1.5～2.0	>2.0
平均产量/10^4m^3	0.238	0.71	1.199	—	2.576
井数	10	9	1	0	5
所占比例/%	45.5	40.9	4.5	0	9.1

综合分析可得：大部分井日产量低于$0.5×10^4m^3$，占到总井数的75.1%。多数井生产时间较长、储层物性较差是当前日产量低下的主要原因，当前平均日产量仅有$0.167×10^4m^3$。从井区平均产能分布看，大多数井平均日产气量分布在（0.5～1.5）$×10^4m^3$，共计210口井，占直井总数的85%。按照产能相参数优劣将储层划分为Ⅰ类高产井分布储层、Ⅱ类中产井分布储层、Ⅲ类低产井分布储层。

（四）多参数综合评价

油气井的产能和油气田的开发效益在很大程度上取决于油藏品质，因此，如何选取一种合理的方法进行油气藏储层分级评价就显得尤为重要。综合分析来看，致密储层的优劣主要受控于三个方面，即母岩性质、沉积环境和成岩作用。早期国内外大多数油藏储层分级评价是建立在对静态参数的分析之上的，主要基于储层物性特征参数（如孔隙度、渗透率等）划分不同级别，并开展相关评价，缺乏对储层空间利用率及流体存在状态的评价，很难对流体与孔隙的匹配关系做出精准的系统评价。

随着研究程度的不断深入，纳入储层分级评价的参数也越来越多，尤其是对于一些特殊性质的储层，分级评价工作需要做得更细致，以适应非常规开发方式下的采收率提高。对于低渗透油气藏来说，其储层分类评价方法大致有两种：一种是静态分类，即利用岩石的岩性、物性、孔隙结构特征等静态参数建立相应的评价标准，对储层进行分类评价。另一种是以动态参数为依据，结合储层毛管压力特征和动态开发数据建立动、静态资料综合的储层分级评价标准，对储层进行分类评价。

通过对鄂尔多斯盆地、东海盆地、松辽盆地等多个致密油气藏的实验数据和动态资料分析，提出了从微观到宏观，从静态到动态的多参数约束储层综合评价方法，建立了致密储层的五相约束综合评价方法，形成了相对统一的储层分类评价标准，摒弃了仅以孔隙类型和毛管压力特征等方面来对研究区砂岩油气储层进行的评价。评价标准表见表1-2。

表 1-2　五相约束下的致密储层分级评价标准表

<table>
<tr><th colspan="3" rowspan="2">分级参数</th><th rowspan="2">参数获取方式</th><th colspan="3">储层级别</th><th rowspan="2">综合评价权重系数</th></tr>
<tr><th>Ⅰ级</th><th>Ⅱ级</th><th>Ⅲ级</th></tr>
<tr><td colspan="3">沉积微相</td><td>沉积相表征</td><td>扇三角洲、分流河道、沙坝</td><td>沙席、三角洲前缘、分流河道侧翼</td><td>沙席前缘、滨浅湖</td><td>0. 1</td></tr>
<tr><td rowspan="2">成岩相</td><td colspan="2">类型</td><td>岩石综合分析实验</td><td>不稳定碎屑溶蚀成岩相</td><td>压实-弱溶蚀成岩相</td><td>机械压实成岩相+碳酸盐胶结成岩相</td><td rowspan="2">0. 1</td></tr>
<tr><td colspan="2">阶段</td><td>岩石综合分析实验</td><td>早 B-中 A</td><td>中 A-中 B</td><td>晚期</td></tr>
<tr><td rowspan="7">岩石物理相</td><td rowspan="3">宏观参数</td><td>粒度</td><td>岩石综合分析实验</td><td>中-粗砂岩</td><td>中-细砂岩</td><td>细-粉砂岩</td><td rowspan="7">0. 4</td></tr>
<tr><td>孔隙度/%</td><td>物性分析实验</td><td>>20</td><td>13 ~ 20</td><td>4 ~ 13</td></tr>
<tr><td>渗透率/mD</td><td>物性分析实验</td><td>>50</td><td>1 ~ 50</td><td>0. 01 ~ 1</td></tr>
<tr><td rowspan="4">微观参数</td><td>孔隙类型</td><td>铸体薄片实验</td><td>残余粒间孔+次生溶孔</td><td>少量残余粒间孔+次生溶孔</td><td>次生溶孔+微裂缝</td></tr>
<tr><td>胶结物</td><td>扫描电镜+X 衍射</td><td>易溶、弱膨胀、量少</td><td>中等</td><td>多类型、易膨胀</td></tr>
<tr><td>喉道半径/μm</td><td>恒速压汞实验</td><td>0. 74 ~ 2. 3</td><td>0. 23 ~ 0. 74</td><td><0. 23</td></tr>
<tr><td>孔喉比</td><td>恒速压汞实验</td><td>60 ~ 180</td><td>180 ~ 500</td><td>500 ~ 1200</td></tr>
<tr><td rowspan="3">渗流结构相</td><td colspan="2">排驱压力/MPa</td><td>恒速压汞实验</td><td>≤0. 5</td><td>0. 5 ~ 1. 0</td><td>≥1</td><td rowspan="3">0. 2</td></tr>
<tr><td colspan="2">可动流体比例/%</td><td>核磁共振实验</td><td>≥45</td><td>30 ~ 45</td><td>≤30</td></tr>
<tr><td colspan="2">气体充注效率/%</td><td>多轮次成藏模拟实验</td><td>≥85</td><td>65 ~ 85</td><td>≤65</td></tr>
<tr><td rowspan="2">产能</td><td colspan="2">试油、试气数据</td><td>油气井测试数据</td><td rowspan="2">高产</td><td rowspan="2">中等</td><td rowspan="2">低产</td><td rowspan="2">0. 2</td></tr>
<tr><td colspan="2">油气井产能数据</td><td>油气井动态产量</td></tr>
</table>

使用五相约束综合评价法划分储层级别时，每种相所包含的参数种类差别较大，数量也不同。因此，不同评价相的综合评价权重系数也有所差别，如岩石物理相参数大多依据各种岩石物理化学实验分析所得，其占的比重要高一些；而成岩相参数和沉积相参数的主观因素相对较大，其占的比重要偏小。因此，在实际分级评价过程中，应该将各项评价结果配以对应的权重系数。而权重系数的设定是依据地质、开发人员对相关油藏的研究经验和评价参数来源的可靠性来确定的。确定权重系数后运用聚类分析、加权平均等数学分析

方法分别对五相约束下的储层评价结果进行综合分析，最终获得包含所有评价维度的储层分级评价结果。

值得强调的是，沉积微相研究是致密储层评价的基础，随着气田开发的进一步深入，沉积微相研究得到越来越多的重视，特别是各种新理论和新方法及计算机技术的应用，提高了储层外部形态、内部结构、尺度规模与空间连续性的研究精度，并随着构型和建模技术的广泛应用，研究的广度、深度和精细程度更高（贾爱林，2011）。

第二章　河流环境及河流相

第一节　概　　述

河流沉积在地质记录中很常见，存在于太古宙到第四纪的所有地层中，分布于世界不同的地区，在合适的地质地理条件下，河流沉积厚度可达数千米以上。河流沉积学概念的提出最早可追溯到英国地质学家莱伊尔，他在1830年所著的《地质学原理》中对新奥尔良附近的密西西比河的曲流河段进行过研究。随着人们对现代河流地貌学研究的深入，对古代河流沉积物类型和沉积层序的认识也逐渐深化。Allen（1963，1964，1965a，b，c）提出的向上变细层序的曲流点沙坝的侧向迁移模式，对后来的河流研究产生了巨大的推动作用，随后1965年SEPM专刊“原生沉积构造及其力学解释”的出版为砂岩沉积作用的解释提供了物理基础。自此以后，在河流沉积研究领域，涌现出大量有关古代河道砂岩成因的研究，提出了河流沉积层序的二元结构，阐述了河流的侧向加积和点沙坝迁移。自20世纪70年代以来，人们通过对现代河流的研究，认识到河流沉积作用受一系列的变量所制约，沉积类型具有多样性，确定了4种基本的河流类型，即辫状河、曲流河、网状河和顺直河。随后的研究涉及了河流地貌学、水动力学及工程地质学的许多问题，对河流类型及其沉积物的多样性和复杂性有了更加深入的理解，除了研究河流垂向层序外，还注重河流的底形和各级界面的识别，提出了河流沉积学研究的新思路和新方法，取得了令人瞩目的研究进展。在中国陆相沉积盆地中，河流沉积分布广泛，河流储层中的石油天然气储量占到了中国目前已开发油气田动用储量的一半左右，因此，研究河流沉积环境和沉积相对油气勘探开发具有普遍意义。

雨水和冰雪融水在重力作用下沿地表或地下流动的水流称为径流。也就是除了蒸发的、被土地吸收的和被拦堵的降水以外，沿着地面和渗入地下的流走的水都称为径流。按水流来源分为降水径流和融水径流，按流动方式分为地表径流和地下径流，地表径流又分坡面流和河流等。河流是常年流水，多来源于大气降水和融雪汇集。在山区或高原上，河流在重力作用下沿自身侵蚀形成谷地。这些被河水开凿和改造的谷地便称为河谷。河流具有相对固定的河道，并可进一步得到地下水的补给。一些河流以海洋为最后的归宿，另一些河流注入内陆湖泊或沼泽，或因渗漏、蒸发而消失于荒漠中，于是分别形成外流河和内陆河。

每一条河流和每一个水系都从一定的陆地面积上获得补给，这部分陆地面积便是河流和水系的流域。实际上，它也就是河流和水系在地面的集水区。两个相邻集水区之间的最高点连接成的不规则曲线，即两条河流或两个水系的分水岭。对于任何河流或水系来说，分水岭之内的范围，就是它的流域。河流沿途会接纳很多的支流，形成复杂的干支流网络系统，这就是水系。河流水系就是由主流和所有支流共同组成的水网，山区河流和平原河流表现出不同的地形地貌和河床纵剖面梯度，一条河流随着时空变化，河流梯度会从陡峭逐渐变为平缓。一个水系通常由河源、上游、中游、下游和河口区几部分组成，也有人将中游和下游合并为中下游，还有人将河口区归为下游。

一、河流侵蚀作用

河流的侵蚀作用也是河流沉积学研究的重要内容，但河流的侵蚀作用与沉积作用是密不可分和相辅相成的，侵蚀、搬运、沉积作用贯穿于河流的上、中、下游，使地表呈现出各种地貌形态。河流体系的水动力条件、河床的坡度和河道形态变化较大，不同学者基于不同的研究侧重点建立了不同的河流侵蚀作用类型。河流的侵蚀作用一般划分为垂直侵蚀作用（即下蚀作用）、向源侵蚀作用和侧向侵蚀作用。

河水在重力作用下沿河床流动，垂直向下切割底床，使河道不断加深的过程称为下蚀作用。当下蚀作用达到一定的极限值时，河流就失去了垂直侵蚀能力，床底也不再降低，这一极限值或基准面就称为侵蚀基准面。当河流入海后，海平面即为终极侵蚀基准面；当河流入湖或支流进入干流，湖水面和河水面就是区域性侵蚀基准面。河流除了发生下蚀作用，还可以发生向源侵蚀作用。

向源侵蚀作用使河谷向源头加长，直达分水岭。由于分水岭两侧水系的侵蚀基准面、坡度或岩性的差异，一侧河流可抢先侵蚀并跨越分水岭，把另一侧水系的上游支流接收过来，这个现象称为河流袭夺。袭夺河常因水量增大，下蚀作用加强。发生袭夺现象时，被袭夺河流会水量减少，甚至出现干谷河段或断头河。在河流袭夺处，还可以产生袭夺河湾。

当河流进入弯道时，产生的离心环流对凹岸进行冲刷，使得凹岸不断崩塌和后退，称为侧向侵蚀作用。侧向侵蚀作用往往与侧向加积作用相伴生，随着凹岸的崩塌和后退，凹岸垮塌下来的粗碎屑物质连同从上游搬运来的砂泥沉积物，一起被带到凸岸沉积下来，使得凸岸不断向前增长。随着离心力增加，河湾变得更加弯曲，形成河曲。在曲流发育的河段，凹岸和凸岸交替出现。当河床形态变得极度弯曲时，犹如长蛇在河谷蜿蜒，这种极度弯曲的河床称为蛇曲。

河流可以切入基岩形成基岩河道，也可以切入冲积物形成冲积河道，还可以是两者的混合类型。基岩河道并不一定发育在上游，也可以发育在中游或者下游，如非洲的一些河道，上游可能为冲积河段，而在中下游地区则出现基岩河段。上游河流下蚀河谷的能力较强，形成河谷深度远大于谷底宽度的“V”形河谷。

当河流流经岩性软硬不同的河床时，下切作用产生的差异会在河床上形成一些不连续的陡坎，这些横亘于河底的坚硬岩石被称为岩槛，常常构成明显的叠水现象。当岩槛高度大于水深时可以形成瀑布。除了岩性的差异外，这些阶梯状陡坎或岩槛也可由断层、火山作用或冰川作用等原因形成。随着岩槛高度增加，下游一侧发生向源侵蚀，可以形成规模较大的河道坡度突变点，常称之为尼克点（knickpoint）或裂点。实际上岩槛和尼克点指的都是同一种现象，只是中西方称谓的不同，随后在概念的理解和实用上有所差异。在瀑布较发育的河段，河床的下游一侧岩石的侵蚀速率明显大于上游一侧，便会出现明显的尼克点，随着尼克点的向后运动，陡壁底部被侵蚀而掏空，陡壁的垮塌可导致瀑布后退。跨越加拿大和美国国界线的尼亚加拉瀑布便是尼克点的典型实例。瀑布是地球上很壮观的自然胜景之一，人们依据高度、宽度和流量对瀑布做了一些排名。如世界上最高的瀑布是安赫尔瀑布，落差高达 979m；而世界上最宽的瀑布伊瓜苏瀑布群，总宽度达 4000 余米。

尼亚加拉瀑布（Niagara Falls）位于美国和加拿大交界的尼亚加拉河中段，流经宽 350m 的公羊岛后分成两部分，即加拿大瀑布和美国瀑布（图 2-1A）。宽阔的尼亚加拉河水流经此地突然收缩，巨大的水流以银河倾倒之势冲下 50 多米断崖，场面气势磅礴，震人心魄。位于加拿大境内的瀑布为主瀑布，因形如马蹄，故名马蹄瀑布。马蹄瀑布水流最大，水帘一片青色冲下悬崖，水势澎湃，雨雾通天，一片迷濛（图 2-1B）。

图 2-1　河流下切差异形成的瀑布

A. 尼亚加拉河瀑布由公羊岛分成两部分，右边为加拿大瀑布，左边为美国瀑布；B. 加拿大境内的瀑布为主瀑布，因形如马蹄，故名马蹄瀑布；C. 维多利亚瀑布从 50 多米高的悬崖跌入深邃的峡谷，形成一条长长的匹练；D. 维多利亚瀑布峡谷产生的水雾和彩虹；E. 壶口瀑布主瀑布，河床底部河槽宽 20m、深 10m，上游黄河水从河槽上倾陡崖上顺流倾注而下，上涌的水雾形成彩虹；F. 壶口瀑布的次瀑布，由一部分河水从山西一侧绕弯过来垂直泄入顺流河槽而形成

维多利亚瀑布（Victoria Falls）位于赞比亚和津巴布韦交界处，宽1.7km。赞比西河到达瀑布之前，水流舒缓，河中分布有大大小小的河道沙坝，沙坝之上散布着零星的树木，是一段宽浅型辫状河道。瀑布从50多米高的悬崖跌入深邃的峡谷，飞流直下，气势磅礴，形成一条长长的匹练（图2-1C）。峡谷与流向垂直，宽25～75m。河水出瀑布后气势依然汹涌澎湃，从与峡谷相连的“Z”字形或“川”字形河谷流出，在曲折蜿蜒的河谷中奔腾着流向下游。瀑布流水轰鸣，雾气冲天，细雨绵绵，水雾折射阳光所形成的彩虹直达300多米高度，堪称世界奇观（图2-1D）。

壶口瀑布是我国黄河河床上发育的著名瀑布。在河床底部突然出现了一个宽20m、深10m的冲蚀河槽，河槽切入坚硬的棕色砂泥岩地层中，形成顺河床方向延伸的狭窄河槽。上游300m宽的河水在顺流河槽的上游端发生汇集，大部分河水倾注而下形成主瀑布，形成所谓的“千里黄河一壶收”的气概（图2-1E），而另有一部分河水则从山西一侧绕一个弯过来垂直泄入河槽，形成次瀑布（图2-1F）。至此，千里黄河束流尽数归槽。由于河槽出现在河床里面顺河床发育，当水流溢出河槽，则瀑布消失。只有流量适中，存在一定的落差才能形成瀑布。上午的阳光照射到上涌的水雾，形成五光十色的彩虹。壶口瀑布不断溯源上移，瀑下河槽也随之延伸。

从河流的演化来看，瀑布只是一种短暂的存在，终将消亡，因为河流演化的总趋势是接近一个平滑的凹形纵剖面。尼亚加拉瀑布如今的落差大约为50m，以前落差可能超100m，瀑布下方的页岩逐渐被掏空而垮塌后退，每年退后1m多，且落差在减小，再过5万年可能将会彻底消失。

当河流穿越山区地段，河流下切到基岩之中，会形成平面上河道极度弯曲、剖面上呈“V”字形深谷的深切河曲。特别是当地表上升，某些河曲下切强烈，会形成峡谷地貌景观。深切河曲是发育在山地和高原上的一种河流地貌形态，河谷形态受河流流经地段的岩性、地形坡度、地质构造及地壳运动等因素的影响，表现出不同的下蚀作用和强度，受切入基岩的岩性和断裂构造的差异，形成了平面上河道极度弯曲、剖面上呈“V”字形深谷的奇特景观。长达446km的科罗拉多大峡谷，就是受到科罗拉多河的强烈下切作用而形成的，不仅向下收缩成仅百米宽的“V”字形，而且还可能出现大回转和大拐弯。

马蹄湾是科罗拉多河在亚利桑那州内的一截“U”形河道，由于河湾环岛形似马蹄而得名，也有人叫科罗拉多河的大拐弯（图2-2A）。除了大回转和大拐弯外，有的河谷还可以出现“之”字形或“川”字形，如维多利亚瀑布下游方向的河谷（图2-2B）。千里黄河，奔流不息，在陕北沟壑纵横的黄土高原上也留下了多个大拐弯，如延川的乾坤湾和清水湾（图2-2C、D）。还有一种常见的河谷地貌称之为冰川谷，是山谷冰川塑造的线形谷地，其横剖面形似“U”形，故称为“U”形谷，也称为槽谷。槽谷的两侧有明显的谷肩，谷肩以下的谷壁平直而陡立，冰川谷两侧山嘴被侵蚀削平形成冰蚀三角面。槽谷底因岩性差异，在软弱岩层处形成冰盆，在坚硬岩层处则形成冰坎。槽谷谷坡上发育的支冰川，因其侵蚀能力远逊于主冰川，其谷底常比主谷高数十米到一二百米，这类谷地称为冰川悬谷（图2-2E）。大陆冰流、岛屿冰盖或山谷冰川入海处，因冰床蚀低，冰川消亡后将形成峡湾。峡湾也是冰川谷的一种类型，只不过冰川谷的谷底位于海平面以上，而峡湾的谷底则位于海平面以下，被海水淹没。挪威峡湾中最著名的“三块大石头”——“布道石”“奇迹石”“恶魔之舌”，其成因可能与冰川的作用和断裂活动相关。吕瑟峡湾中的布道石顶部的天然平台大约为625m²，与下方峡湾水面的垂直落差高度为604m，因其神似传教士布道的讲台故而得名（图2-2F）。

图2-2　河谷地貌形态

A. 美国科罗拉多河大拐弯-马蹄湾，位于美国亚利桑那州；B. 赞比西河与维多利亚瀑布峡谷相连的“Z”字形或“川”字形河谷；C. 黄河秦晋峡谷发育的“S”形大转弯——乾坤湾，弯度达320°，位于陕西延川；D. 黄河秦晋峡谷发育的大转弯——清水湾，弯度达305°，位于陕西延川清水湾；E. 冰川谷及右侧的冰川悬谷，右上角插图为花岗岩经冰川磨蚀形成的穹隆状构造，左下角插图为河谷内的河道，发育粗粒边滩，位于美国加利福尼亚约塞米蒂国家公园；F. 吕瑟峡湾一角，右上角插图为奇迹石，左下角插图为布道石，位于挪威斯塔万格

河流上游及河源地带，侵蚀作用强烈，是支流及其碎屑物质的汇集地带，沉积作用不强，上游河道较平直，河谷陡峻，河谷呈“V”字形，两侧可有坡积裙和洪积扇，如喜马拉雅山西段发育的河谷两侧，冲积扇裙非常发育（图2-3A）。在高山冰原地区，某些河源河谷向源则为山谷冰川，并伴有多种冰碛地貌（图2-3B）。由于坡降大，河流具有较大的动能，细粒物质被冲走，只有粗粒物质成为滞留沉积（图2-3C）。基岩河道可以出现在河流通过的任一河段，在切入基岩的河床上，可以看到多种水流侵蚀现象，除了大型的凹槽、岩槛和口袋状壶穴外，还有一些小型的细沟和圆形-椭圆形的壶穴，如黄河壶口瀑布河槽两岸暴露的砂岩底床上的壶穴（图2-3D）和广西红水河玉质底床上的细沟和壶穴（图2-3E）。壶穴的形成原因很多，但都离不开风化和磨蚀作用。在基岩河床上，磨蚀作用可导致底床岩石的垂向侵蚀，在固定涡流作用的地方，就会产生小的圆坑，并不断加大加深形成壶穴。

图2-3　山区河流的地貌特征

A. 河源河谷地貌形态；B. 山谷冰川地貌形态；C. 山区河流底床上分布的砾石；D. 河道底床上砂岩表面发育的壶穴；E. 河道底床上硅质岩表面发育的细沟和壶穴

地面流水除了河流外，还有面流和洪流。面流是雨水、冰雪融水在地表斜坡形成的薄层片状细流，又叫片流。面流出现的时间很短，没有固定流路，侵蚀强度主要受降水量、降水强度、地形坡度、坡面组成物质和植被等影响。当面流的洗刷作用强烈时，可以冲刷斜坡上风化的松散物质，将斜坡切割成几个厘米到数十厘米深浅不等的细沟，甚至使基岩裸露。面流从斜坡上部洗刷下来的碎屑物在斜坡下部和坡麓堆积，这些沉积物称为坡积物。坡积物又沿坡麓呈裙状分布，因此称为坡积裙。当面流形成的细沟中汇集的水流越来越多时，侵蚀作用更为强烈，则演化成洪流。

洪流是降水产生的暂时性流水，在雨水集中的季节很容易形成，是面流增大到一定程度在低洼处汇集成的线状水流。洪流的侵蚀表现为下蚀 、侧蚀和溯源侵蚀。随着这种作用的进行，聚集的雨水越来越多，侵蚀作用也越来越强，最后形成具有明显沟缘的沟谷，称为冲沟。冲沟的规模一般是介于细沟和干谷之间，形态具有窄、深、长的特点，虽然长度远远不及河谷，但在深度上至少可以阻止车轮通过。随着下蚀作用的进行，冲沟纵剖面逐渐变得平缓，其横剖面从呈“V”字形渐变为“U”字形。洪流在沟谷中一般不发生沉积作用，但从两侧岸壁塌落的巨大石块可以留置谷内，其他碎屑物质在洪流的携带下流出谷口。雨季来临，沟谷水流携带大量碎屑物质冲出山口，流速骤然降低，大量碎屑物堆积下来形成洪积物，因为这些堆积物呈扇状分布，所以被称为洪积扇。其特点是分选较差，磨圆度不好，可发育叠瓦状构造和不清晰的交错层理。洪积扇在干旱地区分布很广，在潮湿地区也有发育，但厚度较薄，扇体形态呈席状。影响洪流地质作用的因素有很多，如气候、地形、植被、岩石性质以及断裂构造等，人类的经济活动的影响也变得越来越重要。有关洪流地质作用及洪积物将在稍后章节中讨论。

二、河流搬运作用

Hjulstrøm（1935）通过一系列的实验，建立了冲积河道中水流速度与颗粒的侵蚀和搬运能力的关系图解，被称为尤尔斯特姆图解。该图解以颗粒直径为横坐标，平均流速为纵坐标，可以说明各种粒度颗粒的侵蚀、搬运、沉积与水流速度的关系（图2-4A）。图2-4A中上方的虚线表示侵蚀速度，也就是颗粒的启动流速，其线呈下凹状，而且开始侵蚀的临近速度是一个带而不是单一的曲线，这可能是因为给定粒级颗粒的临界速度，部分取决于底床上颗粒所处的位置和方式。从图2-4A中可以看出，砂（0.25～0.5mm）颗粒所需要的侵蚀速度最小，在流水搬运中最为活跃，常常呈跳跃式搬运前进。黏土和粉砂虽然粒度较细，但由于受颗粒间的黏结力和底床层流亚层的黏滞作用，需要较高的侵蚀速度。图2-4A中的下方的曲线表示沉积物的沉降速度，沉降速度随着颗粒粒径的增大而增大，当流速小于沉降速度时，沉积作用发生，而介于起动流速和沉降速度之间时，沉积物则会处于搬运过程中。一般来说，颗粒侵蚀所需的水流流速要比继续搬运所需要的水流流速大，因为侵蚀流速不仅要克服颗粒本身的重力的影响，而且还要克服颗粒彼此间的吸附力的影响才有可能发生搬运。细粒沉积物的侵蚀速度与沉积临界流速值相差很大，一经流水搬运，即长期悬浮于水体中，很不容易沉积下来；砾石级颗粒的侵蚀流速与沉积临界流速相差较小，两者都随着颗粒的增大而增大，可见砾石是很难作长距离搬运的，而多沿河底呈滚动式地推移前进。

Sundborg（1956）在自己和前人分析成果的基础上，增加了悬浮沉积物浓度，给出了修改后的尤尔斯特姆图解（图2-4B）。对于石英颗粒，直径大约为0.2mm，是区别床沙载荷物质搬运和沉降以及悬浮物质沉积的界限。

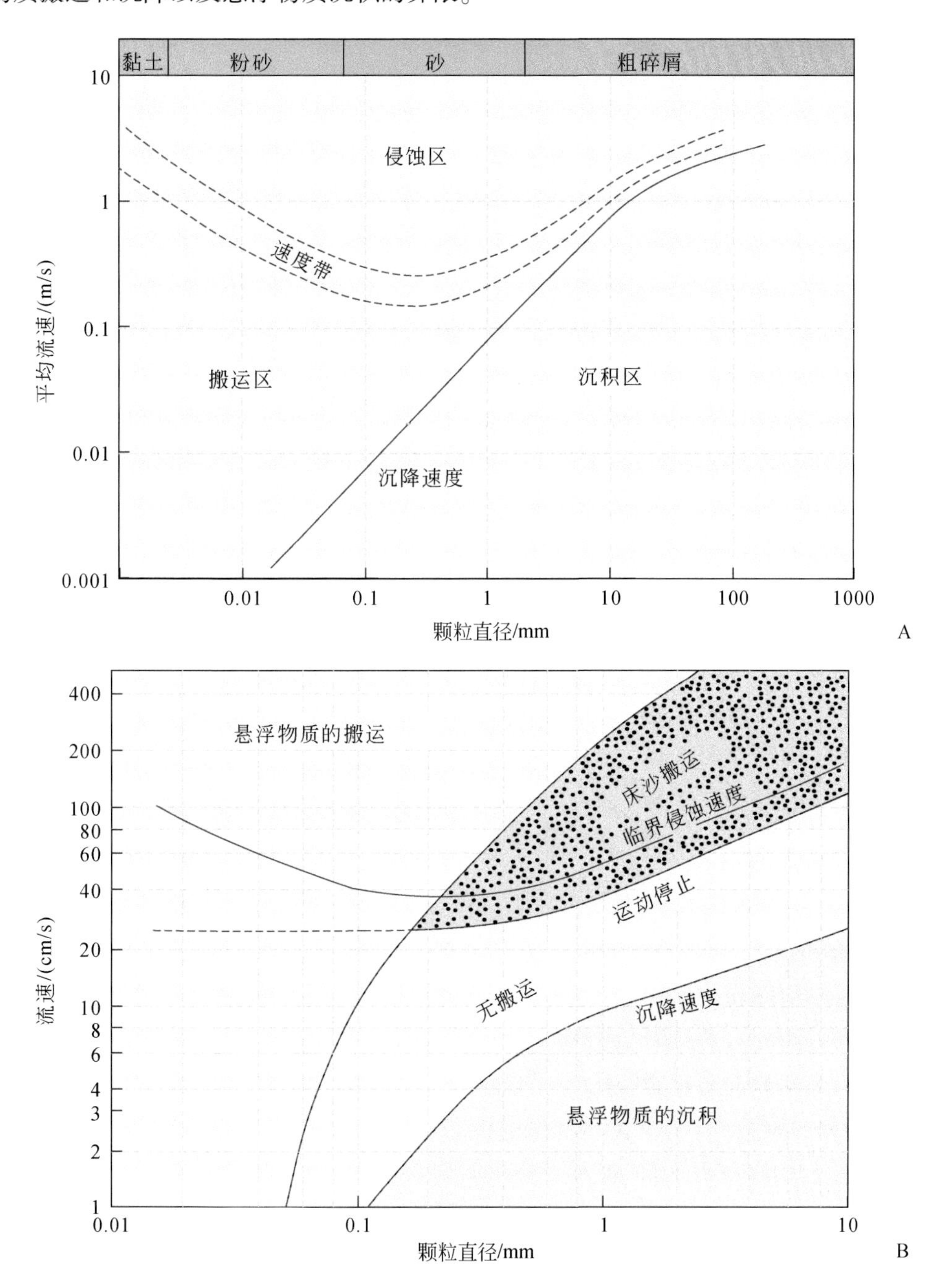

图2-4　沉积物侵蚀、搬运和沉积图解

A. 尤尔斯特姆图解（Hjulstrøm，1935）；B. 经桑德伯格（Sundborg，1956）修改后的尤尔斯特姆图解（据Allen，1965c）

河流的搬运方式有机械搬运作用和化学搬运作用，但以机械搬运作用为主。由于所搬运的碎屑颗粒大小有别，不同大小粒级的物质搬运特点亦不相同，包括滚动、跳跃和悬浮3种方式（图2-5）。在河流的搬运过程中，颗粒的搬运形式是随着流速的变化而发生变化的，即取决于颗粒在介质中的受力状况。流体作用于碎屑颗粒上的力主要有浮力（F）、重力（G）、流体的顺流水平推力（P）和由紊流扬举及速度差异产生的垂向上举力（R）。当颗粒运动时，还受到底床摩擦阻力的影响。

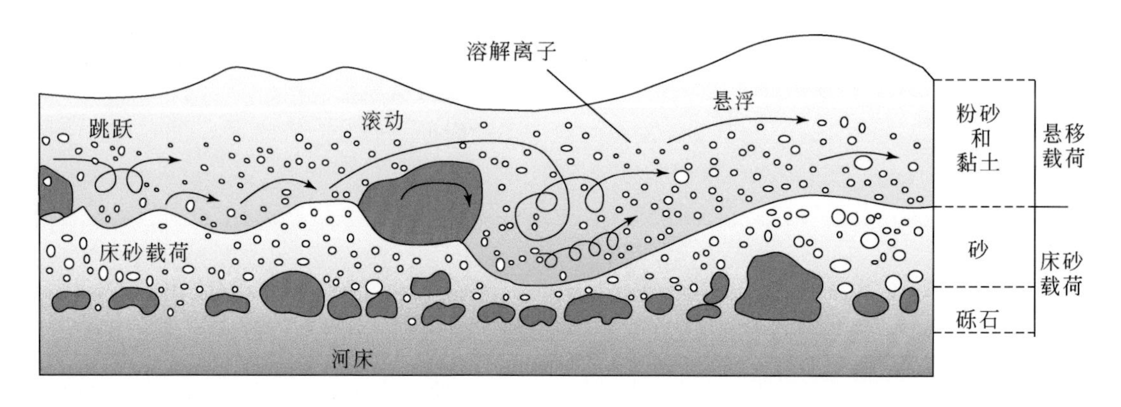

图2-5　河流载荷的搬运方式（据Jain，2014）

流体在运动过程中，对碎屑物质有一个向前的推力，使碎屑颗粒开始沿介质底面滚动、滑动和拖拉，这种牵引搬运方式叫滚动或推移。只有当水流对颗粒的推力大于颗粒的重力在水流方向的分力时，碎屑颗粒才会在河底发生移动。被推移的物质一般为粗碎屑物质，如粗砂和砾石。如果碎屑颗粒成分相同或相似，显然粗大的颗粒需要较大的推动力，才能克服摩擦力而移动；如果碎屑颗粒的成分不同，则密度大者需较大推力才能移动。碎屑颗粒的形态也是重要的影响因素，球度高的颗粒容易被推移产生滚动，球度低的颗粒需要较大的推力并多产生滑动。推移作用的结果，就像搓衣板一样，常常在河道底床上形成叠瓦状砾石层。

砂质碎屑物质沿底床呈跳跃方式向前移动的搬运过程称为跳跃或跃移。河床上的碎屑颗粒会受紊动涡流和不同深度水层流速差所产生的上举力影响。当上举力超过碎屑颗粒重力时，碎屑颗粒便离开床底进入搬运状态。碎屑颗粒在上举力的作用下从底床上跃起，并在推力作用下向前移动。当颗粒上升到一定高度时，上举力降低，在重力作用下，颗粒再次落到底床上，这样颗粒便在不断地跃起和降落中前进。跳跃作用与流体性质、水流速度和碎屑颗粒的性质有关。

细小的碎屑质点在活动的流体中总是呈悬浮状态搬运，这种搬运方式称悬浮或悬移。当碎屑颗粒重力小于水流产生的上举力时，颗粒便可在河水中呈悬浮状态。悬移主要发生在紊流中，流体的紊流作用使得上举力大于碎屑颗粒的重量，其结果是细小的物质悬浮在流体中搬运。决定碎屑颗粒是否呈悬浮状态的主要因素是颗粒大小、形状、密度和水流速度。在相同的流速条件下，粒径小、密度小的易于悬浮，而粒度大、密度大的颗粒则不易于悬浮。一般情况下，水流中的悬移质多属细粒的粉砂和黏土。

河流对碎屑物质的机械搬运能力和方式主要和流速及碎屑颗粒的大小、形状、相对密度等有关。在同样的流速条件下，不同粒径、密度和形状的颗粒，可以用不同的方式进行搬运。搬运中的碎屑物质最终将按照机械分异作用的原理沉积下来，即碎屑颗粒相应地按颗粒大小、形状、相对密度和矿物成分发生分异并依次沉积，如河流上游沉积有砾石、砂砾，到中下游主要是中-细砂，到河口是细砂和粉砂；从河床向河岸两侧逐渐由中细粒的砂变为粉砂，越过堤岸进入泛滥平原则是从粉砂过渡到黏土。除了按照颗粒大小顺序分布的沉积作用分带外，在密度上服从机械分异作用的规律，如细小的金沙常与颗粒大的砾石和粗砂混在一起的，这是因为金的比重远比岩石碎屑比重为大，因此在上游便可沉积下来。正是由于机械分异作用的结果，一些沉积金属砂矿便富集在一些砂砾岩层中，成为重要的矿产资源。在流水的搬运过程中，颗粒由于不断碰撞、研磨，粒度逐渐变小，总体形态也变得圆滑。

河流的搬运能力不仅与河水流量和水流流速有关，还与流域内物源性质、汇聚区的面积和气候条件有关。在风化强烈、缺少植被的地区，水土流失严重，进入河流的泥沙多；反之，进入河流的泥沙则少。全世界河流，每年能将约 200×10^8 t 的碎屑物运入海洋，光是我国黄河的贡献量就达 16×10^8 t。进入黄土地区后，含砂量猛增，平均含砂量为37.6%，其支流无定河最大含砂量竟达60.8%，故有“黄河斗水七升砂”之说。长江流域因植被覆盖较好，年输砂量小于 5×10^8 t。

矿物和岩石经过化学风化作用，一些元素和化合物首先迁移出来，并以离子形式溶于流水及地下水中，汇聚到河水中，呈真溶液状态被搬运，主要是氯、硫、钠、镁、钾等的元素和化合物；另一些则呈胶体溶液状态搬运，主要是难溶的铝、铁、锰、硅、磷等金属氧化物和氢氧化物。河流对可溶性物质的化学搬运与流速无关，多与物源、气候、可溶性物质的溶解度及赋存状态等有关。

三、河流沉积作用

河流的沉积作用受到河流流速、河水流量和沉积物供给的影响。由于河水的流动性较强，化学沉积作用较弱，多以机械沉积作用为主。当河流的流速降低，可以引起河流沉积作用，如在河道突然展宽的河段、河流弯曲河段、支流与主流的交汇处、山区河流进入平原上、河流的入湖或入海处；当河流的流量随气候或季节而发生变化时，河道的搬运能力降低，引起河流沉积作用；河流的沉积作用还受到物源供给的影响，当水携碎屑物质大量增加，可导致部分碎屑物的沉积。

业已说明，上游河流多为基岩河道，河床坡度大，地形陡峭，水流湍急，以侵蚀作用为主。中下游属于河流干流区，地形上从丘陵地带到平原地带，既有基岩河道又有冲积河道。中游河段多为丘陵地区，河床坡度相对减小、流速相对减慢、流量明显增大，以搬运作用为主。随着河床纵剖面坡度由陡变缓，沉积作用逐渐明显。随着河道不断展宽，河谷断面形态逐渐为“U”字形。下游河段多为平原区，主要为冲积河道，主河道流量大但流速缓慢，河谷横剖面为宽阔的冲积平原，河流多呈蛇曲状，以侧向侵蚀和加积作用为主。下游及河口区的河床坡度更小，水流逐渐分散，流速减慢，以沉积为主。

位于河流末端的河口区，是河流注入稳定或不稳定水体的地区。注入海洋和湖泊的河口区大多发育三角洲，当海水潮汐能量远远大于河流水动力时，河口区可以形成河口湾。注入不稳定水体或干旱气候沙漠中的内陆河流，因水流逐渐消失，形成一种特殊的河流末端体系。

1. 辫状河道

辫状河的径流量不稳定，会随季节的更替而变化。辫状河道宽而浅，弯曲度小，一般小于1.5；坡降大，流速急，对河岸侵蚀快；河道横向不稳定，频繁迁移，激荡不定，故辫状河又称激荡性河流。辫状河流的负载大，主要是粗的底负载，悬浮负载相对较少，现代辫状河发育规模变化很大，河道类型多样，河道沙坝变化多端。在河流的演化中，因长期遭受侧向侵蚀作用，河谷显著展宽，在宽平的河床里，河道时分时合，可形成辫状河道。南萨斯喀彻温河在迪芬贝克湖至萨斯卡通市河段内，河道沙坝非常发育，成为研究的热点地区。在辫状河道内，河道频繁分汊，心滩（坝）、沙洲等不断出现。赞比西河（Zambezi River）是南部非洲第一大河流，从河源到维多利亚瀑布为河流的上游，长1287km，发育各种类型的河道沙坝，呈现出不同的河流形式，河水水深10～20m，水流缓急随河道宽窄而变化，辫状沙坝主要在河道最宽处发育，大者长2km，宽1km（图2-6A、B）。湄公河干流经老挝境内的孔南瀑布流入低地，在金边以上的中下游地区，河谷较宽，多岔流，在琅勃拉邦附近，河道平缓、水流分散，除了发育细粒河漫滩沉积外，河道中心还可以形成众多的砂质河道沙坝（图2-6C）。某些山区河道规模较小，河水较浅，河道分布有众多的小型辫状砂体（图2-6D）。也有一些砾质辫状河发育，低水位时期河床暴露出现砾质和砂质的各种底形（图2-6E、F）。

伊洛瓦底江是缅甸人民的母亲河。其河源有东西两支，其中东支发源于云南境内，称为独龙江。从河源至河口，缅甸境内全长2714km，流域面积430000km^2。整个流域受西部山地和掸邦高原的束缚呈长条状，地貌特征为北部高山峡谷，西部崇山峻岭，东部高原，南部低洼平原，河口段为扇形三角洲。河水多急流、多瀑布。中游河段发育很好的砂质辫状河，还发育各种大型的河道沙坝，有侧坝、横坝和纵坝。河道沙坝低阶地表面发育有大型曲脊沙丘和直脊的沙浪，脊间发育小型沙纹，有的表面发育干涉浪成沙纹和风成沙纹，丘间低洼处发育泥裂构造。河流水位的变化除了对砂质河床造成相当大的冲刷和充填作用外，还形成了不同规模底形的叠置关系。在低水位时，河床露出，可以很容易地确定沙坝及河道边缘各种底形的叠置关系。在河床部分露出的沙坝低阶地上，分布有大量的曲脊沙丘，水流集中于沙丘间的洼槽中，形成新月形的小型积水洼地，沙丘顶部和背水区形成了一系列的小型波痕。在靠近水位线附近，表面可以发育直脊的沙浪，内部出现板状交错层及再作用面构造。沙坝上底形类型及变化取决于河流的流态和该底形相对河底的高度（图2-7）。

2. 曲流河道

除了上述辫状河外，现代曲流河沉积作用既可以发生在切入基岩的河道，也可发生在切入冲积物的冲积河道。在河流的发育过程中，某一河段可能为基岩河段，而另一河段则可能为冲积河段，当然基岩河段并不一定发育在上游，同样，冲积河段也不一定发育在中游或者下游。大多数基岩河道发育在上游，这些地区坡度陡、水流急，沉积物较粗。基岩

图 2-6　现代辫状河沉积地貌特征

A. 赞比亚赞比西河发育的河道沙坝，右上角插图为沙坝的上游端，植被生长茂盛；B. 津巴布韦赞比西河发育的河道沙坝的表面形态，侧坝上发育脊间洼槽，右上角插图为沙坝的侧面，有水流侵蚀台阶，为砂泥质漫岸沉积；C. 老挝琅勃拉邦的湄公河段，河道内发育多条纵向沙坝，为砂泥质沉积，表面有植被发育并有耕种；D. 加拿大班芙的弓河，河道内发育砾质河道沙坝，河岸发育多个冰蚀柱；E. 青海湖北岸哈尔盖河的河道砾质浅滩；F. 广东阳江河道内发育的纵向沙坝，左下角插图显示河道有多条沙坝发育，沙坝的两段都有植被生长

河床底部除了前面所说的常见侵蚀沟槽和壶穴外，河道形态与冲积河道相比可能更加没有规律。一般来说，基岩的抗侵蚀能力强，很难想象它们会形成曲流形态，但自然界中基岩河道大量出现，成为峡谷中曲流沉积作用的一大特色，形成了众多的自然胜景（图 2-8）。

位于黄河晋陕峡谷中部的碛口，发育了很好的砾石滩沉积（图 2-9）。碛口因黄河第二大碛的“大同碛”（第一大碛为黄河壶口）而得名。碛是指河道中堆积的砾石滩，口是指黄河渡口。在碛口渡口一带黄河自北而来，湫水河携着大量的砾石从东侧成直角冲入黄河，在河口地区形成一片中–细砾浅滩，逼迫原本宽阔的黄河被推挤缩至不足百米，随着

图 2-7　伊洛瓦底江辫状河发育河段河道沙坝沉积特征

A. 缅甸伊洛瓦底江发育的多排河道沙坝，河道宽度为 1500 ~ 3000m，沙坝宽度为 500 ~ 800m，沙坝长度为 1000 ~ 1500m，沙坝长宽比为 1.5 ~ 3，缅甸明宫钟河段；B. 河道沙坝表面发育的大型曲脊沙丘，水流方向从左到右，缅甸蒲甘河段；C. 河道沙坝表面发育的大型沙丘，水流方向从左到右，缅甸蒲甘河段；D. 河道沙坝表面发育的直脊沙浪，脊间发育小型沙纹，缅甸蒲甘河段；E. 河道沙坝表面发育的干涉浪成沙纹，缅甸蒲甘河段；F. 伊洛瓦底江大型河道纵向沙坝枯水面以上发育的大型陡倾斜层理，水面至顶厚度 2m，后面剖面箭头所指处亦为前积层，水流方向从左到右，缅甸曼德勒河段；G. 伊洛瓦底江大型河道纵向沙坝枯水面以上发育的大型陡倾斜层理，水流方向从左到右，缅甸曼德勒河段

河道向西侧迁移，河水对西侧的砂岩河岸不断侵蚀，凹岸受到侵蚀发生垮塌，形成大量的碎石岩块，在螺旋形水流的作用下，凸岸逐渐发育了大片分选很差的砾石滩，当地称为麒麟滩。麒麟滩宽 300m、长 500m，砾石多为粗砾和巨砾，砾石成分较复杂，细砾级成分有各种火山岩、变质岩和沉积岩岩屑，粗砾和巨砾级砾石主要为临近地层的砂岩和泥岩，但

图 2-8　现代峡谷中发育的曲流河

A. 科罗拉多河河谷内发育的曲流河，位于美国大峡谷国家公园；B. 科罗拉多河拐弯，位于美国死马点州立公园；C. 绿河河谷，位于美国峡谷地国家公园

泥岩岩块由于受到长期的水流侵蚀和浸泡而被破坏分解。砾石对称性差，多呈叠瓦状排列，长轴与水流方向垂直，倾角变化较大，巨砾级砾石的倾角较陡，可达30°～50°，倾向上游，砾石之间充填细砾和泥砂，分选和磨圆稍好。麒麟滩之间发育的砂质沉积物发育小型沙纹层理，在麒麟滩的向岸方向为砂质沉积，尾端粒度变细，为含砾的砂质沉积。

与上述大江大河相比，倒淌河算是涓涓细流了。倒淌河位于青海湖盆地的东南缘，源

图 2-9　黄河碛口河段粗粒河滩沉积特征

A. 湫水河进入黄河在河口地区形成的砾质浅滩；B. 浅滩对面的黄河凹岸带交错层砂岩受到侵蚀发生垮塌；C. 凸岸带形成的砾质浅滩——麒麟滩；D. 麒麟滩表面发育平行流向的脊和沟；E. 砾石滩间的砂质沉积物表面发育水流沙纹；F. 砾石滩上部的砂质沉积，向上为漫岸细粒沉积，左上角插图显示上游河湾处的砂质河滩

于日月山西边脚下，全长 40km，自东向西流入青海湖的耳海湖湾中。华夏河水往东流，偏有此溪向西淌，所以此河被称为倒淌河。对于倒淌河的来历，民间有很多传说，最有名的就是此河由文成公主的思乡之泪幻化而成。倒淌河虽然是一条宽度只有几米的小溪，但它承载了太多的历史和传说，而且又是一个曲流十分发育的河流环境，引起了很多石油地质和沉积学工作者的关注。目前，倒淌河下游的水源主要来自日月山一侧的冰雪融水和地下潜水的补充。倒淌河的河道形态呈现出很好的蛇曲状，河道宽度一般为 2 ~ 5m，属于小型河流（图 2-10A）。倒淌河的弯曲程度较高，易于发生截弯取直作用，导致其发育较多的牛轭湖。牛轭湖、河漫滩、河漫沼泽组成了顺着谷底延伸的湿地系统，局部河道变宽形成了宽浅的河湾，与河漫沼泽构成了大片的湿地（图 2-10B、C）。河床内可见砾石等粗碎屑物质被滞留在河床底部形成砾石滩，河曲的凸岸可发育小型的点坝砂体并平缓倾向河道，点坝主要为砂质沉积和沙砾质沉积（图 2-10D、E）。天然堤和漫滩沉积的粒度比点坝沉积

细，以粉砂质黏土沉积为主，植被发育。部分水流从决口处流向河漫滩而形成决口沉积。河床凹岸一侧坡度较陡，凸岸一侧较缓。由于河流规模较小，沉积序列的厚度也较小，凹岸侵蚀剖面中砂砾质沉积厚度一般为 1m 左右，堤岸细粒沉积一般为 0.30m 左右（图 2-10F）。

图 2-10　倒淌河现代沉积特征

A. 倒淌河发育的曲流河湾，河道宽 2～3m；B. 河道顺着谷底蔓延，形成了大面积的湿地，河道宽 3～5m；C. 河道展宽后形成了宽浅的河湾，部分已经转化为沼泽；D. 凸岸带上发育的含砾石的点坝砂体，发育向下游倾斜的斜层理；E. 河道内发育的砾质浅滩，砂砾沉积成层状；F. 被侵蚀的较陡的凹岸，左下角插图显示下部为层状砾石沉积，上部为泥质沉积

总之，河流不仅是侵蚀陆地表面并将侵蚀下来的物质搬运到沉积盆地的主要地质营力，而且还是地表最重要的沉积营力之一。河流发展的不同阶段或河流的不同河段的沉积作用特点和沉积物特征是有差别的，根据现代河流的沉积特征可以重建地质历史时期的河流模式，不仅对研究大陆的演变历史有着重要的意义，而且为河流储层地质学研究提供了标准。

四、水动力与底形

1. *层流和紊流*

由于流速和黏度的不同，河道流体流动时显示两种模式，既可以是层流也可以是紊流。当薄层水流注入低流速的单向流体后仍然连贯沿直线流动，并且保持一定的宽度，薄层水的这种运动方式叫作层流（图 2-11A）。层流为一系列的平行薄层，流体分子沿其表面不停地以滑动和平移的方式向前运动，如泥石流等非牛顿流体多以层流形式运动。

如果薄层水的速度增大或是黏度降低，其连贯性被破坏而变得高度不规则，薄层的厚度大小和流动方向随时间不断的随机改变，即使某一点的速度可能在相当长的时间内趋向一个平均值，但是瞬时值时时刻刻都在改变，这种类型的流动方式称为紊流（图 2-11B）。紊流中水体的向上运动可以阻止沉积颗粒的下沉，所形成的涡流也增强了水流侵蚀和搬运能力。

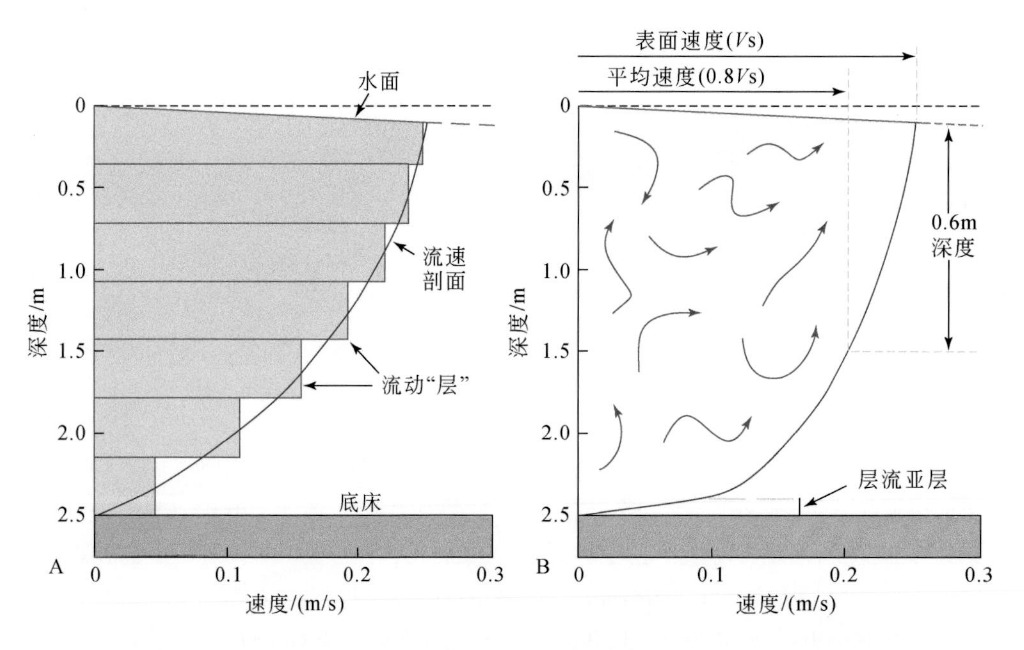

图 2-11　河流中层流（A）和紊流（B）的速度剖面（据 Huggett，2011）

人们引入雷诺数（*Re*）来描述水流的边界情况，从而区分层流和紊流。英国科学家雷诺（O. Reynolds）观察了流体在圆管内的流动，首先指出，流体的流动形态除了与流速有关外，还与管径、流体的黏度和流体的密度有关。雷诺数是一个无量纲数，与流体的流动特征、速度、深度、流体密度和流体黏度相关，可以表示为平均流速（V）乘以水利半径（R）再除以运动黏度（υ），而运动黏度可表示为分子黏度（μ）与流体密度（ρ）的比值，因此雷诺数可表示为

$$Re=\frac{\rho VR}{\mu} \tag{2-1}$$

当黏性力占主导时，如高密度流，雷诺数很小，流体为层流。一般流速低、深度浅的流体的雷诺数也比较小，流动方式主要是层流。当惯性力占主导，流速较大时，雷诺数较大，流体为紊流，大部分河流中的水体均属于紊流。

由公式可以看出，黏度的增大与流体速度或深度的减小对雷诺数的变化具有相同的影响。实验表明，当 Re 大于 2000 时，流体为紊流；当 Re 小于 500 时，流体为层流；当 Re 介于 500 ~ 2000 时，流体为过渡型流动，具体还要取决于河道的深度、形状等边界条件。在边界条件给定的情况下，可以用雷诺数来判断流体是层流还是紊流，并获得一些紊流参数。

2. 河水流态

弗罗德数（Fr）是流体力学中表征流体惯性力和重力相对大小的一个无量纲参数，以英国船舶设计师弗罗德（W. Froude）命名。弗罗德数和雷诺数一样也是无量纲数，它是惯性力与重力的比率，大多数工程人员把弗罗德数定义为一数量的平方根，即

$$Fr=\frac{V}{\sqrt{gd}} \tag{2-2}$$

式中，V 为平均流速；g 为重力加速度；d 为流水深度；$\sqrt{gd}$ 为重力波的速度。

如果 $Fr>1$ 时，表示向下游的流速大于向上游的传播的波速，此时不可能有向上游移动的波，流水的流动特点是一种急流或者称超临界流动，代表了一种水浅流急的流动状态。当 $0<Fr<1$ 时，流水的性质为静流、缓流或临界以下的流动，这表示水深流缓的情况。

弗罗德数可普遍用于碎屑物质以床沙载荷方式搬运和沉积过程的解释中，可以根据弗罗德数将水流状态分为低流态、过渡流态和高流态。当 $Fr<1$ 时为低流态，水流阻力大，沉积物搬运方式不连续；当 $Fr\approx1$ 时为过渡流态；当 $Fr>1$ 时为高流态，水流阻力小，沉积物搬运连续。

3. 底形

达到一定强度的水流在底床上流动时，将使底床上的推移质沿床面运动。随着水动力的变化，在底床上将相应地产生不同形态的各种几何形体，称之为底形（bedform），如沙纹、沙丘等。

根据水槽实验的结果，底形的类型、大小和形状主要取决于水流速度、流动深度和沉积物粒径。Southard 和 Boguchwal（1990）水槽模拟实验结果（图 2-12）表明，当粒度小于 0. 6mm 时，沙纹是稳定的底形，随着粒度增大流速范围变窄，在较细沉积物中，随着流速增加沙纹突变为上平床，粒度增粗时，沙纹则迅速过渡为沙丘。沙丘是中砂至粗砾沉积的流速范围很广的稳定相，且与周围底形有多个接触面，向粒度变细的地方为上平床和沙纹，向粒度变粗的地方下部流速低处出现一个狭窄的下平床，上部流速高处变为反沙丘。在沙丘分布区，在较低流速时，多为二维的直脊的沙浪，当流速较高时则为三维曲脊的沙丘。随着粒度增大，沙丘形成所需流速也增大。沙丘和上平床之间的界线随沉积物粒度向右上方迁移，并被反沙丘界线截断。反沙丘下限的弗罗德数在 0. 84 ~ 1. 00，不管粒度和底形类型都可以发育反沙丘。河流底形的水动力学研究表明，深度-速度-粒度关系图不仅适用于水槽中的浅水流，也适用于较深的经常变化的天然河道水流，但是天然河道水流的关

系图更为复杂多变。

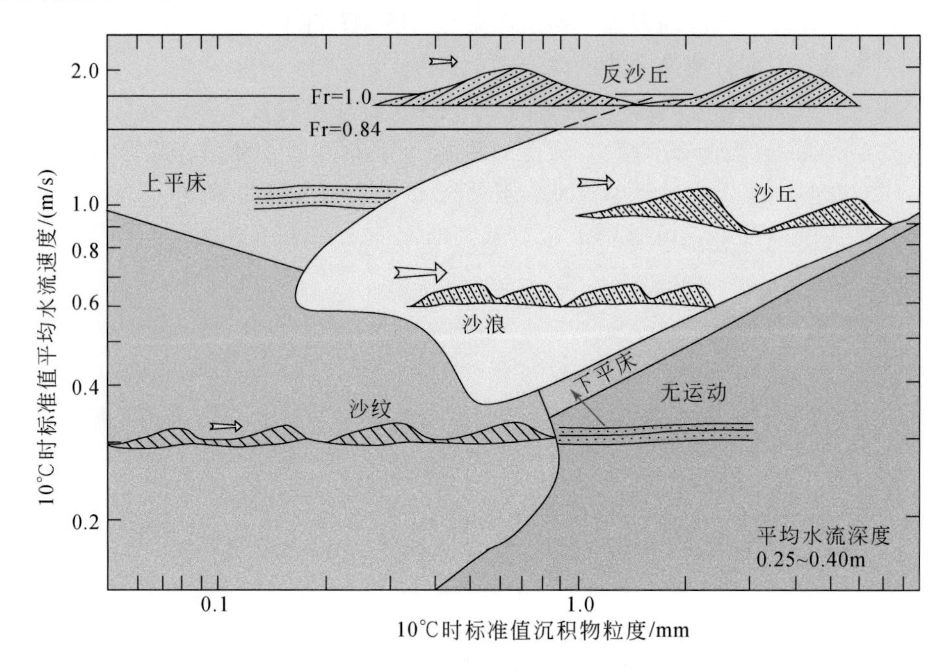

图 2-12　底形发育与平均流速和沉积物粒径的关系

（据 Southard 和 Boguchwal，1990）

据 Allen（1982）研究，水流系统中瞬时组平均沙丘（含沙浪）波长与水流深度存在一定的相关性（图 2-13A）。波长/深度平均可达到 5，可能由于水流不均匀和不稳定导致数据较为分散。系统中瞬时组平均沙丘（含沙浪）波高与水流深度也具有一定的相关性，波高/深度平均为 0.167，虽然离散度很大，但沙丘高度随水流深度增大而增加的趋势还是比较明显（图 2-13B）。

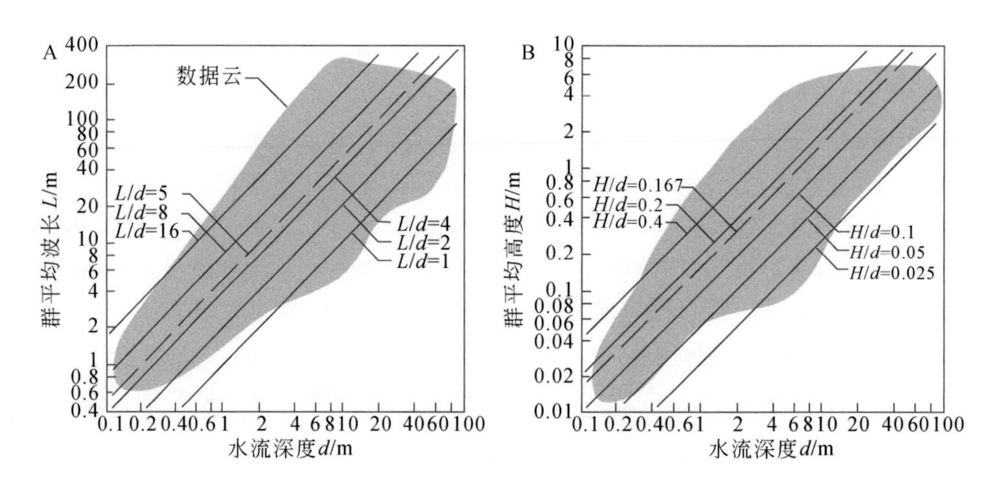

图 2-13　沙丘的高度和长度与水深的关系（Allen，1982）

A. 波长与水流深度关系图；B. 波高与水流深度关系图

第二节 河流类型及控制因素

有的河流在高山峡谷中汇集，有的在平原上蜿蜒行进，有的交织蜷曲，展示着不同的河道形态。在现代某些河流体系中，除了河流阶地的坡积，还可出现小型的冲积扇和小型三角洲。在不同河流的交汇处，河流的规模和下切的相对深度控制着不同沉积单元的出现。沿着河流还会出现多种地貌单元，由于水动力变化和输沙量的差异，有的河床发育与岸连接的沙坝，有的河床发育与岸分离的河心坝。

河流在地表流动时由于受到气候（主要是降水量）、地质构造、地貌形态（地形起伏）、基岩性质和植被发育等因素的影响，常具有不同的类型。不同的河流在河道的几何形态（宽深比、弯曲度）、沉积负载、稳定性、发育阶段等方面均存在差异，这些因素通常作为河流类型划分的依据。不同类型河流的沉积环境和沉积相各不相同，因此，河流的分类是建立沉积相模式的前提和基础。

一、河流类型的划分

1. 按照河流的发育阶段划分河流类型

一个河流或水系从源到汇，存在着两种不同的网络体系，即上游段的汇聚网络（contributive network）和下游段的分支网络（distributive network）（图2-14）。汇聚水系会由很多的支流形成复杂的干支流河网系统，按照排列形式可划分为树枝状（dendritic）、平行状（parallel）、格架状（trellis）、放射状（radial）、向心状（centripetal）、长方状（rectangular）和环状（annular）等多种类型，水系的排列与特定的地质构造和地貌形态有着密切的关系。分支河流网络是一个发散的河道网体系，它多位于河流进入沉积盆地的区域，分支河道形态多样，可以是辫状河、曲流河、网状河或过渡类型，顺着斜坡向下游方向，河道不断分汊，河道的规模逐渐减小，沉积物粒度逐渐变细。

为了表示水系中干、支流的相互关系，人们提出了多种河网分级方法。河网分级是一种将级别数分配给河流网络中的连接线的方法。此级别是一种根据支流数对河流类型进行识别和分类的方法。仅需知道河流的级别，即可推断出河流的某些特征。霍顿–斯特拉勒（Horton-Strahler）法是最常见的河网分级方法，从源头最小河流开始称为1级河流，两条1级河流汇合后的河流称为2级河流，以此类推到更高级别的河流，但只在同级河流相交时才会提高河流的级别。常见的还有施里夫（Shreve）法，该方法考虑网络中的所有连接线，数字是量级，连接线的量级是指上游连接线的数量。

戴维斯于1889年提出了侵蚀循环学说，按照发育阶段将河流划分为青年期、壮年期和老年期（Davis，1889）。青年期初期，河流短小稀疏，河谷不深，谷底狭窄。随着河流下切、水系加密，谷坡陡峻，出现高山深谷景观，缺乏河漫滩。这时河流比降最大，常有瀑布和急流发育。进入壮年期后，随着地形起伏逐渐变缓，出现低丘宽谷，谷底开始发育曲流和河漫滩，河流纵剖面先后达到平衡剖面。进入老年期后，河谷更加拓宽，河流蜿蜒曲折于宽阔的河漫滩上。这时分水岭趋于准平原化，略高于侵蚀基准面。由于岩石的坚硬

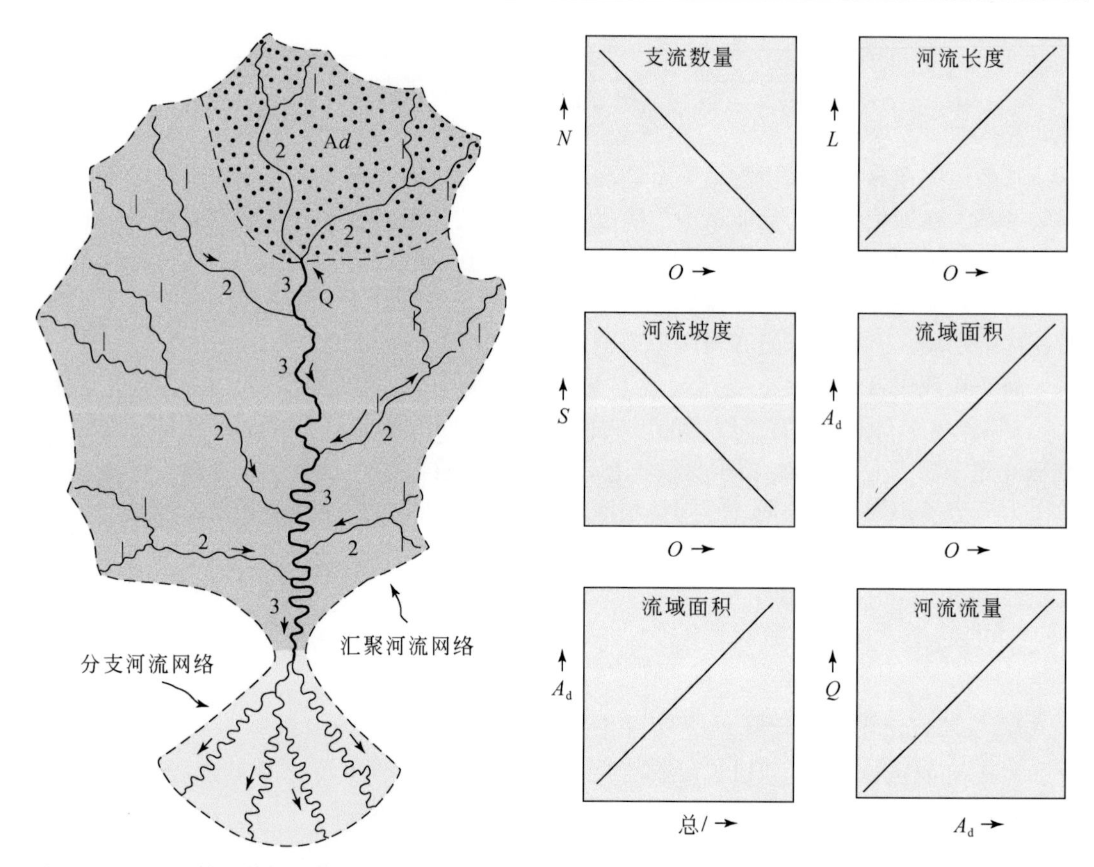

图 2-14　河网系统及其河流数量、坡度、长度、流域面积、流量与河流级别的关系（据 Allen，1965c）
图中数字代表河流级别，O 是河流级别，N 是给定级别的河流数量，L 是河流长度，
S 是河流坡度，A_d 是流域面积，Q 是流量

程度不同，抗风化能力强的岩石在准平原上会形成孤立的残山。

山区河流多为青年期，平原河流多属壮年期或老年期；同一河系，上游可属青年期，中游属壮年期，下游则属老年期。不同的河流发育阶段，河流作用和河流特征具有明显的差异（图 2-15）。

2. 根据河道形态划分河流类型

在 20 世纪 50 年代的一些沉积岩教科书中，就出现了对曲流河、辫状河和顺直河的描述，提出了对曲流河和辫状河判断准则，并对辫状河依据多河道而对曲流河则依据弯度来进行识别。同一条河道可能同时具有两类河道特征，如某些弯度大于 1.5 的曲流河段中，同样可以出现不与河岸连接的河道沙坝。

依据河道的平面形态对河流的分类是近年来的总趋势。国内外现已涌现出了许多按河道的平面形态进行的河流的分类方案，但每种方案都存在其不足之处。Rust（1978）根据河道弯曲度和辫状指数两个平面形态参数对河流进行分类。河道弯曲度是指河道长度与河谷长度之比，又称为弯度指数。其临界值为 1.5，小于 1.5 者为低弯度河流，大于 1.5 者为高弯度河流。河道辫状指数是指在每个平均蛇曲波长中河道沙坝的数目。其

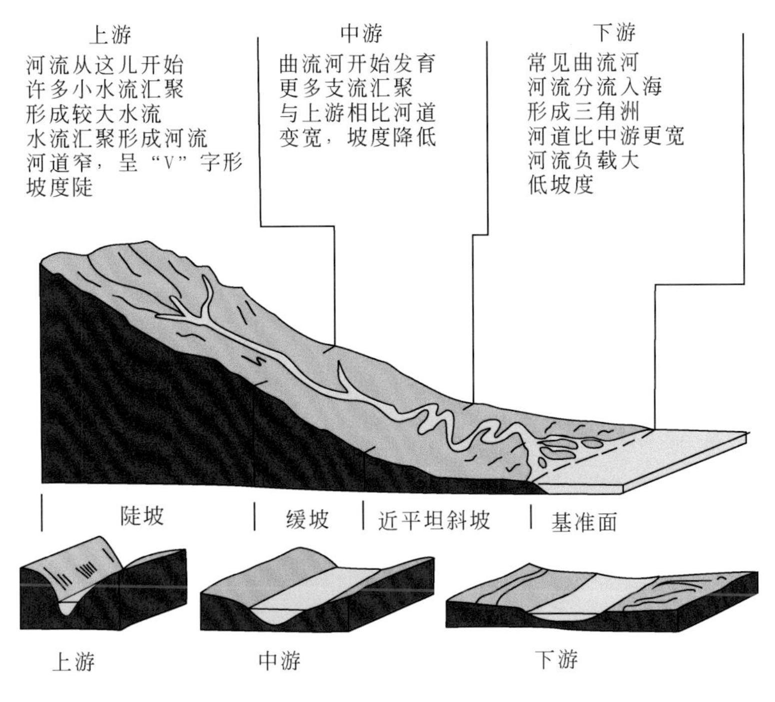

图2-15　河流发育阶段及其剖面特征（据 Jain，2014）

临界值为1，小于1者为单河道，大于1者为多河道。根据以上两个参数，Rust（1978）将河流划分为顺直河、曲流河、辫状河和网状河几种类型（图2-16）。不同类型的河流具有不同的径流状态，不同的沉积物搬运方式和不同的沉积特点。Rust（1978）的河流分类方案对国内影响较大，多数教科书都以此为基础对不同类型河流的沉积环境和沉积相进行讲述。

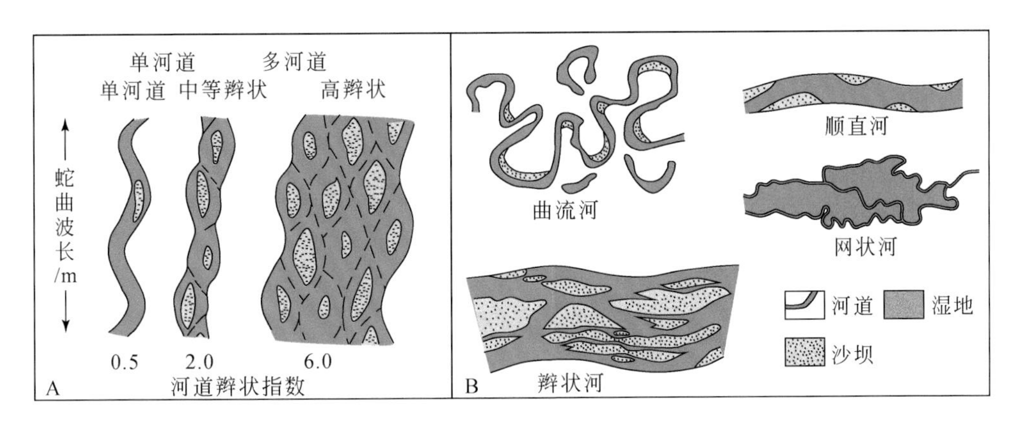

图2-16　单河道和多河道的划分（A）及主要河道类型（B）（据 Rust，1978）

钱宁（1985）的河流分类在我国水利学界和地貌学界受到广泛重视。他在吸收了国外分类的精华后，将河流分为激荡河流、分汊河流、弯曲河流和顺直河流四类（表2-1）。

表 2-1　钱宁（1985）的河流分类

河型	形态特征	运动特征	稳定性	边界特征
游荡	散乱多汊	游荡	极不稳定	河岸物质组成比较粗，缺乏抗冲性
分汊	分汊	各支汊相互发展消长	可以从稳定到介于游荡与弯曲之间	两岸物质具有一定的抗冲性，长江型的稳定江心洲河道上、下游多存在控制节点
弯曲	弯曲	深切河曲：下切 自由弯曲：蜿蜒 限制性弯曲：平移	比较稳定	两岸具有一定的抗冲性
顺直	顺直	犬牙交错的边滩 不断向下游移动	稳定	两岸物质组成很细，或受基岩及树木钳制

3. 基于负载类型进行河流分类

Schumm（1977，1985）描述了现代河流中河道搬运的沉积物负载、河道几何形态、河道沉积物类型这三者之间的关系，并应用于古代河流沉积的定性解释和分类。根据河流搬运的沉积物负载，可把冲积河道分为底负载型（bed- load channels）、混合负载型（mixed-load channels）和悬浮负载型（suspended-load channels）三类（表 2-2）。分类的基础是基于河道弯曲度和悬移质比例之间的相关关系，可应用于地质历史中古河流体系的解释。一般情况下，辫状河主要是底负载河道，曲流河为混合负载河道和悬浮负载河道，而网状河则多为悬浮负载河道（图 2-17）。古河道的弯曲度难以直接辨别，而河流的负载类型与河流沉积的层序结构具有一定的相关性，因此，研究河流的负载类型有助于对古河流的沉积结构的认识和沉积环境的恢复，但进行这种关联分析时一定要小心谨慎，尤其是对诸如黄河这样的大型河流来说判别错误会更多。

表 2-2　冲积河道分类表（据 Schumm，1977）

沉积物搬运的主要模式和河道类型	河道充填沉积物（粉砂泥百分比）	底负载（占总负载的百分比）	河道稳定性		
			稳定的（均衡河流）	沉积的（超负载）	侵蚀的（欠负载）
悬浮负载型	>20	<3	稳定悬浮负载型河道。主要是河岸上沉积，原始河床沉积较少	沉积悬浮负载型河道。主要是河岸上沉积，原始河床沉积较少	侵蚀悬浮负载型河道。河床侵蚀作用为主，原始河道拓宽不重要
混合负载型	5～20	3～11	稳定混合负载型河道。宽/深为 10～40，一般弯曲度为 1.3～2，中等坡度	沉积混合负载型河道。最初主要是河岸上沉积，随后有河床沉积	侵蚀混合负载型河道。原始河床侵蚀，随后河道拓宽
底负载型	<5	>11	稳定底负载型河道。宽/深>40，一般弯曲度<1.3，坡降陡	沉积底负载型河道。河床沉积和形成江心岛	侵蚀底负载型河道。几乎没有河床侵蚀作用，以河道拓宽为主

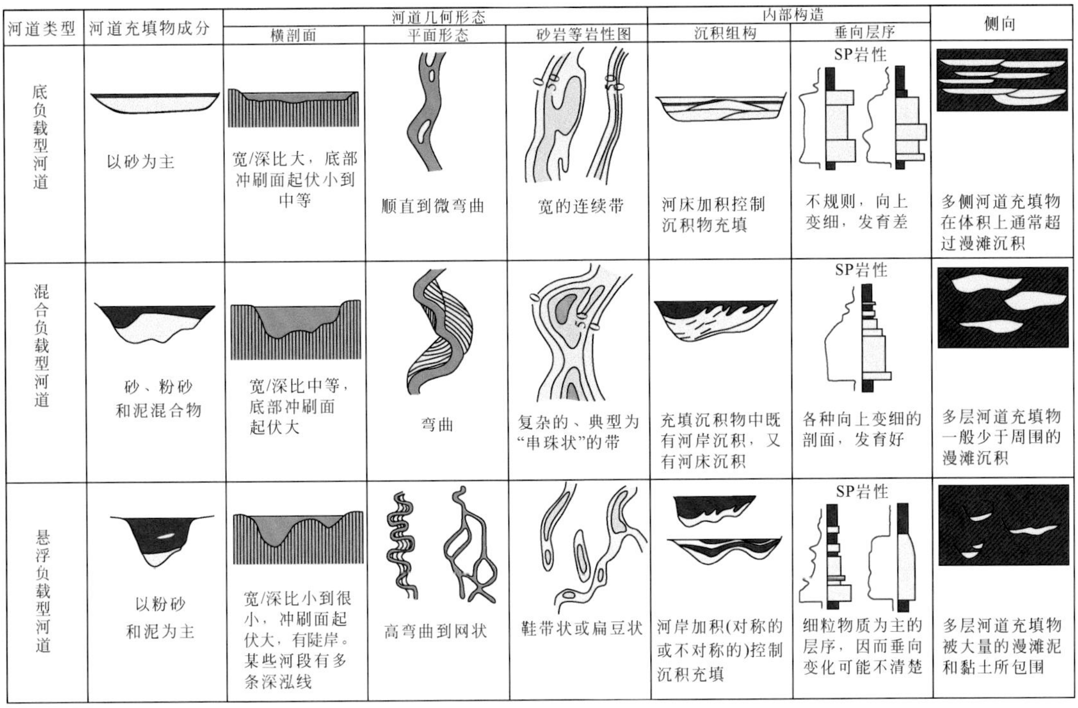

河道类型	河道充填物成分	河道几何形态			内部构造		侧向
		横剖面	平面形态	砂岩等岩性图	沉积组构	垂向层序	
底负载型河道	以砂为主	宽/深比大，底部冲刷面起伏小到中等	顺直到微弯曲	宽的连续带	河床加积控制沉积物充填	SP岩性 不规则，向上变细，发育差	多侧河道充填物在体积上通常超过漫滩沉积
混合负载型河道	砂、粉砂和泥混合物	宽/深比中等，底部冲刷面起伏大	弯曲	复杂的、典型为“串珠状”的带	充填沉积物中既有河岸沉积，又有河床沉积	SP岩性 各种向上变细的剖面，发育好	多层河道充填物一般少于周围的漫滩沉积
悬浮负载型河道	以粉砂和泥为主	宽/深比小到很小，冲刷面起伏大，有陡岸。某些河段有多条深泓线	高弯曲到网状	鞋带状或扁豆状	河岸加积(对称的或不对称的)控制沉积充填	SP岩性 细粒物质为主的层序，因而垂向变化可能不清楚	多层河道充填物被大量的漫滩泥和黏土所包围

图 2-17　底负载、混合负载和悬浮负载河道的沉积特征（据 Galloway and Hobday，1983）

受构造运动、基准面变化和气候变化的影响，河道的坡度、流量、粒度、宽深比和河岸强度都会发生变化和调整。虽然控制河道类型的变量很多，但粒度无疑是非常重要的。河流沉积物的粒度，影响沉积物载荷类型、搬运方式和搬运数量。在 Schumm（1981）提出的三种河道类型划分的基础上，Orton 和 Reading（1993）增加了砾质体系，按照底负载的含量，将河道类型划分为 4 种，并建立了河道类型与粒级分布的关系（图 2-18）。这 4 种河道类型分别如下：①极高底负载河道，底负载大于 50%，这类河道通常是季节性的，河道流动无规律，甚至发育在冲积扇上；②底负载河道，底负载为 11% ~50%，通常为辫状河，粗的滞留沉积可充当河道沙坝生长的核部；③混合负载河道，底负载为 3% ~11%，可以是砂质辫状河也可以是曲流河，河道多不稳定，河岸较脆弱，具有较高的宽深比；④悬浮负载或溶解负载河道，底负载小于 3%，河道坡度低，流量较低但较规律，河岸稳定并生长植被，通常具有较低的宽深比，可以是曲流河也可以是网状河。在古代岩石记录中，虽然粒度是估算负载类型的一个实用方法，但不同能量的河流，同一粒级的搬运方式可能会有所差异，如同样是细砂，有的河道是底负载而有的则是悬浮负载。

4. 河流构型分类

Miall（1985）根据他多年的研究，提出了“构形（或建筑结构）要素分析法（architectural element analysis）”，内容包括界面分级（bounding surface hierarchy）、岩相类型（lithofacies）及构形要素（architectural elements）。他强调岩相组合和砂体几何形态的研究，并提出了八种基本构形要素，最终按照构型要素组合将河流划分为十二种模式，他

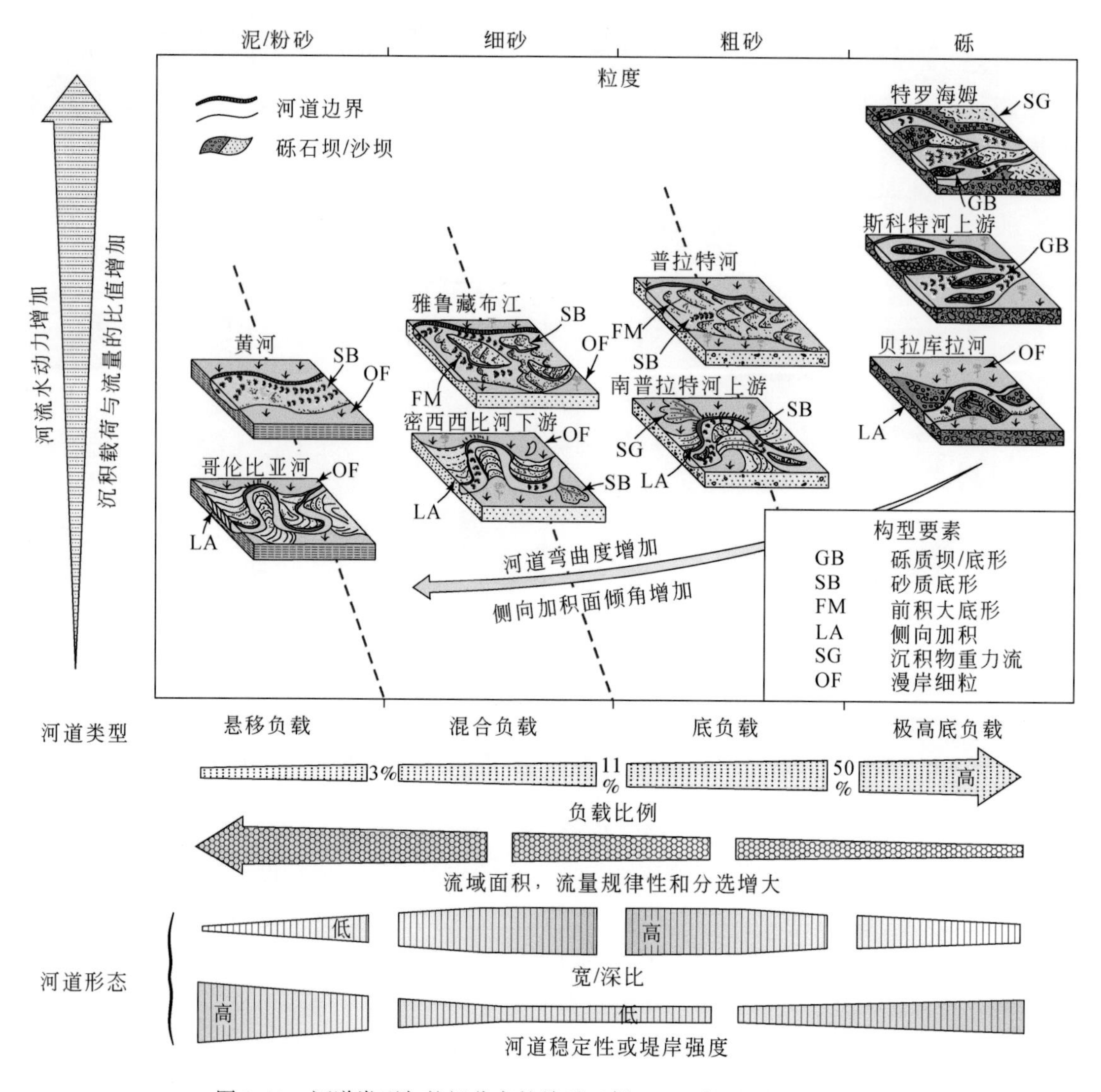

图 2-18　河道类型与粒级分布的关系（据 Orton 和 Reading，1993）

称之为构型样式，实际上包括了各种河流及与河流相关的冲积扇等沉积相模式，稍后将对此进行简单的介绍。

5. 依据单河道和多河道划分河流类型

我们根据多年的油区沉积相研究实践，采用单河道和多河道两种河道类型进行河流类型划分，前者包括顺直河、曲流河和辫状河，后者包括汇聚河、分支河和网状河（图 2-19）。多河道可以由任意单河道结合而成，如网状河可以由辫状河、曲流河和顺直河等交织在一起组成，组成网状河的单河道可以是底负载河道、混合负载河道和悬浮负载河道。任一单河道都由漫岸细粒沉积物所限定。当然，在缺乏泥质沉积物的沼泽环境中，河道也可以由泥炭沉积所限定，也就是河岸完全由沼泽沉积组成。

不管是辫状河还是曲流河，河道里面都发育各种各样的沙坝类型，这些沙坝可以是与岸连接的，也可以是分离的。在与岸连接的沙坝上常分布有各种规模的流槽，它们可以是顺直水道，也可以是弯曲水道。不管是辫状河还是曲流河，洪水期洪水越过沙坝和堤岸在其顶部和侧翼沉积细碎屑物质，形成漫岸细粒沉积，在曲流发育的河段可形成广阔的泛滥平原。

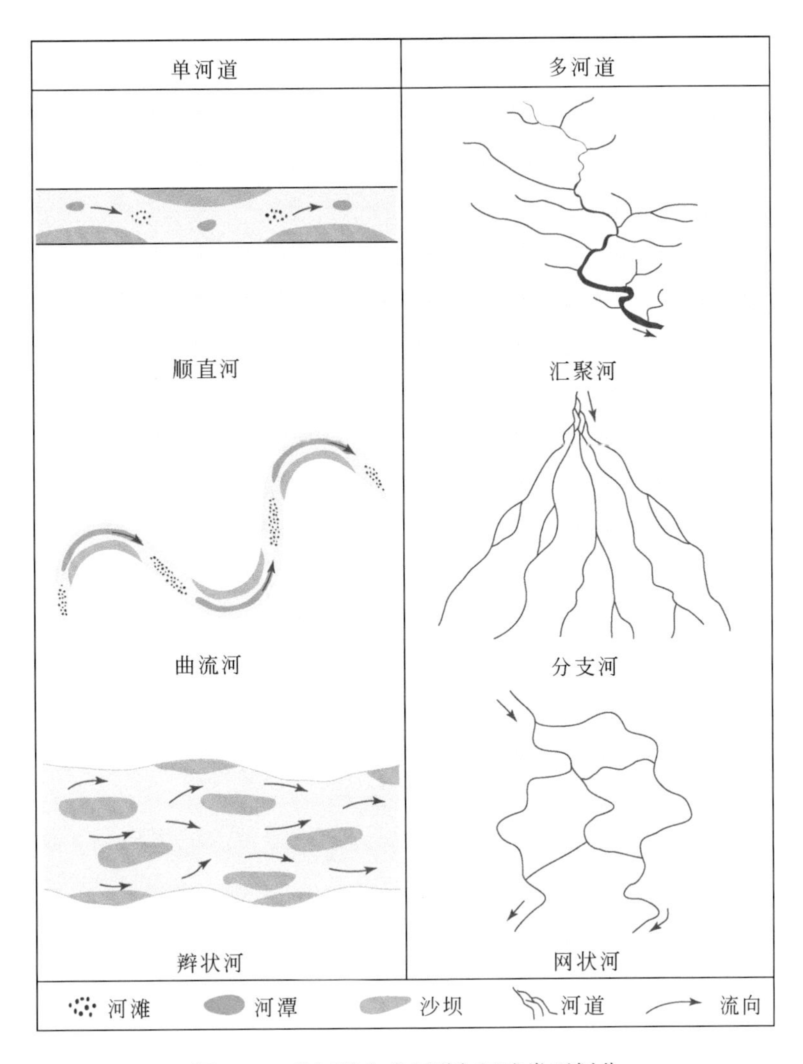

图 2-19　单河道和多河道与河流类型划分

单河道包括顺直河、曲流河和辫状河，也是大家最为熟悉的河道类型，所有的河道都由漫岸细粒沉积物所限定，都是限定性河道类型。

顺直河的弯曲度很小，河道形态呈顺直状，但河道内的深泓线仍可以是弯曲的，表现出河潭与河滩相互交替。顺直河的侵蚀作用沿河潭一侧发生，通过侧向加积作用形成紧贴河岸的侧坝，沉积作用类型类似于曲流河道，并可通过侧向加积作用发生河道的迁移。由于河道的侧向加积作用，顺直河道很难维持，多数存在于较短的距离内。在奥卡万戈扇上，顺直河道发育在曲流河的下游，并向远端扇逐渐消亡。

辫状河可以出现在任一气候带中，但多出现在潮湿或较潮湿的季节性变化明显的山区或河流上游河段以及冲积扇上。根据沉积物的组成可分为以砾质辫状河、砂砾质辫状河和砂质辫状河等不同类型。砾质辫状河在冲积扇体系中论述较多，是组成润湿性冲积扇或辫状河扇的主要单元。在砾质辫状河沉积剖面中，主要是相互叠置的辫状河道和河道沙坝，以砾石沉积为主，岩性粗，砂泥比值高。平面上，辫状河沉积砂体展布范围宽，形成大面积分布的复合储集体；垂向上常常呈无规则粒序，粒序的变化反映了各次洪泛事件能量大小的波动及所携带沉积物的粗细。

二、河流形态的控制因素

一条开始时平直的河道，随着时间的变化会逐渐变得深浅不一，深处为潭（pool），浅处为滩（riffle）（图 2-20）。两个潭之间的距离大约是河道宽度的 5 倍。随着河道的继续发展，相隔的两潭反向迁移，曲流带逐渐形成。曲流带波长大约是潭间距离的两倍，约为河道宽度的 10 倍。

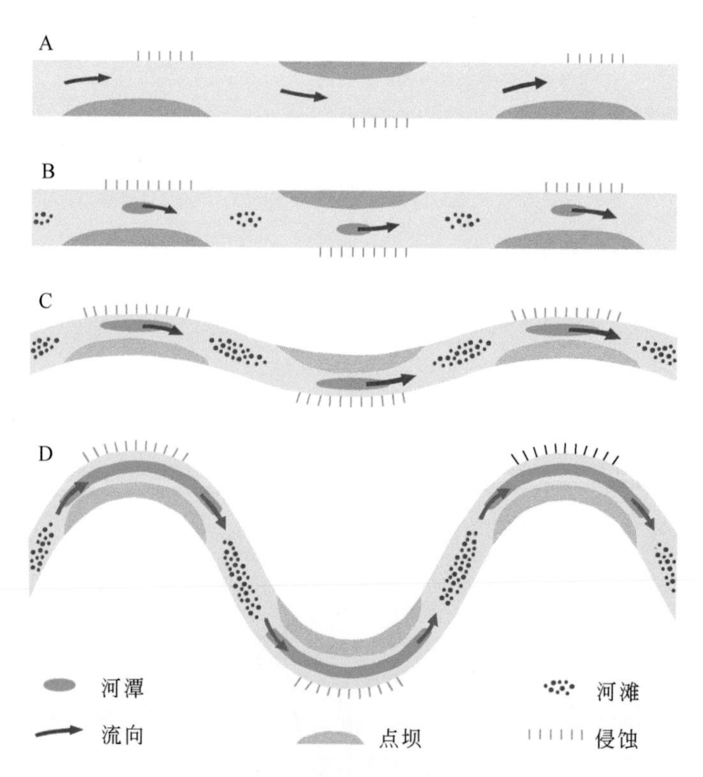

图 2-20　河道内的潭–滩演化特征（据 Dury，1969）

A. 相对于急流和缓流的河道侵蚀和加积的交替作用带；B. 河潭的大小影响顺直河道向曲流河道的演化；C. 河潭随着曲流带增长而增长；D. 曲流河道随着潭–滩变化而发育

Schumm（1985）指出，河谷坡降的不断增加，导致河道从顺直河逐渐变为曲流河，然后变为辫状河（图 2-21）。辫状河主要是砂质载荷，低弯度的河道水流穿行在多个沙坝之间，在洪水期沙坝可被淹没，形成活动的大型底形。在富泥河道一端的顺直河道内，主要底形为水下迁移的沙浪和交替出现的边滩。实际上，长距离的顺直河在自然界中是很少见的。曲流河位于图中的辫状河和顺直河之间，以中至高弯度河道发育为特点。砾质底床的辫状河与众不同，需要很高的河流能量进行搬运粗碎屑物质并增加河道稳定性，河道的弯曲度一般中等。网状河和分支河是两种重要的多河道体系，常见于低坡度的冲积平原和泛滥平原上，可以由一种或两种以上的河道类型组成河网体系。

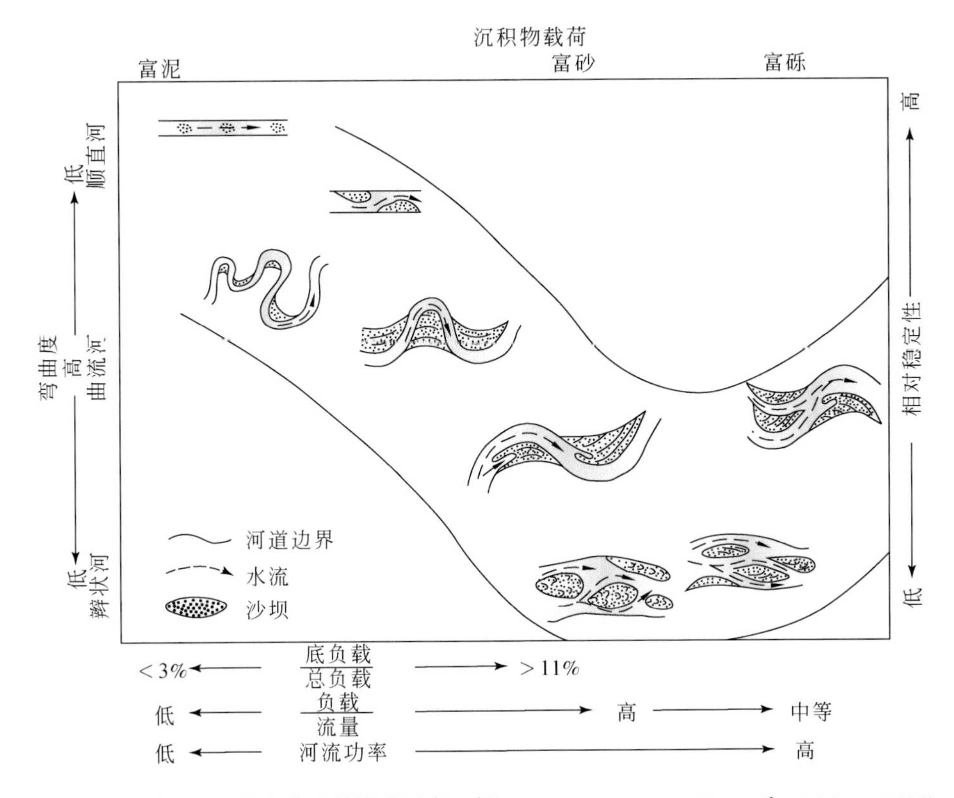

图 2-21　河道平面形态变化及其影响因素（据 Schumm，1985；Galloway 和 Hobday，1996）

决定河流类型的因素是复杂的，任何一条河流的河道类型在时空分布上都可能出现相互过渡和转化。

河道的平面形态主要受到季节性洪水水流的冲刷和沉积作用的影响。季节性低水位期沉积物搬运量很低，水流对河道形态的改变也较小，因此河道的平面形态是由历史上多次洪水事件塑造的，洪水期河水流量、河道坡度、沉积物的数量和粒级等因素都会影响河道的形态。Bridge（2003）提出了河道塑形流量（channel-forming discharge）的概念，也就是满岸流量，代表了每期的洪水流量，并将其与河谷坡度关联起来判别河道类型（图 2-22）。由于河流中沉积物的搬运速率难以测量，故河谷坡度可大致反映沉积物搬运速率。在一个给定的坡度和床沙沉积物的粒级下，随着流量的增加，河道的宽深比和辫状作用增大。同样，在给定的流量和粒级下，随着坡度增加，河道的宽深比和辫状作用增大。在低能的单河道中，河道的弯曲度会随着宽深比的增加而增加，而在辫状河道中则随着宽深比的增加而降低。一般认为，辫状河的坡度较大，沉积物较粗，河岸容易遭受冲刷而变得不稳定；而曲流河的坡度较小，粒度较细，河岸不易冲刷而相对稳定，且植被的生长又增加了河岸的稳定性。例外的情况也很多，有些河道的形态表现出与沉积物粒级和坡度的关系并不大，某些砂质乃至泥质的河道在某些河段也可以形成辫状河道，如我国的黄河就是一个实例。同样，某些曲流河段也可以是砂质和砾质沉积。河道形态受宽度、深度、坡度和弗罗德数的影响。由于河道的宽度和深度参数取决于河水的流量和沉积物的供应量，并不是独立的变量，因而这些参数的函数关系对河道形态的预测效果并不是很理想（图 2-23）。

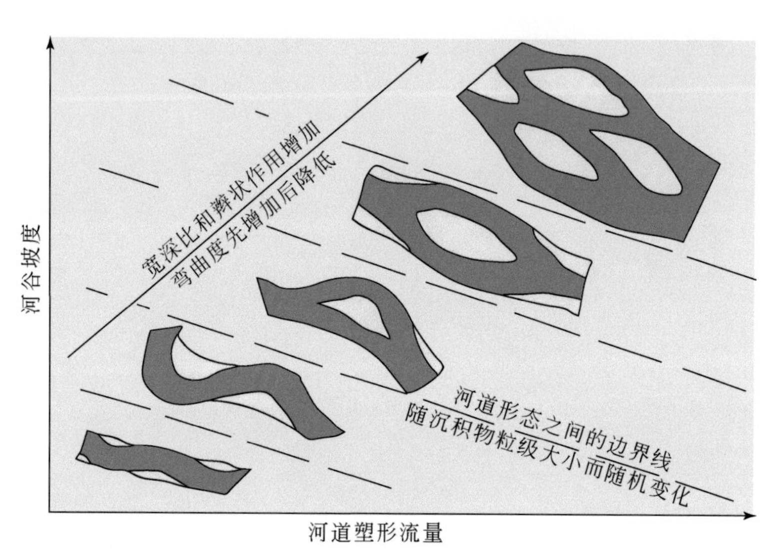

图 2-22　河谷坡度和河道塑形流量及沉积物粒级与河道形态的变化关系（Bridge，2003）

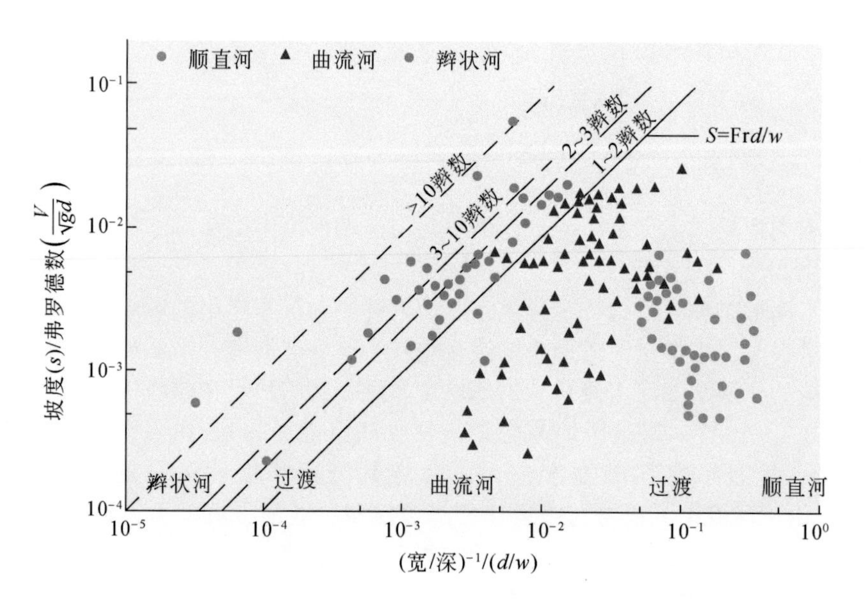

图 2-23　坡度、弗罗德数、宽度和深度等参数与河道形态预测图
（据 Parker，1976；转引自 Bridge，2003）

Chang（1979，1985）在河道形态的分析中，使用了一个能量消耗最小值或最大功效的概念，认为河水流量、河谷坡度和沉积物供应都是独立的变量，可以利用连续性、动量守恒、流动阻力和沉积物搬运速率等流态理论方程来预测河道的坡度、宽度、深度和水流速度。为了预测平衡河道形态，引入一个单位河道长度的河流能量最小值 S，或给定流量 Q 的最小值。若是河道坡度等于河谷坡度，河道保持顺直型；若是河道坡度大于河谷坡度，则在非平衡河道内发生加积作用；若是河谷坡度大于河道坡度，河道形态可能是曲流河或者是辫状河。因为辫状河道里面的小河道的坡度一般要比单个大河道的坡度大一些，所以只有辫状河才能允许其每个河道的坡度接近河谷坡度。在这些情况下，河道形态是曲流还是辫状取决于每单位河道长度的河流能量最小值。Chang（1979）绘制了 S 与 Q 的关系图，把砂质底床的河流分为 4 个区，即顺直河区、顺直辫状河区、顺直辫状河至曲流河区以及曲流河至陡的辫状河区。随后，Chang（1985）在 $S/\sqrt{D}$ 与 Q 的关系图上将 4 个区的名称和位置做了改动，并将 4 个区命名：①等宽点坝河流和稳定水渠区（1 区）；②顺直辫状河流区（2 区）；③辫状点坝和宽弯点坝河流区（3 区）；④陡的辫状河流区（4 区）（图 2-24）。

当 Q 或 S 增大时，这些区之间的转化显然不同于自然界中所观察到的，最明显不同的是在顺直辫状河流区。根据 Chang 的说法，河滩与上部水流体制宽而浅的河道相关，而河潭与下部水流体制窄而深的河道相关，因此辫状河流区的区分标准是，S 的增加与河滩部分 w/d 大幅度增加有关，而河潭部分 w/d 只有小幅度的增加。尽管如此，分区边界线大致等于 w/d，从曲流河到辫状河的真正过渡发生在 $w/d=50$ 的地方，也就是位于辫状点坝和宽弯点坝河流区的中间。因此，如果河道模式之间的区分本质上是根据 w/d，问题的关键是找出控制 w 和 d 的独立变量。砂质底床的河道形态的变化受沉积物的粒级和河流能量的制约，而这种关系可能不适用于砾质底床的河流。

Gibling（2006）对世界上 1500 多个基岩河道和第四纪河流沉积体进行了数据分析，并根据地貌背景、几何形态和内部结构特征，将移动河道带、固定河道及发育不好的河道化体系和河谷充填沉积类型归纳为 12 种河道体和河谷充填沉积。对每种河道体的宽度（W）和厚度（T）分别制作了宽度和厚度双对数坐标图，区分出了带状和席状河道体，带状河道体还可以进一步划分为窄带状（$W/T<5$）和宽带状（W/T 为 5 ~ 15）；席状河道体可以分为窄席状（W/T 为 15 ~ 100）、宽席状（W/T 为 100 ~ 1000）和很宽席状（$W/T>1000$）。作者使用了河道体的概念，来指河流的河道作用历经岁月所形成的未固结或固结沉积物的三维形态。在移动河道带中，最主要的沉积类型是辫状河和低弯度河，复合厚度可超过 1km，宽度可超过 1300km。相比之下，曲流河道体的厚度小于 38m，宽度小于 15km（图 2-25）。上述统计数据非常宽泛，在地下实例类比中应谨慎使用。

河流沉积学者一直在探索河流形态及其控制因素，也试图找到各种变量之间的关系，有关河道带宽度与河道宽度或深度的关系先后就有 10 余种计算公式（Bridge，2003）。Bridge 和 Mackey（1993）提出河道带宽度（W_{cb}）与河道平均满岸深度（d_m）之间的关系式为 $W_{cb}=192.01d_m^{1.37}$ 或 $W_{cb}=59.86d_m^{1.8}$，并提出当曲流是正弦曲线时，河道带宽度（W_{cb}）与河道宽度（w）、曲流长度（L）和弯曲度（S_n）之间的关系式为 $W_{cb}=w+L(1.19\mathrm{sn}-0.25\mathrm{sn}^2+0.025\mathrm{sn}^3-0.82)$。河流相砂砾岩体是重要的油气储层，确定这些储层的宽度和厚

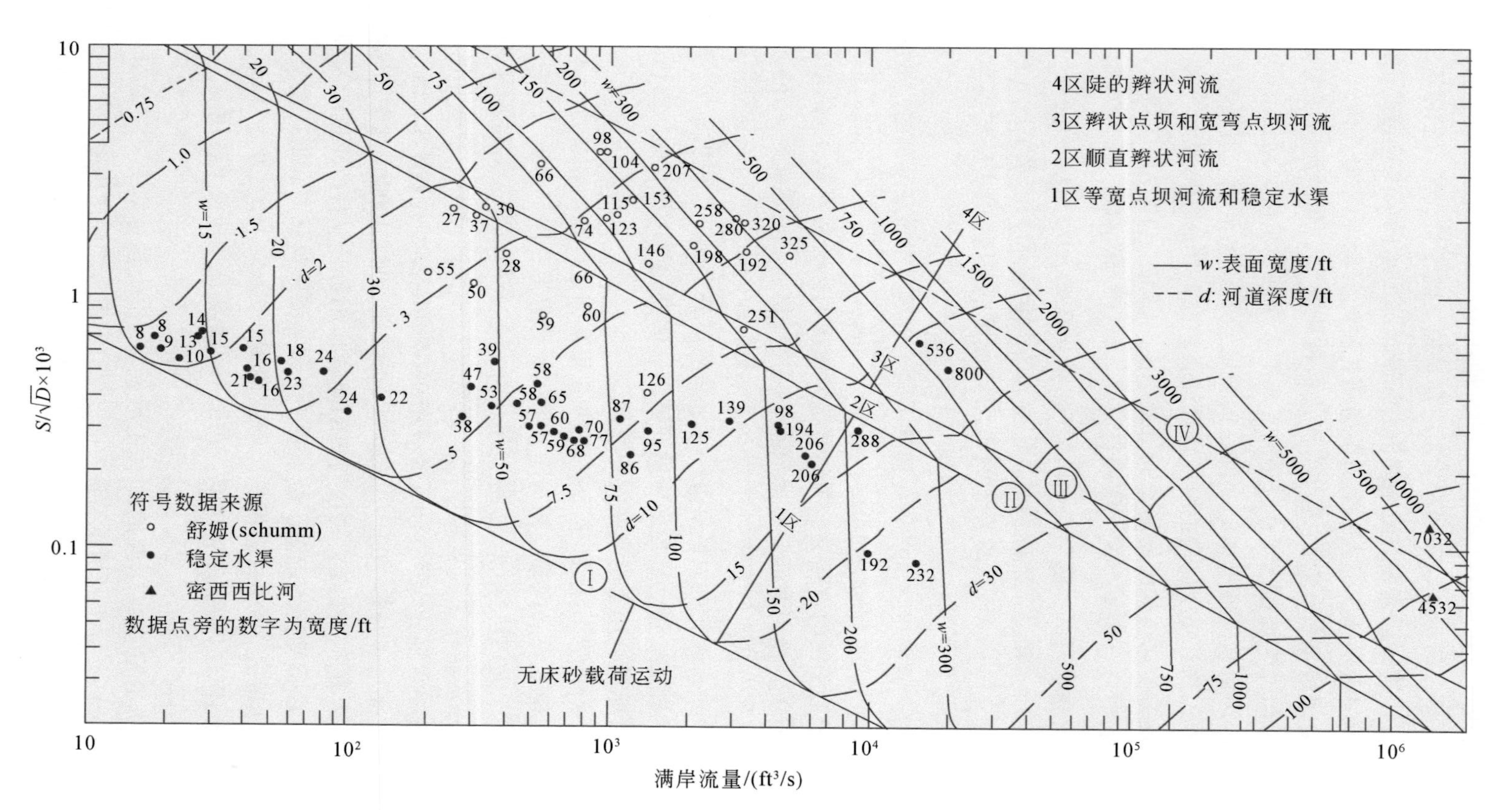

图2-24　河道形态的理论预测图（Chang，1985）

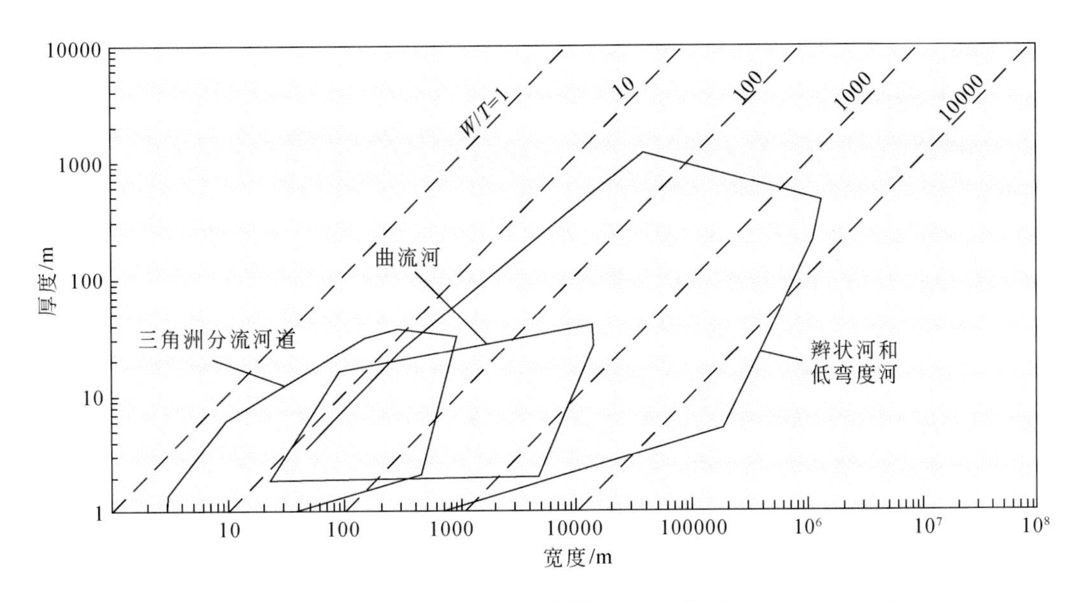

图 2-25　部分河道体的宽度（*W*）和厚度（*T*）关系（Gibling，2006）

度是储层表征的重要内容。为了估算地下河道和河道带的宽度，则需要估算出最大满岸古河道的深度。利用地下资料估算古河道的宽度，一般需要以下 3 个基本步骤：首先，要进行单井岩心相分析，识别不同砂体的成因类型，正确地将河道带的砂岩和砾岩与泛滥平原的砂岩进行区别；其次，识别不同规模的地层单元，特别是每一次的洪水、每一次的河道沙坝、每一次河道带内部充填以及每一期的河道带，对于单井来说，这个工作非常困难但必须要完成，可以通过粒度、沉积构造、古水流方向以及变化程度来进行检验；最后，最大可能地测量那些顶部没有被削蚀的河道沙坝和河道充填层序的厚度，以便获取最大河道深度的范围，并根据完整的河道沙坝或河道充填沉积的厚度来估算最大满岸河道深度。

河道砂岩的厚度并不总是等于满岸河道深度，尤其是存在沙泥质点坝并与近源漫岸沉积难以区别的情况下，古满岸水平面的识别就变得比较困难。另外，最大河道深度和沙坝厚度在空间上是变化很大的，某一个单井资料很难具有代表性。Bridge（2003）推荐的估算满岸水流深度的一个方法就是从交错层系厚度的分布计算沙丘高度，该方法基于以下合理的假设，即交错层厚度的分布主要是由沙丘高度的变化引起的，而沉积速率的变化影响很小。该方法仅限于均一的交错层系组，以保证交错层类型或平均粒级在空间上没有明显变化。在使用这一方法时，尽可能多地测量厚度为 S 的交错层系，以确保能够计算出层系厚度的平均值 S_m 和标准偏差 S_{sd}。初始测试适用性应保持 S_{sd}/S_m 大约等于 0.88（±0.3）。这样，平均沙丘高度 $H_m = 5.3\beta$，其中系数 $\beta \approx S_m/1.8$。在获得平均沙丘高度后，可利用 Allen（1982）平均沙丘高度与水深关系图解或定量方程求取最大满岸水流深度或平均满岸水流深度，后者约为前者的二分之一。然后，通过前述定量公式或图解可以求取河道带的宽度。对于地下河流相储层砂体规模的描述，人们总结出多种技术方法，并将其应用于致密气田河流相储层相关研究中。综合利用这些方法，可有效表征河流相砂体的尺度规模，建立河流相砂体地质知识库（Zhang et al.，2017）。

第三节　河 流 构 型

储层构型即储层内部建筑结构，是指不同级次储层构成单元的形态、规模、方向及其相互叠置关系，构型单元涵盖了构成储层的所有级别，可以全方位反映储层的结构、构造特征。储层构型研究，是从三维空间角度详细解剖沉积体，划分构型界面，表征构型单元，明确构型要素的组合关系，并建立构型体的样式，从而揭示沉积体系的三维展布规律，恢复沉积体系的演化历史。

在构型概念提出之前，沉积学家习惯用传统意义上的相模式概念来表征和划分古代沉积体，从而可以研究单一岩相组合（如辫状河沉积相中的辫状河道和心坝）的几何形态及沉积规模。随着研究的不断深入，人们发现传统的沉积相概念并不能表征同一微相沉积砂体的形成期次，也无法对砂体规模进行精确地预测。自 Allen（1983）有关辫状河构型的论文发表后，Miall（1985，1988）首先继承了 Allen 的构型思想，提出了一套适用于河流相的储层构型要素分析法，解释了砂体的界面等级、岩相类型及结构单元等概念，这标志着储层构型分析法的诞生。在有关相模式的教科书中，也已经采用构型分析方法来划分和表征河流沉积（Walker 和 James，1992）。

1. *岩石相类型*

Miall（1977，1978）指出，大约用 20 种岩相类型就可描述大多数河流沉积物。此方案可用于大多数种类的河流沉积和三角洲序列的河流成因部分。表 2-3 列出了 17 种岩相类型，并标明了岩相符号和每个岩相的成因解释。岩相符号由两部分组成，一个是大写字母，表示粒径范围（G 代表砾，S 代表砂，F 代表细粒）；另外部分是一个或多个小写字母，选用了帮助记忆每一个岩相特殊结构或构造的字母。实际上，对河流沉积层序的描述，常用到的岩石相类型一般不超过 10 种。图 2-26 为向上变细的辫状河和曲流河的沉积层序，主要由 Gm、St、Sp、Sr、Fl 或 Fm 组成。在曲流河点坝沉积横剖面上，由深泓线沿点坝表面向凸岸一侧，依次出现底部较粗的滞留砾质沉积，向上粒度逐渐变细，点坝的加积表面上跨越了多个砂质底形，包括三维的沙丘、二维的沙浪和水流沙纹，形成了 St、Sp、Sr、Fl 和 Fm 等多个岩石相类型（图 2-27）。

表 2-3　用于河流沉积物的岩相划分方案（据 Miall，1978）

岩相符号	岩相	沉积构造	成因解释
Gms	块状、基质支架砾石	递变	泥石流沉积
Gm	块状或略显层状砾石	平行层理或叠瓦状	纵坝，滞留沉积，筛状沉积
Gt	砾石，有层理	槽状交错层理	小型河道充填
Gp	砾石，有层理	低角度（板状）交错层理	纵坝，来自残余老坝上的三角形生长
St	中砂至极粗砂，可含砾石	单组或多组槽状交错层理	沙丘（低流态）
Sp	中砂至极粗砂，可含砾石	单组或多组低角度（板状）交错层理	舌形坝，横坝，沙浪（低流态）

续表

岩相符号	岩相	沉积构造	成因解释
Sr	极细砂至粗砂	沙纹交错层理	沙纹（低流态）
Sh	极细砂至极粗砂，可含砾石	平行层理，剥离线理	平床（高流态）
Sl	极细砂至极粗砂，可含砾石	低角度（<10°）交错层理	冲刷充填，冲蚀沙丘，反沙丘
Se	侵蚀冲刷，有内碎屑	粗略交错层理	冲刷充填
Ss	细砂至极粗砂，可含砾石	宽浅型冲刷	冲刷充填
Fl	砂，粉砂，泥	细纹理，很小的沙纹	漫岸或退洪沉积
Fsc	粉砂，泥	纹理状至块状	岸后沼泽沉积
Fcf	泥	块状、含淡水软体动物	岸后沼泽水塘沉积
Fm	泥，粉砂	块状、泥裂	漫岸或披覆沉积
C	煤、碳质泥	植物，泥层	沼泽沉积
P	碳酸盐	成土化特征	古土壤

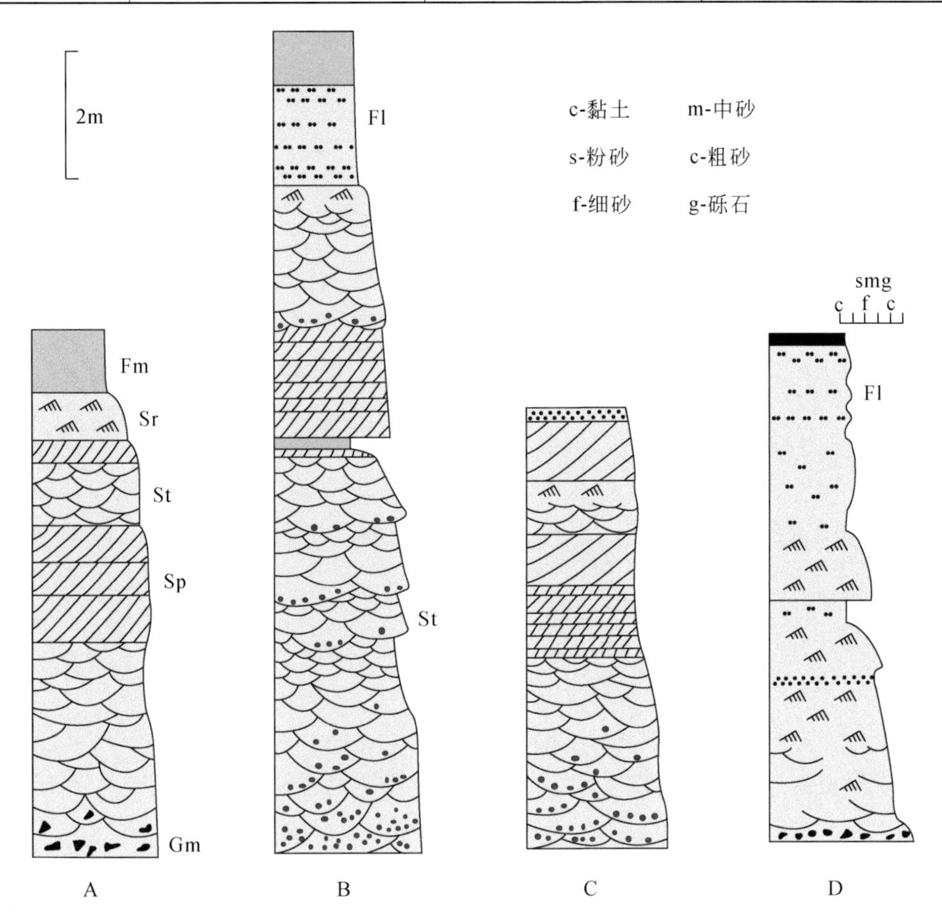

图 2-26　由不同方式形成的向上变细的河道沉积层序的对比（据 Miall，1992）

A. 加拿大魁北克省泥盆系巴特利角砂岩的垂向层序，形成于低弯度辫状河垂向上的沙坝加积作用；B. 西班牙始新统 Castisent 砂岩由点坝侧向加积形成的垂向层序；C. 美国路易斯安那州现代阿密特河由点坝侧向加积形成的垂向层序；D. 西班牙北部上石炭统含煤地层构造平静期由冲积扇上的河道垂向加积和逐渐废弃形成的垂向层序

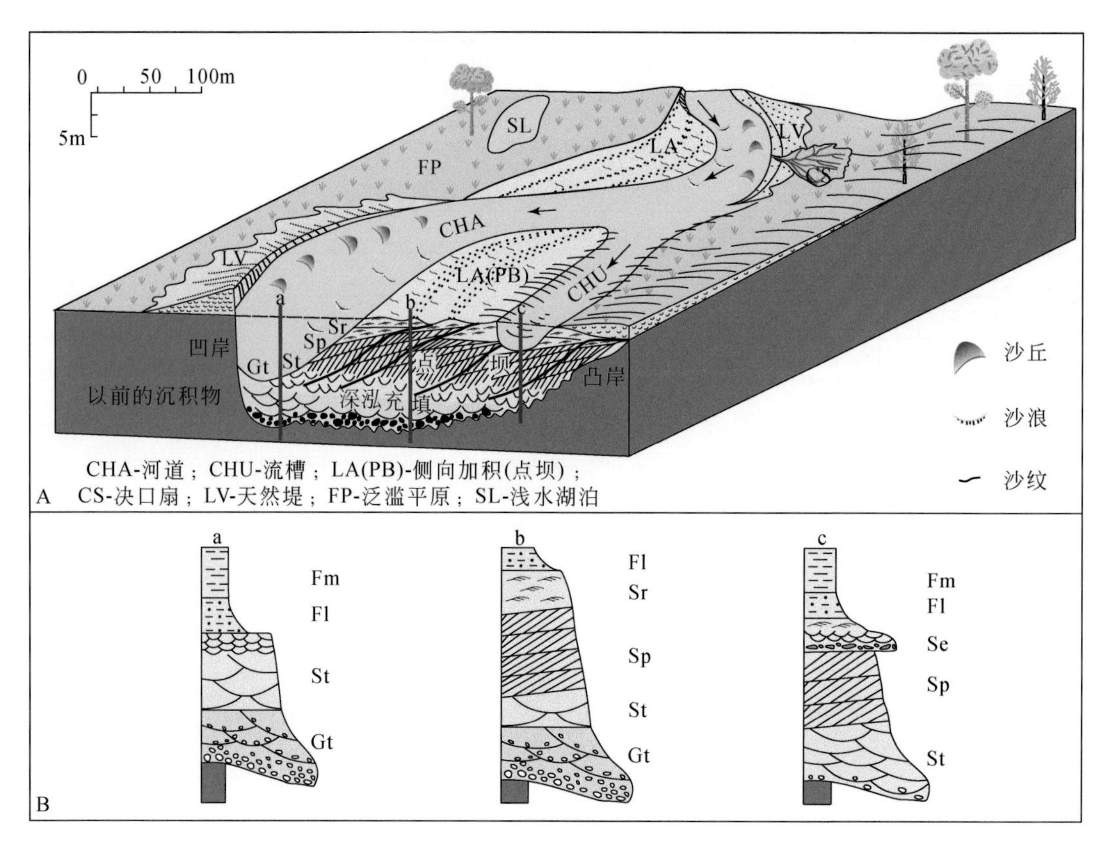

图 2-27　曲流河道带地貌要素分布及点坝横剖面岩相分布示意图

2. 界面期次

对于河流沉积体系来说，其构型研究首要任务就是要划分界面期次，即寻找各级构型之间的界面，该界面可以是大的沉积间断面（如三级层序转换面），也可以是毫米级别的层理面（如板状交错层理的纹层），要在复杂的地层序列中划分出这些界面，需要借助大量的实际资料，如露头、岩心、地震、测井、录井等。一个完整的河流相三级层序，可以划分出 8 个构型界面，从最小的纹层间的界面到大的体系域界面，可构成一个 3 级层序地层内的 9 级界面的划分方案，即从 0 级的纹层界面到 8 级的盆地充填复合体界面（表 2-4，图 2-28）。对于划分构型级次而言，目前国内外主要有两种相反的编序方案，一种是正序分级方案，方案中数序与界面规模一致，即数字越大对应界面的规模也越大；另一种是倒序分级方案，方案中数序与界面规模相反，即数字越大对应界面规模越小。这两种方案其实并没有本质上的区别，只是在数序与构型界面级次对应关系上相反。

表 2-4　不同构型级次划分方法

Miall 构型界面	沉积单元	层序级别	地层单位
8 级	盆地复合沉积体系	Ⅲ	段或亚段
7 级	多期河谷叠加	Ⅳ	砂组或油组

续表

Miall 构型界面	沉积单元	层序级别	地层单位
6 级	复合河道叠置或古河谷	Ⅴ	小层
5 级	单一河道底界面	Ⅵ	单砂体
4 级	大型底形顶界面或流槽河道冲刷面	Ⅶ	—
3 级	大型底形内部界面或再作用面	Ⅷ	—
2 级	层系组界面	Ⅸ	—
1 级	层系界面	Ⅹ	—
0 级	细层	—	—

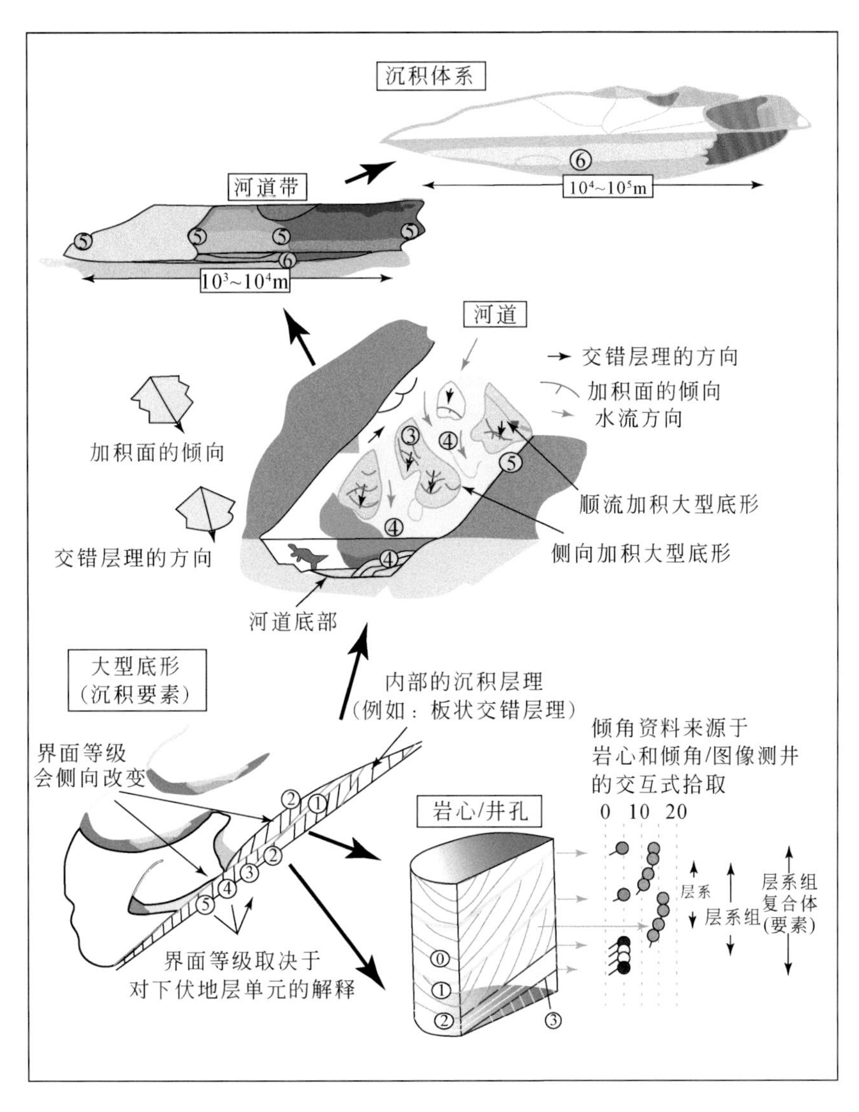

图 2-28　河流沉积体系构型界面期次划分示意图（据 Miall，1996）

3. 构型要素

Miall（1978）在 Allen 的构型思想的基础上，提出了一套适用于河流相的储层构型要素分析方法，将河流相内部的一些大型底形综合起来归为一类，并称其为“构型要素”，并提出了能够反映河流本质特征的八种基本构型要素，即，CH（河道）、LA（侧向加积大型底形）、DA（顺流加积大型底形）、GB（砾石坝和砾质底形）、SB（砂质底形）、SG（沉积物重力流）、LS（纹层状沙席）和 OF（漫岸细粒沉积），这些要素可以相互结合形成不同的河流构型样式（表 2-5，图 2-29）。

表 2-5　Miall 河流构型要素表（据 Miall，1992）

构形单元	符号	主要岩相组合	几何形态及相互关系
河道	CH	任意组合	指状、透镜状或席状；上凹侵蚀基底；规模和形态变化很大；内部上凹 3 级侵蚀面普遍
砾石坝和砾质底形	GB	Gm，Gp，Gt	透镜状、毯状；通常为板状体；常与 SB 互层
砂质底形	SB	St，Sp，Sh，Si，Sr，Se，Ss	透镜状、席状、毯状、楔状；常见形态为河道充填、决口扇和小型沙坝
顺流加积大型底形	DA	St，Sp，Sh，Si，Sr，Se，Ss	位于平坦或河道化底面上的透镜体，具有上凸的内部 3 级侵蚀面和上部的 4 级界面
侧向加积大型底形	LA	St，Sp，Sh，Si，Sr，Se，Ss；Gm，Gt，Gp 不常见	楔状、席状、舌状，以内部侧向加积的 3 级界面为特征
沉积物重力流	SG	Gm，Gms	舌状、席状，通常与 SB 互层
纹层状沙席	LS	Sh，Sl；少量 St，Sp，Sr	席状、毯状
漫岸细粒沉积	OF	Fm，Fl	薄层至厚层毯状；通常与 SB 互层，可能充填废弃河道

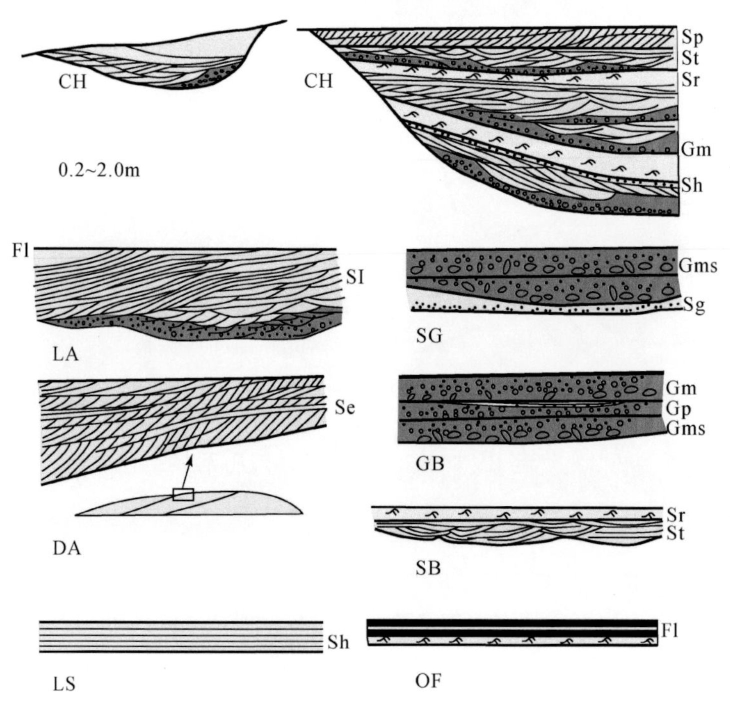

图 2-29　河流构型要素（Miall，1985）

4. 河流构型样式

Miall（1985，1988）提出了12种河流构型样式，其中，模式D、模式E、模式F、模式G与曲流河相关，模式D和模式E代表的砾质和粗粒曲流河模式较少见；模式A、模式B、模式C、模式I、模式J与辫状河相关，而模式A和模式B代表冲积扇和辫状河扇的模式（图2-30）。

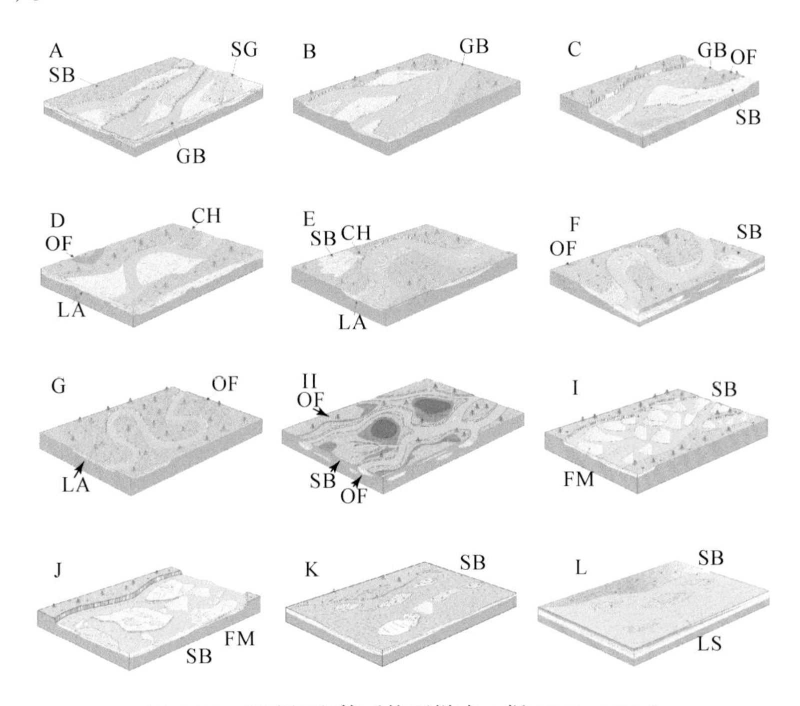

图2-30　河流沉积体系构型样式（据Miall，1996）

A. 冲积扇的近端沉积特征，物源区的风化和降雨形成大量的碎屑流；B. 主要发育于冲积扇内部，冲积辫状平原的近端部分也可以形成该构型样式；C. 常出现于一些大型的砾质底床河流或冲积扇中，冲积平原是否发育则主要取决于山谷宽度以及河道的稳定性；D. 代表砾质高弯度河流，主河道内发育各种大型底形，次级河道一般为流槽河道发育而成；E. 代表典型的粗粒曲流河，其具有典型的砂砾质到砂质或砾质到砂质的点坝复合体；F. 为经典的砂质曲流河，以典型的砂质曲流河点坝发育为主；G. 代表高弯度、悬移负载的河流，沉积物较细；H. 展示了网状河中低到高弯度、稳定分支河道的特点，河道内以细粒沉积为主，主要发育砂质底形要素；I. 为携带丰富砂质底床的宽浅低弯度河流，河道内部常发育很多大型的舌形底形；J. 以河道间具有很大的分化现象为特点，宽泛的河道内以砂质底型为主，可以发育多种构型要素沉积；K. 代表远端辫状平原沉积，主要为砂质底形沉积；L. 是模式K的一个特例，主要发育于河流的下游，出现在平坦且地势低洼的平原地区，以悬浮沉积为主

第四节　辫状河沉积

一、辫状河的一般特征

辫状河既可以发育在山区，也可以发育在冲积平原上，还可以与冲积扇体系伴生。冲

积扇体系中的辫状河多为粗粒沉积类型，由于比降高，水流能量大，以搬运较粗的极高底负载为主，河道也往往切割碎屑流，属于砾石质河道（conglomeratic），远端部分为砂砾质河道（gravelly）。山区辫状河也是以粗粒沉积为主，沉积物以中砾、细砾和粗砂为主，如法国的杜朗斯河和阿代舍河，河道的中下部组合都以中砾和细砾沉积物组成。我国新疆准噶尔盆地南缘冰雪融水较为丰富，河床常年处于流水状态，多数河段河道沙坝和沙坪较为发育，如安集海河峡谷，由冰雪融化汇集而成的河水在起伏的山地上切割出长数十千米，深达百米的蜿蜒峡谷，谷底河流激荡，坝坪交错（图 2-31A、B）。河床上常有一条或几条

图 2-31　天山北麓安集海河峡谷地貌特征

A. 安集海大峡谷，谷底河流激荡，坝坪交错，右前方为支流汇入，新疆沙湾；B. 安集海河床上发育辫状沙坝，由侧向加积和顺利加积而成，新疆乌苏；C. 安集海河段河床上分布的大河道和众多小河道，小河道分布于沙坪上部并切割沙坪，新疆沙湾；D. 安集海峡谷河床分布有砾质河滩，大河道侵蚀凹岸岩石并发生侧向加积，新疆沙湾；E. 安集海河谷谷坡上流水冲刷形成密集的细沟和冲沟，谷底有小型坡积裙，新疆沙湾；F. 河谷一侧发育的冲沟和小型冲积扇，新疆乌苏

大河道在沙坪中穿行，沙坪上分布有众多的小河道，切割沙坪的顶部（图 2-31C）。有的大河道侵蚀凹岸，形成沙坪的侧向增生并使凹岸形成陡峭的谷壁（图 2-31D）。河谷陡峭的谷壁上，布满了流水细沟，密集的细沟向下汇集发展成规模较大的冲沟，谷底为坡积裙和小型冲积扇（图 2-31E、F）。准噶尔盆地南缘的这些河流因长期遭受侧向侵蚀作用，河谷显著展宽，在宽平的河床里，辫状分流河道时分时合，出山口后在准噶尔盆地边缘形成一系列冲积扇，每个冲积扇多由不同时期的辫流带的废弃、迁移和叠加而形成。

现代山区河谷内砾质辫状河发育规模变化很大，视气候和构造背景的不同，河道类型多样，河道沙坝变化多端。相比之下，现代新疆吐鲁番盆地北缘冰雪融水较少，气候干旱，河谷内的辫状河多为暂时性河流，河床常年处于干涸状态，河道沙坝紊乱，冲刷频繁。这些河谷只有在暴雨来临时才能形成洪流，并在盆地边缘形成冲积扇裙。随着搬运距离增加，沉积物由无序逐渐变为有序，粒度逐渐变细，层理逐渐发育，总体上干旱条件下的河流比潮湿条件下的河流分选较差，后者前积层理更为发育。发育在冲积平原上的辫状河多以砂质细粒沉积为主，河道底部可以出现一定数量的砂砾质沉积，尤其是那些具有大的季节流量和输沙量的河流下游，如孟加拉国的布拉马普特拉河和缅甸的伊洛瓦底江，主要由砂质沉积物组成。

在现代辫状河体系中，河床沉积物由一系列宽浅型的河道和沙坝组成，最引人注目的是河床上出现的不同规模和不同形态的沙坝。虽然现代坝的发育类型多样且与坝有关的描述术语繁多，但从地质历史记录来看，能够根据岩性岩相和沉积层序识别出来的类型并不多。Miall（1977）将辫状河沙坝划分为三种主要类型：①由粗略成层的砾石层组成的纵向坝；②沿滑落面顺流进积形成的横向坝至舌形坝；③点坝、边坝或侧坝（图 2-32）。

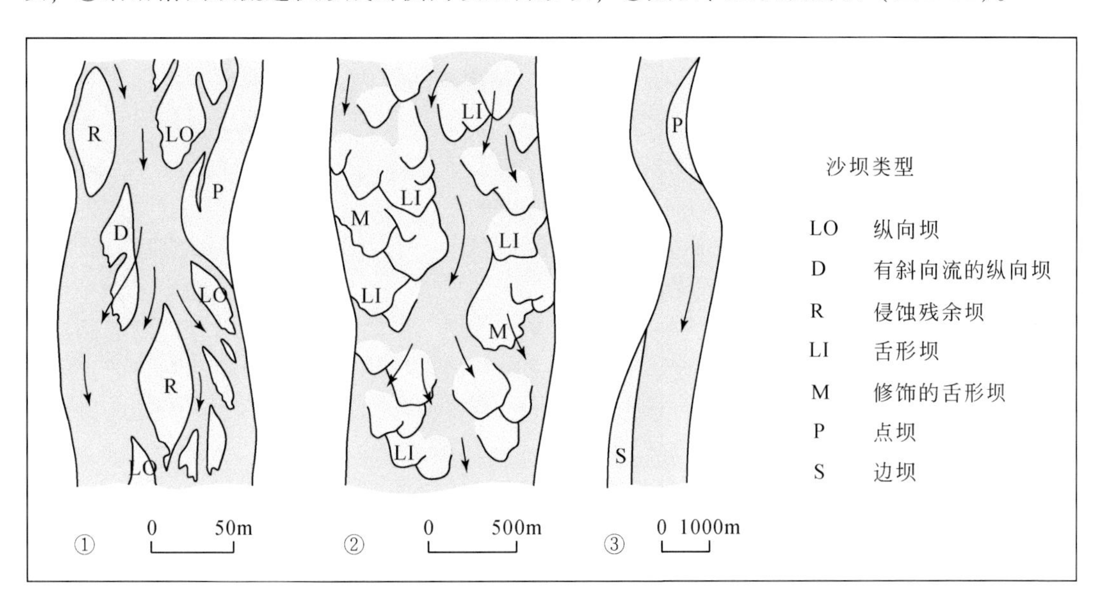

图 2-32　主要的沙坝类型示意图（Miall，1977）

在现代环境中，砂砾质辫状河多见于冰缘、湿扇以及半干旱区的旱谷，尤其是冰水扇，一直是砾质辫状河研究首选的沉积模式。在这些冰水扇上，辫状河最常见的大型底形就是纵向坝。纵向坝主要由粗碎屑物质组成，砾石多为粗厚平行层或成叠瓦状排列。粒度向下游变细，坝顶可以发育侵蚀沟槽和波痕。纵向坝是在河心滩的基础上逐渐发育起来的，在河流流量下降时，最粗底负载便在河心堆积，形成纵向坝的基座或核心，随后粗碎屑物质依次为核心，向下游顺流加积稍细的砂质沉积物，使得坝得以不断发育成长，尤其在洪水期，纵向坝的顺流加积最为活跃，沙坝前缘发生快速的崩塌，出现前积交错层构造。随着地形梯度小，河道变浅，分叉加多。河道底部多为较粗的砾石，砾石质底床逐渐被较细的砂质物质覆盖，后者又在衰减水流作用下生成沙丘和沙纹，随着河道逐渐废弃最终被泥质沉积物掩埋。砾质辫状河沉积物分布形式多不规则，粒度变化也较大。随着河道和沙坝的不断迁移，由沙坝和河道组成的充填层序变化很大。沉积层序可能是具侵蚀性底面的、侧向延伸不定的一系列砂砾质透镜体。透镜体大致平行水流方向延伸，粒度向上变细，夹有多个板状交错层或层系。与现代辫状河系统一样，古代辫状河及辫状平原沉积的特点也是向下游方向变细和逐渐相变。这一类粗粒沉积的层序一般比冲积扇层序要薄些，但顺古斜坡的延伸范围可达数百千米。

冲积平原上发育的辫状河由砂质沉积物组成，河道底部可以含有少量的砾石，因源区构造和气候条件不同，有相当大的变化，近源河道砂砾质沉积较多，远源河道多为砂质沉积。河道沙坝类型多样，其中以舌形坝和横向坝最为发育。

舌形坝多见于砂质辫状河中，呈斜方形或朵叶形。坝的顶面平缓并向上游缓倾，向下游出现弯曲的滑落斜坡。坝的宽度一般为几米到150m，长度达300m，波峰高度一般为0.5～2m。虽然舌形坝往往呈多列出现，但相互之间的关系并不协调一致，因此坝的上凸前缘倾向于向前占据两个前期坝之间的空间。舌形坝为洪水期形成的大型底形，由一系列大沙丘聚结而成，顶部常常覆盖有沙丘和沙纹，系低水位期形成的。舌形坝的内部构造主要是板状交错层，代表了沿滑落面的进积作用。横向坝的成因类似于舌形坝，但坝脊可能会比较平直。横向坝可以由多个舌形坝聚合而成，能够横穿河道，与舌形坝都属于砂质前积型沙坝类型，在古代地层中很难将两者分辨出来。

点坝通常倾向于出现在典型的曲流河段，但也可以出现在辫状河环境中。在局部曲流深泓处，还可以发育交替坝（alternating bar）。在低弯度河流一侧，可以出现边坝（side bar）或侧坝（lateral bar）。从沉积特征来看，这些坝都类似于点坝，应属于点坝沉积类型。

河道与河道沙坝的频繁迁移是辫状河最主要的特点。河道沙坝是分割河道的或凸起于河底的大型底形。河道在低水位时，出露在水面之上，可形成一定面积的沙洲或沙坪。只在洪水期或特大洪水期才被淹没，未被淹没的较高的沙坝则成为永久性的河心岛或河心洲，其上常发育有茂盛的森林和植被，因此又称森林岛或植被岛。

辫状河道沙坝是辫状河最具特色的沉积特征，河道沙坝的沉积作用主要为顺流加积和侧向加积。沙坝的上游斜坡较陡，下游斜坡较缓。在沙坝向下游迁移过程中，很容易形成像三角洲前缘一样的前积层，河道沙坝也发生侧向迁移，形成像曲流河段那样形成凹岸侵蚀凸岸沉积。在辫状河道内部，甚至可以产生曲流沉积现象。河道沙坝的形成是各种规模不等的沙丘和沙浪叠加而成，沉积作用主要发生在洪水期。

河流流经区域的地质构造、地形地貌、岩石性质和植被发育等因素都会影响到河流的形态及演化，河道水位的变动也会对河道形态产生一定的影响。在低水位或枯水期，河床会出露，可以看到沙丘、沙浪等各种底形的分布形式和叠置关系。这些不同类型和不同规模的底形会将河底水流分割，流水在底形之间的沟槽内穿梭，并进一步塑造和形成新的底形。目前，很多辫状河模式多是建立在宽线型河道类型的研究实例之上，其普遍性值得进一步探讨。

二、主要岩相类型及沉积构造

1. 砾岩岩相类型

辫状河沉积有粗也有细，河道沉积粗而漫岸沉积细，与曲流河一样可以组成二元结构，但粗粒和细粒部分所占比例在不同的河道类型差异很大，有的河流以砾岩和粗砂岩为主；有的则以砂岩和粉砂岩为主，仅含少量的砾岩。有的泥层很厚，漫岸和漫滩沉积非常发育；有的泥层较薄，并受到河道的侵蚀。在砂质和砂砾质辫状河沉积中，常见砾岩岩相类型主要为块状砾岩相（Gm）和槽状交错层砾岩相（Gt）（图2-33）。

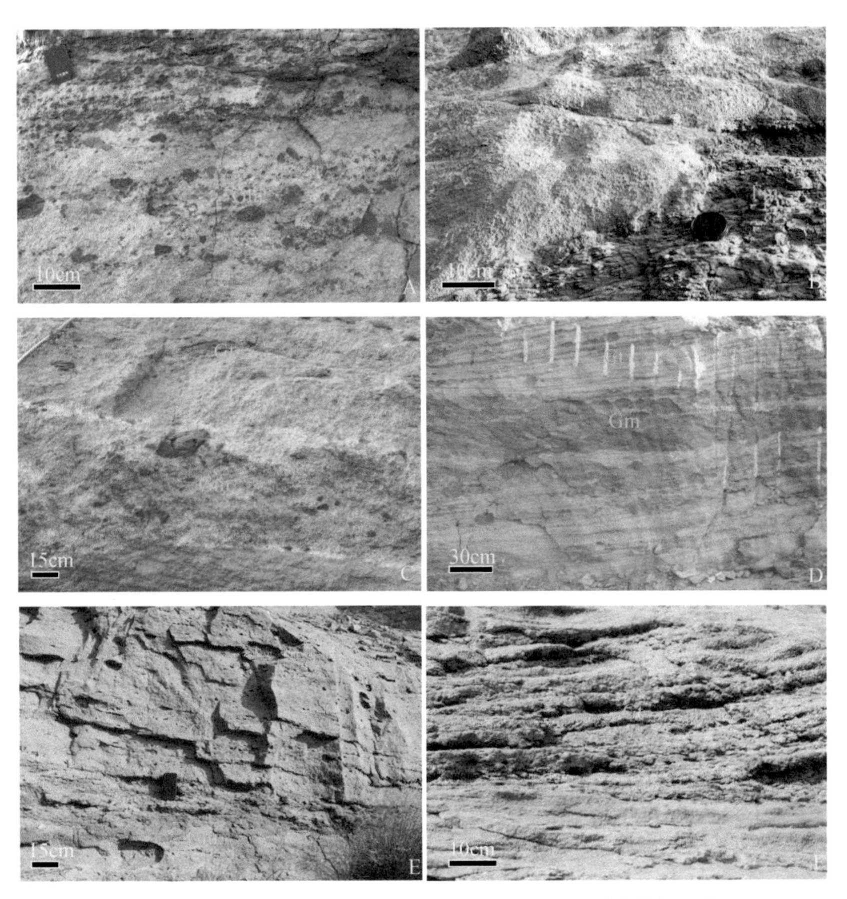

图2-33　辫状河沉积常见砾岩岩相类型（山西大同侏罗系）

A. 河道底部滞留砾石层，含大量的棕色泥砾，显叠瓦状构造和粗略平行层；B. 切入棕色泥岩的河道底部发育块状细砾岩，底部为棕色泥砾；C. 具有侵蚀底面的块状砾岩，含大量棕色泥砾和泥屑，向上变为槽状交错层细砾岩；D. 主要由棕色泥砾组成的块状砾岩，向上变为含泥砾交错层细砾岩；E. 含大量泥砾的块状砾岩，向上变为交错层砾岩；F. 大型槽状交错层砾岩与下伏交错层砂岩呈侵蚀接触

块状砾岩相砾岩层一般较薄，一般为 15 ~ 30cm，多为中－细砾岩，为河道滞留沉积，底部为侵蚀面，砾岩中层理不发育，有的砾石具叠瓦状排列或略显粗厚平行层，砾石多为磨圆状，可以是外碎屑也可以是内碎屑，常见碳化木块和较大的泥砾和泥屑，有些角砾状泥块可能来自河岸的侵蚀垮塌。槽状交错层砾岩相砾岩厚度一般为 20 ~ 50cm，多为细砾岩，其下部与块状砾岩相或者与侵蚀面直接接触，组成河道的底部沉积单元，交错层理以大中型槽状交错层为主，纹层以粒度递变显现或者以大量泥砾层定向排列而显现。

2. *砂岩岩相类型*

辫状河砂体发育多种类型的层理构造，常见岩相类型有槽状交错层砂岩相（St）、板状交错层砂岩相（Sp）、沙纹层理砂岩相（Sr）、平行层理砂岩（Sh）和低角度纹层段（Sl）（图 2-34）。主要特征有以下几点。①槽状交错层砂岩相：砂岩厚度变化较大，为 30 ~ 200cm，粒级变化范围较大，从砾质粗砂到中－细砂都有分布，从下而上层理规模逐渐变小，在某些河道层序中槽形交错层砂岩构成了河道的主体，有的交错层含有细砾和泥砾，有时出现碳化木块和泥屑。槽状交错层是河床上曲脊的沙丘迁移而形成的，在这些砂层的底部还可以看到沙丘迁移形成的等高线型的轨迹，形似变形层理（图 2-35）。②板状交错层砂岩相：砂岩厚度变化较大，为 40 ~ 400cm，层系厚度一般为 40 ~ 100cm，但很少超过 1m 以上。板状交错层主要由直脊的沙浪、涡流坝和流槽坝迁移而形成。板状交错层砂岩粒度变化较大，从含砾粗砂岩到中－细砂岩都有分布，含砾粗砂岩板状层系与下部的粒度较细的砂岩层常常突变接触，形成明显的接触界面，揭示了河道沙坝在河床上的迁移特征。某些中－细砂岩板状交错层砂岩常位于河道层序的中上部，与下伏地层界面不明显，属于连续沉积。③沙纹层理砂岩相：砂岩厚度变化较大，为 30 ~ 80cm，交错纹层主要为小型槽状，多见上攀水流沙纹特征。砂岩粒度较细，一般为粉－细砂岩，多位于河道或河道沙坝的顶部，常与泥岩互层构成漫岸沉积，这些交错纹层主要是小型水流沙纹迁移而形成的。④平行层理砂岩：砂岩厚度变化较大，为 20 ~ 80cm，粒度变化大，从含砾粗砂到细砂都有分布，含砾粗砂平行层段多位于河道的下部，厚度较薄，不发育剥离线理。以细砂岩为主组成的平行层理段多为主河道层序的中上部，层面上发育剥离线理构造。在岩心中识别平行层理和斜层理时，应考虑地下岩层的产状。平行层砂岩相代表了高流体平床的沉积作用。⑤低角度纹层段：砂岩厚度变化较大，从 0.3m 到数米不等，粒度变化大，从含砾粗砂到细砂都有分布，可含砾石和泥砾，交错层以低角度（通常$<10°$）为主，该岩相类型主要见于河道内部冲刷充填、冲蚀沙丘和反沙丘。有的大型前积层规模很大，厚度可达 3 ~ 5m，可贯穿砂层的顶底，并穿越了河道不同的粒级单元，有人称之为 ε 交错层。ε 交错层是一种低角度交错层，通常以一个单层系延伸穿过整个段的厚度。ε 交错层的倾向通常与古水流方向直交，纹层多由粒度变化显现，也可由泥砾和泥屑的排列而显现，甚至纹层之间可存在微冲刷。ε 交错层以往多归于曲流河点坝沉积，实际上在辫状河中可能更为多见，多形成于辫状河侧坝的侧向加积作用。

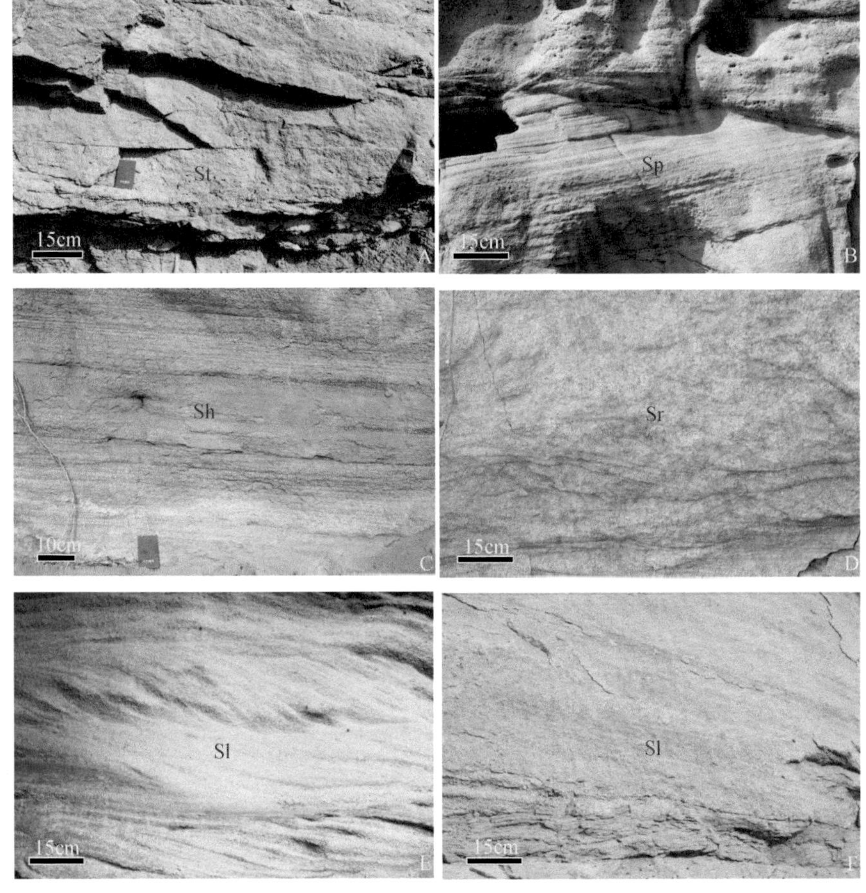

图 2-34 辫状河沉积常见砂岩岩相类型（山西大同侏罗系）

A. 槽状交错层砂岩，底部含有大量的棕色泥砾；B. 板状交错层砂岩，层内含有少量泥砾；C. 平行层理砂岩，含少量顺层排列的泥屑；D. 水流沙纹层理砂岩；E. 前积交错层砂岩，交错层多为平缓的低角度，局部角度变化较大；F. 大型低角度斜层理含砾砂岩，底部含泥砾并与下伏交错层砂岩呈侵蚀接触

图 2-35 辫状河道内沙丘迁移形成的底面形态（新疆克拉玛依侏罗系）

3. 粉砂岩和泥岩相

辫状河层序中亦常见粉砂岩和泥岩的互层层序（Fl）和块状泥岩（Fm），多由悬浮物质在洪积平原或河床间地区形成的漫岸细粒沉积（图2-36）。这些细粒层很容易被生物扰动而成块状或斑点状，多具有陆上暴露特征，根据颜色可分为红色层和灰色层。泥岩颜色的不同，也可能是由沉积地区地下水位不同所致，红色代表着氧化条件，而灰色反映了还原条件，有些灰色层可能代表了短暂的河漫湖泊和沼泽环境的出现。

图2-36　辫状河沉积层序中常见的砂泥互层相组合和块状泥岩相（山西大同侏罗系）

A. 辫状河侧坝上部发育的薄层砂岩和泥岩组合；B. 近河道漫岸沉积粉砂岩和泥岩组合；C. 平河道漫岸沉积组合；D. 河道漫岸沉积组合泥岩中发育的泥球；E. 漫滩发育的块状泥岩

粉砂岩和泥岩的互层层序一般厚数十厘米到数米不等，延伸数米或数十米，常被上覆砂岩层序冲刷。某些砂层底界突变，常具底面冲刷构造，发育平行层理、小型沙纹层理和上攀沙纹层理，表明水流减速沉积的产物，可解释为切入天然堤的决口沉积和漫岸片流沉积。互层的泥岩中可见泥裂、铁质结核和泥球等。块状泥岩相厚度变化比较大，可以从数十厘米到数千米，可以是红色层也可以是灰色层，水平纹理发育不好，生物扰动较强，常见铁质和钙质结核、雨痕和泥裂构造，有的遭受强烈的土壤化。这些细粒沉积主要为漫岸、漫滩和泛滥盆地沉积。

在潮湿气候条件下，除了粉砂岩和泥岩互层相组合和块状泥岩相外，辫状河砂体还有各种碳质泥岩和煤层（C）。

4. 准同生变形构造

辫状河沉积层序中同样可以发育准同生变形构造（penecontemporaneous deformation structures），系沉积物在沉积之后由于物理作用的影响发生变形而形成，多与沉积物的压实、液化和泄水作用有关。这类构造通常是局部分布的，基本上局限于上、下未变形层之间的一个层内，常见类型有变形层理、重荷构造和碎屑岩脉等（图 2-37）。

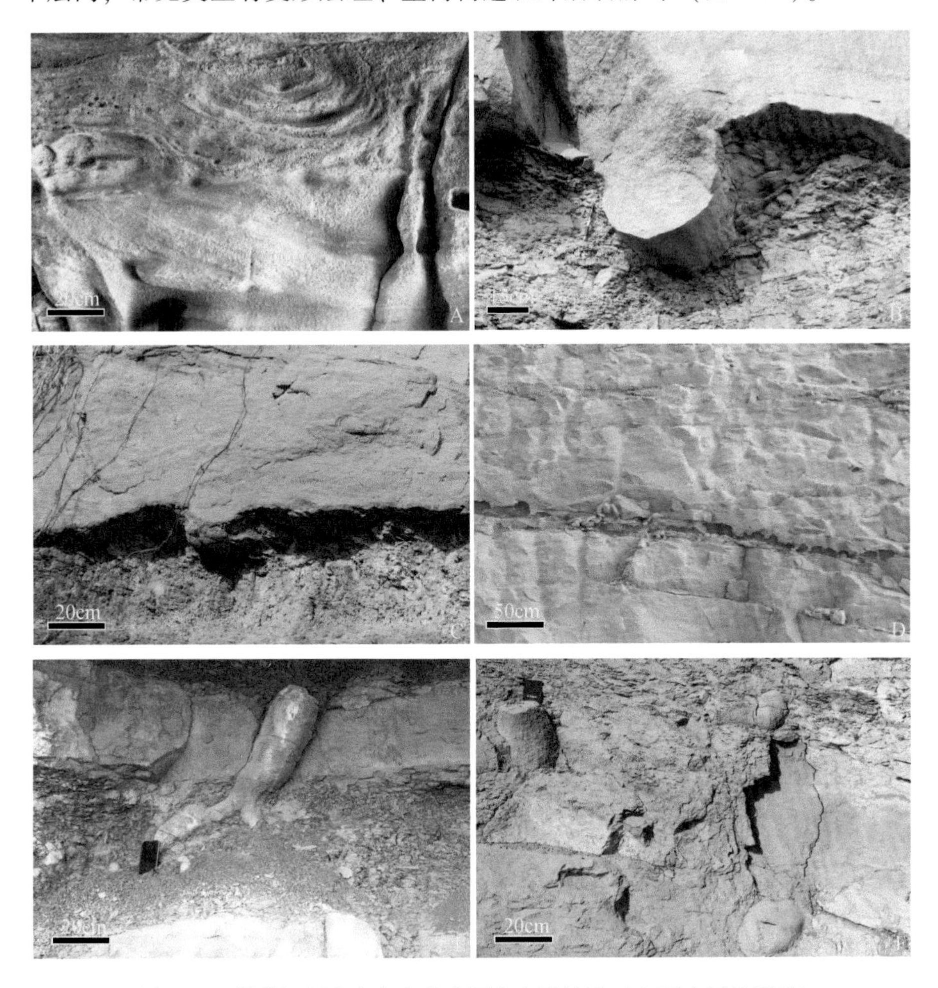

图 2-37　辫状河层序中发育的准同生变形构造（山西大同侏罗系）
A. 低角度交错层砂岩中发育的变形层理；B. 砂岩底部发育的大型重荷构造，部分遭受球形风化；C. 砂岩底部发育的重荷构造；D. 河道层序内部薄泥层受到挤压，使得上部砂岩底部变形；E. 砂岩中发育的分叉状碎屑岩脉，部分遭受球形风化；F. 砂岩中发育的碎屑岩脉，遭受不同程度的球形风化

包卷层理是未变形层之间的一个沉积层内的纹层具有盘回褶曲或复杂揉皱的一种变形构造，见于河道各种层理构造中，有些包卷层理的纹层虽强烈揉皱，但连续性较好，有的伴生小的断层而出现不连续现象。重荷构造是当砂质层堆积在含水的可塑性泥质层上后，

由于差异负载或超负载导致沉积物发生垂向运动，上覆的砂质物陷入下伏的泥质层中而形成的，一般呈小圆丘状或不规则瘤状突出在砂质层的底面上，大小不一，从几毫米到几十厘米不等，高度一般为几毫米到十几厘米，多无定向排列，当变形较强时，下伏的泥质物有时呈尖舌状或牛角状挤入上覆的砂质层中，形成火焰状构造，底部砂体在震动和重力等因素作用下断开并陷入下伏泥质层中则形成砂球和砂枕构造。碎屑物质从下面侵入、从上面注入或者沿层面侧向挤入沉积层中的张性裂隙所形成的脉状体统称为碎屑岩脉或水成岩脉，按脉状体的产状一般可分为与层面垂直或斜交的岩墙和平行层面的岩床，这些构造长久暴露在大气中会遭受球形风化，形成比较圆滑的柱形或球形。

三、辫状河沉积层序及变化

由于辫状河流的河道迁移频繁，环境具有多变性，沉积物也具有复杂性，因此，辫状河流的沉积层序比较复杂。

（一）Miall 的 6 种辫状河沉积层序

Miall（1977，1978）在以前的研究基础上，利用岩相、岩相组合的概念，考虑了辫状河发育的地质地理和气候特征，对各种背景下的辫状河的垂向层序做了概括和总结，先后提出了 6 种以现代河流命名的古代辫状河沉积层序模式（表 2-6，图 2-38）。

表 2-6　砾质和砂质辫状河沉积的 6 种主要岩相组合（Miall，1978）

名称	沉积环境	主要相	次要相
特罗海姆型（GⅠ）	近源河流，主要为冲积扇，受泥石流影响	Gms、Gm	St、Sp、Fl、Fm
斯科特型（GⅡ）	近源河流，包括冲积扇，有河道水流	Gm	Gp、Gt、Sp、St、Sr、Fl、Fm
邓杰克型（GⅢ）	远端砾质河流，旋回沉积	Gm、Gt、St	Gp、Sh、Sr、Sp、Fl、Fm
南萨斯喀彻温型（SⅡ）	砂质辫状河流，旋回沉积	St	Sp、Se、Sr、Sh、Ss、Sl、Gm、Fl、Fm
普拉特型（SⅡ）	砂质辫状河流，几乎无旋回沉积	St、Sp	Sh、Sr、Ss、Gm、Fl、Fm
比兆科里克型（SⅠ）	季节性或常年性河流，受暴洪影响	Sh、Sl	Sp、Sr

1. *特罗海姆型*（trollheim type）

特罗海姆层序代表干旱或半干旱地区冲积扇环境下的砾质辫状河沉积模式，以加利福尼亚的特罗海姆扇为代表。沉积层序以叠覆的泥石流沉积为主，泥石流层通常是平坦的（非河道的），一般是陡的底面和叶状几何形态，单个层序厚达 3m，在相邻的冲积扇上，泥石流沉积的大小变化可能反映了沉积物供给量的变化（Hooke，1967；Rust，1978；Miall，1978）。此外，层序中存在细粒岩层互层单元充填的明显的冲蚀坑，这反映了河水

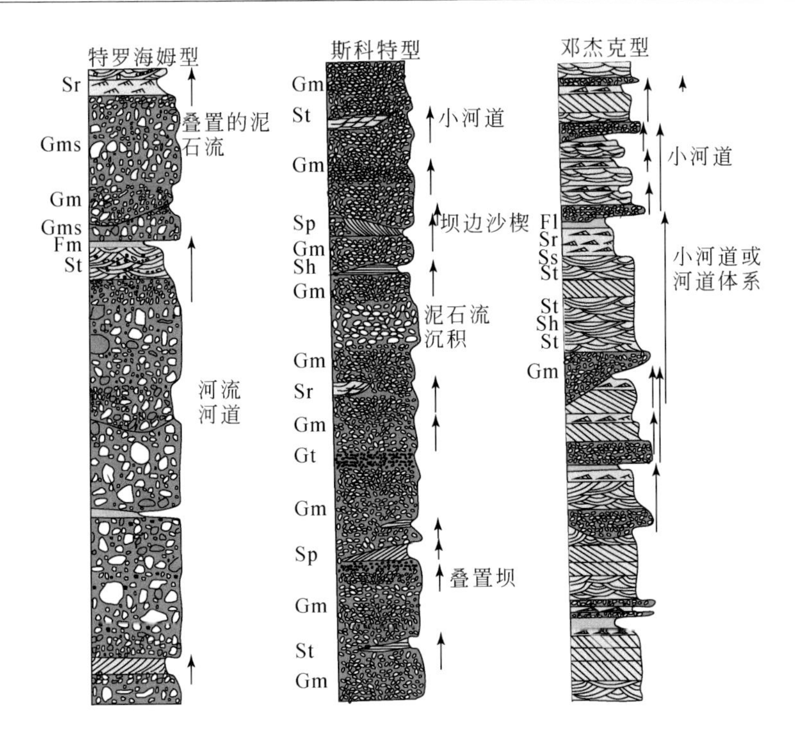

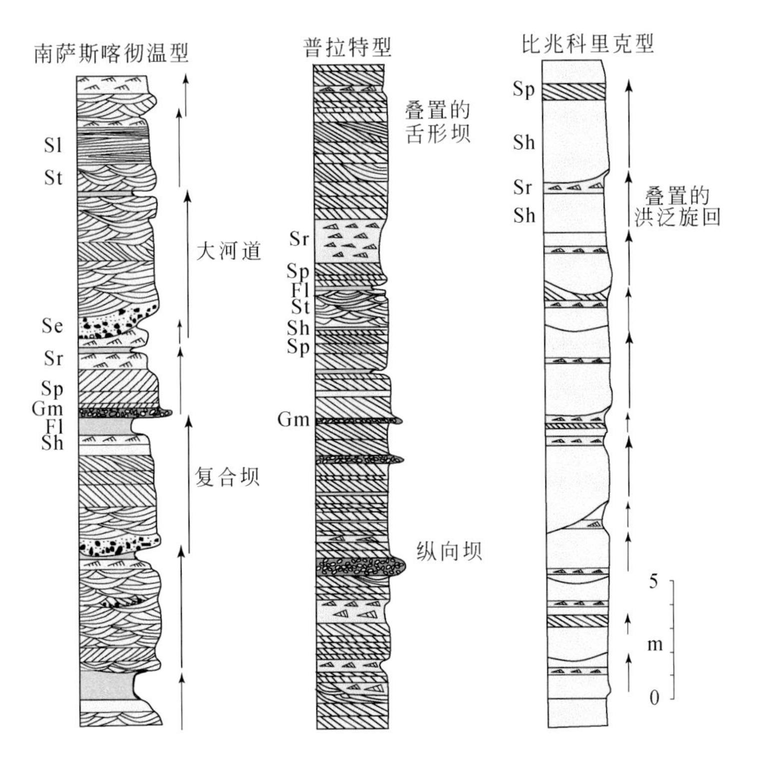

图 2-38　Miall 识别的 6 种辫状河沉积层序模式（据 Miall，1978）

径流所要求的坡降要比泥石流低，因此通常引起扇的深切作用。在原始的向上变细旋回中，也可能存在河流径流的片流沉积作用。

2. 斯科特型（scott type）

该类型发育在缺乏泥石流沉积的冲积扇上以及其他近源砾石质河流内。沉积物以水平层理砂砾岩为主，夹有少量交错层理砂砾岩，砂砾层占整个层序的90%以上。这类沉积最明显的特点是周期旋回性不发育，因为粗的砾石只在河流流量较大时流动，由于河道宽而浅，水流速度在河流每一部分相似，所以粒度在垂向上不发生连续、明显的变化，可能只形成厚度1m左右向上变细的小型旋回（Cant，1982）。

Miall（1977）给出了这类河流沉积的垂向模式，即斯科特模式，以阿拉斯加的斯科特河流为代表的湿地扇环境的砾质辫状河沉积层序。

3. 邓杰克型（donjek type）

该类型主要发育在界限分明的流水河道和一部分因地形抬升而完全不流水的河段。Cant（1982）将其沉积特征归结为浅的河道充填沉积主要由呈叠瓦状排列的砾石组成。河道或小河道底部以曲脊沙丘为主，并形成一系列槽状交错层理。河道沙坝以砂砾层为主，但在沙坝上部具有砂质板状交错层组和水平层理的薄层砂岩。由于沙坝和河漫滩在地形上较高，没有流速较高的洪水作用，波状的细粒砂岩和泥岩可能发生沉积，因此这类河流总体上呈向上变细的层序（Williams and Rust，1969）。层序底部一般为块状砾岩或叠瓦状砂砾岩，向上变为具有交错层理、平行层理和板状层理的砾质砂岩，顶部发育水流沙纹层理砂岩，并被细粒波状砂泥岩覆盖。但是在许多地区，由于无沉积作用或侵蚀作用，这一向上变细的层序并不完整，有时仅存在小的河道充填。由于河流流量不稳定，周期性不发育，常常在细粒物质上覆盖有较粗的洪水沉积。Miall（1977）将这一沉积总结为以加拿大的邓杰克河流为代表的邓杰克沉积模式。总的来说，整个剖面由一系列向上变细、变薄的旋回组成，但周期性不明显。

上述特罗海姆型、斯科特型和邓杰克型都属于砾质辫状河流，而下面介绍的南萨斯喀彻温型、普拉特型和比兆科里克型则属于砂质辫状河流。

4. 南萨斯喀彻温型（south saskatchewan type）

这是一个典型的具有“混合效应”（侧向加积和垂向加积）的砂质辫状河流。河道底部通常含少量滞留砾石，滞留砾石之上是由较粗粒至细粒的砂岩构成的曲脊沙丘和各种波痕，在浅水地区或水流较小时，层序最上部可能发育以粉砂和泥岩沉积为主的泛滥平原沉积。该类河流总体上发育向上变细的旋回（Cant 和 Walker，1978），其垂向层序很容易与曲流河混淆，需要通过详细的古水流研究进行辨别。

研究表明，斯科特型、邓杰克型和南萨斯喀彻温型可能按近源-远源渐变关系存在于同一沉积体系内。有人建议以砾石含量（累积厚度占剖面总厚度的百分比）来区分三种类型：斯科特型大于90%，邓杰克型为10%~90%，而南萨斯喀彻温型不超过10%。

5. 普拉特型（platte type）

这一类型也代表常年的砂质辫状河流，具有特别宽而浅的河道。与南萨斯喀彻温型相比，流量变化更大，而且在流水和不流水地段之间没有明显的地形差别。沉积物主要为与水流垂直的舌形沙坝和横向前积沙坝，形成中粗砂岩或含砾砂岩的叠覆层系，这表明深河道较少。这些沙坝在低水位时可能被水流切割而发育保存很好的板状交错层理；在流量大时沙坝被淹没（即使是在泛滥平原发育的地区），辫状水系不发育。在河流活动中期，泥质河漫滩沉积可在一些地区保存下来，但更多情况下被冲裂形成黏性泥质内碎屑，这些碎屑随水流分散后形成了某些河道基底的泥质碎屑砾岩。这类河流以科罗拉多的普拉特河流为代表，属于浅水型辫状河流。

6. 比兆科里克型（bijou creek type）

流量变化非常大的河流（包括季节性河流），其河道和沙坝在地形上基本相同，因此在洪水期间，水流不受限制，以席状水流形式流向整个冲积地区。由高流态的平行层状砂岩构成的洪水沉积具有小型交错层理和少量上攀波纹层理，颗粒大小在垂向上变化不大，最终沉积物表现为厚度有变化的砂体（Cant，1982）。Miall（1977）将这一层序总结为比兆科里克沉积模式，即间歇性砂质辫状河流，沉积旋回受突发洪水的影响，以科罗拉多的Bijou Creek 河流最为典型。

（二）砂质辫状河沉积层序

自从 Cant 和 Walker（1976）建立了以加拿大魁北克泥盆系巴特里砂岩为代表的砂质辫状河沉积层序后，曾一度被当作所有辫状河的标准层序。

古代辫状河流（砂质辫状河）的一个典型实例是加拿大魁北克泥盆系巴特里角砂岩。Cant 和 Walker（1976）在厚达 110m 的巴特里角砂岩中识别出 10 个基本层序，提出了一个具有概括性和普遍意义的砂质辫状河流沉积层序（图 2-39）。这个层序模式由 8 个岩相

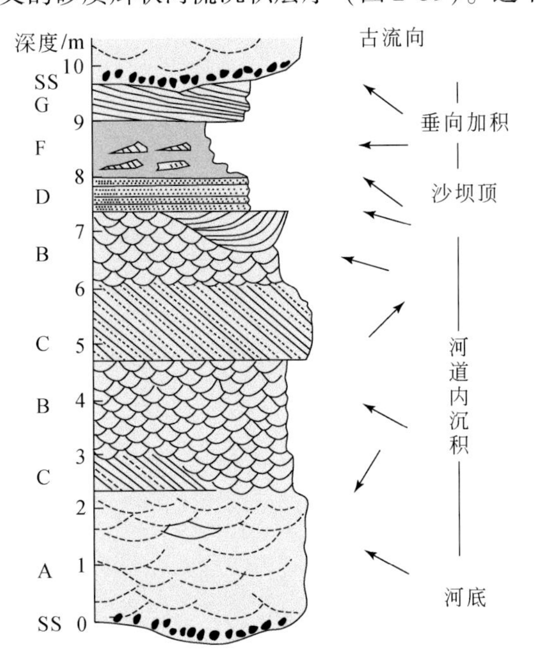

图 2-39　巴特里角砂岩砂质辫状河垂直层序模式
（据 Cant 和 Walker，1976）

类型组成，SS 为河道底部冲刷面；A 为不明显的槽状交错层理；B 为清晰的槽状交错层理组成的河道沉积；C 为大型面状—板状交错层系；D 为大型面状—板状交错层系；E 为孤立的冲刷充填构造；F 为由含泥岩夹层的交错纹层粉砂岩组成的垂向加积薄层；G 为模糊不清的低角度交错层理砂岩。

（三）我国含油气盆地砂质辫状河沉积层序

在我国油气田中，辫状河成因的油气储层分布广泛，如辽河油田牛居地区便发育了多种辫状河沉积层序（图 2-40）。一是向上变细的河道层序，层序主要由砂砾岩和砂岩组成。河道底部具有冲刷，冲刷面之上为较粗的砾石和泥砾，为河床滞留沉积。滞留沉积之上一般发育大型的槽状交错层理砂砾岩和砾状砂岩，再向上往往发育平行层理或斜层理单元，河道砂岩的顶部可出现水流沙纹层理细砂岩和粉砂岩，向上逐渐变为棕色和灰绿色泥岩，构成向上变细的河道层序。二是在向上变细的河道层序中，常有较粗粒的沉积单元出现，从而打破了单一的向上变细的河道层序。这些粗粒沉积单元与下伏的河道层序之间呈突变接触关系，粒度比下伏河道单元粗。显然，这些粗粒沉积单元代表河道沙坝沉积。这些沙坝层序的内部构造单一，主要以大型的斜层理为主，厚度一般为 1～4m，沙坝顶部多与上覆泥岩突变接触。这两种辫状河道层序可以单独出现，也可以相互切割出现。鄂尔多斯盆地榆林气田山 2 段辫状河沉积层序也具有类似的变化特点，河道沉积层序由河道充填和河道沙坝两部分构成（图 2-41）。

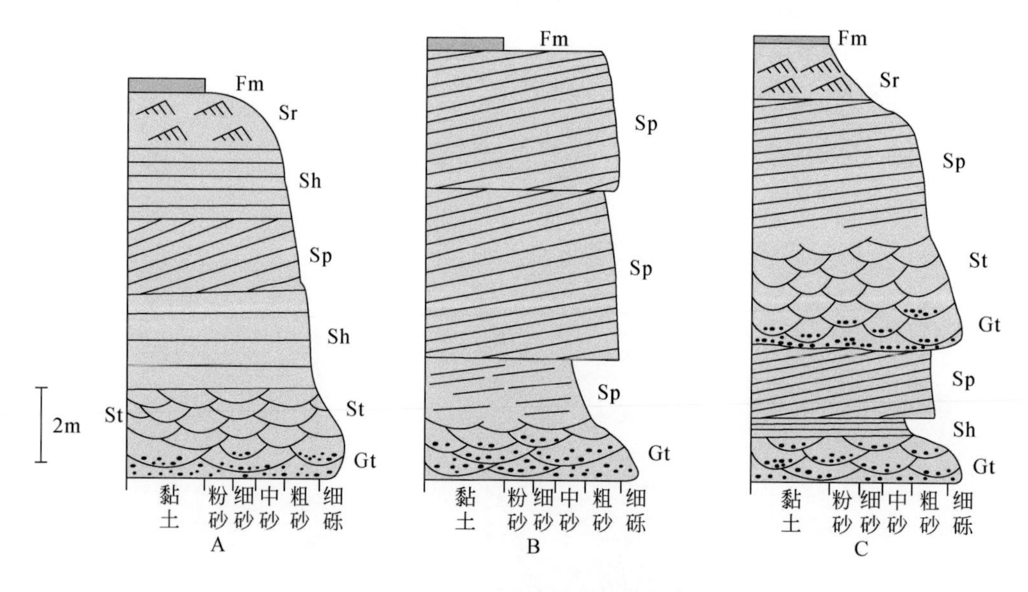

图 2-40　辽河油田牛居地区辫状河沉积层序类型

一般来说，河心坝的上游方向较陡，沉积物较粗，易遭受侵蚀作用，而下游方向较平缓，主要发生沉积作用。上游的不断侵蚀和下游的不断沉积，导致了心坝不断向下游迁移，形成一个水下台地。由于沉积物的快速堆积，在低水位时期出露水面。心坝两侧对称的螺旋形横向环流亦导致心滩发生侧向加积作用，由此而形成的巨波痕、大波痕等各种底

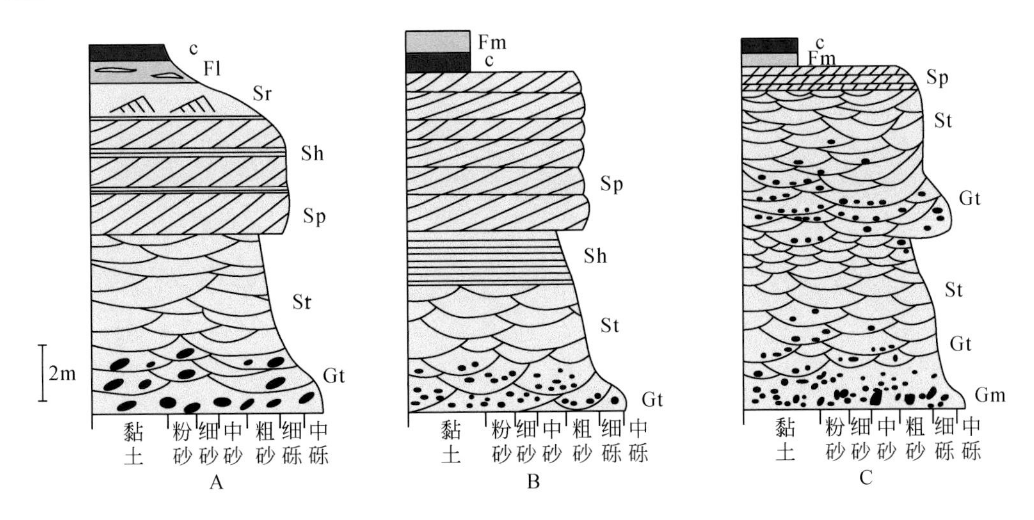

图 2-41　榆林气田山 2 段辫状河沉积层序类型

形经过不断迁移，可形成各种类型的交错层理，特别是巨型或大型槽状交错层理非常发育，在低水位时期亦发生细粒物质的垂向加积作用。辫状河除有发育的心坝外，横向坝和舌形坝也是重要的河道砂体，许多大型的砂质聚集体便是以出露的横向坝部分为核部发展起来的。在河道沉积中亦发育与曲流河相同的河床滞留沉积，出现在河床底部，砂砾沉积为主。辫状河河道迁移迅速，稳定性差，所以天然堤、决口扇、泛滥平原沉积不如曲流河发育，而且辫状河废弃河道一般不形成牛轭湖。可见，辫状河沉积层序的砂体骨架主要由河道和河道沙坝构成，非骨架部分主要为漫岸细粒沉积。

（四）现代大型砂质辫状河沉积层序

伊洛瓦底江（irrawaddy river）的多个辫状河段发育大型底形，各种沉积现象十分丰富。辫状河河道底部发育砾石层，厚度一般为 20～40cm，发育模糊的槽状交错层理，有的砾石层呈块状并发育叠瓦状构造，与下覆地层侵蚀接触（图 2-42A）。砾石层之上覆盖着以底负载形式搬运的砂层，砂层发育大中型槽状交错层理。在河道剖面中可以观察到反沙丘的存在，它们多处于沙坝的底部，不同颜色的重矿物聚集于背流面或在反沙丘上横越丘项线而过，形成河道层序内部的透镜状层系（图 2-42B）。反沙丘又叫逆行沙丘，强调的是反沙丘的移动是向上游方向的，实际上它也向下游移动，所以有人也使用“同相波”的术语。由于反沙丘一般在水浅流急的水流状态下形成，河流沉积层序多为水流变弱条件下的沉积产物，所以反沙丘在河流层序中并不常见。实际上反沙丘的形态不一定是三维的沙丘，也可以是二维的沙浪。不管是沙丘还是沙浪，形成的水流深度至少为波高的两倍。

河道充填层序厚度为 5～6m，交错层理砂岩的顶部为厚度较薄的水流沙纹层理或者上攀沙纹层理粉砂岩，细粒沉积厚度较薄，一般为 10～20cm，为漫岸沉积或者河道内的落淤层，其上被另一期河道或河道沙坝所覆盖。沙坝的顶部同样出现漫岸细粒沉积，粉砂层中发育水流沙纹层理和上攀沙纹层理，泥质层的表面发育泥裂构造（图 2-42C）。

河道内发育大型的河道沙坝复合体或沙坪，顶部比较平坦，发育小型风成沙丘，并有

图 2-42　伊洛瓦底江河道和沙坝沉积特征（缅甸蒲甘河段）

A. 河道底部的砾石层，厚度一般为 20～40cm，砾石定向排列，略显大型槽状交错层理；B. 沙坝层序的底部发育逆向反沙丘交错层系，层系呈透镜状，厚度为 20～40cm；C. 河道层序上部发育的沙纹层理粉砂质薄层和具泥裂构造的泥层

稀疏的植物生长，掘穴生物繁盛。占据高部位的沙坝最大的特点就是发育向下游陡倾的斜层理，最大层序厚度可达2m，有的斜层理的层系厚度为20～30cm，隔层为数厘米的粉砂质或泥质层。泥层干燥后容易卷起和破碎，形成的卷曲状黏土片也可出现在砂质层序的内部。这些不同规模的板状层系的出现，反映了洪水期河道沙坝的进积作用。

在沙坝的低阶地上，时常有河水淹没，主要发育大型的曲脊沙丘，沙丘之上常常叠加直脊或菱形的沙波，反映了洪水逐渐衰弱的沉积过程。大型曲脊沙丘的波谷处常被水淹没，形成新月形的水塘，内部发育大型槽状交错层理；叠覆的小型底形发育小型槽状交错层理和板状交错层理。在河道沙坝的低阶地上所挖掘的探槽可以看到，河道沙坝内的层理构造以大中型槽状交错层为主（图2-43）。除了层序顶部偶尔出现小型板状交错层理外，

图2-43 伊洛瓦底江探槽揭示的河道沙坝沉积构造特征（缅甸蒲甘河段）

A. 本书作者在缅甸伊洛瓦底江实地考察，站立处为开挖的河心坝探槽之一，探槽长3m、深2m、宽2m，背面剖面为顺流向，水流方向从右到左；B. 沿水流方向发育的槽状交错层理，水流方向从右到左；C. 垂直水流方向发育的槽状交错层理

没有见到大型的板状交错层系，也没有见到再作用面或粒度突变面。从槽状交错层理的发育特征及向上变细的层序来看，河道底床上覆盖的这些大型底形可能来源于与岸连接的沙坝，如发育成熟的边滩或侧坝被流槽切割而演化成河心坝。无论是侧坝还是纵坝剖面，河道底部从下部的大型槽状交错层理向上变为小型水流沙纹层系的层序大致一致，顶部的泥层较薄。

根据伊洛瓦底江河滩探槽和河道沙坝或沙坪出露的天然剖面来看，河道内部的充填层序基本上为槽状交错层，大型陡倾斜层理只在沙坝的上部出现，从河道纵坝的顺流向剖面可以观察到不同砂体的分布特征（图 2-44）。漫岸细粒沉积在辫状河流中同样发育，但很容易被随后的河道迁移侵蚀掉。洪泛平原沉积一般是在特大洪水时，河水漫出主河道形成的。主要沉积物为洪水淤积形成的粉砂和黏土，洪水过后暴露在地表，常有茂密的植被发育。

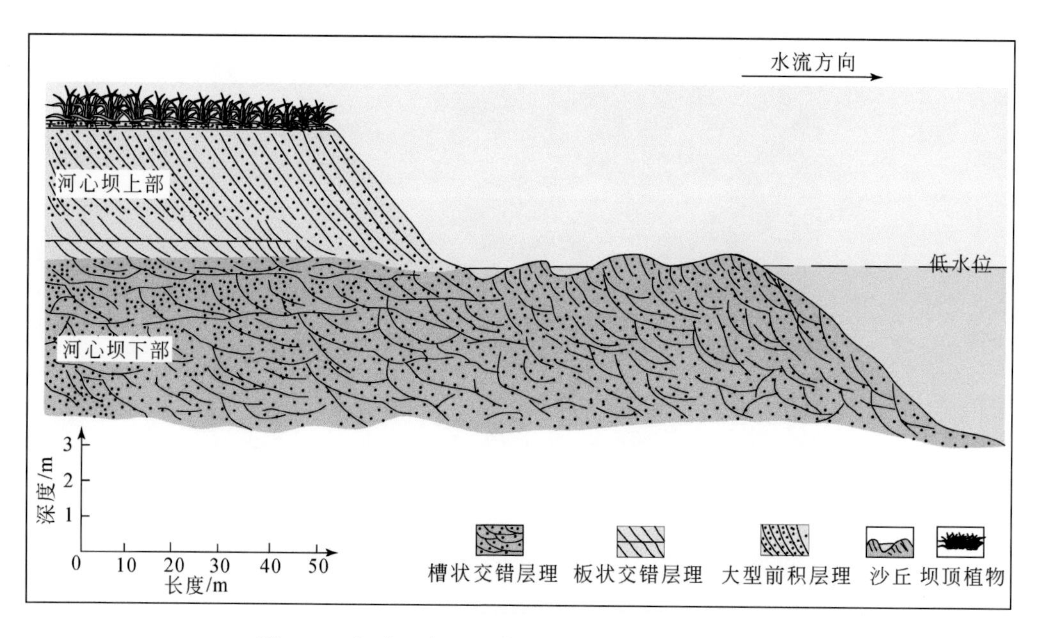

图 2-44　伊洛瓦底江河道沙坝沉积构造发育示意图

通过野外观测和探槽挖掘，可以看出伊洛瓦底江砂质辫状河沉积构造及层理旋回的一般特点（图 2-45）。河道的底部为河道侵蚀面，侵蚀面之上发育滞留砾石层，可以呈块状，砾石可以呈叠瓦状排列。有的河道底部缺乏块状砾石层，主要由大型的槽状交错层砂砾质沉积物组成，可含分散状的砾石和泥砾。交错层砂砾质沉积物之上多为槽状交错层砂，向上可出现平行层理或板状交错层理。河道充填层序之上为粒度变粗的板状交错层理砂质沉积，代表了河道沙坝的顺流加积作用，沙坝的底部还可以出现与板状纹层倾向相反的反沙丘交错层，多为低角度斜层理，沙坝层序的顶部为薄层砂和泥的互层。

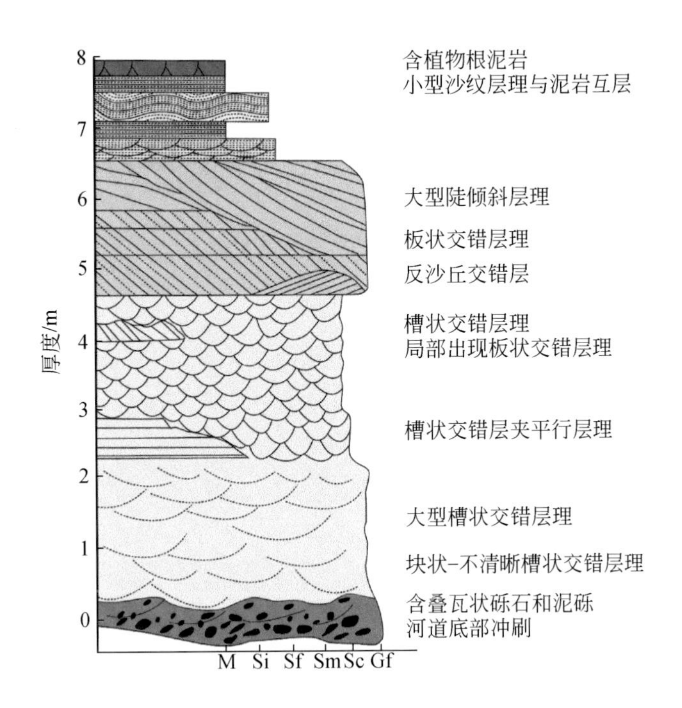

图 2-45　伊洛瓦底江砂质辫状河的综合沉积层序

四、辫状河相类型和相模式

（一）现代河道沙坝和沙坪

辫状河根据沉积物的组成可分为以砾质辫状河和砂质辫状河。辫状河河道迁移频繁，沉积环境具有多变性，不同沉积环境下发育的辫状河其沉积相特点也各不相同。流量稳定的砂质辫状河常形成较为发育的河道充填、河道沙坝和泛滥平原沉积。在砂质辫状河中，顺流加积底形和侧向加积底形都非常活跃，以舌形坝和侧坝的发育最为明显，纵向坝（河心坝）也同样出现在砂质辫状河中。

河道沙坝的形态及演化，与河道水位的变动密切相关。Collinson（1970）注意到挪威塔那河舌形坝地貌和内部构造随水位的变化特征（图 2-46）。在高水位期，强势的分离涡流产生渐进的前积层和反向水流沙纹。随着水位的降低，分离涡流的强度逐渐减弱，但滑落面的增长并没有马上停止，这时，前积层倾向于与底部角度相交，且不出现反向水流沙纹。随着水位的进一步降低，沙坝分开水流，水流集中于沙坝间的沟洼中，平行于沙坝的侧翼流动，可以产生侧积增生体。当沙坝出露水面时，波浪的改造可以是侵蚀性的，也可以仅仅将滑落面改造成较低角度。随着水位上升，水流在前期底形上发育再作用面构造，交错层系再次发育。

Cant 和 Walker（1978）关于南萨斯喀彻温河（saskatchewan）的研究成果为砂质辫状

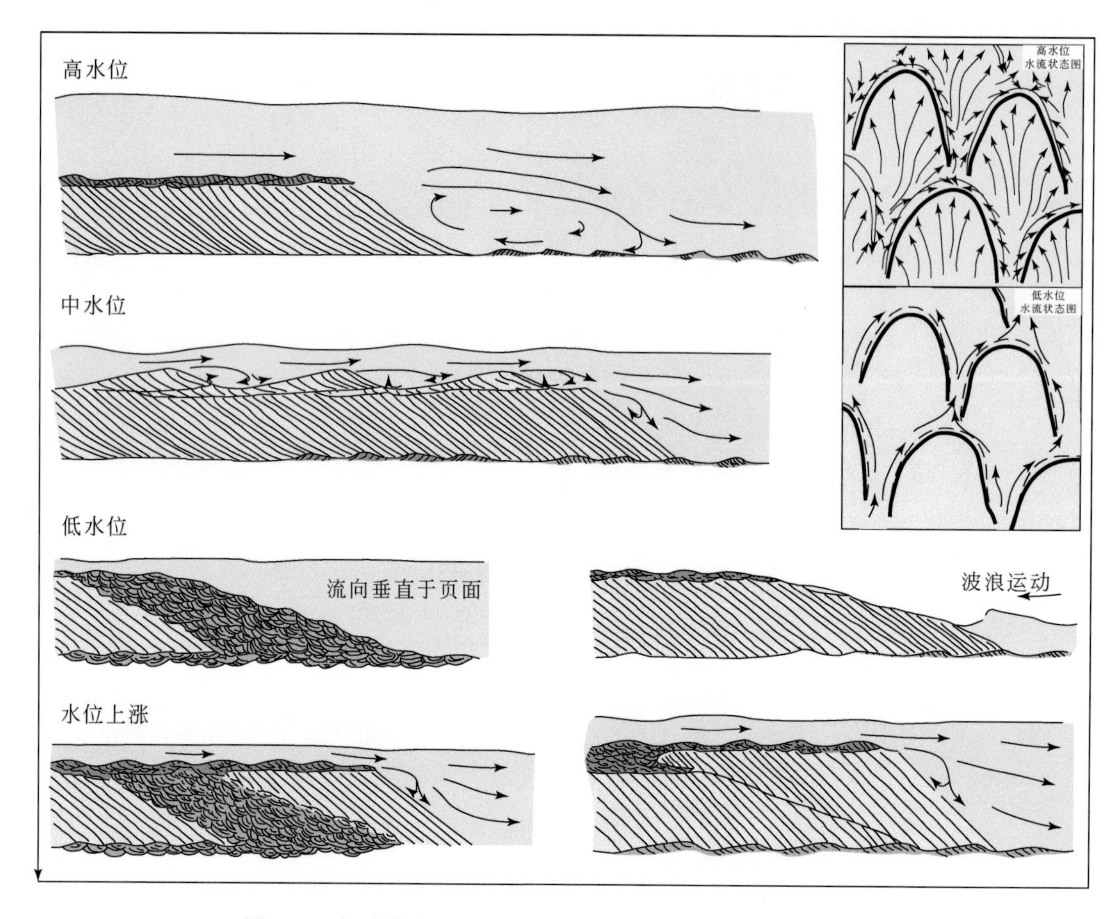

图 2-46　挪威塔那河舌形坝地貌和内部构造随水位的变化特征
右上角插图分别为高水位和低水位期的水流状态（据 Collinson，1970）

河砂体类型的研究奠定了基础，并对古代辫状河沉积学研究起到了借鉴作用（Allen，1983）。他们在研究中，使用了“沙坪”（sand flat）这一术语，指那些在中低水位期露出水面的较大型的砂质聚集区。沙坪可以是比较简单的，如横向坝出露的顶部，也可以是非常复杂的，如那些被小河道切割的大型沙坪复合体。

南萨斯喀彻温河发源于落基山区，向北流入哈得孙湾，河谷平均宽 1km，基岩为白垩系砂泥岩，河道砂平均粒径 0.6mm，分选中等，部分河床含有少量砾石。主要地貌要素可以划分为 4 种类型，即①河道；②具滑落面的沙坝；③沙坪；④植被岛和泛滥平原。辫状河段由 1 ~2 条大河道围绕沙坪和沙坪复合体或穿行于其间（图 2-47）。在沙坪复合体宽阔地带（A 处），大河道窄而深。在河道横截面增加的河湾处（B 处），或在沙坪复合体的下游端（C、F 处），则有横向坝形成。横向坝增长的方向通常与河道或河流方向斜交，某些大型坝的偏离倾角可达 69°。坝上的河道宽而浅，低水位期会被沙坪（C 处）分裂成一系列的小河道，形成沙坝体系。顺流向下，植被岛、沙坪和河岸又会限制河流流动。这样，窄而深的河道体系顺流变宽变浅，横向坝又可大量生成，循环往复。

辫状河床内除了发育大河道外，也会发育多条小河道。大河道平行于河流方向，但有

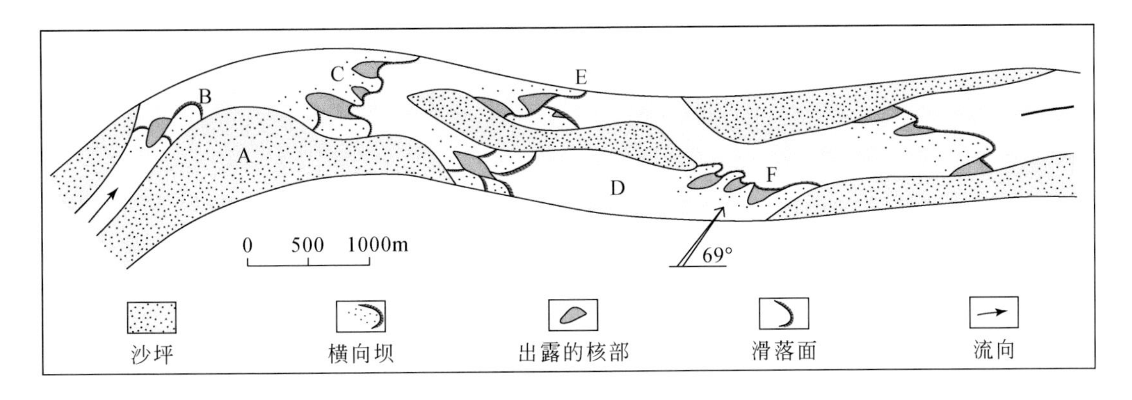

图 2-47　南萨斯喀彻温河辫状河段沉积特征简图（据 Cant 和 Walker，1978）

时也会弯曲和偏向，深度一般为 3 ~ 5m，宽度为 70 ~ 200m，平均流速为 0. 75 ~ 1. 75m/s，以床沙载荷搬运为主，高水位时有大量悬浮物质。河道底形为曲脊大型沙丘，并随河道水体加深沙丘规模变大，以大量槽状交错层的发育为特征。沿河道缓坡向上，可出现长而低的沙浪底形，波长可达 10m，波高达 0. 3m。在一些较大河道的浅水区还存在规则相间的舌形沙丘或舌形坝。大河道的迁移可使沙坪受到破坏和改造，河道侵蚀沙坪发生迁移的同时，还可形成新的大型底形。小河道分布于沙坪较高部位，仅仅改造沙坪最上部沉积物。小河道一般深达 1m，宽达 125m，方向更加多变，水流和沉积物搬运往往中断，平均流速多在 31m/s 以下。河道底形以沙浪和沙纹为主，洪水期可发育大型沙丘。大河道或深河道中沉积物比小河道或浅河道中的稍粗一点，在河道的迁移变化中可形成各种底形，如沙丘、沙浪、沙纹和平底。河道内与岸斜交的横向沙坝常见孤立的大型板状交错层。由于沙坝与河流走向斜交，故板状交错层古水流方向与其下方紧邻的槽形交错层差别颇大。虽然河道底部有滞留的泥砾和砾石层，但向上变细层序常常不典型，向上变细的层序内会夹有一个或多个粗粒单元。

在河床内河道展宽处，常常出现沙坝，具有滑落面的沙坝常出现在河道内和沙坪的顶部。沙坝高度一般为 0. 15 ~ 2. 5m，较小的沙坝出现在沙坪的顶部和边缘，只有几十米长。较大的沙坝可斜穿大河道，延伸长达数百米，它们在河流的主要地形要素中延伸，连接各个沙坪，或连接到植被岛及主要河岸，被称之为横向沙坝（cross-channel bar），其高度取决于该处河道深度。当水位回落时，各种规模和形态的沙坪沿着坝顶出露水面，将横向沙坝从本质上分割成一系列较小的沙坝体系。由于具有滑落面的沙坝具有相对直的脊部，其内部层理构造以板状交错层系发育为特征。

沙坝进一步扩展便形成沙坪。低水位时，沙坝脊部出露水面，成为顺流加积和侧向加积的新沙坪的核部。也就是说，这些大型沙坪起源于横向沙坝顶部新出现的小型砂质区域。在垂向加积和侧向加积过程中，逐渐形成规模不等的沙坪。沙坝是组成沙坪的主体，沙坝的迁移形成了十分发育的板状交错层系和再作用面构造，但是其他层理也可以出现，洪水期可以出现厚达 0. 4m 的平行层，沙坪的上部可以出现槽状交错层层理和沙纹层理。沙坪形状多不规则，甚至有核有翼也有角，长度从 50m 到 2km，宽度为 30 ~ 450m。沙坪洪水期可被淹没，洪水过后沙坪上出现各种高度的沙坝、沙丘、沙浪、沙纹以及具有剥离线理的平行层，干旱时间较长时可出现干裂和风成沙丘。沙坪表面可有小河道切割，河道深度可达0.4m，底床上发育沙浪和沙纹。许多相邻的沙坪之间仅有小河道分割，这些相互连接的沙坪称为沙坪复合体，其形成方式有3种：一是非常大的沙坪可能被低水位期的小河道切割；二是许多小的沙坪独立生长，介于之间的河道沉积作用使其相互连接；三是大型沙坪的出现阻止了顺流向的沉积而促进了此处的沉积作用。沙坪形成后，还会再次经受侵蚀和加积作用，包括一系列的侧向增生及向下游增长、垂向加积、沙坪的侵蚀分隔和再次连接等。经过多种过程，逐渐形成沙坪复合体。

尽管一些小型沙坪具有多变的地貌形态，但可将它们划分为以下3个端元，即对称的河心坪、不对称的河心坪和侧坪。沙坪形成于水位回落时横向坝的部分出露，横向坝所处的位置和方向以及沿脊线的高点方位控制着新沙坪的初始类型。沙坪首先在横向坝的脊部发育，这些横向坝脊部平直或稍微弯曲，大致垂直于水流方向和河道边缘。Cant 和 Walker（1978）提出的沙坪发育过程如图2-48所示。第一阶段，就是形成一个具有滑落面的水下横向坝。第二阶段，随着水位下降，部分坝脊出露水面，形成沙坪发育的核部。若最初横向坝是斜的，核部会是不对称的或靠近一稳定的河岸。第三阶段，在核部下游，由于水流扩展而形成“角”。随着沙坝的继续增长，会产生两个叶状体，每个“角”的滑落面向里面弯曲。由于受到不断地加积和改造，某些有“角”的核部会生长成大型沙坪，但许多处于发育变化阶段的核部会被随后的洪水所破坏。可以说，沙坪的后期生长过程要比初始形成期更加复杂，会受到多种因素的影响。

（二）古代河道砂体类型

辫状河河道砂体成因类型的识别，在地下相分析中很难准确把握，尤其是在一些砂质河道中，如倾斜前积层的形成可能会出现在不同的沙坝类型中，没有准确的古水流资料很难做出判断。但在现代沉积研究基础上，通过对砂体外部形态、内部结构和尺度规模的认识，可以判断不同砂体的成因类型及形成演化规律。

Allen（1983）将威尔士泥盆纪下老红砂岩顶部的中-上棕色岩石段解释为一系列砂质辫状河沉积，并借助于出露良好的露头剖面，构建了以下4种沙坝类型（图2-49）：①交错层单坝，粒度较粗，由交错层砂砾岩和槽状交错层砂岩组成，具有不规则的侵蚀顶底面，坝顶平坦或向上游缓倾，层系厚度0.5m，向下游延伸范围达25m；②平行层单坝，主要由粒度粗细不同的平行层砂岩组成，有时底部出现含泥质内碎屑的砾岩，层厚达1.2m，出露长度达17m，底部突变或侵蚀，平坦到明显的上凹，坝顶平缓；③复合坝，由许多具有侵蚀界面的沉积单元组成，含有两种或两种以上的岩相类型，主要岩相类型为交错层砾质砂岩相和交错层砂岩相，侧向上和垂向上逐渐过渡为较厚层的平行层砂岩相，沉积连续且无间断，代表了成因相关的前积层到顶积层的沉积作用，层系厚度为1.1m，长度可达35m，底部可出现泥岩内碎屑砾岩相，底界面变化多平坦，局部不规则，从下凹到平缓上凸；④多重复合坝，分布普遍，包含单个或多个沉积单元，由交错层砾质砂岩相、交错层砂岩和平行层砂岩相组成，包含两个或多个侵蚀相关的部分。复合坝内的纹层由交错层变为平行层，连续无间断，其他部分可存在小的侵蚀界面。多重复合坝厚度为1.5m，

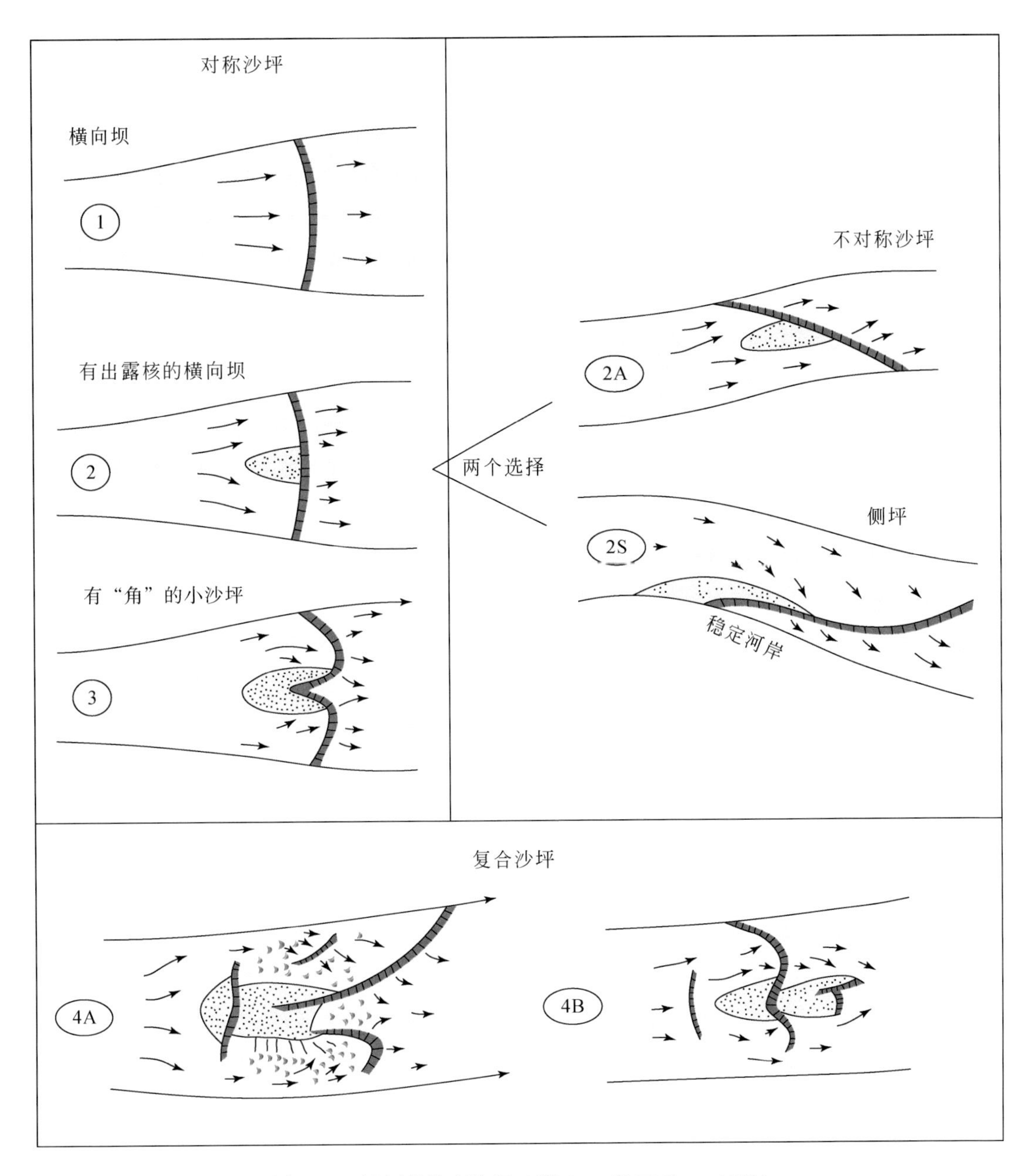

图 2-48　沙坪的发育阶段（据 Cant 和 Walker，1978）

在走向和倾向上出露长度达 30～40m。多层复合坝具有平坦-上凸状的侵蚀界面，侵蚀面不大，在走向和倾向剖面上连续性较差，类似于同一单元的前积层进入顶积层的情况，交错层和平行层之间存在局部的侵蚀间断。这些坝的成因归属尚不清楚，推测有些可能属于横向坝成因。从这些沙坝的发育情况，可以反映出砂质辫状河河床底形的多样性和复杂性。

威尔士泥盆纪下老红砂岩顶部的中-上棕色岩石段辫状河砂体由 2～5m 的交错层砂岩

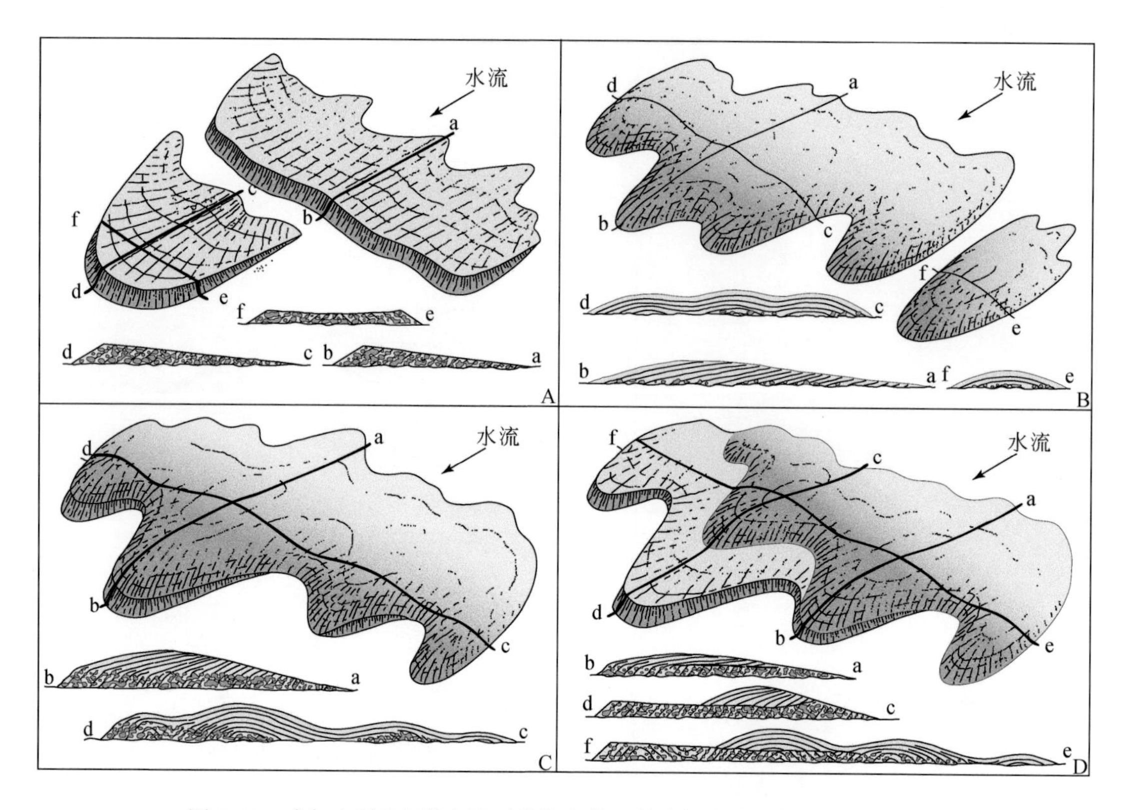

图 2-49　威尔士泥盆纪棕色岩石段发育的 4 种沙坝类型（据 Allen，1983）
A. 交错层单坝；B. 平行层单坝；C. 复合坝；D. 多重复合坝

和少量砾岩组成，底部发育冲刷面并散布层内砾岩。沿侧向追踪，每个单元的沉积构造层序变化很大，这些单一的席状砂体相互关联形成透镜状复合体。这些辫状河砂体主要沉积类型有以下几种（图 2-50）：①沙丘槽状交错层砂岩；②向前方加积的下攀沙坝组合；③小河道充填沉积；④大河道充填沉积；⑤侧向加积的沙坝单元组合；⑥对称的沙坪复合体，由沙坝单元侧向加积而成，核部有砾石。最引人注目的是每个单元都普遍存在倾斜的板状交错层系，可识别出一系列的沙坝形态。Allen（1983）认为棕色岩石段辫状河沉积单元的成因机制类似于现代的南萨斯喀彻温河的模式，但更加强调了砂质低弯度河中侧向加积作用的重要性，提出了具有滑落面的沙坝侧向加积到沙坪上的成因模式（图 2-51）。从大型沙坪末端轴向或近轴向剖面上可以看出，随着下攀沙坝向前移动，跨越了沙坪的顶部，到达前部并环绕翼部，沙坪也逐渐向前方加积和向下游增长，两翼也对称生长，侧向加积层理匹配良好（图 2-51A）。在近源或中部沙坪的走向剖面上（图 2-51B），沙坪翼部为一个大河道，相邻地区为部分河谷平地或泛滥平原，沙坪的主要层理类型十分接近两侧对称的加积层理，推测其形成机理可能是河心沙岛，砾质沉积充当了砂质沉积的原始核部。沙坪内部的冲刷也说明在一个沙坪的扩展中，相邻的沙坪可能遭到侵蚀和破坏。

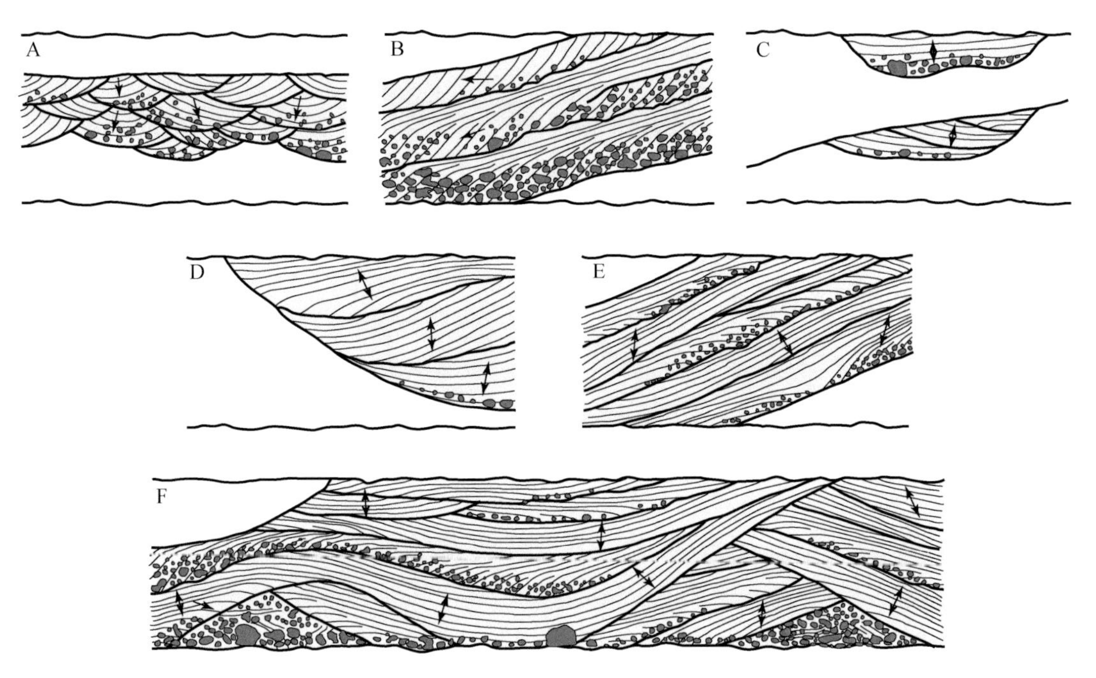

图2-50　威尔士泥盆纪棕色岩石段主要沉积类型（据Allen，1983）

A. 沙丘槽状交错层砂岩；B. 向前方加积的下攀沙坝组合；C. 小河道充填沉积；D. 大河道充填沉积；E. 侧向加积的沙坝单元组合；F. 对称的沙坪复合体

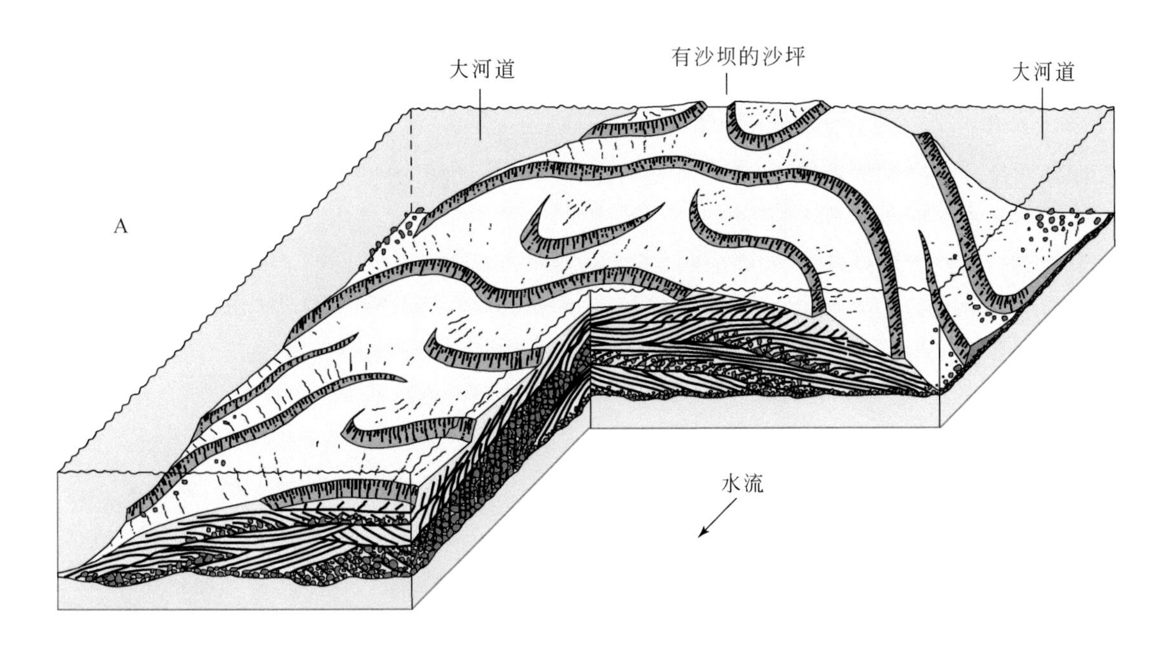

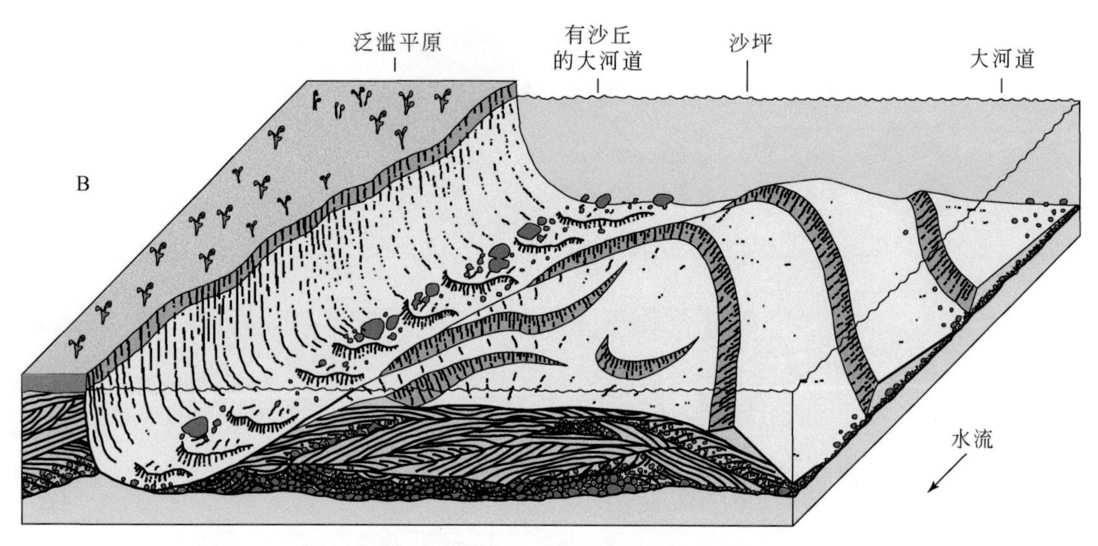

图 2-51　威尔士泥盆纪棕色岩石段沙坪沉积相模式（据 Allen，1983）

A. 大型沙坪末端轴向或近轴向剖面，两翼对称生长，沙坪表面发育下攀沙坝，沙坪向前加积和向下游增长，未标注低水位期发育的小河道；B. 近源或中部沙坪的走向剖面，显示沙坪的内部构造，翼部有大河道，相邻地区发育泛滥平原

Bridge（2003）将辫状河中存在不同规模的沉积单元划分为以下 4 种类型：①完整的河道带，由砂岩和砾岩体组成；②单一河道沙坝和河道充填沉积，这些大型的倾斜层系也被称之为叠覆层；③大型沉积增生体，系不同洪水期在河道沙坝上和河道充填中形成的大型倾斜层；④中型和小型沉积增生体，主要是一些分布在河水通道上的沙丘、沙浪、沙纹和平床沙席，属于中型和小型的交错层系或板状层系。在某些情况下，河道沙坝还可以划分为单元坝和复合坝。一个完整的河道带由几个大型的倾斜层系或叠覆层构成。一个大型的倾斜层可以是在一次洪水期形成的单一的层，也可以是多期洪水在单元坝上形成的复合的层。在大型倾斜层内，包含了较小型的倾斜层系如沙丘、沙纹和平床沙席（图 2-52）。这些不同规模的沉积体在野外露头、岩心和成像测井中都可以识别出来，但要搞清楚它们在空间上的分布特征，不仅需要详细地了解有关河道类型、水流体制、沉积物搬运和底床形态方面的知识，还需要对现代河流沉积及其三维分布进行详细调研。辫状河砂体结构复杂，古河道类型的判别不能仅仅根据垂向岩相剖面的解释，还应该通过辫状沙坝和同期河道及其两者的交汇关系来做出进一步的分析。

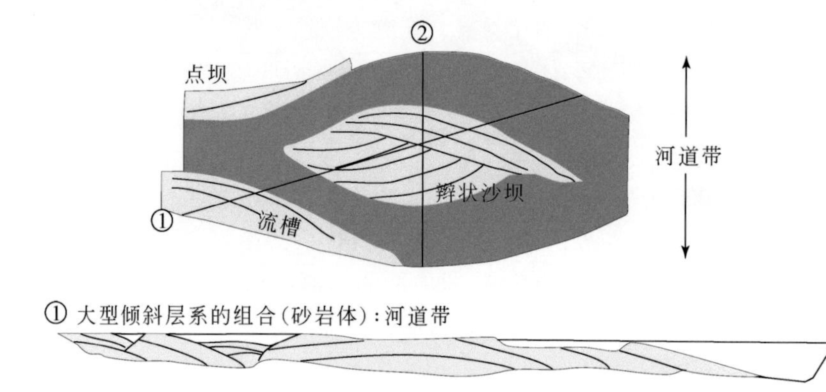

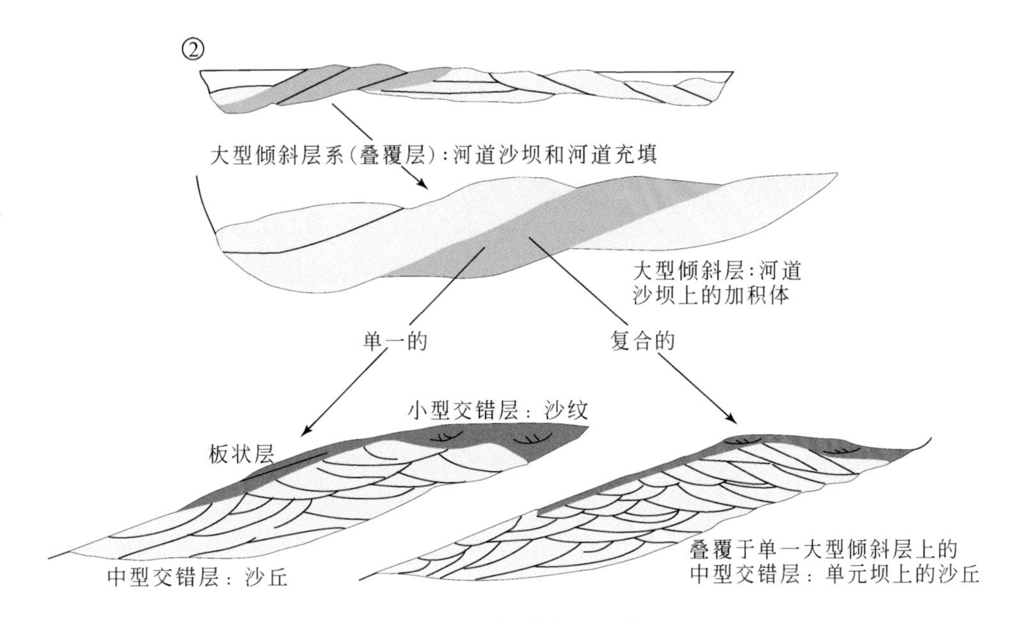

图 2-52　辫状河发育的不同规模的沉积体（Bridge，2003）

富砂的辫状河道具有各种大型底形，如顺流加积作用形成河心坝和舌形坝侧向加积作用形成侧坝和心坝的两翼。在河道底床上，还可以形成砾质沙坝及底形、砂质底形和纹层状沙席。不同规模和不同类型的底形具有不同的外部形态和内部结构，这也是砂体成因解释的重要相标志，而且这些相标志会比单一的沉积层序更为可靠。在河道砂体的横切面上，中央厚度较大，两侧厚度较小且向外分支尖灭。主体代表河道内沉积组合，翼部为漫岸细粒沉积相组合。在野外工作时，可以利用河道横剖面进行宽深比的测定，宽深比大于15 时为席状，小于 15 时为带状。席状砂体多为宽浅型的河道的叠加，由多层较宽的砂体组成。带状砂体各单元宽度较小，常有发育良好的两翼，也可以形成多套砂体的叠合，可达很大厚度。此外，有的河道砂体在泛滥平原中可以孤立出现，常常缺乏内部充刷面，多为主河道的伴生河道或分支河道。

河道和河道沙坝构成了主要的储集砂体，在横切河道的露头剖面上，可以观测到这些砂体相互叠合，形成叠覆层，如山西柳林百眼泉剖面，由下往上由太原组上部（太 1 段）的东大窑灰岩、碳质泥岩和山西组下部（山 2 段）的砂岩组成（图 2-53A）。山 2 段砂岩为三套灰白色厚层砂岩，砂岩间为细粒夹层，推测为河道内横向坝或舌形坝的叠覆层，或是沙坪在横向坝上的增生。下部砂体粒度最粗，主要为含砾中粗砂岩，底部分布有滞留泥砾，每层砂岩垂向上厚度由厚到薄，向上粒度由粗到细。该河道砂体底面平坦，近于直交古河道平均流向，限于剖面的出露情况，主体和两翼延伸不清楚，沿剖面追踪，推断宽度超过 1000m，为典型的席状河道。河道沉积组合主要由下部的河道充填（CH）和上部的顺流加积（DA）等大型底形构成，河道充填主要由大型交错层含砾砂岩（St）构成，顺流加积主要由大型板状交错层砂岩（Sp）和顶部的水流沙纹层理砂岩（Sr）组成，因剖面垂直于古流向，板状交错层系只能显示平行层，在临近的平行水流剖面上，可以看到这些板状交错层系的发育特征（图 2-53B）。

图 2-53　席状宽浅型河道-沙坝砂体的发育特征（山西柳林）

在辫状河中，除了存在与岸分离的河心坝外，还可发育多种形式的与岸连接的沙坝。可以是侧坝，也可以是斜向沙坝，其中侧坝的侧向加积作用最为明显。由于河床中水流对沉积物的搬运以底负载搬运（滚动和跳跃）方式为主，故侧坝沉积的岩性以砂岩为主，常常发育中-厚层的前积交错层，有的侧积体则完全由这种低角度的大型交错层砂岩组成(图 2-54)。前积层理之间有时会出现薄的泥质层，代表了季节性的弱水流沉积。侧坝沉积的厚度从几米到 30m 不等，取决于河流量和河道的尺度规模。

侧坝或交替沙坝形成于辫状河的边缘一带，枯水期露出水面，而洪水期则被淹没。洪水期粗粒物质可以被冲过沙坝表面，并在沙坝下游方向的边缘沉积下来。沉积构造包括槽状交错层理和前积层理。横坝是向下游方向迁移的沙坝，其方位与水流方向垂直，洪水期沉积物沿沙坝上游一侧跨越坝顶，然后在背流面沉积，从而在沙坝内部产生崩塌斜层理或板状交错层理，坝顶可出现平行层理或低角度斜层理。

辫状河沉积物主要是砂岩或砾岩，河道充填和河道沙坝沉积一般呈席状或板状，连通性好（Zhang et al.，2014c）。由于辫状河道的快速迁移和垂向加积，在较粗的席状砂岩和砾岩中常常夹有薄层的不连续的细粒沉积。实际上，砂质辫状河与曲流河在某个时间和空间上是可以相互转换的，如目前布拉马普特拉河下游段的辫状河在 100 年前曾是一条曲流河，由于流量增加和碎屑物质供应充足，逐渐演化成了辫状河。某些带状河流既有点坝也有河心沙坝，某些点坝受到流槽切割，并逐渐与岸分离发展为河心坝。

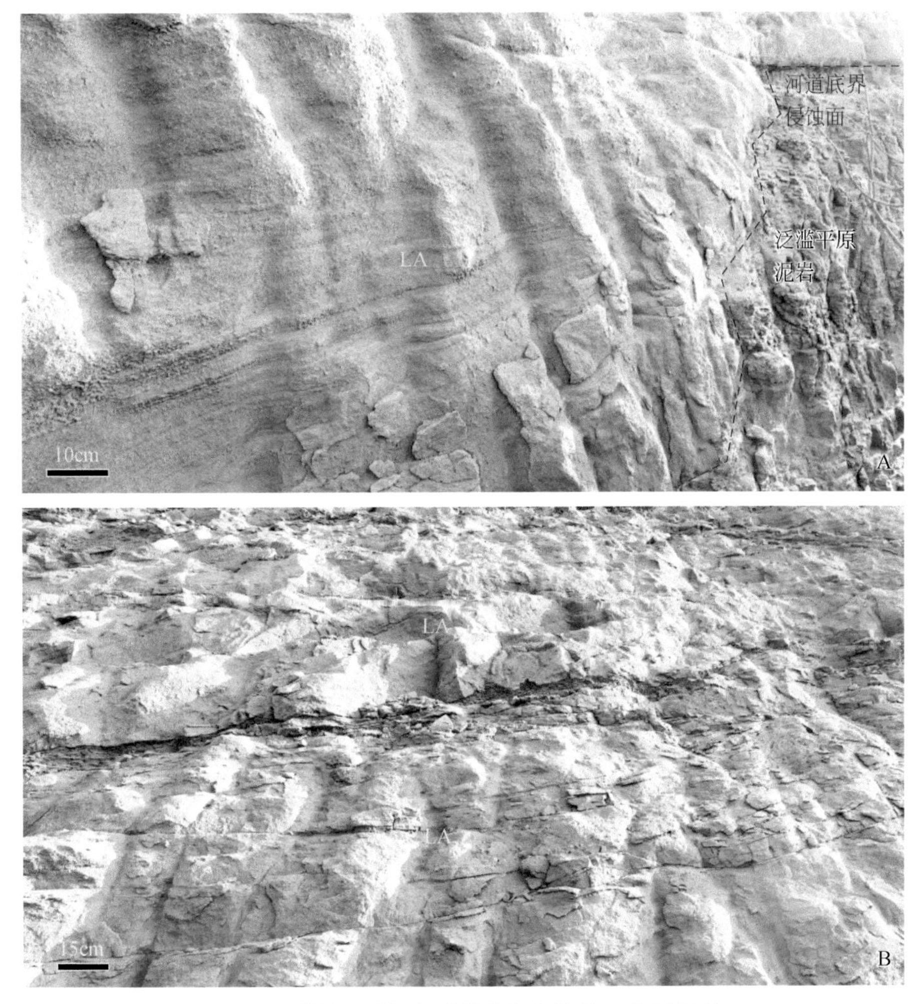

图 2-54　带状河道侧坝砂体的发育特征（山西大同）

A. 侧坝沉积发育中-厚层的前积交错层，右侧红线标注位置为河道底部的下切侵蚀面；

B. 侧积体内部发育低角度的大型交错层，砂体之间为薄的季节性泥层

（三）沉积相模式

不同的学者通过大量现代和古代辫状河实例研究，提出了多种辫状河沉积模式。其中，Williams 和 Rust（1969）的模式、Cant 和 Walker（1978）的模式以及 Galloway 和 Hobday（1983，1996）的模式具有一定的代表性，现简述如下。

1. Williams 和 Rust（1969）的模式

Williams 和 Rust（1969）有关辫状河沉积模式的文章一经发表，便引起了人们的关注。他们通过对加拿大育空地区邓杰克河的研究，剖析了复合河道、河道间、河道内和沙坝内的沉积构造发育特征和发育规模，提出了辫状河的三维沉积模式（图 2-55）。该辫状河沉积物粒度变化很大，从粗砾到黏土，分选一般都很差。主要的地貌单元是河道、坝和岛。河道变化很大，可分为 5 个级次，即复合河道、河道和 1 级、2 级及 3 级河道。复合

河道较为平直，平均宽度 1.6km。河道一般指的是 1 级、2 级和 3 级河道，底部冲刷，分布在河道底床上，形成河道网络体系。4 级河道位于河谷海拔高处，时代较老，为永久性的植被岛，因植被覆盖原始地形不清。辫状坝主要有 3 种类型，即纵向坝、横向坝和点坝，其中纵向坝最为发育，占比高达 95%。纵向坝顺流呈伸长状展布，长度达数百米，表面形态多呈菱形和椭圆形，沉积物由不同比例的砾、砂、粉砂和泥组成，表面分布有大型和小型沉积构造。

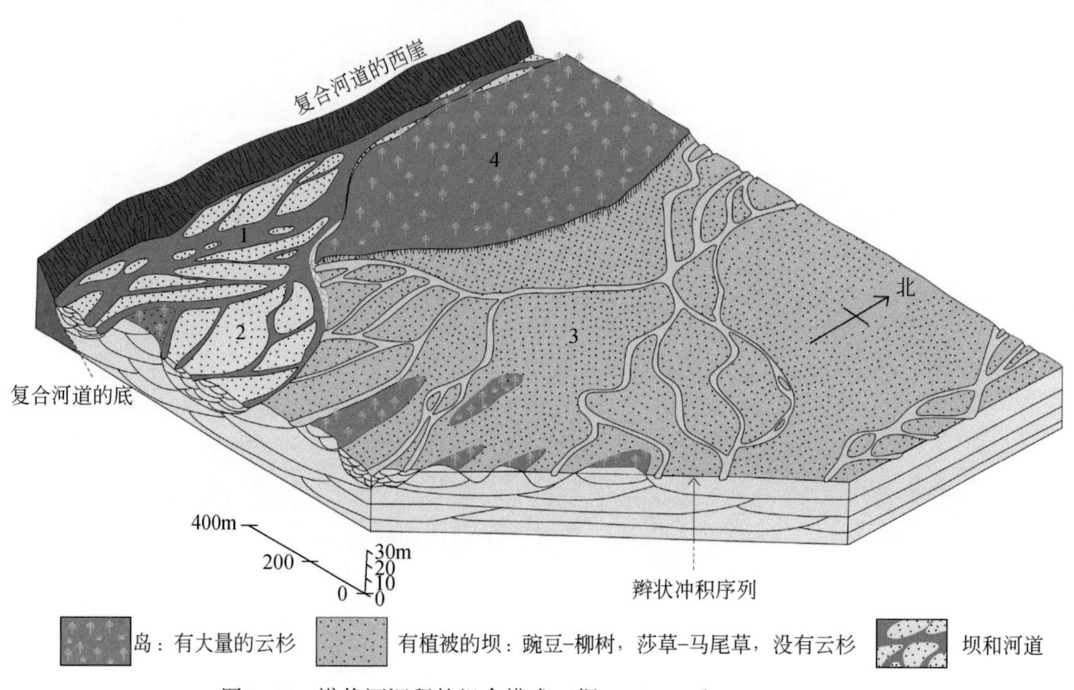

图 2-55　辫状河沉积的组合模式（据 Williams 和 Rust，1969）

2. Cant 和 Walker（1978）的模式

Cant 和 Walker（1978）提出的南萨斯喀彻温河（south saskatchewan river）砂质辫状河沉积模式，已成为砂质辫状河的经典模式（图 2-56）。该模式的提出推进了砂质辫状河沉积机理和砂体类型的研究，也为古代辫状河沉积学研究起到了借鉴作用（Allen，1983）。Cant 和 Walker（1978）讨论了河道、沙坝、沙坪、植被岛和泛滥平原的沉积特征，论述了河道、沙坝和沙坪的相关关系，特别是对沙坪的成因类型、沉积演化和沉积构成进行了详细的分析，为类似沉积类型的研究奠定了基础。河道的主要底形为沙丘，以发育槽状交错层为主，横向坝以大型板状交错层系发育为特征。从横向坝核部生长的沙坪主要以小型板状交错层系的发育为主，还会出现一些平行层理、槽状交错层理和水流沙纹层理。与沙坪的生长发育相关的沉积相组合包括了河道充填沉积、横向坝沉积及上覆的沙坪增长沉积。该辫状河沉积发育有 3 种典型层序。第一种层序主要与沙坪的生长相关，层序由下往上由河道内槽状交错层、大型（1 ~ 2m）板状层系以及由小型板状交错层、槽状交错层和沙纹层理的复杂组合。层系规模向上变小，粉砂和泥层增加。相比之下，仅与河道填积相关的第三种层序，则主要由规模向上变小的槽状交错层系组成，可出现横向河道沙坝形成的孤立的板状交错层系，但没有沙坪出现，在河道的最终充填阶段出现沙纹层理和薄层泥岩，层序最小厚度为5m。第二种层序是一种中间类型，表示有河道切入由横向河道沙坝形成的沙坪，切入河道规模较小，没有完全切割沙坪沉积。切入河道填积由槽状交错层构成，层序上部为沙坪或河道的填积作用。从上述砂质辫状河沉积层序来看，与曲流河层序的不同点或许在于板状交错层系在河流层序中的发育位置、发育特征和粒度变化特点。

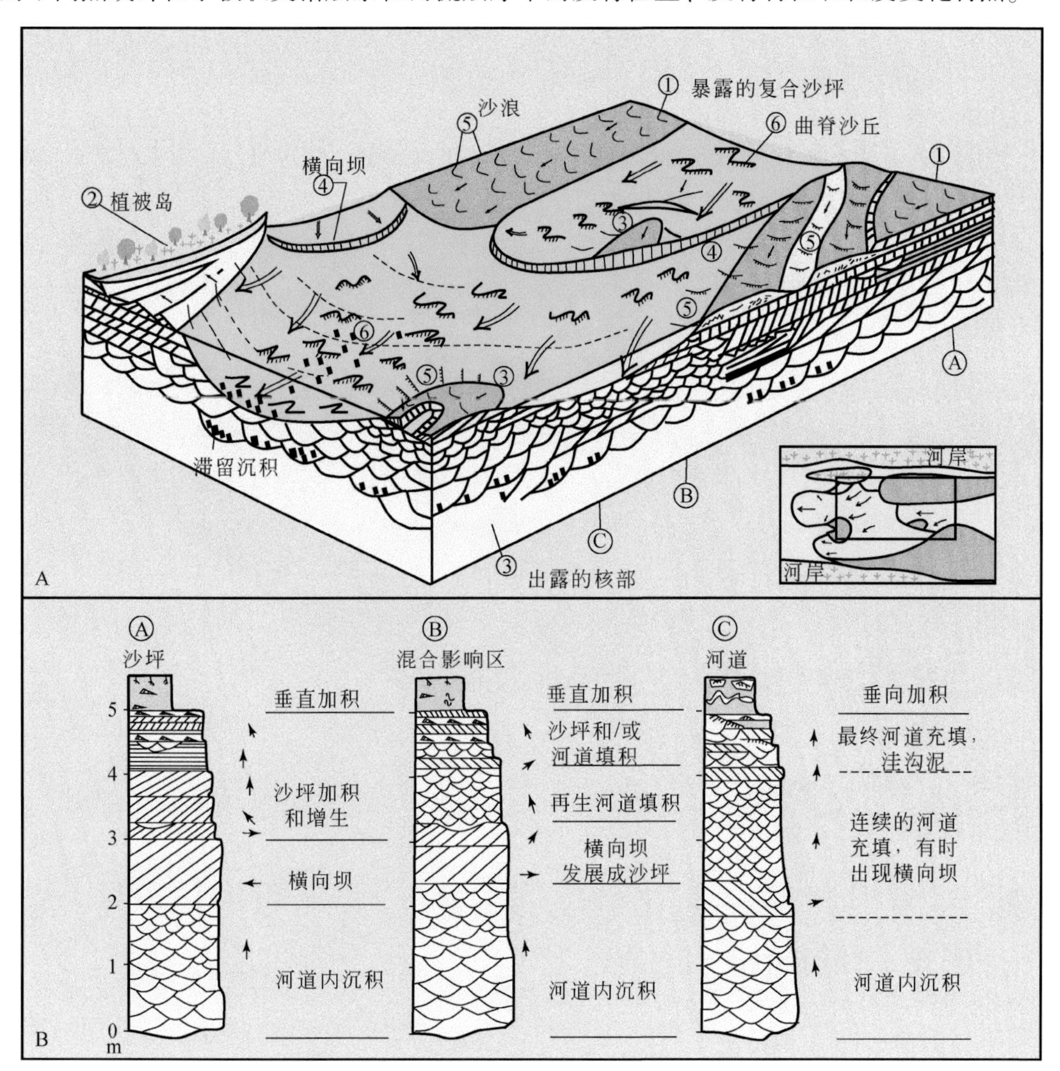

图2-56　南萨斯喀彻温河砂质辫状河沉积模式和沉积层序（据Cant和Walker，1978）

A. 主要地貌要素及相关底形和层理的综合立体图，单线箭头表示了底形迁移方向，双线箭头表示了水流方向，Ⓐ、Ⓑ、Ⓒ表示了垂向层序位置，右下角矩形图表示了立体图的河段位置；B. Ⓐ沙坪发育区、Ⓑ沙坪-河道混合影响区和Ⓒ河道填积区的综合沉积层序，箭头表示古水流方向

3. Galloway和Hobday（1983，1996）的模式

Galloway和Hobday（1983，1996）提出了砂质低弯度辫状河的综合沉积模式（图2-57）。在该模式中，砂质低弯度辫状河道组合的沉积类型可以划分为辫状河道、纵向沙坝、横向

沙坝和侧向沙坝。纵向沙坝位于河道的中央，长轴方向与水流方向平行，是由于河流流量减少或河流搬运能力下降而使河道中的最粗负载沉积形成的。纵向沙坝的内部层理构造表明，搬运和沉积作用主要发生在高流态状态下。洪水期浅的水流越过沙坝表面，产生平行层，顺流加积作用形成低-中角度交错层。纵向沙坝表面流动的浅水还可形成大量的水流沙纹层理，坝的两翼可发生加积作用。横向沙坝在砂质辫状河中最为发育，属于典型的砂质载荷沉积，是较大洪水条件下形成的大底形，沙坝延伸方向与主流线垂直或斜交，除了具有较陡的崩落面以外，还具有平直的坝顶。洪水期沉积物沿坡面向上运动，在背流面崩塌，从而在沙坝内部形成崩塌前积层或板状交错层。侧向沙坝位于低弯度河道边缘，并与河岸相连，在枯水期出露而洪水期多被淹没，洪水期粗的沉积物可越过沙坝表面，在下游

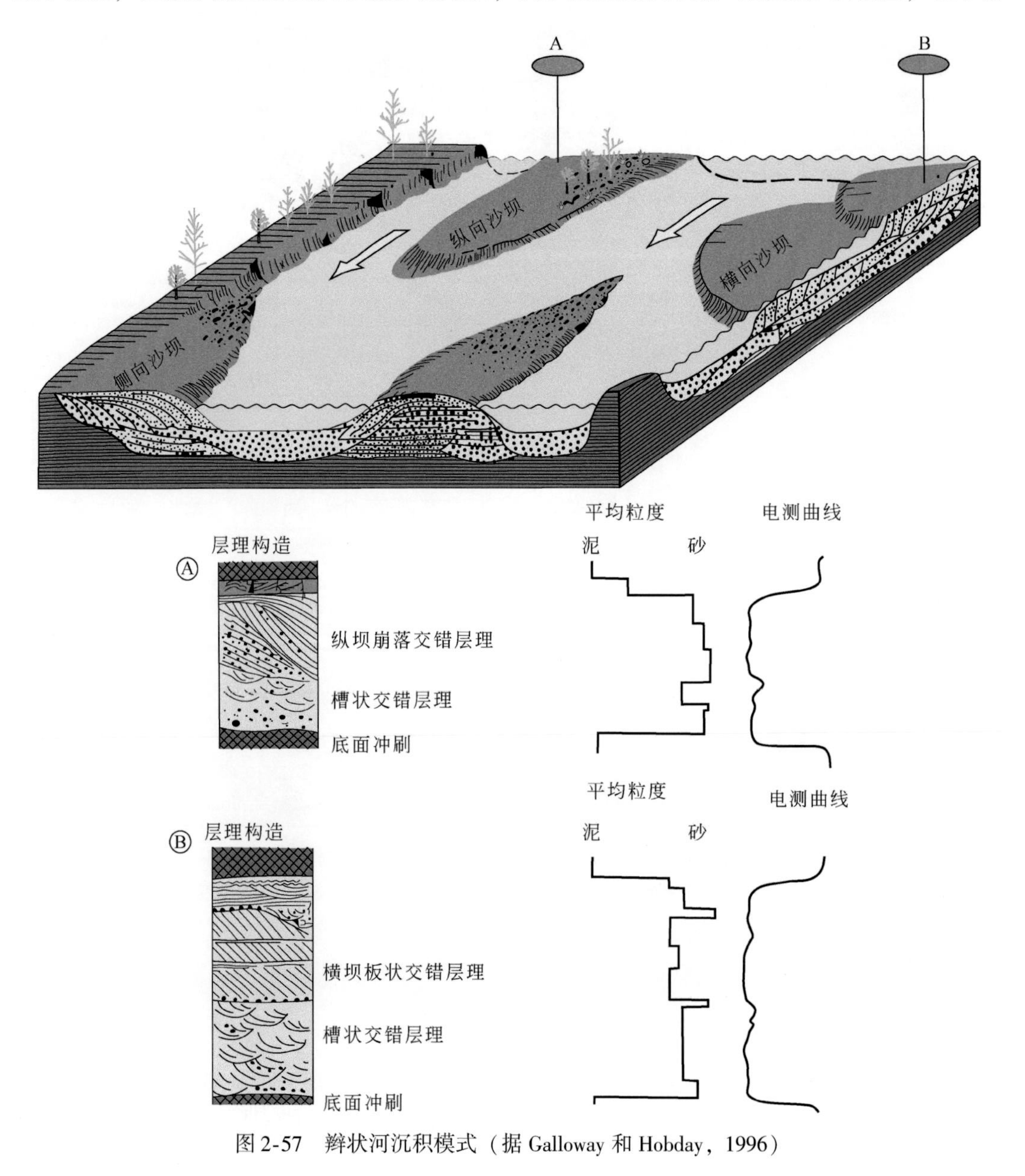

图 2-57　辫状河沉积模式（据 Galloway 和 Hobday，1996）

一侧形成板状或低角度前积层理。沙坝之间为辫状河道充填砂体，厚度比沙坝小，呈透镜体，砂体相互叠置。河道底部较为平坦，出现低起伏的侵蚀地形。河道充填层序主要由砂组成，通常含有砾石，形成宽/厚比大的板状砂体。辫状河沉积层序一般由河道和沙坝沉积旋回组成，层序中会出现多个向上变细并穿插一些变粗的单元。

第五节　曲流河沉积

一、曲流河的一般特征

曲流河也有人称为蛇曲河，是河流体系中最常见和最重要的单河道类型，河道坡降缓，较稳定；弯曲强烈，弯度指数一般大于1.5；宽深比低，一般小于40。曲流河流量稳定，沉积物较细，一般为砂泥沉积。

1. 主要沉积特征

河道内除了发育深潭和浅滩，还有大型的边滩，称为曲流沙坝或点坝。点坝构成了河道沉积作用的主体，虽然曲流作用的实际控制机理还不很清楚，但螺旋形水流的作用无疑是最重要的形成因素，螺旋形水流的成因可能与凹岸水位的升高有关，促成了河道中前进的不对称横向环流体系。其表流由凸岸流向凹岸，是强烈下降的辐聚水流，侵蚀力强，对凹岸起着强烈冲刷侵蚀作用；河道底部水流由凹岸流向凸岸，是上升的辐散水流，它携带着冲刷和垮塌沉积物流向下一个相邻的凸岸，持续的侧向加积最终在凸岸形成点坝（图2-58）。

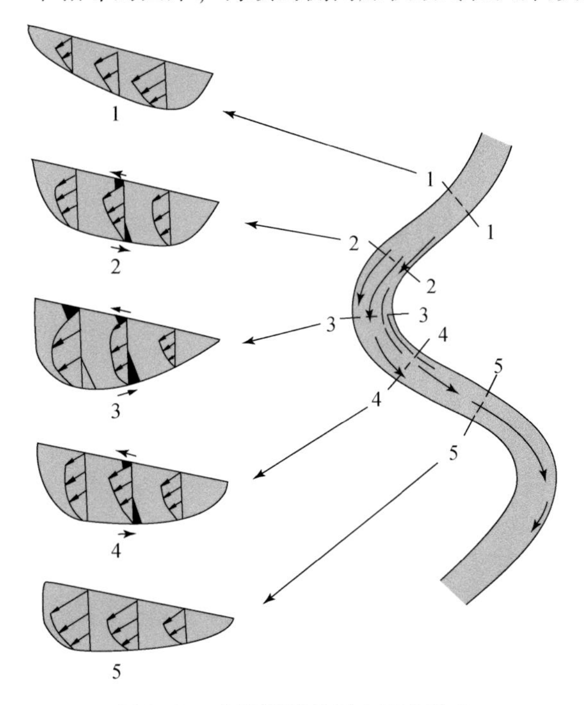

图2-58　曲流河段的河水流动形式

（据Reineck and Singh，1980）

河流中的沉积物搬运方式有滚动、跳跃和悬浮，床沙载荷由跳跃作用和滚动作用沿河床运动，而悬浮载荷则呈悬浮态搬运。在洪水期，河流搬运物质的数量比一般情况下多数倍。床沙载荷是河床滞留沉积和下点坝的主要沉积类型，而悬浮载荷则形成天然堤和洪泛盆地主要的沉积类型。由于水流条件、水深、沉积物供应情况以及各种底形稳定性的不同，在河床的任一位置上都可能同时存在几种底形，不同尺度规模的底形可以相互叠置在垂向上形成不同的层理组合。按照河流沉积物的形成方式可以划分出侧向加积和垂向加积，前者形成于河道的侧向迁移，是点坝上最活跃的沉积作用。垂向加积是悬浮物质的降落沉积，造成洪泛平原的垂向沉积和向上生长。一般来说，河流沉积主要由三部分组成：①河道和沙坝沉积，主要由河道活动所形成，包括深泓充填沉积、点坝流槽充填和流槽坝沉积、反向点坝沉积、河道浅滩和凹岸充填沉积；②漫岸沉积，主要是洪水期在河岸及河道外侧形成的沉积；③泛滥平原沉积是广泛的河漫地区形成的细粒沉积物，多是由洪水期河水漫过天然堤流入洪泛盆地中形成的，包括河漫滩、河漫湖泊和河漫沼泽。在某些河流中，河岸沉积与洪泛盆地沉积很难区分，特别是在分支河道体系中，河道的侧向迁移非常活跃，泛滥平原沉积在特征上相当于漫岸沉积。

点坝是河床中最为常见的沉积类型，又称边滩或滨河床浅滩。点坝发育在河道凸岸，无论是山区的河流还是平原的河流在弯曲的河段多数都有粗粒或细粒的点坝发育，正是由于点坝的发育，才形成了曲流河较宽的河道带砂体。点坝复合体组成迂回坝，在地貌上总体向河道方向倾斜，表面上分布有多个微地貌单元，有脊沟地形、流槽、流槽末端坝、流槽点坝、流槽湖等（图2-59）。单个点坝呈弯曲的弓形，多期点坝形成一系列脊沟相隔的迂回坝。在航空照片或卫星照片上可以清楚地看到，迂回坝上分布有一系列向上游张开、往下游收敛的弓形堤坝。当洪水淹没点坝，部分较深的槽沟成为泄洪的流槽（chute），流槽的下游端发育有流槽坝，弯曲的流槽还可形成流槽点坝。点坝在发育过程中，水动力周期变化频繁，变化幅度较大，发育了冲刷构造及多种规模的底形。点坝是河床侧向迁移和沉积物侧向加积的结果，所形成的大型斜层系是曲流河沉积中主要的沉积单元和储集层。当曲流河极度弯曲时，常发生河道截弯取直作用而形成新河道，旧河道则被废弃形成以泥质充填为主的牛轭湖。

2. 河道和沙坝的迁移特征

河流在洪水期的加积作用的结果，形成了以点坝为主的大型倾斜层系，河道和沙坝的迁移方式影响这些大型倾斜层的形态、展布和保存（图2-60）。这些大型倾斜层系的形态在不同方向上也不尽相同，在一个方向上以倾斜为主，而在其他方向上可能是上凸或下凹的。河道顺流迁移方式不同，对沙坝沉积物的保存和侵蚀有很大的影响。当沙坝以顺流平移时，坝头部遭到侵蚀截切，而坝尾部优先保存并出现向上变细的层序特点。当沙坝顺流平移受限而以侧向扩展为主时，增加了弯曲河段的幅度和弯曲度，坝头部的沉积物侵蚀截切不明显，沉积物也可能保存下来。由于某些河湾顶部沉积物可以冲到坝尾部，使得粒级垂向变化可能不明显，甚至可以出现向上变粗的层序特征。

图 2-59　河道点坝发育特征

A. 老挝南康河发育的点坝；B. 俄罗斯伊尔库特河发育的点坝；C. 博茨瓦纳奥卡万戈扇上发育的河道点坝及河道内沙滩；D. 博茨瓦纳奥卡万戈扇点坝表面上分布干涸流槽和流槽点坝等，点坝上有野象群活动；E. 博茨瓦纳奥卡万戈扇迂回坝上的侵蚀和沉积地貌特征，有流槽、流槽坝和积水洼地等，河岸有野象群活动

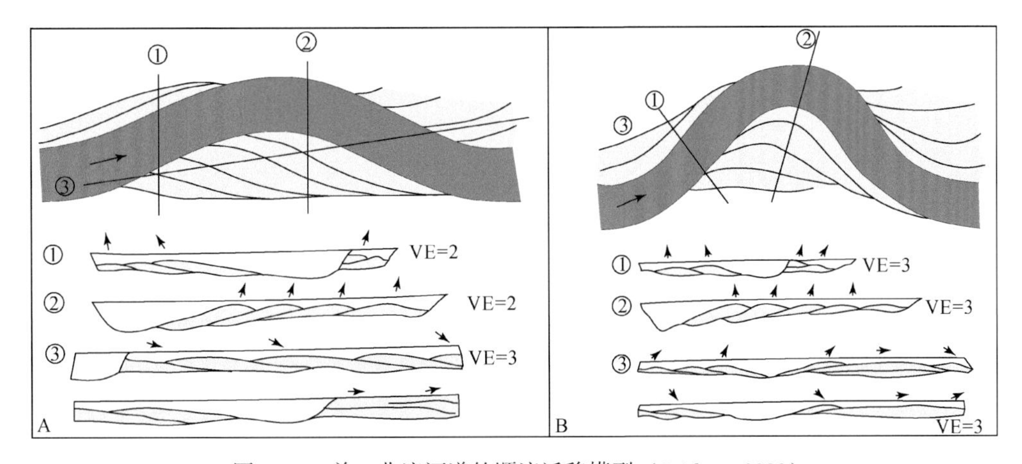

图 2-60　单一曲流河道的顺流迁移模型（Bridge，2003）

A. 砾质河道为代表的顺流沙坝迁移；B. 砂质河道为代表的顺流沙坝迁移和河湾扩展

河道的迁移形式常用顺流迁移和侧向扩展来进行描述（图 2-61）。河岸的侵蚀速率与近岸带的水流速度成正比，与细粒物质含量成反比。随着河岸的侵蚀作用增强，河流的弯曲度增加并向下游迁移。一个对称的曲流会变得越来越不对称，随后便可能发生河道的裁弯取直作用。

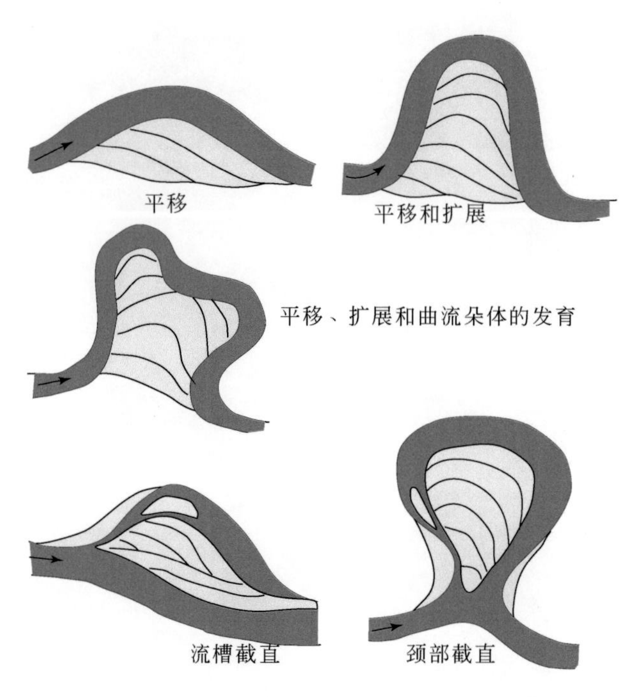

图 2-61　单一河道带内典型的河道迁移方式（Bridge，2003）

二、岩相类型及沉积层序

1. 主要岩相类型及沉积构造

渤海湾盆地饶阳凹陷古近系沙河街组沙 1 段和沙 3 段发育河流分支体系，形成了河流末端扇或滨岸平原扇沉积体系，曲流河道非常发育，现以该地区岩心为例进行简单的岩石相分析。曲流河沉积层序岩相类型可以进一步划分为砾岩相、砂岩相、粉砂岩和泥岩相，常见砾岩岩相类型主要有以下两种：①块状砾岩，位于河道层序的最底部，大多数河道缺乏该岩相类型，多由砾石、泥砾、泥块和木块等组成，成层性较差，呈透镜状分布，向上变为 Gt；②交错层砂砾岩，位于河道层序的下部，是在河道侵蚀面之上沉积的粗碎屑层，常含有大量的泥砾和泥屑，形态多为透镜状，系高能环境的河道底部沉积，由向下游迁移的三维沙丘所形成，或为河道沙坝的斜向迁移所形成。这两种砾岩相，构成了河道滞留沉积和砾质沙坝及底形，是河道底部最为特征的岩相类型。在饶阳凹陷沙 1 段钻井取心中，河道层序的底部都有 Gm 和 Gt 的发育，砾岩相多由中–细砾级的盆内碎屑组成，主要是灰绿色和棕色的泥砾，呈块状、叠瓦状或交错状分布在河道侵蚀面之上，多数泥砾层与上部地层呈渐变关系，但也偶见泥砾层与上覆砂层呈突变关系（图 2-62）。

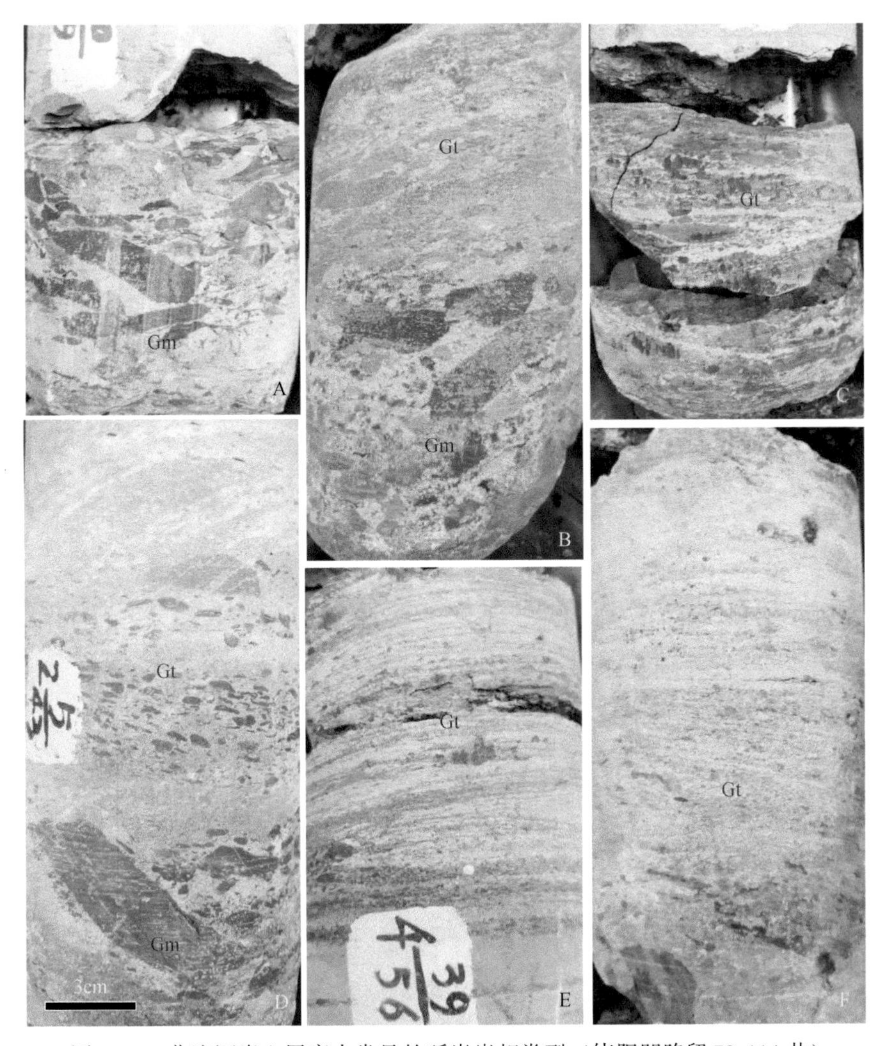

图 2-62　曲流河岩心层序中常见的砾岩岩相类型（饶阳凹陷留 70-114 井）

A. 块状砾岩相，含有大量泥砾和泥屑，取心块号 3 $\frac{40}{59}$；B. 有大量泥砾组成的块状砾岩向上变为槽状交错层砾岩，取心块号 3 $\frac{25}{59}$；C. 由棕色泥砾组成的槽状交错层砾岩相，取心块号 5 $\frac{38}{56}$；D. 含大量泥砾的块状砾岩向上变为槽状交错层砾岩，取心块号 2 $\frac{5}{43}$；E. 泥砾定向排列组成的槽状交错层砾岩相，取心块号 4 $\frac{39}{56}$；F. 槽状交错层砾岩，含有大量定向排列的泥砾，取心块号 3 $\frac{27}{59}$

在饶阳凹陷河流层序中，构成曲流河沉积层序主体的是各种砂岩相（图 2-63）。主要砂岩相类型有：①槽状交错层砂岩，通常位于 Gt 之上，主要由大中型槽状交错层砂岩组成，个别层序可以出现厚度小于 30cm 的小型交错层砂岩，系由低流态曲脊沙丘的迁移而形成，向上一般变为 Sp；②板状交错层砂岩，主要由板状交错层或层系组成，层系厚度一般为 0.5 ~ 2.0m，通常位于 St 之上，主要由低流态直脊沙浪或沙坝的迁移形成的，向上通常变为 Sr 或 Fl；③水流沙纹层理砂岩，通常位于 Sp 之上，主要为小型槽状交错层粉–细砂岩，多见上攀水流沙纹特征，系由低流态曲脊沙纹顺流迁移而形成，代表了河道充填后期的缓慢沉积过程；④平行层理砂岩，砂岩厚度和粒度都变化较大，从含砾粗砂到细砂都有分布，在水流衰退阶段的河道内都可见到，某些沙坝的顶部也有很好的发育，在中-细砂岩组成的平行层理段多发育剥离线理构造。除了上述常见砂岩相外，在河道层序的内部还可以发育具有侵蚀底面的砂岩相，多由流槽的冲刷-充填作用而形成。

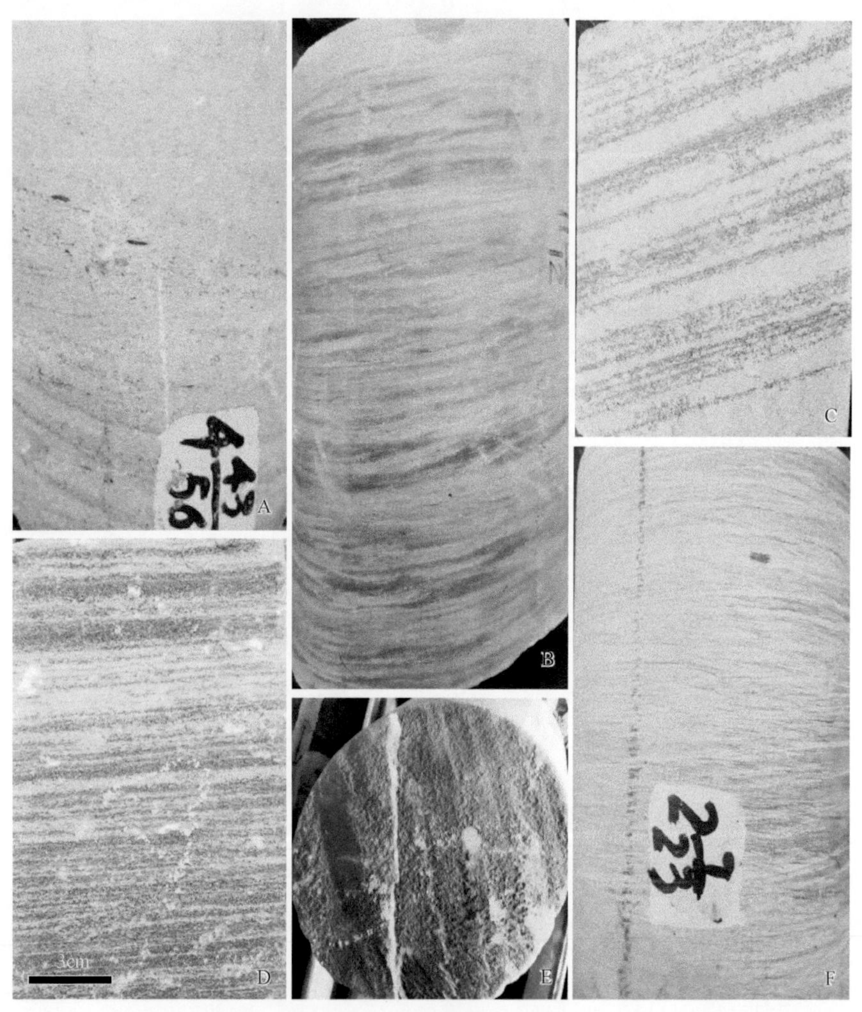

图 2-63　曲流河岩心层序中常见的砂岩岩相类型（饶阳凹陷）

A. 槽状交错层砂岩，含有顺层排列的泥砾和炭屑，留 70-114 井，取心块号 4 $\frac{43}{56}$；B. 小型槽状交错层砂岩，留 459 井，取心块号 11 $\frac{7}{12}$；C. 板状交错层砂岩，留 70-145 井，取心块号 4 $\frac{11}{20}$；D. 平行层理砂岩，留 101 井，取心块号 23 $\frac{12}{45}$；E. 平行层砂岩层面上剥离线理构造，留 17-50 井，取心块号 6 $\frac{20}{39}$；F. 水流沙纹层理砂岩，留 70-114 井，取心块号 2 $\frac{7}{23}$

与河道砂体共生的细粒沉积组合主要有以下两种岩相类型：①粉砂岩和泥岩，由纹层状粉砂岩和泥岩的互层层序组成，下部为 Sh 或 Sr，上部变为 Fm，一般厚数十厘米到数米不等，发育生物潜穴或生物扰动，横向连续性较好，主要形成于洪水衰弱期的漫岸沉积；②块状泥岩，主要为较均一的块状泥岩，含有丰富的生物潜穴，常见钙质结核和泥球，并见有雨痕和泥裂构造，厚度一般为数十厘米到数米，横向变化较大，分布从透镜状到席状都有，主要为漫岸、漫滩和泛滥盆地沉积。图2-64为饶阳凹陷沙1段发育的漫岸细粒沉积组合的岩相特征。

图2-64　曲流河岩心层序中发育的漫岸细粒沉积组合的岩相特征

A. 棕色和灰绿色泥岩（破碎）夹泥质粉砂岩（块状），粉砂岩发育波状层理，留70-114井，取心块号$1\frac{30\text{-}47}{67}$；B. 压扁状层理泥质粉砂岩中发育生物潜穴，间3井，取心块号$2\frac{7}{38}$；C. 生物扰动粉砂质泥岩，留70-31井，取心块号$4\frac{14}{22}$

曲流河沉积层序中同样可以发育准同生变形构造，常见类型有变形层理、重荷构造、火焰构造、砂球和砂枕构造、碎屑岩脉等（图2-65）。这些变形构造的出现，多与沉积物的液化和泄水作用有关。变形层理主要出现在点坝砂体内部，而重荷和球枕构造一般发育在漫岸沉积薄砂层的底部。

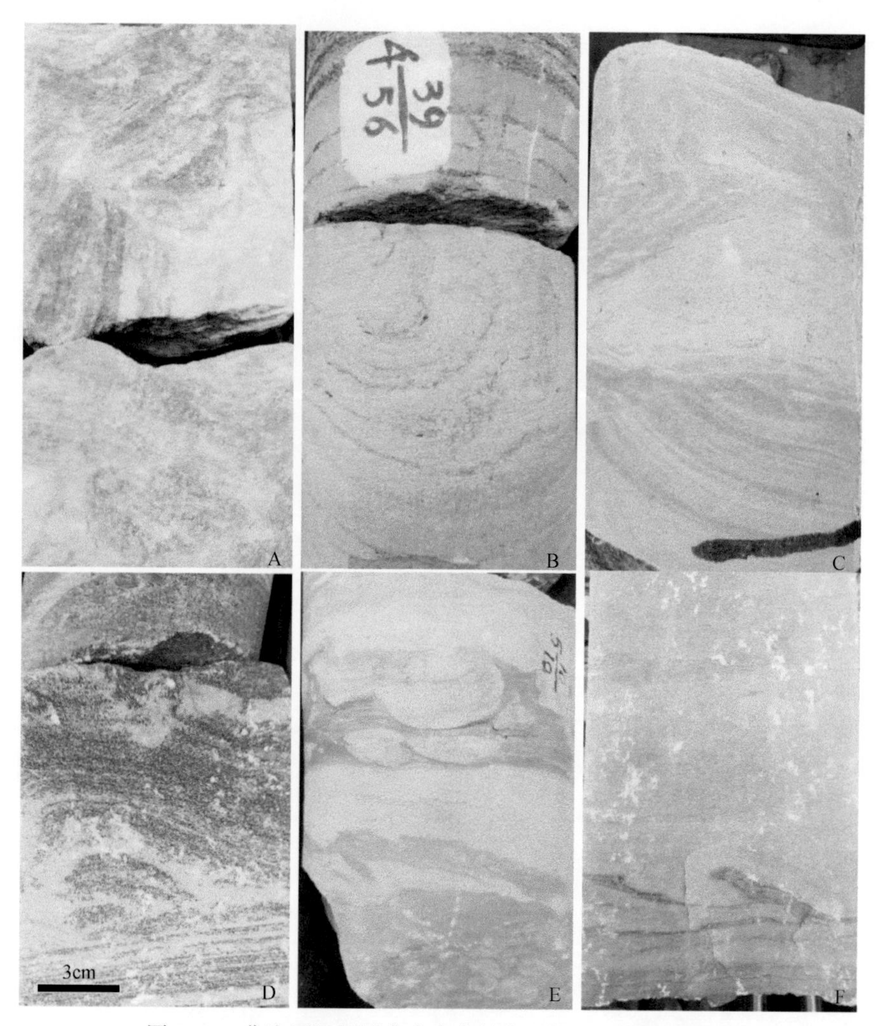

图 2-65　曲流河沉积层序中发育的变形构造（饶阳凹陷）

A. 液化和泄水导致层理发生破坏和变形，留 445 井，取心块号 $2\frac{43}{44}$；B. 砂质沉积物液化形成的漩涡状变形层理，留 70-114 井，取心块号 $4\frac{39}{56}$；C. 砂质沉积物液化形成的变形层理，留 70-31 井，取心块号 $15\frac{3}{18}$；D. 点坝内部沿层面滑动形成的变形层理，留 101 井，取心块号 $23\frac{8}{45}$；E. 薄砂岩底面发育的重荷和球枕构造，重荷变形强烈成火焰构造，留 93 井，取心块号 $5\frac{10}{10}$；F. 薄砂岩底面发育的不规则重荷构造，留 93 井，取心块号 $2\frac{14}{21}$

2. 河流沉积层序及变化

一般认为，曲流河沉积层序是一个位于上凹侵蚀面之上的向上变细的序列，河道充填物底部为砾质砂岩，上覆为交错层砂岩，并以槽型交错层占主导地位，所夹的平行层似无固定的发育位置。顶部有小型水流沙纹层理及爬升沙纹层理粉砂岩及与泥质岩的互层，这些细粒沉积物可超越河床边缘之外，代表河道水流的侧向漫岸沉积（图 2-66A）。传统上，这一层序模式代表了侧向迁移的结果，但从水动力来看，这种河道充填层序通常代表着河道水流的衰弱过程。在泛滥平原中出现的许多厚度不大的砂体，多具向上变细的层序，可能根本不是河床沉积，而是分布较广的间歇性席状洪流或砂质片流的产物。尤其是在河流末端体系中，那些5～8m及以上的厚层砂体是由河床迁移形成的，而那些小于2m的薄层砂体，应属于片流或漫流沉积。

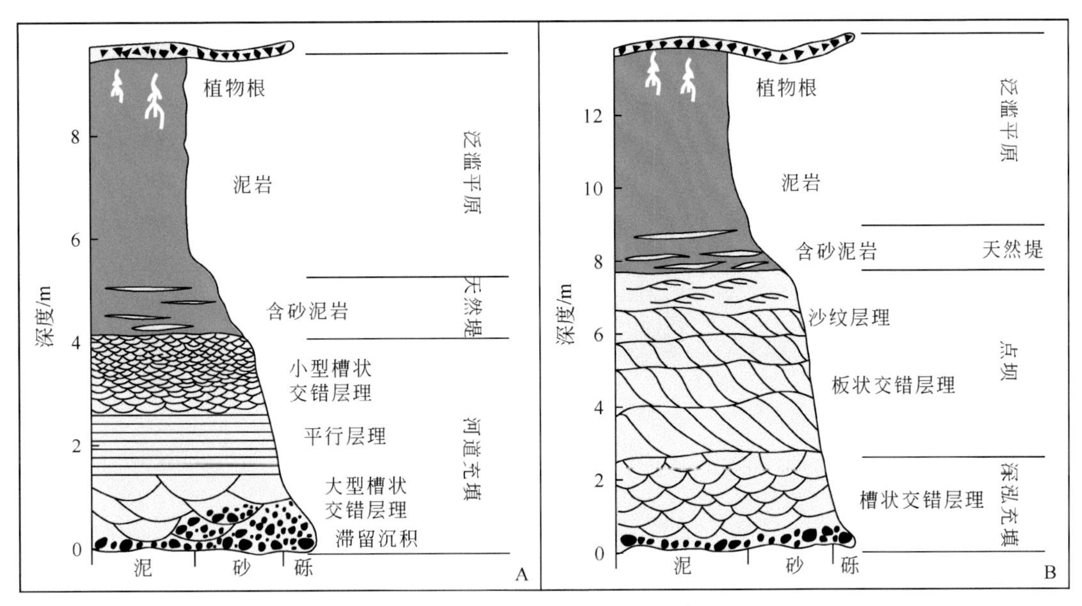

图2-66　曲流河沉积垂向层序

A. 曲流河道充填沉积层序；B. 曲流带河道点坝沉积层序

在河流相研究中，以曲流河沉积的垂向模式研究得最为成熟。曲流河沉积层序最典型的特点是粒度向上变细、层理向上变薄，但内部层理构成变化较大，以倾斜层系为主的曲流河层序由下到上可分为4个沉积单元（图2-66B）。

第一沉积单元属河道底部沉积，主要成分为含砾砂岩和砂岩，最底部是一个非常清晰的冲刷侵蚀面，其上发育大型槽状交错层理，层内有泥砾呈散落状或块状分布，该段为深泓充填沉积。

第二沉积单元为发育板状交错层系的点沙坝沉积，沉积物主要由中细砂岩组成，粒度和层理呈向上变细、变薄的特点。该层序顶部以粉细砂岩为主，发育小型交错层理，为点沙坝顶部沉积。

第三沉积单元是以细砂岩和粉砂岩与泥岩交互为主的天然堤沉积。覆盖在点沙坝沉积之上，具波状交错层理和水平层理。

第四沉积单元由粉砂质泥岩和泥岩组成，是垂向加积的产物，属河漫滩或泛滥平原沉积。

上述4种沉积层序都构成了典型的正韵律。韵律的下段由河床亚相的底部沉积和点沙坝沉积组成，是河道迁移侧向加积的结果，构成了河流沉积剖面的下部层序，故称为底层沉积。韵律的上段由堤岸亚相和河漫亚相组成，主要是大量细粒悬浮物质在洪泛期垂向加积的结果，构成了河流沉积剖面的上部层序，故又称顶层沉积。底层沉积和顶层沉积的垂向叠置，构成了曲流河沉积的“二元结构”。它是曲流河沉积最重要的特征，是对曲流河沉积层序最简单、最明确的概括。

曲流河向上变细的层序是由于单一的河道迁移形成的，但在一段时间内，河道往往多次迁移，从而在垂向上形成多个向上变细的层序的叠加，每一个向上变细的沉积层序都以一段泥质沉积结束。上述曲流河的垂向层序是曲流河沉积理想的标准垂向层序，但这一理想的垂向层序仅仅是曲流河沉积层序的一个参考，不同的曲流河其沉积层序是不同的。

老红砂岩是曲流河沉积的典型实例，多以第一种层序发育为特征（图 2-66A）。粗粒的河道砂体位于侵蚀面之上，底部呈平坦状也可以呈下凹状。侵蚀面上为滞留砾石层，向上颗粒逐渐变细，交错层理的层组厚度也向上变薄，层理构造向上呈现出由交错层理到平行纹层或沙纹交错层理的变化，最后渐变为上覆的细粒沉积（图 2-67）。这种层序的变化反映了河流能量向上逐渐衰减，同时伴随着不同的底形在曲流沙坝的表面上形成。

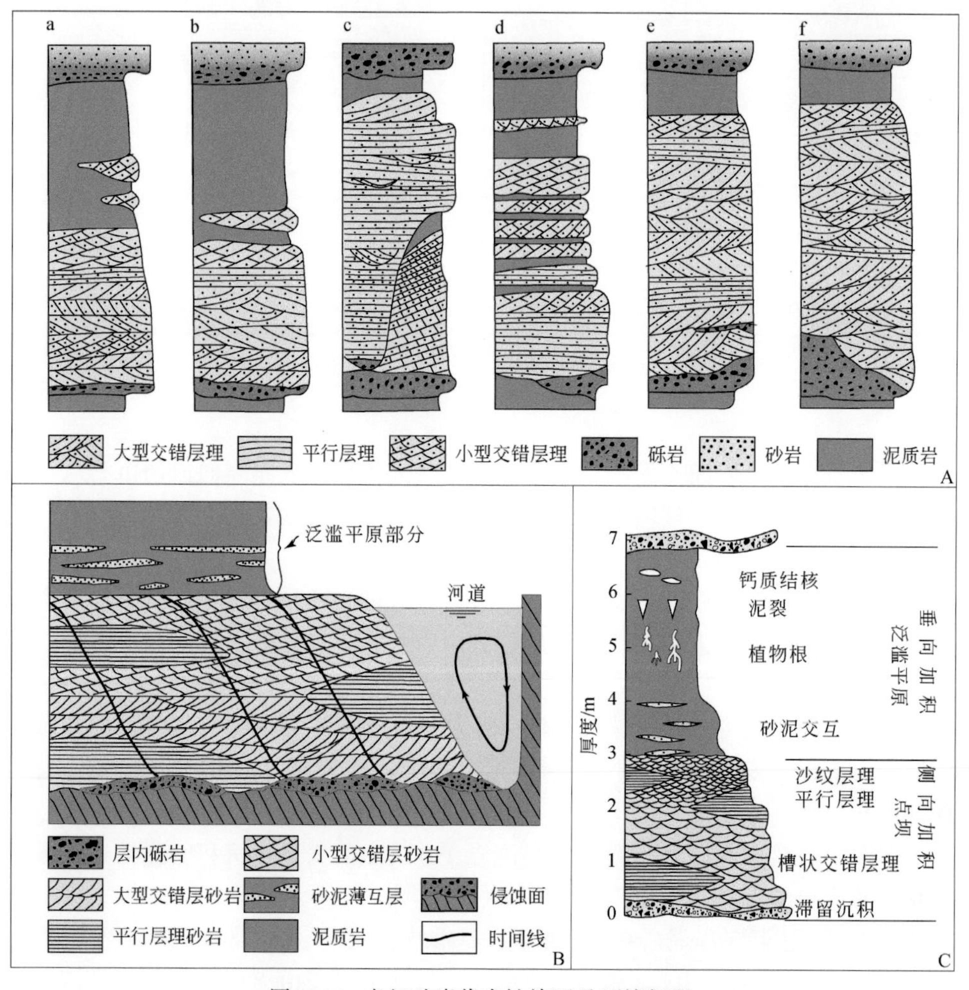

图 2-67　老红砂岩代表性旋回及环境解释

A. 老红砂岩代表性旋回层序（据 Allen，1965）：a. 威尔士边界下老红砂岩红唐顿-坦奇德页岩群，旋回厚度为 2～15m；b. 威尔士边界下老红砂岩霍尔吉特砂岩群，厚度为 5～10m；c. 克利山图格福特附近迪顿统（下老红砂岩），厚度为 9.3m；d. 德安森林米切尔丁附近棕色砂岩（下老红砂岩），厚度为 8.1m；e. 德安森林上老红砂岩，厚度为 1～11m；f. 克利山上老红砂岩，厚度数米不等；B. 老红砂岩层序的环境解释（据 Allen，1970）；C. 老红砂岩垂向层序模式（据 Waiker and Cant，1984）

密西西比河现代曲流带显示的沉积层序以第二种层序发育为代表（图2-66B）。图2-68为密西西比河点坝沉积层序，岩心1和岩心2分别取自河弯顶部的上游和下游。岩心1垂向上看起来粒度变化不大，实际上向上变细再略微向上变粗，而岩心2大致向上变细。粒度的变化趋势可以根据岩心位置做出预测。点坝层序的厚度表明，最大满岸河道厚度为22～24m。平均满岸河道厚度大约是最大满岸河道厚度的一半，也就是11m。岩心中的交错层厚度变化很大，平均层系厚度向上略为变小。在点坝层序的下半部分，平均层系厚度

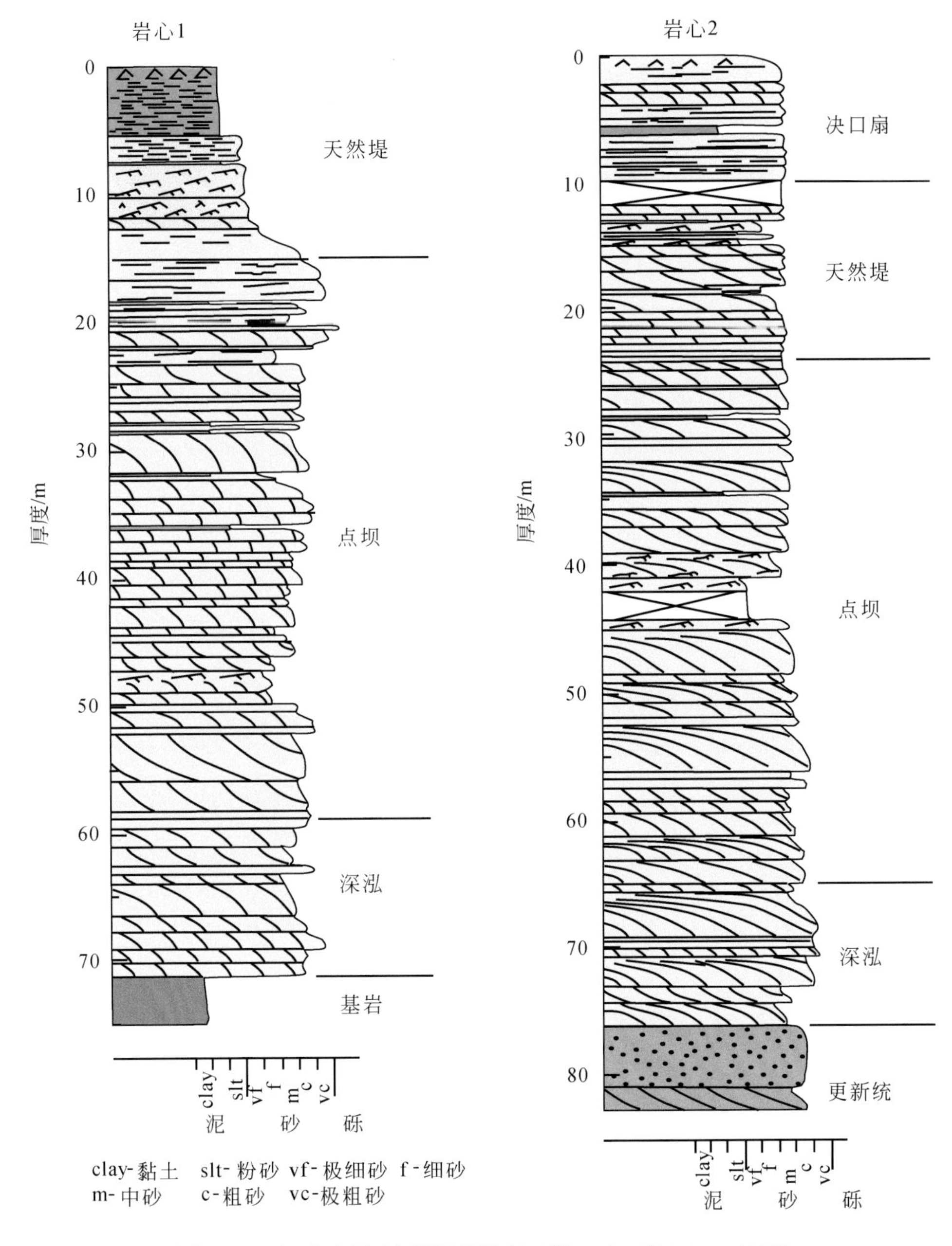

图2-68　密西西比河点坝沉积层序（据Jordan和Prior，1992）

为0.42m，标准偏差至少为0.27m（数值偏低，最薄的层系测量不准）。在点坝层序的上半部分，平均层系厚度为0.34m，标准偏差至少为0.22m，由此可以计算出平均沙丘高度为1.00～1.24m。这样，岩心主体部分的平均交错层厚度和预测平均沙丘高度分别为0.38m和1.12m。可以推测，这些沙丘和交错层形成于满岸水流条件下，平均满岸水流深度与平均沙丘高度的比值大约为9.8。

在一些曲流河沉积中，由于物源区供屑能力和河流流量的变化，往往会导致曲流河标准沉积层序出现变化，以下将继续以饶阳凹陷古近系沙河街组发育的河流沉积为例，说明河道沉积层序的多样性。

该区钻井取心中河流沉积层序有多种类型（图2-68，图2-69）。第一种类型就是典型的向上变细的河流层序，如留459井取心所示，该取心井段的河道砂体发育很好，砂岩岩性以中、细砂岩为主，底部侵蚀面之上为薄层槽状交错层泥砾岩相（Gt），向上依次变化

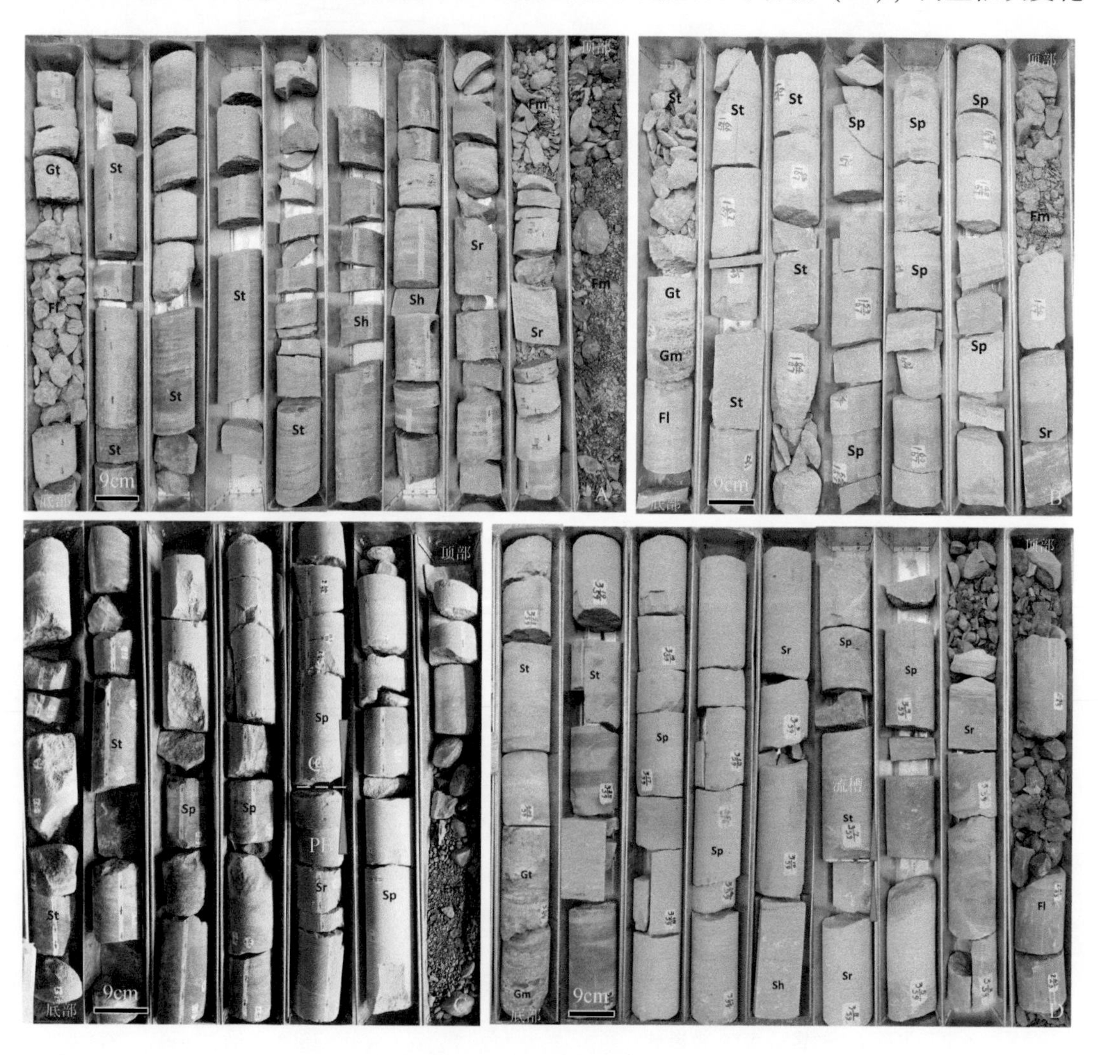

图2-69　饶阳凹陷曲流河沉积层序的岩相组合特征

A. 留459井；B. 留70-114井；C. 留70-231井；D. 留70-114井

为槽状交错层理砂岩相（St）、平行层理砂岩相（Sh）和水流沙纹层理粉-细砂岩相（Sr），河道砂体上部为漫岸细粒沉积灰绿色和棕色泥岩（Fm），河道砂体单层厚度最大为8.0m，呈现向上变细的均质层序（图2-69A，图2-70A）。在这种向上变细的河流层序中，除了发育上述交错层砂岩相外，在某些层序内板状交错层砂岩相（Sp）十分发育，并构成优势交错层段（图2-69B，图2-70B）。曲流河沉积层序中虽然出现厚度较大的板状交错层系，但与辫状河沉积层序中的板状交错层系还是有很大的差别，曲流河层序粒度较细，与下伏层缺乏明显的界面或粒度突变面，呈现一种向上变细的均质层序，而辫状河下伏交错层段往往出现明显的3级界面，不同层系之间的粒度变化或界面也较明显，是一种穿插有粗粒单元的总体上向上变细的非均质层序。

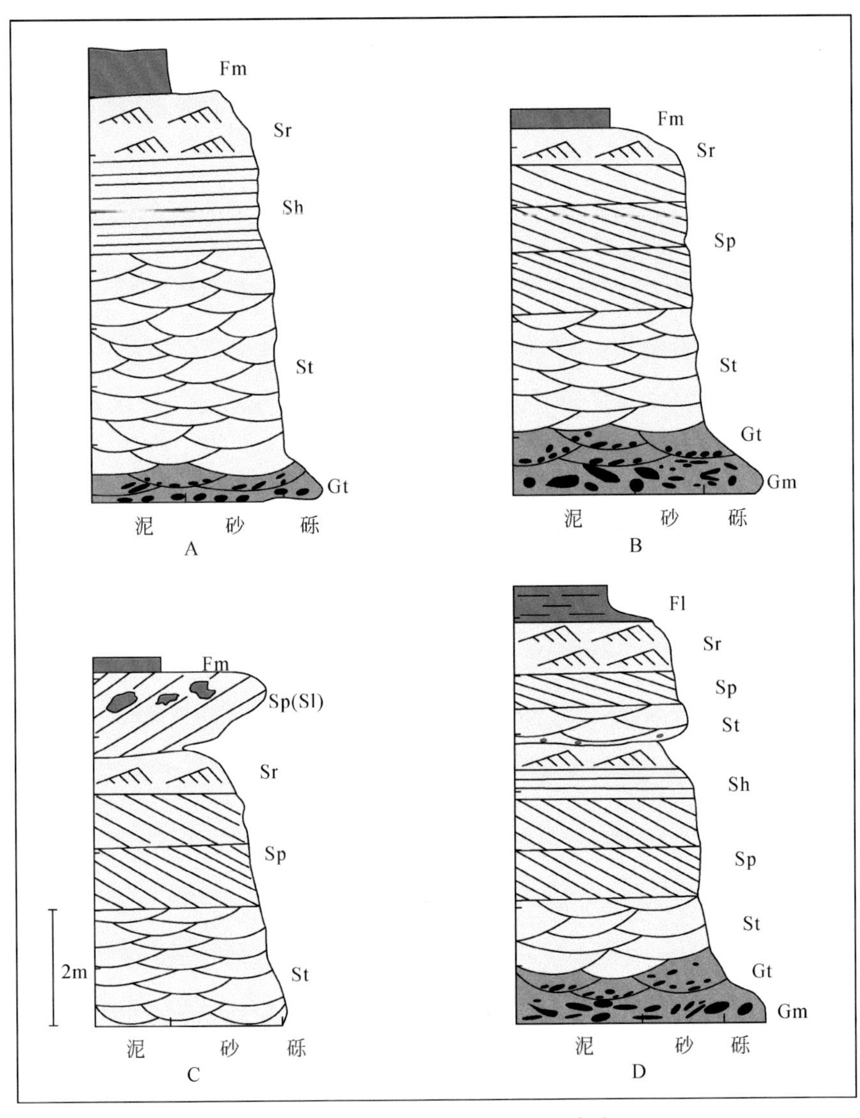

图2-70　饶阳凹陷曲流河沉积层序类型

A. 留459井；B. 留70-114井；C. 留70-231井；D. 留70-114井

第二种类型是向上变细的河道层序的顶部出现向上变粗的板状交错层砂岩或低角度交错层砂岩，厚度一般为1～2m，为流槽坝沉积（图2-69C，图2-70C）。流槽坝之上为漫岸细粒沉积，以块状泥岩夹薄层波状和脉状层理粉砂岩，粉砂岩中富含生物潜穴。

第三种类型就是河道层序的上部出现冲刷-充填沉积层序，多由槽状交错层砂岩、平行层理砂岩和水流沙纹层理粉砂岩组成，为点坝上发育的流槽沉积（图2-69D，图2-70D）。

河流水动力周期变化频繁，变化幅度较大，发育了多种底形及其层理类型。一般来说，河道层序下部层理类型主要是水流波痕成因的大中型槽状交错层理，向上出现板状交错层理、平行层理、小波痕层理、爬升层理等，反映流态自下而上变小的趋势，这与粒度变化一致，上述饶阳凹陷沙1段的河流层序常见这种类型（图2-68）。这种层序是河流层序中最常见的，在苏里格气田山1段的曲流河中，也多见这些沉积层序。在洪水期发育的点坝增长较快，新旧点坝形成一系列槽沟相隔的涡形坝。当洪水淹没点坝，部分较深的槽沟成为泄洪的流槽，在水流的冲刷作用下形成冲刷-充填层序，但规模小于主河道，流槽的下游端常发育流槽坝，类似于小型的河口坝，多发育前积纹层，形成向上变粗的层序特征。

三、沉积相类型

根据现代沉积环境和沉积物特征可将曲流河沉积进一步划分为河床、堤岸、河漫和废弃河道4个亚环境，形成了不同的河流地貌单元及沉积相组合（图2-71）。河床亚相包括大型侧向加积底形和河床上分布的砾质坝及底形、砂质底形及纹层状沙席；堤岸亚相包括天然堤和决口扇，后者实际上已经跨越了天然堤进入了河漫亚环境；河漫亚相包括河漫滩、河漫湖泊和河漫沼泽，虽然沉积物粒度较细，但环境最为多样而复杂；废弃河道常常由曲流截直、流槽截直和冲裂作用形成，在曲流截直过程中，废弃的曲流河段形成牛轭湖，对于古河流沉积地层，已经没有活动河道，所有的河道都经历了废弃过程。

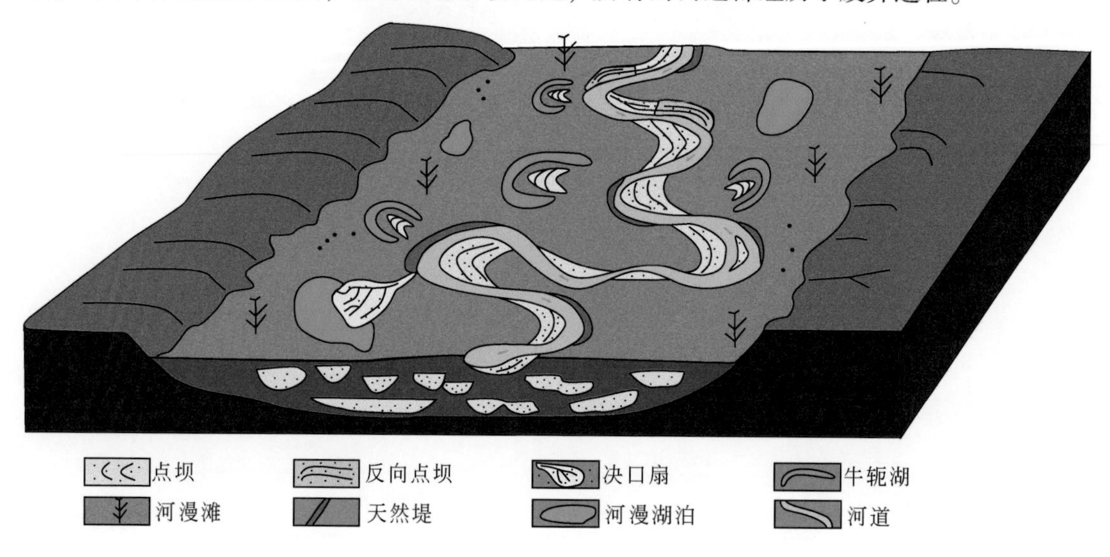

图2-71　曲流河沉积环境示意图

（一）河道和点坝

河道或河床是河谷中经常流水的部分，即平水期水流所占的最低部分。其横剖面呈槽形，它构成河流沉积单元的基底，是曲流河沉积中的主要砂体和有利储集地带。

按照沉积作用及其沉积类型的不同，可以划分为河道填积作用形成的深泓充填和河道水流侧向加积作用形成的点坝沉积（图 2-72）。

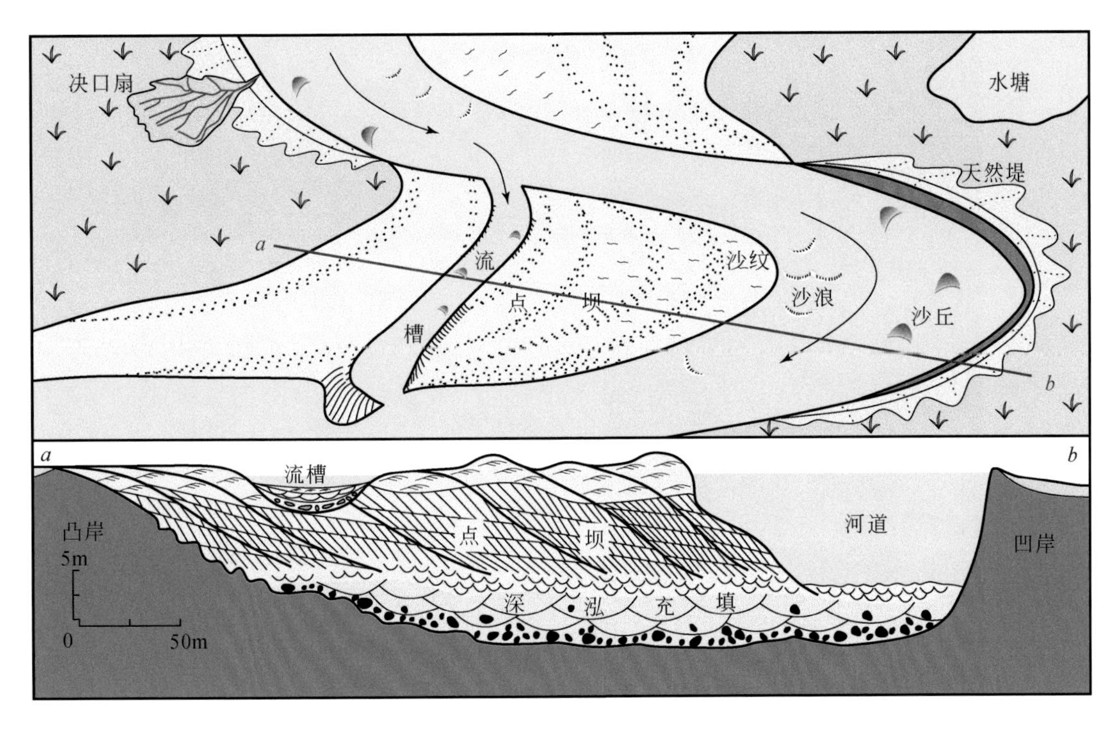

图 2-72　曲流河道带深泓充填和点坝沉积示意图

1. 深泓充填沉积

河床底部沉积包括河床滞留沉积及共生的砾质和砂质底形。在洪水期，河水的选择性搬运把砂泥级细粒物质悬浮并带走，而将上游搬运来的、从河底基岩侵蚀下来的以及侧向侵蚀河岸形成的砾石等粗碎屑物质留在河床底部，集中堆积成不连续的透镜体，形成滞留砾石层，常称河床滞留沉积。这种沉积层薄且多不连续，多与上覆沉积构成砾质沙坝和沙席，缺乏明显的内部界面，在实际工作中也很难作为一个独立的制图单元。滞留砾石成分复杂，源区砾石居多。砾石磨圆较好，具有一定分选，常呈叠瓦状定向排列，长轴一般与流向垂直，倾斜方向指向上游。河床滞留沉积底部有起伏不平的冲刷面，除了发育砾石和泥砾外，还可以出现大量的树木残体及炭化木块，与上部槽状交错层砂岩构成向上变细的沉积层序（图 2-73）。深泓充填沉积的底部以砂岩为主，次为砾岩，上部为薄层废弃河道砂岩和薄至厚层泥岩。深泓充填砂岩厚度比点坝沉积薄，常位于点坝倾斜层的下部，岩体形态多呈透镜状或不连续状。

图 2-73　河道深泓充填沉积特征（新疆库车）

A. 河流底部冲刷，发育滞留砾石和泥砾；B. 河流底部出现的大量树木残块；
C. 河道下部发育的大中型槽状交错层理

2. 点坝沉积

在洪水期发育的点沙坝增长较快，新旧点沙坝形成一系列为脊沟相隔的涡形坝。脊代表着一次洪水期中迁移的结果，沟代表着两次洪水之间的结合部，多由细粒泥质沉积物所充填，在潮湿地区则发育为沼泽。弯曲的脊沟地形正是洪水期间河道的反复迁移产生的点坝复合体或迂回坝。一般来说，多数点坝的形态和大小随河流的规模而异。点坝的厚度可与河流深度相等，大的河流倾斜层厚度较大，如密西西比河点坝的厚度可达20～25m，对于较小的河流，点坝沉积物的厚度较小，如倒淌河的点坝厚度则不到1m。严格说来，点坝尺度与规模并不完全取决于河流的大小，某些大型河流点沙坝的发育不一定比中小型的河流更宽阔。点坝与河道虽然存在某种函数关系，但影响因素比较复杂。

点坝沉积物有粗有细，取决于沉积物的来源和河流的水流功率。点坝在剖面上覆盖在深泓充填沉积之上，下部以曲脊沙丘在底床上迁移形成的大中型槽状交错层理与深泓充填沉积过渡。某些点坝沉积也可以由细砾和粗砂组成，如果可供应的沉积物粒度范围很宽，点坝的沉积层序呈现良好的向上变细的特点，从砾石、粗砂到细砂，顶部是粉砂和黏土，还可以出现漂流植物碎屑、淡水软体动物、泥砾等的堆积。在缺乏粗粒沉积物时，点坝的层序由底部的细砂层和顶部的泥质沉积物组成。点坝层序上部的细粒物质可能会受到随后的河道水流的侵蚀，从而形成不完整的沉积层序。点坝层序的主要部分是在洪水期沉积的，从向上变细的层序反映的水动力来看，砂体是在水流开始减退时沉积的，顶部出现粉砂质层和黏土质层。

目前有关曲流河点坝沉积层序与河道水位变化之间的关系研究较少。由于河道的下切和侵蚀以及不同洪水期有着不同的堤岸沉积，现代点坝常出现阶地。如Harms等（1963）通过大量的探槽发现，美国路易斯安那州红河的砂质点坝都以大型槽状交错层为主，并发育有板状交错层、小型槽状交错层和变形层，阶地之间的浅河道底部有粉砂质沉积，水位低落时有沙浪底形出露（图2-74A）。大型槽状交错层系呈伸长状，轴部平行于所处河道水流方向，向下游倾没，层系底部伴有侵蚀冲刷现象，被勺型层充填（图2-74B）。

一般来说，上游河段的粗粒河道多表现为辫状河特点，但是一些携带粗粒沉积物的河道同样可以表现出曲流河的特点，形成广泛分布的点坝沉积，特别是在一些高坡降低弯度的粗粒曲流河中，可形成与细粒点坝差异较大的粗粒点坝沉积。McGowen 和 Garner（1970）研究了路易斯安那州阿米特河和得克萨斯州科罗拉多河由粗粒沉积物组成的点坝沉积构造特征，提出了粗粒点坝各种沉积类型在平面上和剖面上的分布特征（图2-75）。这些河流都具有较低的弯度（1.4～1.7）和很高的坡降，沉积物粒度为粗砂和中-细砾。河道为曲流河，侵蚀河岸为植被覆盖的抗侵蚀的泥质沉积物。点坝分为下点坝和上点坝，上点坝发育流槽和流槽坝沉积物。流槽两侧比较陡，底部平坦，走向弯曲。在与主河道交汇处流槽最深，顺水流方向深度逐渐减小，并形成流槽坝。流槽一般深2～5m，宽5～7m，数百米长。粗粒点坝的垂向层序没有显示出向上逐渐变细的特点，但在层序顶部出

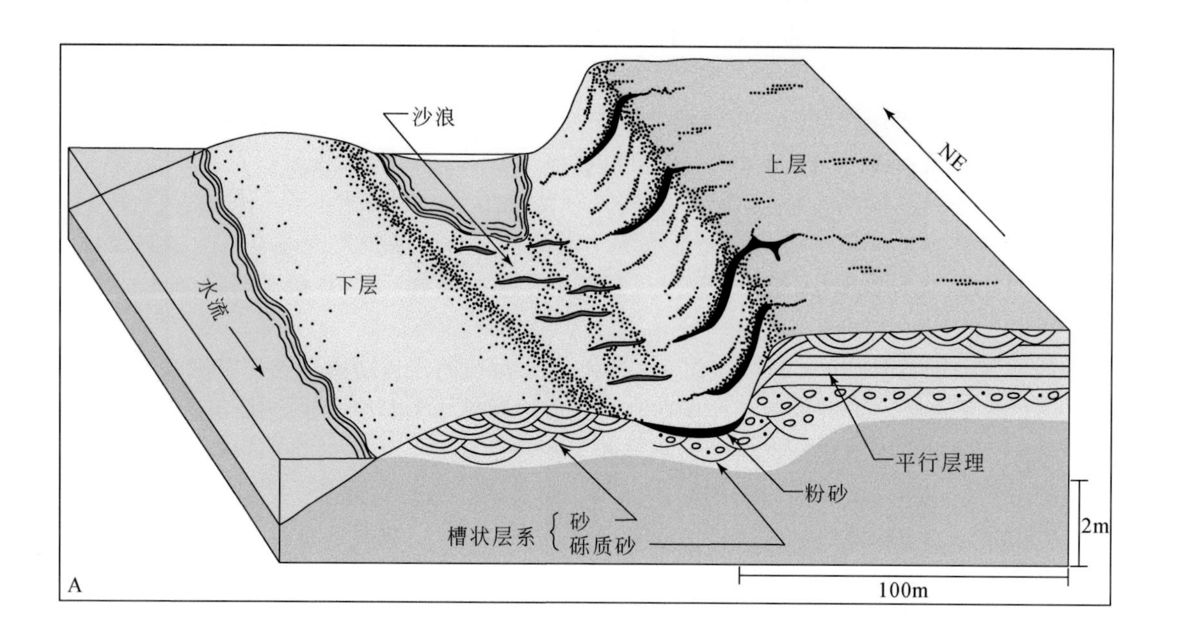

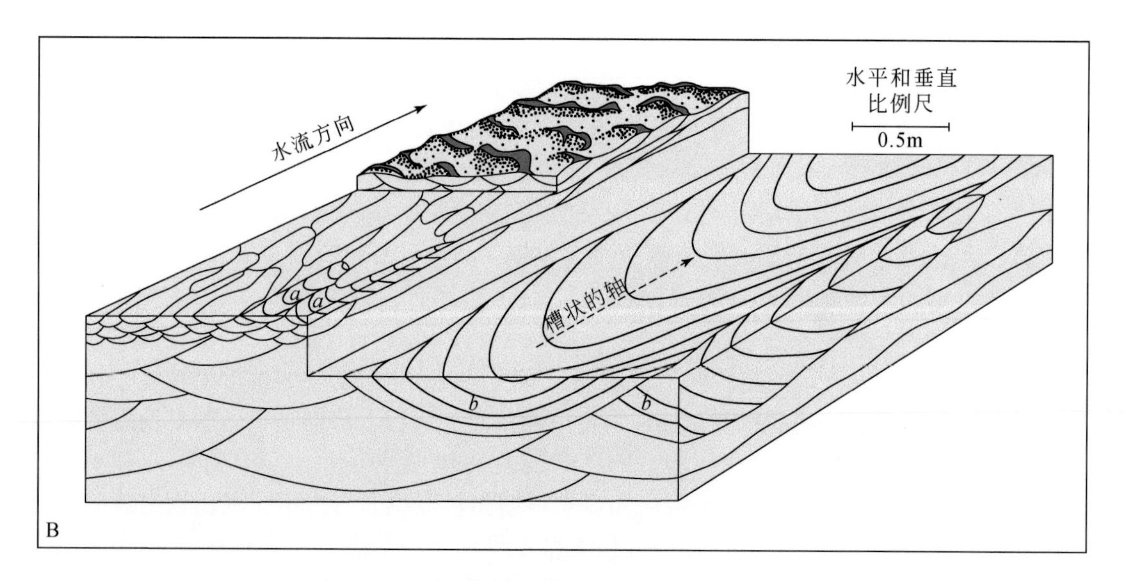

图 2-74　一个点坝上游部分的阶地和内部构造特征（Harms et al.，1963）

A. 点坝上游部分的阶地及内部沉积构造特征；B. 大型和小型槽状交错层立体图，只给出了两个小型层系（*a*）和两个大型层系（*b*）的层理面遗迹，图的顶面分布有尖头状沙纹

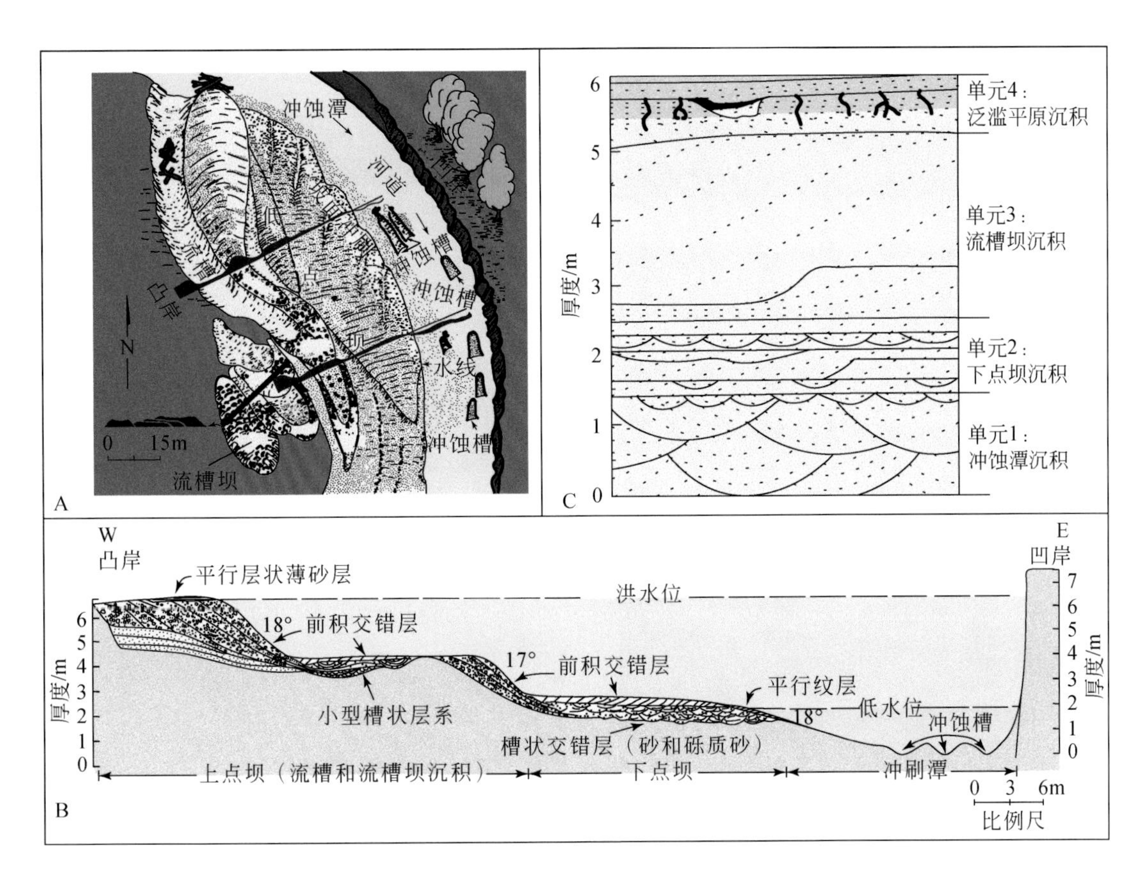

图2-75　粗粒点坝沉积特征（据 McGowen 和 Garner，1970）

A. 粗粒点坝平面图；B. 粗粒点坝沉积各单元的横剖面图；C. 砾质粗粒点坝沉积的垂向层序

现一个富含有机质的泥质盖层。点坝层序的底部发育槽状交错层或均质沉积，代表了河道底部的冲蚀潭沉积；向上变为小型前积交错层和小型槽状交错层，代表了下点坝沉积；再向上为大型前积交错层，代表了流槽坝沉积；顶部为平行纹层、小型前积交错层和冲刷-充填沉积，代表了泛滥平原沉积。然而，并不是所有的粗粒曲流沙坝都有发育良好的流槽和流槽坝。

在山区河谷内和冲积平原上，各种河道规模和各种粒级沉积物的曲流河沉积活跃，形成了丰富多彩的现代曲流河沉积体系。乔贝河（宽多河）是南部非洲赞比西河的主要支流，砂泥质沉积发育，废弃河道和点坝砂体遍布整个河谷平原，湿地沼泽中植物生长非常茂密，生物种类多样（图2-76）。点坝复合体表面由一系列弯曲状的坝脊和洼槽组成，洼槽有的积水有的干涸，呈连续或者不连续状，部分与河道相通，形成河岔，宽度一般为10～50m。有些大型的河岔分布在点坝的颈部，最大宽度接近河道宽度，系河道侵蚀而成，处于颈部取直发育的初始阶段。该区河道宽度一般为200～250m，迂回坝长度为500～1000m，宽800～1500m，面积一般为2～6km^2（图2-77）。

图 2-76　乔贝河（宽多河）现代沉积特征

A. 本书作者在乔贝河流域考察，站立处为河道凹岸处，背后为乔贝河及对面的大型点坝复合体，上面插图显示曲流河弯，凹岸处有象群和猴群饮水，河道宽度 250m；B. 点坝上发育多个河岔，上部插图显示河岔与主河道连通；C. 点坝复合体上发育的洼槽，有的已经转化为沼泽，左下角插图为干涸的洼槽；D. 河漫滩，有大量的野生象群活动；E. 大型点坝复合体表面上发育的流槽，深洼处积水，左侧为点坝右侧为河岸；F. 河漫沼泽，有大量野生动物和鸟类栖息，左下角插图为河马搅动的泥沼

图2-77　乔贝河(宽多河)曲流河段沉积环境分布图

洪水和地震活动促进了河道带旋回的形成和发展。美国密苏里州东南部的新马德里地区是地震的常发地带，里尔富特冲断层横跨密西西比河谷，有文献记载的断层滑动发生时间为公元900年、1450年和1812年，断层活动导致并加剧了河道的裁弯取直作用，形成了复杂河道带体系，点坝及其复合体迂回坝体系形成了主要的砂体类型，至少识别出两期不同的河流旋回（图2-78）。

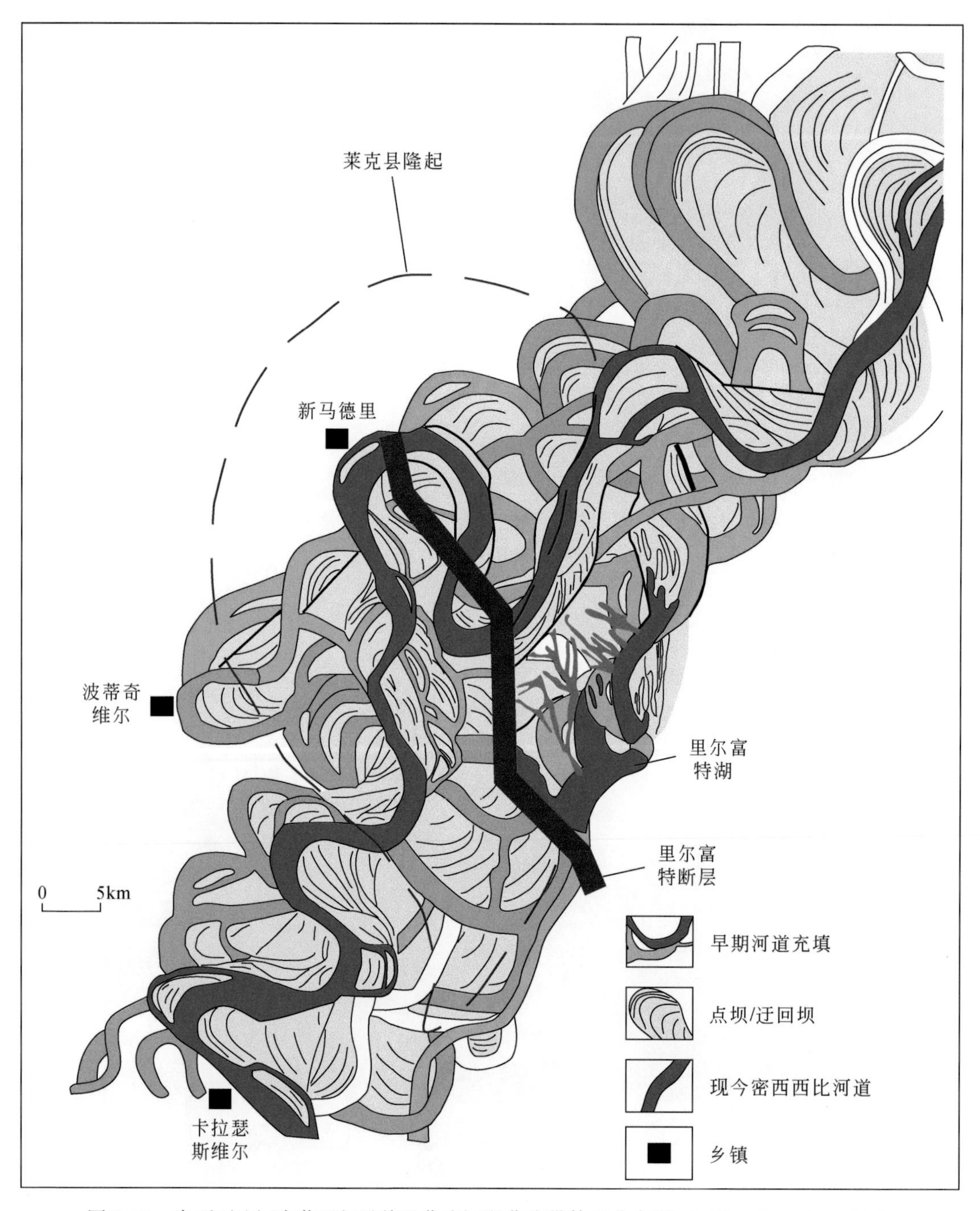

图2-78　密西西比河密苏里新马德里曲流河段曲流带体系分布图（Holbrook et al., 2006）

点坝沉积物的岩性以砂岩为主，主要是分选较好的砂级碎屑。其矿物成分复杂，成熟度一般较低，不稳定组分多，长石含量高。如陕北侏罗系河床亚相砂岩，长石含量可达49%以上。当然河流沉积物的成分主要受物源控制，若物源为石英岩区，则可发育很好的石英砂岩类。无论是现代河流还是古代河流，都存在以石英碎屑为主的河道砂。由于河水大都属弱氧化的、中性-弱酸性的条件，一些矿物如海绿石则不存在，绿泥石、菱铁矿以及黏土矿物伊利石等也不常见，而高岭石则是河流沉积中常见的。

3. 反向点坝沉积

在曲流河沉积体系中，点坝是较为普遍而重要的沉积单元。但近年来通过现代和古代曲流河野外露头、岩心等资料的观察，发现了反向点坝这种被忽略的沉积单元。反向点坝最初为描述现代大曲率曲流河中具凹形形态的迂回坝，与“凹岸沉积”相关。Smith 等（2009）对加拿大亚伯达中部皮斯河下游现代沉积做了详细测量与取样分析，认为反向点坝是指曲流河中位于凹岸，紧邻点坝下游沉积，以粉砂质-泥质沉积为主的、侧向加积形成的、具有卷曲或迂回形态的沉积单元，在现代沉积中通常被植被覆盖。反向点坝沉积根据其沉积形态、位置、岩相组合及储层潜力等特征明显不同于点坝沉积。

反向点坝无论在受限的、还是不受限的曲流带中都可发育。河道在弯曲处遇到障积体，如河谷一侧的基岩、泥质充填的废弃河道、泥质充填的牛轭湖或早期的反向点坝，都可能形成反向点坝。在平面图中可以简单地区分反向点坝：如果迂回坝的方向沿水流或区域坡度的方向是弧形，且弧形的凹向与区域坡度相同，这个迂回体可能是点坝沉积。然而，如果迂回体的方向相反，即弧形的凹向与区域坡度相反，这个迂回体很可能是反向点坝沉积（图2-79）。

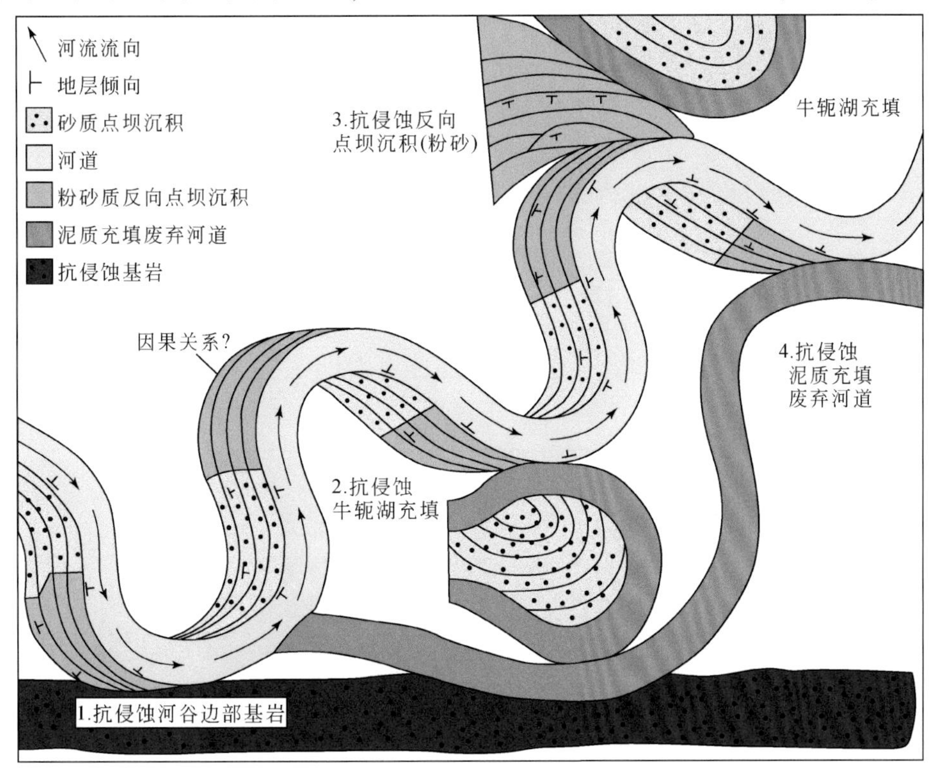

图2-79　反向点坝和点坝的发育特征（据 Smith et al.，2009）

曲流带中已存在的障积体是控制反向点坝形态和分布的重要因素，障积体在曲流河中起阻碍侧向迁移的作用。当流水遇到障积体，侧向自由受到限制，河流调整其宽度和迁移路线以适应障碍。曲流河迁移主要是沿河谷向下侵蚀障积体，而不是向河谷两侧侵蚀。连续沉积的迂回坝侵蚀障积体形成向下游合并尖灭的沉积体，反向点坝沉积迂回体因其特征形态在古代和现代曲流河中可被识别。反向点坝沉积是单一的、以粉砂（80% ~90%）为主的岩相，由达3m厚的粉砂层组成，偶见达30cm厚透镜状细砂岩和10cm厚有机碎屑。粉砂岩和砂岩中主要包含平行层理、爬升波痕纹理和水平层理等沉积构造。细砂岩和中砂岩占地层比例小于20%。粉砂质为主的反向点坝沉积中砂质夹层或透镜层通常倾向于河道方向。通常反向点坝比相邻的点坝略低1 ~2m，以细粒沉积为主（Nanson and Page，1983；Hickin，1986）。点坝沉积粒度粗，厚度也大，砂岩比例可达95%以上，发育各种交错层理。

具有联系的点坝砂岩相和反向点坝粉砂岩相通常形成在曲流河道弯曲或交叉点。从交叉点向远端或下游方向沉积学趋势如下：①反向点坝粉砂为主的岩相变厚；②夹在粉砂中的砂岩层变少变薄；③粒度逐渐变细。粉砂为主的反向点坝楔状体从河道弯曲点向障积体变厚，最大厚度相当于点坝厚度（图2-80）。其楔状体形态可从岩石露头，大量现代沉积岩心，使用地面电阻率成像的浅层地球物理技术被证实。

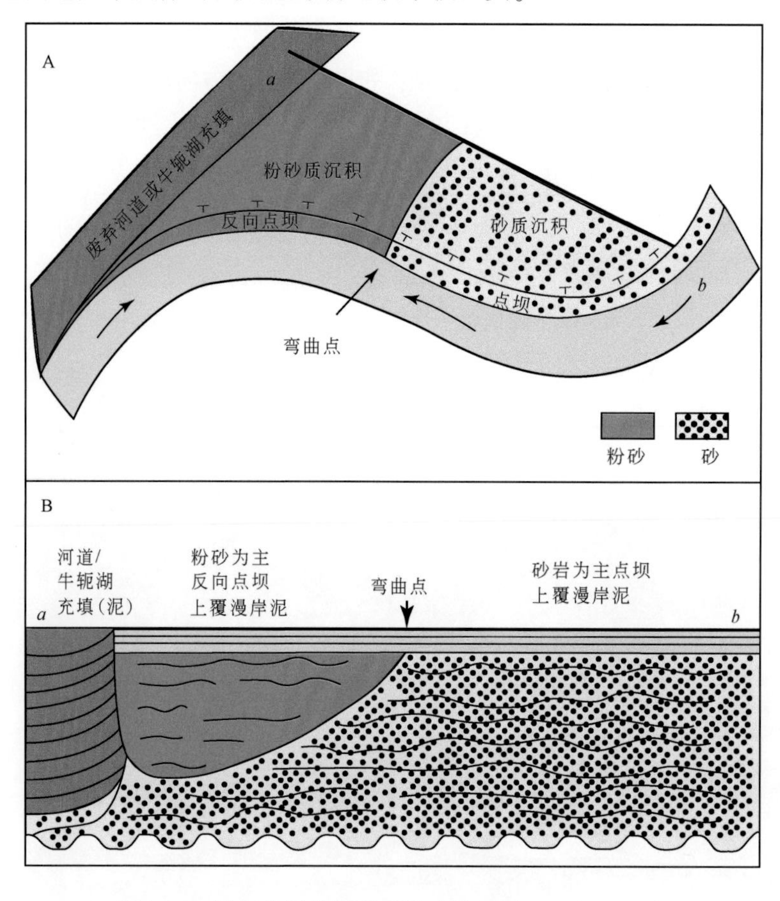

图2-80　反向点坝岩相模式图（据 Smith et al.，2009）

A. 平面图；B. 剖面图

反向点坝主要是粉砂质及泥质沉积为主，具有较低的孔渗特征，储层性质差，限制了流体运动，在油田开发生产中是应该避开的沉积单元，因此深入研究其形态、分布、物性等特征、探讨其成因及沉积过程、准确识别反向点坝对油气勘探和开发至关重要。

在绝大多数河流的弯曲河段，由于横向离心环流的作用，凸岸堆积形成曲流沙坝，这是河流沉积中最基本的规律，但自然界的规律并不是绝对的，凸岸有点坝凹岸同样存在点坝（反向点坝）。笔者在湄公河考察时也亲眼看见了大型反向点坝的形成和消亡，在低水位时凹岸会出现一些大型的砂质底形，上面常分布多个流槽，当下次洪水期到来时，这些反向点坝很快被冲刷和消亡，说明这种大型底形的稳定性很差。反向点坝多出现在点坝的尾部，点坝会向下游延伸，形成贴近河岸的扁舟状砂体。发育在某些河流扇上的曲流河道凹岸的下游也会出现这种反向点坝砂体，发育规模小于凸岸的点坝，在河道存在拐角和缺乏限制性植被的凹岸处也会见到类似的点坝砂体，有的砂体受流槽的侵蚀会形成与河道斜交的沙坝，随着流槽的不断发育，与岸连接的沙坝会逐渐与岸分离，演化成为河道内部的沙坝或河滩。在奥卡万戈曲流河扇上可以看到凹岸带发育的砂质沉积体，既可以单独出现在凹岸带，也可以是点坝的拖尾，还可以是由于沼泽河岸的阻挡而形成（图 2-81）。

图 2-81　奥卡万戈曲流河扇上河流反向点坝的发育特征

A. 急弯河曲下游发育的凹岸台阶，经加积形成反向点坝；B. 河道凹岸下游方向发育的反向点坝砂体，表面有流槽发育

目前报道的反向点坝多与曲流点坝的尾部共生，粒度很细（Smith et al.，2009）。其实，除了点坝尾部的细粒反向点坝外，某些凹岸带独立存在的反向点坝沉积单元，也可以是砂质乃至砾质沉积。在青海湖南岸的何仁木纳梗辫状平原上，发育了多条砾质曲流河道，这些曲流河道切入了早期的山前平原扇上，砾质沉积物供应充分。不仅在河道的凸岸形成了大量的砾质点坝，而且在部分凹岸带也发育了粗粒的反向点坝砂体（图2-82）。河道凹岸发育的这些反向点坝砂体，经常伴有台阶和流槽冲刷特征，反映了凹岸受到较强水流的冲刷作用。在沙砾质反向点坝砂体内部和表面上，散落有不同粒度的砾石，亦见有巨

图2-82　一个现代粗粒反向点坝的沉积特征

A. 河道凹岸发育的反向点坝砂体，有多级台阶和流槽发育；B. 河道凹岸发育的沙砾质反向点坝砂体，表面分布中-粗砾石并有巨砾分布；C. 反向点坝砂体表面发育的新月形波痕，水流方向从右到左；D. 反向点坝表面的水流-水流干涉波痕及菱形波痕；E. 反向点坝尾部表面的多期新月形干涉波痕；F. 反向点坝砂体剖面，显示向下游倾斜的层理

砾分布，但总体来看砾石数量和大小都低于临近的点坝沉积。反向点坝砂体表面分布有各种波痕，主要有新月形波痕、菱形波痕及各种干涉波痕，但仅仅分布在砂体表面厚10～20cm的细粒砂质沉积物中，下部砂层粒度较粗，发育向下游倾斜的斜层理沙砾质沉积。同样，与点坝下游连接的反向点坝砂体剖面，也同样显示向下游倾斜的大中型斜层理或滑塌交错层理。

（二）天然堤和决口扇

天然堤和决口扇构成了堤岸沉积的主体（图2-83）。洪水期水位升高，河水携带的细粉砂级物质沿河床两岸堆积形成平行河床的河堤，称天然堤。它沿河岸线性分布，横剖面不对称呈向岸外变薄的锲形体；它高于河床，并把河床与河漫滩分开。天然堤主要发育在曲流河的凹岸一侧，但由于曲流河道不断向凹岸方向迁移，天然堤常被侵蚀而保存差。只有在河道发生截弯取直时，凹岸可以免遭侵蚀，天然堤可以较为完好的得以保存。

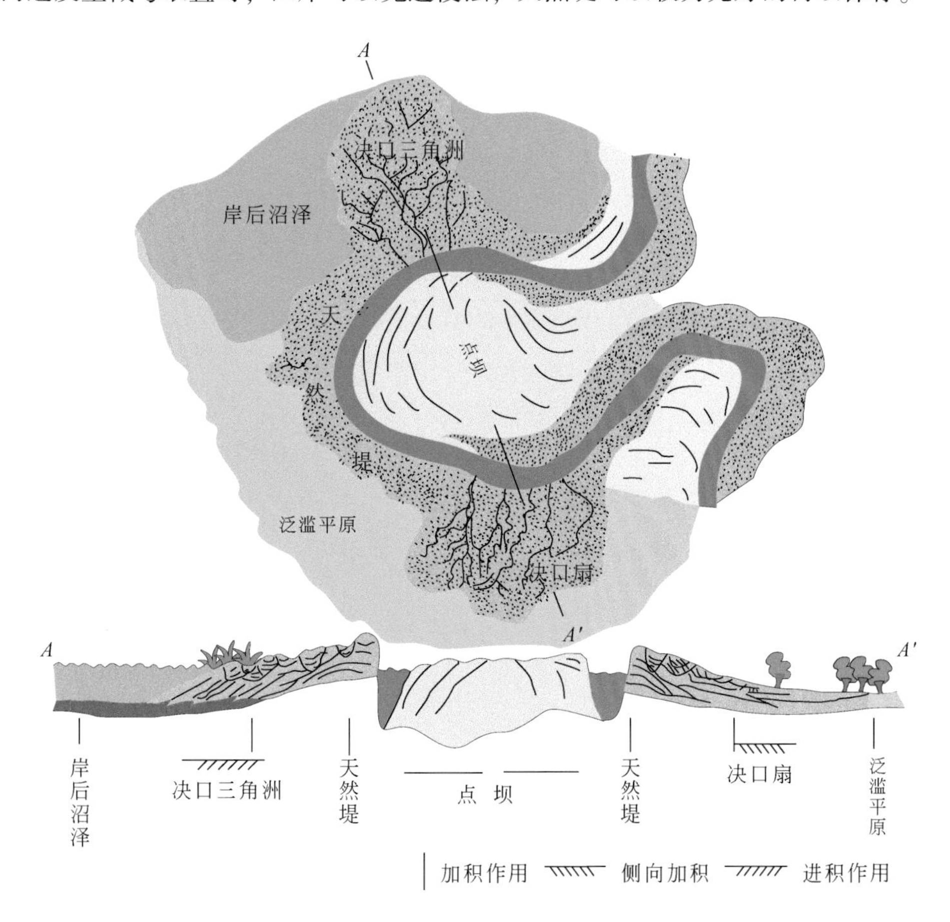

图2-83　曲流河及伴生的天然堤和决口扇沉积（Galloway and Hobday，1996）

天然堤沉积物主要是由细砂岩、粉砂岩、泥岩组成的薄互层，粒度较点沙坝沉积的细，比河漫滩沉积粗，储集性能差。内部层理构造以小型槽状交错层理、波状层理和水平层理为主。垂向上，下部砂质岩发育小型交错层理，上部泥岩则发育水平纹层。天然堤常间歇性出露水面，故常有钙质结核的出现，泥岩中可见干裂、雨痕、虫迹及植物根等。随河床迁移，天然堤随边滩不断扩大、增长，形成覆盖于边滩之上的盖层，故古代天然堤岩体呈面状分布。

决口扇是在洪水期由于天然堤决口，河水携带大量沉积物通过决口被冲到洪泛盆地上形成的扇状沉积体。常以单个扇体发育在近河道的局部地带，以凹岸一侧最为常见。决口扇的规模变化很大，从几十米至几百米，大的可达数千米。决口扇沉积物主要由细砂岩、粉砂岩组成。粒度较天然堤沉积物稍粗，从决口处向扇缘颗粒逐渐变细，并具有向上变细的层序，反映决口水流向远离决口的方向逐渐减弱，以及随时间推移而衰减的特点。决口扇沉积的沉积构造比较复杂，小型交错层理、小波痕层理、爬升层理以及水平层理均有发育，冲刷充填构造常见。沉积物中常含有河水带来的植物碎屑。当决口扇推进到岸后湖泊和沼泽中，可以形成决口三角洲。

（三）河漫沉积

河漫沉积位于天然堤外侧，是泛滥洪水在河床外广阔平原上垂向加积的产物。这里地势低洼而平坦，洪水泛滥期间，水流漫溢天然堤，流速降低，使河流悬浮沉积物大量堆积。由于它是洪水泛滥期间沉积物垂向加积的结果，故又称泛滥盆地沉积。

河漫沉积主要为粉砂岩和黏土岩。粒度是河流沉积中最细的，层理类型主要为波状层理和水平层理。平面上位于漫岸沉积外侧，分布面积广；垂向上位于河床或堤岸亚相之上，属河流顶层沉积组合。根据其沉积环境和沉积特征，可进一步划分为河漫滩、河漫湖泊和河漫沼泽三个微相。

河漫滩是河床外侧河谷底部较平坦的部分，平水期无水，洪水期水流漫溢出河床，淹没平坦的谷底，形成河漫滩沉积。在河流发育的中老年期，河漫滩发育较好。河漫滩沉积物以粉砂岩和黏土为主。层理构造以波状层理和水平层理为主。常因间歇出露水面而在泥岩中保留干裂和雨痕。化石稀少，一般仅见植物碎片。在洪水期后，河漫滩上的低洼地区就会积水，加之河床水平面高于两侧低地，亦构成低地积水区的地下水的源泉。因此，长期积水的低洼地带就形成了河漫湖泊。河漫湖泊以泥岩和粉砂岩沉积为主，层理一般发育不好，有时可见到薄的水平纹层。常见泥裂、干缩裂隙。干旱气候条件下，地下水面下降，表面急速蒸发，常形成钙质及铁质结核。在气候干旱地区，由于蒸发量增大，河漫湖泊亦可发展成盐湖，形成盐类沉积。在潮湿气候区的河漫湖泊中，生物繁茂，可形成丰富的有机质沉积，并可保存完整的动植物化石。河漫沼泽又称岸后沼泽，它是在潮湿气候条件下，河漫滩上低洼积水地带植物生长繁茂并逐渐淤积而成，或是由潮湿气候区河漫湖泊发展而来。河漫沼泽与河漫湖泊沉积特征有许多共同之处，所不同的是前者可有泥炭沉积，如新疆某地古近纪河漫沼泽沉积中就有厚数十厘米的泥炭层沉积。在河流迅速侧向迁移的情况下，天然堤发育不良，洪水泛滥可形成广阔平坦的河漫沉积区，沉积物不仅有泥质，而且有大量砂质沉积，这时堤岸亚相与河漫亚相已无什么区别，故统称为泛滥平原沉积。

在倒淌河的漫岸和河漫地区，发育有大量的泥丘构造，多为密集排列的圆状和椭圆状，直径为 30 ~ 50cm，高度为 20 ~ 30cm，也见有泥丘呈伸长状形态，较大规模的泥丘多为泥丘复合体，宽 1 ~ 2m，长 2 ~ 4m 不等（图 2-84）。

图2-84　倒淌河河漫地区发育的泥丘（冻胀丘）构造

A. 倒淌河河漫滩发育的圆形–椭圆形泥丘构造，宽30～50cm，高20～30cm；B. 河漫滩上平行和斜交排列的椭圆形–伸长状泥丘构造；C. 伸长状的泥丘构造，可有多个泥丘复合而成，宽80～160cm，高30～50cm，长度为2～4m；D. 凸岸带上发育的泥丘构造，与点坝上的脊沟地形走向一致；E. 点坝流槽带上发育的泥丘构造，泥丘间为砂质沉积；F. 河漫沼泽浅水带出露的泥丘构造，与火烈鸟的觅食圆丘十分相似

河漫沼泽浅水带出露的泥丘构造，与某些湿地潟湖环境中出现的火烈鸟觅食圆丘有些相似，泥丘主要由泥质沉积物和含粉砂的泥质沉积构成，泥土被草根密集纠缠在一起，没有层理构造显现，泥丘之下为砂质沉积，丘间泥质沉积较薄，草根扰动较弱。经分析，这种构造与生物活动无直接成因联系，是冰缘环境常见的沉积构造类型，国内多称之为冻胀丘，实际上是冻胀丘的一种小型类型。冻胀丘是由于地下水受冻结地面和下部多年冻土层

的遏阻，在薄弱地带冻结膨胀，使地表变形隆起，也是青藏高原多年冻土区经常可以看到的一种冻土地貌。

（四）废弃河道

废弃河道充填沉积相是曲流河沉积体系中特有的一种沉积相。河道废弃的方式通常有三种：曲流截直、流槽截直和冲裂作用。在曲流截直过程中，废弃的曲流河段易形成牛轭湖（图 2-85）。流槽截直形成的废弃河道沉积层序与曲流截直形成的牛轭湖层序基本相同，所不同的是前者在活动河道沉积之上覆盖厚度较大的交错层细砂岩，然后才是垂向加积的湖相沉积，厚度也相对小一些（图 2-86）。

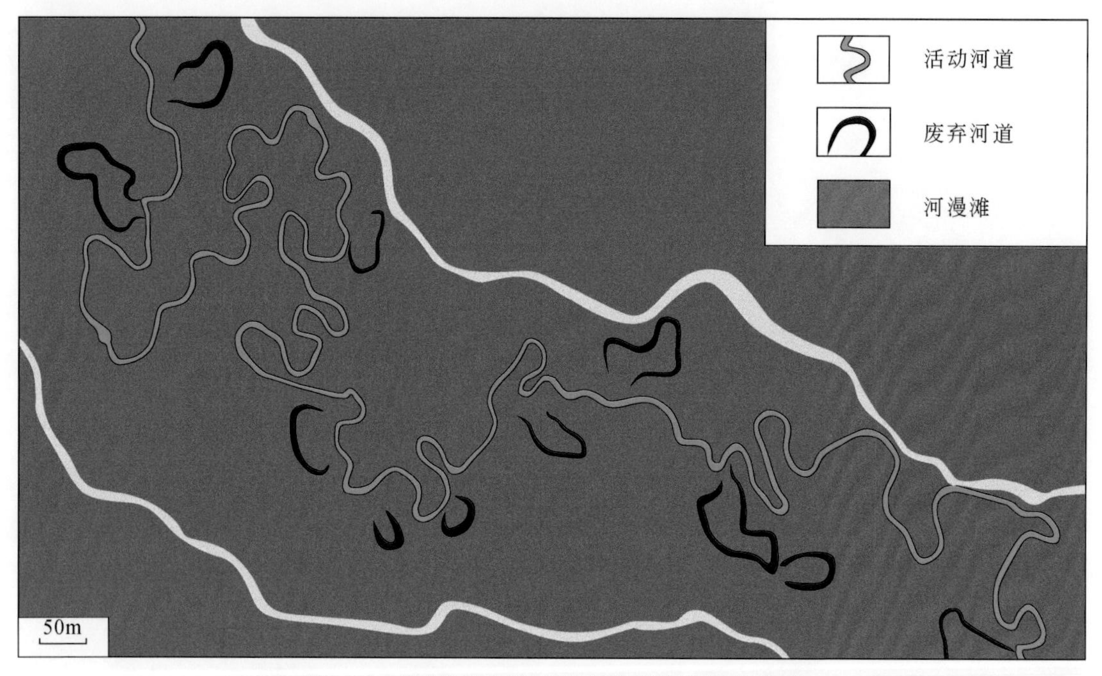

图 2-85　青海倒淌河某段的蛇曲及废弃河道特征

总的来说，废弃河道充填沉积速率低。沉积物主要是粉砂和黏土，一般为暗色，常含有淡水软体动物化石和植物残骸，在强还原条件下还有黄铁矿、菱铁矿结核的形成。沉积构造以小型交错层理和水平层理为主。废弃河道充填沉积的厚度相当于废弃河道的水深，其形态和规模保持着原曲流河道的轮廓。

四、沉积相模式

曲流河不论是现代还是古代都是最常见和最重要的河流类型，人们对曲流河沉积模式认识的最早，研究的也最为详细。自 20 世纪 20 年代开始，许多地质学家通过研究古代、解剖现代、古今结合、以古论今的方法对曲流河进行了沉积学研究。沉积学者经过半个多世纪的研究，建立了多种曲流河和沉积相模式图（图 2-87）。

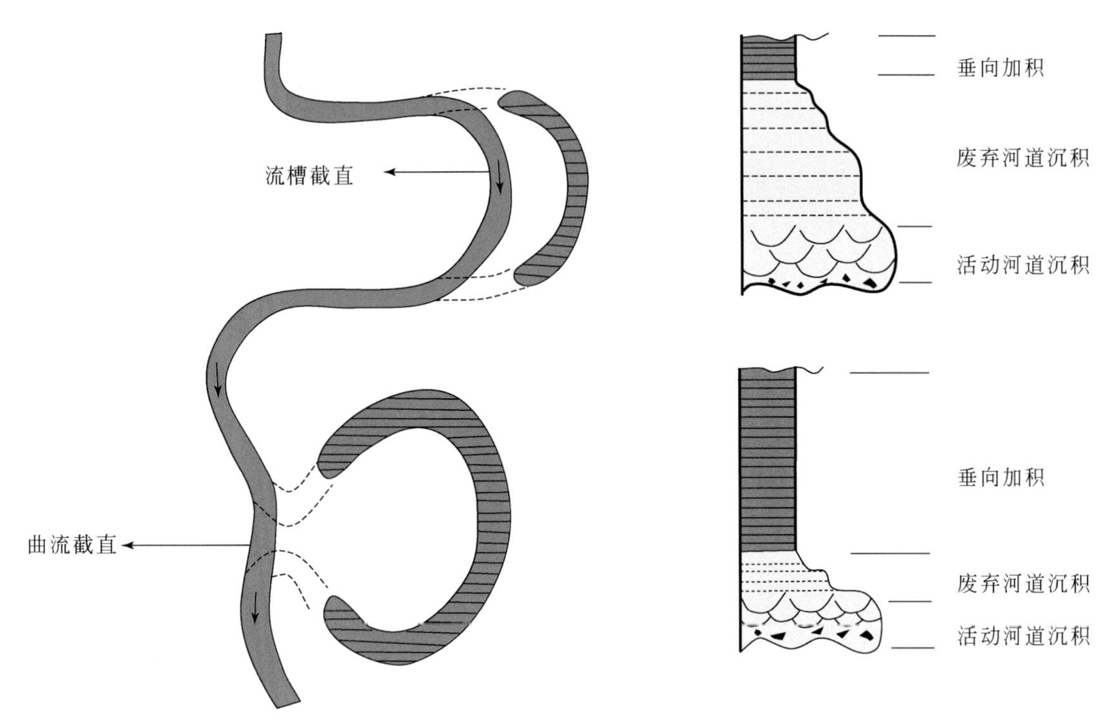

图 2-86 废弃河道充填沉积层序（据 Walker and Cant，1984）

1. 曲流河相模式

Allen（1964）通过对老红砂岩的研究，有力地推动了河流沉积学的发展。老红砂岩（old red sandstone）是广泛分布于西北欧的泥盆纪陆相红层，尤其是在苏格兰、爱尔兰和威尔士地区出露好、厚度大，以砾岩、岩屑砂岩和泥页岩为主，砾岩主要出现在冲刷面之上，砂岩发育交错层理、冲刷-充填构造和原生水流线理。Allen（1964）对盎格鲁-威尔士（anglo-welsh）盆地下老红砂岩（下泥盆统）的研究，提出了河流成因的 6 个旋回层，并建立了曲流河初步沉积相模式（图 2-87）。河流成因的旋回层的底部为侵蚀面，侵蚀面之上为河道滞留沉积，多为层内砾岩，代表了最强水流阶段的沉积类型，砾石可以来自于源区也可以就地侵蚀成因，向上变为砂岩和粉砂岩（siltstone，此处实际意义为砂泥岩或泥质岩）。砂岩普遍含有交错层理和平行层理，系由河道侧向加积作用形成，属于河道沙坝和点坝沉积类型。夹有薄层砂岩的泥质岩形成于天然堤、岸后沼泽和决口扇环境，其中天然堤和岸后沼泽属于垂向加积的产物。靠近河岸的天然堤沉积物粒度一般比远离河岸的岸后沼泽沉积物粗一些，决口扇切过天然堤进入岸后沼泽地区，沉积物粒度一般比天然堤还要粗。在废弃河道内会形成河道充填沉积，可以是砂泥质的缓慢废弃充填也可以是快速废弃的泥质充填。旋回层的成因主要有河道的蜿蜒迁移、泥盆纪海平面变化和物源区的构造活动。

继 Allen（1964，1965b，1965c，1970）提出了曲流河的沉积环境和沉积相模式图之后，Walker 和 Cant（1984）又提出了曲流河的沉积相模式图（图 2-88）。该模式以现代密西西比河或布拉索斯河为例，刻画了现代曲流河主要的地貌单元，河道凹岸侵蚀凸岸沉积，形成点坝侧向加积体，河道内的沙丘和沙纹形成槽状交错层和沙纹层理，砂质沉积通常出现在河道和废弃河道内，细粒沉积则主要出现在天然堤和泛滥盆地内。

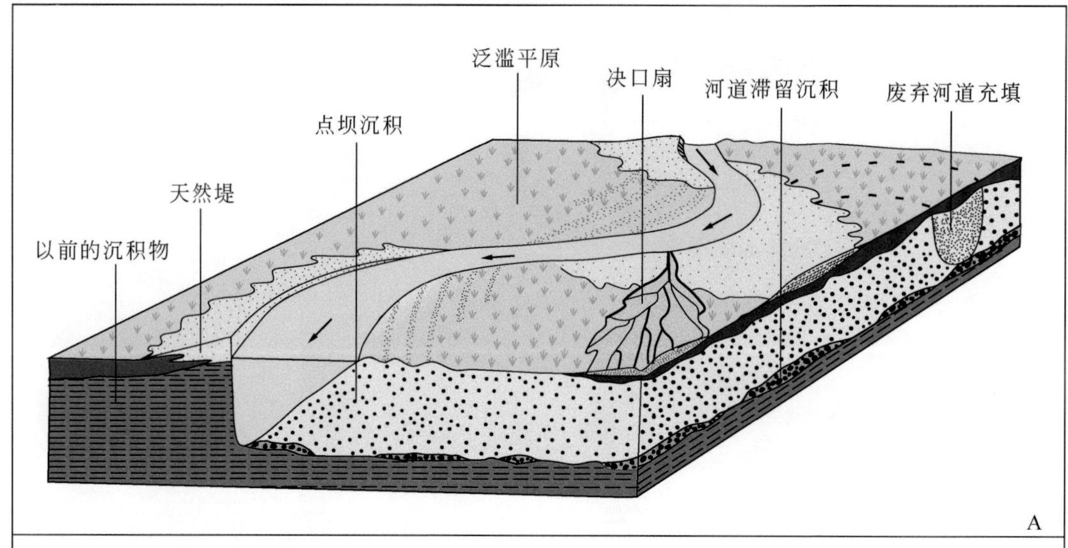

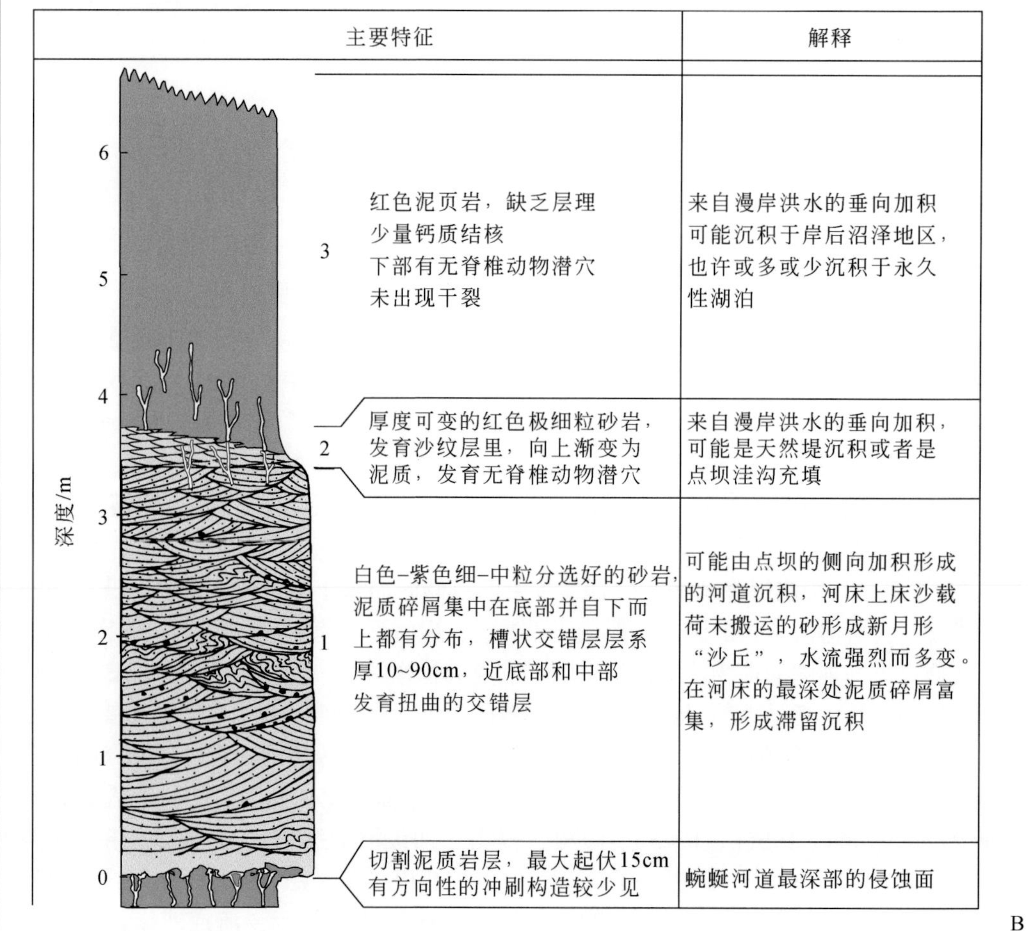

图 2-87　曲流河初步沉积相模式（A）和代表性沉积层序（B）（据 Allen，1964）

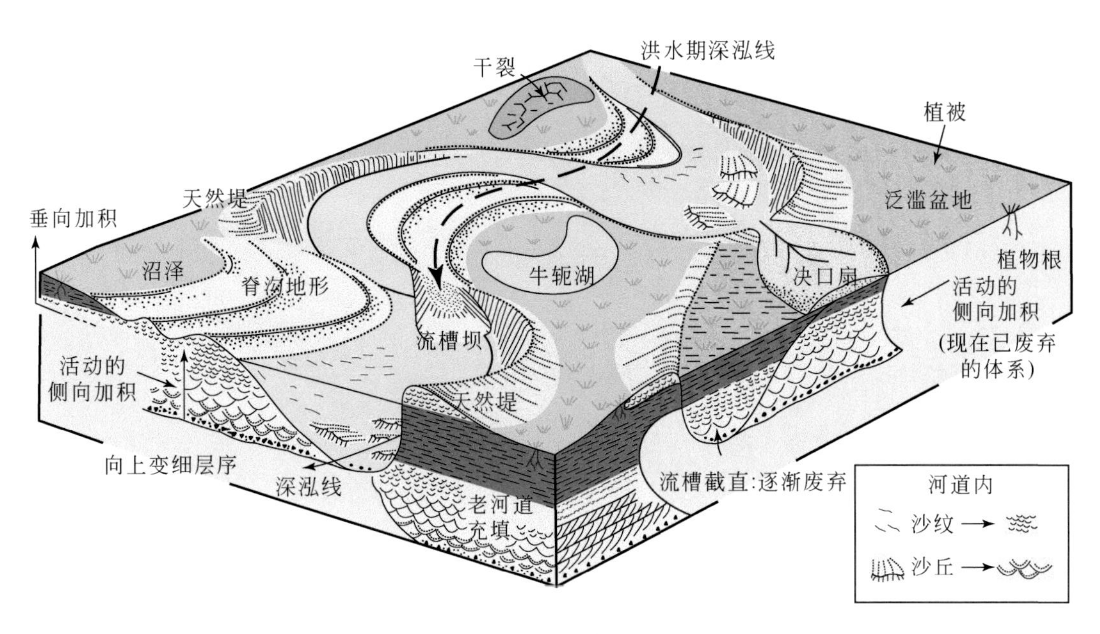

图 2-88 曲流河沉积相模式图（据 Walker 和 Cant，1984）

Galloway 和 Hobdag（1983，1996）提出了高弯度曲流带砂体综合模式并进一步给出了在洪水期有流槽切入的点坝综合沉积模式（图 2-89）。在洪水期，除了河水对点坝进行侵蚀形成三角形的分岔，还可切割点坝表面形成流槽和流槽沙坝。随着流槽的形成，大量的碎屑物质就会离开主河道，通过一条或多条流槽向下游泄流，并形成流槽坝。流槽中可含有主河道内常见的粗粒滞留沉积物和槽状交错层理，在流槽沙坝中可出现前积交错层理。切入点坝的冲刷–充填构造，也是流槽改造点坝的常见特征。

随着曲流河研究的深入，人们逐渐认识到河道砂体微相类型不是一个侧积体所能概括的。随着水动力的不同，曲流河砂体表现出不同的底形类型和充填样式，常见的砂体微相包括河道（槽）充填、点坝、反向点坝和决口扇等，曲流河向上变细的层序是由于单一的河道迁移形成的，但在一段时间内，河道往往多次迁移，从而在垂向上形成多个向上变细的层序的叠加。曲流河道的砂体形态主要是一些线状排列的串珠状砂体，这些串珠状砂体周围是细粒的泛滥平原沉积物，在一个主要的河谷中，河道的连续冲裂、决口作用则可以形成几条串珠状排列的砂体，这些串珠状排列的砂体实际上就是各类点坝和河床充填沉积的复合砂体。

2. 曲流带非均质级次

Jordan 和 Pryor（1992）对密苏里东南部密西西比河曲流带进行了研究，该曲流带主要由 6 个相带组成：①曲流迂回坝和河道点坝砂；②废弃河道和流槽的黏土塞；③天然堤泥；④决口扇砂和泥；⑤泛滥平原和湖泊泥；⑥有机泥炭。通过对曲流带的构型要素和非均质性层次分析，将曲流带的砂体非均质规模划分为 6 个级次（图 2-90）。

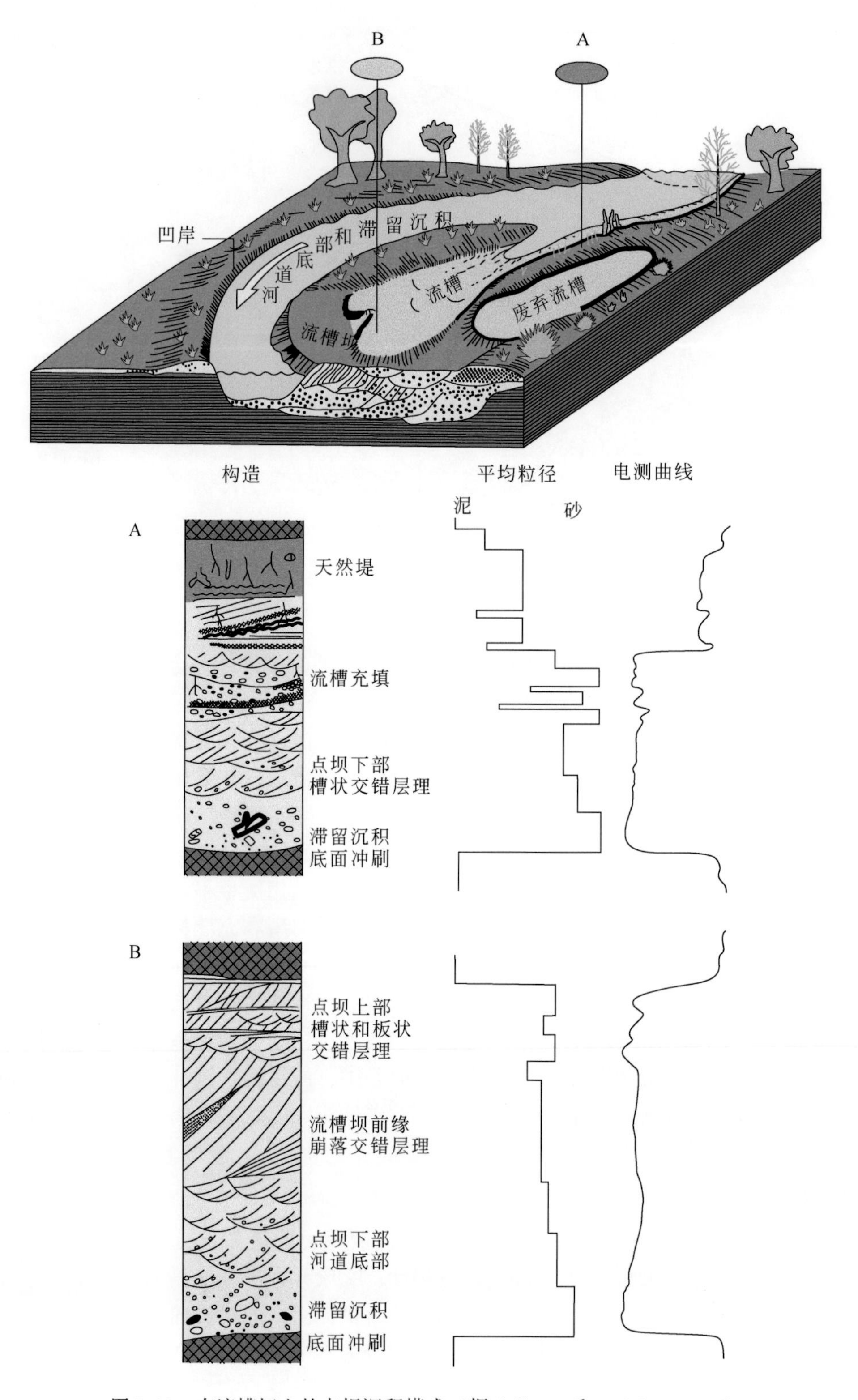

图 2-89　有流槽切入的点坝沉积模式（据 Galloway 和 Hobdag，1996）

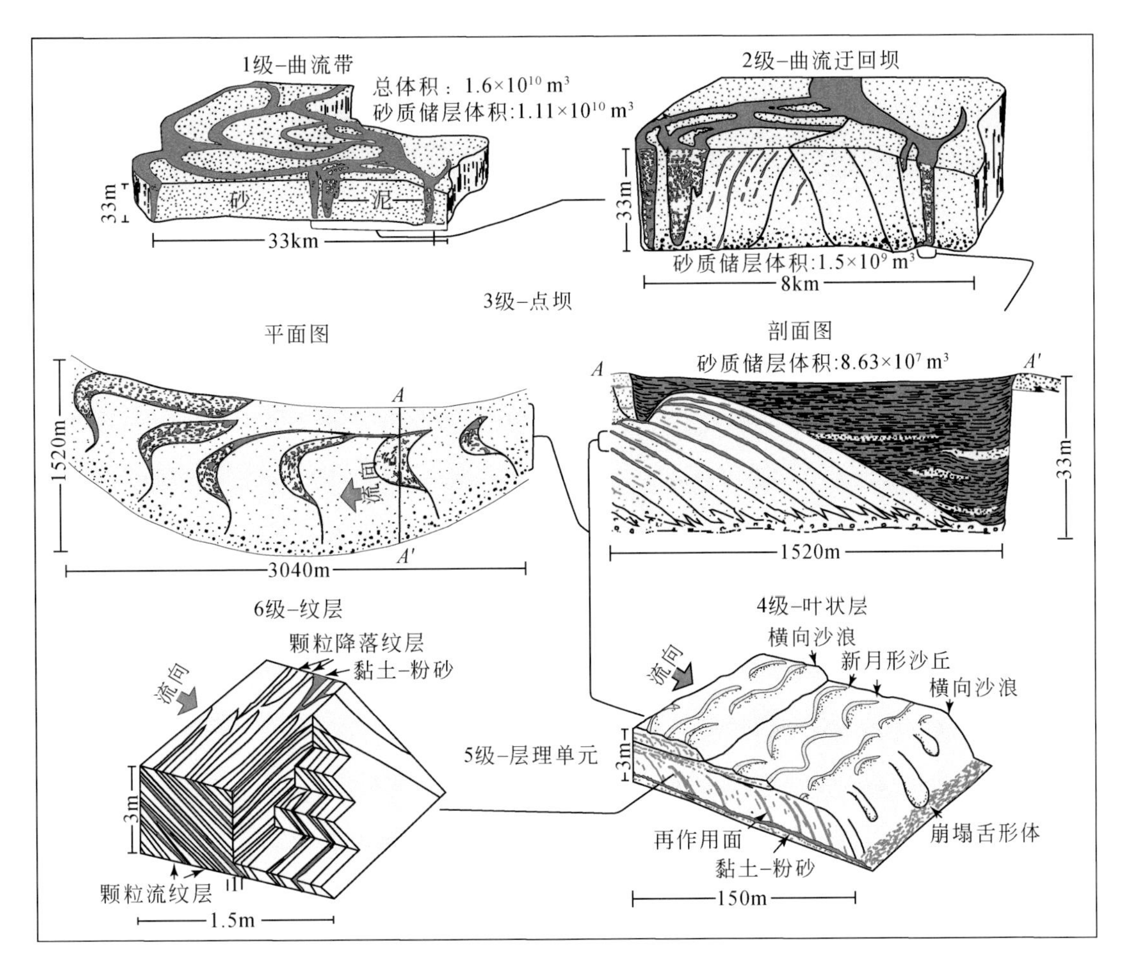

图 2-90　密西西比河曲流带体系的非均质性级次（Jordan and Pryor，1992）

1 级非均质性规模最大，相当于一个油田的规模，由一个完整的曲流带组成（图 2-91）。该曲流带体系厚 15 ~ 46m，宽 16 ~ 24km，长可达几十千米，内部可分为许多独立的油藏级别的曲流迂回坝砂体。曲流带总体积为 $1.6\times10^{10}m^3$，其中砂质储层体积为 $1.11\times10^{10}m^3$，多个废弃河道内低渗透的黏土塞占 $4.9\times10^9m^3$。废弃河道内的黏土塞是一个曲流带油田内部流体横向运移的主要遮挡层，它们将曲流带分为几个油藏。广泛分布的漫岸天然堤和泛滥平原泥厚度为 2 ~ 6m，它们位于曲流带上部，形成低渗透盖层。

2 级非均质性的规模相当于一个油田内部的油藏级别，由单一的迂回坝砂体构成，包括高渗透的侧向加积的河道点坝和决口扇砂体，侧向上部分或完全地被低渗透的废弃河道黏土塞隔离。砂体厚 15 ~ 46m，直径为 3 ~ 8km，砂质储层体积为 $1.5\times10^9m^3$。废弃河道的黏土塞内会含有一些粉砂和砂，从而影响渗透性。当河道和流槽通过裁弯取直快速废弃时，主要充填低渗透的黏土和粉砂，当与主河道水流部分相通时，黏土塞会含有大量的砂，这时黏土塞不能充当流体侧向运移的封堵层。废弃河道充填继承了它们充填的河道形态，形态呈弯曲状，长 3.2 ~ 32m，宽 1219 ~ 1828m，厚达 30m，横剖面呈 U 形至不对称型。

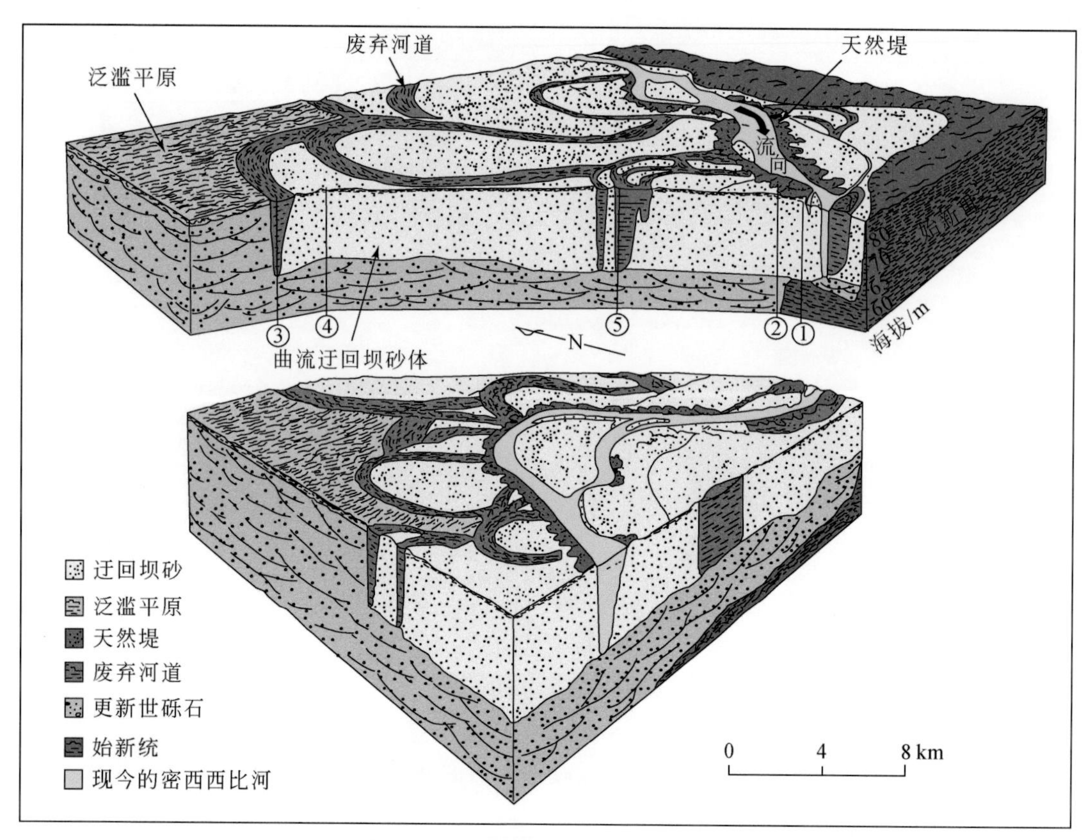

图 2-91　油田规模的 1 级非均质层次（Jordan and Pryor，1992）
图中油藏级别的渗透性砂体由多个曲流迂回坝组成并被废弃河道黏土塞所分隔

3 级非均质性的规模相当于一个油田内部的单一储集体级别，由单一的河道、点坝和决口扇构成，厚 15～46m，宽 610～1829m，长约数千米，砂质储层体积为 $8.63\times10^{7}m^{3}$。储集砂体可含有大量薄的席状和透镜状泥和粉砂，泥和粉砂主要来自流槽充填和泥质盖层，这些低渗透层阻止了流体的垂向运移。在曲流河段，河道和点坝组成的砂体，由点坝向深泓一侧减薄，形成砂岩楔状体。这些楔状体由各种类型和尺度的底形迁移和叠加而成，可将这些底形划分为以下 5 个级次：Ⅰ级横向沙浪，波长可达 427m，波高达 5m；Ⅱ级横向沙浪，波长可达 91m，波高达 2m；Ⅲ级新月形沙丘，出现在深泓处，波长可达 122m，波高达 6m；Ⅳ级新月形沙丘和横向沙浪，波长可达 3m，波高达 15cm；Ⅴ级沙纹，分布普遍，波长小于 60cm，波高小于 15cm。上述Ⅰ级横向沙浪或大型二维水下沙丘，已经属于巨波痕或大型底形的范畴，也被称为横向沙坝，从点坝高处跨越河道向下延伸至深泓处，并在此处转换为Ⅲ级新月形沙丘。Ⅱ级横向沙浪常出现在Ⅰ级横向沙浪的向流面，其上可叠加有Ⅳ级和Ⅴ级底形。Ⅰ级和Ⅱ级沙浪及其内部的板状交错层和再作用面构造是点坝的主要沉积构造，而Ⅲ级底形及其内部槽状交错层是深泓的主要沉积构造。Ⅰ级和Ⅱ级底形粒度向河道浅处和出露的点坝变细，由此河道点坝层序的下部底形厚度最大。层序上部的泥层是形成储层非均质性的主要原因。广泛分布的泥层，是流体垂向运移的有效遮挡层。广布型的泥层与高水位期积水有关，而伸长状的泥层形成于积水后的流槽中。

4 级非均质性以叶状体或叶状层（lobe sheet）为代表，相当于产层级别。叶状层是点坝的基本单元，是一束束层序上叠置的层理单元，上下叶状层之间部分或全部由厚的低渗透泥和粉砂层分割。叶状层通常厚 2～6m，宽达千米以上，砂质储层体积为 $5.55\times10^5m^3$。一个典型的叶状层由一个Ⅰ级横向沙浪及其上的Ⅱ级、Ⅳ级和Ⅴ级底形组成，垂向层序表现为厚层板状交错层叠加薄层槽状交错层和沙纹层理，上部为薄层板状交错层和薄层槽状交错层及沙纹层理，顶部为泥层（图 2-92）。这些泥层充当了该级次的流体运移遮挡层。叶状层砂体可以沿横向和纵向延伸，而泥层受沙浪间地形洼地制约，主要沿纵向延伸，大量连续的泥层主要分布在河道点坝层序的上部。

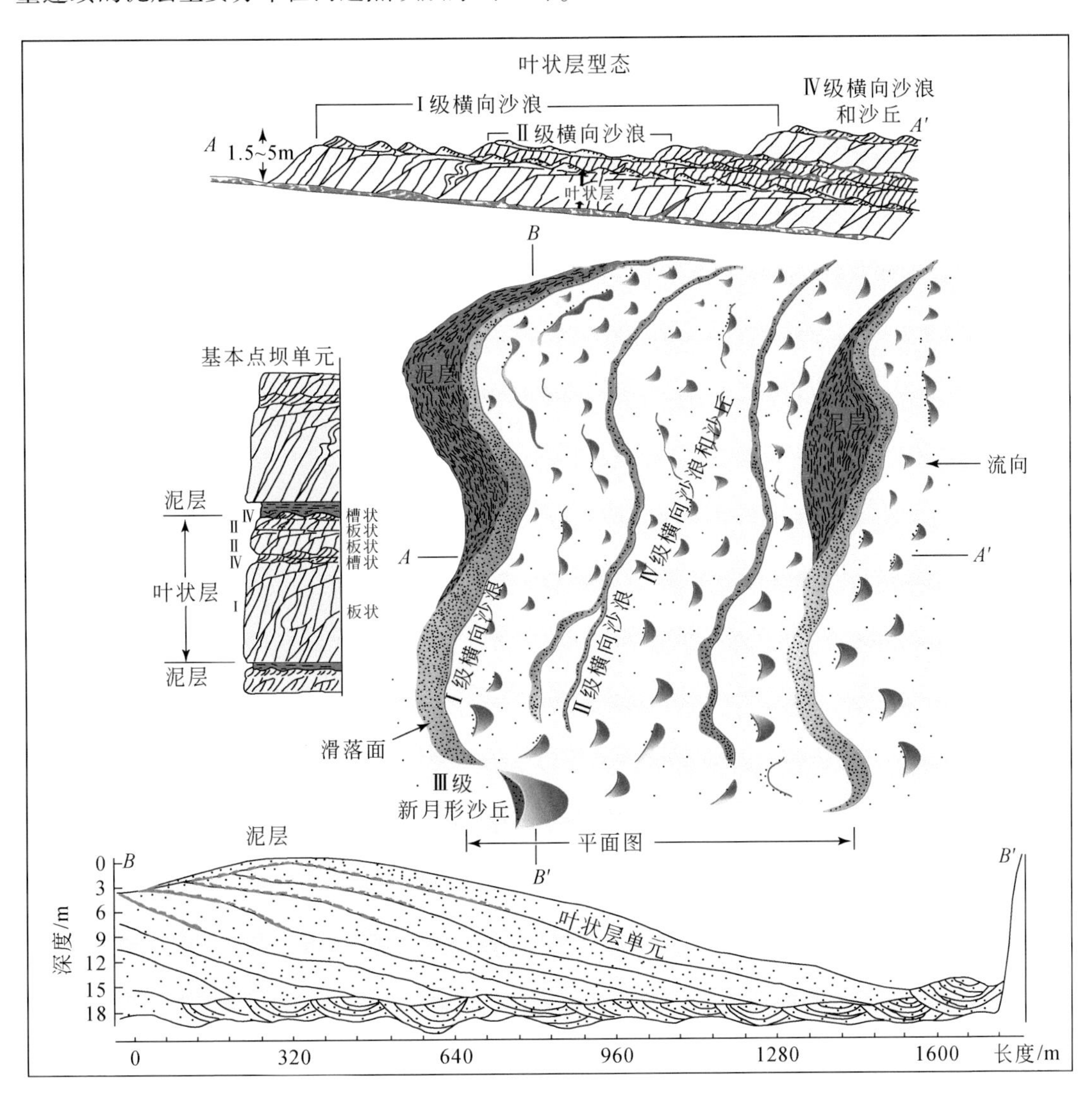

图 2-92　4 级非均质层次的叶状层形态（Jordan and Pryor，1992）

5 级非均质性是叶状层内部单一的层理单元，尺度规模相当于储层流动单元。这些层理单元通常厚几厘米到 3m，砂质储层体积为 $1.2\times10^4m^3$。层理单元为渗透性的交错层砂层，沿着层系界面和再作用面被低渗透的倾斜和水平状泥–粉砂层所分隔，这些低渗透单元阻止了储层流体的侧向和垂向流动。层系界面可以不出现泥质纹层，但由于泥质渗滤和层间粒度的变化使得这些界面处的渗透率出现不连续。再作用面构造在板状层单元内普遍发育，是沙浪脊部受到水流周期性截切而造成的，截切面上下交错层的倾向大致一致。截切面上由于悬浮泥质渗滤形成泥质纹层，渗透率降低。

6 级非均质性是单一的纹层，相当于进入孔喉空间级别。这些纹层单元是组成储集砂体的最小单元，纹层为水平的或倾斜的，通常厚几个厘米，长数米，宽几个厘米至数米。砂质纹层之间存在的结构差异反映了孔隙度和渗透率的变化。砂质纹层形成于底形的迁移，可以形成于水流的牵引作用，也可以形成于崩塌引起的颗粒流作用。

第六节　网状河沉积

一、网状河沉积特征

研究表明，目前所见的网状河大多出现在潮湿气候区，如加拿大萨斯喀彻温河下游、哥伦比亚河上游以及我国黑龙江网状河段、嫩江齐齐哈尔网状河段、珠江广东段的网状河段等。在柬埔寨洞里萨河与洞里萨河交汇处，网状水系发育，可形成网状河沉积体系。在越南湄公河三角洲平原地带，地势低洼，沼泽发育，除了主要的入海河道外，还有与主河道交切的众多水系发育，水网纵横（图 2-93）。

在上述河道分类中，虽然我们把网状河与分支河做了区分，但实际上网状河也可以归于河道分支体系，是稳固的冲积岛或湿地对水流起到了分流作用。网状河的河道反复分汊、合并构成相互联系的网状结构，相对比较稳定，并且具有低到中等的弯曲度，中到较高的加积速率。而大多数河段具有较低的弯度，表现为垂向加积，因此河道沙坝（心滩）在网状河中比较常见。网状河个别河段仍为弯曲河道，从而形成窄的点沙坝沉积，厚度一般很小，砂层具有明显的向上变细的正韵律特征。在网状河流体系中，发育着面积广阔的湿地，河道就是围绕这些湿地发育的。湿地一般低于河道，面积较大，常呈不规则状至圆形分布。在潮湿环境的网状河体系中，泥炭沉积的厚度主要取决于与泛滥平原的宽度有关的碎屑注入量。在靠近山区碎屑供给充足、泛滥平原较窄的地区，如加拿大哥伦比亚（Columbia）河上游，泥炭含量很少，持续时间短，泥岩沉积很薄。

二、沉积相模式

目前，大家对网状河沉积模式的认同多为潮湿气候条件下的细粒低弯度河道复合体系，特别是 Smith 等（Smith and Smith，1980；Smith，1983）通过对加拿大西部湿润气候条件下的哥伦比亚河和萨斯喀彻温河等网状河段的研究仍然是当前用作鉴别古代网状河流沉积地层的标准模式（图 2-94）。

但在干旱、半干旱气候区也可发育网状河，只是湿润气候区中网状河出现的频率远远高于干旱、半干旱气候区。在不同气候条件下，形成的河道砂体的厚度也不同，一般认为

图 2-93　现代网状河沉积环境

A. 柬埔寨洞里萨河湖交汇处的纵横水网；B. 柬埔寨洞里萨网状河及沿岸森林；C. 柬埔寨洞里萨网状河发育的树沼；D. 柬埔寨洞里萨湖边成排船只形成的人工水网，右上角插图为船上的学校，写有“捐赠大米帮助穷人”，左下角为船上居民的日常水上交通工具；E. 越南美瘦湄公河河道内发育的永久性河心岛，左上角插图为河心岛上生长茂密的植被；F. 越南湄公河三角洲平原上发育的交错河网，网状河道之间的湿地上植被繁茂

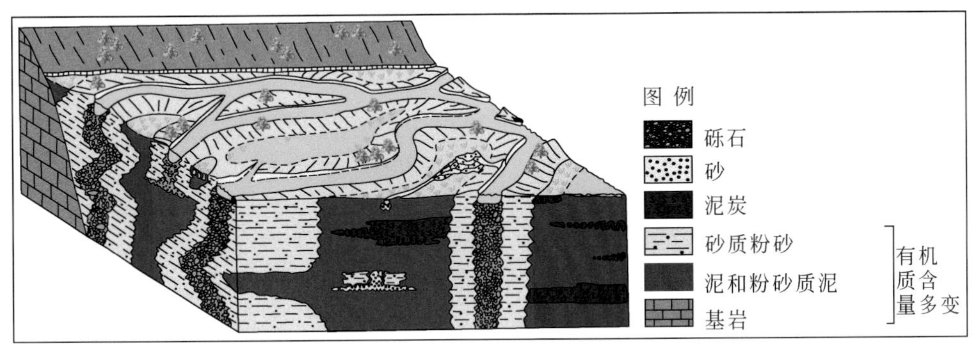

图 2-94　网状河沉积模式（据 Smith and Smith，1980）

干旱气候条件下网状河道砂体的平均沉积厚度相对较小，而湿润气候带中较大。目前人们认识的干旱条件下的网状河有很多，但对其沉积环境和岩相特征的综合研究却很少，仅局限于加拿大中部的库珀河（Cooper Creek）和马里中部的尼日尔河三角洲地区。干旱地区的网状河，河道明显减少，河道充填沉积上部以泥岩为主，向底部砂岩含量逐渐增多。泛滥平原上植被不发育，溢岸沉积物中有机质含量少。尼日尔河三角洲网状河沉积最典型的特征是，在河道和泛滥平原上，风成沙丘十分发育，河道沉积粒度相对较细（Makaske，2001）。

目前大家比较认可的观点是把组成网状河体系的单河道限定为低弯度悬移负载河道，并试图排除辫状底负载河道和曲流混合负载河道。实际上在自然界中，组成网状河体系的单河道类型可以包括所有的单河道类型。在早期的网状河模式中也可以看到，网状河河道出现粗碎屑充填沉积特征。无论是限定性的河谷中还是在三角洲平原上，都可以看到由不同河道类型组成的网状河体系，很难用一种通用的模式来概括（图 2-95）。

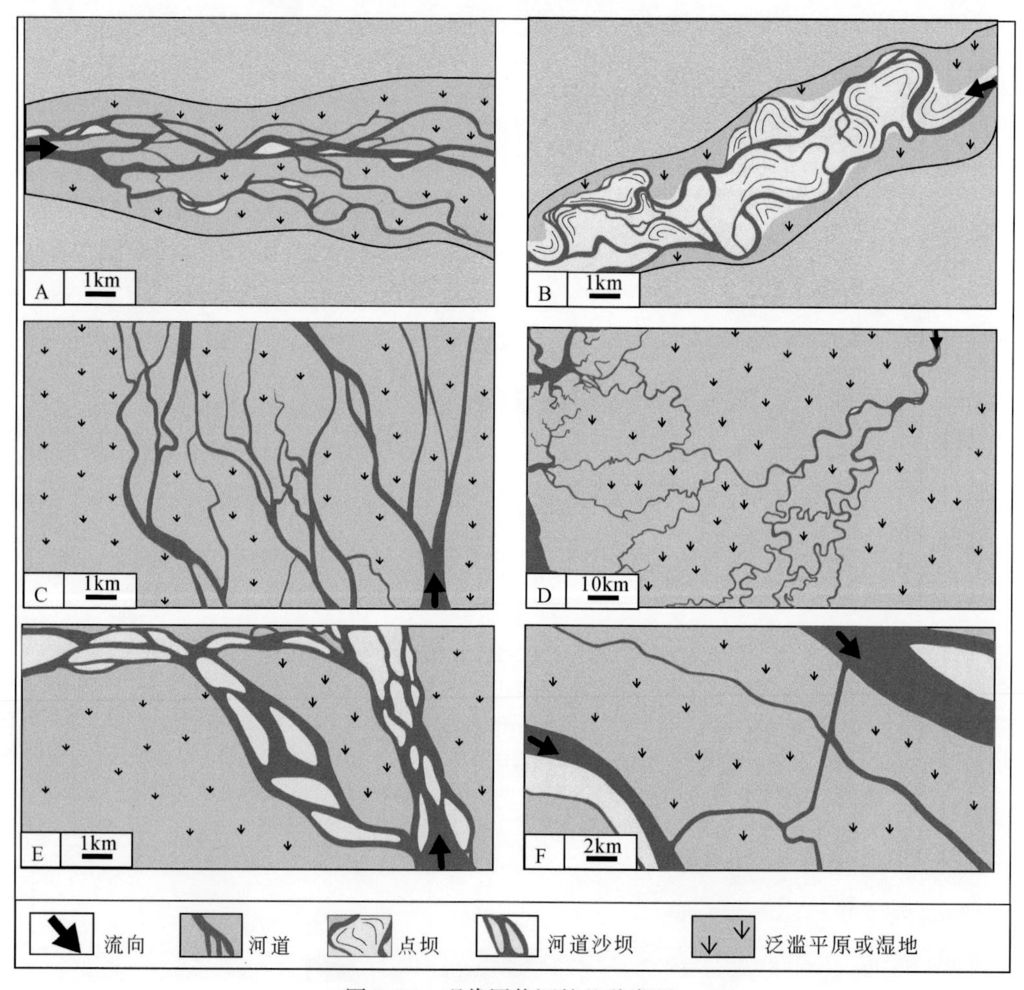

图 2-95　现代网状河的几种类型

A. 河谷内的低弯度曲流河型网状河；B. 河谷内的高弯度曲流河型网状河；C. 河湖交汇处的低弯度曲流河型网状河；D. 海岸三角洲平原上的高弯度曲流河型网状河；E. 河湖交汇处的低弯度辫状河型网状河；F. 海岸三角洲平原上穿插于大型河道之间的纵横水道型网状河

在河流的某个河段，河道会相互交织形成网状河道带，如北美地区的育空河；有些曲流河段由于河道的冲裂和裁弯取直作用，形成网状河道带，如我国的嫩江和黑龙江等。在三角洲环境中组成网状河的河道类型更是多种多样，主要类型包括低弯度曲流河河型网状河，如柬埔寨洞里萨河与洞里萨湖交界处的网状河体系；高弯度曲流河型网状河，如尼日利亚尼日尔河三角洲平原上的网状河体系；辫状河道型网状河，如俄罗斯贝加尔湖色楞格河三角洲平原上的网状河体系；穿插于大型河道之间的纵横水网型网状河，如越南湄公河三角洲平原上的网状河体系。还有的辫状河与曲流河交织形成辫状-曲流组合型网状河，如缅甸伊洛瓦底江的中下游的某些河段。

组成网状河的单河道沉积特征前面已有详细介绍，在此不再累述。

第三章　分支河流体系

第一节　概　　述

一、分支河流体系的概念

分支河流体系（distributive fluvial system，DFS）这个概念虽然使用已久，但引起如此重视和争论的还是归于 Weissmann 等（2010）的研究。分支河流体系是指呈放射状展布的沉积体系，囊括了冲积扇、河流扇和巨型扇多种体系类型（Hartley et al.，2010）。虽然对冲积扇、河流扇和巨型扇上河道形态的认识存在差异，但都有活动的或废弃的呈放射状展布的河流体系，都属于 DFS 的范畴。虽然都发育放射状展布的河道，但并非所有的 DFS 都呈扇形。从冲积扇到河流扇再到分支河流体系，是现代沉积学与地球信息技术融合发展的结果，也是河流沉积学不断深入的体现。

Weissmann 等（2010）将分支河流体系定义为“一个由某一端点出发向不同方向发散的河道及泛滥平原的沉积模式，它位于河流进入沉积盆地的区域”，并将分支河流体系与汇聚河流体系（tributary fluvial system，TFS）的主要特征进行了对比（图 3-1）。他们认为识别 DFS 的标准有：①从某一端点出发的放射状河道模式；②顺着斜坡向下，河道的规模减小；③随着远离 DFS，其沉积物粒度变小；④没有来自河道边部的限制。Weissmann 等

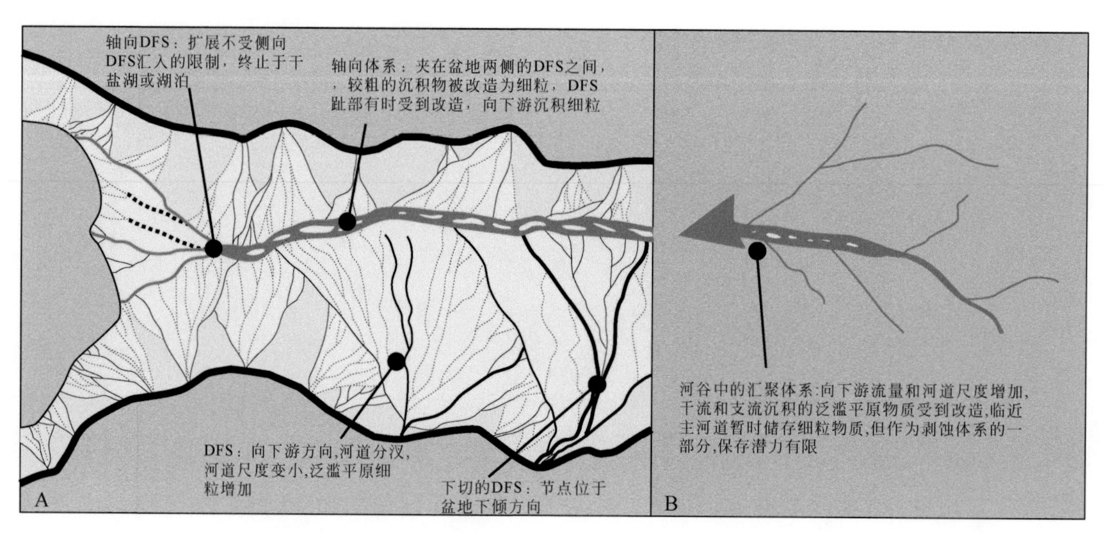

图 3-1　分支河流体系与汇聚河流体系的主要特征及差异（据 Weissmann et al.，2010）

(2010）还将分支河规模划分为三级：大型河流扇、中型河流扇和小型冲积扇，当然并不是说所有的分支河都必须是扇形的。大型扇半径超过100km，而小型冲积扇半径一般为1～20km。大型扇的倾角一般小于0.1°，而小型扇的倾角一般大于1°；大型扇多为细粒河道沉积，而冲积扇多为粗粒的重力流沉积。Hartley等（2010）利用GoogleEarth软件对700个陆相沉积盆地进行研究，提出了大型分支河体系的识别标准：①有一个明确的端点，并且河道系统（活动河道及废弃河道）从该端点向下游分支；②端点处地势较高，向下游方向或侧向斜坡变缓；③河道通常具有分支的特点，并常分汊形成更小的河道；④在低于端点的地方，没有支流进入该体系；⑤远离端点处，具有呈分散或拱形状态的废弃河道；⑥半径或河流长度>30km。

Weissmann等（2013）提出了DFS的进积型模式（图3-2）。河流从DFS顶端冲出，能量得到释放，最粗的沉积物在DFS近端区域卸载，之后河道在盆地冲积平原上分散开来。由于本区沉积物供给相对较高，沉积物可容纳空间与沉积物补给量比值（*A/S*）相对较低。近源沉积物主要由叠置河道沉积和少量漫滩细粒沉积组成，河道沉积粒度粗，有较好的渗透性，大量水流通过渗透而流失，河道规模将会缩小。DFS中部区域变宽，河道间距增大，漫岸细粒沉积发育。河道分汊在这个区域很常见，单-河道规模向下游方向减小。中部与近端相比有较高的*A/S*，大量粗粒物质在近端沉积，使得中部泥砂供应多为细粒物质，从而发育更大范围的洪泛沉积。与近端河段相比，这一区域过路沉积相对减少。在DFS远端，河道继续分汊，部分河道终止于湿地、沼泽或者湖泊。细粒河漫滩沉积的面积随着DFS宽度的增加和河道规模的减小而增大。在大多数进积沉积体系中，沉积相向盆地中心迁移，即远端相位于中部相带之下，中部相带又位于近端相之下，形成粒度向上变粗的沉积相演化序列。DFS进积模式与润湿型冲积扇模式非常相似，都表现出从沉积体系近端向远端表面坡度变缓、*A/S*增大、河流的尺度和规模减小、沉积物变细、砂泥比减小。

自从Weissmann等（2010）提出分支河体系以来，国内也开始关注这一概念及其发展趋势（张昌民等，2020）。

二、分支河流体系的控制因素

经过大量的统计分析，人们发现构造背景及气候条件对DFS各要素的影响尤其明显（Hartley et al.，2010）。DFS可出现在各种构造背景和气候条件下，但在特定的构造背景或气候条件下，DFS则会倾向于以某一种类型为主。如辫状河型DFS在挤压型构造背景下尤为发育，高坡度的辫状河型DFS常发育于干旱气候条件下，而低坡度的曲流河道型DFS则在湿润气候下更为发育。相关数据分析表明，长度为30～100m的DFS在任何一种气候条件下都有发育。长度较长的分支河（>100m）常发育在热带、亚热带及部分干旱条件下，而在极地、干旱、内陆气候条件下发育的DFS其长度一般较短（<70m）。高梯度（>0.0075）的DFS主要发育在干旱条件下，而在热带及亚热带气候条件下发育的DFS，其梯度一般较小（<0.008）。

A

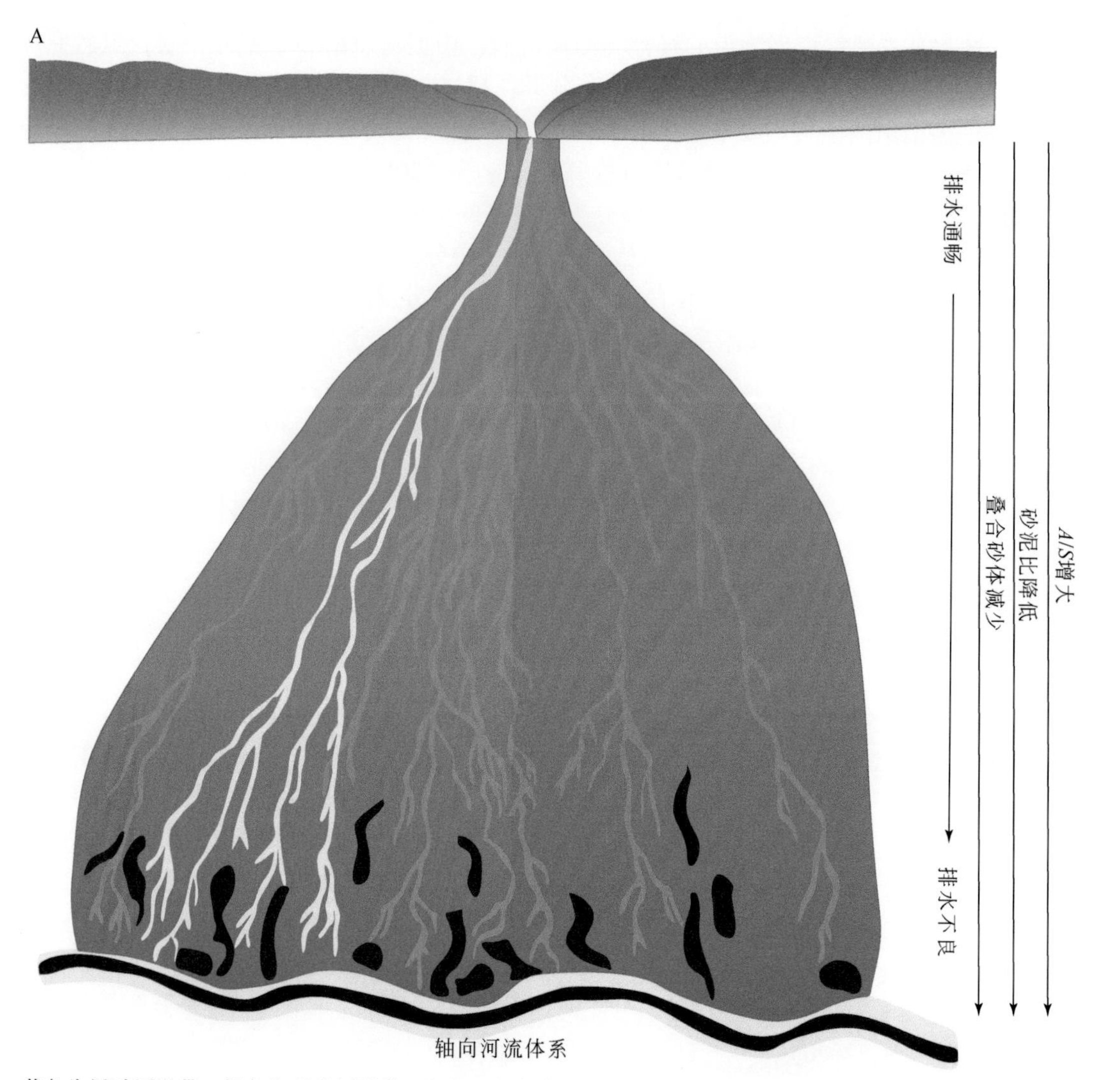

黄色为活动河道带，橙色为废弃河道带，红色和灰色为泥质沉积，蓝色为湿地/湖泊沉积

B

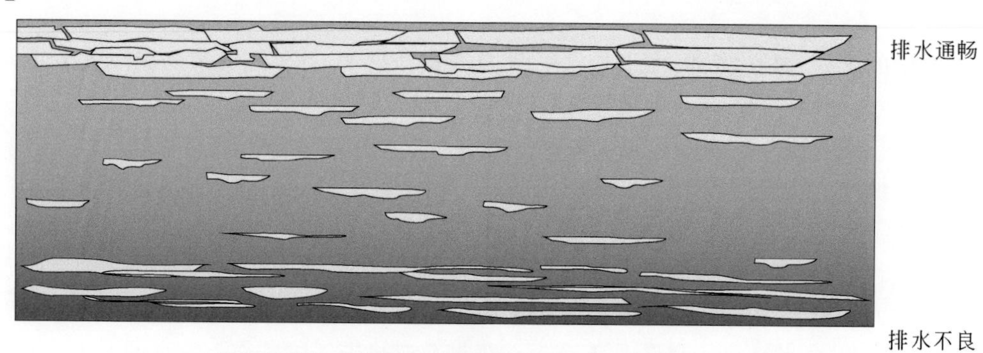

黄色是砂岩，暗灰色是湿地/湖泊，无垂向比例尺

图 3-2　DFS 进积模式示意图（Weissmann et al., 2013）

A. 平面模式图；B. 垂向剖面图

Hartley 等（2010）根据分支河体系内部河道的属性来对分支河的平面形态进行分类，他们共识别出 6 种分支河的平面形态：①首先在端点处为单一的辫状河道，之后向下游分支形成众多的辫状河或者是顺直河（该类分支河占 40%）；②一个单一的辫状河道（该类分支河占 14%）；③单一的主控辫状河道向下游发展成为曲流河道，经常会发生分支现象（该类分支河占 20%）；④一个主要的曲流河道体系（该类分支河占 10%）；⑤一个单一的曲流河道之后向下游分支成众多小型的曲流河道（该类分支河占 9%）；⑥复合曲流河道，无单一曲流河控制着扇体表面（该类分支河占 7%）。DFS 的平面形态之间存在一种连续性，与梯度和相对流量载荷相关。辫状河道型的 DFS 常具有相对较高的倾角、高卸载以及高供应量，常出现在地势较高的构造活跃区。坡降相对较低的 DFS 常常发育曲流河道型的平面形态，沉积物供应量较少，常出现在低地势的构造背景下（图 3-3）。

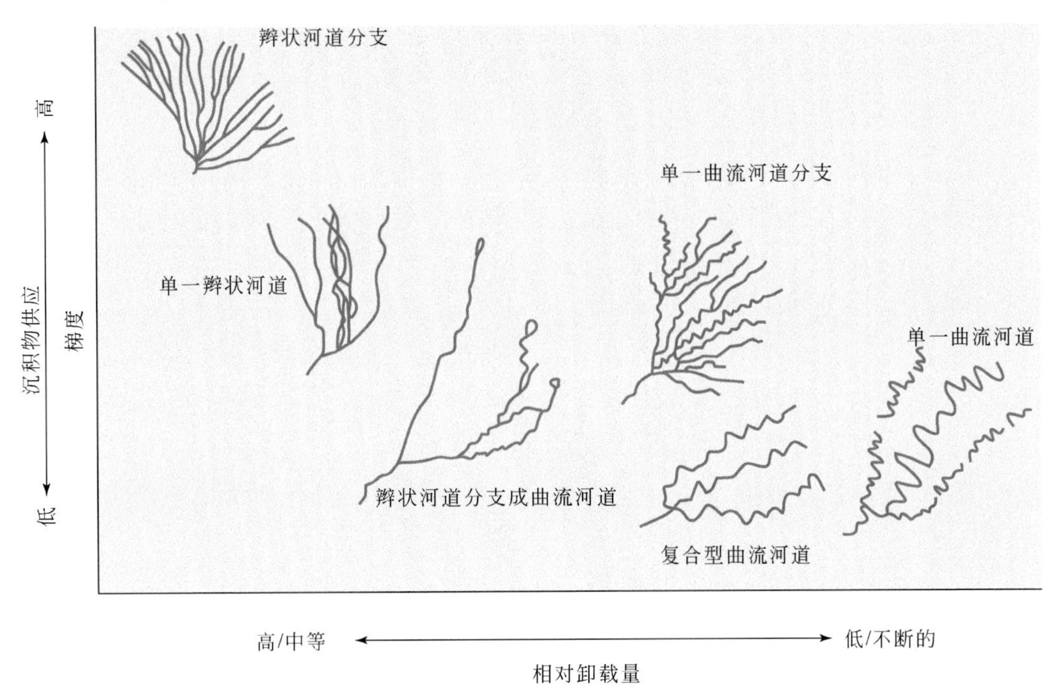

图 3-3　DFS 的平面形态与相对卸载量及梯度间的关系（据 Hartley et al.，2010）

DFS 的平面形态与气候有关，在干旱及极地气候区辫状河道分支型的 DFS 发育，而在热带气候条件下曲流河道型的 DFS 则占主导地位。实际上，除了热带气候条件下发育的 DFS，其他气候下的 DFS 的平面形态均以辫状河道型（包括单一主控辫状河道分支成曲流河道型）为主。

Hartley 等（2010）以大型分支河体系为研究对象，总结了 7 种终止样式：①众多支流到某一干流终止（该类分支河占 31%）；②终止于轴向河流（该类分支河占 26%）；③终止于沙丘区（该类分支河占 14%）；④终止于干盐湖（该类分支河占 10%）；⑤终止于永久性湖泊（该类分支河占 8%）；⑥终止于海洋（该类分支河占 6%）；⑦终止于湿地（该类分支河占 5%）。在这七种终止类型的 DFS 中，有 58% 的分支河在外流水系内终止，而有 42% 的分支河在内流盆地内终止。

构造背景、物源供给和气候条件都会对分支河流体系的发育起到控制作用，在特定的构造背景或气候条件下，分支河流体系类型的发育有一定的预选性。如冲积扇常发育于高坡度的干旱气候条件下，末端扇则倾向发育在中-低坡度的干旱气候条件下，辫状河扇主要在中-低坡度的半干旱-潮湿气候条件下，曲流河扇则在低-极低坡度的潮湿气候下更为发育（图3-4）。DFS模式可以显示出比单一的河流模式具有更加广泛的使用价值，更加有利于对河流沉积体系总体的理解和把握，也为发现更多有利的储集相带提供了研究思路。

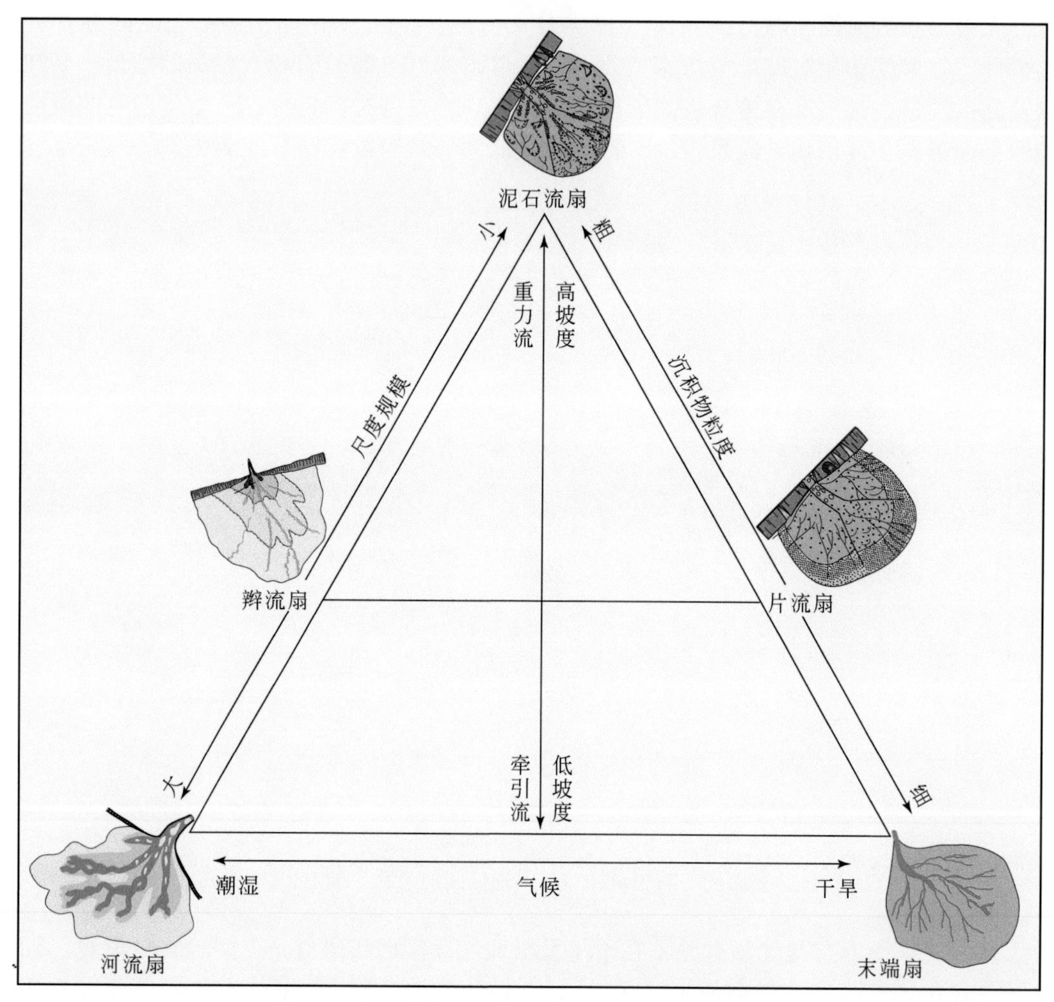

图3-4　主要分支河流体系类型及影响因素示意图

总之，Weissmann等（2010）第一次使用了DFS这一术语，Hartley等（2010）利用遥感资料对全球范围内分支河流体系进行测量，进一步总结了DFS的识别标准，并对DFS的形态参数（长度、坡降、终止类型等）与盆地构造及气候背景的关系进行了分析。虽然DFS的观点也受到了某些质疑（Fielding et al.，2012），但越来越多的学者却开始接受并使用DFS的概念。可见，分支河流体系概念的发展，对人们从更加宽广的视野来把握沉积体系是有帮助的，也就是说以前我们的视域局限在山地河谷内，现在出了河谷来到了大平原上，看到的不是一条河，而是多条河，尽管这多条河可能不是同一时间形成的。

第二节　冲积扇的概念及发展

一、冲积扇的概念

冲积扇（alluvial fan）的研究可以追溯到 Smith（1754）对英格兰北部的研究和 Drew（1873）对喜马拉雅西部上游河段的研究，特别是后者对冲积扇这一地貌单元进行了形象而科学的描述。近 150 年来，冲积扇的概念虽然有所发展，但基本含义就是由粗碎屑物质组成的沿山前或陡坡向外部低凹地带伸展的锥形、舌形或弧形的沉积体。它们常发育在地势起伏较大，而且沉积物补给丰富的地区，代表陆上沉积体系中最粗、分选最差的近源单元，通常在下倾方向上变成细粒、坡度较小的河流体系。

Galloway 和 Hobday（1983）将冲积扇划分为 5 种类型，前两种为干扇（arid fan）和湿扇（wetfan），干扇即干旱环境形成的冲积扇，湿扇为潮湿气候下形成的冲积扇；后 3 种是指某些扇的前端直接进入湖泊或海盆形成的扇三角洲类型，划分为 3 种，即湖泊扇三角洲（lacustrine fan delta）、波浪改造的扇三角洲（wave-reworked fan delta）和潮汐改造的扇三角洲（wave-reworked fan delta）。随后，Galloway 和 Hobday（1996）又把冲积扇概括为 3 种类型，即冲积扇（裙）（fan，bajada/apron）、扇三角洲（fan delta）和末端扇（terminal fan），并根据冲积扇的主要沉积作用类型在三角图上将冲积扇划分为泥石流扇（debris-flow fan）、河流扇（streamflow fan）和片流扇（sheetflood fan）三个端元组分（图 3-5）。

Stanistreet 和 McCarthy（1993）通过对奥卡万戈扇的研究也提出了陆土扇的划分方案，根据泥石流、辫状河、低弯度曲流河三个端元，将冲积扇划分为泥石流为主的扇（debris flow dominated fan）、辫状河流扇（braided fluvial fan）和低弯度曲流河扇（cosimean fluvial fan）（图 3-6）。在此分类中，没有包括片流扇，实际上多数冲积扇的远端环境以片流沉积为主，某些片流为主的扇的近源亦有河道发育，但作者却将低弯度的曲流河扇纳入冲积扇分类中，虽然有些新颖，但似乎与传统的冲积扇含义有些偏离。当然，在西方的概念中，冲积的“alluvial”比河流的“fluvial”具有更宽泛的含义，alluvial 包括了 fluvial。

国内一般将山洪泥石流等阵发性山区洪水因卸载其携带物而形成的沉积物叫洪积扇或者冲积扇，后者有更加偏向流水沉积成因类型。将冲积扇上的沉积作用分为泥石流沉积、辫状河道沉积、筛积沉积和片流沉积等。一般来说，泥石流作用为主的冲积扇坡度较陡，为 2°~25°，面积都比较小，一般小于 10km，而大于 10km 的扇状体系多发育在河流作用为主的沉积体系中，称为河流扇或其他相似的名称，如巨型扇（megafan）、大型河流扇（large fluvial fan）、冲积巨型扇（alluvial megafan）、潮湿河流扇（wet fluvial fan）等（DeCelles and Cavazza，1999；Leier et al.，2005；Fontana et al.，2008，2014；Weissmann et al.，2010）。冲积巨型扇或巨型冲积扇是由河流作用形成的规模巨大的扇体，经常发育在造山带山前的前陆盆地区，面积通常大于 1000km^2，如阿尔卑斯山南部发育的冲积巨型扇沉积体系，主要是在冰后期由冰川融化所形成的冰水河流沉积形成的，面积为 2000~3000km^2，长度为 30~70km（Fontana 等，2014）。

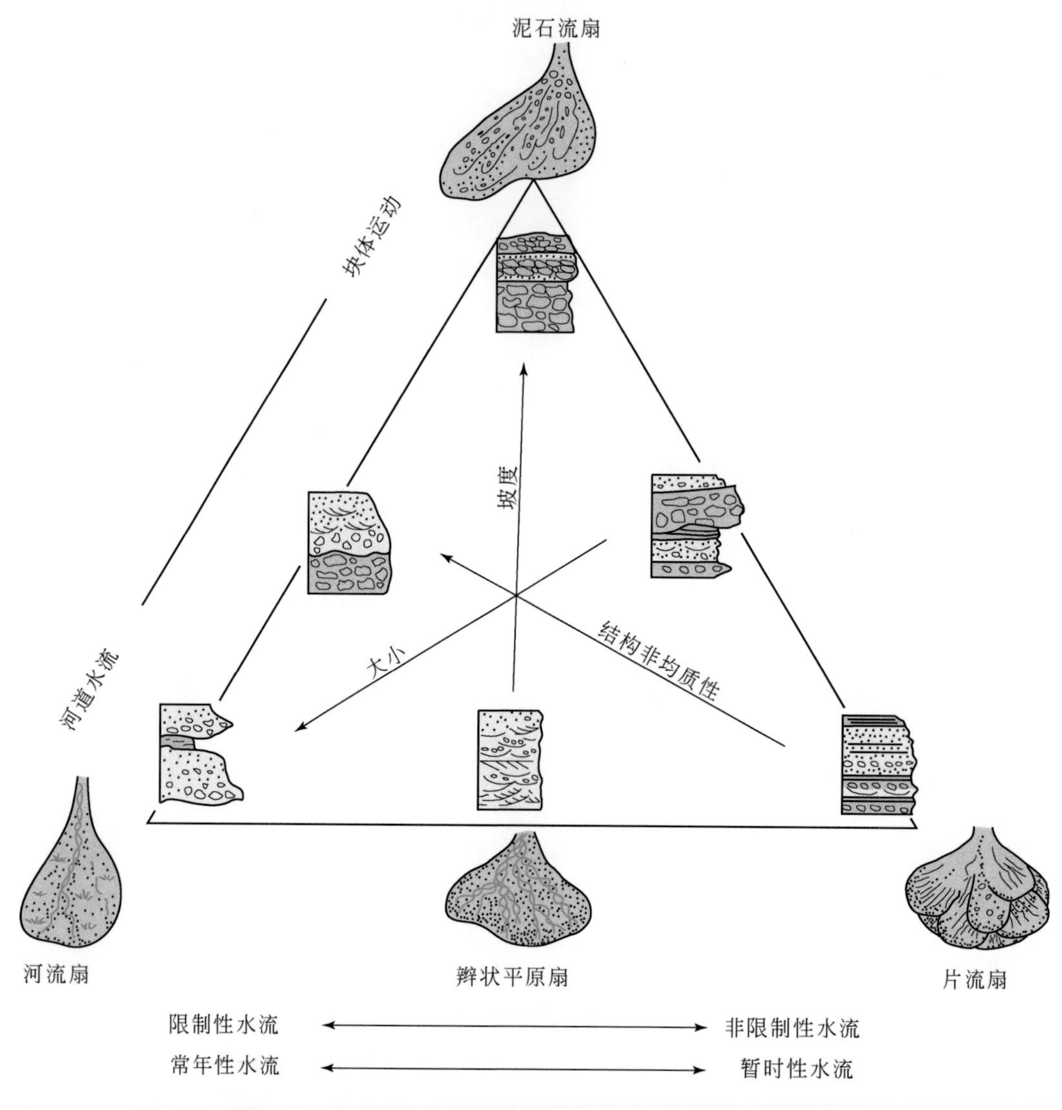

图 3-5　冲积扇体系分类图（Galloway and Hobday，1996）

综合前人不同的观点可以看出，冲积扇包括的类型很多，有泥石流扇、片流扇、末端扇、辫状河扇和曲流河扇等。可见，发展中的冲积扇的概念已经接近了分支河流体系的概念，甚至涵盖了后者。但是习惯上，我们还是将冲积扇的定义放到最初的含义上，即在干旱和半干旱地区由重力流和河道化水流形成的陆上粗碎屑扇形沉积体，尺度规模一般中等以下，按照沉积作用类型的占比不同分为泥石流扇、辫流扇和片流扇，而那些由河流作用形成的规模巨大的扇体则可称为河流扇或大型河流扇。

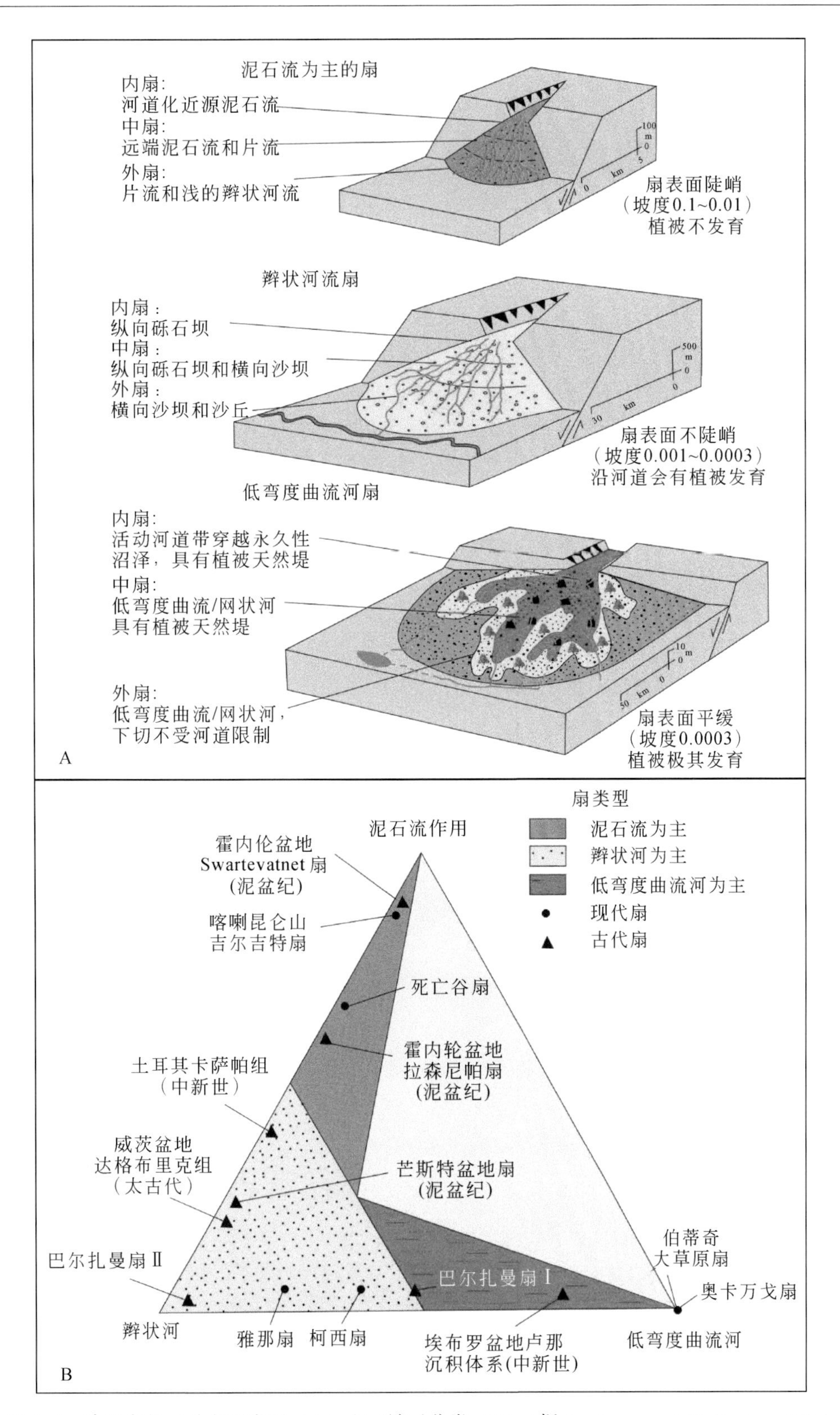

图3-6　冲积扇的三种主要类型(A)和三端元分类(B)(据Stanistreet and McCarthy，1993)

二、冲积扇主要类型及特征

（一）泥石流扇

泥石流扇是最普通的冲积扇，也就是大家熟悉的干扇，主要出现在干旱地区，坡度陡（泥石流的触发坡度一般大于27°），面积小，一般为1～100km²，现代沉积类型以美国加利福尼亚的死亡谷为代表。干旱区暴雨频度很低，每次泥石流发生的时间可能是几百年，甚至上万年。泥石流的运动方式为黏性非牛顿层流，即使缺乏侵蚀也会搬运几顿重的碎屑。在上扇的下切河道中可以发生过路作用，将沉积物向下游搬运形成泥石流朵体。该类型的冲积扇以泥石流及相关重力流沉积为特点，主要由没有分选或分选很差的泥质至砾质沉积物组成朵体和天然堤，砾质沉积物主要为层状基质支架至碎屑支架的砾岩和角砾岩组成，与泥石流沉积互层的还有暂时性的河道及风成沉积。局部发育筛状沉积，多为碎屑支架砾岩，与下伏地层多为渐变接触关系。在 Blair 和 McPherson（1994）的泥石流扇模式中，泥石流扇主要由天然堤和朵体组成（图3-7）。朵体可以是富含碎屑的，也可以是贫屑富泥的，天然堤可从近源区向下游延伸，并在两组天然堤之间形成多个朵体。朵体从两组天然堤的端部顺流延伸，主要由富屑层及上覆富泥层组成。天然堤常富含粗大的砾石，但这些粗粒组分在朵体中却很少出现。

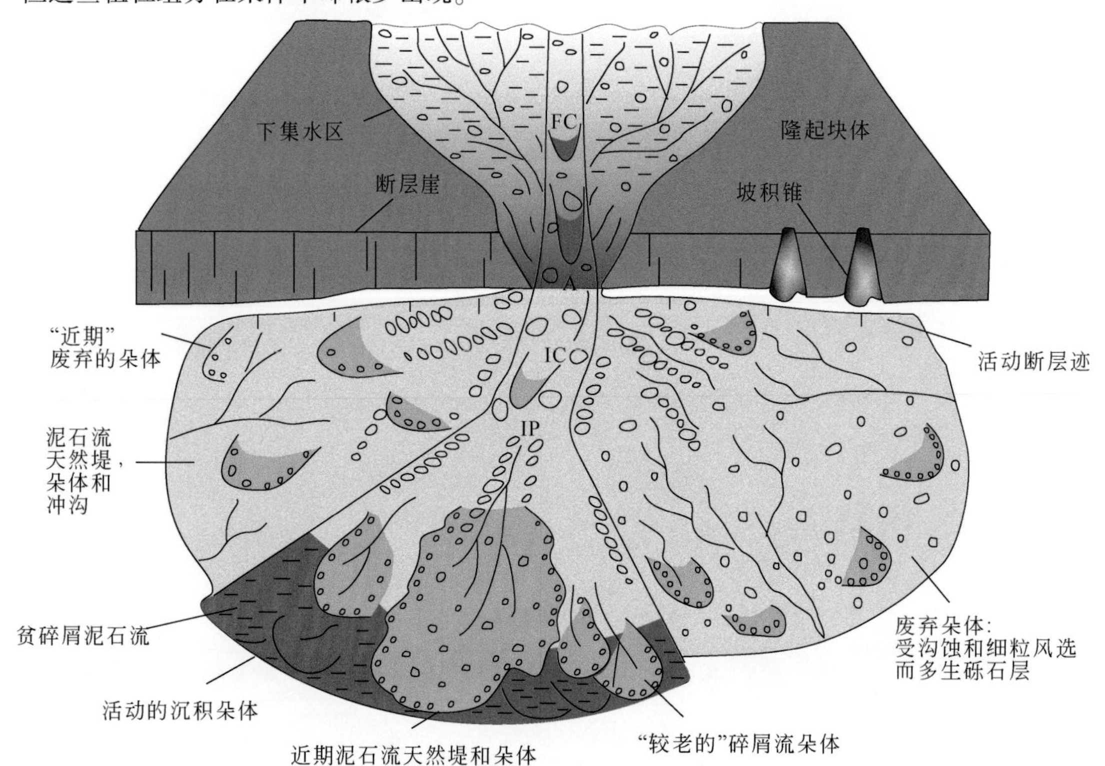

图3-7　泥石流扇沉积作用示意图（Blair and McPherson，1994）

图中标识FC为集水区补给河道，A为扇顶，IC为切入河道，IP为交切点

泥石流的流动特征就像一种宾汉塑性体或宾汉流体。宾汉流体指一种黏弹性非牛顿流体，其剪切应力和剪切速率也是呈线性关系，但宾汉流体存在一个屈服应力，其流动的前提条件是外力必须大于屈服应力。也就是说此流体只有在达到一个最小剪应力临界值才开始流动，而低于此临界值时流体则表现为普通的弹性体。此类流体的数学表达式为

$$\tau=\tau_0+\mu\partial u/\partial y \tag{3-1}$$

式中，τ 为剪应力；τ_0 为剪应力临界值；μ 为水-沉积物混合物的黏度；$\partial u/\partial y$ 为剪应力速度。

在泥石流流动过程中，随着剪应力向上减小，当上部剪应力小于剪应力临界值时，这部分流动由于没有速度梯度，可称为塞流（plug flow）（图3-8A）。既然塞流中没有沉积颗粒的相对运动，也就不存在沉积物的分选机理。然而，在下部的层流剪切流动区域，颗粒的相对运动可导致部分碎屑颗粒平行于沉积界面定向排列，产生的动力筛积作用使得细粒沉积物优先向下运动形成反递变，且底床上的扁平颗粒可呈叠瓦状排列（图3-8B）。

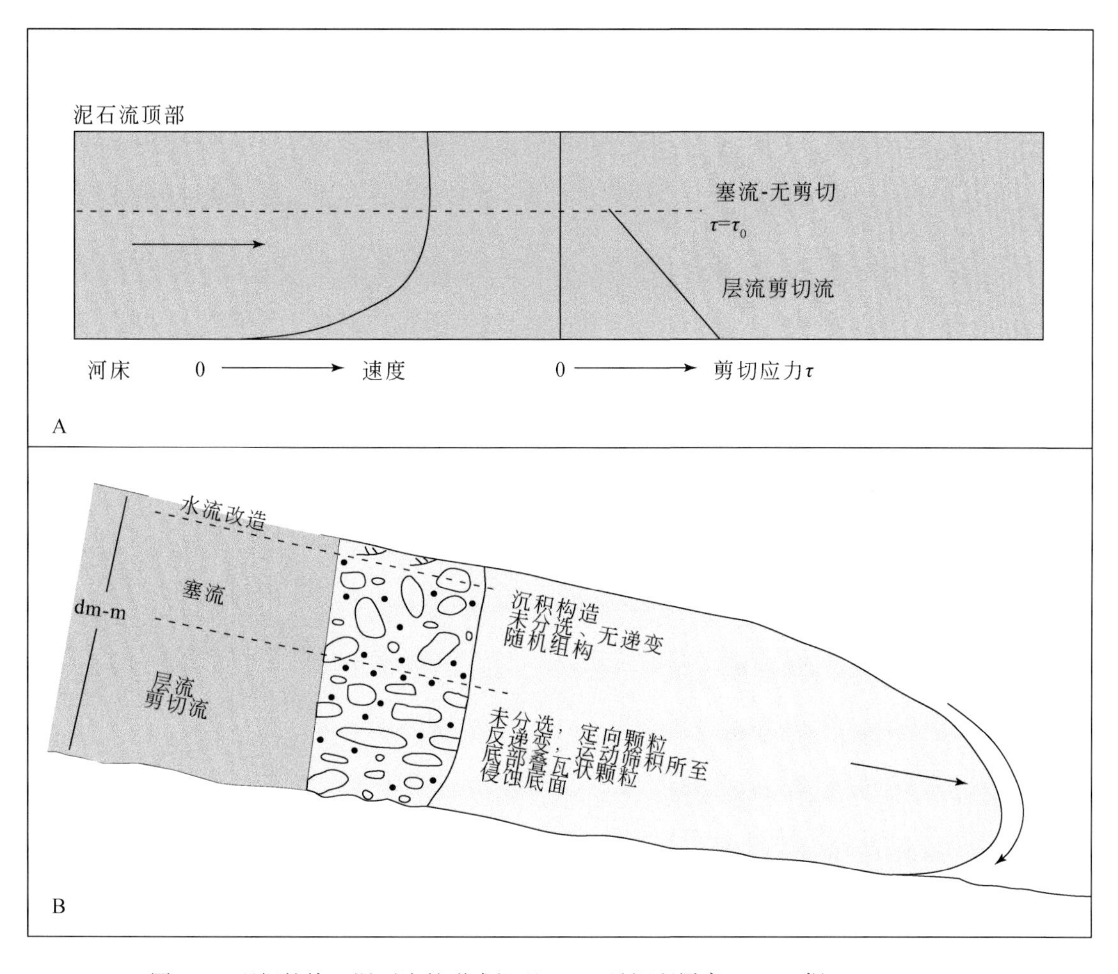

图3-8　理想的均一泥石流的形成机理（A）及沉积层序（B）（据Bridge，2003）

按照现代冲积扇地貌特征和沉积特征，可将泥石流为主的冲积扇相进一步划分为扇根、扇中和扇端三个亚相。

1. 扇根

扇根分布于邻近断崖处的冲积扇顶部地带，其特征是沉积坡度角最大，常发育有单一的或 2～3 个直而深的主河道。因此，其沉积物主要是由分选极差的、无组构的混杂砾岩或叠瓦状的砾岩、砂砾岩所组成的河床充填沉积及泥石流沉积组成，一般无层理结构，呈块状构造，但有时也可见到不明显的平行层理、大型板状交错层理及递变层理。

2. 扇中

扇中位于冲积扇的中部，构成冲积扇的主体，以泥石流、辫状河道沉积和河道间片流沉积为主，与扇根沉积相比，砂/砾比值较大，岩性以砂岩、砾状砂岩为主。砾石碎屑多呈叠瓦状排列，发育不明显的交错层理和平行层理，局部出现逆行沙丘交错层理，冲刷–充填构造发育。

3. 扇端

扇端出现于冲积扇的端部，地形平缓，以片流沉积为主，沉积物较细，通常由砂岩夹粉砂岩、黏土岩组成，局部见有膏岩层。与扇中相比，砂岩粒级变细，分选变好，层理构造发育，常见交错层理、平行层理，小型的冲刷–充填构造常见。粉砂岩和黏土岩中可显示块状层理、水平纹理和变形构造以及干裂、雨痕等暴露构造。

一个单一的冲积扇，从扇顶向扇端的粒度与厚度的变化总是呈现从粗到细、从厚到薄的特点。泥石流沉积和筛积多分布在上部。河道沉积和片流沉积虽然在整个扇内均有发育，但在中下部主要是由这两个相组成的。再向外，冲积扇则过渡为内陆盆地（干盐湖、风成沉积）和泛滥平原。由于每次洪泛时地表水系分布及能量变化的不稳定性，各类岩相在横剖面内的相互叠置也具有随机性。泥石流扇的发育由于经常受盆地边缘活动正断层的控制，所以沿断裂带盆地一侧一般有一系列泥石流扇相互交接，形成扇裙。

在断陷盆地的初陷期，泥石流扇通常发育在边缘断层的下降盘一侧，并伴随着边缘断层的活动，冲积扇将不断迁移、退缩或推进，由于发生海侵或水进作用，泥石流扇的前端会受到盆地水体的改造，形成扇三角洲。如渤海湾盆地的车镇凹陷沙四段沉积时期，沿断陷边缘发育了一系列泥石流扇，并随着水体的侵入逐渐演化成扇三角洲和末端扇体系（图 3-9）。车镇凹陷沙 4 段下亚段沉积时期气候属于干旱–半干旱，雨水蒸发量大，陡坡带边界断裂活动开始加剧，导致盆地开始扩展。地形特征主要为北部为陡坡带，南部是缓坡带。泥石流扇主要分布于凹陷北部陡坡埕南断层下降盘，大小泥石流扇在平面上呈窄裙状分布，西部泥石流扇体物源来自碳酸盐岩岩溶风化带，形成巨厚的石灰岩砾岩体。南部缓坡带主要发育辫流扇，同样呈裙带状分布。沙 4 段上亚段沉积时期古地形继承了沙 4 段下亚段的特点，北部为具有明显波折地形带，泥石流砂砾岩体沿陡坡断裂带呈裙带状分布，随着边界断层活动加剧，可容空间增大，砂砾岩扇体不断向盆地中心迁移，前端部分受到湖泊水体的改造，形成扇三角洲。这时缓坡带物源供给整体下降，在缺失物源供给的大部分滨岸地带发育滨浅湖滩坝沉积，既有碎屑岩滩坝也有灰质滩坝，仅在西部存在恒定的物源形成河流末端扇体系。由于盆地水体尚浅，尚不能形成正常的三角洲体系。

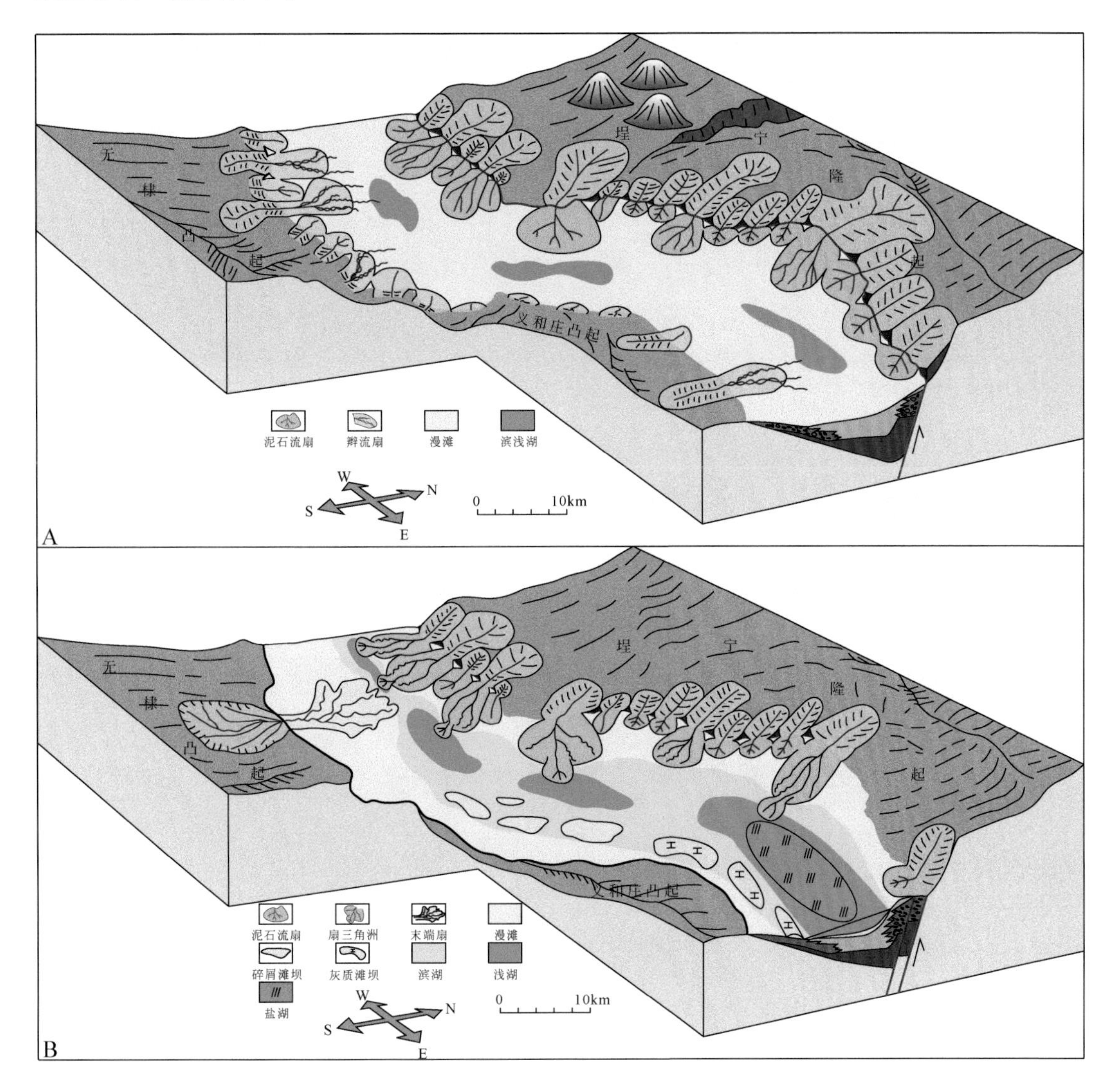

图 3-9　车镇凹陷沙 4 段沉积体系分布示意图

A. 沙 4 段下亚段沉积；B. 沙 4 段上亚段沉积

（二）辫流扇

不管是寒冷还是温暖、干旱还是潮湿气候条件下，冲积扇可以完全由水携沉积作用建造而成，可以是河道沉积，也可以是洪水片流沉积，主要由河道辫流带形成的冲积扇可以称为辫流扇，以区别于大型辫状河道带所建造的大型辫状河扇体系，如意大利罗马盆地更新世冲积扇层系主要由河道辫流作用形成，由叠合状大型交错层理砂砾岩构成，间夹透镜状板状层理或低角度斜层理砂岩（图 3-10）。这些更新世河道沉积层序的底部河床内出土了大量的猛犸象半化石，表明当时的沉积环境属于寒冷地区。

图 3-10　意大利罗马盆地更新世辫流扇野外剖面沉积特征

A. 冲积扇沉积层序由叠合状砂砾岩组成，显示大型下凹充填交错层系；B. 叠合河道砾岩发育的大型斜层理及内部冲刷；C. 大型槽状交错层理砾岩向上变为低角度斜层理砂岩；D. 大型槽状交错层理砾岩和斜层理砂岩组成的层序，层序间具有叠覆冲刷；E. 河道内出土的猛犸象半化石

辫流扇多以相互叠加的砾石质辫状河形式出现，河床分为许多汊，宽窄相间，形似发辫，故称为辫流。由于各个汊河的流量和水平高度不同，各汊河之间很容易被冲溃连通，形成复式辫流带，由多条复式辫流带构成辫流扇。其特点是河道多、切割频繁，而且河道

不固定，迁移频繁，河道沙坝时而被侵蚀，时而又建立，而河道间泛滥平原沉积和决口扇沉积相对不发育，泥岩多为氧化色和弱氧化色。辫流扇可分为近源扇、中部扇和远端扇几个亚相带，近源扇亚相沉积物主要是由分选差的混杂砾岩或叠瓦状砂砾岩所组成的河床充填沉积组成，层理不太发育或呈不明显的平行层理、大型板状交错层理及递变层理；中部扇亚相沉积类型以辫状分流河道、河道沙坝和漫流沉积为主，与近端沉积相比，砂/砾比值较大，岩性以砂岩为主，在砂岩和砾状砂岩中，可见辫状河流作用形成的不明显的平行层理和交错层理，河道冲刷现象比较明显；远端亚相沉积类型以漫流沉积为主，沉积物较细，通常由砂岩夹粉砂岩、黏土岩组成。砂岩分选变好，可见的平行层理、交错层理、粉砂岩、黏土岩中可显示块状层理、水平纹理（图3-11）。

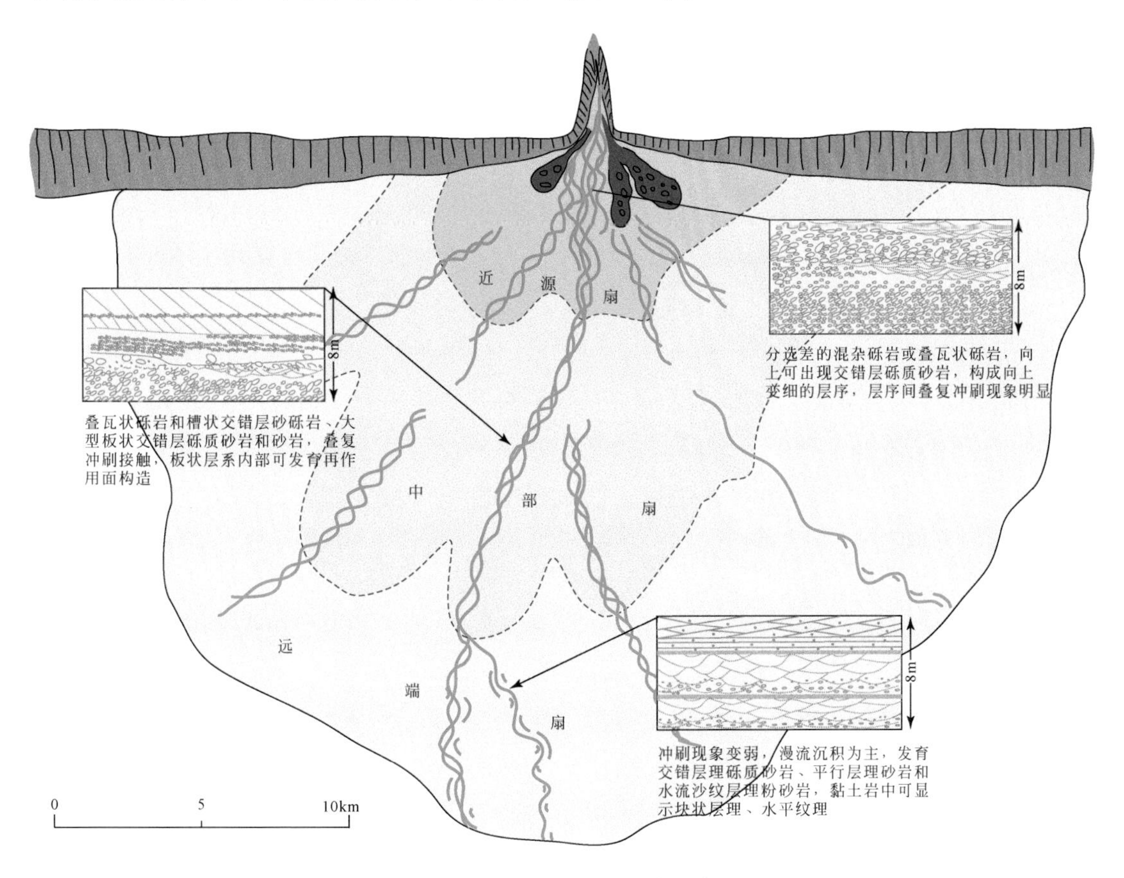

图3-11　辫流扇沉积相分布示意图

辫流扇以砾质辫状河道沉积占优势，泥石流和片流沉积可以出现但含量较少，顺流向下沉积物粒度变细，交错层发育（图3-12）。近源以块状砾质沉积为主，部分砾石层显叠瓦状和板状交错层，砾石层间可出现少量的砂质漫岸沉积；中部扇以砾质河床沉积为主，顺流向下主河道逐渐变为规模较小的分支河道，砾岩相也逐渐变为砂岩相，槽状和板状交错层发育，河道纵向坝的翼部发育前积层；远端扇以宽浅型河道或非限定水流沉积为主，为厚层泥岩夹交错层砂岩，偶见砾岩透镜体。砂岩主要层理类型有平行层理和沙纹层理，泥岩常含有大量的生物潜穴和植物根扰动，有些扇的端部进入干盐湖。

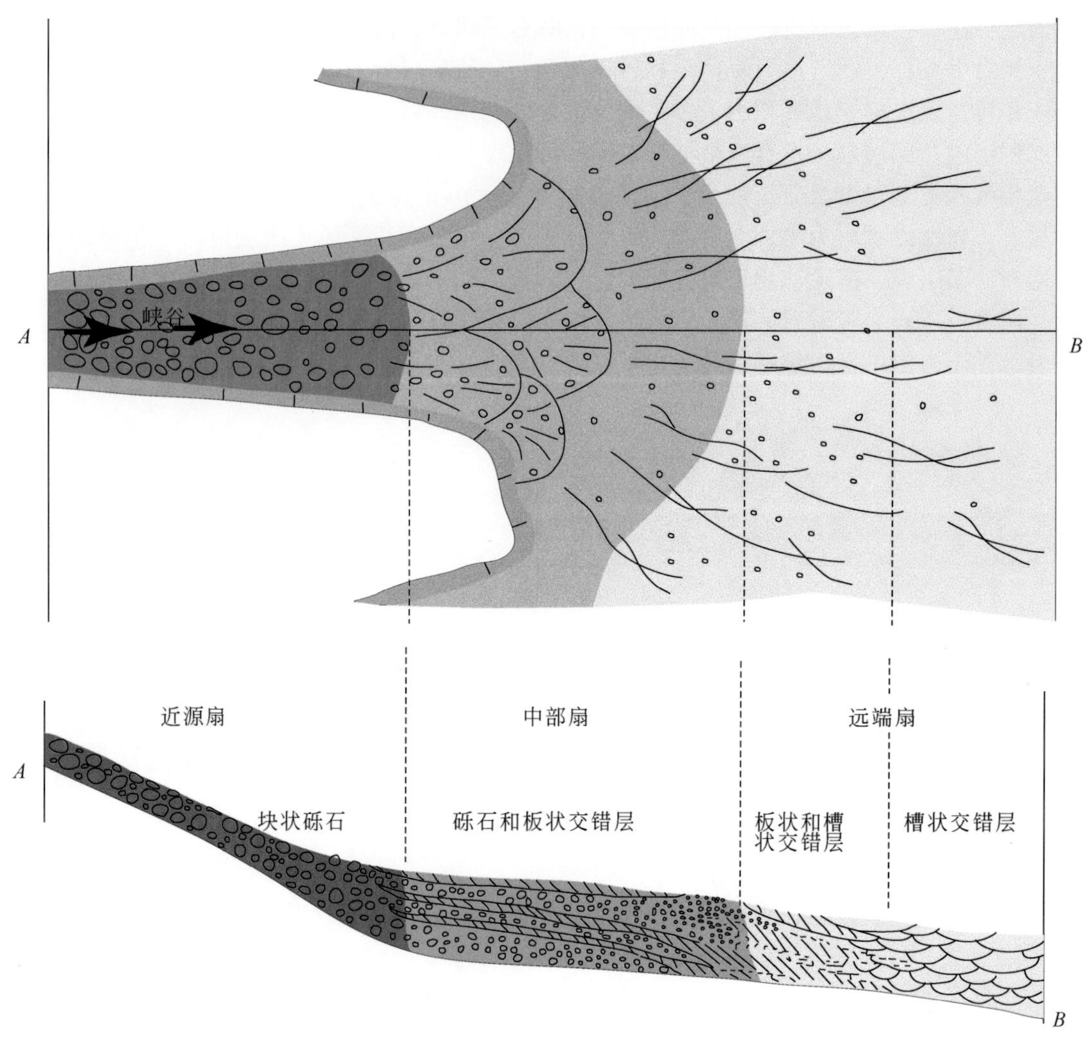

图 3-12　辫流扇的平面图和剖面图示意图（McGowen and Groat，1971；转引自 Galloway and Hobday，1996）

（三）片流扇

片流扇是主要由非限制性水流形成的沙坪，局部发育宽浅型的河道，扇的规模小到中等，扇上坡度为2°～5°，现代沉积类型以塔里木盆地边缘的冲积扇为代表。片流多由暴雨产生，随着来自集水区的山洪暴发，片流便在扇上扩展，圆锥状的扇表面促进了片流的发育，可以从扇的顶部开始，也可以从切入河道顺流向下的活动朵体上开始（图 3-13）。片流扇的沉积物主要由平坦的砾石和砾质砂的互层组成，而非传统上认为片流沉积以砂质和细粒沉积为主，片流扇沉积物发育叠瓦构造和低角度交错层，常见反沙丘层理构造（图 3-14）。美国死亡谷内发育多个由片流作用建造的扇体，面积达 50～70km^2，扇表面分布有宽数米深浅不一的冲沟，露头剖面主要由交错层砾岩和砂砾岩组成，并夹有透镜状反沙丘板状交错层系砂岩，远端相某些时期可能会受到风成作用或湖泊作用的改造。

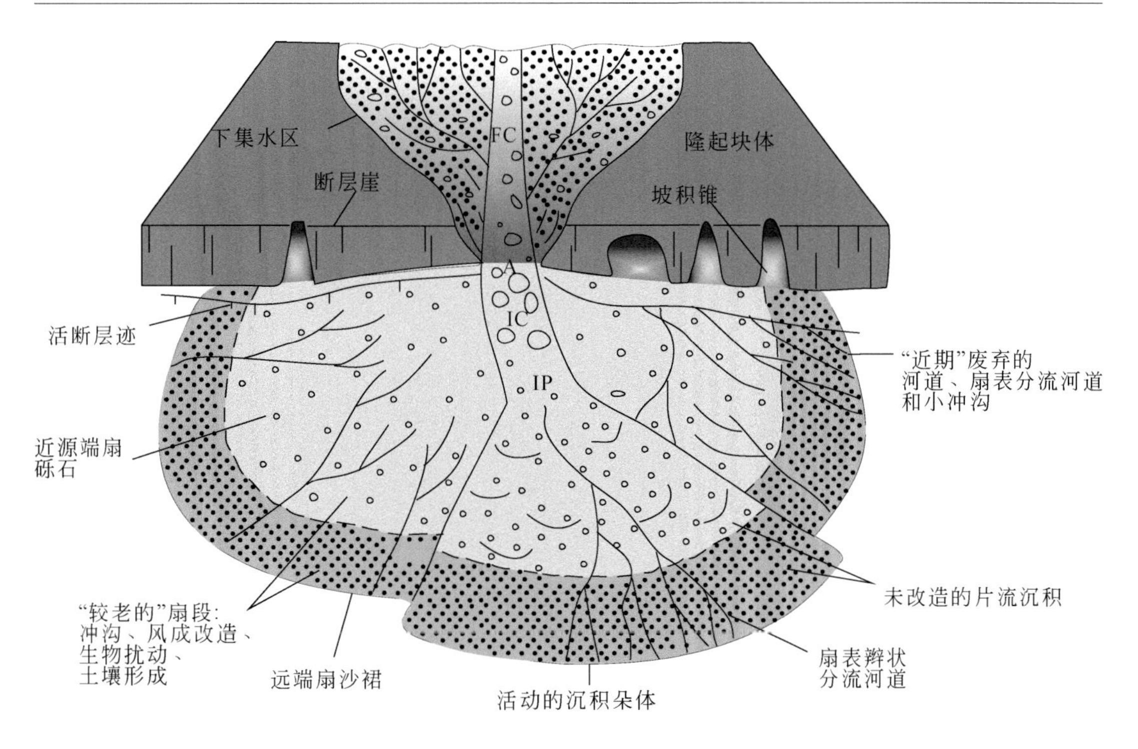

图 3-13　片流扇沉积作用示意图（Blair and McPherson, 1994）

图中标识 FC 为集水区补给河道，A 为扇顶，IC 为切入河道，IP 为交切点

图 3-14　现代片流扇剖面沉积特征

A. 粗细相间的层状砾石层，砾石呈叠瓦状定向排列，美国死亡谷；B. 大型板状交错层理砾石层夹有反沙丘低角度斜层理砾石层（箭头所指），美国死亡谷；C. 由平坦的砾石和砾质砂的互层组成巨厚层沉积层序，新疆乌苏；D. 由叠瓦状和交错层砾石层夹反沙丘层理砾质砂层组成的沉积层序，新疆乌苏

第三节　末端扇沉积

一、末端扇沉积特征

末端扇（terminal fan）的概念主要用来描述干旱地区的河道体系末端形成的砂质扇体，在河道推进到不稳定水体中也可以形成类似的朵叶状形态。当然，对这种观点也有人提出不同意见，他们认为干旱区河流向下游地区不可能形成分汊，所谓的分汊是由河道不停地改道造成的（North and Warwick，2007）。Kelly 和 Olsen（1993）认为，末端扇是在干旱-半干旱环境下，河流末端由于蒸发流量消减，随着地形坡度逐渐变缓，水流向四方散开，流速骤减，碎屑物质大量沉积，邻近补给河道区的宽而浅的河道向扇体转变并逐渐变成片流，在这种情况下形成的扇状堆积体。Kelly 和 Olsen（1993）还把该模式与格陵兰、英格兰和爱尔兰地区的泥盆纪盆地实例做了对照，对扇体中砂体的规模和特点进行了推测，分析了末端扇的沉积层序，把古代实例与现代分流体系相结合构建了末端扇相模式。随后，人们将其沉积模式运用到不同地区不同沉积环境的地层研究中，取得了重大突破。Newell 等（1999）研究了俄罗斯前陆盆地南乌拉尔阶上二叠纪横向河流系统（transverse fluvial system），对 Kelly 和 Olsen（1993）提出的末端扇沉积环境和三层沉积结构的观点表示赞同，并对该区的末端扇沉积环境和沉积相特征进行了详细描述。

张金亮等（2007）对东濮凹陷濮城地区沙 2 段上亚段的沉积特征进行了详细分析，认为该地区为干旱-半干旱气候条件下的末端扇沉积，并在总结国外末端扇研究的基础上，将濮城地区末端扇沉积相划分为近端亚相、中部亚相和远端亚相，建立了该区的末端扇沉积模式，这也是国内第一次系统地对末端扇沉积相和沉积模式进行研究。在我国东部盆地深层致密砂岩储层的形成环境中也有类似的沉积作用（张金亮等，2011）。末端扇由于处于干旱–半干旱环境下的河流末端，水流强度不大，沉积物大多暴露在地表，而部分处于湖水面以下的远源溢岸沉积，也由于水体较浅而受到不同程度的氧化作用，因此末端扇沉积物多以细粒砂岩沉积为主，砂岩中泥质含量高。砂岩颜色以浅棕色为主，泥岩沉积多为紫红色、浅棕色，缺乏暗色泥岩沉积物，这是末端扇沉积的重要特征。此外，末端扇沉积中常含有碳酸盐矿物，这是由于季节性降水或地下水位上涨时形成临时性湖泊的盐碱地，在干旱气候环境强烈的蒸发作用下，最终盐度达到饱和发生岩盐沉积，它是与碎屑岩沉积同时进行的。末端扇沉积过程中主要受到牵引流控制，因此层理构造发育较好，主要有槽状交错层理、平行层理和水流沙纹层理等。远端盆地沉积特征主要由悬浮负载/底负载的比率以及临近沉积环境控制。在悬浮负载/底负载比值较高的地区，以泥岩为主的洪积盆地沉积和由暂时性的河流形成的席状细粒砂岩沉积，而在悬浮负载/底负载比较小的河流系统，则以风成沙丘和席状砂岩为主。东濮凹陷濮城地区沙3段上亚段末端扇沉积体系主要发育于涨缩湖盆，湖盆水面升降频繁，加之季节性降水和洪水流的交替影响使得河道砂岩沉积中泥质条带及泥质夹层发育，溢岸沉积砂泥互层频繁，在砂岩中还富含泥屑。

松辽盆地南部泉4段沉积时期曾经存在5个主要的物源和7条主要的水系，即西部物源（英台水系、红岗水系）、西南物源（通榆水系、保康水系）、南部物源、东南物源（长春水系、怀德水系）和东部物源（榆树水系）。在整个泉4段沉积时期，砂泥互层组成的正韵律常遍及整个盆地。砂体厚度向远端盆地逐渐变薄，但砂体形态受到物源控制，河道沉积形成相对较厚的指状砂体，漫溢沉积砂体厚度一般较小，呈席状展布，远端沉积呈薄层状，遍及全盆地（图3-15）。多个物源自西向东、自南向北、自东向西向盆地中部的大安及松原以北等地区汇集并分汊，河道增多，规模变小，但河道的延伸、展布形式多样。西北部沉积体系离物源较近，地形坡度较陡，以辫状河发育为主。全区发育河流–末端扇体系，平面上大面积发育相互切割、叠加的辫状河道、曲流河道与末端扇分流河道砂体，河道呈带状或枝状展布；剖面上多期单河道叠置而成为复合河道，向盆地方向，单层分流河道砂体厚度逐渐减薄，砂岩岩性逐渐变细。

洪水流携带大量的碎屑沉积物顺坡向盆地中心流动、搬运，在到达盆地中心地区时，地形坡度变缓，由水道系统的流动变为席状表面流，形成末端扇沉积。虽然放射状水道体系向盆地中心汇集，但在盆地中心地区未能形成较“深水”沉积，盆地中心是非常平坦的浅水充氧环境。有时出现某些非氧化层，乃是由浅水质的还原条件造成的，尤其是在充氧湖底存在着富含有机质层的时候。但常常由于风应力产生的搅动，以及内栖生物的潜穴活动，促使那些非氧化层产生了广泛的氧化。

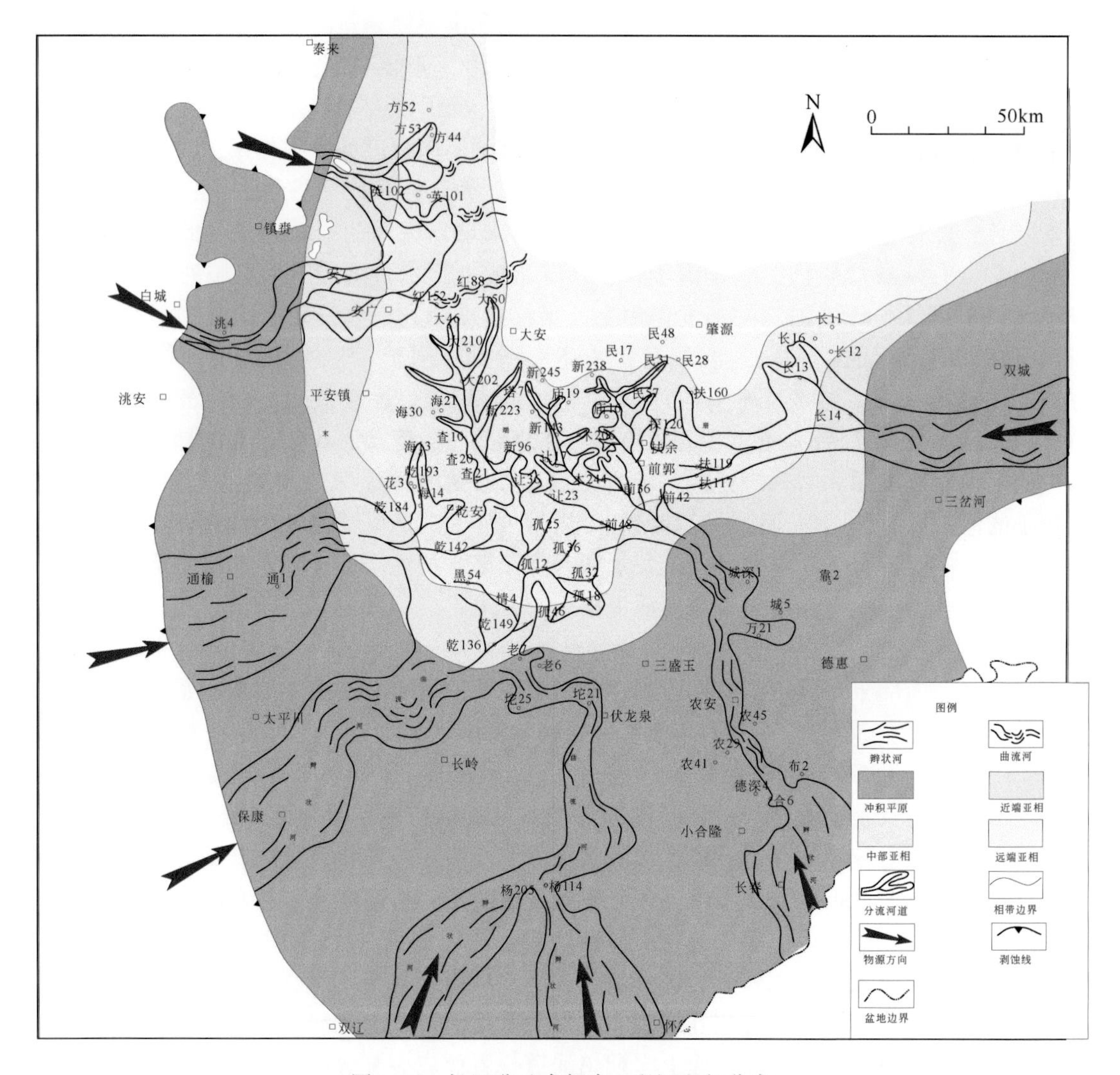

图 3-15　松辽盆地南部泉 4 段沉积相分布

在曲流河相关内容描述中，曾使用了饶阳凹陷沙 1 段和沙 3 段的取心来讨论曲流河的沉积层序类型。实际上，这些曲流河道在大面积低缓的斜坡带上形成了河道分支体系。近端亚相由发育较好的细砾和砂质补给河道和与之相伴生的河道间沉积组成，河道内发育河道沙坝，显示辫状河沉积特征。沿河道下游方向，单个河道充填厚度明显变薄，辫状河道转化为曲流河道，并逐渐变为分布广泛的分支河道和漫岸沉积。分流河道是河道分支体系的重要组成部分，也是上游方向河流补给河道的继承。在沙 1 段沉积时期，盆地洼陷带尚未形成较为连片的水体，沉积作用以分支河体系为主。沙 3 段沉积时期，盆地水体虽有扩大，但放射状分支水道体系并没有受到湖泊沉积作用的控制，主要沉积类型为滨岸平原末端扇或盆缘末端扇体系，并不存在稳定的河流三角洲体系（图 3-16）。

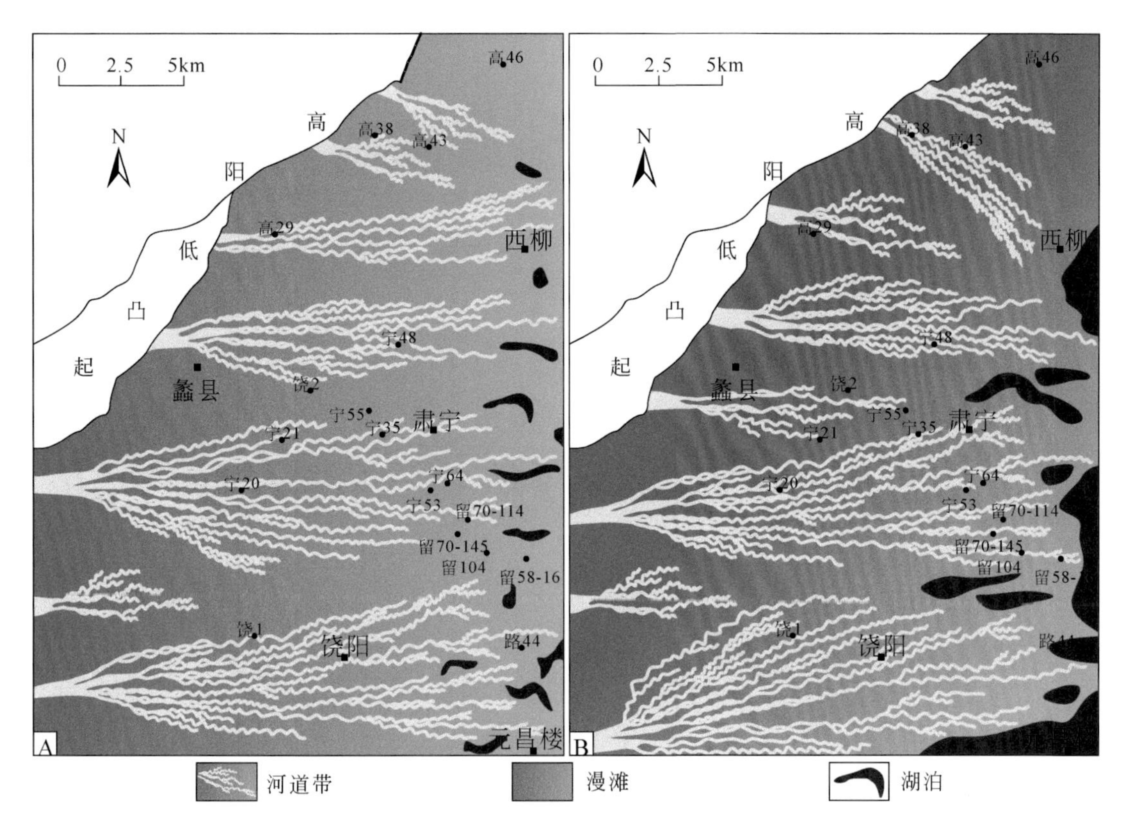

图 3-16　饶阳凹陷西部斜坡带河流分支体系分布示意图

A. 沙 1 段；B. 沙 3 段

在干旱气候下受到间歇性洪水作用，发育了众多的分流河道，为油气聚集提供了良好的储层。每期河道都是一个具有独立油水系统的油藏单元，多期河道叠加连片，在构造背景下形成复式油气藏。如饶阳凹陷大王庄油田河流分支体系的油藏单元分布受互不连通的分支河道砂体控制。

随着现在沉积的深入调查，许多国内外学者开始注意到末端扇的沉积作用，并逐渐总结完善其沉积理论（张金亮等，2011；张金亮和谢俊，2008）。

二、末端扇相模式

Kelly 和 Olsen（1993）结合格陵兰、英格兰和爱尔兰地区的泥盆纪盆地末端扇沉积实例，首次对末端扇沉积模式进行了研究，分析了末端扇的沉积层序，把古代实例与现代分流体系相结合构建了简明的末端扇相模式（图 3-17）。自 Kelly 和 Olsen（1993）总结出末端扇的沉积模式以后，Newell 等（1999）和张金亮等（2007）相继对末端扇沉积模式进行了研究，并且将其沉积模式运用到不同地区不同沉积环境的地层研究中，从而使末端扇成为一个重要的分支河流体系。

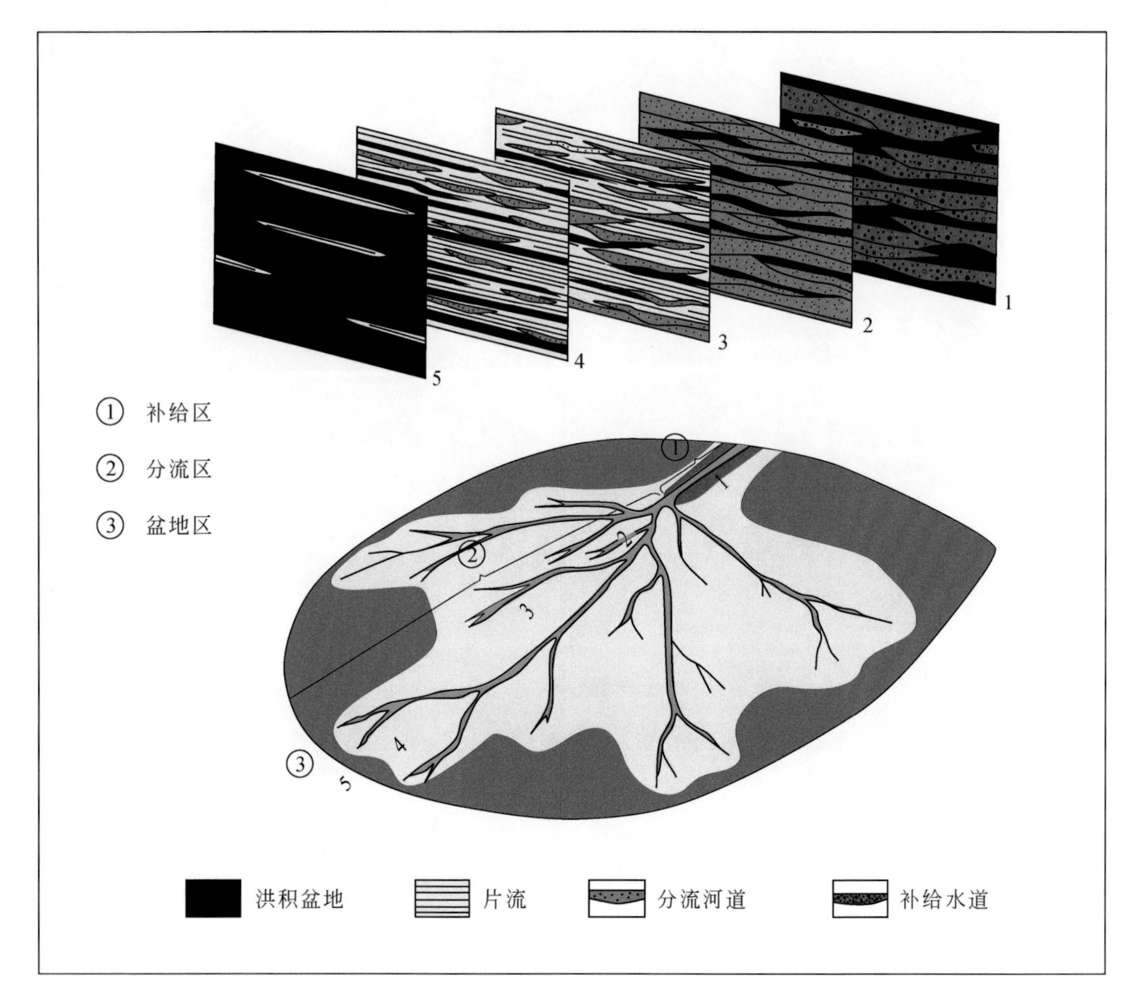

图 3-17　末端扇相组合和相模式图（据 Kelly and Olsen，1993）

河流流量沿下游方向逐渐递减是末端扇的一个重要特点，流水到达河道终点的过程中其搬运沉积物能量的损失速率是末端扇形成过程中至关重要的因素。众多有关末端扇的研究表明，能量的损失主要是由于坡度的减小或者河流水量的减少。在干旱气候下，河流流量通过决口、渗透和蒸发迅速减少，进而造成水流能量的快速降低，最终形成末端扇的砂质堆积物。沿河道下游方向，末端扇沉积特征按一定趋势呈现一系列变化：河道沉积物的颗粒大小和沉积规模逐渐减小，相应地粉砂岩等细粒沉积物含量逐渐增加。根据对古代和现代末端扇沉积实例的研究，结合沉积物特征的变化，一般将末端扇分为近端亚相、中部亚相和远端亚相。

近端亚相包括补给河道沉积和河道间沉积，其中补给河道沉积占主导地位。补给河道为河流河道沉积的延续，单一河道较为发育，沉积剖面由河道砂砾岩体叠置而成。河道间沉积主要由粉细砂岩、泥岩等溢岸沉积组成。中部亚相以分流河道沉积为主，河道砂岩和漫溢砂体与泥岩互层出现。在以砂质沉积为主的体系中，中部亚相近端几乎全部为分流河道沉积，在这一地区河道频繁改道、分汊，形成多支分汊支流。随着分流河道不断延伸，河道密度降低，砂体厚度减少，而且河水常常溢出形成溢岸沉积，沉积作用向远端盆地亚相过渡，沉积层序主要由大量的细粒悬浮沉积、洪积盆地泥岩沉积构成，还可以出现风成沉积。

Nichols 和 Fisher（2007）使用“河流分支体系”（fluvial distributary system）来描述内流盆地（endorheic basin）中这种独特的扇形砂体类型。由于气候干旱，蒸发和渗漏作用使得河道向下游方向水量减少，河道的尺度规模也逐渐变小。在低缓的冲积平原上，河道重复性的冲裂，形成了半径达数十千米的扇形沉积体。河道从近源向远源，有限定性的河道化流动逐渐过渡为非限定性的流动。近源沉积主要为粗粒的砾质和砂质河道沉积，并有少量的漫岸细粒沉积；中部地区河道的规模变小，河道类型可以多样，可以是辫状河道、曲流河道也可以是单河道，侧向迁移的程度变化不一；远端地区砂体连通性变差，河道充填沉积不发育（图 3-18）。在这一模式中，远端决口扇是该沉积体系的重要组成部分，也是非河道水流在活动河道末端的沉积。考虑到在湖盆的高水位期，远端部分有可能被淹没，这时河道将为湖泊三角洲提供物源，所以作者使用“河流分支体系”的概念来取代末端扇体系。

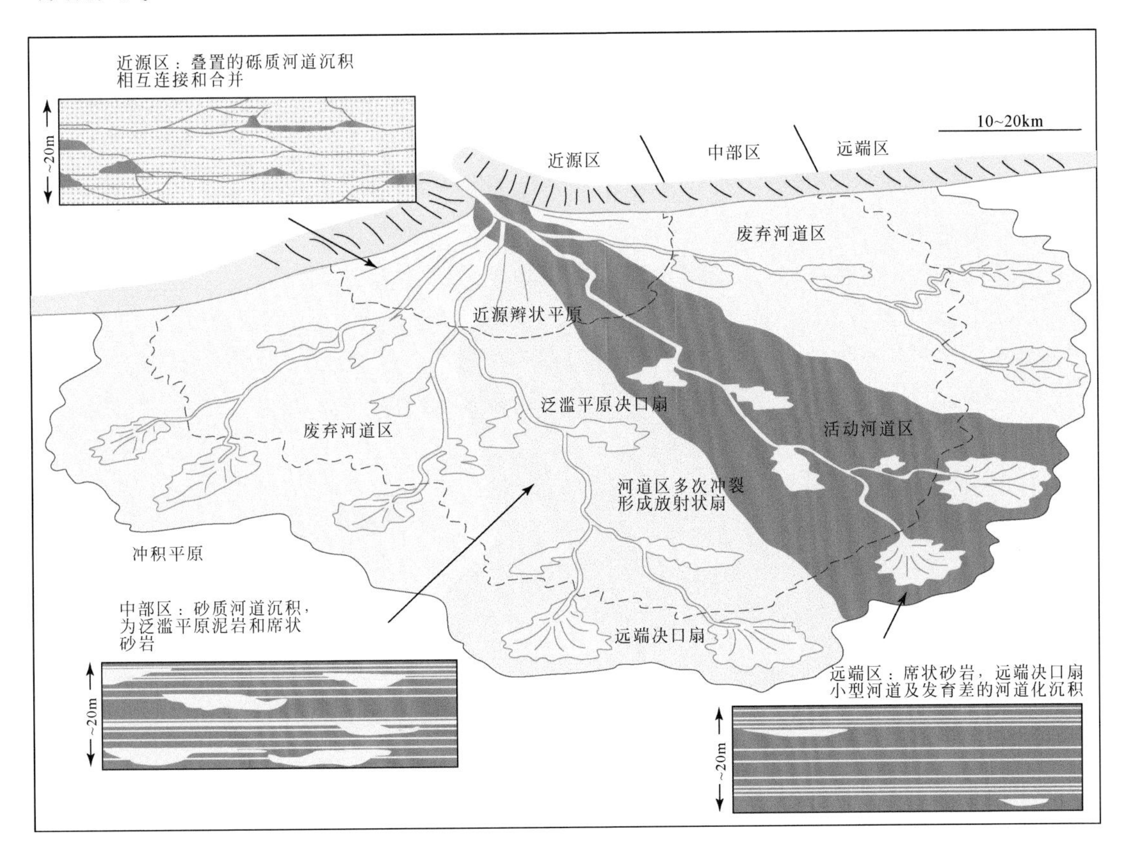

图 3-18 河流分支体系相组合和相模式（据 Nichols and Fisher，2007）

第四节　现代 DFS 及相分布

一、现代分支河流扇沉积

河流扇是沉积盆地内发育的大型分支河流体系。河流扇体系的发育受到多种因素的控制，除了构造和气候环境外，物源的充足、盆地的地形和坡度都很重要。若物源和水流能源充足，那么分支体系延伸距离较长，反之则延伸距离较短。在河流扇形成过程中，河道应为非限定性，不受河谷的约束，这样才具有横向宽展的能力。

河流扇主要发育在潮湿-半干旱的高降水地区，坡度一般比较低，扇上分布有永久性或半永久性河道体系，发育河道充填沉积和漫岸沉积，现代以辫状河沉积为主的河流扇以印度的柯西扇为代表（图 3-19）。柯西扇基本上是由一条活动的河道带组成的，河道规模向下游在很长的距离内保持不变，在不到 250 年的时间，河道从扇的最东边迁移到最西边，跨越了整个扇区。柯西扇的沉积速率非常高，废弃的河道带相互叠合形成了宽厚比很高的砂体。河道沉积比例和砂体的连续性向扇顶部增加，在近源扇区河道带收敛明显，但向下游地区河道带的放射状特征不明显，河道带大致呈平行分布。考虑到扇上的古河道代表了地质学上相对较近的动态变化，故将其归为 DFS。

河流扇的发育受水流流量的控制作用远大于气候，当河流流入干旱区或沙漠区，只要水流流量足够大，就可以对流域内的气候和生态环境进行重建，如奥卡万戈曲流河扇就是一个形成于沙漠背景的河流湿地扇。现以奥卡万戈曲流河扇为例进行相关沉积环境讨论。

博茨瓦纳奥卡万戈扇是一个大型的现代曲流河扇，主要沉积作用环境为湿地沼泽，但由于发育在卡拉哈里沙漠沙丘区，也被作为干旱区河流地貌进行描述（Thomas，2011）。奥卡万戈扇，也就是通常所说的奥卡万戈三角洲。由于沉积作用发生在沙漠干旱区，沉积物保存了大量敏感的气候记录，又是野生动物的乐园，是不可多得的社会与环境变化研究的天然实验室。同时，这里人迹罕至，各种沉积现象浑然天成，是开展“将今论古”类比研究的重要场所，目前已经成为沉积学研究关注的热点区域（McCarthy et al.，1991，1997，2010；McCarthy and Ellery，1995；Gumbricht et al.，2004；Tooth and McCarthy，2004；Murray-Hudson et al.，2011；张金亮，2019，2022）。

（一）环境分带

奥卡万戈曲流河扇形成于卡拉哈里沙漠内部的洼地，是由奥卡万戈河河水不断注入这一干旱区而形成的独具特色的曲流河湿地扇。奥卡万戈曲流河扇俗称奥卡万戈三角洲或奥卡万戈沼泽，近年来越来越多出版的专业文献称其为奥卡万戈扇（Stanistreet and McCarthy，1993）。为了尊重俗称，人们习惯于称其为奥卡万戈三角洲。奥卡万戈扇地处博茨瓦纳西北部，处于 18°S～21°S，23°E～27°E 之间，面积约为 18000km^2，是世界上最大的内陆“三角洲”，四周环绕着卡拉哈里沙漠沙丘区。

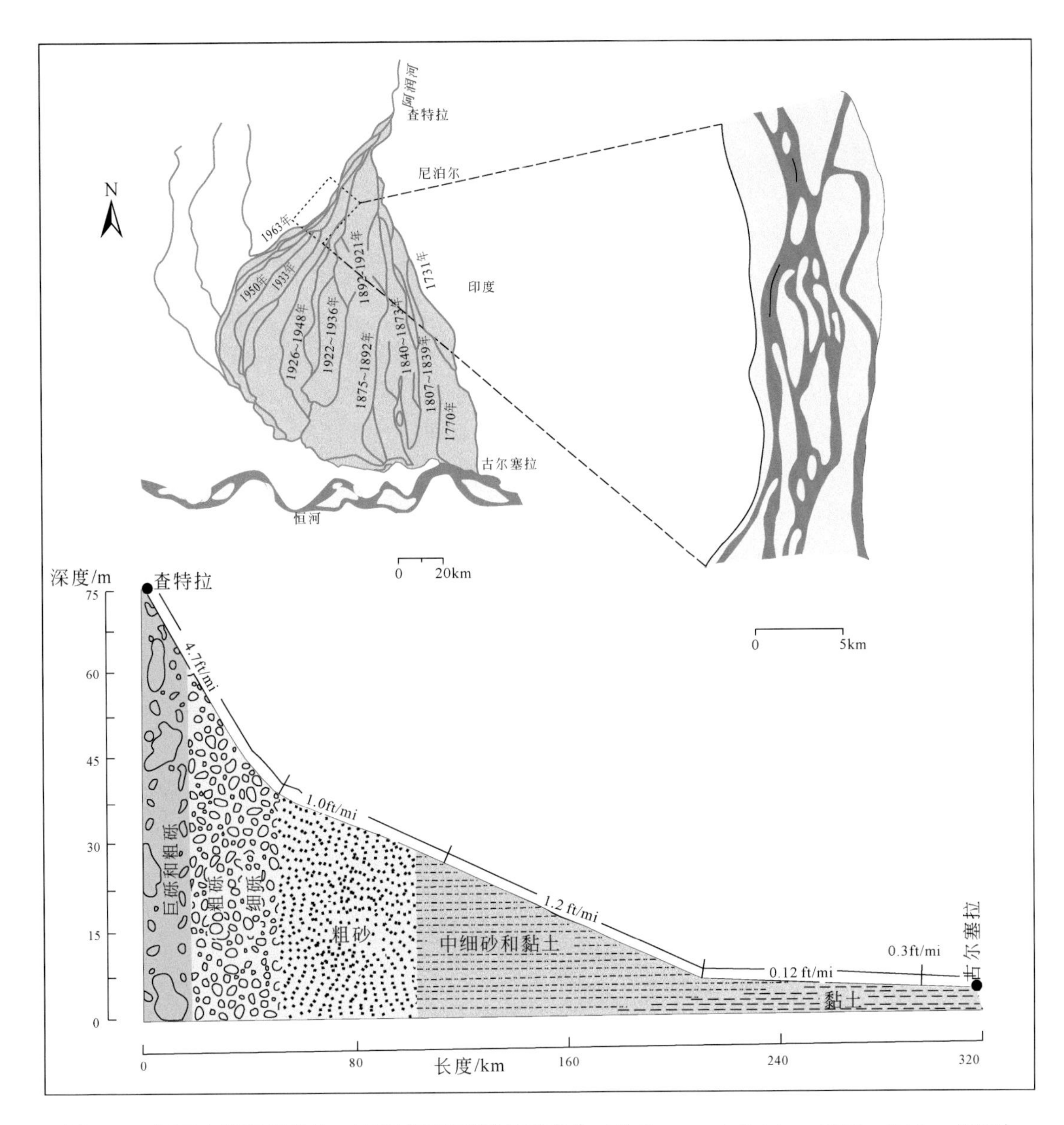

图3-19　柯西扇的沉积背景、地貌特征和顺流坡度变化（Galloway and Hobday，1996；Bridge，2003）

奥卡万戈河发源于奥卡万戈扇西北900km处的安哥拉中部高地，这个地区的年降水量达到了1200～1800mm。奥卡万戈扇的年平均降水量为500mm，降水都分布在南半球的夏季，从10月到第二年的5月，峰值出现在1月和2月。来自安哥拉高地的雨水汇集形成汹涌的洪流，每年携带$200×10^4$t的泥沙在卡拉哈里沙漠上沉积下来，雕琢出了“九曲十八弯”的特殊河曲形态，形成独具特色的曲流河扇。奥卡万戈河水漫溢南下，所到之处，树木繁茂，各种生命形态如雨后春笋，水美草肥的环境成了鸟兽的天堂。

奥卡万戈扇是一个巨大的河流分支体系，扇上的主要沉积作用为曲流河，因此可称为曲流河扇。曲流河扇的近源沼泽地区多数河道具有低弯度特征，故有人称其为低弯度曲流河扇（Stanistreet and McCarthy，1993）。它的面积具有很强的季节性特点，在不同季节它的面积会有很大的变化。在旱季的时候，最小面积仅为 16 000km²，而到了雨季，它的最大面积可达到 40 000km²，其中，9 000km² 是永久性湿地，14 000km² 是季节性湿地。中心轴线的辐射长度超过 150km，扇上遍布有河道、沼泽、湖泊、沙岛、草地和林地。疟蚊和舌蝇的存在，使得该地区很少受到人类活动的干扰，整体上保持了非常原始的状态。

人们对奥卡万戈扇地貌环境的划分还不一致。从大的地貌单元来看，奥卡万戈扇主要由两大部分组成：一是狭长的走廊地带，也称为潘汉德尔（panhandle），是一个大约 100km 长，15km 宽的补给河谷；二是宽阔的扇体部分，宽度约为 120km，河流为分支状。根据湿地的发育情况可以划分为永久性湿地、季节性湿地和旱地分布区，三个区带形成了明显的环境分区（图 3-20）。根据沉积环境及其沉积特征，可将奥卡万戈扇划分为补给河谷、近源扇、中部扇和远端扇四个亚环境。

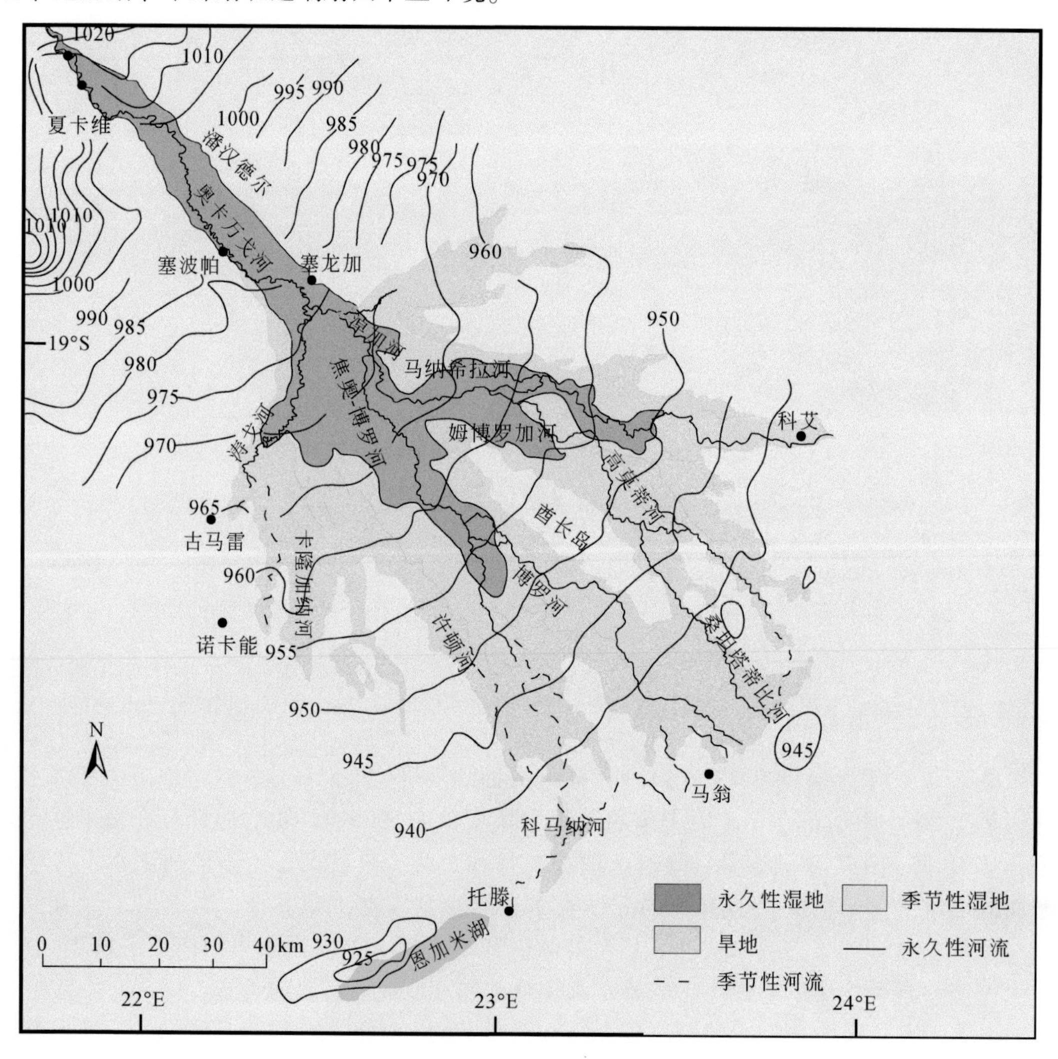

图 3-20　奥卡万戈扇地理位置及环境分布

1. 补给河谷亚环境

潘汉德尔地区为一个向扇体展宽的河谷，是补给河道的分布区。河谷内为一永久性湿地环境，奥卡万戈河在浓密的纸莎草沼泽中漫游和迁移。由于河谷坡度小，河道具有较高的曲率，一般为1.8～1.9，河道宽度较扇上河道相对较大，一般为80～150m，点坝、迂回坝和废弃河道发育（图3-21）。在河谷的下游，奥卡万戈河分汊形成淖加河（Nqogha）和涛戈河（Thaoge）两个分支河道，并进入近源扇区。

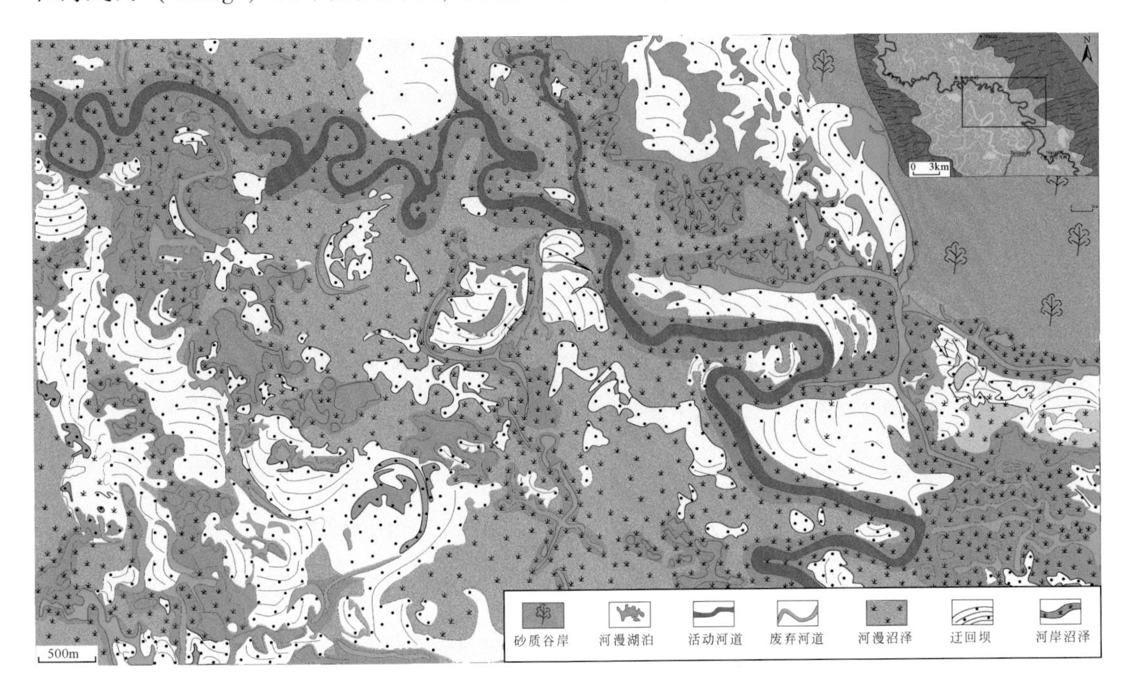

图3-21　潘汉德尔河谷内曲流河沉积环境

2. 近源扇亚环境

近源扇分布从谷口海拔975m到海拔960m处，长度为50～60km，环境分带界线受河道和河间性质影响很不规则。除了最先形成的淖加河和涛戈河外，进一步分汊形成了焦奥-博罗河（Jao-Boro）、姆博罗加河（Mboroga）和马纳希拉河（Maunachira）。分支河宽度为50～80m，河道曲率一般为1.2～1.9，平均为1.5。随着河道不断被冲裂，分成许多分支河道，这些分支河道的河岸长满了茂密的植物，河间形成大面积的湿地，弯度变化不一，如马纳希拉分支河道向下游方向发育很好的高弯度曲流河段，并伴有牛轭湖（图3-22）。涛戈分支河也具有较大的曲率并由于植被的堵塞发生废弃，留下了复杂的迂回坝体系。河道内可以有多种类型的底形发育，有河道内的顺流加积体也有凸岸的侧向加积体，可以发育大小不一的点坝和反向点坝砂体，形成迂回坝。天然堤沼泽的基座部分为泥炭层，厚度为0.5～2m，泥炭层水面以上为茂密的茎叶。天然堤平行河道延伸，横断面成楔状或不对称的透镜状，向河道一侧较陡，另一侧较缓并逐渐过渡到泛滥平原的沼泽和草地，某些河段的中央浅滩部位也有沼泽发育（图3-23）。近源扇亚环境主要由河道、沼泽、湖泊、草地和局部孤立的沙岛林地组成，并以沼泽最为发育，沼泽植被类型主要有纸莎草（*Cyperus papyrus*）、芦苇（*Phragmites communis L.*）、香蒲（*Typha capensis*）、睡莲（*Nymphaea spp.*）和河马草（*Vossia cuspidata*）。丰富的水域为河马、鳄鱼、虎鱼、鱼鹰、翠鸟等提供了一个理想的生态环境。

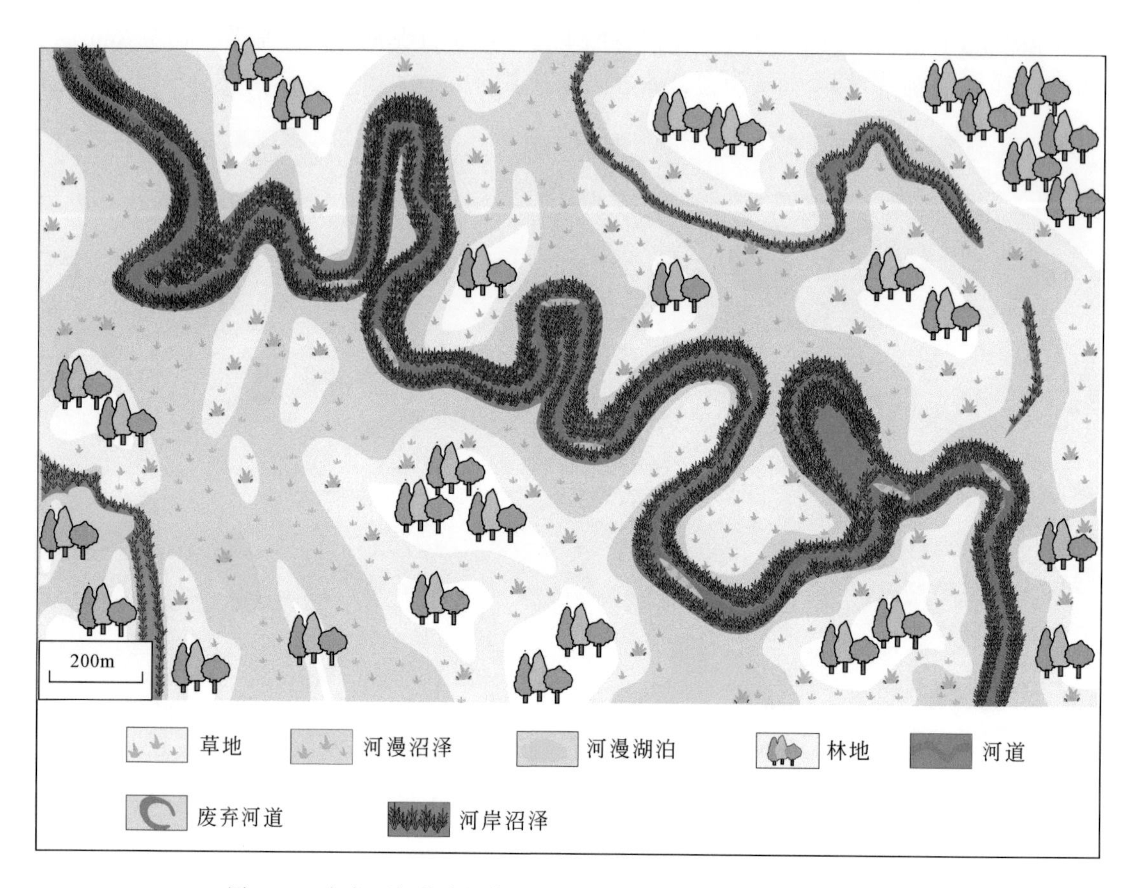

图 3-22　奥卡万戈曲流河扇上马纳希拉河分支河部分河段发育特征

3. 中部扇亚环境

中部扇区是一个受季节性洪水影响的广阔区域，分布范围从扇上海拔 960m 到 945m 处，长度约 55km。由于洪水可透过天然堤向分流间地区倾泻，河间低洼地区形成大面积分布的沼泽和湖泊。当旱季到来，河水减弱和蒸发时，河间地区沼泽和湖泊萎缩，大部分地区暴露成为漫滩，大范围的草地出现，食草动物繁盛。顺水流方向可进一步划分为扇中分支河道、扇中河道间和扇中前缘 3 个微环境。

扇中分支河道是近源扇主要分支河道的延伸和进一步分汊，临近近源区的河道内和河道边缘发育纸莎草和芦苇，形成河道内泥炭层堆积和泥炭天然堤。河间地区沼泽分布广泛，是一个富含有机质的滞留还原环境，河马的活动对这一环境是最主要的破坏和改造作

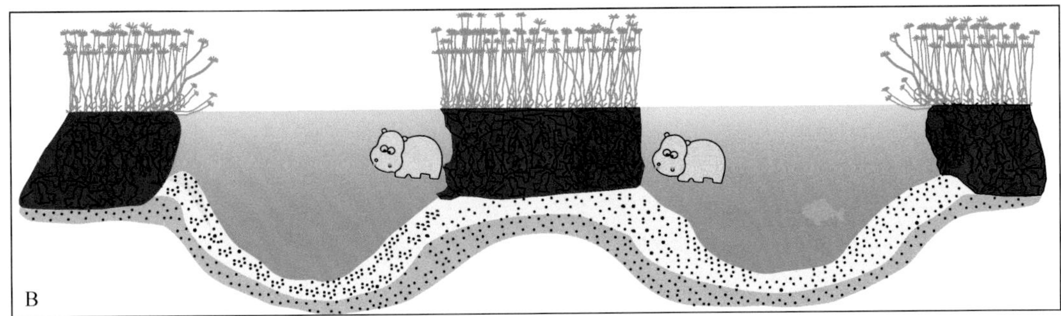

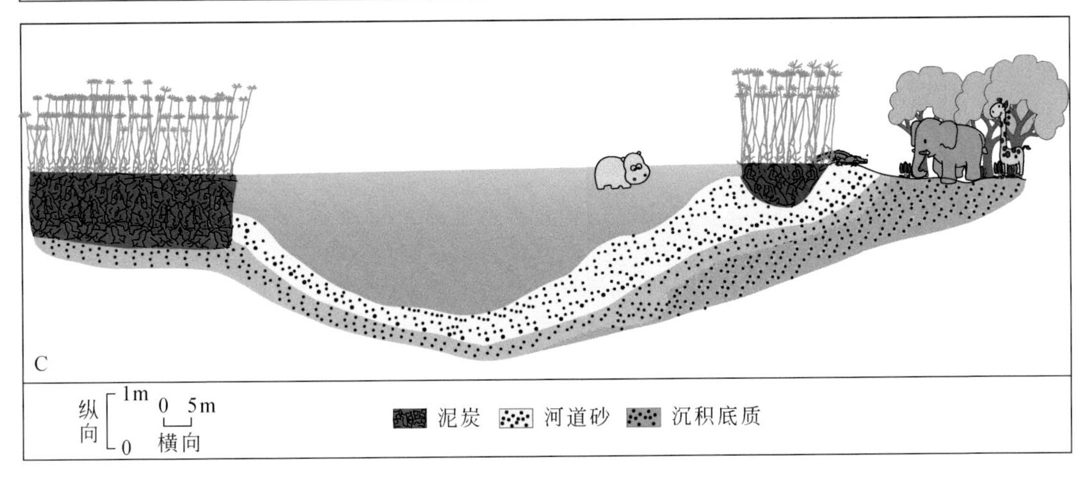

图 3-23　奥卡万戈曲流河扇河流-天然堤分布示意图

A. 河岸的纸莎草植物逐渐向河道内部发展，枯萎的植物形成泥炭天然堤；B. 河道中央淤高处生长纸莎草植被，逐渐分割河道形成新的河道堤岸；C. 河道迁移形成小型侧积体，木本植物沿河岸生长

用，形成了纵横交错的河马水道（图 3-24）。除了大面积分布的沼泽及湖泊外，该地区还分布有废弃河道、草地、林地、沙岛和白蚁丘等。当旱季到来，河水减弱和蒸发时，河间地区沼泽和湖泊萎缩，大部分地区暴露成为漫滩，大范围的草地出现，食草动物繁盛（图 3-25）。沙岛林地分布广泛，数量众多，面积从几平方米到几平方千米不等。大型的沙岛多是原来的沙丘地形高地，酋长岛就是一个最大的沙岛林地。中-小型的沙岛多是废

弃点坝的复合体即迂回坝，从具有脊沟地形形态上可以进行识别。白蚁巢穴可以算是规模最小的沙岛类型，可高达数米，直径为 1 ~ 3m，多分布在漫滩和林地，多建在树边和树下。

图 3-24　奥卡万戈曲流河扇中河道和河间沼泽发育特征

A. 分支河道两岸发育沼泽，有大量河马栖息，岸上有木本植物生长，左下角插图为沿水流方向展布的小型分流河道特征；B. 河道两岸和河道之间发育纸莎草沼泽，岸上为木本植物生长带，左下角插图为天然堤泥炭层；C. 芦苇沼泽中发育的狭窄水道，系由河马水道经水流改造而成，左下角插图为泥炭天然堤；D. 河道中有河马在活动，向岸方向发育纸莎草沼泽和沿岸森林，左下角插图为河中生长的主要鱼类；E. 河道被大面积的沼泽覆盖，被水流改造的河马水道在沼泽中蜿蜒前行；F. 河马水道在沼泽中穿行，沼泽内局部高地上有林木生长

图3-25　奥卡万戈曲流河扇中部扇区河道间沉积特征

A. 河间地区发育的河漫沼泽、沙岛和沙岛林地；B. 河间地区发育的河岸沼泽和沿岸森林；C. 河间地区的草地和林地，分布有大量的白蚁穴，右上角插图为草地上分布的大型白蚁穴；D. 河间地区分布的草地和林地，草地有大型食草动物活动，左下角插图为草地低洼处残留的大型动物足迹；E. 河间洼地干涸后形成的泥裂，左上角插图为草地低洼处残留的腹足类介壳；F. 大型食草动物的活动和动物的掘穴（左下角插图）可导致草地破坏而形成沙地，局部可形成植被沙丘

扇中前缘是扇中分支河道和河道间的顺流延伸，位于中部扇的前缘地带。随着河道的向前延伸，沼泽的发育受到限制，曲流点坝沉积活跃。随着河道和点坝的不断废弃和新生，形成了宽达千米的曲流带（图3-26）。除了凸岸形成的点坝砂体外，在河道的凹岸一带同样可以出现反向点坝。随着河道的进一步延伸，河道流量减少，河流形态由曲流河逐

渐演化为低弯度曲流河和顺直河（图 3-27）。这些低弯度河或顺直河道内底形十分丰富，有各种曲脊的沙丘、直脊的沙浪、流水波痕和平坦的底床。可见，在低-极低坡度下，即使存在很高的床沙载荷也难以发育辫状河道，只能发育曲流河道和低弯度河道，而曲流河道和低弯度河道的发育则受到河流流量的控制。

图 3-26　奥卡万戈扇上曲流点坝沉积特征

A. 扇上曲流河分支体系发育的点坝砂体，坝体表面有流槽、洼地并具脊沟地形，见废弃河道和决口；
B. 扇上曲流河分支体系发育的迂回坝砂体，表面分布有流槽并具脊沟地形，河道不断发生废弃和再生

图 3-27　奥卡万戈曲流河扇扇中前缘发育的低弯度河特征

A. 低弯度河局部弯曲河道形成的点坝，河岸生长植被及森林，点坝和河岸上有大量食草动物；B. 低弯度河道内部发育的水下浅滩（河滩），河岸生长植被有野象活动；C. 顺直河道内发育水下浅滩，岸边有大量的野象活动，左下角插图显示河道水下浅滩上发育的新月形沙丘

4. 远端扇亚环境

远端扇区是一个受季节性洪水影响的末端区域，分布范围到横向直流边界处，扇上海拔为945～935m，长度为40～50km。远端地区的河道作用已经很弱，洪水期大部分地区被河水淹没，但河水的流动已经不受河道的限制，形成远端漫流沉积。在旱季，只有局部地区存在少量有水的河道。分流河道经过进一步的多次分割，能量衰减，最后在该区终止，形成漫流和沙岛地貌特征（图3-28）。由于气候干旱，河流流量和沉积砂量沿下坡大量减少，沉积物泥质含量增加。干旱气候下的蒸发作用使得地下浅水区的盐度沿下坡升高，造成了该区盐沼的发育。流水中携带的陆源碎屑物质和碳酸盐、硅酸盐物质都会在扇体表面沉降下来，石英颗粒之间的化学胶结十分活跃，浅表沉积物部分已处于弱固结成岩状态。

图3-28　奥卡万戈曲流河扇端沉积环境

A. 远端扇表面宽浅型河道多已干涸，只有局部深切河道残存少量水体，被河马群占据；B. 河道深潭残留的水体，被大量的河马占据，岸边有大量的河马水道痕迹；C. 沙岛和沙岛林地被漫流带环绕，漫流带表面有大量动物足迹

（二）曲流河扇相模式

根据卫星图像资料分析，从扇顶部到端部，植被沼泽和稳定水体的面积逐渐减少。尽管沉积作用发生在沙漠旱地环境，蒸发和蒸腾导致水分的散失远超过降水量，但这些河流受到高强度季节性降水的影响，河水流量与沉积载荷的比例变化很大，能够维持扇体大部分地区处于稳定的湿地生态环境。奥卡万戈曲流河扇的河道形态属于单线曲流河道向下游分汊型，顺流方向产生弯度不一的规模变小的分支河道，河道以分汊作用为主，交织作用出现的较少。河流坡度在所有河流分支体系中最低，即使丰富的床沙载荷也难以形成辫状河道形态，在顺流方向上随着坡度的减小，河道发生一系列的流槽取直和颈部取直，形成一系列的曲流带。在低坡度泛滥平原或扇中前缘地区，由于流量的减少，河道以低弯度曲流河或顺直河发育为特点。当进入扇端部位，河道能量减弱到不能形成固定的深切型线状水流，多以漫流沉积作用为主。曲流河扇体系的格架砂体为河道-点坝砂体，局部出现少量的反向点坝。在洪水期点坝增长较快，新旧点坝形成一系列脊沟相隔的迂回坝。根据河道和点坝的实际勘测，点坝的沉积层序大致呈现向上变细的特点，但缺乏河流沉积层序的二元结构特征，多为中-薄层的石英砂和碳质砂与泥炭层的叠合。单一点坝厚度一般为1.5～2.5m，底部缺乏明显的粗碎屑沉积，局部出现植物碎屑，侵蚀面不易辨认，下部为不清晰的低角度斜层理中-细砂，顶部是植物根系扰动的层理不清晰的细砂层（图3-29）。

图 3-29　奥卡万戈扇上分支河道探槽剖面沉积特征

A. 本书作者在干枯的河床上进行探槽挖掘，沉积物为弱固结的石英砂；B. 本书作者在河道点坝上进行探槽挖掘，石英砂组成点坝有植被生长，背后废弃河道内有大量河马活动；C. 分支河道剖面，层理显现不好，发育模糊不连续斜层理，下部有植物碎屑和砂质碎屑，向上变为植物根扰动的砂层；D. 分支河点坝沉积剖面，由断续低角度交错层中-细砂组成，上部细砂层被植物根系扰动

奥卡万戈扇是目前地球上最大的曲流河扇沉积体系，辐射范围超过 150km。扇的坡度非常低，是目前地表扇坡度最低的纪录，潘汉德尔地区坡度为 1 : 5570，曲流河扇上的坡度为 1 : 3400。潘汉德尔地区相当于扇体的补给主河道或补给河谷，河谷内部奥卡万戈河具有中度到强烈弯曲度，在限制性河谷内不断迁移和加积，形成了复杂的废弃河道和点坝系统，活动河道两岸被长满植被的泥炭层所限制，植被类型主要是纸莎草和芦苇。河谷和扇的近源部分发育有十分茂盛的植被，属于永久性湿地区，在地层剖面上以泥炭层包裹河道砂为特点。中部扇区则主要受每年的洪水影响而发育植被，称为季节性湿地，沉积类型主要由河道-点坝和漫岸沉积组成，而远端扇则进入旱地区（图 3-30）。

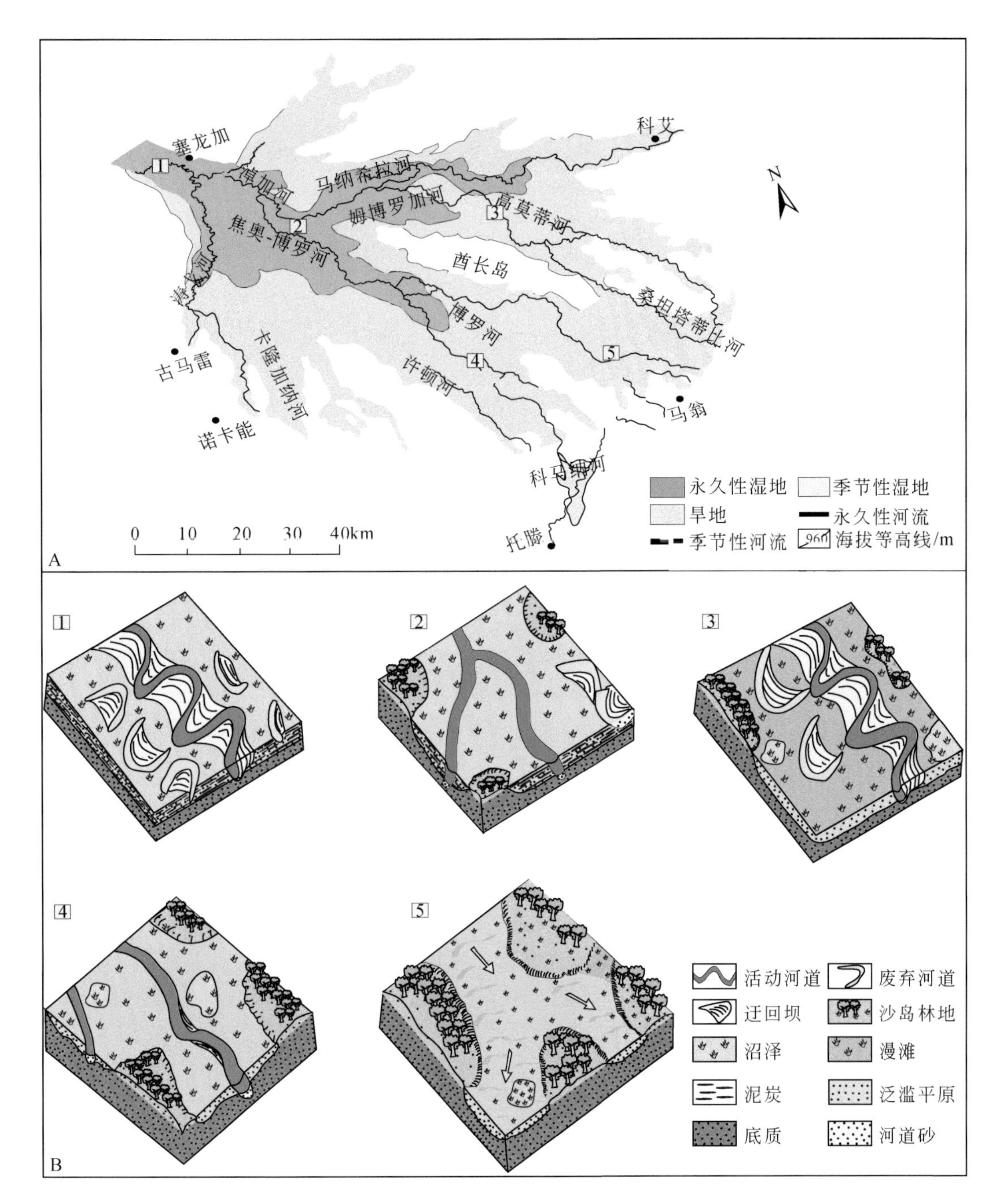

图 3-30　奥卡万戈曲流河扇沉积相模式

A. 奥卡万戈曲流河扇相分布示意图；B. 奥卡万戈曲流河扇上不同亚环境的河道发育特征

现代沉积调研是研究沉积作用、分析沉积机理、进行沉积构造及水动力学解释和建立沉积相模式的重要手段。现代地理信息技术的发展使得人们能够更全面地观察沉积体系及地貌要素的构成。每一种沉积体系都有其共性，但具体到每个体系外部形态和内部结构各不相同。它山之石可以攻玉，对现代曲流河扇体系进行调查的重要目的就是研究地下类似沉积体系的分布，从而为油气资源的勘探开发提供预测模式。

二、现代 DFS 相分布

自 Weissmann 等（2010）和 Hartley 等（2010）提出分支河流体系以来，出现了大量的分支河流研究实例和模式，展现了不同规模和不同构造背景的分支河流沉积特征。除了喜马拉雅前陆盆地发育的巨型扇外，还有巴西潘塔纳尔湿地发育的巨型扇等，都引起了很大的关注（Sahu and Saha，2014；Assine et al.，2014）。Davidson 等（2013）根据所观察到的河道宽度和平面形态的顺流变化，对上述 Hartley 等（2010）提出的六种分支河的平面形态进行了归类分析，提出了三种成因地貌要素模式，这三种地貌要素模式主要基于以下三种 DFS 河道分布模式：①辫状分汊型 DFS；②单线曲流分汊型 DFS；③多线分汊型 DFS。Davidson 等（2013）通过多个实例分析，对 3 种 DFS 的地貌要素及相带分区进行了描述。

根据卫星图像资料分析，从 DFS 顶部到端部，稳定水体的面积增加，表明地下水位向下游方向变浅。一般来说，顶部和近源扇区排水良好，中部区排水较为畅通，远端区由于漫岸水流季节性淹没而形成排水不畅的泛滥平原。从 DFS 扇顶部至扇端部，河流体系的水文体制随着地貌和沉积物搬运能力的变化而变化，碎屑沉积物粒度也发生相应变化，根据河流性质、地貌及共生的泛滥平原特征可区分出 3 ~4 个相带。

相带 1 相当于 DFS 的近源区，在这里，主要河流携带着来自流域面积的大部分水流和沉积物，由限制性的上游河道进入受水沉积盆地中。本带出现在扇顶或冲积扇体系中穿越活动朵体后的交叉点的下游方向。近源区活动河道临近流域面积和主要物源，所搬运的沉积物通常比下游河段要粗一些。受粗的沉积物粒径的影响，扇顶区发育较陡的坡度，以维持沉积载荷的搬运能量。较陡的坡度可能与旱地气候高度变化的流量和沉积物载荷相关，频繁的河道改道和冲裂形成了叠覆冲刷的河道带沉积。这一相带的长度占到 DFS 总长度的 10% ~60%。从顶部向下游方向，河道决口与分汊发生明显增加的变化位置，位于总长度的 15% ~60%（Hartley et al.，2010；Weissmann et al.，2010）。相带 1 和相带 2 之间的过渡区经常发生河道分汊和交织作用，从而增加了泛滥平原保存的可能性。

相带 2 位于 DFS 中部区域，位于 DFS 顶点向下游总长度的 35% ~80%。与近源地区和上游河道宽度相比，该区河道宽度明显变小，并随着泛滥平原面积的显著增大，河道与泛滥平原的比例减小。

相带 3 位于 DFS 末端，处于从顶点向下游延伸长度的 55% ~100%。由于流量与水动力接近最小值，在常年河道之外的交织河道中，冲积体系的搬运能力降到最低点。本带中稳定水体和湿地面积的增加，表明了地下水位变浅，泛滥平原排水不畅，但是这种情况会受到局部的气候和地下水条件的影响。

在某些 DFS 的远端，还可以出现一个相带 4，作为末端带的延伸。这个带主要出现在泉线之下地下水平面浅达地表的地区，地下水流出形成一些小型的河道。

Davidson 等（2013）提出的三种成因地貌要素模式，是基于 Hartley 等（2010）的六种分支河的平面形态的进一步归类分析，主要特征如下。

1. 辫状分汊型 DFS

辫状分汊型 DFS 系单一辫状河道向下游发生分汊，变为低弯度曲流河道（图 3-31）。这些类型的 DFS 绝大多数但不是唯一出现在与旱地气候相关的沉积盆地中（Hartley et al., 2010）。这些环境主要是炎热、干旱–半干旱、中纬度沙漠或者是高纬度极地和苔原地区的寒漠。尽管旱地环境主要受气候条件的控制，蒸发和蒸腾导致水分的散失远超过降水量，但重要的是年降水量的分布，而不是年平均降水量的总和。因此，这些河流受到高强度季节性降水的影响，河水流量与沉积载荷的比例变化很大。这些 DFS 实例包括阿富汗哈鲁特河、美国阿拉斯加坎宁河、玻利维亚帕拉蒂河和中国的黑河。

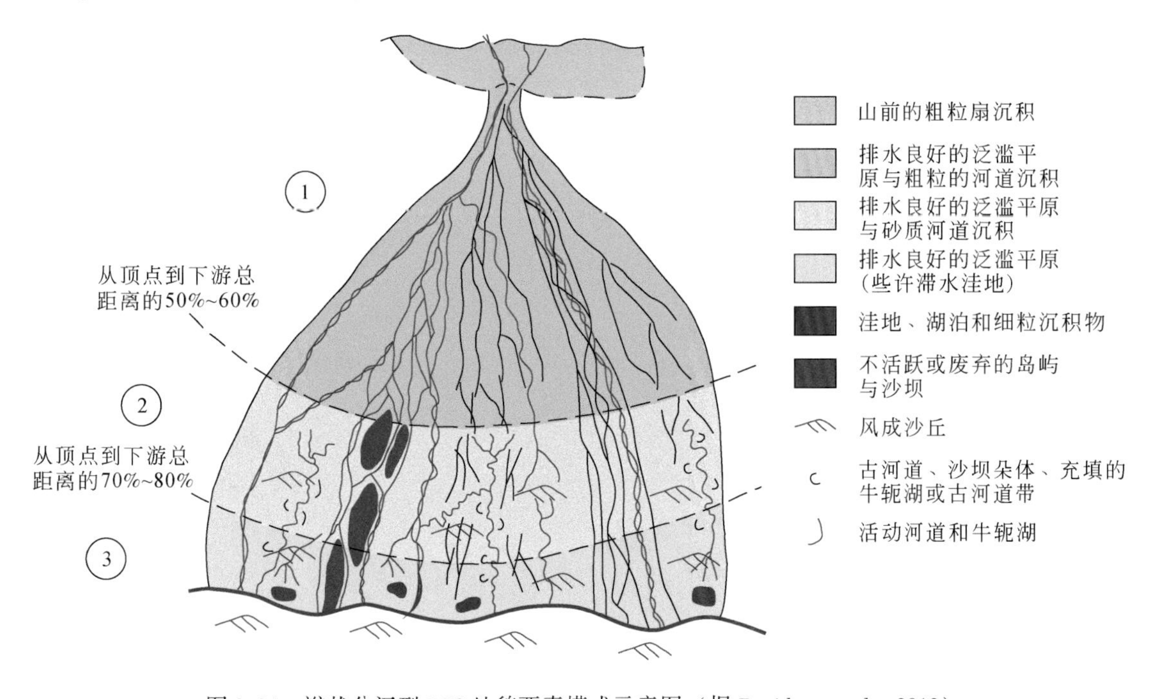

图 3-31　辫状分汊型 DFS 地貌要素模式示意图（据 Davidson et al., 2013）

与其他类型 DFS 相比，此类 DFS 的流域面积相对较小。从河道顶部到端部的河道坡度较陡，主要辫状河道向下游分汊并演变为曲流河道。该类 DFS 从顶端至端部河道的弯曲度增加最大。

主河道在某个河段的特定位置通过一系列的冲裂作用发生分汊，这个特定位置被称为节点或冲裂点。在顶点和近源区频繁的节点冲裂形成的新河道横跨整个扇的表面，尽管这些河道类型难成系统不好预测。从冲裂节点向低坡度地区发生高频率、大规模的河道迁移形成新的完整的河道带，并使河道完全废弃。

尽管节点处的河道冲裂作用通常发生在受限制的河段，与大型 DFS 的顶部吻合，但其他的冲裂节点可能会在相带 1 向上游迁移，直至突然切换到相带 1 中另一位置。冲裂节点也可以横跨整个 DFS 表面（Bridge, 2003），这使得在长时间尺度上难以区分特定水文条件下的个别事件和系列事件。如果两次冲裂事件之间的时间足够长使得泛滥平原土壤得以发育的话，就可以根据近源区沉积特性区分出河道和漫岸沉积。

最初的冲裂节点的位置接近于扇的顶部或交切点，此处水流不再受到限制。在冲裂节点下方，水流在中部和远端地区扩散，进一步触发冲裂作用，形成分汊或交织型地貌形态（Taylor，1999）。由于坡度不断减小，在漫洪地带进一步形成了冲裂节点，导致进一步冲裂作用发生（Tooth，1999；Tooth and McCarthy，2004）。

2. 单线曲流分汊型 DFS

单线曲流分汊型 DFS 相当于Ⅳ型、Ⅴ型和Ⅵ型，系主要的单线曲流河道向下游发生交织和分汊，产生弯度不一的小型河道（图 3-32）。此类 DFS 的河道坡度最低，分布在广阔的构造和气候条件下，从旱地克拉通盆地至热带前陆盆地都有发育（Hartley et al.，2010）。典型 DFS 代表包括伊拉克幼发拉底河、巴西巴拉圭河、阿富汗赫尔曼德河等。

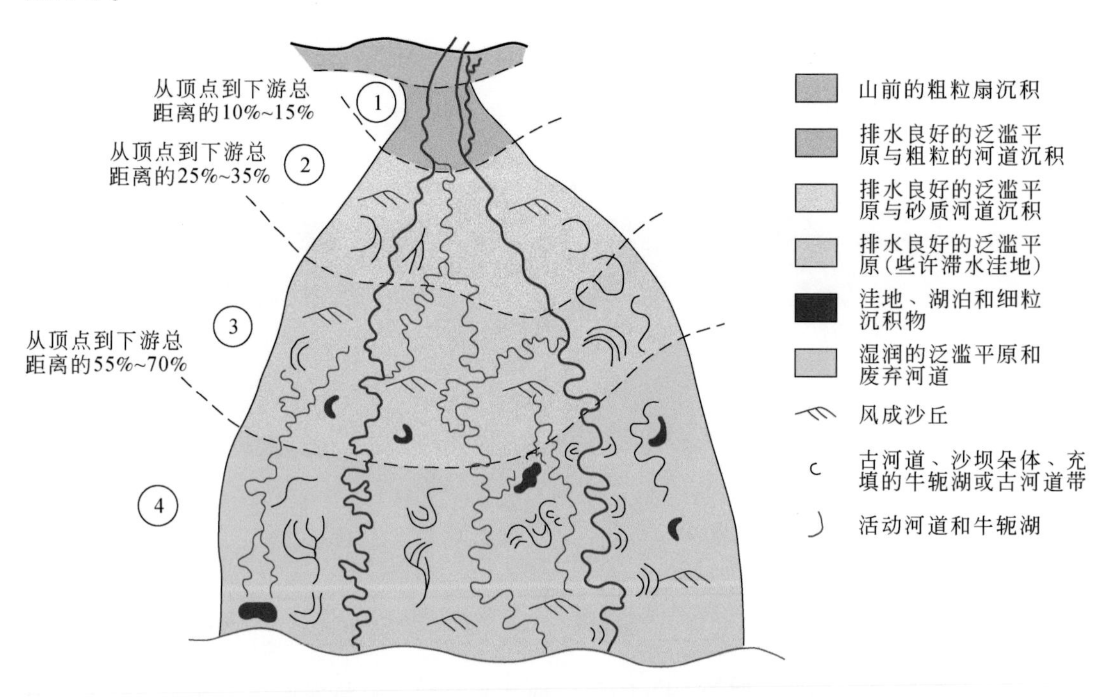

图 3-32　单线曲流分汊型 DFS 地貌要素模式示意图（据 Davidson et al.，2013）

此类 DFS 中，主要的单线河道向下游方向不断分汊，形成不同弯度的小型河道。河道弯度变化与分汊是同步的。相带 1 和相带 2 中发育点沙坝表明 DFS 近源区和中部区存在明显的河道侧向迁移。随着坡度的减小，在远端区，河道发生流槽取直和颈部取直，可出现河道的完全废弃。对现代 DFS 的观察和测量表明，有限制性和非限制性两种曲流。例如，阿根廷萨拉迪洛河的泛滥平原在 DFS 近源区强势进入到都市区，从而限制了河道弯度。同样，马里的尼日尔河受到撒哈拉沙漠的风成沙丘的严重制约。

在潮湿的单线和多线分汊型 DFS 的低坡度河段，地下水流动促进了地表泉线的形成和植被生长。在这些低坡度泛滥平原地区，黏性沉积物和沿岸植被限制了河道的调整，促使河水外流，冲刷形成新的河道或重新占据废弃河道（Taylor，1999；Judd et al.，2007）。河道内部的加积作用和曲流带增生可造成堤岸决口并形成决口扇（McCarthy et al..1992）。这些情况都会导致河道冲裂，同时在DFS上发生大规模的、高频的分汊和交织作用。我们推测，随着离顶点的距离增加，垂向加积作用明显加强，这从地形高处形成的冲积沙脊、决口扇和废弃河段可以看出。

3. 多线分汊型DFS

多线分汊型DFS相当于Ⅱ型和Ⅲ型，系多线河道向下游发生交织和分汊，产生弯度不一的小型河道（图3-33）。多线分汊型DFS分布在宽阔的构造和气候条件下，从旱地克拉通盆地至热带前陆盆地都有发育（Hartley et al.，2010），DFS流域面积与坡度的比值介于从辫状分汊型到多线状分汊型之间。代表性DFS包括澳大利亚格雷戈里河、俄罗斯库尔河、纳米比亚赞比西河等。

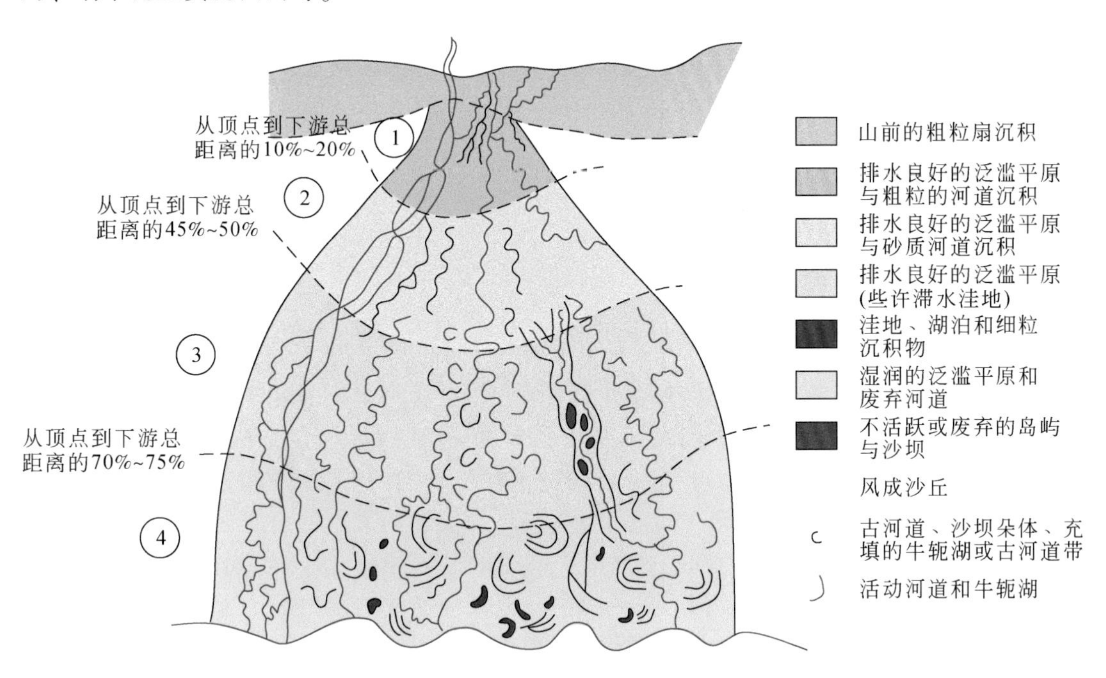

图3-33　多线分汊型DFS地貌要素模式示意图（据Davidson et al.，2013）

此类DFS中，主要的多线河道向下游逐渐分汊，并随着距离增加分汊作用增强，形成不同弯度的较小型河道。主要的辫状河地貌向下游演变为曲流河形态。对现代DFS河道特征研究发现，多线分汊型DFS从顶部至趾部河道弯度逐渐变大，表明向下游方向由辫状河向曲流河转换。在相带1顶部附近，一些古辫状河道带被河道重新占据，说明了此类DFS上小型的分汊作用时常发生。大规模、时有发生的节点冲裂作用可致使河道废弃并出现分汊形态。随着远离顶部坡度降低和流量减小，河道分汊作用逐渐发生。随着向下游方向距离增加，河道弯度明显增大，沿着主要辫流带一侧出现曲流和交织河道。在相带3和相带4中，侧向迁移和点坝沉积或者垂向加积和决口扇的形成导致的冲裂作用，会随着距离顶部距离增大而增加。

第五节　古代 DFS 及相模式

一、野外露头剖面相分析及相模式

自从分支河流体系的概念提出以来，大量的研究人员走向野外进行露头观察，提出了大量的分支河流研究实例和模式，如美国亚利桑那州上三叠统钦尔（chinle）组的河流扇体系、美国西南部上侏罗统莫里森（morrison）组盐洗（salt wash）段的分支河流体系以及南非博福特（beaufort）群的分支河流体系（Trendell et al.，2013；Gulliford et al.，2014；Owen et al.，2015）。现以 Trendell 等（2013）对亚利桑那州上三叠统钦尔组的河流扇沉积相分析为例，介绍各地层组所发育的河流扇沉积特征。

Trendell 等（2013）在钦尔组各组段的地层中，识别出 11 种岩石相类型。然后利用岩石相组合、岩石相的地层接触关系分析沉积构型。通过构型要素分析，并对各地层段所发育的河道与溢岸沉积的比例、河道的连通性、河道宽深度比、古土壤特征等进行了对比分析，总结了研究区的河流扇沉积作用的演化模式。

研究区钦尔组沉积剖面由蓝方山段（blue mesa member）和桑塞拉段（sonsela member）组成（图 3-34）。蓝方山段包括下部的蓝方山下亚段、中部的报纸岩亚段和上部的蓝方山上亚段。蓝方山下亚段地层厚度为 5 ~ 18m，由泥岩（85%）和砂岩（15%）的互层组成。泥质层由浅蓝色、淡棕色和灰色纹层状泥岩（Fh）和浅蓝色滑动变形泥岩（Fs）组成，为近漫岸和远漫岸沉积，向上变细的砂岩层序发育低角度交错层砂岩（Sl）和薄层（<0.6m）沙纹层理砂岩（Sr）及平行层理砂岩（Sh），构型要素为侧向加积和薄的砂质底形。

报纸岩亚段为大型河道沉积，河道深度达 20m。倾斜的大型低角度交错层垂直高度为 3 ~ 10m，交错层系厚度为 30 ~ 60cm。河道中常见的砂岩相还有沙纹层理砂岩，向上变为根系扰动的粉砂质泥岩（Fp）。河道充填物中发育数个连续的侵蚀面，这些侵蚀面将报纸岩层序划分为具有剥蚀不整合的河流沉积。报纸岩亚段砂岩为侧向加积的结构要素，侧积体侧向直线距离 500m 以上，航空照片显示为迂回坝形态。

蓝方山上亚段位于报纸岩亚段上部，地层总厚约 20m，主要以泥岩沉积为主，夹有少量（10%）砂岩和砾岩。泥岩主要为灰色纹层状泥岩、浅蓝色滑动变形泥岩和经过成土改造后的泥岩，为近漫岸和远漫岸沉积。砂岩主要为薄层砂岩透镜体（Sw）、向上变细的沙纹层理砂岩和低角度交错层理砂岩，为砂质底形和侧积结构要素。薄砂层上下常发育漫岸沉积，推测为决口扇堆积。

桑塞拉段下部发育砂岩（60%）和泥岩（40%）互层，下部为叠合砂岩，含有大量的再作用面和冲刷面（Ss），并由 Gt、St 和 Sl 组成。砂岩向上变薄，由叠合厚层变为单一薄层，主要由水平层理砂岩和低角度交错层理砂岩组成。露头顶部被削失，下部砂岩发育 Gt 相和 St 相。细粒沉积物为水平层状岩层或改造的泥岩，并含有丰富的遗迹化石。砂岩为河道充填砂质底形、顺流加积和侧向加积，以及泛滥平原披盖决口扇。泥岩为近漫岸和远漫岸沉积。

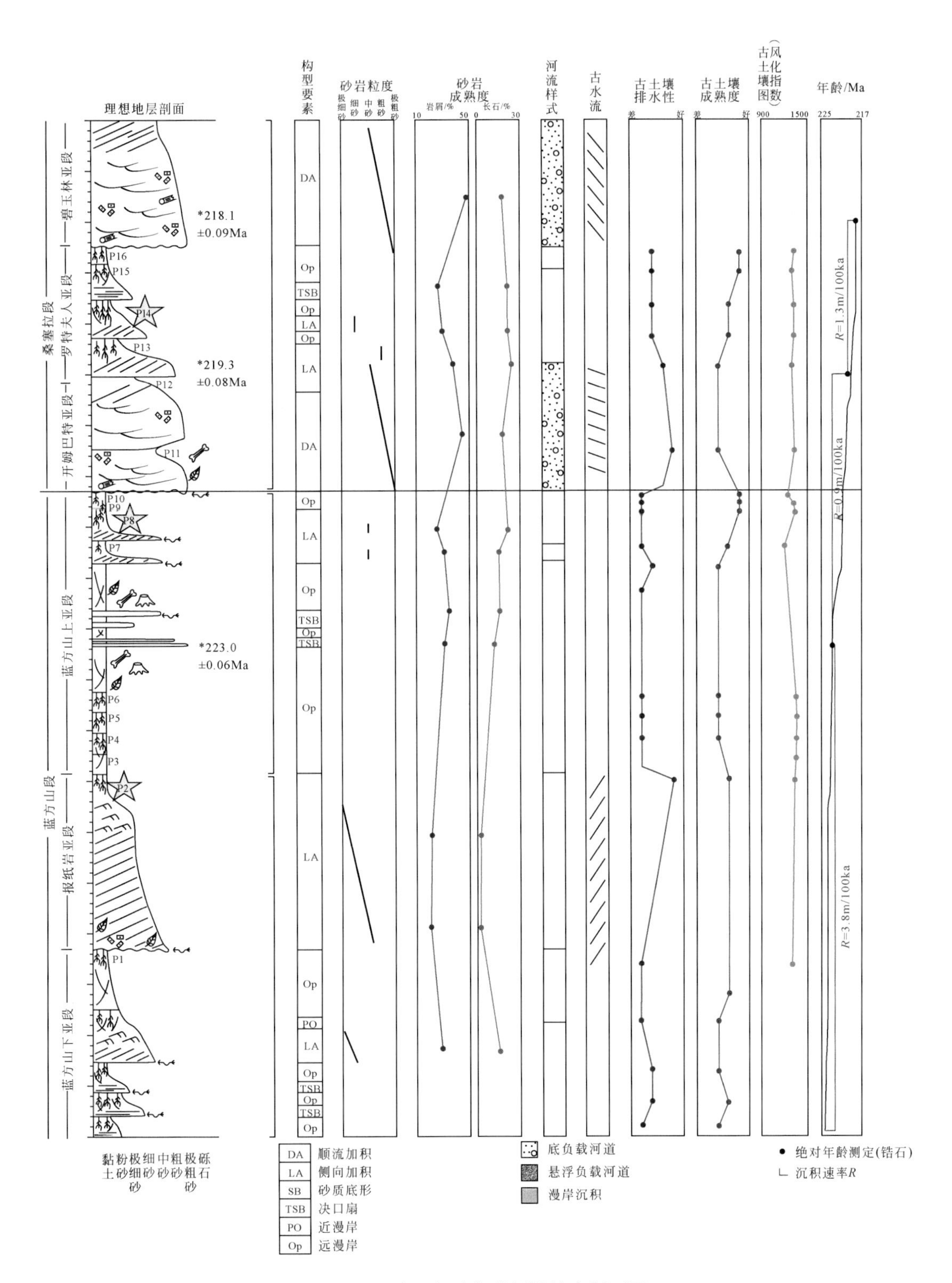

图 3-34 岩石相及各种属性综合剖面图

垂向剖面的颜色代表了岩石单元的颜色（据 Trendell et al., 2013）

陆相盆地中的河流体系不仅包含了大型河流扇体系，还包含了汇聚河流体系。大型河流扇的沉积过程从节点处脱离汇聚河流体系，从而进入了非限定性流动，并在沉积物分布中起主要作用。这些不稳定的河流体系发育在半干旱地区和季风气候带，经历了高频率的冲裂和瞬变流量机制。同时活动的河道不止一条，结果会导致初始河道中的流量减小。这些大型河流扇的基本特征包括顺流方向颗粒粒级变细、河道深度和宽度减小、漫岸细粒沉积增加、河道沉积横向和垂向连通性降低。可将大型河流扇划分为 3 个区带：①近源扇；②中部扇；③远端扇。这些区带的主要属性总结在表 3-1 中。

表 3-1　大型河流扇区分区沉积特征总结（据 Trendell et al., 2013）

主要特征	近源扇	中部扇	远端扇
坡度	体系中最高	中等	体系中最低
流量	体系中最大	中等	体系中最小
搬运能力和承载力	体系中最大	中等	体系中最小
粒级	体系中最粗	中等	体系中最细
沉积载荷	多为底负载	取决于搬运能力和承载力，可以是底负载、混合负载或悬移负载	多为悬移负载
构型要素	下游加积和砾石坝	决口扇，河道（包括顺流加积和侧向加积），漫岸	漫岸，决口扇，侧向加积
河道/漫岸比值	体系中最大	小于近源扇，大于远端扇	体系中最小
冲刷和再作用面	常见	常见度小于近源扇，大于远端扇	稀少
河道连通性	体系中最好	小于近源扇，大于远端扇	体系中最差
砂岩成熟度	体系中最不成熟（取决于物源区）	高于近源扇，低于远端扇	体系中最成熟（但取决于物源区）
漫岸保存程度	体系中最低	高于近源扇，低于远端扇	体系中最高
漫岸排水性	地形最高，沉积物最粗，排水性最好	低于近源扇，高于远端扇	地形低，颗粒细，排水差，有水塘

从蓝方山段到桑塞拉段，河道砂体向上逐渐变粗，河道深度和宽度逐渐增大，河道充填单元的横向和纵向连通性增强，决口扇和洪水沉积物的数量减少，漫岸沉积物的保存能力降低，反映了河流扇体系的不断进积作用。蓝方山下亚段和上亚段的沉积特征与河流扇的远端扇沉积相吻合，以漫岸细粒沉积为主，并有孤立河道和决口扇发育。上覆桑塞拉段颗粒较粗，底负载河道沉积比例较高，与相对较近源的中部扇沉积比较吻合。从蓝方山段到桑塞拉段的沉积要素的演化可以归纳为：①盆地从欠充填过渡到过度充填；②沉降作用产生的沉积物载荷的增加，导致大型冲积扇楔状体的进积。

有关报纸岩亚段的河流沉积有着不同的观点，有的认为是一个临近河流扇的汇聚河体系（轴向河流体系），或者是一个远端扇的大型河道沉积（图 3-35）。岩石学分析表明，报纸岩亚段砂岩的成分成熟度比蓝方山段和桑塞拉段要好得多，有可能处于河流物源的远端。虽然报纸岩亚段古流向与桑塞拉段观察到的古流向垂直，表明沿扇体边缘的轴向流动，但是这些古流向指示的是河道内流动方向，而不是河流体系的整体流动方向。鉴于报纸岩亚段底部和上部都为远端扇沉积物，如果没有高频率的扇体前积和退积数据作为基础，报纸岩层段最好不要解释为轴向河道。虽然对现代大型扇的研究证明了下游河道的流量呈下降趋势，但在大型扇的不同分区中可以存在不同尺度的河道，报纸岩亚段河道就是河流扇体系远端扇区内的大型河道，河道的充填层序反映了洪水强度变化的自旋回特征。

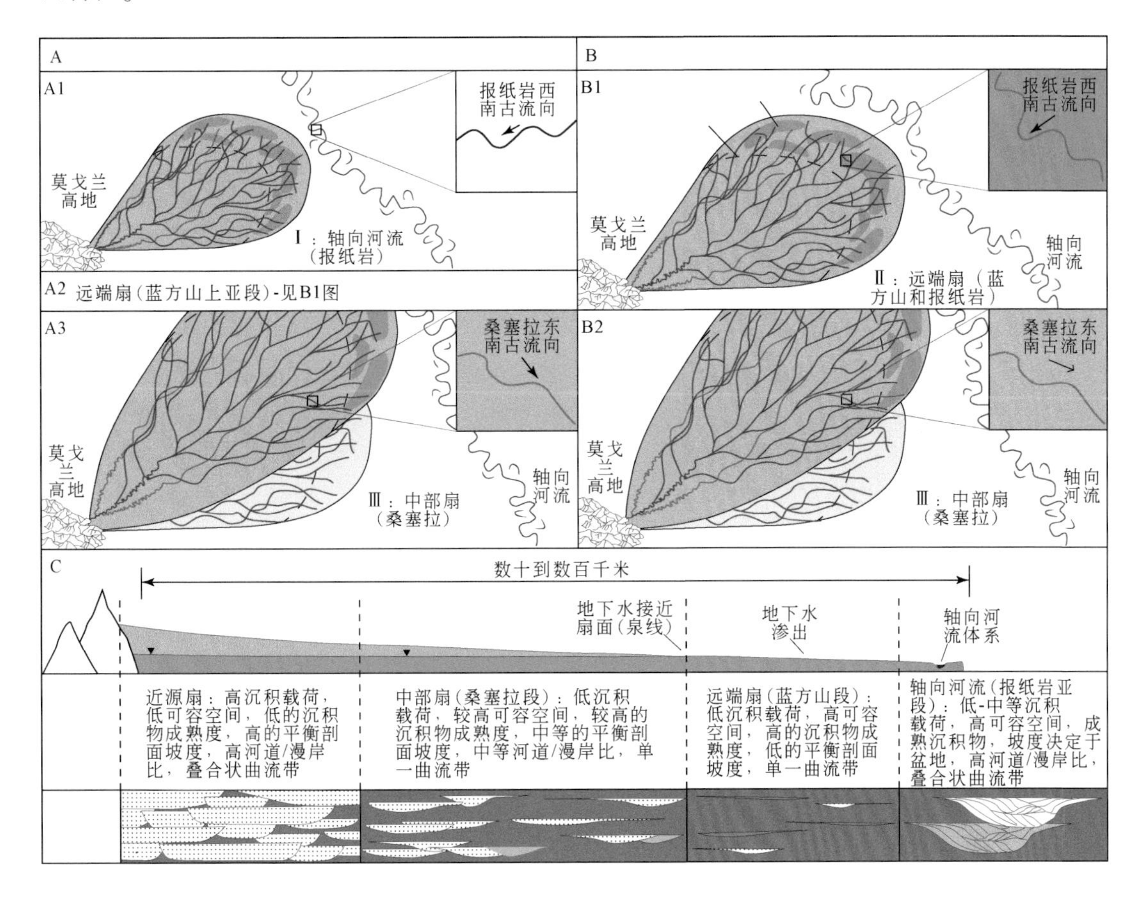

图 3-35　钦尔大型河流扇体系报纸岩亚段沉积演化不同解释示意图（据 Trendell et al.，2013）

A. 报纸岩亚段为轴向河流沉积，系统演化从轴向河流 A1 演变为中部扇 A3；B. 报纸岩亚段为远端扇大型河道沉积，系统演化从远端扇 B1 演变为中部扇 B2；C. 河流扇剖面示意图，显示不同扇区的相带趋势和排水形式

二、致密气田河流扇相模式

鄂尔多斯盆地二叠系致密储层发育的河流扇体系形态及其流动方式受到诸多因素的控制，包括流量、坡度、气候和植被等。在上述因素的控制下，下二叠统山西组地层中由下向上发育了辫状河扇和曲流河扇体系，其上覆的中二叠统下石盒子组盒 8 段从下而上也发育了辫状河扇和曲流河扇体系。

早二叠世晚期山西组沉积期，由于海平面下降以及南北差异性升降的加剧，在北高南低的古地形背景下，本区沉积体系与太原期相比，有了重大变化，主要变化是随着南北差异升降的加剧海水向南退出，盆地东西向沉积趋于一致，由北向南形成广阔的冲积平原。山西组山 2 段沉积主要为多线分汊型辫状河扇沉积体系，北部的山前平原一带发育冲积扇沉积，扇体展布宽阔，沉积物粒度粗，沉积厚度大，向南转变为辫状分支河流沉积。辫状河道由于河水流量变化大，河道顺直但不固定，并向下游分汊，每个辫流带为河道和沙坝所组成的宽阔的河道带，加之气候温暖潮湿，雨量充沛，河间沼泽普遍发育，由于湿地细粒沉积的发育，限制了河流对下伏地层的切割，席状河道发育。山西组山 1 段沉积与山西组山 2 段相比，基本格局未变，只是随着区域构造活动的日趋稳定，物质供给减少，水系活动虽然有所减弱但河道水流作用持久，冲积扇扇体变小，厚度变薄，辫状河沉积体系演变为曲流河沉积体系，并顺流不断分汊，形成多线曲流分汊型河道网络，河道砂体侧向迁移快速，从而发育大型的曲流河扇沉积体系。

山西组沉积之后，气候从温暖潮湿变为干旱炎热，湿地及沼泽环境退化。进入下石盒子组盒 8 段沉积时期，北部内蒙古陆进一步抬升，汇聚流域增大，物源供给丰富，季节性洪水作用异常活跃，大量的粗碎屑物质沿极缓的古地形，以辫状河道形式向南搬运，由于湿地黏性物质减少，河道的冲刷作用增强，并在岩层底部形成区域冲刷界面。该期河流发育规模大，河道宽。在河道中常形成一系列河道沙坝，沉积物粒级较粗，砂、砾含量较高，砂/泥比大。多期或多线分汊形成大型辫状河扇沉积体系。在盒 8 段沉积晚期，随着古气候向干旱–半旱进一步转变，季节性洪水作用变弱，开始发育曲流河沉积。曲流河发育过程中，河道经过多次的摆动、叠加或迁移。河道砂体在横向上相对比较稳定，河道带横向延伸范围是数百米到数公里。不同时期或同期多线分汊型河道带形成了广阔的曲流河扇体系。

山西组来自北部物源区的沉积物主要发育 4 条河流水系，直达南部的环县—富县一带，进入南部物源体系的交汇区，是否存在近东西或近北西西向延伸的狭长横向体系尚不能确定。

下石盒子组盒 8 段是本区砂体分布范围广、厚度最大的层段，构成了苏里格气田的主力储集体。盒 8 段来自北部物源区的辫状河体系，向南推进的距离也比山西期更远，南北物源交汇区的位置明显地向南迁移，迁移距离为 20～40km。

（一）辫状河扇相模式

鄂尔多斯盆地二叠系山西组山 2 段发育了大型辫状河扇体系（图 3-36）。潮湿型辫状河扇以多条分支状砾石质辫状河形式出现，河道迁移频繁，在湿地环境中可推进数百千米并形成了宽达数千米的河道带。河道沉积多为粗碎屑沉积，向扇端方向，河道逐渐变浅，粒度逐渐变细。辫状河扇可分为近源扇、中部扇和远端扇几个亚相，但相带分异并不明显。近源扇亚相沉积物主要是由相对较粗的中细砾岩组成，层理不太发育或呈不明显的槽状交错层理、大型板状交错层理，隔层为泥岩和碳质泥岩，局部出现煤层；中部扇亚相以辫状分流河道沉积为主，以细砾岩和砾状砂岩沉积为主，发育槽状交错层理、平行层理和板状斜层理，隔层为泥岩、碳质泥岩和煤层；远端亚相沉积类型以砂质辫状河道沉积为主，沉积物较细，通常由砂岩夹粉砂岩、黏土岩组成，碳质泥岩和煤层不发育。

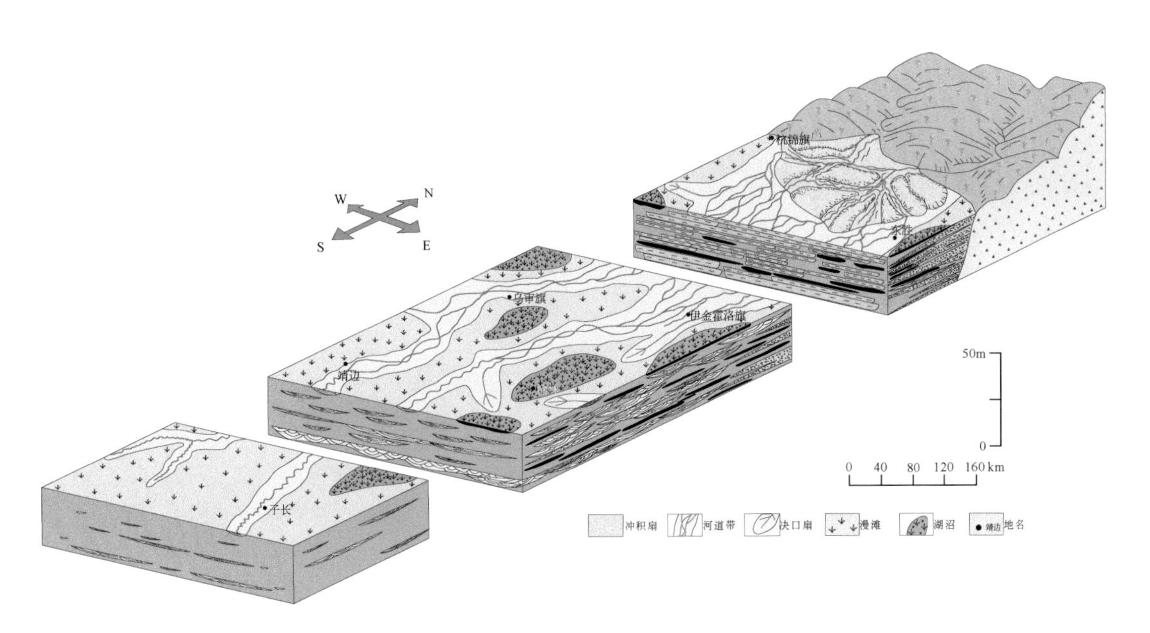

图 3-36　鄂尔多斯盆地山 2 段辫状河扇沉积模式示意图

榆林气田位于辫状河扇体系的中部扇区。储层岩石类型主要有灰白色细砾岩、粗砂岩和部分中细砂岩，其中石英砂岩和细砾岩及部分岩屑质石英砂岩为区内主要储集岩。通过对取心井的岩心描述，可以观察到这些河道砂体的主要沉积特征有①辫状河道沉积层序一般为 6～15m，整体上为向上变细的层序，但内部包含多个粗粒单元，打破了向上变细的总趋势，内部粗粒单元代表了河道内发育的河心坝和横向坝，系顺流加积和进积作用所致；②河道底部与下伏地层多呈冲刷接触，部分呈突变接触，与底部砂砾岩接触的地层岩性有灰色泥岩、碳质泥岩和煤层，部分河道底部砂砾岩中含有下伏地层侵蚀的泥砾、泥屑和碳屑，代表了这些河道是在湿地环境上发育演化的（图 3-37A、B、C、D）；③河道顶部多与上覆地层突变接触，与河道砂岩顶部接触的地层岩性同样是灰色泥岩、碳质泥岩和煤层，有些河道沙坝的上部受到水流和波浪改造而发育泥砾段，还有的河道顶部砂岩出现液化和泄水现象，导致接触界面发生准同生变形构造，甚至发育液化碎屑岩脉（图 3-37E、F、G），从河道砂体与周围地层的接触关系来看，河道漫岸沉积除了正常的砂泥岩外，有些河道两侧和中央直接为沼泽所占据，河道处于一种永久性沼泽环境中；④河道底部沉积单元多为向上变细的层序，主要由大型槽状交错层理细砾岩变为槽状交错层理和平行层理砂岩，河道中上部单元发育多个粒度突变单元，主要由槽状交错层理、板状斜层理、前积层理组成，并以板状交错层为主，单元内部发育多期再作用面构造（图 3-37H、I、J）；⑤在中轴线上以石英砂岩为主的河道层序内，常见压溶缝合线构造，这些缝合线构造多为三级构型界面，代表了河道内部的沉积间断，由毫米级的落淤层经压实压溶作用形成，这种压溶缝合线构造对落淤层的岩性、厚度和围岩有一种预选性，也就是石英砂岩内毫米级的泥岩落淤层才能够形成这种独特的压溶构造，厘米级的落淤层很难形成这种特有的压溶构造（图 3-37K、L）。

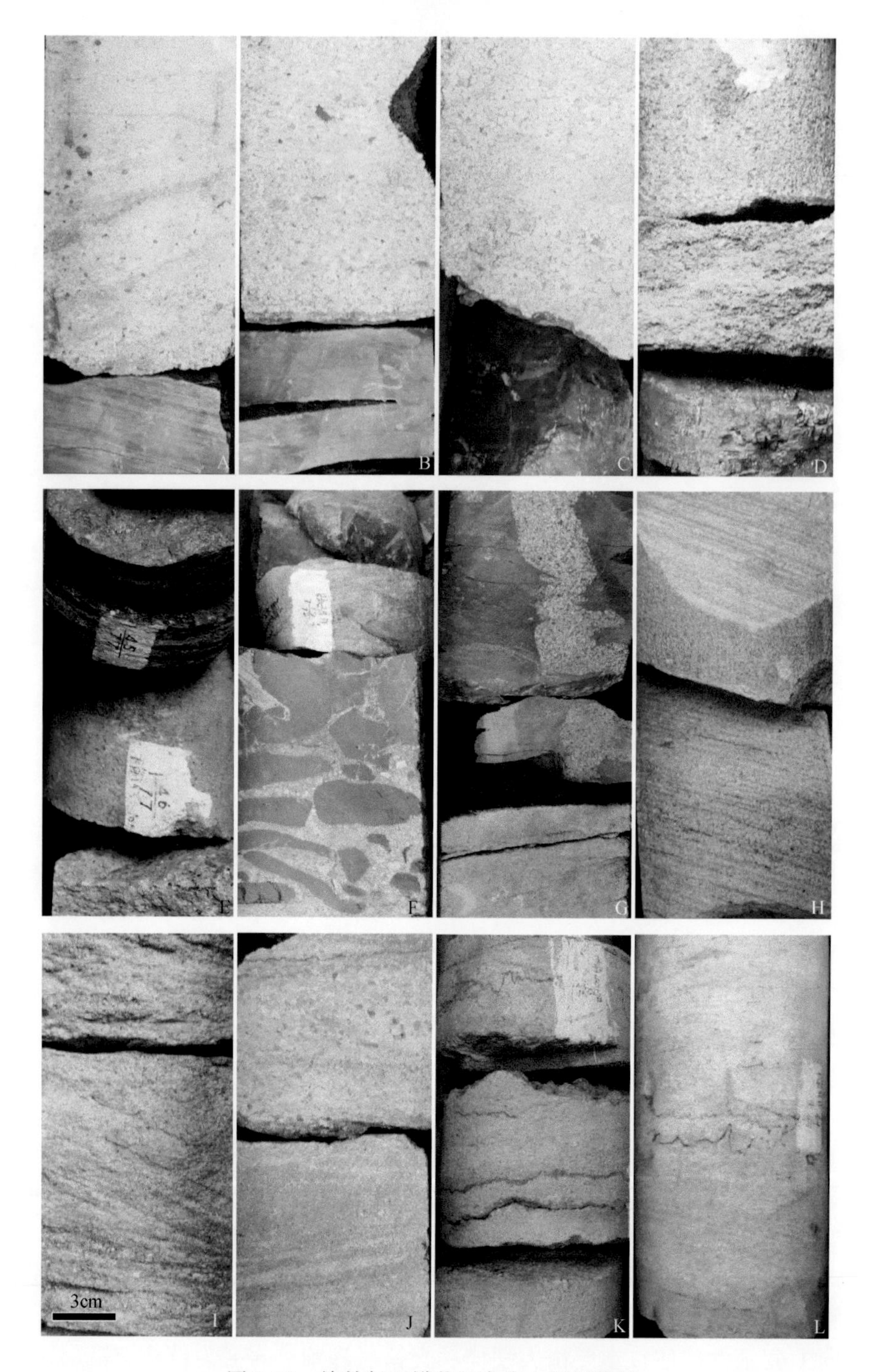

图 3-37　榆林气田辫状河扇岩心沉积特征

A. 辫状河道底部细砾岩（Gt）与灰色泥岩侵蚀接触，榆 43-2A 井，取心块号 $5\frac{18}{28}$；B. 辫状河道底部细砾岩（Gm）与灰色泥岩突变接触，榆 43-2A 井，取心块号 $2\frac{68}{75}$；C. 辫状河道底部细砾岩与碳质泥岩侵蚀接触，陕 211 井，取心块号 $7\frac{11}{72}$；D. 辫状河道底部细砾岩与煤层侵蚀接触，榆 28-3 井，取心块号 $1\frac{26}{52}$；E. 河道顶部砂岩与碳质泥岩突变接触，榆 43-10 井，取心块号 $1\frac{46}{77}$；F. 河道砂体顶部发育泥砾，与上覆泥岩突变接触，陕 211 井，取心块号 $7\frac{19}{72}$；G. 河道顶部泥岩中发育的碎屑岩脉构造，榆 43-2A 井，取心块号 $3\frac{50}{104}$；H. 河道心坝单元发育的板状斜层理（Sp），陕 209 井，取心块号 $4\frac{5}{71}$；I. 河道层序内部的大型斜层理和平行层理（Sh），榆 42-2 井，取心块号 $2\frac{20}{29}$；J. 河道层序内部的粒度变化，下部粗砂岩向上突变为细砾岩，细砾岩中发育压溶缝合线构造，陕 211 井，取心块号 $5\frac{14}{18}$；K. 河道层序内部发育的落淤层及压溶缝合线构造，榆 48-7 井，取心块号 $1\frac{13}{32}$；L. 河道层序内部发育的压溶缝合线构造，榆 21 井，取心块号 $4\frac{44}{57}$

从榆林气田取心井的沉积序列来看，潮湿型辫状河扇的沉积层序由厚度不等的相互叠置的砂砾岩和砂层组成，隔层为暗色泥岩、碳质泥岩和煤层，反映了低弯度辫状河道和以湿地为主的泛滥平原沉积（图3-38）。单一河道层序厚度为8～14m，复合河道厚度可达25m，层序下部多为透镜状砾石层，细砾岩和中粗砂层占整个层序的大部分，一般代表河道底部沉积相和河道沙坝相。河道底部沉积主要由块状细砾岩、槽状交错层细砾岩和槽状交错层中-粗砂岩组成，有时可出现斜层理砂岩和水平层理砂岩，河道沙坝以横向沙坝和纵向沙坝为主，为多个顺流加积体（DA）的复合体，主要由板状交错层砾质砂岩和中-粗砂岩组成。河间泛滥平原沉积环境主要为漫岸（OF）和湿地沼泽沉积（WL），沼泽以发育碳质泥岩和煤层（c）为特征，漫岸和漫滩以发育砂泥薄互层（Fl）和块状泥岩（Fm）为主，在漫岸泥岩沉积中有时可以发育平行层细砂岩、沙纹层理砂岩，可能代表了决口沉积作用。

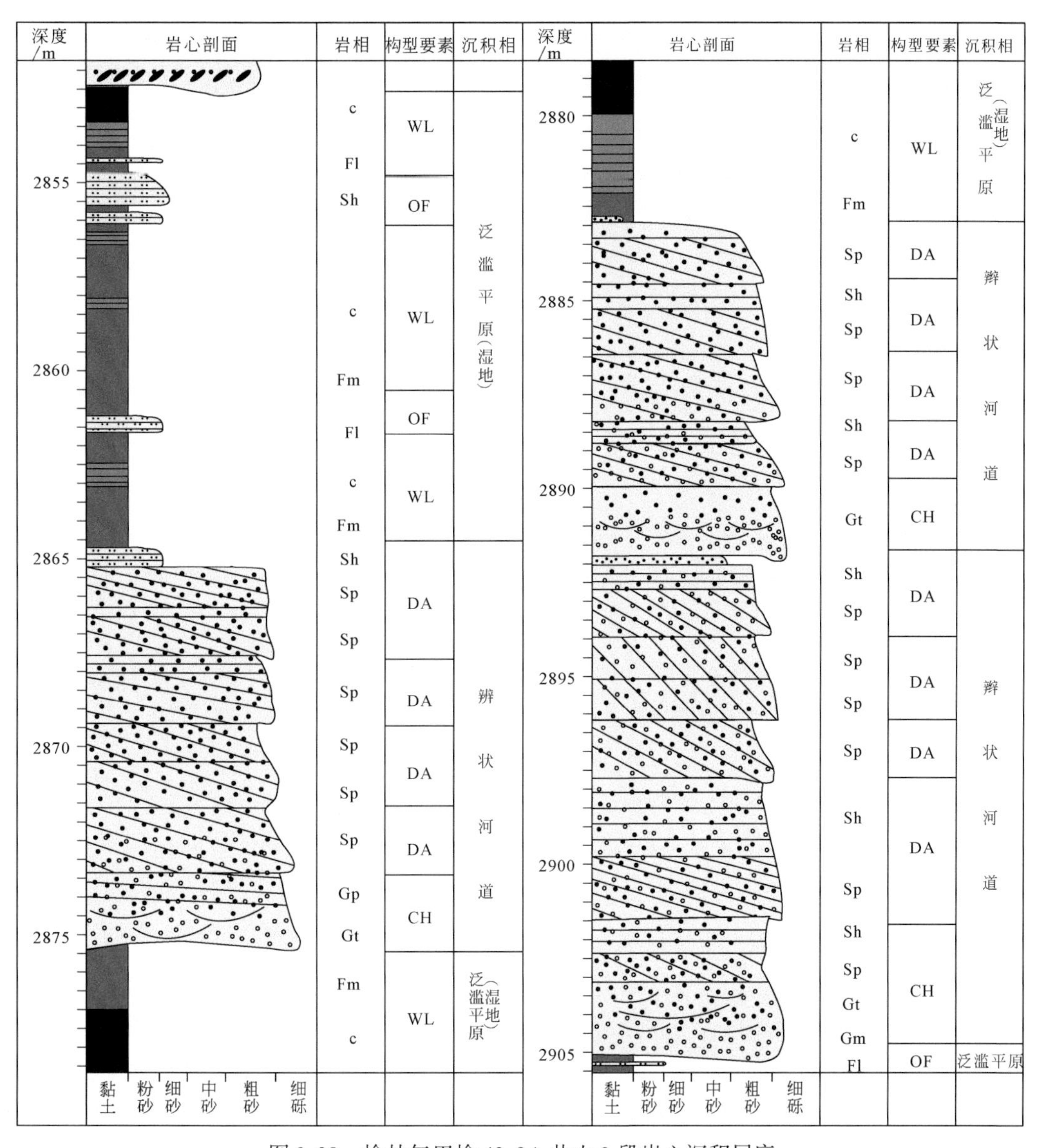

图3-38　榆林气田榆43-2A井山2段岩心沉积层序

本区煤层和碳质泥岩的分布位置主要位于河间地区，煤层和碳质泥岩多与暗色泥岩共同组成河间湖泊和沼泽沉积层序，也有的煤层和碳质泥岩分布在河道砂体的底部，系河道决口水流推进到河间沼泽而形成的（图3-39）。煤层和碳质泥岩直接覆盖在河道砂体顶部的情况很少见到，偶见碳质泥岩与河道顶部直接接触，但煤层与河道顶部砂体的直接接触情况尚未发现。这说明，尽管沼泽环境非常发育，但沼泽主要出现在河间环境，尚未出现天然堤由沼泽植被形成的情况。

图3-39　榆林气田山2段煤层和碳质泥岩发育特征

A. 煤层和碳质泥岩与暗色泥岩组成河间湖沼沉积层序，榆43-8井，1-55 $\frac{77}{91}$；B. 河道底部与碳质泥岩接触，榆48-11井，1-16 $\frac{43}{62}$；C. 河道底部与煤层接触，榆55-3井，3-60 $\frac{70}{70}$

榆林气田是鄂尔多斯盆地发现的大型致密气田之一，主力气藏山2段属于典型的辫状河湿地扇沉积，位于辫状河扇的中部扇环境，属于大型辫状河分支体系，条带状砂体主要由叠置的河道和河道沙坝组成，砂体厚度为30～40m。河道砂体呈分支状展布，由北向南河道的尺度规模减小并发生分支，体现了辫状河分支体系的河道分布特征。临近河道的河漫地区或分流间地区主要为漫滩和湿地（湖沼），湿地包括小型湖泊和沼泽（图3-40）。

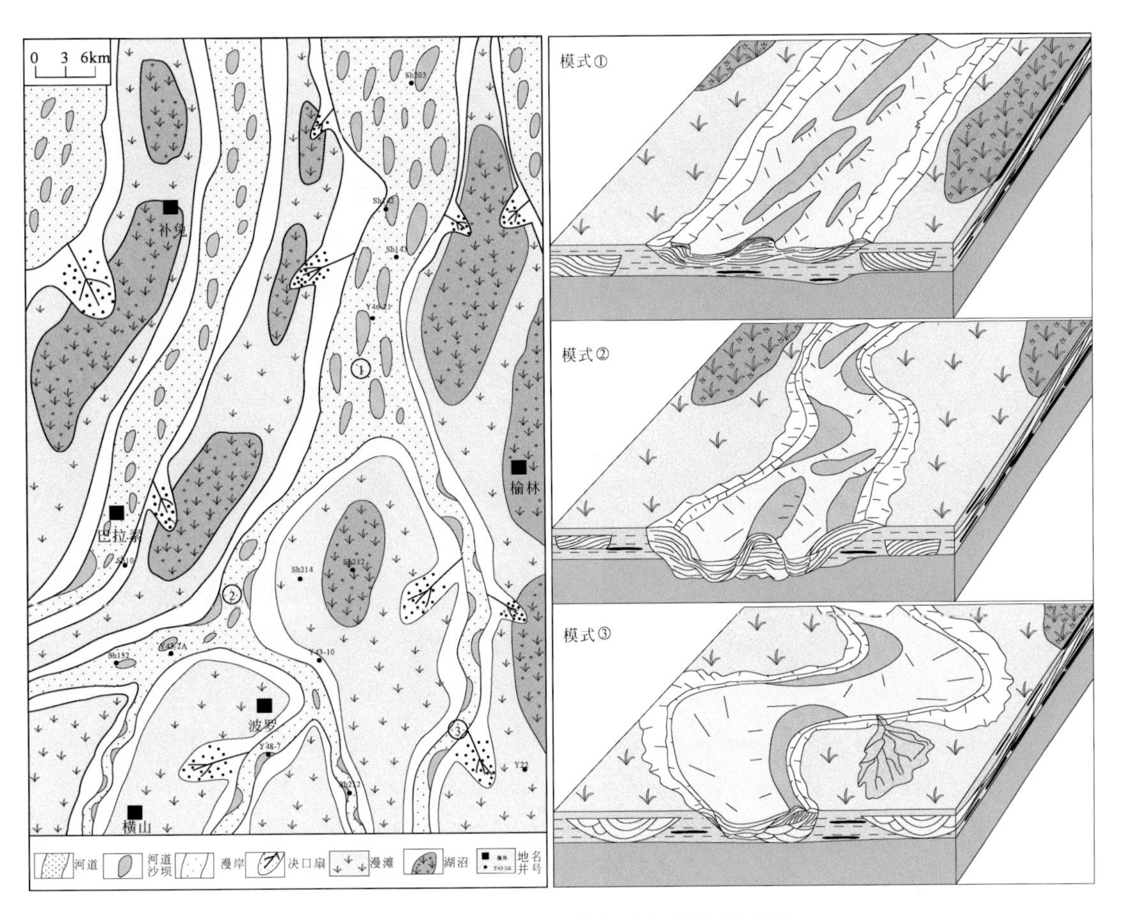

图3-40　榆林气田山2段沉积相分布示意图

鄂尔多斯盆地在山西组沉积以后，古气候发生了很大变化，下石盒子沉积时期气候由湿润型演变为半干旱型，不利于煤系地层的形成，加之北部内蒙古陆进一步抬升，供屑能力增强，亦发育了大型辫状河扇沉积体系（图3-41，图3-42）。近源扇相主要分布于杭锦旗一带，主要由槽状交错层理细砾岩、平行层理和斜层理细砾岩和砾状砂岩组成，厚层的扇层序可能皆由辫状河道叠置而成。中部扇相位于鄂托克旗、苏里格、乌审旗和兴县一带，广泛发育了辫状河沉积，形成了辫状河扇主体。辫状河道成分支状，河道主要由槽状层理细砾岩、平行层理和斜层理砂砾岩和砾状砂岩组成，并由漫岸细粒沉积所分割。这些较粗粒的河道向南部逐渐进入远端扇相，由薄层的砂泥岩互层组成。苏里格气田在盒8段下亚段沉积时期，分支状辫状河道砂体非常发育，单一的河道层序从下往上由大型的交错层砂砾岩、斜层理砂砾岩、斜层理砂岩组成，并以斜层理砂岩最为发育。斜层理砂岩与较细粒的薄层细粒平行层理砂岩互层，顶部多为漫岸泥质沉积，泥岩中可夹有薄层砂岩（图3-43）。从细分层砂体和沉积微相图（图3-44）可以看到，盒8段下亚段2小层沉积时期，研究区内发育多条辫状河道，由河道沙坝、河道浅滩和漫岸细粒沉积构成了辫状河扇沉积，砂体厚度大部分位于2～10m，呈条带状从北部向南方延伸。盒8段下亚段1小层砂体厚度一般为2～10m，厚层砂体同样位于河道带上，河道沙坝厚度多数超过10m。

密井网河道砂体的连井对比显示，单一河道沙坝砂体一般长 500 ~ 800m，宽 300 ~ 600m，河道带宽度一般为 800 ~ 1600m（图 3-45）。

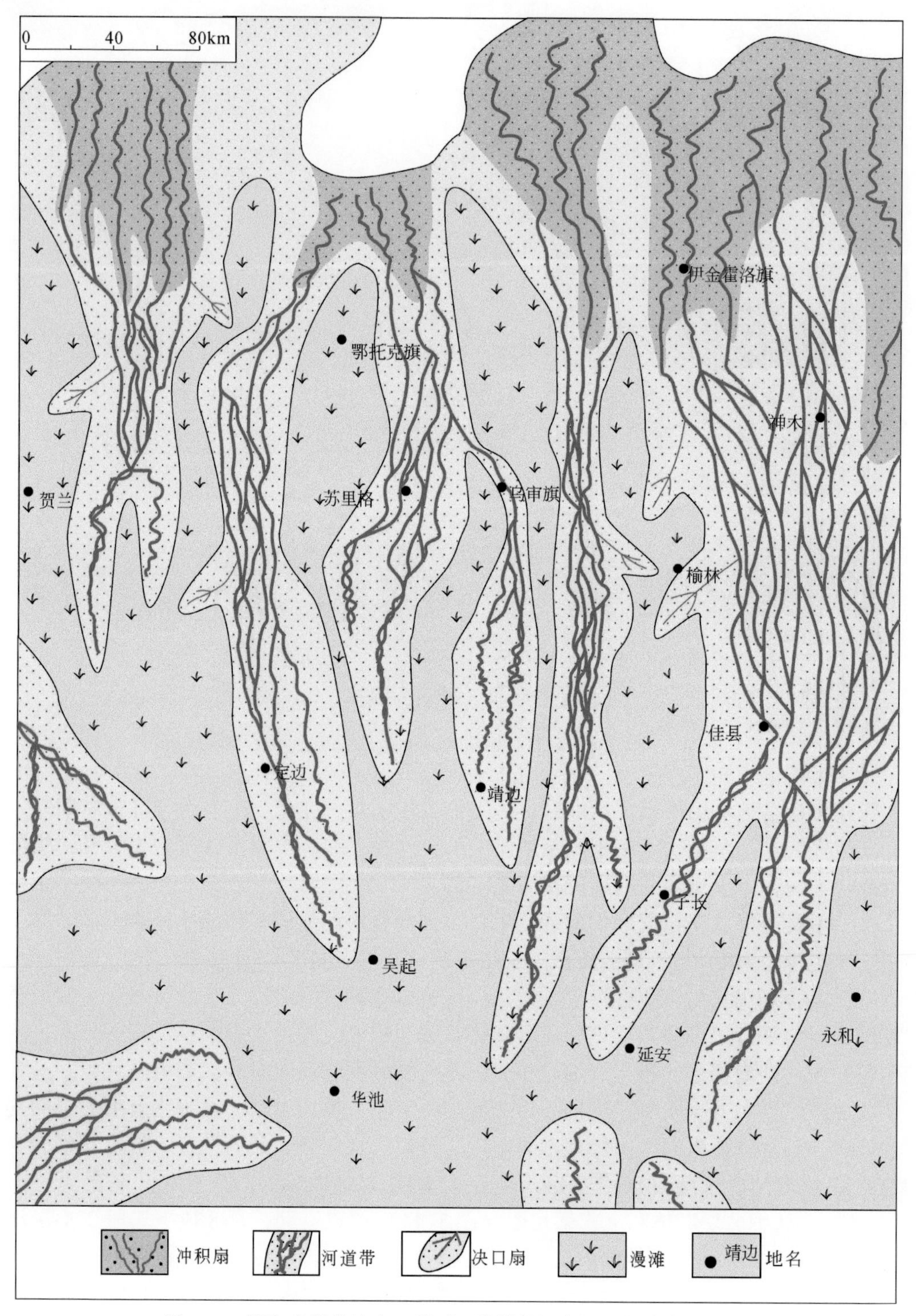

图 3-41　鄂尔多斯盆地盒 8 段下亚段辫状河扇沉积相分布示意图

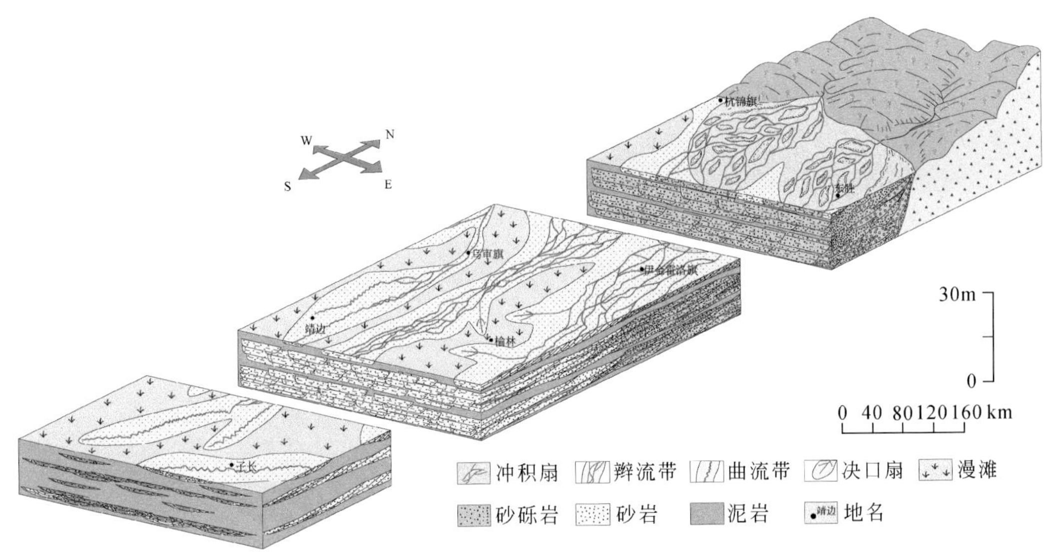

图 3-42 鄂尔多斯盆地盒 8 段下亚段辫状河扇沉积相模式示意图

图 3-43 苏里格气田盒 8 段下亚段河道砂体岩心特征（苏 6-J1 井）

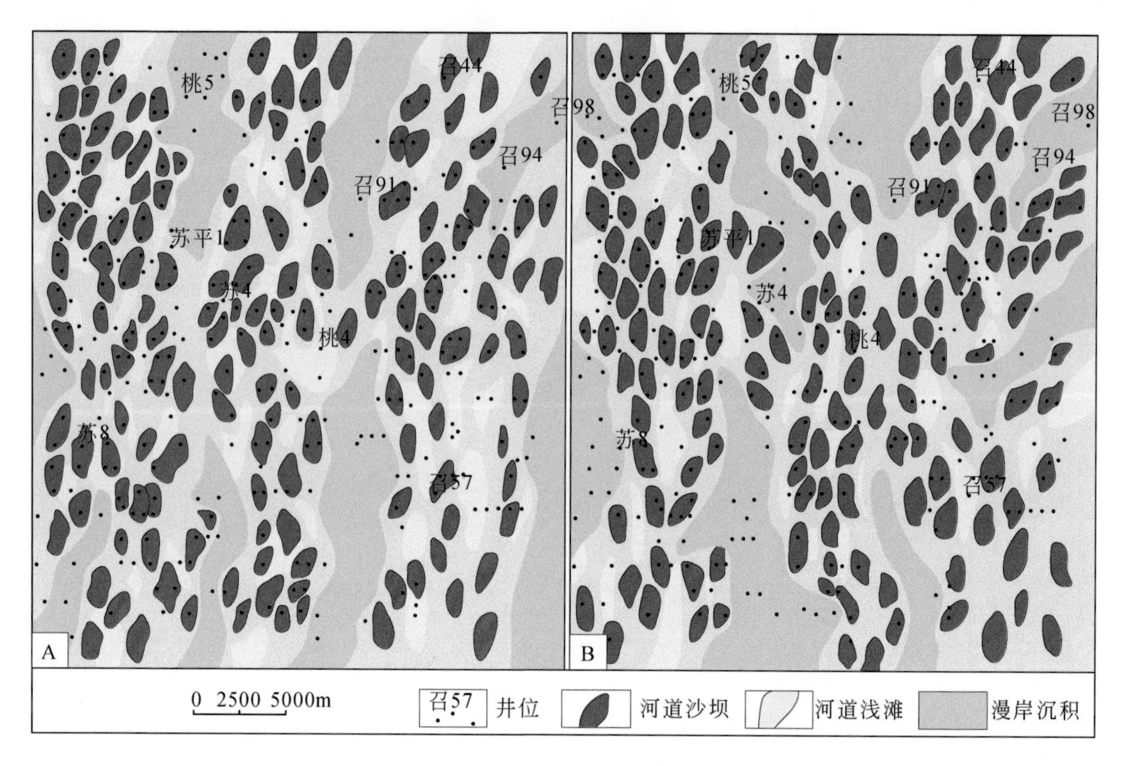

图 3-44　苏里格气田苏 6 区块盒 8 段下亚段细分层沉积微相图

A. 盒 8 段下亚段 2 小层；B. 盒 8 段下亚段 1 小层

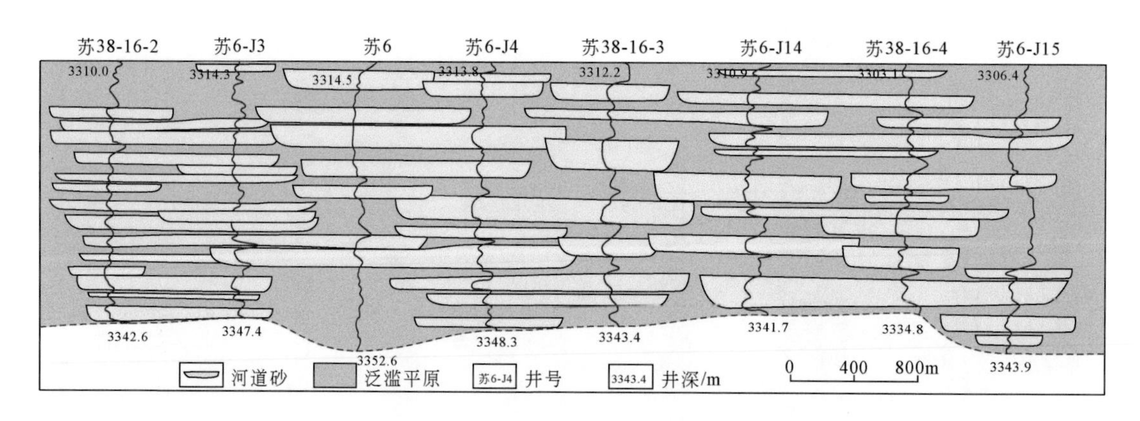

图 3-45　苏里格气田苏 6 加密区盒 8 段下亚段连井对比剖面

（二）曲流河扇相模式

鄂尔多斯盆地山西组山 1 段沉积为一个大型多线分汊型曲流河扇沉积体系（图 3-46）。在大型曲流河扇的发育过程中，靠近物源区沉积作用最为活跃，季节性的洪水从山谷进入盆地后，能量快速释放，粗碎屑物质在近源区卸载，沿山前平原形成了辫流扇沉积。近源河道多为叠复冲刷的粗碎屑沉积，漫岸细粒沉积较少，且多被后续河道侵蚀和改造。随着河道延伸进入中部区域后，河道之间分异明显，河道间距加大，横向上逐渐展宽，决口和漫岸沉积作用随之发生，河道间形成大面积的湿地环境。有些决口推进到湿地环境的湖泊中，形成小型三角洲朵体。某些水流能量较弱的分支河道也会终止在湿地环境中。随着河道的继续延伸，河道会继续分汊，在远端会形成规模较小的河道或零星分布的河道。远端河道多为暂时性河道，沉积作用主要是对河岸的侵蚀和早期沉积物的改造，在洪水期可以发育漫岸沉积作用。随着河道向下游方向的分汊，渗漏和蒸发作用导致了水流能量的损失，湿地范围大面积缩小，河道也最终消亡。

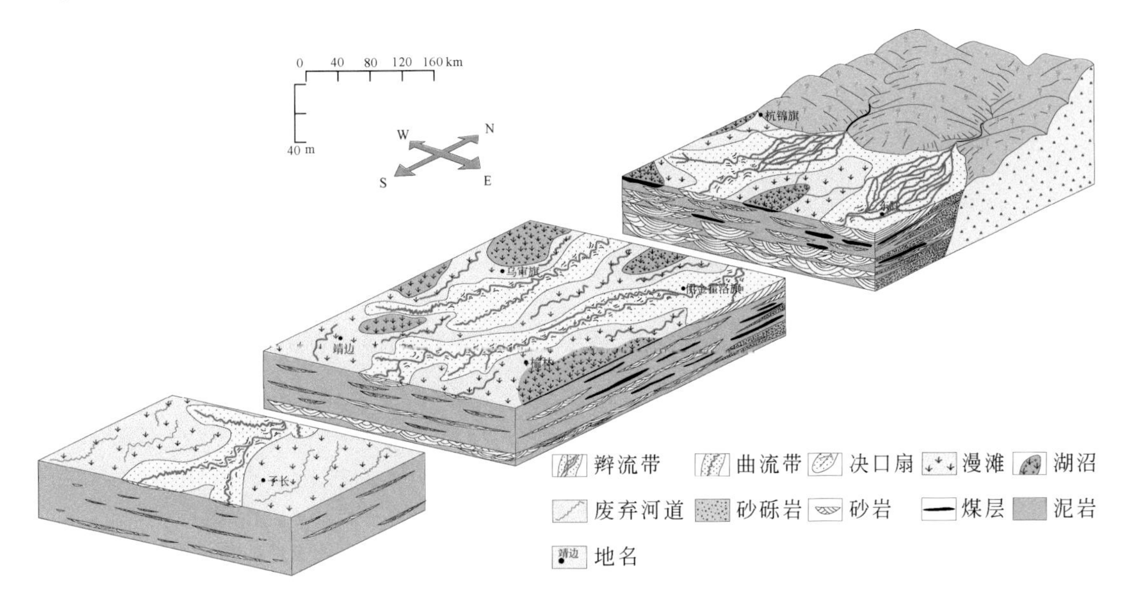

图 3-46　鄂尔多斯盆地山 1 段曲流河扇沉积模式示意图

山西组山 1 段沉积时期，沉积作用受盆地北缘物源控制，乌海-银川、杭锦旗-东胜和准格尔旗-府谷三个主要的物源体系左右了河流扇沉积格局。中部物源体系不仅矿物的成熟度高，而且山地汇集流域面积大，形成了本区最高的流量供给区，致使分支河流体系延伸距离最长，在宽阔的湿地平原上发育了一套曲流河扇沉积体系。每一个汇流体系向下游逐渐形成单一的由山地流域供给的河道，分支体系的地貌形态和沉积作用则主要受控于山区供给的流域和沉积物供给等因素。曲流带内沙坝较发育，表明床沙载荷沉积活跃。河道间发育漫岸细粒沉积，低洼沼泽中植被发育，煤层的发育表明永久性湿地环境的存在。在长达 450km 的盆地长轴方向上，遍布有河道、湿地、沙岛、漫滩和草地，由近源至远源，随着河道的延伸和分汊，河道的尺度规模也逐渐变小，并随着河道的延伸，水体不断蒸发和渗漏，湿地逐渐减少，旱地逐渐增加，永久性沼泽逐渐变为季节性沼泽和泥滩。随着河道频繁侧向迁移，弯曲度的增加则导致河道决口更为普遍。随着沉积物粒度向下游减小，来自于漫岸的细粒沉积物在泛滥平原上形成泥质沉积物。苏里格气田位于中部扇亚相带，主要发育分支曲流河体系，沉积微相由分支河道、漫岸及决口扇、漫滩及湿地沼泽等组成（图 3-47）。分支河道深度一般为 6～12m，宽 200～400m。单一河道砂体呈向上变细的层序，由下往上主要由槽状交错层砂砾岩、斜层理砂岩、平行层理砂岩和水流沙纹层理砂岩组成，顶部为漫岸细粒沉积（图 3-48）。多数河道粒度较粗，发育大型砾质点坝砂体，斜层理层系发育，厚度可达 5～10m。单一河道点坝砂体长 300～500m，宽 200～300m，河道带宽度一般为 1200～1800m（张金亮等，2018）。从苏 6 区块加密井区山 1 段横向连井剖面可以看出，河道带砂岩的分布呈席状和带状分布，砂体规模总体上向上变小，并发生侧向迁移（图 3-49）。

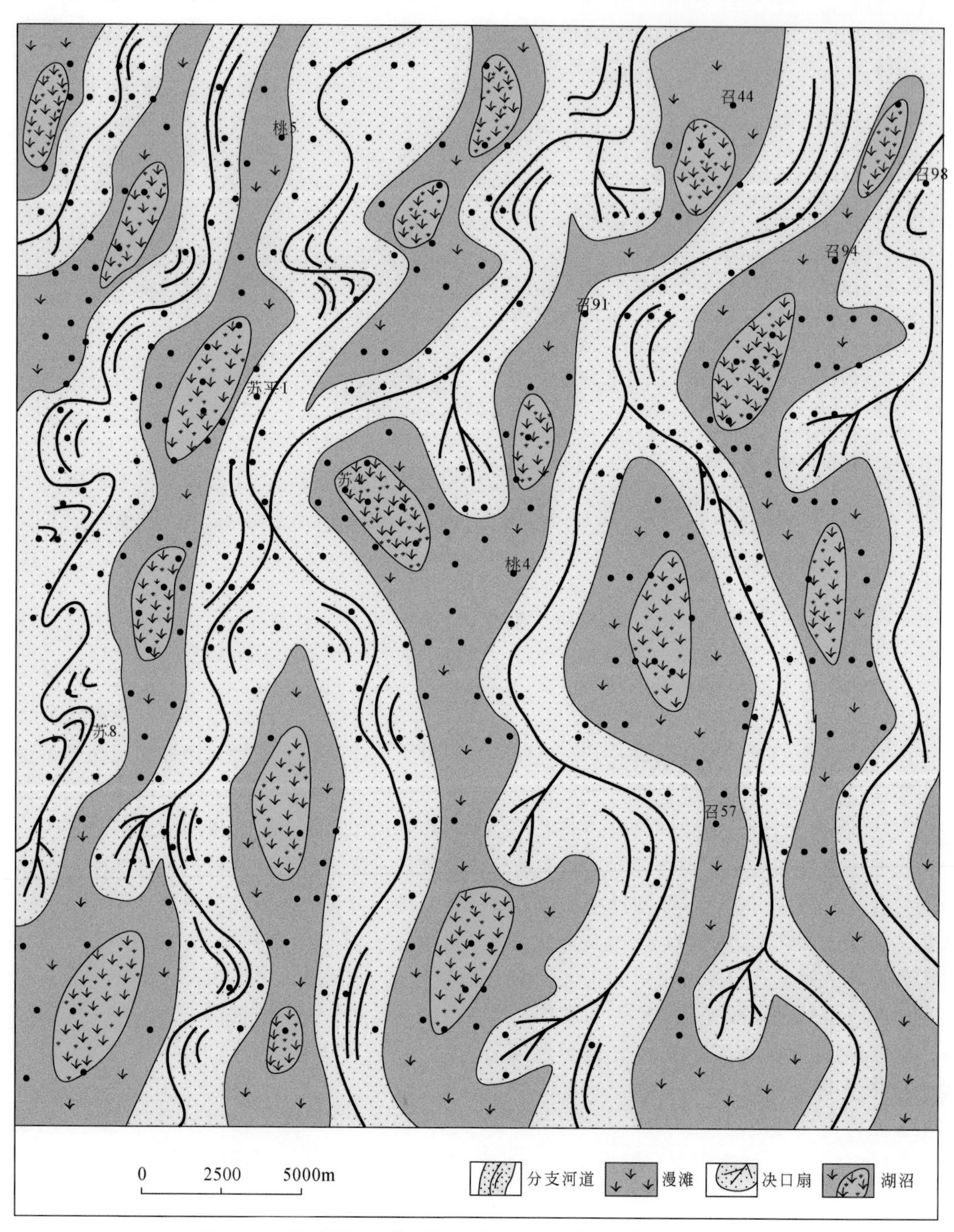

图 3-47　苏里格气田某区块山西组山 1 段曲流河扇沉积分布图

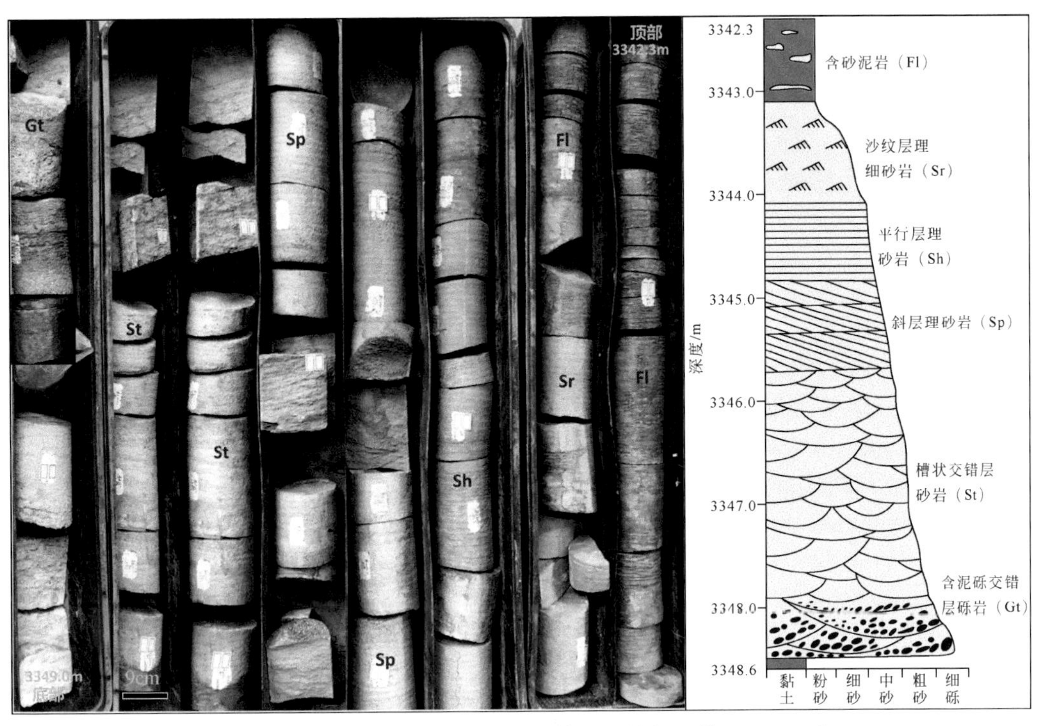

图 3-48　苏里格气田山 1 段河道砂体岩心特征（苏 6-22-11 井）

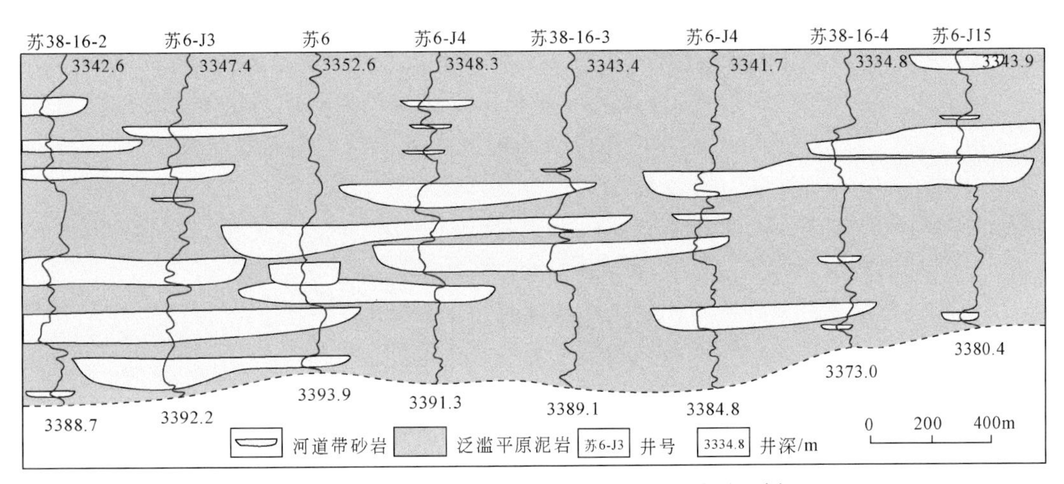

图 3-49　苏里格气田苏 6 加密区山 1 段连井对比剖面

第四章　浪控滨岸沉积

第一节　概　　述

浪控滨岸沉积体系是大型致密气田主要的形成环境，北美大型致密气储层除了形成于河流及河流扇沉积环境外，很大一部分都与浪控滨岸和浪控三角洲环境相关。国内近海盆地滨岸沉积体系也非常发育，如东海盆地主要储层同样是浪控滨岸沉积成因。浪控海滩滨岸砂体形成了主要的储集体，而滨岸沼泽形成了重要煤系烃源岩。高成熟的煤系烃源岩与滨岸砂体的紧密接触是致密砂岩气藏形成的关键。本章将在对现代沉积环境和沉积特征考察的基础上，对海滩滨岸沉积环境和沉积相的发育特点进行讨论，结合现代沉积学考察，加深对浪控滨岸环境的认识，为大型致密气田沉积学研究提供参考。

地球上相互连通的广阔水域构成统一的全球海洋，海洋的主体称为大洋，大洋的边缘水域称为海，侵入大陆内部的水域则称为海湾和海峡。自 19 世纪以来，人类一直在对海洋进行科学探索。早在 1872 ~ 1876 年英国海洋科考船“挑战者”号，就对三大洋及南极海域的几百个站点进行了多学科综合性的观测，取得了大量的海洋地质资料。近年来有关海洋对全球变化的影响、对资源供给的可能性，以及海洋污染和危害等方面已成为研究的热点。

全球海岸线全长约 440000km，是陆地和海洋之间的过渡环境，也是海洋和陆地地质作用相互交汇的地带。我国也是一个海岸线绵延漫长的国家，海岸线长约 1800km。滨岸环境的水动力非常复杂，除了潮汐作用外，还有波浪和近岸流系统的作用。当然在浪控海岸带，潮汐作用相对较弱。波浪作用不仅能引起海岸带强烈的海蚀作用，形成多姿的海蚀地貌，而且同时将海岸带的沉积物进行近距离的搬运和再沉积。海洋波浪有风成浪、暴风浪、津浪和地滑浪。其中风成浪是经常性持续起作用的波浪，是影响沉积作用和滨岸平原过程的主要因素。暴风浪、津浪和地滑浪都为突发性事件，它们在短暂时间内可以释放出巨大的能量，对海岸具有极大的破坏性。

伸入海洋的陆地地貌既有山地丘陵又有平原，平原海岸既可以是三角洲海岸也可以是非三角洲海岸，有些海岸则主要由生物体构成，如红树林海岸和珊瑚礁海岸。按照海岸的成因可以将海岸分为侵蚀型海岸、堆积型海岸和平衡型海岸。根据海岸物质组成可将海岸划分为基岩海岸、碎屑海岸和生物海岸。

基岩海岸由岩石组成，受到沿海的褶皱、断裂和岩性的影响，有的岸线曲折，有的平直。根据海岸线与地质构造的关系可分为横海岸、纵海岸和断层海岸。横海岸是构造走向与海岸线垂直或呈高角度相交，岸线曲折，岬角与海湾交错分布，沿海常有岛屿和暗礁，以西班牙西北部里亚斯海岸最为典型，故称里亚斯型海岸。纵海岸的构造走向与海岸线平行，山地、岸线和岛屿三者平行排列，以亚得里亚海东海岸的达尔玛提亚为代表，又称为达尔玛提亚型海岸。断层海岸的特点是海岸平直，岸坡陡峭，海陆高差大，海水深度大，我国台湾省东海岸就属于这种类型。此外，还有峡湾海岸，一些冰川谷地被海水淹没，形成向陆地伸入的狭长海湾，如挪威的一些海岸。

海岸侵蚀地貌是由波浪的冲蚀和磨蚀作用以及海水的化学溶蚀作用形成的，最常见的海蚀地貌是海蚀崖和海蚀平台。

海洋的侵蚀作用或海蚀作用，在基岩海岸最容易观察到，这一地区的水动力以机械动力的破坏最为强劲。在基岩海岸，海浪向陆推进过程中因海底地形陡峭，水深突然变小，海浪直接拍打海岸岩石，形成拍岸浪。波浪对海岸频繁和连续的侵蚀作用和磨蚀作用，使基岩底部的岩石不断遭受破坏和崩解，波浪形成了丰富多彩的地貌特征，当然各种地貌形态、规模还受基岩岩性包括岩石成分、结构构造和裂隙发育特点的影响。海蚀作用在高水位线附近形成海蚀凹槽或海蚀洞，海蚀作用的持续进行导致凹槽坍塌出现海蚀崖。由于海蚀崖不断向陆地方向后退，在海岸带形成一个向海洋方向微倾斜的海蚀平台即波切台。在激浪的持续作用下，海蚀平台逐渐加宽。当岬角两侧同时遭受海浪冲蚀和磨蚀，则会出现海蚀洞，两侧海蚀洞扩大相通则形成海穹。当海穹垮落，不仅形成垮塌砾石，还可形成形态各异的海蚀柱。在一些基岩海岸，不仅能够看到坍塌的砾石和磨蚀的砂砾由离岸的底流带到水下堆积，还可看到多种波浪的侵蚀、冲刷和溶蚀地貌，有岩沟、溶沟、石芽、壶穴和各种水道，冲蚀作用强烈时，水道成排发育，深切基岩，向海展宽（图 4-1）。我国北戴河一带海岸属基岩海岸，其海岸为花岗岩或伟晶岩和混合岩组成的陡崖，侵蚀地貌发育，金山嘴和鸽子窝一带常见海蚀崖、海蚀洞、海蚀槽等，陡崖下多堆积分选很差的基岩碎石块，形成锥状、扇状倒石堆，间或有贝壳滩及沙滩（赵澄林，2001）。

在一些灰岩的基岩海岸尤其是珊瑚礁基岩海岸带，除了海浪的剥蚀作用外，还有风化作用和地下水的溶蚀作用，形成的海岸地形更加奇姿异态（图 4-2）。组成基岩海岸的生物礁地层犹如一个快速发展的喀斯特，溶蚀作用极为显著。各种小型的溶沟和石芽发育成群。地表水沿近于垂直的裂隙向下溶蚀而成直立的或陡倾的漏斗、溶沟或溶洞，地下水则沿可溶性岩层的界面进行溶蚀，形成地下暗河和塌陷的地表深谷，促进了海岸的溶蚀作用。基岩海岸的剥蚀过程、速度和最终形成的各种地形地貌受基岩岩性、结构构造和裂隙发育的影响。正是海岸岩石的溶蚀加快了岩石的崩解，为海岸的侵蚀、搬运和沉积作用提供了便利条件。很多的现代生物礁就是在这些喀斯特之上生长发育而成，如澳大利亚大堡礁就是在更新世珊瑚礁溶蚀地貌的底床上发展起来的。

珊瑚礁基岩海岸一般坡度较陡，海岸线凹凸不平，加之海底有礁石存在，破浪带至前滨方向迅速变浅，波浪涌向岸边形成强大的拍岸浪。在机械冲击和化学溶蚀作用下，内部的断裂和裂缝系统促使海蚀凹槽和海蚀洞的不规则发育，岩石不断遭受破碎和掏空。某些海蚀洞被充填后，形成了透镜状或袋状砂砾岩体被包裹于老地层之中。被破坏下来的碎屑物质搬运至水面以下沉积下来形成波筑台，波筑台为新的珊瑚礁的生长提供了良好的底质。在低缓的海岸地区，碳酸盐砂质海滩发育，向岸林区内发育沙丘。碳酸盐质海岸带的沉积层序与碎屑砂质海岸带相似，前滨带发育很好的低角度交错层理和平行层理，后滨带发育海岸沙丘，所不同的是近滨区多为珊瑚礁发育区，缺乏碎屑滨面形成的沿岸沙坝，仅在上滨面有各种规模不等的浪成底形。

图4-1　基岩海岸的侵蚀特征

A. 陡峭的基岩海岸，崖壁上有岩块垮塌，碎浪带分布狭窄，宽度为3～5m，南非好望角海岸；B. 海穹及海穹垮塌形成的砾石堆积，南非西海岸；C. 海浪侵蚀更新世砂岩海岸形成的网格状溶沟和石芽，意大利撒丁岛西海岸；D. 波浪涡流在更新世海滩砂岩上形成的壶穴构造，意大利撒丁岛西海岸；E. 波浪侵蚀基岩海岸形成密集的岩沟，美国加利福尼亚州西海岸；F. 砂砾岩波切台上形成的侵蚀水道，巴厘岛海岸

图 4-2　塞班岛生物礁基岩海岸的侵蚀和沉积特征

A. 塞班东岸的珊瑚礁悬崖海岸，海蚀凹槽和石芽发育，左上角插图显示悬崖为生物礁体组成；B. 塞班东岸鳄鱼岛海滩的悬崖海岸，海蚀凹槽和海蚀洞发育，左下角插图显示海蚀崖上发育的溶孔和溶洞；C. 塞班东北部的鸟岛，为一个距岸线 300m 的孤岛，岛上分布有大量的溶蚀孔洞，右上角插图为塞班岛东南角的禁断岛，为一个小型的半离岛，周围岩石崩塌形成砾石堆；D. 塞班南部欧碧燕海滩的平缓海岸带，发育砾质海滩，向岸的树林中发育沙丘，右上角插图为海岸波浪侵蚀死亡珊瑚礁形成的砾石滩；E. 塞班军舰岛海岸发育的砂质海滩，沿岸分布侵蚀的树木及散落的二战枪炮残骸，右上角插图为军舰岛全貌，岛上树木丛生，树林内分布有沙丘，环岛为白色的碳酸盐砂质海滩，环岛水下浅水区生长珊瑚礁；F. 里德海滩上挖掘的沉积层序，从下而上为低角度斜层理和平行层理碳酸盐粗砂，顶部为珊瑚礁砾石层

基岩海岸属于侵蚀型海岸，海岸侵蚀地貌是由波浪的冲蚀和磨蚀作用以及海水的化学溶蚀作用形成的，其中波浪作用是海岸演化的主要动力。海岸线常突入海洋中或伸入陆地，形成岬角和海湾的有序序列。海湾通常包含湾头或袋状海滩，有些不对称弯曲的海湾与岬角在平面上组成状如鱼钩的海滩，或称“ζ”海滩。当海面上升时，海水入侵山地丘陵地区，海岸线多弯曲，波浪折射，岬角处波能汇聚，形成海蚀崖和岩滩，海湾中波能辐散，开始出现新月形坝、弯月形坝、沙滩及水下浅滩等沉积单元，最终岬角消亡，海岸趋于稳定。

碎屑海岸可分为砾滩海岸、砂滩海岸、泥质海岸、沙丘海岸和障壁海岸等类型，这也是我们后面将关注的重点。砾滩海岸和砂滩海岸又称砂砾质海滩海岸，是由碎屑物质在激浪带堆积形成的，其范围从波浪破碎开始点起到海岸波浪作用消失处止，海滩的宽度和海滩剖面受海岸地形、波浪作用和沉积物粒度的控制。虽然滨岸砂体通常由纯净的砂质沉积物组成，但是由砾质沉积物组成的粗粒滨岸砂体并不少见，这些砾质海岸多临近悬崖海岸或临近粗粒沉积体系，或者来自于其他粗粒沉积体系的改造，如一些滨岸冲积扇、老的砾质海滩和冰碛物，它们会受到海侵作用的改造，产生砾质海岸沉积。在古代砾滩层序中，我们很少见到伴生的悬崖，这可能与沉积物的保存有关，只有那些处于沉积平衡状态下的海岸层序才能被保存下来。沙丘海岸包括海岸沙丘海岸和沙漠沙丘海岸，前者是在风的作用下海滩砂被吹扬形成沙丘的海岸，后者是沙漠沙丘推进到海岸形成的沙丘海岸。障壁海岸是由长条形的沙质海岸堆积体及其封闭或半封闭的海湾形成的障壁-潟湖海岸，相关内容将在下一章进行讨论。泥质海岸是由泥和粉砂形成的低缓平坦海岸，岸坡平缓，浅滩宽广，多分布在泥沙供应丰富而又受到保护的海岸段，受潮流作用影响较大，以渤海湾海岸最为典型。在有充足的细粒物质来源的海岸，海岸浅滩不断向海推进，形成大面积的海积平原及湿地沼泽。若细粒物质供给减弱，波浪作用增强，海岸浅滩遭受冲刷而后退，波浪的改造常形成富含贝壳的滩坝或沙岛。随着泥质海岸的不断进积，这些沙岛会远离海岸带，形成海沼沙岭或千尼尔沙岗。

生物海岸有红树林海岸和珊瑚礁海岸。红树林成片地生长在泥质海岸的潮间浅滩上，形成特殊的红树林海岸。红树是热带、亚热带海岸常见的一种木本植物，种属不同但生态环境相似，具有非常发达的根系，对保护海岸免受冲蚀具有积极意义。红树是一种“胎生”植物，胚芽在果实中孕育，成熟后下落泥中，很快便可长出根系，像雨后春笋般快速繁殖。现代珊瑚礁多分布在南北纬30°之间的热带海区，最适合珊瑚生长的环境是海水温度20℃以上，海水盐度35‰左右，水深20m左右，水体清澈，海底底质坚硬。因为珊瑚的生长对海水的温度、盐度、深度和透光度的要求苛刻，所以珊瑚礁的地理分布有很大局限性。我国的珊瑚礁主要分布在南海诸岛及台湾澎湖列岛。根据礁体和岸线的关系，珊瑚礁分为岸礁、堡礁和环礁。岸礁分布在大陆或岛屿的岸边，珊瑚礁沿外缘向海增长。堡礁呈长条状平行海岸分布，礁体与海岸以潟湖相隔。环礁在平面上呈不连续环带状，中央为浅水台地潟湖，外缘与陡而深的大洋相邻。

第二节 浪控滨岸环境划分

海岸带的地质作用及地貌特征主要是在波浪和潮汐的作用下形成的。现代海岸带一般包括海岸、海滩和水下滨面带三部分。这里的海岸是高潮线以上狭窄的陆上地带，是一个暴露于海水面之上的地区，只有在特大高潮或暴风浪时才被淹没，又称后滨或潮上带，是狭义的海岸。海滩是高潮线与低潮线之间的地带，高潮时被水淹没，低潮时露出水面，又称潮间带。水下滨面带是低潮线以下直到波浪能力被耗尽的地带，属于潮下带，下限相当于二分之一波长的水深处。根据水深，还可将海洋环境依次划分为滨海、浅海、半深海和深海。滨海属于低潮线和高潮线之间的地区，是潮汐、波浪和沿岸流搬运和沉积活跃的地区。浅海相当于滨面和远滨地区，水深自低潮线以下至水深200m，是海岸以外较平坦的浅水海域，生物繁盛，也是海洋中最主要的沉积区；根据受海浪影响程度，浅海以浪基面为界被分为内陆架和外陆架两部分，前者处于低潮面之下浪基面之上，后者处于浪基面之下的浅海海域（黄定华，2004）。半深海是从浅海向广阔深海的过渡地带，属于大陆坡，水深一般为200～2000m；深海是水深大于2000m的广大海域，其海底地形主要包括大陆基、大洋盆地及海沟等。现在所说的海岸带，相当于传统上划分的滨海和浅海的上部。

一、滨岸环境分布

风作用于海面时通过近水面大气层的垂直压力和切应力，将能量传递给海面，使水质点在风力和重力、水压力、表面张力的相互作用下运动。海浪的推进，实际上是波形的传播，深水波海域的水质点呈圆周运动，深度达到海浪作用的下限即1/2波长时消失。随着水体变浅，水质点运动由圆形变为椭圆形。浅水波出现在海水深度小于1/2波长的海域，海浪中水质点运动轨迹受海水与海底岩石摩擦力的影响，由椭圆形逐渐变为线性（图4-3）。可见在大于1/2波长的海域，其海底不受海浪的影响。海浪作用的这个下限面就称为浪基面。晴天浪基面范围一般相对稳定，开阔海域的浪基面深度一般为30～50m，风暴期间浪基面要深得多，可达100～200m，较深水地带都受到搅动和影响。根据波浪的变形体制，可以将海岸环境从海向陆依次划分为远滨（offshore）、滨面（shoreface）、前滨（foreshore）、后滨（backshore）和海岸沙丘（coastal dune）5个带（图4-4）。各类陆内海盆的缓坡地带普遍发育砂质海岸沉积，各个亚环境分布特征与陆缘海浪控海岸带相似。

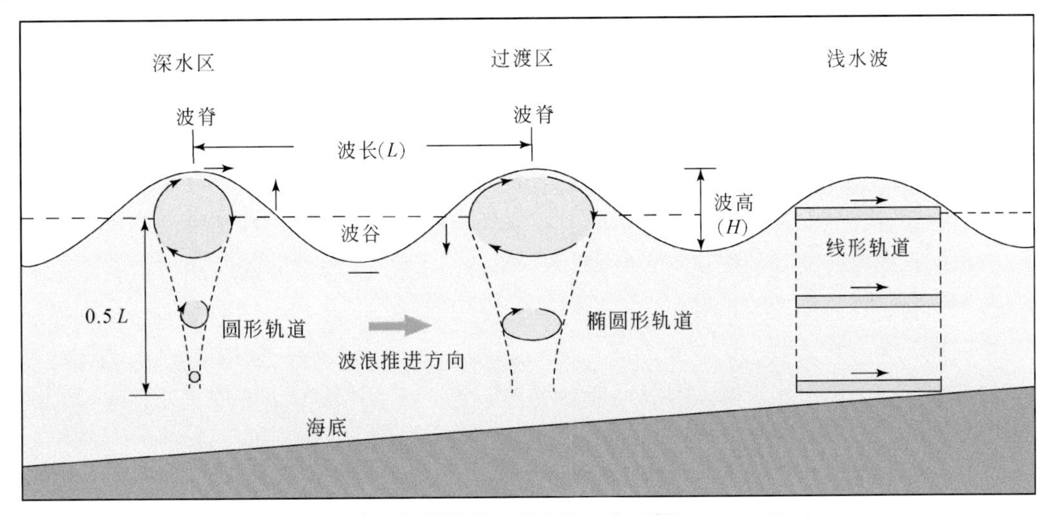

图4-3　波浪在向岸推进过程中的变化（据Komar，1998）

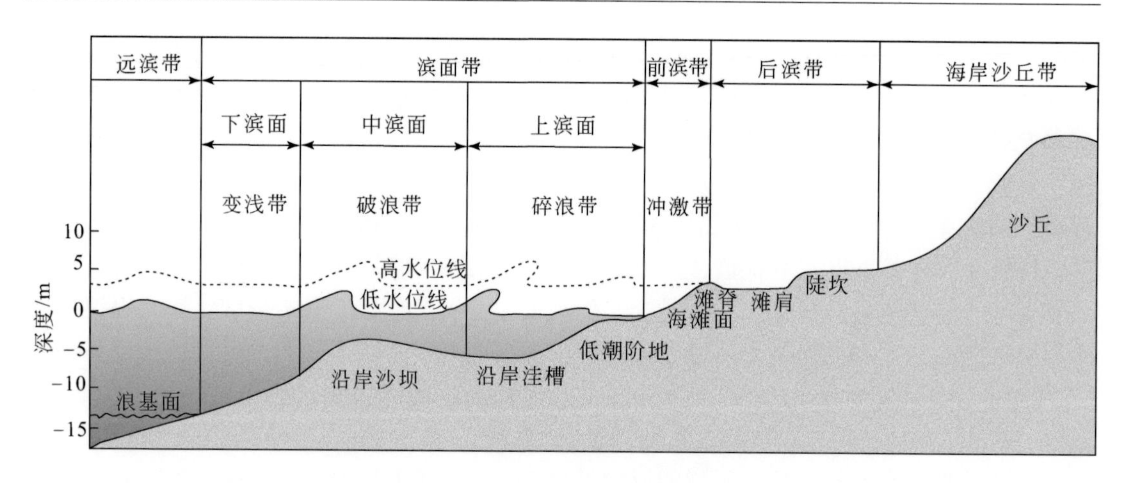

图4-4　浪控滨岸带沉积环境划分

远滨带位于浪基面以外的较深水区，波浪活动主要为涌浪（swell），底质以泥为主。滨面也称近滨（nearshore）或内滨（inshore），多处于波浪活动的高能地带，包括破浪带（breaker zone）和碎浪带（surf zone），底质以砂为主。前滨带处于冲流带（swash zone），也称冲流-回流带（swash and backwash zone）或冲激带，是海滩发育区。后滨带是一个向陆一侧的平缓斜坡，斜坡多为平缓的阶地或台地，称之为滩肩（berm），是冲流越过滩顶或滩脊形成的砂质沉积。滩肩通常是由风暴作用形成的，一个海滩可以有两个甚至更多的滩肩，最高处的滩肩代表了以前最大的风暴海滩。海岸沙丘是向岸的强劲海风将松散的海滩砂吹到离岸不远处形成的平行于海岸的沙丘，有时临近后滨统称为后滨-沙丘。

近岸波浪能是控制滨线发育的最明显的海洋作用，通过对河流搬运来的沉积物进行簸选和再分配，形成海滩、沙嘴和沙坝等多种近滨地貌单元。强的波浪能产生分选良好的砂质滨线，而低的波浪能只能产生分选不好并含有泥和粉砂的沉积物。滨线波浪的强弱，取决于深水波浪的能量和盆地的水深。近滨波浪能量不仅与近滨坡度有关，还受控于陆架的性质和宽度，以及近岸带沉积物的类型和供给速率。当波浪接近岸线时，波浪作用的分向与岸线的夹角大小也会影响沉积物的搬运和沉积。当夹角等于45°时，沉积物的纵向移动速度最大。当夹角增大或减少时，波浪作用的强度将减弱，沉积物发生沉积。

海滩是最常见的沿岸沉积物堆积体，形成于波浪作用能够影响海岸沉积物的地带，沉积物由有机和无机颗粒组成。广义的海滩包含范围宽广，从波浪破碎处开始到滨海陆地的风成沉积物，狭义的海滩概念指前滨地带。按组成海滩碎屑物种类分为砾滩、沙滩和泥滩。沙滩是海滩中分布最广的沉积地貌单元，主要由冲流和回流作用而形成。在热带的某些地区，海滩沉积物还可通过碳酸盐的沉淀形成海滩岩（beachrock）。在海滩向陆一侧，若有广阔的空间，沉积物会越过滩肩向陆扩展，在两个斜坡上堆积形成了向海和向陆两个坡向的海滩，这种海滩也称为滩脊式海滩，在海滩剖面上呈双坡形。若海滩向陆一侧坡度很陡或有悬崖遮挡，则海滩没有自由空间发展，海滩剖面呈现为单坡形，这种海滩也称为背叠式海滩。滩脊面向大海的陆上一侧也叫海滩面（beach face），相当于前滨的上部表面，总体向海倾斜，其宽度随海滩面坡度、波浪强度、潮差大小的不同而变化。海滩坡度受海滩沉积物粒度的控制，细砂坡度一般仅几度，而粗的鹅卵石海滩坡度可达20°。在海滩向海方向的剖面上，分布有没入水下的沿岸沙坝（longshore bar），沿岸沙坝通过沿岸洼槽（trough）与海滩分离。在一些高能量的平缓的耗散型海岸带，常有多排沙坝发育。近岸区的内坝多不稳定，常受到裂流和环流的影响，稳定性较差，远岸区的外坝较稳定，呈向海突出的弯月状浅滩砂体，也叫弯月形坝（crescentic bar）。当沙坝垂直于岸线并与岸线相连时，可称之为横向沙坝（transverse bar）。两个横向沙坝之间，常发育较深的裂流水道（rip channel）。在凸形海岸地带，特别是岸线转折地带，常有沙嘴出现，沙嘴的一端与陆地相连，另一端伸入海中，受到波浪的影响尾部通常向陆一侧回弯，也称为新月形坝（lunate bar）。当岸外有岛屿时，岛屿向陆一侧常因波浪减弱而发生沉积，形成三角形沙嘴，当沙嘴与岸连接可形成连岛沙坝（Tombolo）。

二、远滨带主要特征

远滨位于正常天气浪基面以下，已经属于浅海沉积环境，主要组成为粉砂质泥和泥，以水平层理及小波痕层理为主，生物扰动构造非常发育，含有正常浅海化石及丰富的遗迹化石。若遭受风暴影响则夹有粉砂、细砂或贝壳层等风暴沉积单元。

风暴浪是由于飓风和台风直接吹刮海面而形成的巨涛。巨大的风暴浪传播到滨海带引起风暴潮的涨落，对海岸造成巨大的破坏。风暴是一种突发性的、强度极大的地质作用，它既有突发性，又有统计上的周期性。一般将天气分为正常天气和风暴天气，在正常天气，风浪所能影响海底沉积作用的深度为1/2水波波长，通常为10～20m；而当风暴天气时，风暴浪波及的深度一般都远远大于正常天气，通常都超过40m，甚至可达100～200m水深。风暴期浪基面大为降低也是导致陆架浅海沉积物搬运和再分配的重要原因。风暴浪具有巨大的能量，可以非常高的速度向海岸传播，在沿岸地带形成涌水现象称作风暴潮。风暴潮在海岸带可将水位抬升5～6m，形成异常猛烈的冲流-回流作用，风暴回流具有极高的流速，是形成风暴沉积和风暴岩的主要地质营力。高流速的风暴回流对海底冲刷，可以形成明显的侵蚀面和冲刷痕，冲刷痕以反映多项或双向水流为特征，常见渠模和口袋构造，渠模是风暴层底面发育的略显对称的伸长状渠沟印模，口袋构造是口袋状的不规则的侵蚀坑穴，口袋里面可以充填各种碎屑。砾石、生物贝壳等则被停滞在侵蚀面上形成滞留层。风暴浪还在正常浪底之下风暴浪底之上形成一种交错层理，纹层以上凸和下凹的低角度相交为特点，反映了振荡水流的形成特征，即丘状交错层理（hummocky cross stratification，HCS），风暴回流可将大量泥沙搬运到更深的地带，并形成具有粒序层的经典浊积岩（图4-5）。

三、滨面带主要特征

滨面带处于水面以下，一般由水下沿岸沙坝和沿岸洼槽构成。在低潮线以下一般有两个或多个沿岸沙坝，波浪作用越强，沿岸沙坝数目就越多。在强暴风时期，高度大的沿岸沙坝将被首先夷平，暴风消失后，沿岸沙坝可再次形成。

按照水动力特征又可进一步划分为下滨面、中滨面和上滨面。

下滨面是波浪刚开始影响海底的地区，是较低能带，这里既遭受微弱的波浪作用，同时

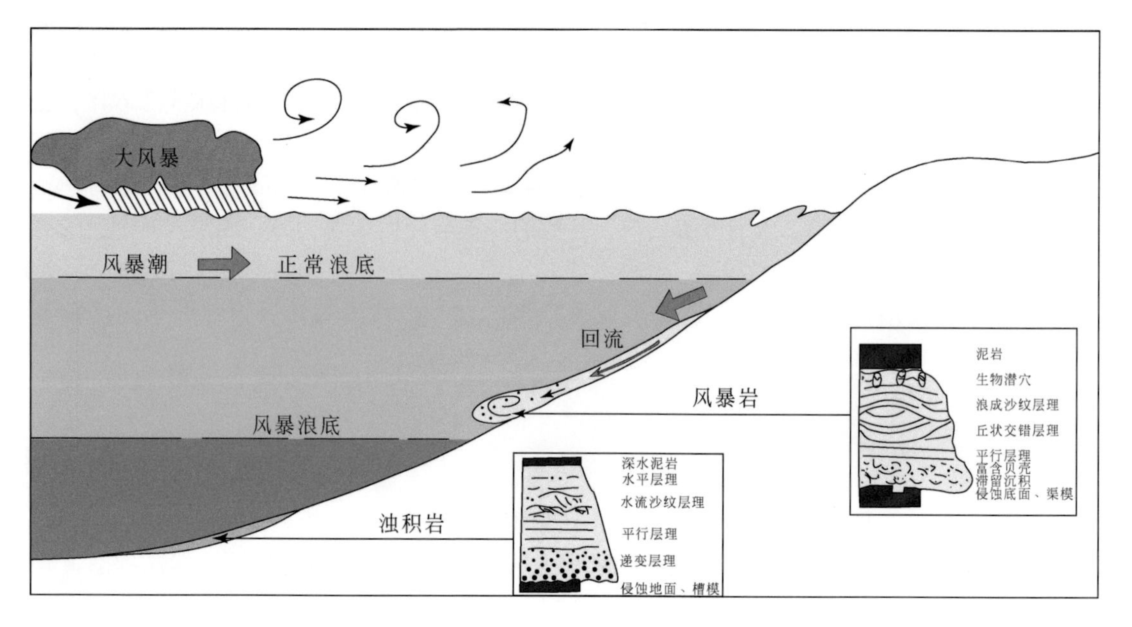

图 4-5　远滨带风暴流及风暴沉积示意图

也有远滨沉积作用，属于过渡带。由于该带下界面位于好天气时的浪基面附近，与陆棚浅海过渡，所以该带沉积物也常遭受风暴浪的侵蚀。沉积物主要是细粒的粉砂和砂，并含有粉砂质泥的夹层。沉积构造主要是水平纹层和小波痕层理，含有正常海的底栖生物化石。底栖生物的大量活动，形成丰富的遗迹化石，强烈的生物扰动常严重地破坏了原生沉积构造可形成均匀的块状层理。

中滨面位于破浪带内。当波浪向岸传播，波浪不对称，前陡后缓，水深等于波高时，波浪破碎，波峰本身向前倾倒或崩解为气泡和浪花。由于波浪破碎产生的动力效应，对海底产生较强的侵蚀作用，并促使碎屑质点大多以床沙形式迁移，这种质点运动方向是双向的，即破浪向海一侧的沉积物向陆移动，而向陆一侧的沉积物则向海移动。正是这两种不同方向作用的综合效应，促使碎屑物在破浪带发生沉积作用。破浪带的分布范围相对于中滨面带环境，为高能带。一般地形坡度较陡（1∶10）并有较大的起伏，平行岸线常发育有一个或多个沿岸沙坝和洼槽。沙坝的数目与坡度大小有关。坡度越平缓，沙坝越多，最多可达十列之多，相互间隔数十米不等，长度可达几千米至几十千米。沙坝可以为平直状，也可以为弧形、新月形。沙坝的深度随离岸距离的增加而增大，外沙坝水深一般比内沙坝（近岸沙坝）的深度大。控制沙坝形成的因素是波陡和（波高）/（沉积物中值粒径），陡的波浪、细粒沉积物有利于形成沙坝。沉积物以粉砂及中细粒砂为主，自下而上粒度变粗。层理有小波痕交错层理及大波痕交错层理，生物扰动构造向上逐渐减弱。

上滨面位于碎浪带。破浪带向前就进入碎浪带，又叫拍岸浪带，也是一个高能带。缓坡都有碎浪带，而陡坡难以形成碎浪带，中坡可形成宽度不一的碎浪带。随着波浪的破碎，在本带内形成类似于涌浪的推进波，推进波在运动过程中还将多次破碎。本带内的水体除以推进波的形式向岸运动外，还以沿岸流的形式平行海岸流动。沿岸流在碎浪带内最强，而向岸、向海均迅速减弱。当波浪进入浅水区并逐渐接近海岸时，一般都与岸线有一交角，其平行海岸的分量驱动水体沿岸流动便可形成沿岸流。沿岸流是近滨带一个重要的动力，它造成了沉积物的沿岸漂流。波浪能量越高，沿岸流速度越高。在近岸带，除了直接由波浪产生的往复运动和沿岸漂流外，还有由沿岸流和裂流共同组成的环流系统。

裂流是从碎浪带向海流动的强劲而狭窄的一股水流，也称为离岸流。裂流是靠沿岸流系统不断维持的。来自滨外的水流聚集在滨岸平原上并转向两侧平行海岸流形成沿岸流，然后再由沿岸流汇聚成向海回流的裂流，从而构成近岸环流系统。在这个环流系统中，裂流最为重要，并有相当高的流速。裂流具有相当高的流速和侵蚀能力，在碎浪带能冲刷出多条水道，并可切割沿岸沙坝。风暴活动期间，裂流作用加强，除了滨岸带冲刷出垂直岸线的槽谷外，还可将滨岸沉积物搬运到更远的滨外，形成沉积物裙（图4-6）。

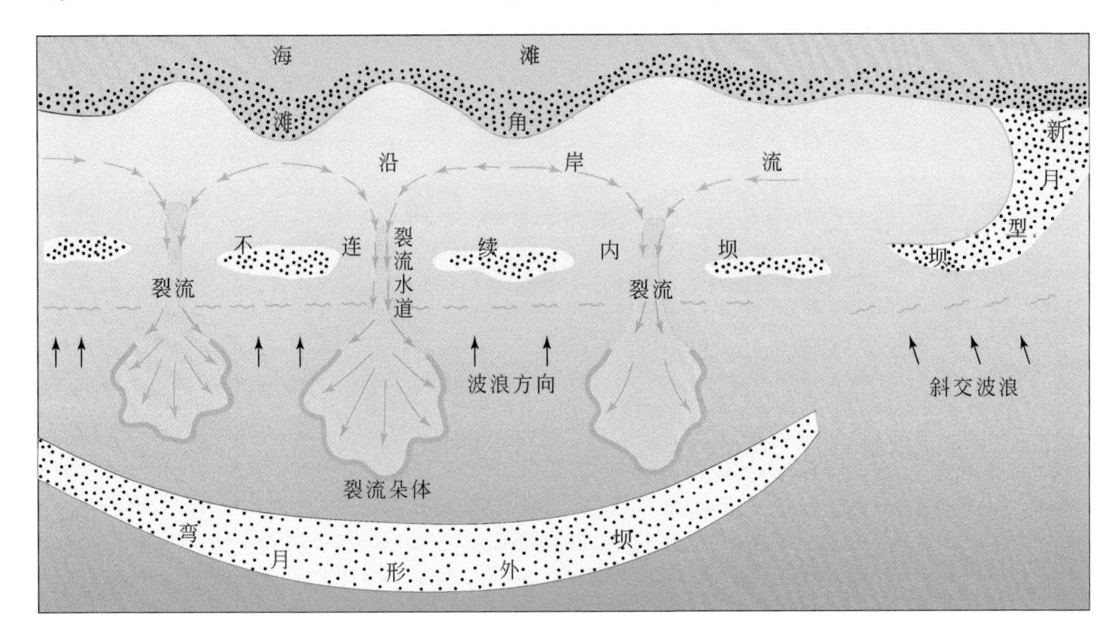

图4-6　滨岸水动力系统及裂流作用示意图

在有砂质发育的地区，裂流水道被频繁地冲刷和充填，海岸冲蚀下来的碎屑物优先进入水道汇集并被搬运入海。在横向沙坝之间的岸线弯曲段，常有多股裂流向海运动（图4-7A、B）。在野外剖面考察中，也可以看到海滩层序中出现各种与裂流作用相关的冲刷-充填构造，这些沟渠内常充填斜层理或者前积交错层理砂岩（图4-7C、D）。在东海油气田岩心中，我们也观察到浪控海岸沉积层序中，存在非常发育的层内冲刷现象，出现大量定向排列的泥砾和泥屑层。这些特征除了风暴浪对底质的搅动外，与裂流水道的侵蚀和冲刷是分不开的。

受潮汐水位波动的影响，上滨面的位置常发生一定程度的摆动迁移，因此其界线与后面所说的前滨带很难截然划分。上滨面的沉积物从细砂至砾石（高能滨岸平原）都可出现，但以纯净的石英砂岩最常见。沉积构造多为大型的槽状交错层理，常夹有低角度双向交错层理和冲洗层理或平行层理。生物成因构造也常见，但是并不丰富。

图 4-7　海岸带裂流水道及其冲刷-充填特征

A. 带状海滩横向沙坝之间的发育的裂流水道，箭头所指蓝色较深水条带为裂流展布方向，南非开普敦西海岸；B. 现代海滩上形成的裂流水道，在波浪和岸流活跃期，成为向海输送沉积物的通道，巴厘岛海岸；C. 更新世砾质海滩沉积层序内的裂流水道充填特征，水道出现在上部的砂岩段，具前积层理，意大利撒丁岛西海岸；D. 志留系砂质海滩沉积层序内切入的裂流水道，底部冲刷含滞留泥砾，向上变为前积斜层理砂岩，塔里木盆地柯坪地区

在地中海更新世海岸剖面中，滨面沉积可形成向上变细的层序，底部为海侵面，发育滞留砾石层，砾石多为中砾岩，厚度为 5 ~ 20cm（图 4-8A）。滞留砾石层之上发育席状海侵细砾岩和砂岩，席状砂内部发育很好的交错层理，可见发育完好的前积层理，前积层理多由细砾质透镜体组成，倾角较陡（图 4-8A、B）。在同一区域，还可以观察到同期的略微对称的沙浪沉积底形，为震荡水流或双向水流形成，纹层呈上攀状，由砂质和细砾质沉积物交互组成，波高 45cm，波长 160cm（图 4-8C）。

四、前滨带主要特征

碎浪带再向岸便进入冲流带（有人也叫冲激带），这个带被定义为前滨带，相当于潮间环境。水体以冲流的形式沿滩面上冲，在重力、摩擦力以及水的下渗将造成冲流减速甚至停止，并通常在终止点上形成较窄的沉积物脊。回流作用的强度取决于前滨坡度和沉积物粒度，细沙滩面下渗很慢，因此回流水量大流速高，而砾石滩冲流几乎完全下渗而没有回流。在砂质海滩沉积物表面上，冲流和回流作用常常留下细流痕构造。细流痕是一些细

图 4-8　撒丁岛西海岸更新世海侵滨面沉积特征

A. 层序下部海侵滞留沉积中砾岩由浑圆状的叠瓦状砾石组成，上部席状细砾岩发育透镜状前积层；B. 滨面细砾质发育的弧状斜层理和前积层理；C. 略微对称的沙浪沉积底形，由砂质和细砾质沉积物交互组成

小水流在沉积物表面上流动时产生的侵蚀痕迹，当水流退去后，水从沉积物中流出，便在沉积物表面上刻蚀出细沟。细流痕形态多样，常见有树枝状、蛇曲状、辫状、菱形等（图 4-9A、B）。当沙滩上有障碍物时，会形成障碍痕，障碍物除了常见的石子和贝壳外，

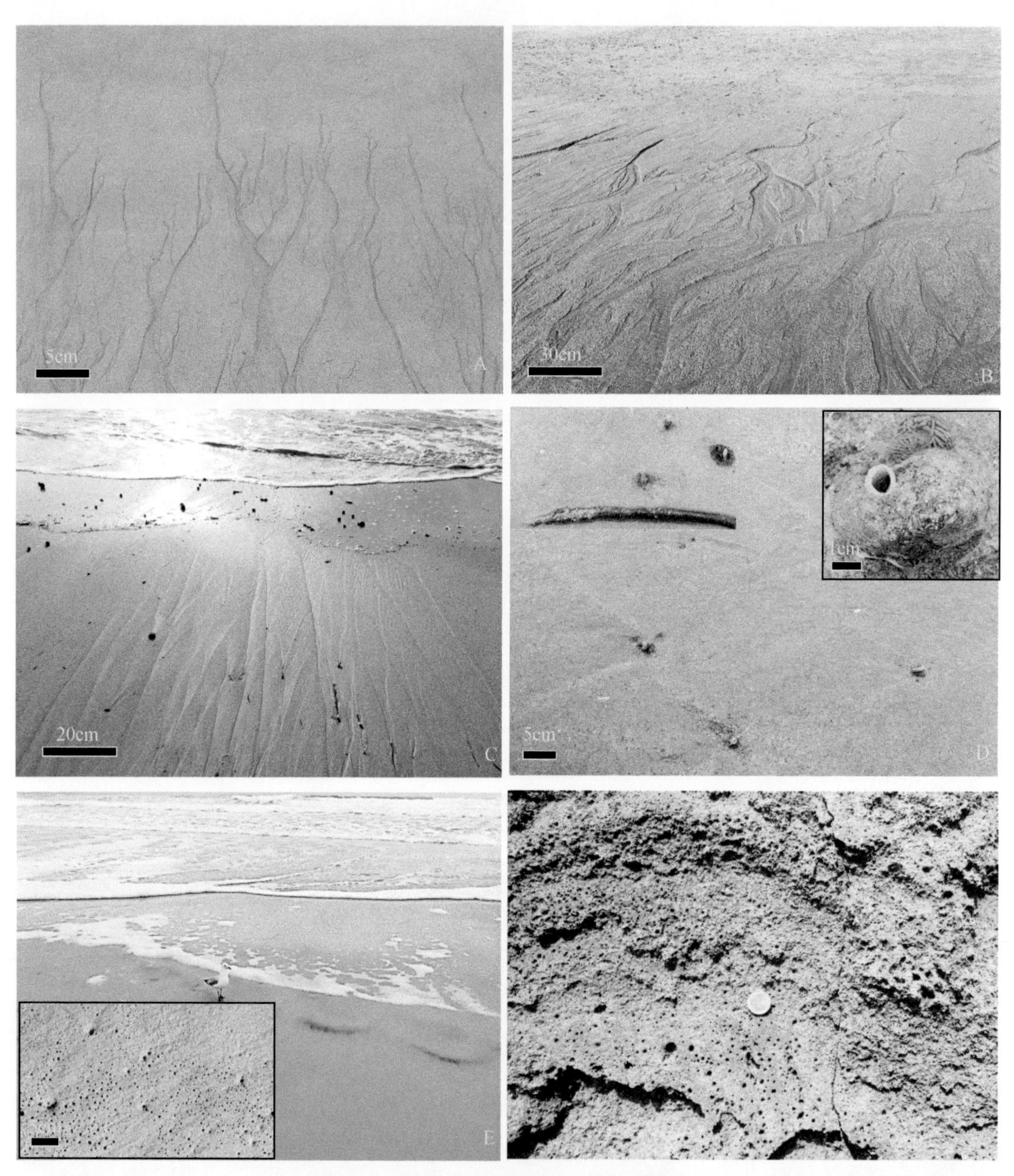

图 4-9　前滨带常见冲蚀沉积构造特征

A. 前滨带发育的树枝状细流痕，山东胶南海岸；B. 前滨带下部发育的辫状细流痕，青岛汇泉湾海岸；C. 前滨带发育的障碍痕和细流痕，突尼斯哈马马特海岸；D. 前滨带出露的沙蚕管，形成障碍痕，右上角插图为沙蚕管及周围排泄物的局部放大，山东胶南海岸；E. 低缓的前滨带，宽达 200～500m，浪花崩解为泡沫，左下角插图为局部放大，显示气泡砂和气泡痕发育特征，澳大利亚黄金海岸；F. 气泡砂发育的前滨砂岩呈海绵状结构，意大利撒丁岛更新世海滩

还有与生物活动有关的，如突出于沙滩表面的沙蚕管，它们常常成丛状分布（图4-9C、D）。在海水泡沫化的某些前滨带，随着冲流冲击海滩，许多气泡被捕集在砂质沉积物中，当回流退去，由于气泡的溢出，便在砂质沉积物的表面形成一系列的圆孔，称为气泡砂构造，圆孔的直径和深度一般为几毫米，形状为圆形和椭圆形（图4-9E）。当泡沫在沉积物表面游走式时，还可以形成很浅的伸长状的印痕和行迹。在古代前滨沉积中，气泡砂的发育可使岩石呈海绵状结构（图4-9F）。

波浪作用在前滨带所形成的呈尖角形向海突出的小沙脊称为滩角（beach cusp），突出的滩角与向岸的新月形洼沟或小湾相间成群分布，相互连接形成海滩上锯齿状的韵律地形（图4-10A）。其剖面成脊状，脊长几米到几十米，脊高几厘米至1m以上，间距一般从1m至几十米不等，但同一海滩的滩角间距大致相等。滩角可以形成在砾滩、沙滩、植物碎屑滩等不同物质组成的海滩上，但多见于沙滩上，滩角的沉积物略粗于两侧洼沟的沉积物。在强烈的波浪作用下，某些大型的滩角逐渐发展成为横向沙坝。

冲流带内沉积物以床沙载荷搬运为主，地表底形常反映出高的水流功率条件，主要为水流线状平面底床、菱形波痕、沙丘和逆行沙丘。冲流和回流都属于横向水流，除了在沉积物表面留下多种形状的流痕外，还可以在海滩上形成垂直海岸并向海延伸的不同规模的横向沙坝。在横向沙坝之间的凹槽和细沟中，会看到反沙丘快速的形成和消亡过程，向海方向斜坡上的强劲回流可以形成一系列的小型反沙丘构造，并常见大量的黑色重矿物聚集于背流面，常以透镜状低角度交错层理的形式出现在海滩剖面中，透镜体的边界便为覆盖在反沙丘表面的重矿物细层（图4-10B、C）。

虽然现代前滨带可以发育横向沙坝，但在强的波浪作用下随着岸线的迁移会形成一个或多个纵向沙坝或沿岸沙坝，在沿岸沙坝之间或海滩洼地内的浅水地区，可以发育浪成波浪、水流波浪或者干涉波痕（图4-10D）。这些沿岸沙坝构成了前滨环境的主要砂体类型，沉积物主要为细–中粒砂，高波能海岸以中粗粒砂沉积为主，并可有砾石层，沙坝层序内部发育低角度交错层理或冲洗层理、反沙丘交错层理及少量沙纹层理，可见破碎的贝壳和生物骨屑（图4-9D）。前滨带上部常有大量的雨痕，并与生物潜穴伴生（图4-10E）。潜穴及生物扰动构造亦较发育，现代海滩上部最常见的就是螃蟹迹。地层剖面中所见潜穴一般呈简单的管状或U形，而且大都垂直层面分布，有的形体较大。不管现代还是古代前滨带，最为特征的层理构造就是低角度斜层理或冲洗层理（图4-10F）。

在某些现代海岸带的前滨地区，有大量植物碎屑层的堆积，为波浪和岸流的再搬运成因（图4-11）。它们堆积在前滨区，厚度为0.5～2.0m，沿海岸线分布，有些受到冲流回流作用形成类似于滩角的展布趋势，有的植物碎屑层被大浪推移到后滨地带。这些植物碎屑层与海滩砂形成了互层层序，可见那些与海滩砂紧密接触的薄煤层或炭化植物碎屑层，并不一定代表着后滨沼泽环境，有可能是这种植物碎屑滩沉积。

山东青岛浒苔也是一种特有的海滩沉积类型（图4-12）。浒苔属绿藻门、石莼科，藻体呈鲜艳的绿色和黄绿色，生长于盐度较低的前滨带，最适宜生长的温度是20～25℃，常附着在砂砾、岩石或贝壳上生长并容易随风浪漂浮。青岛海岸带连年遭受浒苔侵袭，严重时浒苔分布面积达数万平方千米。青岛浒苔属于漂浮生态型，是形成绿潮现象的重要物种之一，多来源于苏北浅滩附近海域。

图 4-10　前滨带沉积构造特征

A. 前滨带滩角与向岸凹入的新月形洼沟相间分布，形成锯齿状的韵律地形，突尼斯杰尔巴岛海岸带；B. 现代前滨剖面中的反沙丘透镜体（箭头所指）和海滩低角度交错层，纳米比亚西部海岸带；C. 前滨带发育的反沙丘层理构造（箭头所指），呈透镜状夹于向海缓倾的斜层理之间，海南博鳌海岸带；D. 海滩洼地发育的浪成沙纹，被平床砂体逐渐覆盖，左下角为风浪期间形成的瞬时反沙丘，荷兰北海海滩；E. 现代前滨带表面分布大量的雨痕，并有生物潜穴螃蟹迹，左上角插图为海岸带的大量螃蟹迹，海南三亚湾；F. 前滨带发育的大型低角度斜层理砂岩，意大利撒丁岛更新世

图 4-11　富含植物碎屑层的海滩沉积

A. 海岸带发育的植物碎屑层，从前滨带延伸至后滨带，突尼斯杰尔巴海岸带；B. 前滨带植物碎屑层，因受到冲流-回流的影响以横向沙坝的形式成排出现，突尼斯杰尔巴海岸带

在某些现代海滩上，除了由植物碎屑富集外，还可见到类似于藻灰结核的同心圆状的颗粒堆积。例如，在地中海南岸突尼斯哈马马特湾，从苏塞到哈马马特一线的海滨地带，分布有大量由丝状植物体缠绕而成的同心圆状颗粒，大小不一，一般直径为 4 ~ 8cm，最大者达 10cm，多为浑圆状，有的呈椭圆状，还有个别颗粒呈短棍状，有的几个颗粒黏连在一起，也有的呈串状出现。这些“藻灰结核”形成于水下波浪的簸选和反复的沉浮，后被沿岸流和冲流携至岸上，水下分布较少，主要分布在前滨至后滨地区，多沿高水位线一带富集分布，从分散状到 30 ~ 80cm 厚的不规则滩状（图 4-13）。

图 4-12　青岛海岸前滨带的浒苔堆积

A. 青岛黄岛银沙滩砂质海岸带；B. 青岛黄岛连三岛砾质海岸带

图4-13　突尼斯哈马马特湾类似于“藻灰结核”的同心圆状颗粒堆积

A. 前滨带沿高水位线分布的同心圆状颗粒堆积；B. 前滨至后滨一带分布的同心圆状颗粒，宽度为8～15m，厚度为0.3～0.8m；C. 后滨一带分布的同心圆状颗粒，成分散状或朵状；D. 前滨带分布的各种形状的颗粒，右上角插图的颗粒形态为串珠状

五、后滨带和沙岸沙丘带主要特征

后滨带代表滨岸上部向陆部分，位于高潮水位与风成沙丘之间（图2-14A）。后滨带地形一般较平坦，但若有滨岸平原脊发育时，则具有波状起伏的地形。滨岸平原脊一般在特大高潮或风暴潮期间向陆迁移，与下伏沉积层为冲刷侵蚀不整合接触，内部发育大型交错层理。视气候和砂质供应的不同，后滨带环境变化较大，在缺乏砂质供应的地区，潮湿气候下后滨低洼处常有积水或湿地，还可有泥沼和藻丛生长，常形成泥炭沉积；在干旱地区，蒸发作用常形成盐沼地和薄的盐壳层。后滨带主要沉积物为分选好的砂，下部与前滨沉积过渡，发育平行层理和低角度交错层理，上部与沙丘带过渡，发育沙丘交错层理或槽状交错层理，还可出现变形层理（图4-14A、B、C、D）。后滨带受风的改造作用很明显，常见富集有介壳的风蚀地面、风成沙纹和风成障碍痕（图4-14E）。高水位形成的海滩脊，常常平行于海岸线展布，内部发育向陆陡倾和向海缓倾的斜层理。脊后的洼地可发育小型水流沙纹，在垂向层序上形成粒度较细的单元。在后滨地带，各类潜穴和遗迹化石也常见。

海岸沙丘带位于后滨带的向陆一侧，即特大风暴时潮水所能到达的最高水位。被风暴浪搬运到后滨的或来自剥蚀区的砂，受风的不断改造可形成海岸沙丘。海岸沙丘带发育在砂质供应充足且有盛行风出现的海岸带。海岸沙丘带可宽达数千米，有的绵延数十千米，多发育新月形和星状沙丘，临近植被和森林区可出现抛物线形沙丘。海岸沙丘的沙主要由石英组

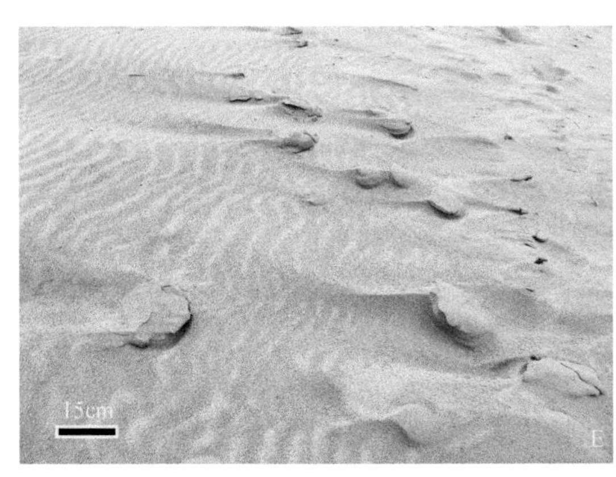

图4-14　现代滨岸带沉积构造特征

A. 海岸沙丘带向海方向为后滨带，沙丘顶部有植被生长，纳米比亚西部海岸带；B. 后滨带发育的低角度交错层理和侵蚀面构造（箭头所指），纳米比亚西部海岸带；C. 后滨和沙丘剖面，下部为含大量贝壳层的低角度交错层，向上为沙丘交错层，并有植物根发育，纳米比亚西部海岸；D. 后滨剖面显示的低角度交错层理和变形层理，突尼斯东部海岸带；E. 后滨带表面的风成沙纹和风成障碍痕，表面分布有贝壳碎屑，荷兰北海海岸；F. 海岸沙丘剖面，显示有两期的海岸沙丘叠加，广东湛江龙水岭

成，并含有少量重矿物，缺乏泥级组分。石英砂分选极好，大多数为细到中粒级，表面多呈毛玻璃状。海岸沙丘带内部主要发育沙丘交错层理，层序之间可有突变至弯曲的侵蚀面发育(图4-14F)。前积纹层一般较陡，可达30°~40°。沙丘之上常有植物生长，根系发达。

我国冀东地区从滦河口至山海关一带，渤海海岸为砂质海岸。沿岸沙丘十分发育，高几米至数十米，宽百米到几百米，沙丘分布的地带宽可达1~2km，延绵数十千米，常称黄金海岸。沙丘的向陆一侧为岸后冲积平原或沼泽，向海一侧发育海滩。按高水位海平面、低水位海平面位置划分出沿岸沙丘、后滨、前滨、滨面等亚环境。

第三节　常见滨岸沉积类型

滨岸带相当于传统划分的滨海和浅海上部，是由波浪、潮汐、近岸流等海洋水动力所形成的各种沉积体的发育环境。其中波浪是滨岸环境中的主要作用力和能量来源，波浪冲刷海岸形成了各种侵蚀地貌形态，波浪破碎产生的冲流和回流塑造了海滩剖面，波浪及其派生的沿岸流、裂流造成沉积物不断冲洗和再沉积。除了正常的波浪作用外，还有多种灾害性波浪（如津浪或海啸）作用于海岸带，这将在后面进行讨论。从滨岸带的沉积物分布来看，既有陆源碎屑为主的滨岸也有碳酸盐沉积为主的滨岸，还有两者混合的海岸类型。

一、碎屑滨岸型

影响陆源碎屑滨岸型环境的因素是多方面的，有地质构造、地形、气候、水动力状况、生物活动及沉积物供给情况等，其中尤以水动力状况最为重要。在浪控非三角洲海岸，最常见的浪控滨岸环境通常发育在滨岸带的海滩。赵澄林（1998，2001）根据物源的多少、海岸陡缓、能量的大小，将海岸带划分为高能海岸、中能海岸和低能海岸。高能海岸可形成砾质和砂砾质堆积，海岸陡，能量较高，距物源较近。中能海岸以砂质海岸沉积为主，少见泥质和砾石。在地形平缓、物源补给不足、海水能量较弱的地区，可形成进积式低能的泥质海岸沉积。

自 20 世纪 70 年代以来，人们通过对澳大利亚现代海滩的研究，建立了澳大利亚海滩模式（Wright et al.，1979；Wright and Short，1984；Short，2006）。在这一模式中，将浪控滨岸划分为 6 种类型，包括耗散型滨岸（dissipative shoreline）和反射型滨岸（reflective shoreline）两种端元组分和四种过渡类型（图 4-15）。

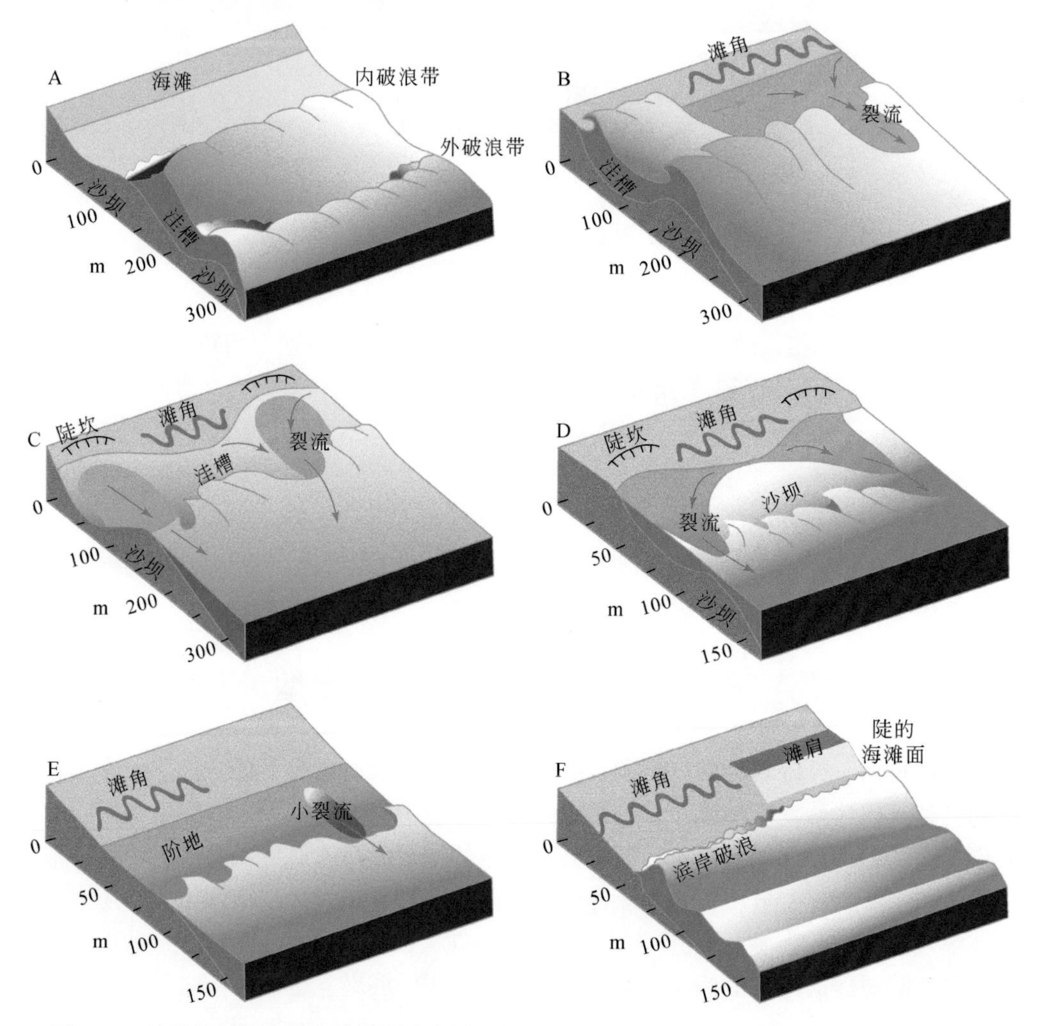

图 4-15　波浪控制的六种海滩类型示意图（据 Wright and Short，1984；引自 Huggett，2011）

A. 耗散型海滩；B. 沿岸沙坝和洼槽；C. 韵律性沙坝和海滩；D. 横向沙坝和裂流；E. 脊沟或低潮阶地；F. 反射型海滩

耗散型滨岸和反射型滨岸在地貌特征和沉积物粒级分布上有明显的不同，前者以缓、宽、细为特点，而后者则以陡、窄、粗为特点。耗散型滨岸倾向于分布在高能海岸，波浪通常超过 2.5m，坡度低，颗粒细，碎浪带宽达 500m，通常发育 2 ~ 3 个被洼槽分割的沿岸沙坝。波浪在几百米以外的滨外地区就开始破碎，以崩碎波的形式靠近外沙坝，然后在洼槽中重新形成，并再次在内沙坝破碎，如此反复，在跨越宽阔的碎浪带后能量耗散。视波浪状况（波候）和粒度的不同，大量水体的上涌产生沿岸流和离岸流组成的环流系统，沿岸沙坝通常会受到裂流切割。相比之下，反射型滨岸通常分布在较低能的海岸，海滩面坡度陡且平直，大部分波浪直接拍打在海滩上。由于沉积物颗粒粗，脊沟地形或冲流坝都不发育，且由于海滩面较陡，通常会有滩肩和滩角发育。这两种类型的滨岸地貌形态代表了滨岸类型的两个端元，其间存在多种过渡类型，如沿岸沙坝和洼槽、韵律沙坝和海滩、横向沙坝和裂流以及低潮阶地等类型。具体一个特定的滨线是以反射型为主还是以耗散型为主，取决于波浪状况、近滨坡度和粒度。高的波浪能和宽浅型近滨剖面通常产生耗散型滨线，而低的波浪能和陡的近滨剖面则倾向于产生反射型海滩面。

Orton 和 Reading（1993）强调了粒级对滨岸类型的影响，不管是反射型滨岸还是耗散型滨岸，粒级对沉积作用和地貌形态都产生重要的影响（图 4-16）。

粒级不仅影响海滩还影响近滨的坡度，控制着海滩上冲流和回流的比例以及碎浪内的搬运作用。在砾质海滩中，冲流有效地渗入前滨带内，几乎没有回流发生，这样促进了海滩面的坡度逐渐变陡。这些粗的碎屑只有在风暴活动期间才被移动，多次的风暴作用可以搬运可观的粗粒沉积物，如阿尔伯达盆地上白垩统卡迪姆（Cardium）组，沿岸流从河口处搬运砾石长达 20km（Plint& Walker，1987）。但是，在多数情况下，这些近滨沉积物多数不活动，好天气的波浪簸选只能产生粗的滞留砾石。由于粗碎屑的活动性低，有助于发育陡的反射型近滨剖面。在砂和砾混合的情况下，滨线的作用–相应机制比较复杂，根据砂和砾的比例不同，前滨区可以出现陡的砾质反射型海滩面，也可以出现平缓细粒的耗散型碎浪带。随着波高和沉积物补给的波动，裂流和横向坝的出现可以快速地逆转沉积物的搬运方向。在砂质海滩中，冲流和回流发育，海滩面平坦而宽广，滨线更加倾向于耗散型，有利于沿岸沙坝和沙丘的发育。随着向岸线传播的破碎波浪的振幅和能量逐渐减小，特别是越过外部沙坝后，波浪的能量降低，进一步提高了滨线的稳定性。风暴作用可以对滨线进行侵蚀，并使沙坝体系向陆迁移。在泥质滨线中，大多数沉积物呈悬浮搬运，在逐渐变弱的浅水波浪能条件下，沉积了松软的泥底和水下泥质浅滩。由于缺乏波浪破碎作用和近岸环流体系，也防止了沉积物向滨外地区的移动。某些近滨带常生长红树林，在千尼尔平原中还可出现一些薄层砂和贝壳碎屑。

二、砾质海岸沉积

1. 海岸砾滩发育特征

在现在海岸沉积调研中，可以观察到大量的砾质海滩，粒径变化很大，从细砾级到巨砾级的都有分布，特别是波浪活动强烈的基岩海岸，砾质海滩都比较发育（图 4-17）。由于砾石岩性和来源不同，有的圆度极好，有的呈棱角状，但是很难见到完全呈棱角状的砾石海滩，多数海滩棱角状和磨圆状的粗碎屑同时存在。虽然这些砾石的分选性不好，大小极不一致，但砾石之间的细粒沉积结构成熟度很高，砂质很纯净，且发育很好的交错层理。这些海滩砾石多以稳定成分的一种砾石占优势，砾石的长轴大致平行于海岸线方向，最大扁平面多

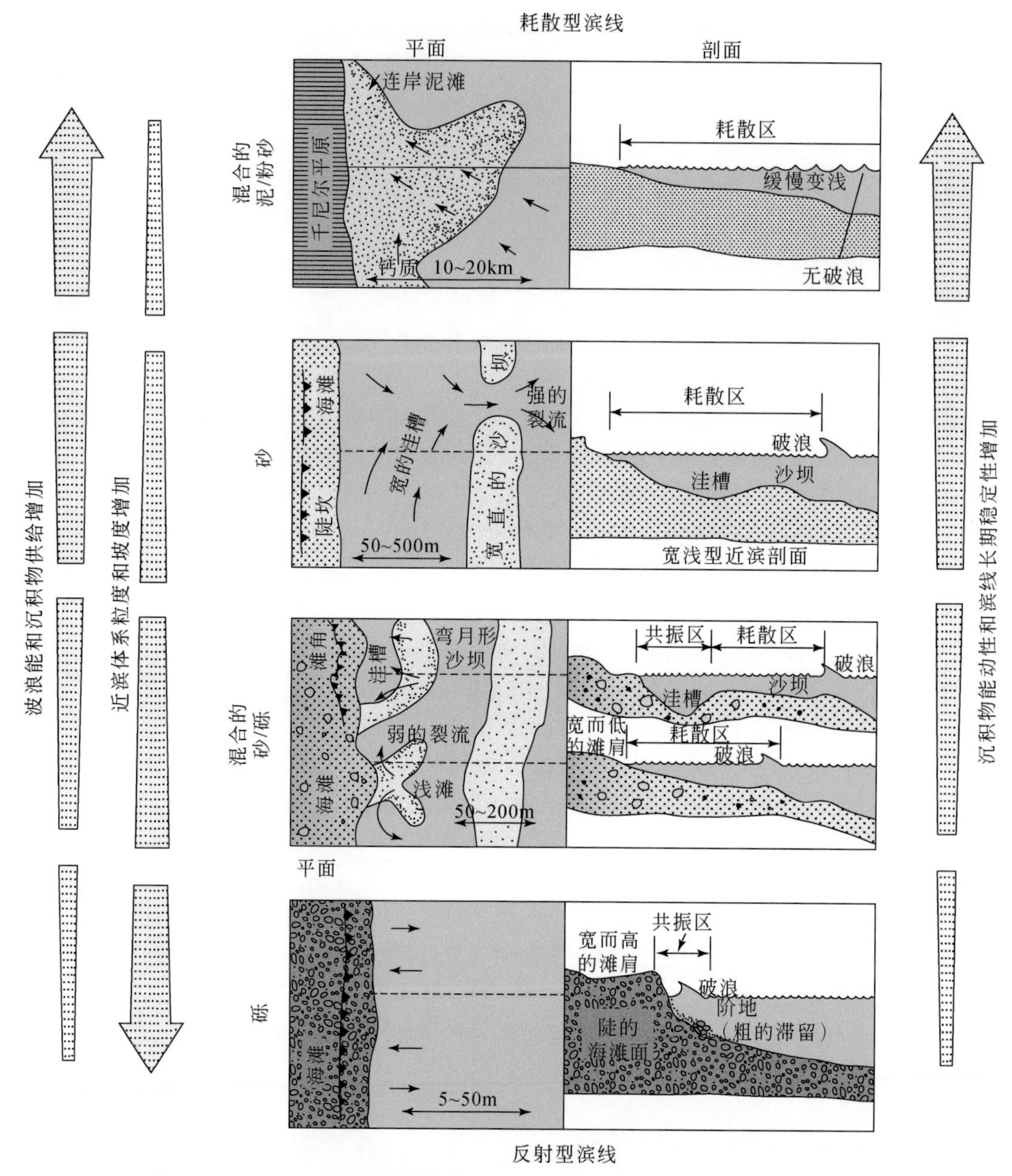

图4-16　按照粒级划分的波浪控制的海滩类型示意图

箭头表示波浪能的变化（据 Orton and Reading，1993）

向海方向倾斜，倾角一般为5°～10°，砾石的倾斜方向与层理的定向趋势一致，因为这种排列方式在波浪的冲击下最为稳定。现代海滩砾石的来源可以是岩崩、海蚀、风暴和海啸，如英格兰的悬崖海岸、美国太平洋海岸以及南非南部海岸；砾石也可以是附近的山区河流带来的，如意大利亚得里亚海海岸带；还可以由冰碛物的侵蚀改造而形成，如波罗的海海岸带。当然自从人类出现以来，近代海滩砾石也免不了人工造成的。砾滩不同的分布位置，砾石来源不尽不同，特点差异明显，有的分布局限，有的分布广泛呈席状展布。

图 4-17　现代海岸带的海滩砾石

A. 南非好望角海岸风浪侵蚀基岩海岸形成的粗砾级砾石滩，砾石散落在细粒级海滩沉积物之上，右上角插图为附近的企鹅海滩，海滩上分布有大漂砾；B. 意大利撒丁岛西海岸带流纹岩砾石滩；C. 日本静海海岸带火山岩侵蚀形成的海滩砾石；D. 青岛汇泉湾海岸带花岗岩基岩侵蚀形成的海滩砾石；E. 广东南澳岛宋井海岸带基岩侵蚀及部分可能人工开凿形成的海滩砾石；F. 青岛竹岔岛海岸带分布的浑圆状砾石

悬崖海岸附近的砾滩砾石主要来自波浪和风暴浪侵蚀产生的海岸崩塌，经海浪作用磨蚀而成，砾石的成分与基岩海岸岩性一致。分选性和磨圆度取决于砾滩形成后经历海洋作用的时间长短。一般来说，砾滩形成时间越长成熟度越高，砾石的分选和磨圆度越好。有的砾石表面上还生长藻类、贝壳和珊瑚。这些砾石随着地质历史中海平面的升降及波浪和底流作用的旋回，在沉积剖面呈透镜体产出。这些砾石层常与高成分成熟度的石英砂岩共生或互层，可含有数量不等的海生生物化石碎屑。当它们处于海侵层位的最底部时，即为底砾岩。目前致密储层中砾滩相主要以中-细砾岩为主，如加拿大阿尔伯达盆地的白垩统

系有大量砾质海滩储层发育，东海油气田钻井取心中，也会经常出现砾岩层序。这些中-细砾岩的砾石分选性好，磨圆度高，往往是一种粒级占绝对优势。多数砾石平均粒径一般小于5cm，砾石的对称性也较好，并与结构成熟度高的交错层砂岩共生。显然这些砾岩的成因与结构成熟度较低的河成砾岩是不同的，应属于海岸砾滩成因（图4-18）。

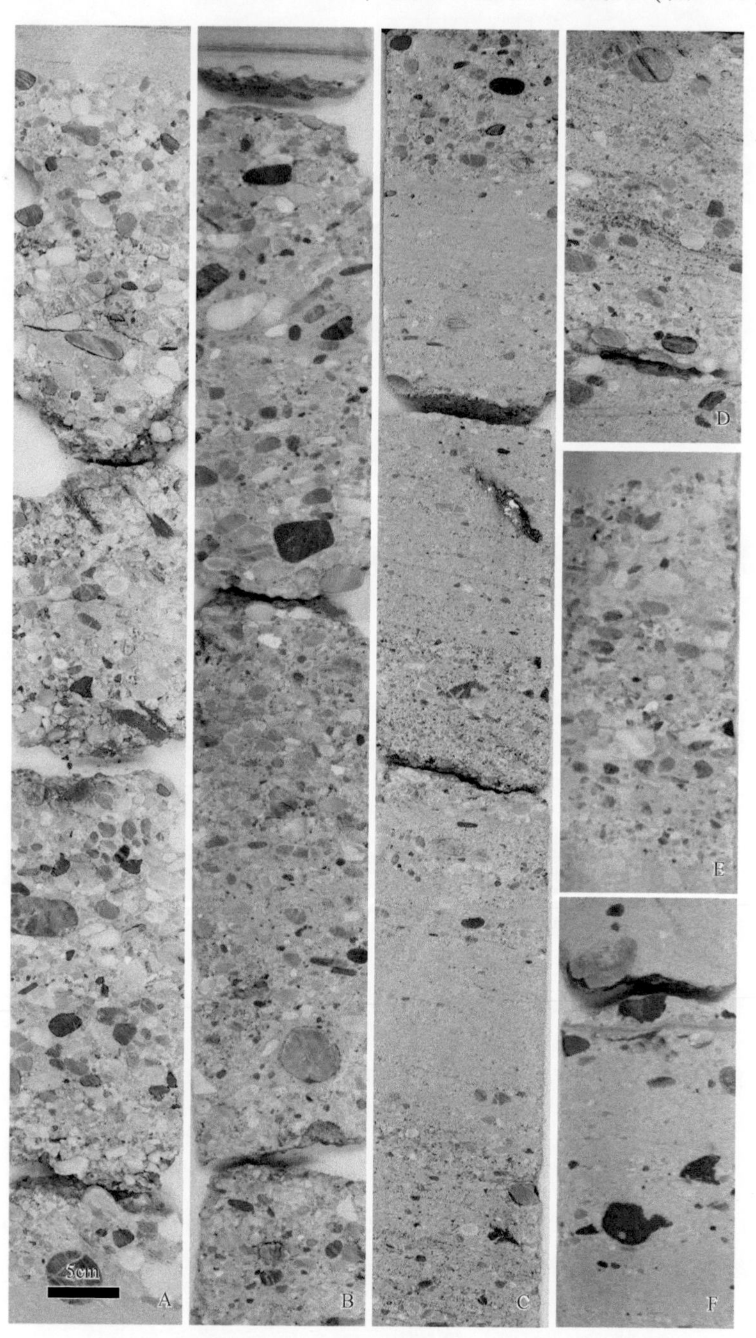

图4-18　东海NB14-2-1井取心揭示的浪控滨岸砾岩沉积

A. 顶部深度4301.70m；B. 顶部深度4192.70m；C. 顶部深度4193.30m；D. 顶部深度4194.30m；E. 顶部深度4202.50m；F. 顶部深度4200.70m

2. *海岸砾滩沉积相模式*

海岸砾滩广泛存在于现代和古代沉积，它们可以出现在底部渐变的向上变粗的海岸层序的上部，尤其在前滨带最为常见。但是，诸多海岸砾滩实例分析发现，多数砾滩表现为底部侵蚀的向上变细的层序。在这些向上变细的层序中，有的砾滩呈现为向上变浅的序列，而有些砾滩却表现为向上变深的序列，这与沉积物的补给和海平面的相对变化有关。意大利撒丁岛更新世发育的海岸砾滩沉积层序的底部具有明显的侵蚀面，形成清楚的向上变细变浅的海岸进积层序（图4-19）。这些砾滩沉积层序的一般沉积特点是下部为中–细砾滞留沉积，砾石层较为纯净，砾石浑圆，呈席状展布，砾石层向上变为中–大型交错层理细砾岩和粗砂岩，代表了滨面沉积环境；砂砾岩的沉积结构和构造表明，不存在远滨沉积，甚至滨面下部环境也很难识别；滨面交错层砂砾岩向上变为低角度斜层理砂岩，为前滨沉积环境，表明水体变浅，顶部发育沙丘交错层理（图4-20）。

图4-19　意大利撒丁岛更新世向上变细变浅的砾质海滩剖面

阿尔伯达盆地上白垩统卡迪姆组海岸砾滩沉积为一个向上变深的沉积序列。卡迪姆组油气储层为伸长状分布的滨面砂砾岩体，储层为多个薄层的叠加，总体厚度约20m。砾岩与下伏砂岩之间存在明显的侵蚀面，侵蚀面分布广泛，向盆地方向延伸达数十千米。侵蚀界面（E5）之上，广泛发育海侵滞留砾石，主要砂砾岩体平行岸线分布，并形成了北西–南东方向展布的不对称阶地，陡侧面向北东向的盆地方向，紧邻阶地两翼堆积较厚的砂砾岩体；侵蚀界面之下，为向上富砂的浅海沉积层序，层序下部为生物扰动的海相泥岩，向上过渡为风暴沉积砂层，丘状交错层砂岩发育（图4-21）。

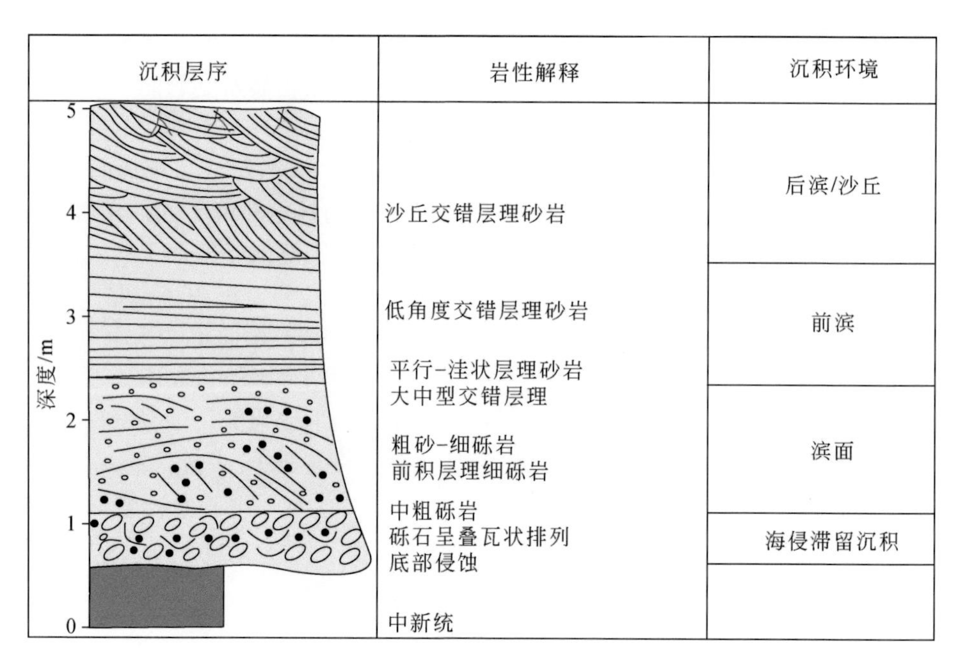

图 4-20　浪控海岸砾滩沉积层序

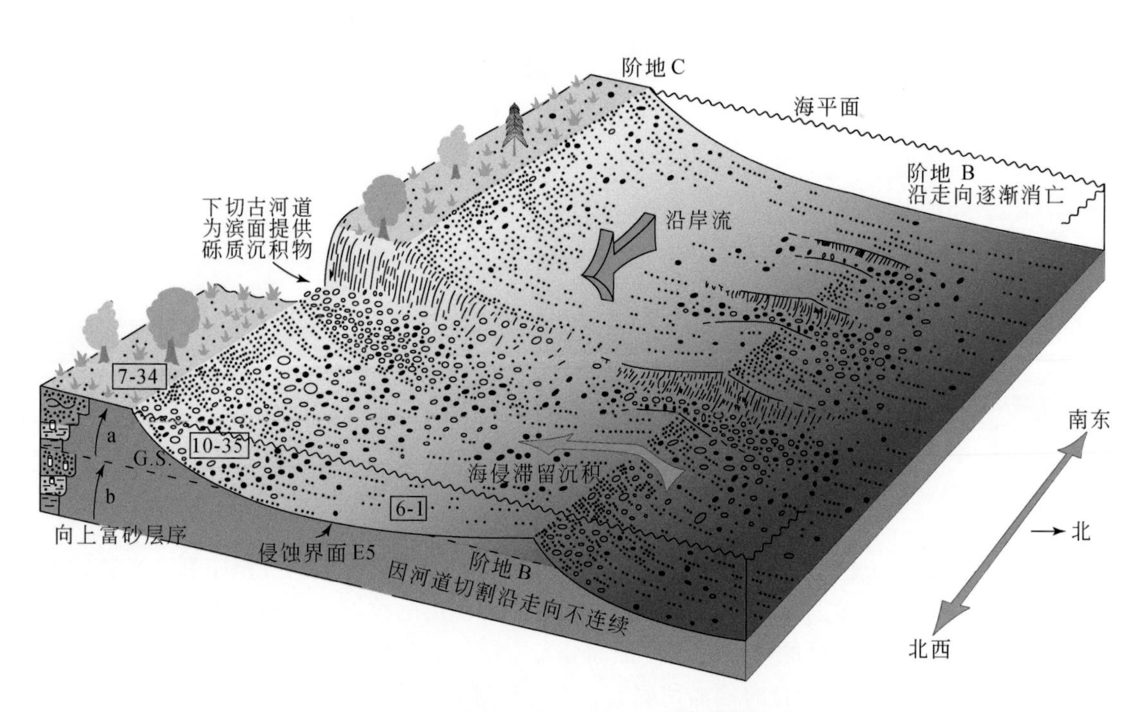

图 4-21　阿尔伯达盆地上白垩统卡迪姆组浪控滨岸砾岩沉积相模式（据 Walker and James，1992）

一般来说，侵蚀界面既可以形成于浅海底也可以形成于陆上，前者的侵蚀作用主要发生在风暴活动期间，风暴期间的侵蚀作用一般数十厘米到数米，随后被正常天气沉积物充填，而后者主要是河流的下切作用，河流很容易在泛滥平原上形成数十米的侵蚀地形，但是河道的延伸一般是向下倾方向。卡迪姆组的侵蚀洼地沿着斜坡的走向分布，说明这种侵蚀地形不是河流作用形成的。在海侵阶段，侵蚀作用主要归于滨面的波浪活动，一般波浪作用越强，侵蚀作用越强，侵蚀面起伏也越大。

卡迪姆组沉积层序显示，砾岩层底部侵蚀面以下的沉积作用发生在陆架上，向上变粗的富砂层序反映了从陆架泥到陆架砂的发育特征（图中 a 和 b 位置，两个层序被 GS 层分割）。由于海平面的下降，早期形成的这些浅海沉积物露出水面并遭受侵蚀，表面上可以生长植被和树木（图中 7-34 排井位置），这时的滨面向东北方迁移至一个未知的位置。这时，陆地上可以发生侵蚀作用，河流作用不仅可以切入地表，还可以向新的滨面输送砾质沉积物，并可推进一段距离。随着海平面的上升，滨线向西南方向的滨线迁移，海侵滨面带的波浪作用可将所有陆上暴露证据侵蚀的荡然无存，包括植物根迹、古土壤及下切的河道。稳定的海侵作用，还可以形成向岸缓倾的海蚀阶地。风暴作用还可以将沉积物带入远滨地区，形成生物扰动的不显层理的砾质泥岩。随着海侵作用的进行，水体变深，泥质沉积物则沉积在砂砾岩的顶部并形成最大洪泛面。

三、砂质滨岸沉积

砂质滨岸平原沉积是最为常见的类型。在滨岸平原发展过程中，随着海平面的不断变化，形成了宽阔的席状或带状砂体，砂体多呈狭长形，沿着海岸线可延伸数百千米。在潮湿地区，这些带状砂体常与湿地沼泽沉积共生，形成砂泥互层层序，与障壁-潟湖体系的不同点在于这些砂体缺乏潮汐通道-潮汐三角洲组合的沉积层序。在三角洲、河口湾、潮坪等其他海岸体系的边缘也可发育砂质海滩。在古代地层剖面中，进积型、退积型和加积型的垂向滨岸平原沉积层序都可以出现，但向上变粗的进积型层序最为常见。

在海平面相对稳定和沉积物供给充足的条件下，或当沉积速率超过海平面上升速率时，滨岸平原由于不断侧向加积而向海推进，近岸沉积物依次叠加在远岸沉积物之上，从而形成一个自下而上逐渐变粗的沉积层序。沉积相也相应地发生变化，自下而上依次出现陆架泥相、滨面相、前滨相、最上为海岸风成沙丘相，再上常过渡为陆相（图 4-22）。

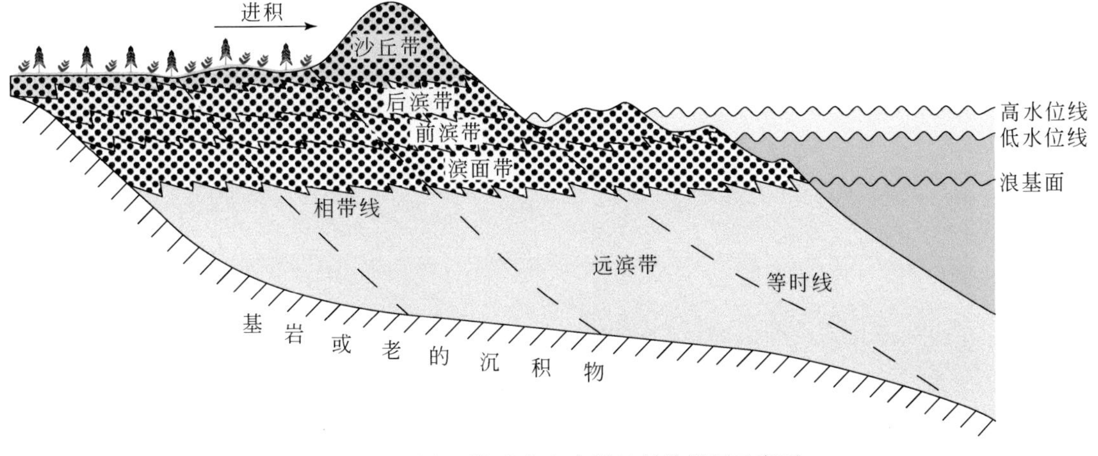

图 4-22　进积型海岸向上变粗的相带剖面示意图

意大利那不勒斯湾以北的加埃塔湾，是一个典型的浪控海岸带（图4-23）。各沉积相的特点如下所示。

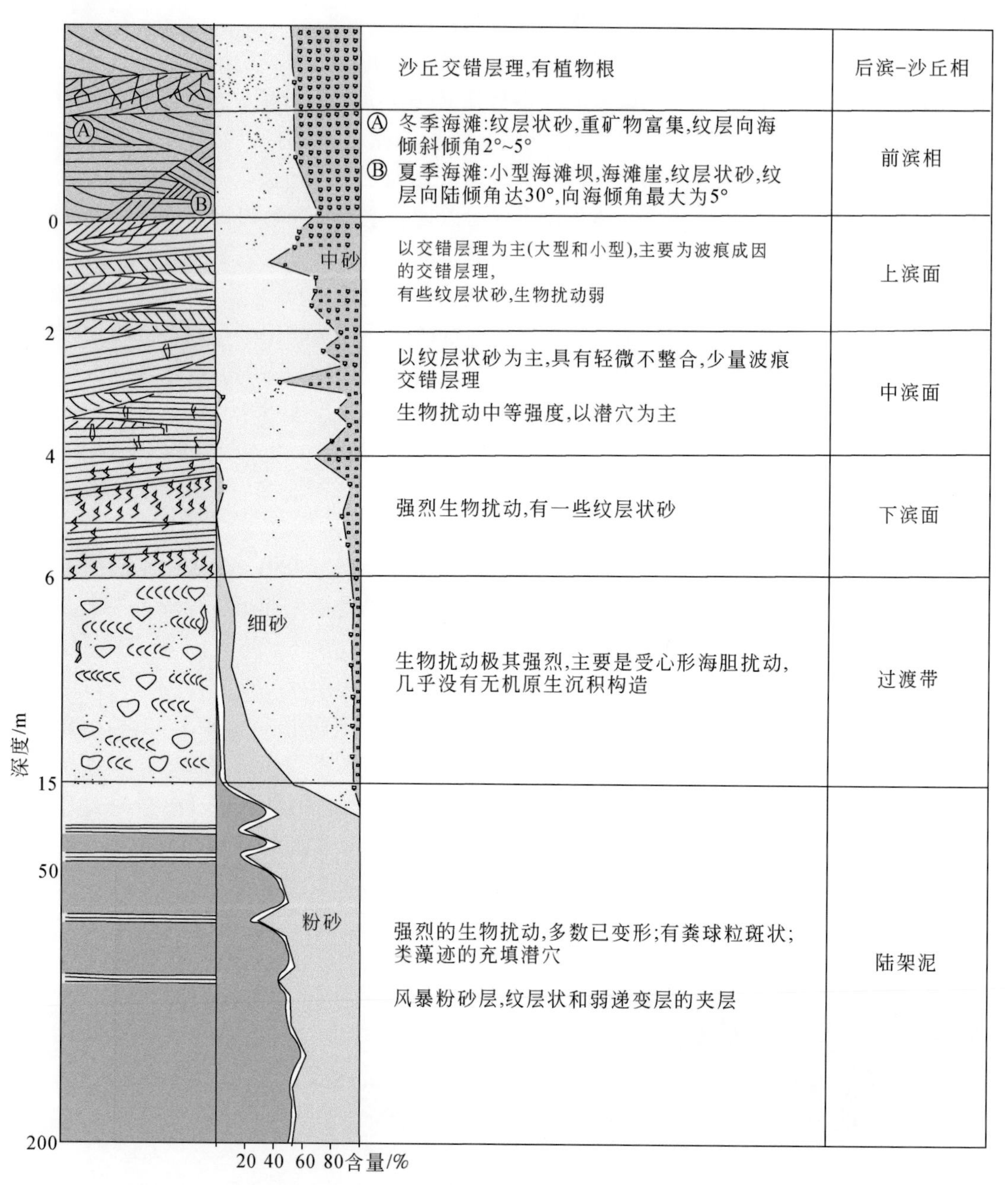

图4-23　意大利加埃塔湾海滩-陆架泥垂向序列（据 Reineck and Singh，1980）

（1）后滨-沙丘相：沉积物以中-细砂为主，多为成熟度好的纯净石英砂体，主要发育沙丘交错层理，在风暴浪的影响下可形成由各种生物碎屑混杂堆积的透镜状夹层和滨岸平原脊，后滨发育的海滩脊纹理和层理向海和陆两个方向倾斜。后滨相和沙丘常相连为一起，组成后滨-沙丘组合。

（2）前滨相：沉积物主要为细-中粒砂，局部磁铁矿等重矿物富集。层理由几乎平行状的纹层砂组成，纹层向海倾斜，倾角为2°～5°。冬季来临时海岸沉积物减少，夏季海滩常被破坏，被向海倾斜的低角度的纹层砂所代替。在海岸发生缓慢岸进时，一般只有冬季海滩的构造被保存下来。

（3）滨面相：延伸到6m水深处。沉积物主要由细砂组成，含有极少量的中砂，含有薄的介壳层，主要由小波痕层理、大型槽状交错层理、平纹层砂和由低角度交错层系组成的沿岸沙坝。生物扰动构造发育，潜穴常见。上滨面位于0～2m水深处，沉积物为中-细砂，主要层理类型是小波痕层理和大波痕层理以及次要的低角度交错层理，生物扰动很弱；中滨面位于2～4m水深，交错层发育，生物扰动中等；下滨面到6m水深，沉积物是粉砂质细砂到细砂质粉砂，生物扰动很强。

（4）过渡带：位于6m水深以下，多为薄层砂和泥的互层，多含原地生物介壳，生物扰动强烈。过渡带与陆架泥之间的界线是逐渐过渡的，而且各个地方是有变化的，水深界限一般在10～20m处。

（5）陆架泥：10～20m水深以下，沉积物主要为泥夹粉砂层，薄砂层呈平纹层状，有时发育微弱的递变层理。

除了向上变粗和向上富砂的典型滨岸沉积层序外，在海平面发生强制性海退和海侵过程中，滨岸会受到侵蚀，在侵蚀面之上发育的海岸层序中，向上变粗的层序会受到干扰而发育向上变细的层序。受海平面变化和沉积物供应量的控制，这些变细的层序的上部既可以出现向上变浅的序列，也可以出现向上变深的序列（图4-24）。在向上变浅的层序中，还可穿插裂流水道，显示一个或多个不同规模的向上变细的水道充填层序。在这些砂质海岸沉积剖面中，最具特色的沉积构造就是丘状交错层理，在向上变浅的层序中，它们多位于层序的中部，下部为斜层理和交错层理，上部为冲洗层理（图4-25）。丘状交错层理一般形成正常浪底之下风暴浪底之上的远滨地区，是风暴活动的重要识别标志。但是从上述层序中可以看到，丘状交错层理出现在前滨带下部的滨面环境，显然其形成环境的水体深度大大变浅。

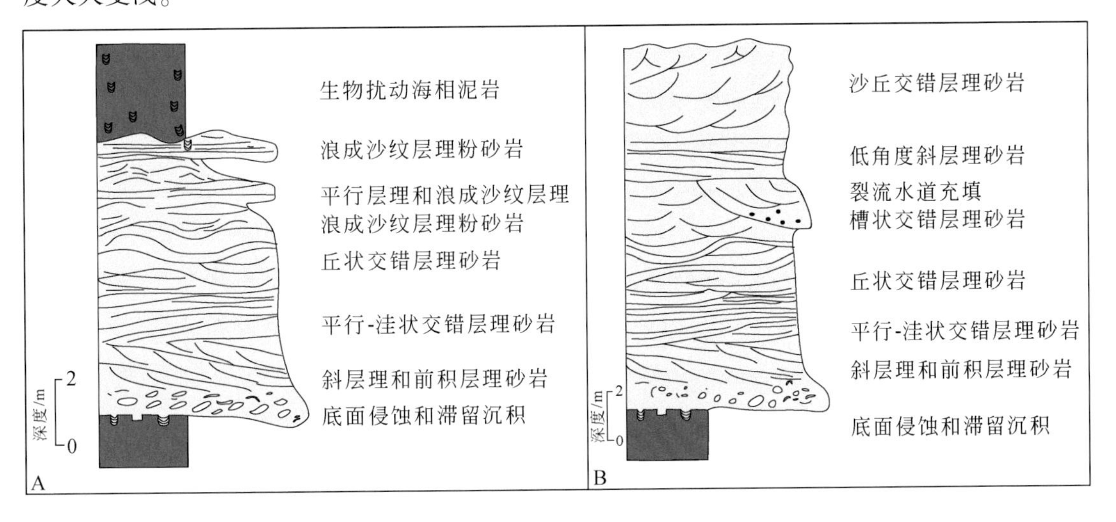

图4-24　具侵蚀底面的浪控滨岸沉积层序示意图

图4-25　向上变浅的层序从下而上依次发育的交错层理类型（突尼斯东海岸更新世沉积剖面）
A. 层序上部发育的冲洗层理；B. 层序中部发育的丘状交错层理；C. 层序下部发育的位于斜层理之间的槽状交错层理

在离海岸线较远的潮上泥坪和沼泽地区，有时会出现平行于海岸延伸的沙滩、砂砾质滩或贝壳滩，被称之为海沼沙岭或千尼尔（Chenier），主要由低角度斜层理和前积纹层组成，高度一般为1～3m，宽度为150～200m，长度可达50km。海沼沙岭的成因与沉积物的供应、波浪改造和岸线迁移有关（图4-26）。

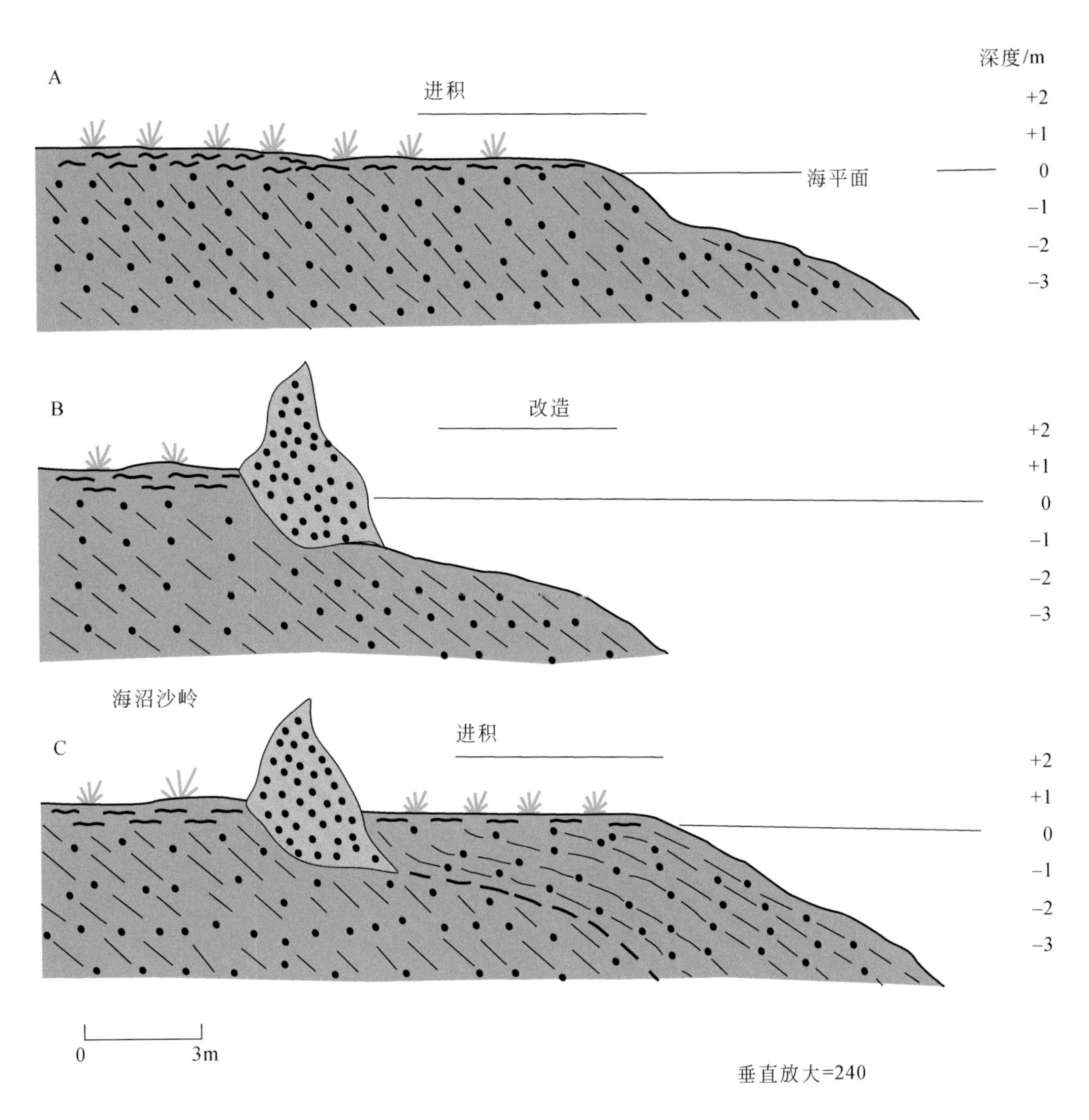

图 4-26　海沼沙岭形成过程示意图（据 Reineck and Singh，1980）

A. 泥坪进积；B. 泥坪受到侵蚀和改造，发育平行岸线的沙脊；C. 泥坪再次进积，沙脊演化成海沼沙岭

四、碳酸盐沉积滨岸

现代碳酸盐沉积主要发育在温暖、清澈、水浅的热带至亚热带的海域。这些海域几乎不存在陆源碎屑沉积，也有存在少量陆源碎屑沉积，但有一个阻挡碎屑物质注入的缓冲隔离带。当然碳酸盐沉积也可在一些高纬度冷水环境中出现，此时碳酸盐沉积物主要由介壳的残余组成。虽然碳酸盐沉积物主要沉积在浅水环境中，然而一些碳酸盐也沉积在前缘斜坡和盆地的深水区，深水中的大多碳酸盐沉积物来源于钙质浮游生物——有孔虫、绿藻

（颗石藻）和微小葡萄石的沉淀。除了远洋碳酸盐沉积外，一些浅水碳酸盐沉积物也可以被风暴浪或沉积物重力流带到深水区。对油气的生成和储集具有重要意义的碳酸盐岩体主要形成于浅水海底环境，也就是碳酸盐台地。碳酸盐台地这一术语最初来自对巴哈马台地现代碳酸盐沉积的研究，指地形平坦的浅水碳酸盐沉积环境，后来该术语泛指所有浅水碳酸盐沉积环境。碳酸盐台地可划分成几种广义上的成因类型，包括镶边陆架型台地、无镶边陆架型台地和孤立型台地。滨岸浅水碳酸盐沉积是个广阔的大论题，各类研究数不胜数，在此不做详细讨论，以下仅就碳酸盐沉积相分布谈一点粗浅的认识。

位于澳大利亚东北部的大堡礁是世界上最有活力和最完整的生态系统，也是世界上最大的礁组合，形成于中新世时期，距今已有 2500 万年的历史。大堡礁沿昆士兰大陆架南北展布 1900km，从 9°S ~24°S 包括了大约 2500 个独立的礁体。大堡礁位于热带，气候炎热湿润。自然地理条件对生物礁的生长和碳酸盐沉积物的堆积十分有利。向陆一侧是被礁组合保护的广阔的礁后浅水盆地，水深在 100m 以内，与大洋连通。向大洋一侧，地形陡峭，很快进入深水并继续下延到大洋盆地。大堡礁大部分由钙质生物骨骼和碎屑组成。主要生物为珊瑚，种类多达 350 种，其他生物有水螅珊瑚、珊瑚藻、软体动物、有孔虫、棘皮类和苔藓虫等。在凯恩斯海岸带，后滨部分主要发育树沼，前滨带由陆源碎屑组成，也有小型三角洲注入，形成浑水沉积，但浑水带向海方向变为清水，两个接触界限非常明显。进入清水水域以后，珊瑚礁才开始发育。在珊瑚礁接近水面的地方，由于波浪的改造，珊瑚礁被磨蚀成椭圆形或者长条形的白色沙滩。在出露水面的沙岛上，则生长有茂密的森林（图 4-27）。

图 4-27　澳大利亚大堡礁沉积特征

A. 碎屑海岸沉积，右上角插图为小型三角洲入海，右下角插图为滨外浑水和清水交界处，澳大利亚凯恩斯海岸带；B. 大堡礁礁体近水面处被波浪改造成白色的水下浅滩；C. 大堡礁绿岛全貌，岛上为茂密的森林，环岛发育白色的碳酸盐沙滩；D. 绿岛海岸带，由树沼-沙丘带向海为死亡珊瑚礁和沙滩，左下角插图为死亡珊瑚礁被波浪冲刷发育的壶穴；E. 多排死亡珊瑚礁与碳酸盐沙滩相间排列，沙滩上有波浪和流痕发育；F. 水下浅滩表面发育浪成沙纹，左下角插图为水下浅滩下部的生物礁

由岛向海，依次出现死珊瑚带、沙坪和活珊瑚带。沉积物结构比较简单，主要为珊瑚礁和珊瑚礁被磨蚀而成的碳酸盐砂，未发现鲕粒及其他包壳颗粒，稳定的灰泥层也未发现。从陆源碎屑海岸向海方向大致环境为陆源碎屑浑水沉积和碳酸盐清水沉积，浑水环境包括后滨树沼、前滨、近滨或滨面、远滨或海湾；清水沉积包括生物礁和水下浅滩、滩间海、碳酸盐沙岛和树沼（图 4-28）。往大洋方向坡度较陡，很快变为礁前塌砾、深水重力沉积及远洋盆地沉积。

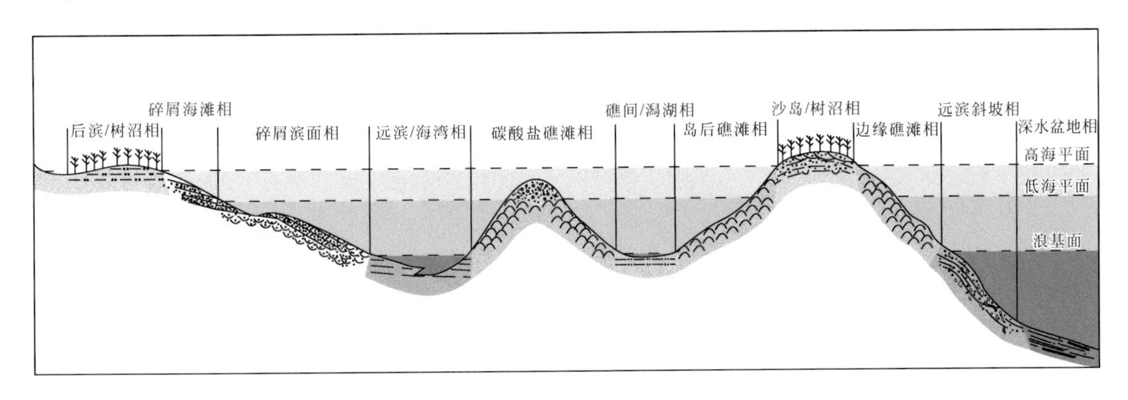

图 4-28　陆源碎屑滨岸-碳酸盐礁滩沉积示意图

古代碳酸盐沉积广泛分布在浅水陆内海中，海域辽阔。对现代碳酸盐沉积环境的考察和研究有助于对古代各地质时期的碳酸盐岩地层给予正确的环境解释，但现代沉积环境多数与其无可比拟，能够打开碳酸盐岩地层历史的钥匙只能靠地质实践。在我国中新生代含油气盆地中，盆地周缘陆源碎屑的注入限制了碳酸盐沉积环境的发育。但是在缺乏物源供给的斜坡带或浅水盆地环境，会发育各种碳酸盐岩沉积，并与碎屑沉积构成混合沉积（张

金亮和司学强，2007）。既有同层的混合沉积，又有互层的混合沉积。同层混合沉积物主要包括灰质砂岩、砂质灰岩、含生物碎屑的砂岩、泥质灰岩；互层混合沉积物主要包括砂岩与颗粒灰岩的互层沉积物、泥晶灰岩与泥岩的互层沉积物、颗粒灰岩与含生物碎屑砂岩的互层沉积物。某些特定的区域还会出现藻礁石灰岩和虫管石灰岩，形成抗浪性的生物层或生物礁。

第四节 津浪砾滩沉积

在正常天气情况下，波浪能量较弱，一般不能搅动粗砾–巨砾级的沉积物。因此，只有在灾害性波浪活动的情况下，这些粗粒的沉积物才能被搬运。也就是说，这些粗的砾石层的成因与灾害性波浪活动相关，风暴浪（storm wave）和津浪（tsunami）是海岸带最常见的灾害性波浪，尤其是后者的能量更大，不仅能够侵蚀海岸带，还能将大量的粗砾级甚至巨砾级的碎屑进行搬运、磨蚀和沉积，并形成特有的砾质海滩沉积序列。

一、津浪沉积特征

津浪（或海啸）的起因通常与海底地壳变动和火山活动有关。当海底发生地震时，地震波的动力引起海水剧烈的起伏，形成强大的波浪，向前推进。津浪是一种长波长和长周期的巨型波浪，波速非常快，在大洋中的传播速度可达每小时数千公里以上。当波浪进入滨岸带后，由于深度变浅，波高突然增大，海涛可达数十米，如此巨大能量对海岸造成的侵蚀和破坏绝不亚于风暴浪。津浪是一系列海浪，也有其发生、发展和衰亡的过程。在最初的海浪抵达海岸之前，海水会反复出现后退和向前推进。津浪波列可能以一系列海浪的形式出现，相隔时间为5min～1h，会持续几个小时。津浪除了侵蚀和破坏海岸带外，与风暴浪一样可以形成事件沉积层，虽说两种沉积类型目前还很难区分，但津浪沉积的能量远远大于风暴浪。

Fujiwara 和 Kamataki（2007）曾对日本中部房总半岛南部全新世浅水湾的水下津浪沉积进行了研究，对该类事件所形成的沉积类型及特征进行讨论，将津浪沉积相层序按照沉积物粒级和内部构造划分为砂质、砂砾质和砾质三种类型，每种类型的沉积层序都划分为Tna～Tnd四个单元（图4-29）。Tna为相对细粒的沉积，代表了在津浪早期阶段相对小的波浪沉积；Tnb为含超大碎屑的粗碎屑沉积单元，对应了津浪波列鼎盛期沉积；Tnc为粒度向上变细和厚度减薄层段，由薄砂层和泥质披盖层组成，形成于津浪衰退阶段；Tnd为富含植物碎屑的泥质层，组成了津浪沉积层序的顶部单元部，是津浪最后阶段的沉积，代表了低能条件下的悬浮沉降。从海湾入口向陆地方向，沉积层序具有明显的横向变化，在海湾入口处主要为砾质层序，随着津浪的推进变为砂砾质层序，在海湾中心地区变为砂质层序（图4-30）。

二、津浪砾滩实例分析

意大利撒丁岛西海岸更新统发育了一套砾质海滩沉积层序，根据沉积物的结构和内部

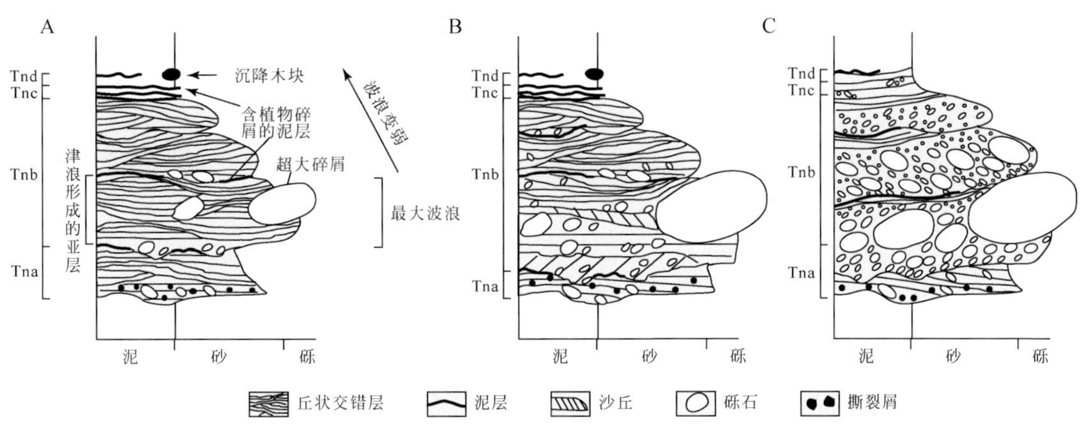

图 4-29　水下津浪沉积层序（据 Fujiwara and Kamataki，2007）

A. 砂质沉积类型；B. 砂砾质沉积类型；C. 砾质沉积类型

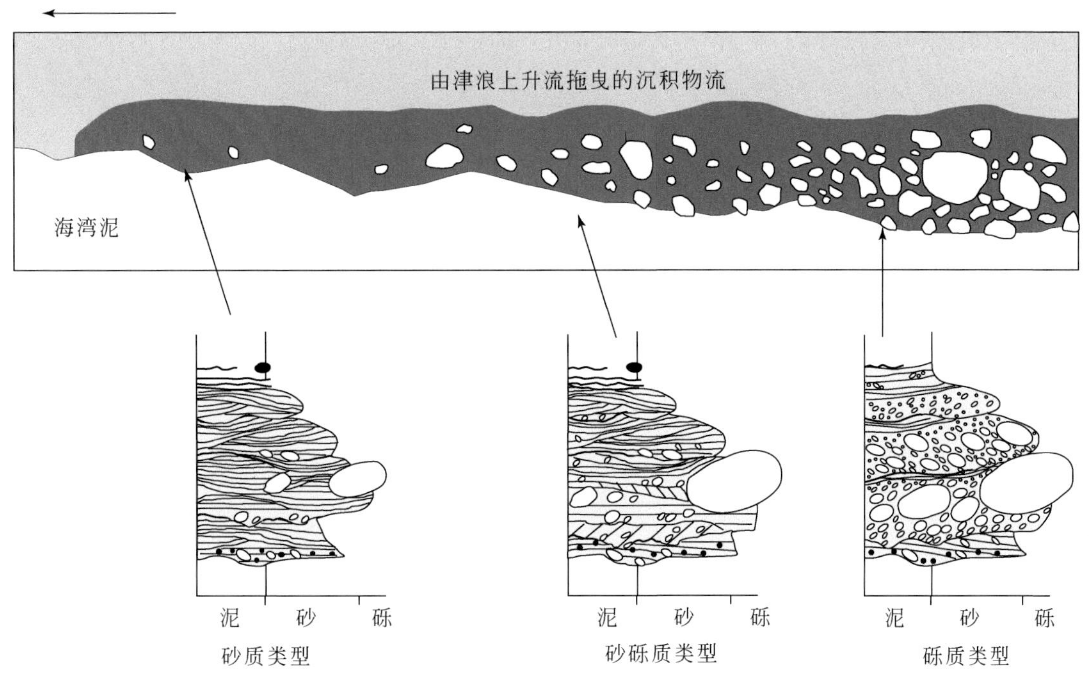

图 4-30　津浪沉积层序的横向变化（据 Fujiwara and Kamataki，2007）

构造及展布特征分析，其成因类型类似于灾难性波浪沉积，暂将其定为津浪沉积。值得说明的是，这一观点仅代表本书作者一家之言，尚未得到一起进行野外剖面观察的国际同行的认同。本着促进持有不同认识和不同见解的学者进行争论和探究，特提出津浪成因的观点，起一个抛砖引玉的作用。位于中新世顶部侵蚀面之上的某些砾石层为中-粗砾，个别砾石达到直径超过 1m 的巨砾级（图 4-31A）。这些分选磨圆很差的超大砾石层的出现，代表了海啸山崩式的自然作用，津浪波列汹涌呼啸，海岸悬崖崩裂倒塌。砾岩厚度为 1 ~ 3m，碎屑间砂砾质沉积分选和磨圆较好并含有软体动物介壳碎屑，砾石层上部可出现砂砾质沉积单元，呈块状和递变趋势，顶部单元为正常天气的后滨和沙丘沉积层序。某些粗砾碎屑层磨圆较好，多为次圆状，砾石呈扁平状或叠瓦状排列，向上变为交错层砂岩，富含生物介壳，总体构成向上变细的层序（图 4-31B）。这些砾石层的出现，代表了一种排

图 4-31 意大利撒丁岛西海岸发育的更新世粗砾海滩沉积

A. 更新世海岸的粗砾和巨砾沉积层，分选和磨圆较差的粗碎屑间分布有分选较好的砂和软体动物贝壳，左上角插图为砾石层上部的介壳砂砾岩和含泥质披盖层的砂岩；B. 高于海平面两米处发育的更新世粗砾海滩，底部为由粗砾滞留沉积，向上变为低角度交错层理砂岩，局部发育反沙丘交错层；C. 现代分选和磨圆很好的海滩砾石层来源于更新世砾滩的侵蚀，左下角插图为更新世中-粗砾岩海滩，砾石分选和磨圆都差于现代海滩

山倒海式的津浪沉积作用，随着津浪的向岸传播，波浪冲上海岸悬崖和高地，并把携带的风暴成因的海岸砾石和浅海底的生物碎屑带向更远的岸边。砾岩层序的上部砂岩主要发育各种大中型交错层理，由于砾石层表面的砾石多流沙的障积作用，还可以形成细砾和粗砂级的反沙丘交错层理。某些砂砾岩层粒度较细，主要为中–细砾沉积，砾石多为叠瓦状和平行状分布，可发育多套砾岩和砂岩的组合层序，形成了海侵滞留砾石层向上变为砂质滨岸沉积组合，形成总体上向上变细的沉积序列（图4-31C）。这种中–细砾层砾石分选磨圆都比较好，个别较大的砾石呈漂浮状出现在砾石层的顶部，砂质沉积层内发育裂流水道，代表了一种惊涛拍岸式的砾滩沉积作用过程。

在意大利阿尔盖罗海岸带，这些席状分布的更新世砾石层沿现代海岸带分布，并受到现代海岸作用的侵蚀（图4-32A）。砾石层厚度一般为1～2m，内部结构多变，多数情况下砾石出现定向排列，显示水流作用的改造，除了叠瓦状和平卧状分布的砾石外，还有成垂直和交错状分布，显示多向水流的改造特征（图4-32B）。中–细砾级的砾石分选和磨圆俱佳，砾石层的在纵向上还可以出现粒级变化，显示牵引毯沉积特点（图4-32C）。在砾石层内部和上部常常分布有丰富的软体动物贝壳，厚度为20～100cm（图4-32D）。浑圆状的砾石表面常出现密集的生物钻孔和藻类包壳（图4-32E）。砾石层内的砂质沉积物可以是同沉积的也可以是沉积后充填的，类似于某些冲积扇上的筛状沉积物，但分选和磨圆多好于筛状沉积。砾石层之上的砂质沉积物内可以出现大量的生物潜穴，表面还有动物的足迹（图4-32F）。

从更新世砾石层沉积特征来看，虽然砾石的粒级可与冲积扇上的砾石和一些粗粒坡积物相比拟，但水动力特征差别很大，砂体结构和展布与粗粒河道沉积也不相符。这些砾质海岸的剖面说明，在地下相分析中，不能只根据粒度就将粗粒沉积归为冲积扇或扇三角洲沉积类型，也不能根据分选和磨圆较差或者存在冲刷面和滞留砾石沉积特征而将其认定为辫状河沉积，只有总体把握砾石层的结构、构造及分布特征，才能做出沉积环境和沉积相的准确判别。根据津浪的变化特点，通过野外剖面观察，可将津浪沉积过程进行沉积单元划分并建立沉积相层序（图4-33）。

以撒丁岛更新世为例，津浪沉积过程可分为以下5个阶段：①津浪初期或津浪成长期沉积单元（Tsa_1）：风的强度在这个阶段增大，波浪的级别及周期也显著增加，海水波动明显，甚至发生强制性水退，形成底部砂砾质沉积单元，侵蚀面之上常常出现向上变粗的砾石层序，代表了津浪早期阶段沉积过程；在这一阶段，津浪除了侵蚀岩石海岸并捕获大量的砾石，还同时将滨岸和浅水中的各种介壳类生物卷起并与砾石搅浑在一起，随着津浪向上运动，底部发生沉积；这时津浪具有极高的流速，除了能够携带砾质沉积物沿底床运动外，还可以具有密度流特点，在底床上形成砾质牵引毯层沉积。②津浪高峰期沉积单元（Tsa_2）：是津浪活动最强烈时期，对应津浪波列的巨涛沉积单元，常以席状粗砾甚至巨砾沉积发育为特征；在这一阶段，海浪进一步侵蚀海岸和浅水海底，由于波浪能量很强，只有那些超大碎屑从津浪携带的沉积物中分离出来，形成粗砾级的滞留砾石层。③津浪衰减期沉积单元（Tsb）：风浪逐渐减弱，形成向上变细的砂质沉积，常含有丰富的软体动物介壳；在这一阶段，随着津浪进一步传播，捕获的砾石逐渐减少，砂质沉积物占优势，在强水流功率的作用下，形成各种平床、沙丘和反沙丘底形，发育平行层理、低角度斜层理、槽状交错层理和反沙丘交错层理，在震荡水流的作用下，还可以出现丘状交错层理。④津

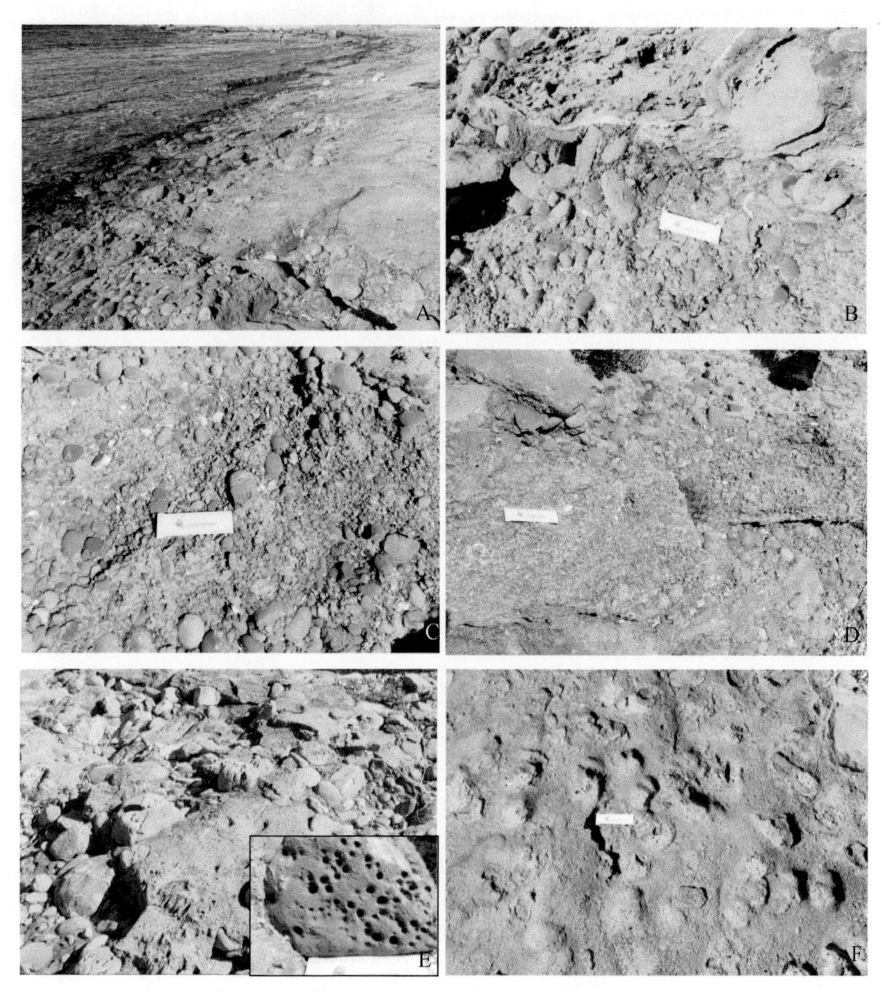

图 4-32　意大利阿尔盖罗海岸带津浪（海啸）沉积特征

A. 阿尔盖罗海岸带出露的更新世粗砾海岸沉积层；B. 定向紊乱的砾石层，含有软体动物贝壳，某些砾石表面有藻类包壳；C. 磨圆度很好的砾石层，含有贝壳，略显粒级变化；D. 发育在砾石层之间的含软体动物贝壳层，略显斜层理；E. 更新世粗砾海岸沉积层表面，砾石分选较差磨圆较好，砾石间和表层为砂质沉积，砂质表面有动物遗迹，右下角插图显示砾石表面的钻孔；F. 覆盖砾石层的砂质沉积物表面发育的动物遗迹，表示天气已恢复正常，海滩有鹿群造访

浪衰弱停歇期沉积单元（Tsc）：津浪活动已经接近停歇，沉积物主要由薄沙席和泥质披盖层组成，是津浪最后阶段的沉积，代表了低能条件下的悬浮沉降，该段沉积物发育不好或被后期改造而保存不好。⑤正常天气沉积单元（Tsd）：当津浪停止后，海水大面积退却，津浪沉积层被随后的沉积作用所改造，可以出现细粒的潮上盐沼地沉积，也可以出现后滨-海岸沙丘沉积，或者出现海沼沙岭，多数情况下以后滨-海岸沙丘发育为主，尤其是在悬崖海岸的高处或海岸高地上，只有津浪高峰期才能到达，其沉积作用多表现为底部滞留砾石层向上变为后滨沙丘组合。上述津浪沉积层序仅仅参照风暴沉积并通过对野外砾质海滩的考察而构建的一种理想序列，海岸带地质构造和沉积条件的复杂性，往往限制了津浪沉积物的发育和保存，因此完整的沉积层序并不总是存在。津浪沉积与风暴沉积一样，从近

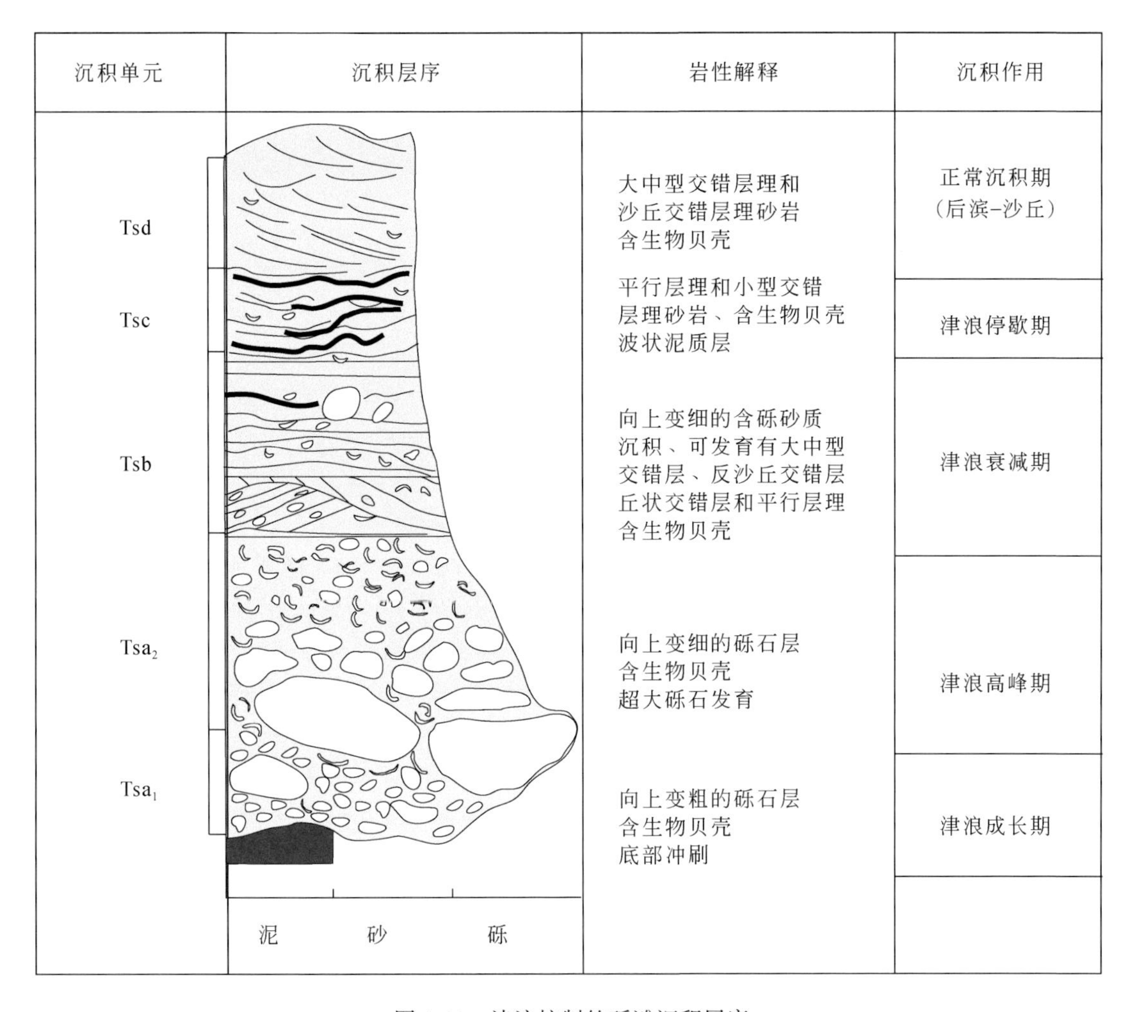

图4-33　津浪控制的砾滩沉积层序

源到远源，沉积层序会在横向上会发生明显的变化（图4-34）。

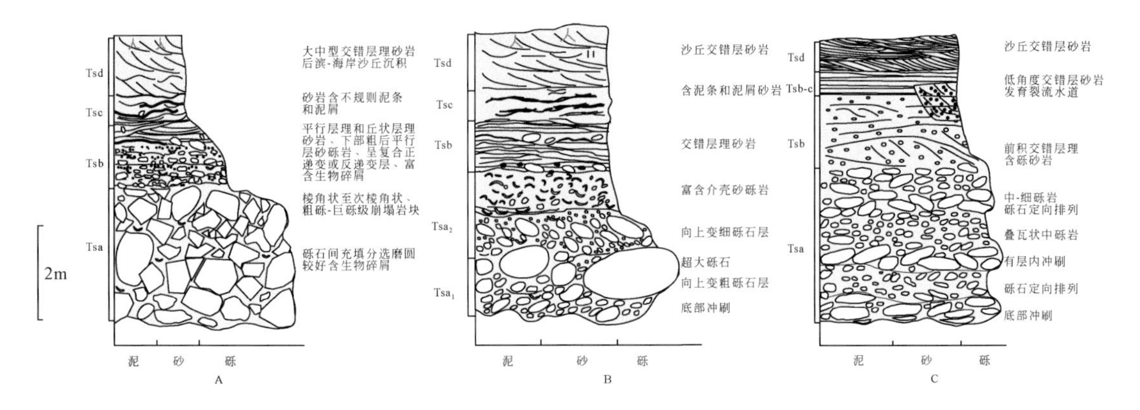

图4-34　受津浪控制的砾滩沉积层序类型

A. 海啸山崩型；B. 排山倒海型；C. 惊涛拍岸型

第五节　沙漠海岸

在海岸带考察中可以看到，浪控海岸带的砂质滨岸沉积都非常发育，尤其是波浪和岸流活跃的缓坡地区，形成了广阔的海滩沉积，但这并不意味着浪控海岸带是一个富砂的环境。虽然滨岸平原不是三角洲海岸，没有恒定的物源体系供应，一般不会形成多层楼式的叠合砂体，沉积剖面也多为砂泥互层或者泥包砂，但是在临近丰富物源的情况下，确实会出现巨厚的浪控滨岸砂体，其中最为常见的富砂滨岸环境就是沙漠沙丘滨岸。

一、沙漠沙丘

现代很多海岸带毗邻沙漠地区，形成了众多的沙漠海洋景观。现代沙漠沉积主要分为三个区域：沙丘、沙丘间和沙席。沙丘是风成沉积物搬运和沉积的最主要场地，聚集了多种形态的沙丘，许多沙丘具有险峻的倾斜滑落面和崩落面。沙丘间环境既有风成沉积物，也有洪水冲积平原或干盐湖区的间歇性河流产生的沉积物。沙席环境位于沙丘区的边缘部位，该环境中的沉积物是沙丘、沙丘间与其他环境的过渡相（张金亮和谢俊，2008）。这些沙漠沙丘微环境都可以与海岸带相连，构成后滨-沙丘沉积层序。

纳米布沙漠（namib）是世界上最古老、最干燥的沿海沙漠之一，北部始于安哥拉和纳米比亚边界，南部止于纳米比亚和南非边界奥兰治河（又称橘河），沿非洲西南大西洋海岸延伸2100km，宽度为10～150km。纳米布沙漠在前寒武基底上的沙漠沉积已经持续了最少80个百万年，沙漠向陆地山前地带分布着20个百万年前的石化沙丘，原始地貌形态保存完好。有的地区沙丘下伏地层有厚达数十米的砾石层发育，标志着一个较为润湿的气候曾经出现，河水携带着来自山区的陆源碎屑在山前形成了广泛分布的砾石层。纳米布沙漠气候极为干燥，沿岸的年降水量不到25mm，常常是暴风雨骤然降临，而全年则往往无雨。纳米布沙漠被奎斯布河谷（kuiseb canyon）分成两个部分，北部为多岩的砾石平原而南部为沙海。在南部浩瀚的沙海中，主沙丘沿海岸线呈南北向排列成串，单一的沙丘链长达16～32km，发育有新月形、横向、纵向和星状沙丘，尤其是星状沙丘十分发育，其中有些沙丘高达200m（图4-35A）。纳米布沙漠著名的45号沙丘，有“世界最高的沙丘”和“地球最美的沙丘”之称，沙丘高325m，也是一个比较典型的星状沙丘，有3～4个滑落面，表面形态是在强烈多向风系统的高能流沙环境中形成的（图4-35B）。登上沙丘顶部，会看到沿着沙脊的陡坡一侧，会频繁发生一系列向下滑动的颗粒流朵体（图4-35C）。在这些松软沙丘表面上，有时会出人意外地生长出坚强的灌木和高高的青草。从海岸带向陆地，沙丘的颜色由黄色逐渐变化为橘红色。

沙丘之间地形平坦，但环境多变，有小溪、积水洼地、沙地和草地，常生长有稀疏的骆驼树，丘间草地草木茂盛，羚羊成群（图4-35D）。在奎斯布河和橘河之间，来源于内地高原的流水流入沙漠，形成积水洼地、浅水塘、泥沼或盐沼，多分布在沙丘前方或位于

图 4-35　纳米布沙漠沙丘和沙丘间地貌特征

A. 纳米布沙漠发育的星状沙丘，左下角插图为松散的沙丘表面坚强生长的小树；B. 纳米布沙漠 45 号沙丘，沙丘间生长有树木；C. 从沙丘脊向下流动的颗粒流砂舌；D. 沙丘间发育的草地和沙地，左下角插图显示草地上有羚羊群活动；E. 沙丘间积水洼地已经干涸，左下角插图为洼地黏土层表面的泥裂；F. 被沙丘环绕的死泥沼，白色为较纯的黏土层，树木多数已经干枯，右上角插图显示根植泥沼的干枯骆驼树

沙丘之间，多数丘间洼地已经干涸，表面暴露的沉积物为较纯的灰白色泥层，并发育泥裂构造（图 4-35E）。在索苏斯黎（Sossusvlei）地区，最著名的泥沼为发育在沙丘之间的死泥沼（deadvlei）。这是一块位于红色沙丘之间的干枯的丘间洼地，泥沼地面积不大，被三面高耸的沙丘环抱。洪水期集聚一洼淡水，但很快会干枯，表面有一层很纯的泥质层，发

育了很好的泥裂构造。洼地里屹立着数十棵枯死的骆驼树，枯树的树根植入泥沼中，孑然矗立，苍凉壮美，造成了一方自然胜景（图4-35F）。

风成沉积物常常被保存下来，成为地质记录的一部分。沉积物规模的大小主要是由风成沉积的类型决定。沉积物堆积的垂向空间叫作堆积空间，但只有沉积在盆地侵蚀基线以下的沉积物才可以保存下来。侵蚀基线主要受沉陷作用和潜水面位置的影响，侵蚀基线以下的空间称为保存空间。众所周知，随着沙丘的迁移，沙丘形态并不能被保存下来，沙丘迁移遗留下来的沉积记录主要是沙丘前积层。

二、沙漠砾质沉积

沙漠沉积不仅仅是沙丘和沙丘间沉积，还有在沙漠环境中形成的各种砾质沉积，包括岩漠、砾漠、旱谷等。在干旱气候区的基岩裸露区，风将物理风化产生的细小碎屑带走，残留的基岩和地面上散布有大大小小的石块，形成岩漠和砾漠（戈壁）。岩漠是沙漠中的岩体，由陡峭的悬崖和满布石块的地面组成，常与奇形怪状的岩体共生。特别是突出地面的石块有的形成蜂窝石和蘑菇石，近于球状的风化和风蚀的巨石称为摇摆石。砂岩和泥岩构成的岩石表面，被洪流冲蚀出的沟谷可经风沙流长期风蚀形成两壁陡峭的风蚀谷。砾漠是大致水平的风蚀残留地表，主要是粗粒沉积物，以细砾、中砾和粗砂为主，砾漠沉积物的性质取决于母岩的性质。总之，都是富集了比较能抗风蚀的卵石。有一些卵石具有撞击痕和破裂面，而有一些则发育成很好的风棱石。砾漠沉积一般很薄，最大厚度为几厘米。如果有风吹砂覆盖，砾漠沉积就可以保存下来，尤其是在低的风蚀洼地中。有时，砾漠的粗粒沉积物形成风成细砾波痕，最大的颗粒位于波脊，内部是由倾斜纹层组成的，分选性差至中等。在沙丘间地区可发育砾漠沉积，随着沙丘的迁移进入沙丘层序，形成沙丘沉积中几厘米厚的卵石层。

旱谷是沙漠环境中的河流，在干旱少雨的沙漠环境中，河流活动以季节性的暴洪为特征。这些河道可以被河床沉积物所充填，或者被风吹来的沉积物所充填，在下一个季节，新的河道切入较老的沉积物中。沉积物中发育大波痕和小波痕形成的交错层理。大多数旱谷顺坡呈扇形展开，形成旱谷扇，多个旱谷扇可连接在一起形成沉积物裙，与冲积扇的泥石流沉积相当类似。在丘陵区形成的旱谷是将沉积物带入沙漠盆地的重要营力。有时旱谷沉积缺少卵石，是由分选良好交错层砂岩组成，底部可含有叠瓦状砾石，单一层序具有向上变细的趋势。旱谷沉积序列的顶部常分布有黏土层，黏土层表面广泛发育泥裂和雨痕构造，泥裂常被砂充填。在长久的干旱时期中，旱谷沉积物暴露于风的活动中。风蚀作用可从其顶部将砂和细粒沉积物移走，留下残留砾石沉积。

三、富砂海岸相

在纳米布沙漠海岸一线，高达100～200m的沙漠沙丘与海岸带相接，滚滚沙流飞泻入海，形成壮观的“倒沙入海”的自然景观。沙漠沙丘形成了滨岸带的直接物源供给，连绵起伏的沙漠沙丘直接推进到前滨带，形成富砂海岸沉积。前滨带为周期性暴露环境，推进到前滨带大型的沙丘下部留下了不同时期的水位线，波浪还对前期的海滩沉积层进行侵蚀形成了海蚀阶地，沉积物表面常发育有多种多样的底形和沉积构造，大的底形包括各种横向沙坝和纵向沙坝，表面上常见构造有波痕、细流痕、冲流痕、水流线理、气泡砂及泡沫痕等（图4-36）。

图4-36 纳米布沙漠海岸带沙漠沙丘海岸沉积特征

A. 本书作者在纳米布沙漠海岸考察，站立处为前滨带，高水位线已经到达沙丘下部，右上方插图显示沿波浪侵蚀阶地切出的部分沙滩剖面，前滨发育冲洗层理，后滨-沙丘发育沙丘交错层理，两者界限明显，冲洗层理单一纹层可连续追踪超过60m；B. 与岸线低角度相交的沙漠沙丘推进到前滨地带，沙丘脊线高度200m；C. 与岸平行和斜交的沙丘，丘间为狭长的洼地；D. 推进到海岸的高大沙漠沙丘，右上角插图显示沙丘表面叠加小型风成沙纹，局部有植物生长并有鸟类产卵；E. 前滨带发育的沿岸沙坝，表面红色为石榴子石富集所致，左上角插图为横向沙坝发育特征；F. 海岸波浪作用很强，角鸬鹚鸟群后面的浪花已经崩解为泡沫，左下角插图为前滨带下部发育的气泡砂构造

沿着海蚀台阶切出的剖面，可以展现出前滨到后滨沙丘的层理构造变化特征，前者内部构造非常单调，主要层理类型为低角度斜层理或冲洗交错层理，而后者主要发育沙丘交错层理（图 4-37A、B）。两者的界限明面冲洗交错层理的单个纹层平行海岸延伸可达几十米远，垂直岸线延伸十数米。前滨以波浪的冲洗作用为主要特征，其沉积物主要是成熟度极好的纯净石英砂，并含有丰富的磁铁矿、石榴子石。生物介壳及其碎片顺层分布，可形成富含贝壳的纹层段（图 4-37C）。

图 4-37　纳米布沙漠海岸带海滩剖面的层理发育特征

A. 海蚀台阶剖面上前滨带发育的低角度斜层理或冲洗层理；B. 一个沙丘剖面上显示的沙丘交错层理；C. 前滨带冲洗层理内部富含生物介壳；D. 下部前滨带发育冲洗层理，上部后滨-沙丘带发育沙丘交错层理并含有分散状贝壳碎片；E. 前滨带和后滨带界限明显，两者呈突变和微冲刷接触，后滨带内发育分散状贝壳碎片，除了发育槽状交错层理外，还发育平行层理和小型沙纹层理砂岩透镜体，可能代表了沙丘的趾部和丘间沉积

后滨带位于高潮水位线以上，通常都暴露在大气中，与沙漠沙丘连为一体，在沙漠沙丘发育的地区，即使在特大高潮和风暴潮时也很难被海水淹没。后滨带内同样可以出现贝壳和贝壳碎片，除了沙丘交错层外还可以发育水流波痕形成的小型交错层理（图4-36D、E）。在沙漠沙丘不发育的富砂后滨带，可出现一个或多个滨岸平原脊，这些沉积物是在高于平均高潮线的高潮时期和暴风潮时期由波浪堆积起来的。成群出现的滨岸平原脊多平行排列，使海岸平原呈波状起伏。

在地质历史上出现的富砂海岸沉积，与源区充足的物源供给有关，即使临近的不是沙漠和砾漠海岸也是与风的改造关系密切。顾家裕（1996）根据地震反射波组特征、沉积特征并结合区域构造背景分析，提出塔里木石炭系东河砂岩沉积环境为一个具较丰富陆源碎屑物质供给的滨岸环境，并可能在沉积过程中受区域性海平面的波动曾有时部分暴露于水面之上，并受风力改造。自陆至海，沉积单元为砾石坝，以扁平状磨圆好的砾石为主，孔隙中充填部分砂，沿岸坝以砂质为主，含少量砾石，以具清晰的双向斜层理为特征。前滨沉积主要为中细砂岩，以平行层理为主，见双向交错层理、单斜层理、脉状层理等，夹一些快速堆积的风暴沉积。临滨沉积主要为细砂岩和粉砂质细砂岩，见平行层理、小型交错层理、少量双向倾斜层理、压扁层理，泥质含量明显增多，有泥质夹层，滨外坝中见双向交错层理，但分选性相对较差，夹部分风暴沉积。这一浪控滨岸海滩沉积模式，以产生大量陆源碎屑沉积物作为石炭纪早期海侵沉积的物源，形成了厚达200m的砂岩储层。赵澄林（2001）提出，在我国含油气盆地中，在海平面相对稳定和沉积物供给充足的条件下，沉积速率超过海平面上升速率时，滨岸平原由于不断侧向加积而向海推进，可形成巨厚的由石英砂岩组成的巨厚海滩层序。

塔里木盆地周缘柯坪地区志留系地层发育，出露良好且连续，柯坪塔格组中下部砂体发育段主要为一套数百米厚的砂质滨岸沉积，为灰绿色、绿灰色薄层、中层至厚层细砂岩与粉砂质泥岩、泥质粉砂岩互层，砂岩中有时含少量的细砾，见球状铁质结核和钙质结核，偶见干沥青。滨岸沉积的海岸自下而上为远滨带–下滨面–中滨面–上滨面–前滨–后滨沙丘带。虽然现代滨岸带范围较窄，但在地质历史中却形成了厚度大分布广的近岸砂体复合体。柯坪塔格组下部从下滨面到前滨带，形成了宽达20km的滨岸沉积，砂体厚度从50m变化为200m。远滨带沉积物中生物扰动构造极强；中上滨面沉积中交错层理发育，前滨以发育纹层砂岩为主要特征。在海平面相对稳定和沉积物供给相对充足条件下，海岸沙丘由于不断侧向加积而向海推进，近岸沉积物逐渐叠加在远岸沉积物上，形成进积型的浪控滨岸垂向沉积序列，形成了物源供给十分充足的富砂剖面。

总之，富砂海岸的发育环境都离不开向陆方向物源区的砂质供给，物源区的长期风化剥蚀产生了大量陆源碎屑沉积物，虽然岸上的风成沉积很难保存，但通过海岸富砂沉积剖面可以推测其存在的可能性。正是由于沙漠沙丘具雄厚的砂质基础，才可能形成巨厚的海岸砂质层序。在沙漠海岸，由于沙漠沙丘不断向海推进，沙丘直接推进到滨岸带，波浪和岸流对沙丘不断改造，形成底部渐变的向上变粗的富砂沉积序列（图4-38）。

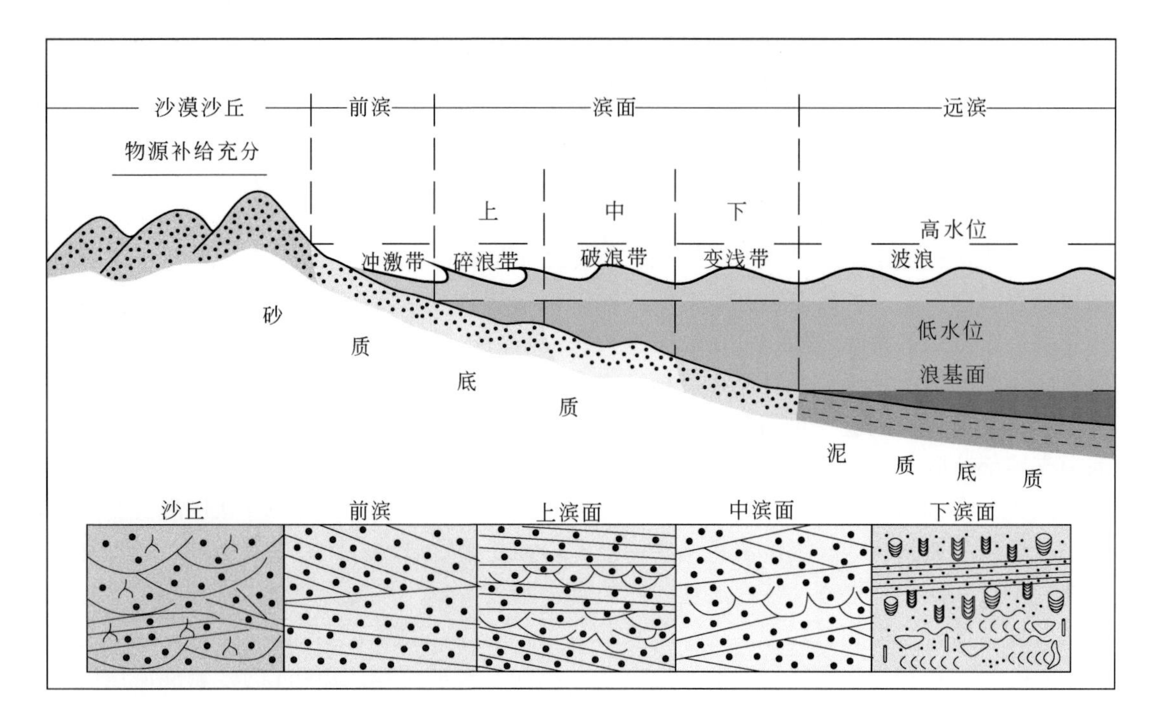

图 4-38 沙漠沙丘向海推进形成富砂海岸沉积

第六节 两种滩坝模式

滩坝是浅水地带常见的砂体类型，高度上限不超过平均海（湖）平面，尚不能阻挡滨岸浅水形成半封闭的海湾和潟湖。它们分布于盆地的缓坡地带，沿着沉积斜坡展布，根据砂体结构及几何形态可以分为水下沙坝和水下沙滩。除了碎屑砂质滩坝沉积外，在一些缺乏碎屑物质输入的盆地滨面斜坡带上，也可以出现碳酸盐滩坝砂体，岩性为泥灰岩、石灰岩、白云岩，尤其是在水下隆起地区往往发育鲕粒滩坝和生物贝壳滩坝，在迎风侧还可以发育生物礁体。碳酸盐滩坝的物性较好，亦是很好的油气储层。

在滩坝砂体的早期研究中，人们就认识到沙坝层序的复杂性。这些水下沙坝的底部可以是渐变的，也可以是突变甚至是冲刷的，其粒度变化也是很复杂的，可以出现向上变粗的层序，也可以出现向上变细的层序，还可以出现复合韵律层序（Zhang et al.，1995）。在一些海侵湖盆和陆内海盆充填沉积过程中，受海平面变化影响，滩坝层序呈现出复杂多样化变化特点。尤其是在海侵体系域的发育过程中，底部冲刷或侵蚀的沙坝层序则更为常见。以下主要介绍沙坝的两种不同的沉积层序或沉积类型，即底部渐变型和底部侵蚀型。

一、底部渐变型沙坝

底部渐变型沙坝层序最为常见，这已经成为沙坝识别的重要层序标志。在大型湖盆或海盆缓坡带的微陷扩张期，底部渐变的向上变粗的水下沙坝层序非常发育，沙坝层序的主要层理构造有平行层理、低角度交错层理、浪成沙纹层理和槽状交错层理等，局部可出现泥砾、泥屑和生物介壳。多数沙坝砂体由于受到波浪和岸流的改造，成分成熟度和结构成熟度都较高，但受物源控制明显。滩坝砂的横剖面多为对称的透镜状或上倾尖灭状，岩性剖面为厚层砂岩与厚层泥岩互层，泥岩颜色为灰色和灰绿色，多不纯，常含炭屑物质，厚度一般为3～6m，甚至更厚。与厚度较大的水下沙坝共生的沙滩或沙席，厚度薄，与浅水泥岩呈频繁互层，主要发育平行层理、低角度斜层理和交错层理，砂层顶底可渐变，亦可突变。滩砂的分布面积大，呈较宽的条带状或席状，总体平行岸线分布。滩坝砂体既可形成于水退阶段，也可形成于水进阶段。虽然滩坝砂体形成机理是多方面的，但都离不开波浪和岸流的再搬运和再沉积，其砂质物质主要来源于附近的河口地区，但它们多离河口区较远，并与河口体系分离，一般不再归于某个河口体系的次级相带类型。受盆地地形及水动力条件控制，沙坝呈条带状分布，沿着沉积斜坡展布。随着海平面的升降和岸线的不断迁移，滩坝层序可能叠复出现，形成数百米厚的沉积序列。由于砂体的下倾方向和底部邻近生油层，特别是在断层沟通油源的地区可形成很好的岩性油气藏。

在渤海湾盆地发育的各个凹陷中，在盆地深陷期和微陷扩张期由于受到海侵的影响，浪控滨岸砂体非常发育，尤其以缓坡带和古隆起的滩坝砂体最为发育。滩坝砂岩的发育程度主要受凹陷的构造演化时期、古地形特征、物源供应及水动力条件等诸多因素影响，而凹陷的构造运动及其演化控制着湖盆古地形特征、可容空间变化以及物源区碎屑物供应的多少，因此也影响滩坝砂岩平面分布规律。滩坝砂体有多种成因类型，有砾质滩坝、砂质滩坝、生物碎屑滩和鲕粒滩等。如东营凹陷南坡地区，砂质滩坝多分布于盆地边缘，具有分选好、磨圆好、物性好的特点，是重要的油气储集体。

东营凹陷南坡沙4段上亚段从上往下分为一至五个砂组，主要为砂泥互层或泥夹砂剖面，局部出现颗粒石灰岩、泥灰岩和泥晶白云岩。泥岩颜色为灰绿色、灰色和深灰色，含鱼类、介形类、腹足类、有孔虫和轮藻类等多种生物化石，并常见生物潜穴，显示为近滨-远滨沉积环境。本区层理构造类型多样，发育规模差别较大，主要有水流沙纹层理、低角度交错层理、槽状交错层理、平行层理、透镜状层理、波状层理、脉状层理和砂泥互层层理等，其中低角度交错层理尤为发育，反映了近岸带沉积作用的特点。通过取心井详细观察和描述，确定砂体类型主要为滨岸滩坝沉积。滩坝砂体分布广泛，叠合厚度大，砂体总厚度为60～100m。

由于受当时构造运动、碎屑物质供给量、湖平面的变化等诸多因素的影响，各个砂组滩坝砂体的发育略有差异。由于坡度较缓，前滨较宽，枯水面和好天气时的浪基面之间地带的沉积物始终遭受波浪的冲洗、扰动，常常发育一个或多个平行或斜交湖岸的沙坝，沙坝之间为薄层的坝间滩砂沉积。近滨带浅水区宽阔，风浪活动很强，一般发育多列沙坝，由岸向盆地方向可以叫作近岸沙坝和远岸沙坝，一般近岸沙坝沉积厚度及规模较大，远岸沙坝一般规模较小，有些地区只在近岸处发育一列沙坝。在浪基面以外地带属于远滨带，以泥页岩、泥灰岩和泥云岩沉积为主。在斜坡带滨外地区也有水下古隆起存在，古隆起一般能够突出到浪基面之上，受到波浪的作用，其所处的环境与近滨带相似，也可以发育沙坝和沙滩沉积。在浪基面和风暴浪基面之间的地带可以受到风暴浪的影响，形成风暴沉积。由于缺乏恒定的陆源碎屑物源注入，在南坡滨岸带发育了多套生物碎屑滩和鲕粒滩。沿南坡滨岸带由西向东，颗粒碳酸盐岩发育厚度逐渐减少，金家地区主要以混积滩坝沉积为主，东部王家岗地区则主要以陆源碎屑滩坝沉积为主（图 4-39）。

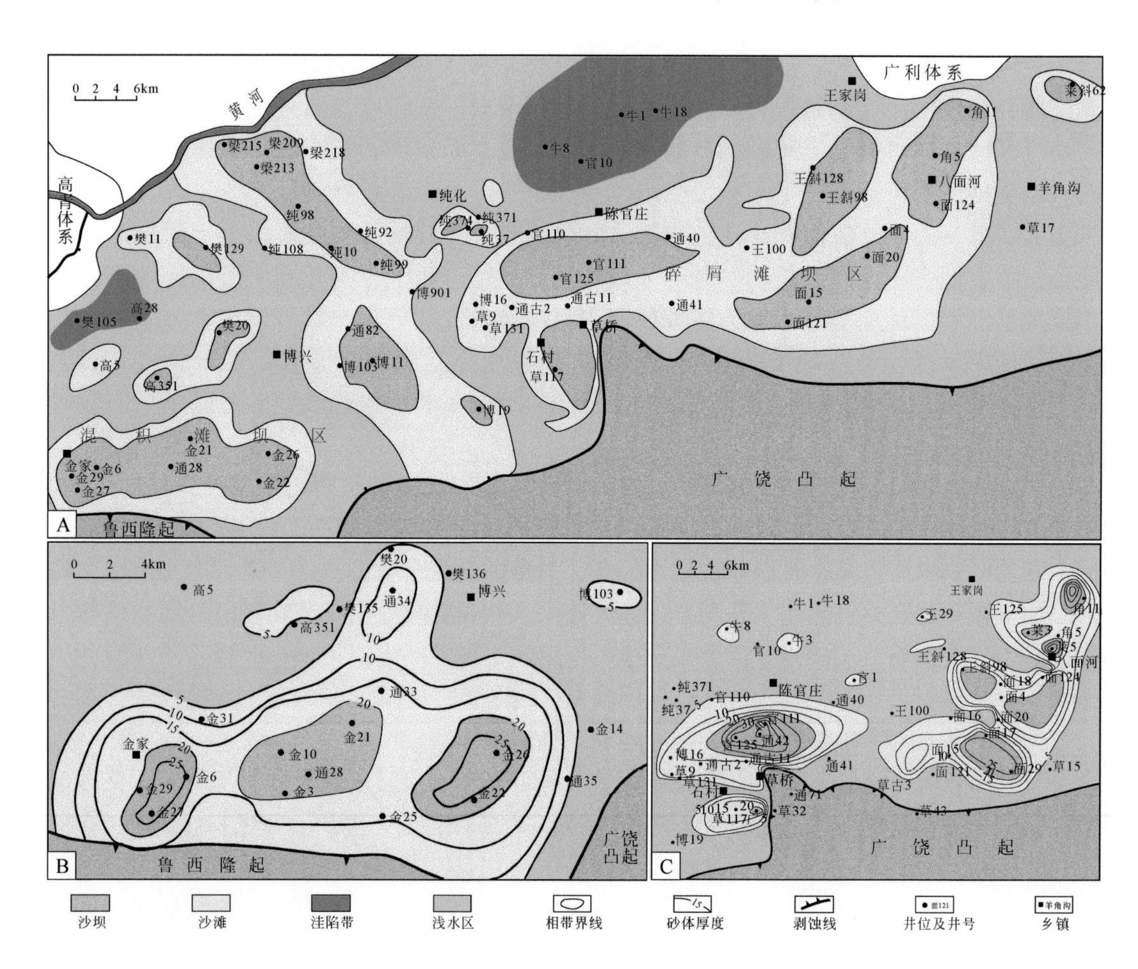

图 4-39　东营凹陷南坡沙 4 段上亚段滩坝砂体发育特征

A. 东营凹陷南坡沙 4 段上亚段滩坝相分布特征；B. 金家地区沙 4 段上亚段第一砂组混积滩坝厚度分布特征；C. 王家岗地区沙 4 段上亚段第五砂组滩坝厚度分布特征

金家地区在沙 4 段上亚段沉积时期，南部凸起没有恒定的物源输入，随着盆地水体的进一步扩张，波浪和岸流冲洗作用加强，形成了有利于碳酸盐沉积物生长发育的环境。盆地滨岸带形成的颗粒碳酸盐岩与陆源碎屑沉积成互层或混积，形成了一系列与岸线平行或斜交的砂体。从取心层序来看，混积滩坝砂体可进一步划分为混积沙滩亚相、混积沙坝亚相及半深湖混积亚相，混合沉积物既可以同层混合也可以互层混合（图4-40）。

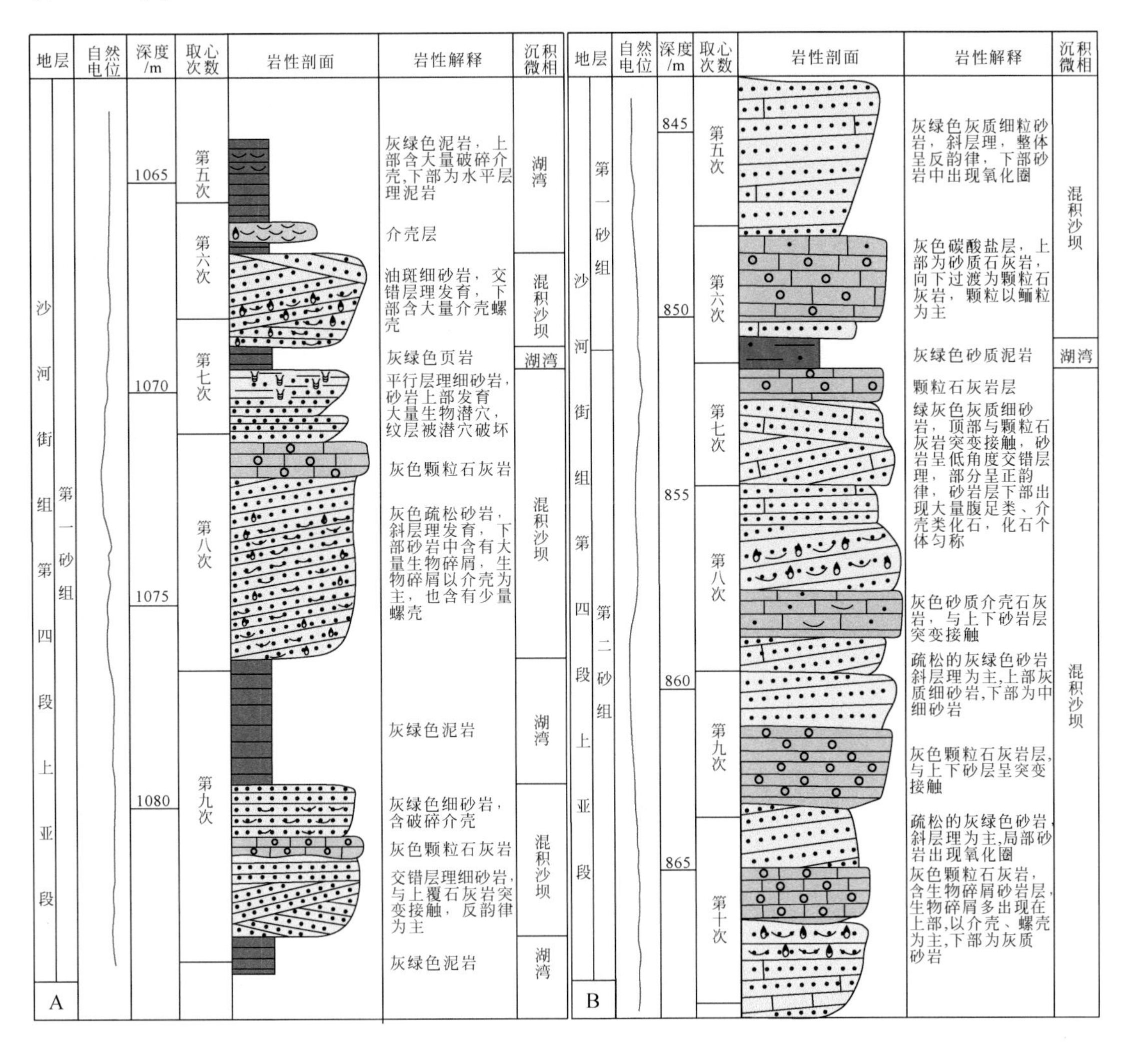

图4-40 金家地区沙4段上亚段混积沙坝沉积层序（张金亮和司学强，2007）

A. 金29井；B. 金27井

王家岗地区沙4段上亚段沉积时期，来自物源区的沉积物经过沿岸流和波浪的改造搬运，沉积物重新分配，砂体沿着盆地边缘分布，形成了一系列沙坝和沙滩沉积。砂体厚度以坝主体为中心，沿着坝侧缘到沙滩向四周减薄。王家岗油田的东部、八面河油田的北部和羊角沟油田均发育的厚饼状砂体，是多期滩坝砂体相互叠加的结果。滩坝沉积物一部分来自南部广饶凸起的碎屑物质，经过沿岸流和波浪的颠选搬运，砂体分别沿着湖泊边缘向两侧搬运，形成了滩坝沉积；另一部分可能来自广利地区间歇性河流物质的输入，河口碎屑物质在沿岸流及波浪的作用下，迁移到王家岗地区，最终形成滩坝沉积。波浪、岸流和风暴流对滨岸的塑造和近岸沙坝和沙滩的沉积都起着极其重要的作用。砂岩厚度一般为3～8m，砂体底部与泥岩渐变接触，向上呈反韵律特征，由从下到上为透镜状粉砂岩、波状层理粉砂岩、水流沙纹层理粉砂岩、水流沙纹层理和低角度交错层理细砂岩、低角度交错层理中砂岩、槽状交错层理中砂岩和低角度交错层理中粗砂岩，为典型的沙坝层序。薄层的沙滩砂体也有见到，砂厚 20～40cm 不等，主要为波状层理和水流沙纹层理的粉砂岩。自然电位曲线呈漏斗形和指形（图 4-41）。

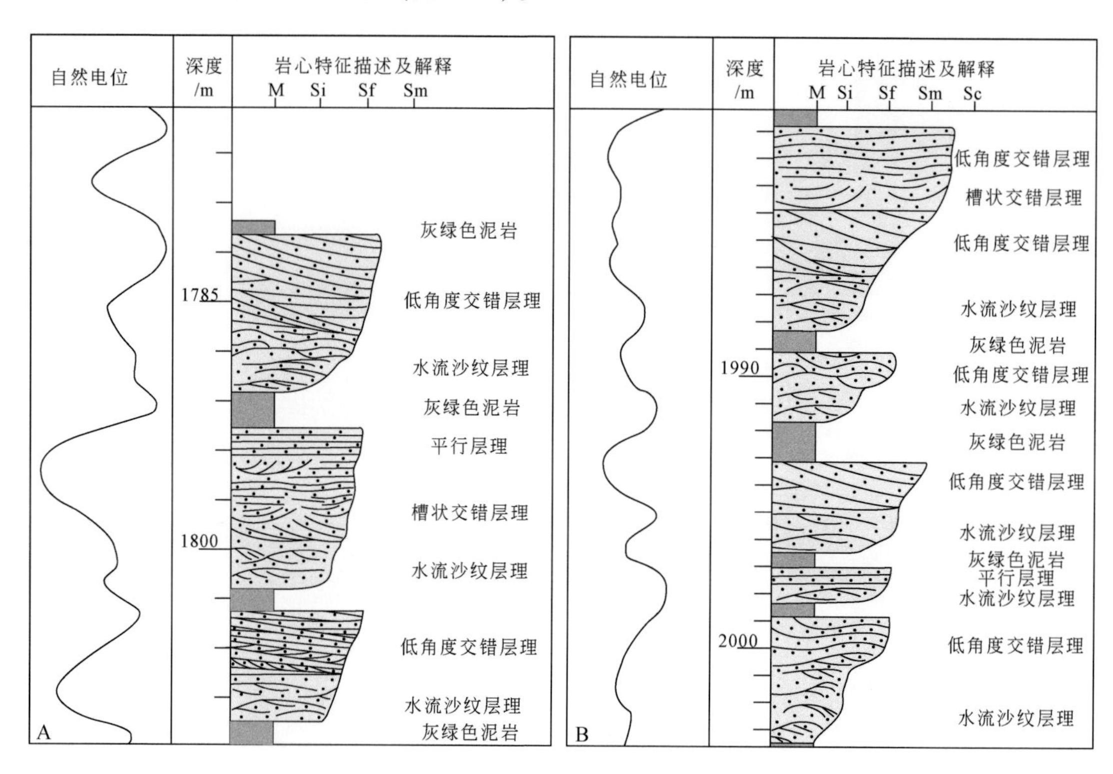

图 4-41　东营凹陷南坡王家岗地区沙 4 段上亚段第五砂组沙坝沉积层序

A. 官 125 井；B. 官 111 井

二、底部侵蚀型沙坝

在某些现代带状海滩上，可以清晰观测到裂流的活动及其沉积现象。裂流不仅可以在近岸地区侵蚀出水道并切割滩坝，形成具有侵蚀底面的前积层理和槽状交错层理砂岩水道充填，还可在水道的末端形成具有低角度斜交错层理的砂质朵体或裂流三角洲。这种向盆地外凸并垂直于岸线展布的裂流水道条带状砂体，不仅规模都较小，而且多切割滩坝砂体，形成层内冲刷居多。

在受海侵影响作用较强的湖盆或者陆内海盆中，尤其是在强制性水退、低位和海侵阶段，当缺乏砂质沉积物的连续加积时，向上变粗的进积层序发育不好，伴随着海平面的变化，形成多个底部侵蚀的滩坝层序。由于砂体底部存在冲刷或侵蚀，常常发育滞留砾石层，加之向上变粗的层序不明显，很容易被解释为水道、水下河道乃至斜坡扇等多种类型，从而出现多种观点纷争的局面。

在东海盆地丽水凹陷中，在盆地深陷期后的微陷扩张期，由于受到海侵的影响，底部侵蚀型的浪控滨岸砂体非常发育。在明月峰沉积开始，海平面发生强制性水退，滨岸受到河流的下切形成下切谷。由于物源区的火山岩提供的碎屑有限，在缺乏充足物源供给的情况下，这些下切谷只能发展为小型浪控三角洲或浪控河口湾。有限的河口物质无法形成进积序列，只能受到波浪和岸流的改造而形成滨面滩坝砂体。浪控河口湾中潮汐影响较小，河口湾的出口受到高能波浪的改造。沉积物趋向于沿着海岸、滨岸向河口湾出口处搬运，并在河口外的近滨地带形成水下沙坝。

从丽水凹陷西部斜坡带取心井的岩心中可以发现，滨面带发育的大段砂岩，属于浪控滨面沙坝沉积。多数沙坝底部界面与下伏地层侵蚀接触，发育磨圆状泥砾并富含生物介壳，代表了海侵滞留沉积（图4-42）。沙坝的岩性以粉砂岩和细砂岩为主，主要发育平行层理、斜层理和交错层理，并含有不规则至平行状的泥质条带、碳质条带和撕裂状泥屑，粉砂岩和泥质粉砂岩中生物扰动构造发育，砂岩段之间多夹灰色泥岩段，泥岩段可见粉细砂岩条带和生物潜穴（图4-43，图4-44）。

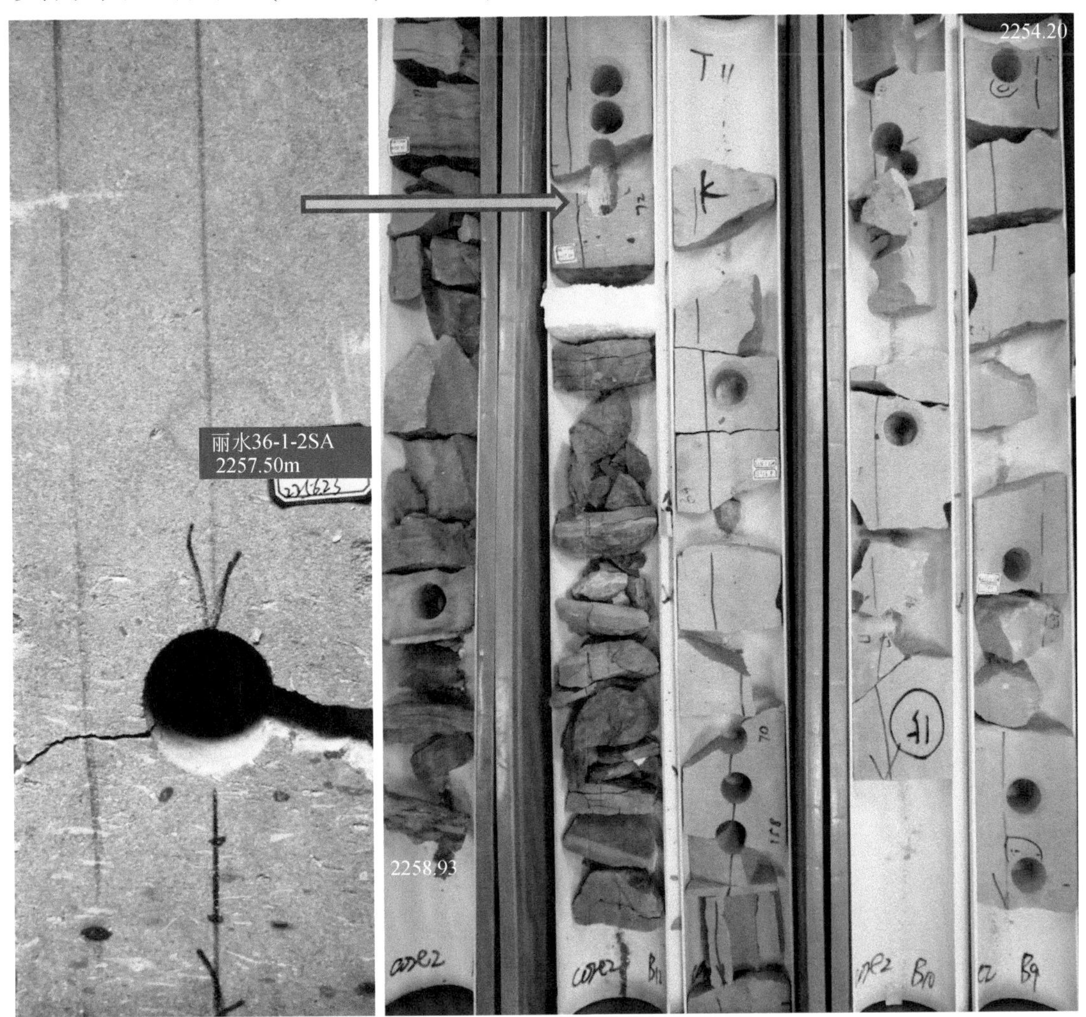

图4-42　滨面水下沙坝底部发育的磨圆状泥砾和介壳（丽水36-1-2SA井）

图 4-43　丽水凹陷明月峰组下段滨面沙坝岩心特征（丽水 36-1-A3 井）

这些厚层砂体反映了高能环境形成的水下沙坝特征，沙坝之间的薄层砂体代表了水下浅滩沉积。有的取心段粒度较细，以粉砂岩和泥质粉砂岩为主，因生物扰动活动强烈，沙纹层理多被破坏，反映了一种相对低能环境。该区滨面砂体底部多为突变，除了内部粒度粗细和泥质夹层的变化，缺乏明显的向上变粗的沉积层序，层序的上部多为滨面泥岩所覆盖（图 4-45）。

东海丽水凹陷明月峰组下段沉积时期，丽水凹陷裂陷作用逐渐减弱，盆地整体呈现开阔的滨面-远滨沉积环境。丽水西次凹下降体系域沉积时期海平面快速下降，缓坡滨岸带发育了多个下切谷。由于物源区很难形成稳定的砂体补给，加之这些下切谷也非源远流长的河流，供屑能力本来就很弱，河口沉积物很快被波浪和岸流分散，很难形成稳定的三角洲及低位扇体系。虽然近岸带缺乏钻井资料，无法判断河口地区砂体的分布状况，但是可以确定滨面沙坝发育区与河口之间为砂岩发育的低值区，也就是说河口也可能存在浪控的河口湾体系。近源的下切谷及河口目前没有钻井钻遇，在地震剖面上也没有识别出明显的

图 4-44 丽水凹陷明月峰组下段低能滨面带岩心特征（丽水 36-2-1 井）

三角洲前积朵体，可见河流的进积作用较弱。斜坡滨面地区受到较强的海侵影响，尤其是中-下滨面带形成一系列侵蚀型沙坝砂体（图 4-46）。

可见，丽水西次凹西部斜坡带滨面砂体发育受到海平面变化和下切谷物源供给的影响。输入到前滨和滨面上部的砂质沉积物，在滨岸带波浪和岸流的作用下，逐渐与河口分离向远滨方向迁移，在滨面浅水区沿着沉积斜坡带分布。在平面上，砂体的分布从河口向近滨区逐渐增加，然后向远滨减少。在下降体系域沉积物广泛分布于滨面地区，甚至延伸至远滨，形成水下浅滩相。低位体系域沉积时期，海平面开始缓慢上升，但其上升速率仍小于沉积物的进积速率，河口物质进一步向盆地方向延伸，水下浅滩面积扩大。水进体系域阶段，海水入侵范围较大，下切谷逐渐沉溺，谷口的沉积物质受到波浪的改造，水下浅滩厚度加大，平行于岸线方向形成了多期沿岸沙坝砂体。高位体系域沉积时期，海侵作用停止，水下浅滩沉积作用减弱，水体变浅，远滨深水区分布局限（图 4-47）。

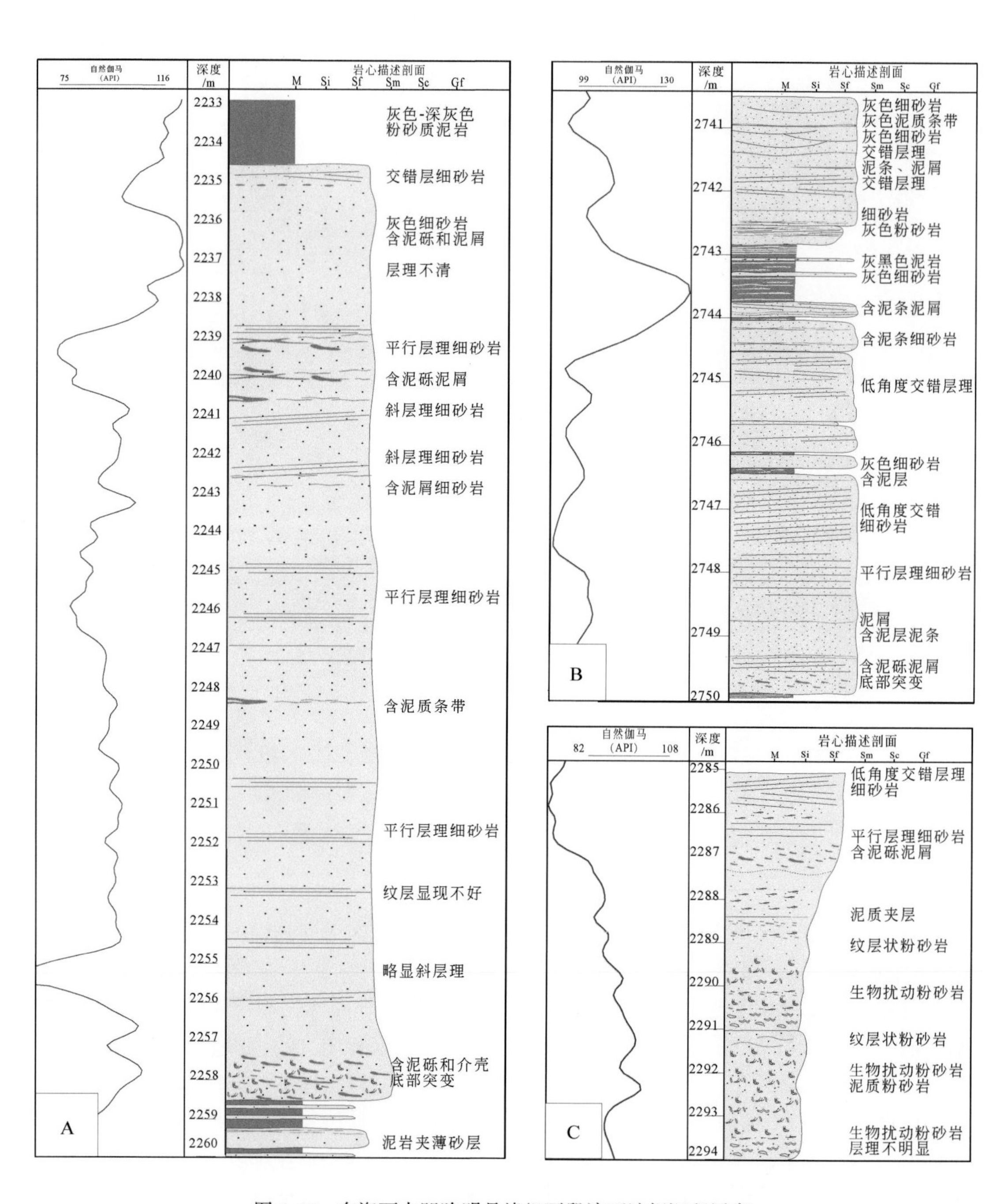

图 4-45　东海丽水凹陷明月峰组下段滨面沙坝沉积层序

A. 丽水 36-1-2SA 井；B. 丽水 36-1-A3 井；C. 丽水 36-2-1 井

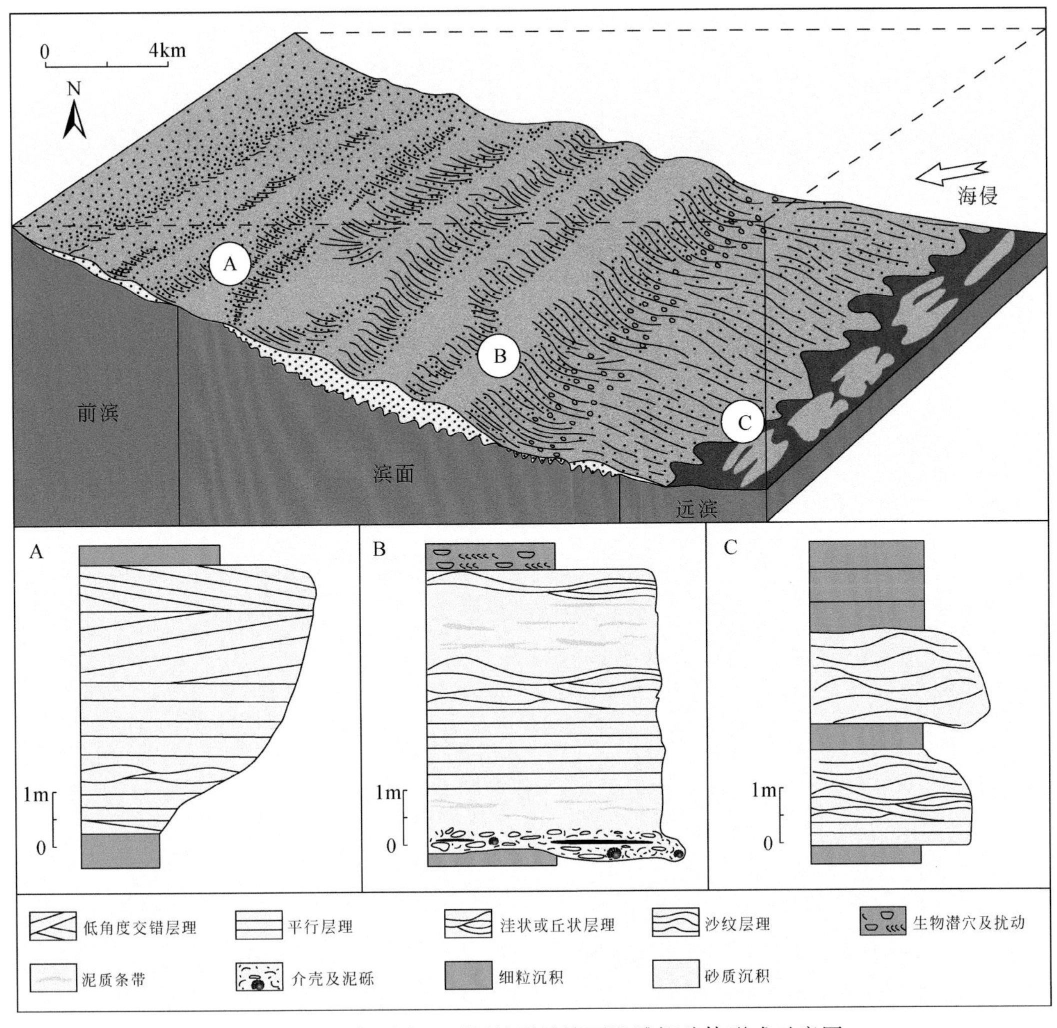

图4-46　丽水西次凹西斜坡明月峰下段滩坝砂体形成示意图

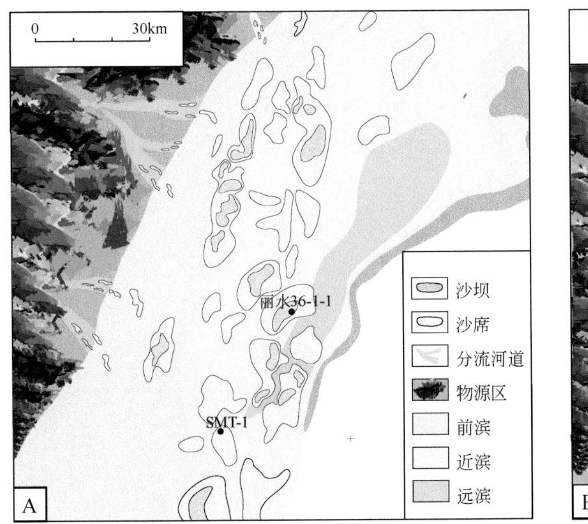

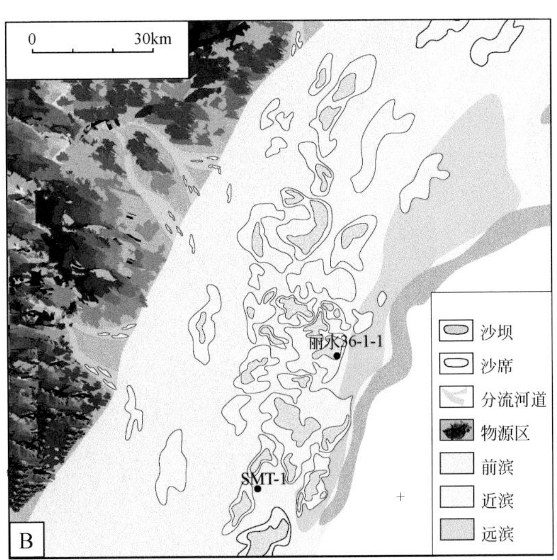

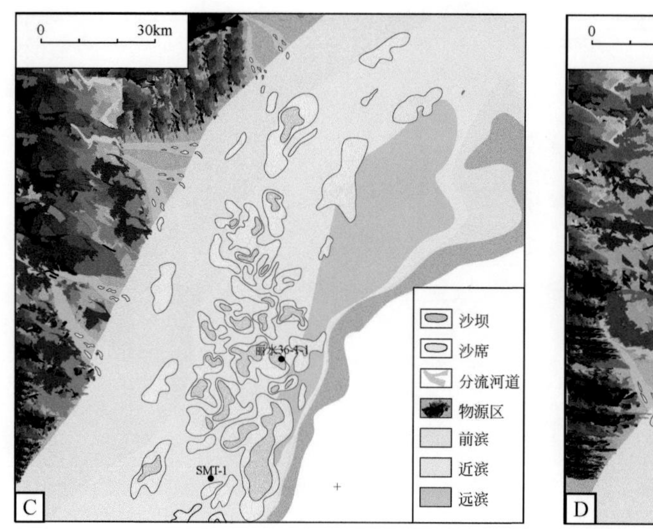

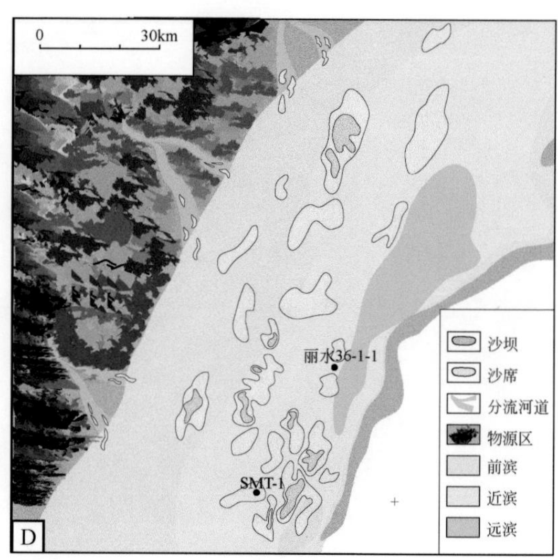

图 4-47　丽水西次凹西斜坡明月峰下段体系域沉积相分布示意图

A. 下降体系域；B. 水退体系域；C. 海侵体系域；D. 高位体系域

第五章　障壁滨岸环境

第一节　概　　述

在非三角洲海岸带，除了海滩海岸外，还发育有障壁-潟湖型滨岸。这是一个以波浪和沿岸流为主要作用，并有潮汐综合影响的滨岸环境，地形复杂，为障壁、潟湖、河口湾、海滩、潮坪、潮汐通道（进潮口）、潮汐三角洲等多种亚环境组成的复合体系（图5-1）。障壁-潟湖环境有三个部分组成，平行海岸的障壁，障壁后的半封闭的潟湖或海湾，连接潟湖和开阔海并进行水体交换的潮汐通道或入潮口。

在坡度较缓沉积物供应充足的内陆架地区，波浪和岸流作用促进了障壁体系的发育，但障壁岛的成因可能是多方面的，可以是沙嘴向下的不断生长，也可以是海平面下降滨面水下沙坝露出水面，还可以是海平面的上升将后滨沙脊部分淹没并在脊后形成潟湖。沙嘴是一端与岸相连，另一端伸入海中的鸟嘴状沙坝，由岸相连处至沙嘴尾，宽度变窄，粒度由粗变细。当沿岸流流至海湾后，水域展阔，流速下降，砂质沉积物沿着惯性方向沉积而成。由于受海浪作用的影响，沙嘴尾部向陆弯曲。随着沙嘴进一步发育，障壁沙坝形态逐渐完善，向陆一侧的部分海域与开阔海便呈半隔绝状态，这部分海域即为潟湖。当海浪从沙质海底的浅水区向岸推进时，在水深约等于两个波高处，进浪与底流相遇。波浪的破碎使动能减小，所携带的泥沙便堆积下来，开始形成水下沙坝，沙坝进一步垂向增高并加宽，直接形成平行于海岸的长条形障壁。当海岸线向海推进时，高潮线位置向海移动，原来的水下坝便出露水面形成障壁，同时新的水下沙坝不断生成。这些水下沙坝平行海岸断续分布，大潮退落时会露出海面，当波浪向岸推进中遇到水下沙坝，会形成波浪破碎，形成多排白色浪花。在前滨和后滨交界处，也是海岸带高潮线所在地带，由进流带来的粗碎屑物沉积而成长条形的海滩脊，沉积物常以粗-中砂为主。在平缓的海滨带，牡蛎等软体动物可以大量繁殖，死亡后，其骨骼被波浪冲到海滩上部堆积形成贝壳堤或介壳滩。当海平面升高发生海侵，后滨地区被海水淹没，高大的海滩脊则发展成为障壁。当然，由于海平面变化导致的岸线迁移和沉积物供给的不同，每个障壁岛的成因可能是多因素控制的。海岸带海底的地势起伏和岸线的弯曲，影响着砂体的形成和砂质搬运的方向，就像现代某些袋状海滩所见到的，岸外沙坝的形成和障壁的生长，与海滩砂垂直海岸搬运有着密切的关系。

障壁岛一般发育在小潮差和中潮差以波浪能量占优势的海岸带，海岸带的潮差大小影响着障壁岛的外部形态和内部结构（图5-2）。在微潮汐和小潮汐海岸带，障壁岛一般较窄，潮汐通道不发育或发育很少；在中潮汐海岸，障壁岛一般较宽，潮汐通道发育，障壁岛不仅被大量进潮口所切割，而且这些进潮口不断沿着障壁岛迁移，形成复杂的宽阔的潮道层序，随着潮汐通道中潮流的进退，在内外两端形成砂质浅滩和朵体。这些位于潮道两

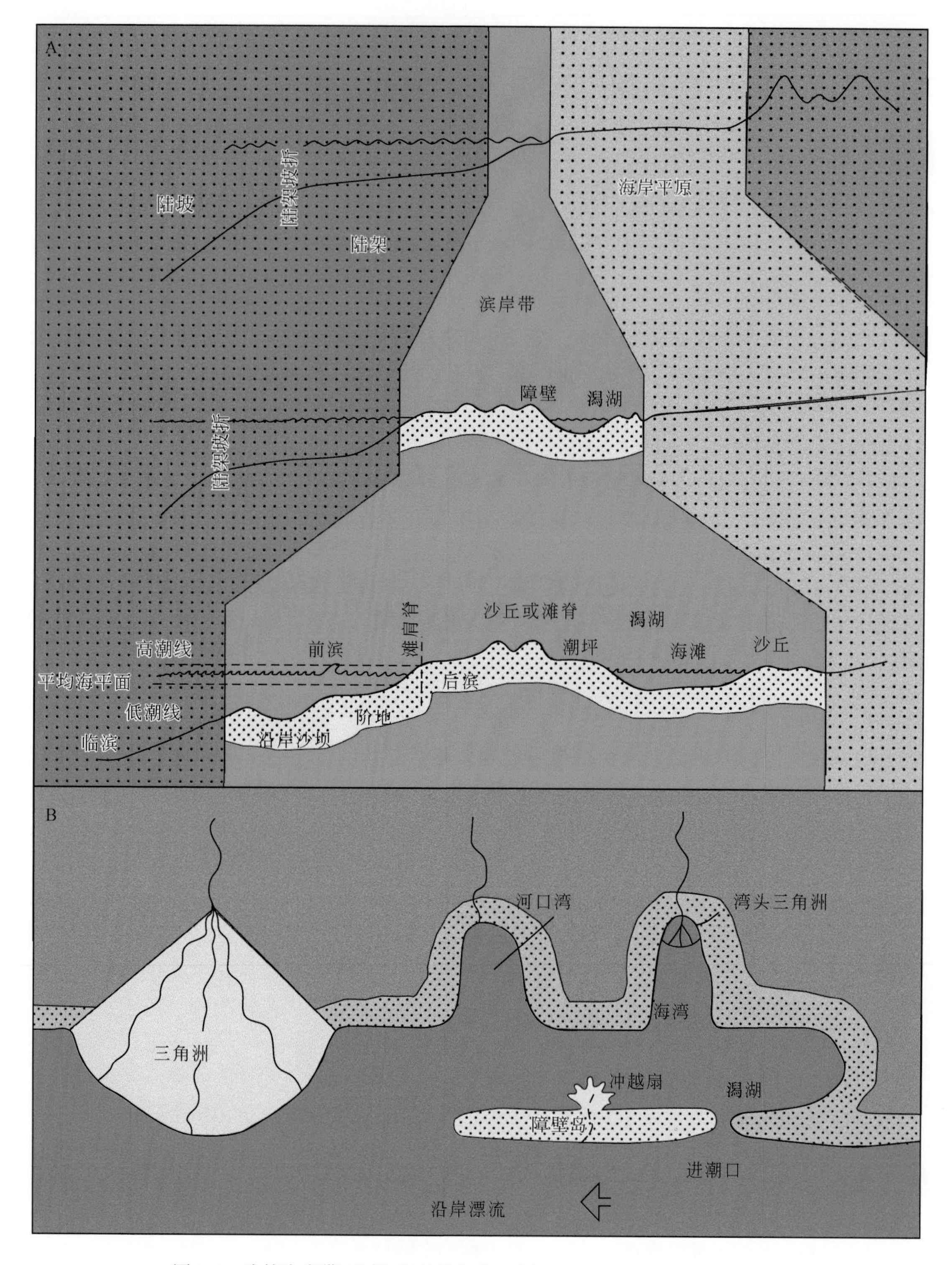

图 5-1　浪控海岸带不同沉积环境划分（据 Galloway and Hobday，1983）

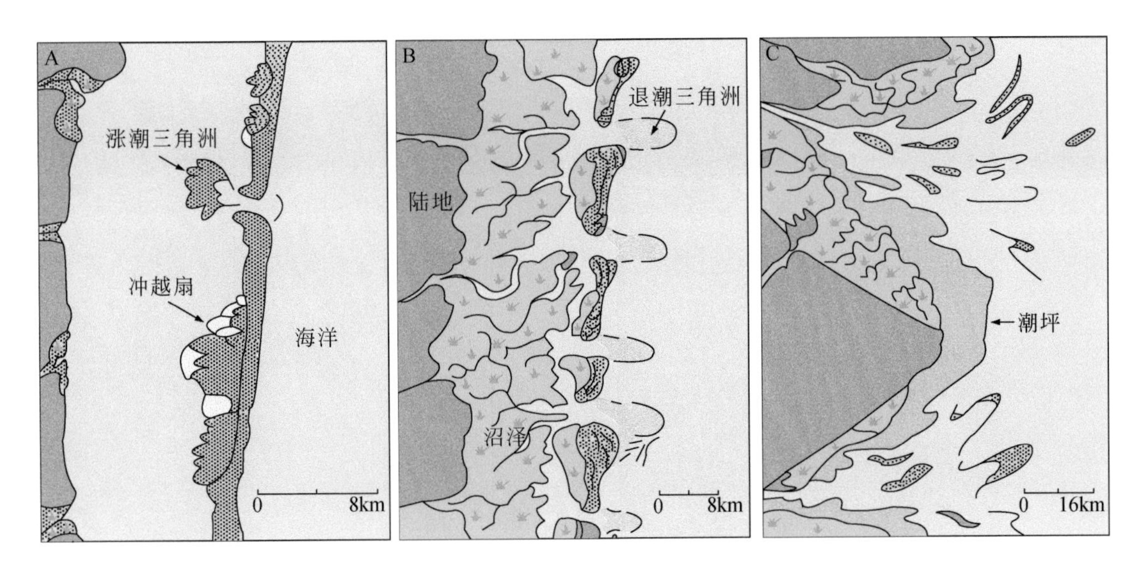

图 5-2　海岸砂体几何形态随不同潮差的变化（据 Barwis and Hayes，1979）
A. 小潮汐海岸带发育的障壁岛呈窄长状，潮汐通道发育少；B. 在中潮汐海岸发育的障壁岛被多个潮汐通道切割；C. 大潮汐海岸发育河口湾，出现垂直岸线发育的长形潮汐沙脊

端的砂质浅滩或朵体一般称之为潮汐三角洲，向陆一侧位于潟湖里面的潮汐三角洲称为涨潮三角洲，而向海一侧的潮汐三角洲称为退潮三角洲。虽然称之为潮汐三角洲，但其与潮控三角洲不是一个概念，更不在一个同等的规模上。现代障壁岛临近陆地的上游一侧一般较宽，向下游方向变窄并发生弯曲。在砂质供给充足的海岸带，障壁岛比较高大且稳定；而在砂质供应不足的地方，障壁岛也比较低矮并受到波浪的侵蚀变得很不稳定。

根据海平面变化和沉积物供应量之间的相对关系，障壁岛体系可以进一步划分为海侵障壁岛、海退障壁岛和加积障壁岛（图 5-3）。

海侵障壁岛一般为窄的长条状砂体，冲溢扇形成宽阔的障壁斜坡，平缓地向潟湖一侧倾斜。前滨带受到波浪的冲击，砂体一般较薄。随着障壁砂体向陆迁移，障壁后泥炭层可能会出露在某些海滩上。海侵障壁岛的唯一记录就是一个波浪侵蚀的不整合面，上面覆盖有薄的冲刷滞留沉积层。如果海平面的快速上升与连续沉积物供应达到平衡，那么海侵障壁层序就可能保存下来，沉积厚度一般为 3 ~ 10m。在最大洪泛面到来时，障壁岛可被原地淹没，形成被潟湖和远滨泥包围的多个水下沙坝，或者成为向陆展布的海侵沙席，形成滨面砂沉积，缺少典型的向上变粗的滨面层序。不仅如此，这些障壁砂体会与下伏潟湖沉积突变接触，又被上覆陆架泥所覆盖。海侵障壁岛的主要作用过程是通过冲越扇和进潮口以及风的作用来进行的，障壁的快速后退经常发生于风暴撕裂障壁入口的地区。特别是在低潮差地区，涨潮三角洲应时而成，向陆地方向扩散大量的砂质沉积物，在障壁后建造了一个发育有冲越扇和风成沉积的台地。

海退障壁岛一般都很宽阔，由海滩、沙丘和障壁坪组成，冲越扇发育较少，且大都终止于水上。海退障壁岛为向上变粗的沉积层序，从陆架泥和下滨面的砂泥交互到中–上滨面和海滩的砂质沉积，两侧分别与潟湖相和陆架相成指状交错。在海平面和沉积物供应量

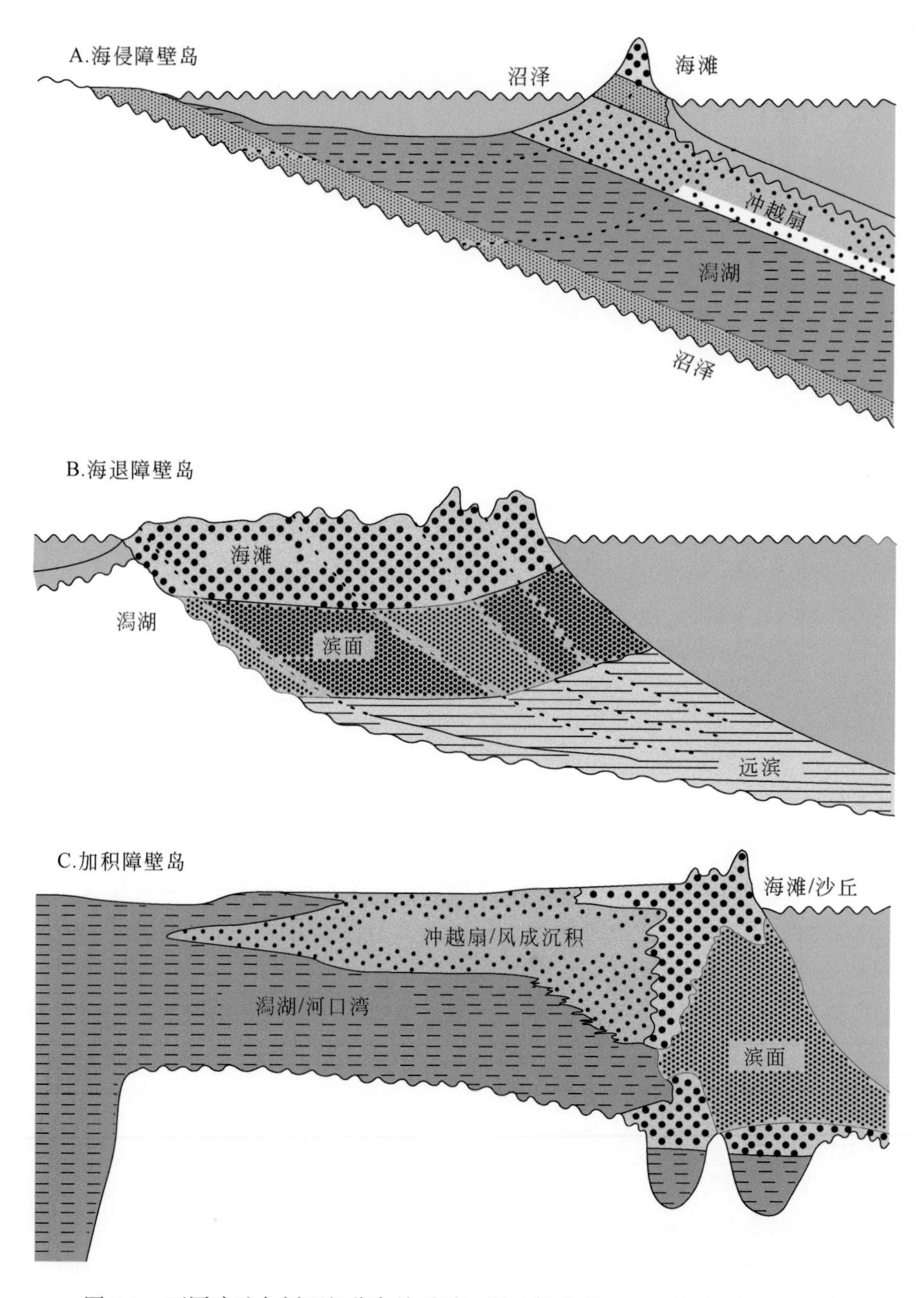

图 5-3　不同障壁岛剖面相分布关系对比图（据 Galloway and Hobday，1983）

都保持稳定的情况下，障壁岛的活动主要表现为潮道的侧向迁移和潮道充填物的侧向加积，形成潮道迁移型的障壁岛沉积层序（进潮口充填沉积相）。在海平面的上升过程中障壁岛在原地不动，直到被海水淹没，新的障壁岛在潟湖的内侧形成。

第二节　现代障壁–潟湖海岸

在现代海岸浪基面之上的内陆架地区，沉积物受到波浪、沿岸流和潮流的影响，既有横向搬运也有纵向搬运，加上水深小、阳光充足、生物丰富多样，地质作用活跃。最终形成了平行海岸延伸的障壁体系，并发育了各种微地貌单元。向大陆一侧，部分水域与外海隔离开来形成潟湖；而面向广海的一侧，同样形成海滩和滨面沉积，同样有发育数个平行海岸的水下沙坝。现代障壁–潟湖海岸在全球广布，这与全球海平面变化有关。由于海岸线的不规则，加上海平面的变化以及波浪和沿岸流的共同作用，在浪控海岸带不可避免地会形成障壁–潟湖体系。

一、加尔维斯顿岛

现代最为经典的障壁岛模式首推加尔维斯顿岛。加尔维斯顿岛是墨西哥湾的一个障壁岛，平行于岸线分布，东部为博利瓦岛，两个岛上都有发育良好的海滩脊和沙丘。障壁岛向陆一侧分布有潟湖，分别称为西海湾、加尔维斯顿湾和东海湾（图5-4）。加尔维斯顿

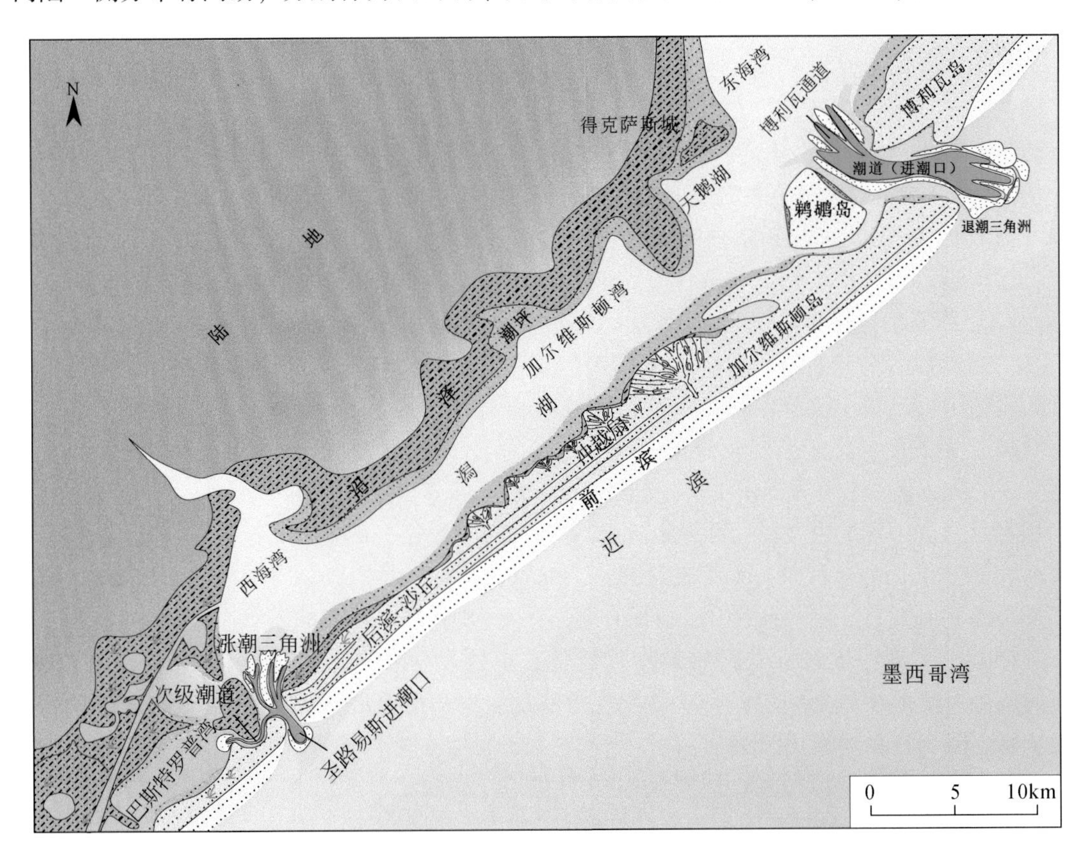

图5-4　加尔维斯顿岛障壁–潟湖体系分布简图

岛与东部的博利瓦岛被进潮口分开，进潮口两端发育良好的潮汐三角洲，分别伸向开阔海和海湾。加尔维斯顿岛西部还有一个进潮口，称为圣路易斯进潮口，涨潮三角洲砂体发育比较明显。加尔维斯顿岛海岸潮差为30～75cm，海滩以3°角向海倾斜。除了岛上海滩脊和沙丘外，这里有着宽阔的前滨和滨面带，砂质沉积物表面发育有波浪、流痕、障碍痕等各种沉积构造（图5-5A、B）。前滨和后滨交界处是沙坝的重要分布区，多条沙坝平行海岸分布，沉积物多以砂质为主，局部以贝壳为主时，可称为贝壳沙坝，在岛后潟湖内部还分布有多个贝壳滩。当岸线向海推进时，高潮线位置向海移动，即会形成新的沿岸沙堤，这些沿岸沙坝的发育也是海岸线变迁的标志。在滨面中上部，是沿岸沙坝的发育区，因大多位于水下可称为水下沙坝，这些沙坝平行海岸断续分布，在海浪破碎带出现的地方，水下沙坝开始发育，在退潮时顶部可露出海面。后滨带开始生长有大量植被，并有大量的生物潜穴，以螃蟹遗迹为代表（图5-5C）。障壁岛顶部为沙丘发育带，这些沙丘沿岸分布形成多个线状沙脊，表面生长植被，并受到多排大小不一的冲越沟的切割（图5-5D、E）。坏天气时，风暴浪可越过障壁岛，除了在障壁岛上形成大小不一的冲越沟外，还可在潟湖一侧形成大的冲越扇，加大了障壁岛的宽度。障壁入口的形成也可能由深达海平面以下的冲越沟转化而来。障壁后的潟湖为一天然良港，与开阔海有切入障壁岛的潮汐通道（进潮口）相连，潟湖边缘分布有大量的沼泽，以泥质和粉砂质泥的沉积为主，也分布有大量的生物潜穴，沼泽向潟湖一侧发育有潮坪，为砂泥质沉积（图5-5F）。

为了建立障壁岛沉积模式，石油勘探人员在岛上进行了一系列钻孔和探槽研究，获得了障壁岛的沉积层序及其沉积演化规律。该障壁岛是一个从上到下由沙丘、前滨、滨面、过渡带和陆架泥组成的垂向序列，属于海退型障壁岛发育类型。自上而下分为以下几个带。

（1）后滨-沙丘：位于垂向序列的顶部，厚0.6～2.4m，风化作用破坏了原生沉积构造，层理难以辨认，沉积物是分选良好的细砂到极细砂，含有丰富的植物根。

（2）前滨-上滨面：位于风成沉积之下，大约处于低潮线以下1.5m处，厚0.9～3.0m，沉积物为分选良好并含有介壳的细砂到极细砂，发育低角度交错层理，在平行于滨线的沟槽中会出现小波痕层理，生物扰动较弱。

（3）中滨面：位于上滨面低角度交错层段的下部，延伸到低潮线以下9m水深处，厚度为3～9m，沉积物由薄而平的纹层状细砂组成，偶尔含有交错层状的介壳砂和介壳层。沉积物是分选中等的极细砂。生物扰动丰富，并有发育良好的潜穴。

（4）下滨面：水深从9m延伸到12m，沉积物是砂和粉砂质黏土的薄互层，薄砂层有时具有递变层发育。生物扰动十分丰富，具有一些发育良好的潜穴。

（5）陆架泥：从12m处开始向岸外延伸，主要发育粉砂质黏土夹薄的砂层。这些砂层的成因可能属于风暴砂层，有些砂层在近底部含有薄的介壳层。生物扰动总体很强，成斑块状，强弱扰动单元可交替出现。

总之，加尔维斯顿岛沉积层序是以陆架泥相、滨面相、前滨相、后滨-沙丘相为主体的向上变粗的障壁-潟湖沉积相组合，表现为障壁岛砂体和潟湖相的沉积物依次超叠在浅海相的沉积物之上（图5-6）。测年资料表明，加尔维斯顿岛从四千年前开始形成，沿向海方向沉积物的年龄依次变新。前人通过钻孔取心和探槽挖掘，对障壁岛的纵向层序变化

图 5-5　加尔维斯顿岛现代沉积特征

A. 宽阔的前滨和滨面带，左下角插图为滨面浅水区形成的沿岸排列的波痕；B. 前滨带上发育的波痕、流痕、障碍痕等各种沉积构造；C. 后滨带有植被发育，草丛间分布有大量的螃蟹潜穴；D. 障壁岛上分布有多个沿岸沙丘，沙丘上生长植被，左下角插图为一植被生长的海岸沙丘；E. 障壁岛上分布的冲越沟，为风浪侵蚀而成；F. 潟湖沿岸发育的沼泽和潮坪沙泥质沉积，左下角插图为沼泽岸边栖息的鸟类

和粒度分布有了深入的认识，建立了粒度由下而上变粗的沉积层序（图5-7）。

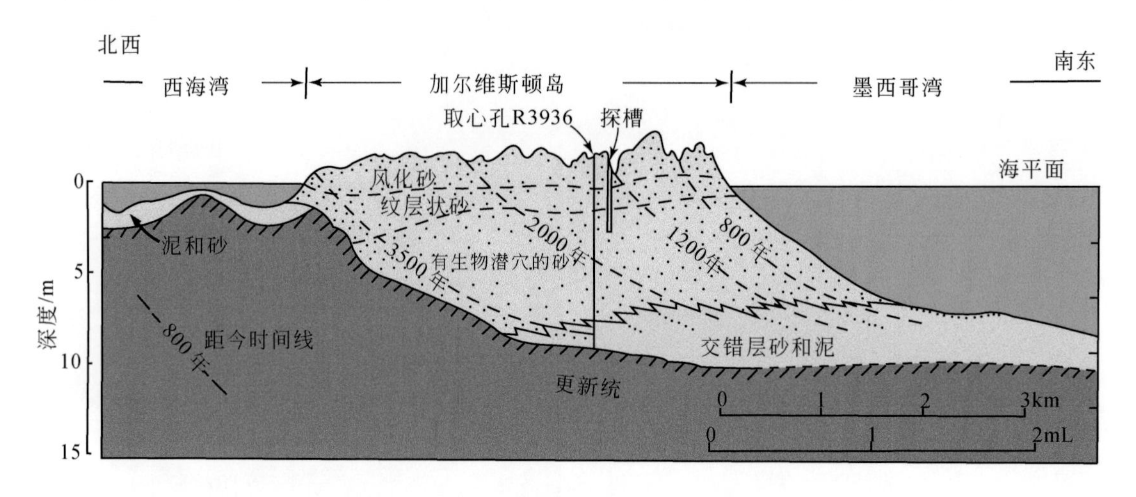

图5-6　加尔维斯顿障壁岛沉积体系剖面（据McCubbin，1982）

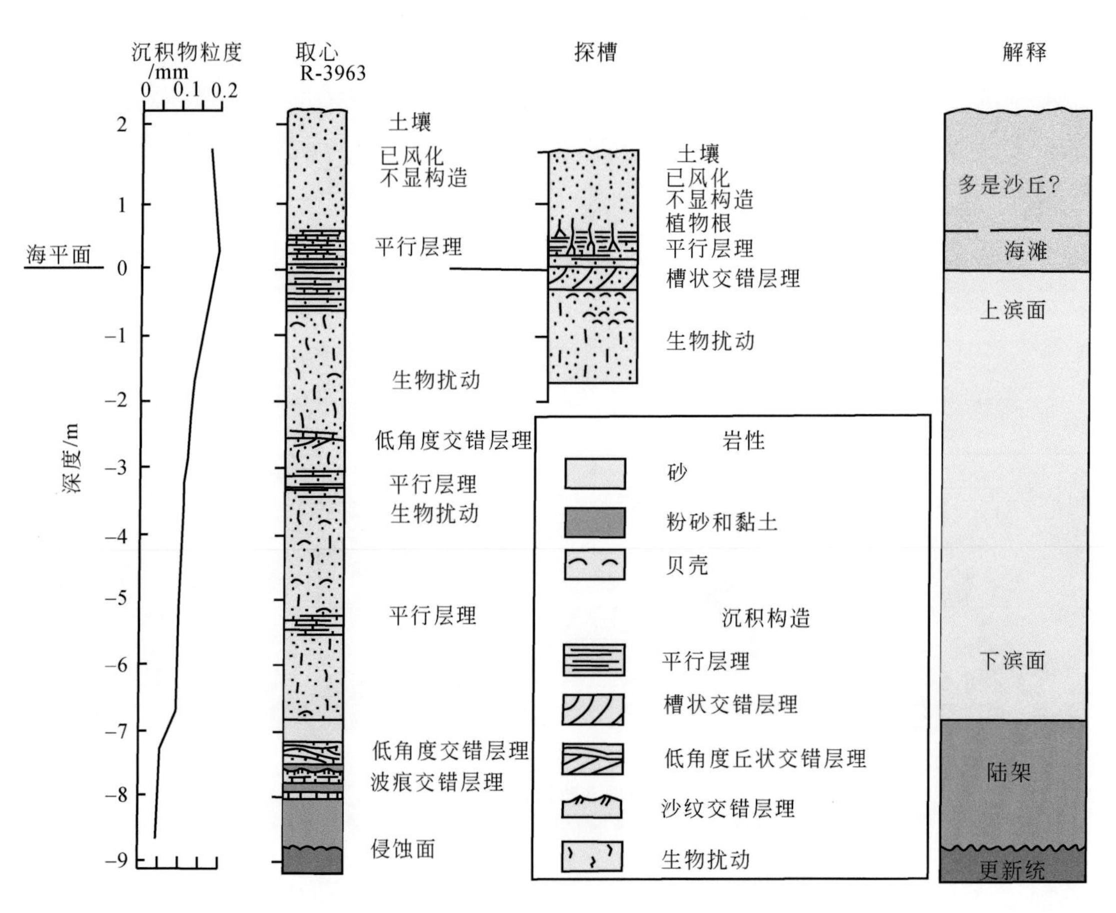

图5-7　加尔维斯顿障壁岛沉积层序（据McCubbin，1982）

通过对加尔维斯顿岛的研究，深化了对障壁岛沉积规律和砂体分布规律的认识，在障壁岛体系中，除了向上变粗的障壁砂体外，还发育有冲越扇、潮汐通道和潮汐三角洲等多种砂体类型（图5-8）。

平面图

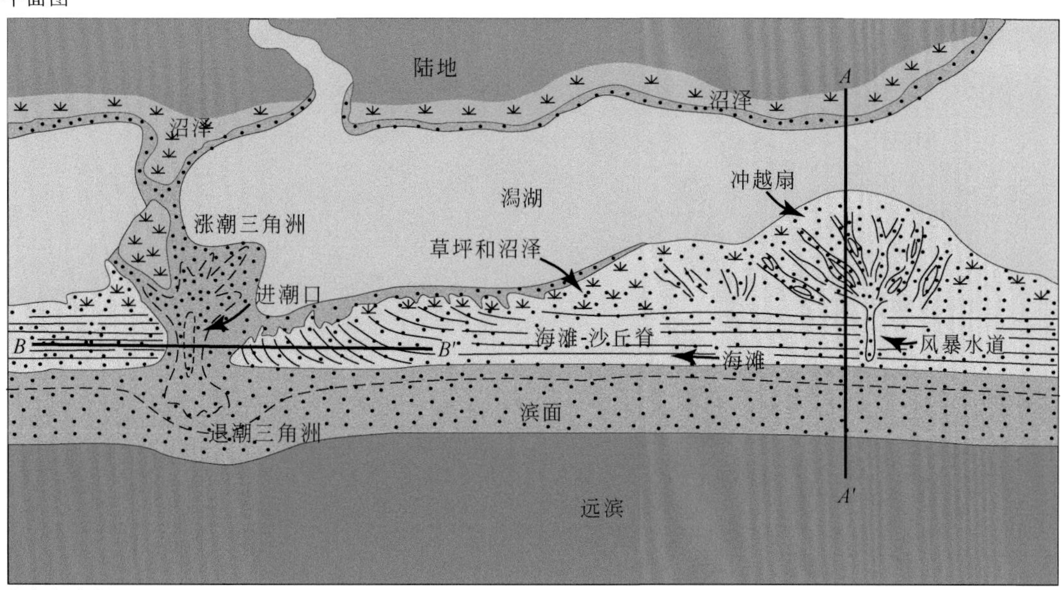

垂直海岸剖面

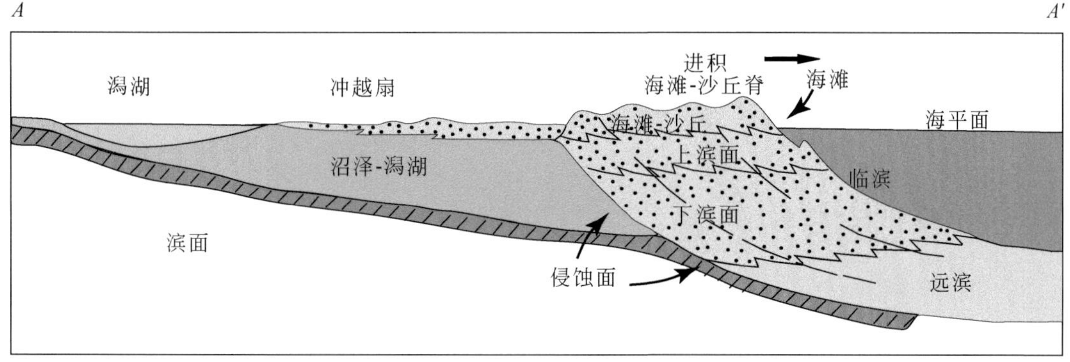

平行海岸剖面

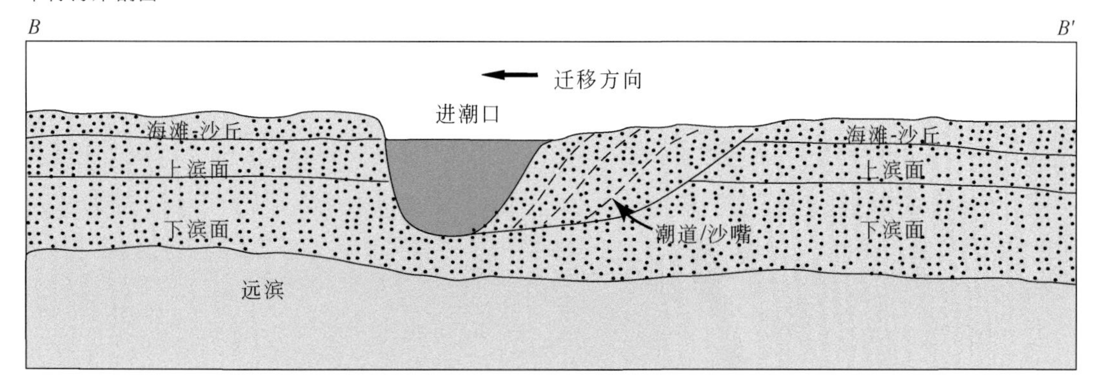

图5-8　障壁岛沉积体系的综合平面图和剖面图（据McCubbin，1982）

二、纳米布沙漠海岸障壁体系

在沙漠海岸带，同样发育富砂的障壁-潟湖体系。大西洋海岸波浪作用很强，还有相当强度的沿岸流作用，在纳米布沙漠的西北部海岸发育了鲸湾港和三明治湾多个障壁海岸，尤其是三明治湾，形成了一个很好的沙漠沙丘海岸障壁体系（图5-9）。

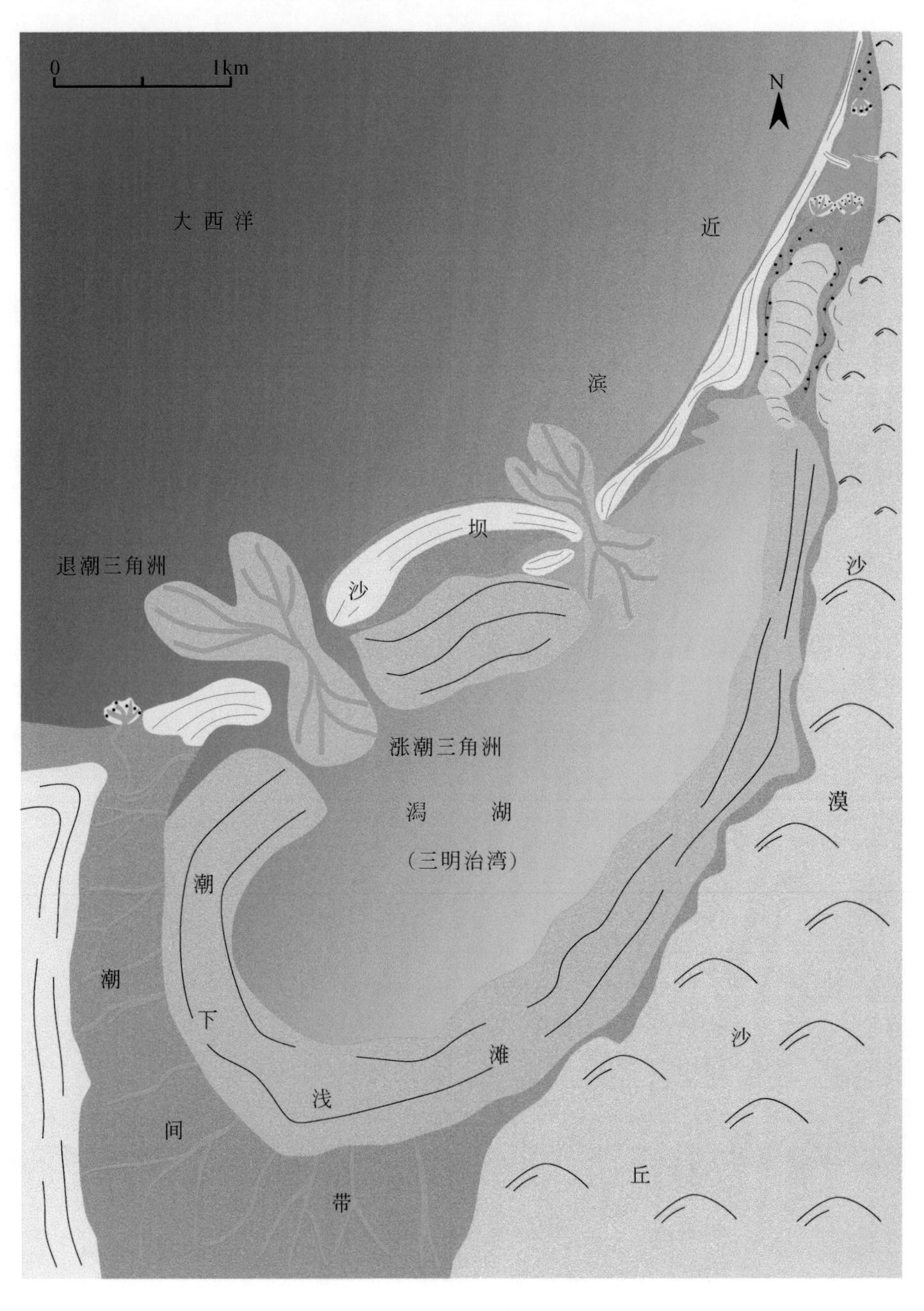

图5-9　沙漠海岸障壁-潟湖沉积环境分布示意图

在三明治湾南部地区，一个向西北伸入大洋的沙丘带形成了长15km、宽2km的障壁，北部为一个与南部对接的向东北海岸方向回弯的狭长沙坝对水体进行分割形成潟湖，障壁沙坝长约7km，宽度仅100m。主要的进潮口有两个，分布在南部主潟湖区，南部进潮口最大，宽度500m，涨潮三角洲砂体发育较差，形态不明显，而涨潮三角洲砂体形态明显，由3～5个向广海突出的朵体组成，面积约0.3km^2。在主要进潮口的北部1.8km处为次要进潮口，进潮口潮道宽度50m，涨潮三角洲和退潮三角洲砂体都有发育，但规模不大，都小于0.1km^2。一般来说，退潮三角洲多数发育较差，在本区退潮三角洲的发育可能潟湖周缘有充足的物源供给有关。在潟湖内部还会有次一级的障壁-潟湖发育，形成了大潟湖套小潟湖的现象。由于潮流周期涨落和往返侵蚀，潮间带上发育了许多蛇曲形潮汐水道，沉积作用类似于曲流河，潮道宽度较窄为5～20m，潮道内有沙波也有沙丘，点坝沉积明显。被潮道切割的潮间坪地势平坦，发育有大量水流波痕，并伴有浪成波痕。据观察，潮间带上的微地貌特点及其分带现象与常规潮坪不同，主要是海岸物源供应充足造成的相带分异不明显，没有出现泥坪-混合坪-沙坪的发育规律。靠近高潮线附近主要为植被发育带，潮间带主要为沙坪沉积，向低潮线附近出现沙泥混合坪。潟湖里面则由于水动力变化砂泥分布差别较大，除了涨潮三角洲砂体外，多为水流波浪层理砂和薄层泥的互层沉积（图5-10）。由于海岸沙丘的快速推进，潟湖处于快速淤积和收缩阶段，潟湖边缘发育的潮坪和沼泽逐渐让潟湖蔓延，潟湖内部小型的次级沙嘴和沙坝的逐渐生长，随着这些小型砂体将潟湖分割成若干更小的水体，潟湖的消亡阶段也就到来了。

潟湖是火烈鸟的主要栖息地，它们喜欢结群生活，主要靠滤食藻类和浮游生物为生。食物以潟湖浅水泥质沉积物中的藻类、软体动物、甲壳动物和有机颗粒为主。具有十分奇妙的进食方法，并且在潟湖里留下了独特的生物遗迹构造，形状呈圆丘状或圆帽状，可暂定为圆丘构造（图5-11）。圆丘直径30cm左右，周围是圆形的环状洼地，宽度为6～10cm，高度为4～6cm，环状区积水后仅有丘顶露出水面，看似像是孤立波浪，丘顶一般较圆滑，也有的上面分布不规则的坑和鸟类的足迹。在鲸湾港潟湖里面，由于火烈鸟的大规模集聚和集体觅食，潟湖潮间带地区遍布圆丘构造。火烈鸟在进食时，先把长颈弯下，头部翻转，用弯曲的喙左右扫动，可以快速地将水吸进来和滤出去，像筛子一样过滤取食。在进食时，不停地用双脚踩踏并做圆周运动，看起来像是跳舞，意在把潜在的美味全给逼出来。若是不是亲眼所见，很难想象这种圆丘构造是由火烈鸟的觅食形成的，应该算是一种生物成因构造了。

三、七里海障壁-潟湖体系

在我国渤海和黄海海岸带，曾发育有各种海岸类型，但现在时过境迁，自然地貌已被人工改造。当年曾跟随赵澄林老师对冀东和日照现代海岸沉积进行过多次详细的地质考察，印象最深的障壁海岸当属昌黎南七里海海岸带的障壁-潟湖体系。

七里海潟湖位于河北省秦皇岛市昌黎县城南位于沿岸沙丘的向陆一侧，处于半封闭潟湖向封闭潟湖转化的阶段。自海向陆依次可见滨外水下沙坝-潮间带沿岸沙坝-后滨沙坪-

图 5-10　纳米布沙漠海岸障壁-潟湖沉积特征

海岸沙丘-潟湖及其周缘沉积，构成完整的潟湖-潮坪-障壁岛沉积体系（图 5-12）。

七里海潟湖长 5. 5km，最宽处约 3km，面积约 12km^2，其东南端有潮汐通道与渤海相连，目前在潮汐通道上有人工建立的闸门。主要有 3 条小河流向七里海注入淡水，同时，随着潮汐的涨落，海水也周期性地侵入。由于其特征的水动力条件，目前七里海主要表现为潟湖潮坪的沉积特征。据赵澄林（2008）研究，潮汐通道中由于海水的进退，水流较急，沉积物也较粗，为细砂-中砂沉积物，在潮汐通道的两端，分别形成小型进潮三角洲

图5-11　火烈鸟觅食形成的圆丘构造

A. 潟湖潮间带栖息有大量的火烈鸟，圆丘构造顶部出露水面；B. 潟湖里出露顶部的圆丘构造，已被潮汐水流及随后的火烈鸟活动所改造；C 出露水面的圆丘构造，浅水区有大量火烈鸟在觅食，产生密集的圆丘构造；D. 出露水面的圆丘构造，仅环部有水；E. 潟湖潮间带大量发育的圆丘构造；F. 潟湖潮间带发育的圆丘构造，形态完整

和退潮三角洲，沉积物以粉砂质、粉砂质泥为主。七里海潟湖湖底主要为泥质淤积，水体较浅，水动力较弱，沉积物为灰黄色黏土质粉砂，含大量螺壳和贝壳，多已破碎，表面有淡褐色氧化物，见植物根系，沉积物含丰富有孔虫，以广盐性种属为主，同时见有轮藻受精卵膜，反映开放程度较差的半咸化环境。潟湖岸边显示为潮坪沉积，从高潮线至低潮

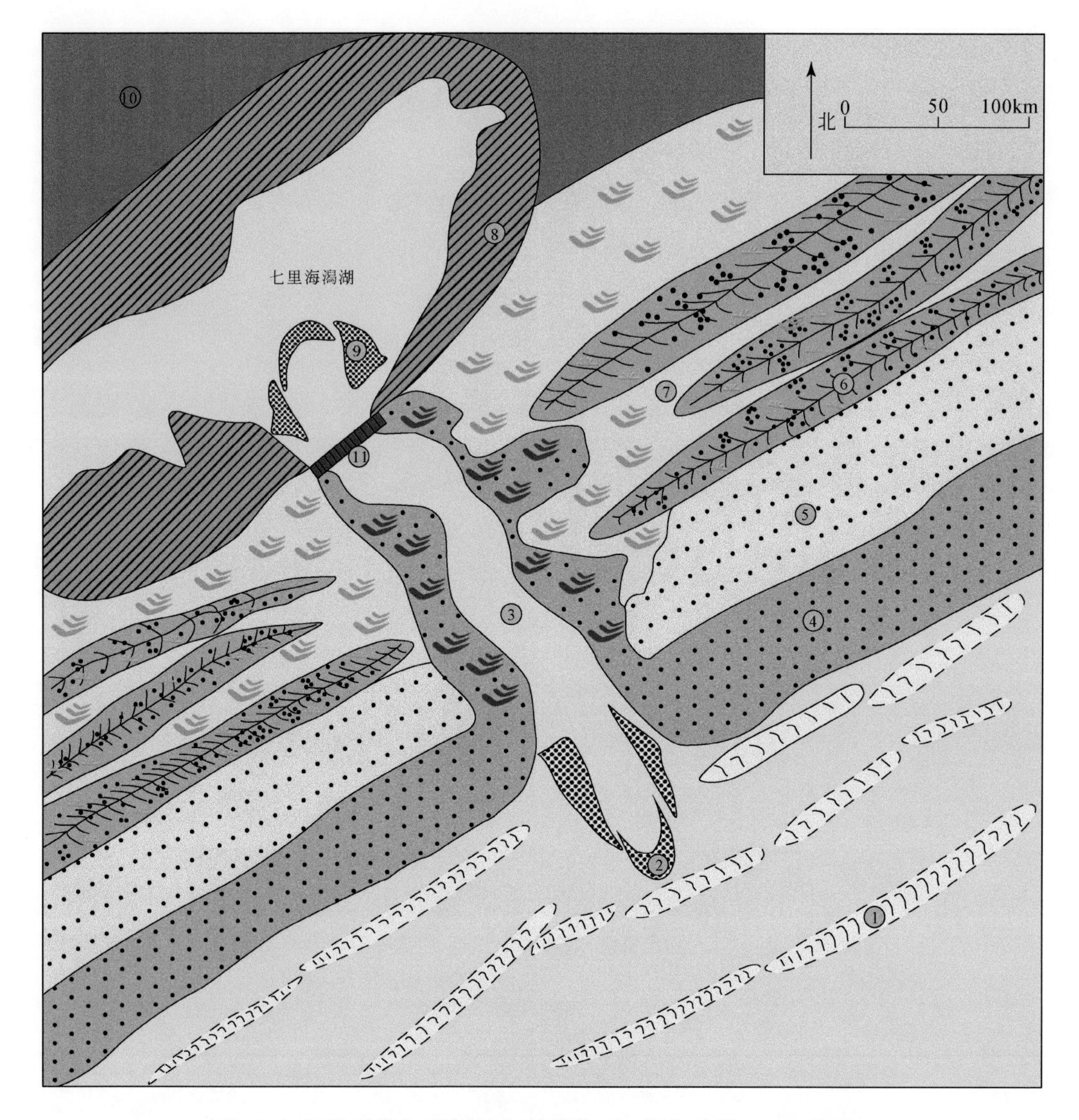

图 5-12　河北昌黎七里海障壁-潟湖体系（据赵澄林，2001 修改）

①-水下沙坝；②-退潮三角洲；③-潮道；④-前滨；⑤-后滨；⑥-沙丘；⑦-丘间洼地；⑧-潟湖滩（潮坪）；⑨-退潮三角洲；⑩-冲积平原；⑪-人工闸

线，依次出现泥坪、混合坪、沙坪沉积。高潮时，水动力弱，悬浮状的泥质物向下沉积，形成比较宽阔的泥坪。在岸边，常见出露的泥坪表面有干裂现象。在低潮线附近，水体随波浪作用面不断动荡，形成能量相对较高的地带，沉积物较粗，以砂质沉积为主。沙坪与泥坪间为较窄的沙泥混合坪。

在七里海潟湖和海岸之间，发育 3～4 排海岸风成沙丘。沙丘大小不一，最高可达 30～40m，宽数百米，可长达数千米。在海岸沙丘的向海一侧为海滩。前滨比较开阔，坡度平缓，坡度为 1°～3°，由灰黄色中砂，中粗砂组成，发育冲洗层理，表面有大量生物潜穴。在低潮时，低潮线以下见 2～3 排水下沿岸沙坝，平行海岸排列。

第三节　现代湖盆障壁–潟湖体系

湖盆的四周紧邻陆地，陆源碎屑物质的供应十分丰富，即使在没有恒定物源供给的滨岸地区，只要湖泊面积大，湖岸地形平坦，则滩坝砂体的发育非常普遍，形成了多种多样的障壁–潟湖（湖湾）体系。除了常见的砂质障壁滨岸外，还有砾质障壁滨岸和沙漠沙丘障壁海岸。现以青海湖现代滨岸沉积为例，对砾质滨岸和沙漠沙丘滨岸的障壁体系做一简介。

一、砾质障壁滩坝沉积

青海湖滨岸相可分为后滨、前滨和近滨三个相带，向陆方向为冲积平原，向盆地方向为远滨和深水盆地相。青海湖前滨地形没有一般的海岸平坦，常发育一个或多个沿岸沙坝。在沿岸沙坝受到风浪破坏的前滨地区，沿岸沙坝不断地破坏和重新生成。波浪越强，沉积物粒度越粗。随着波浪能量的减小，沿岸沙坝则主要由砂质沉积物构成，同时向陆地迁移。随着冲溢作用的不断进行，沙坝也逐渐加宽加厚，沙坝后面的洼地逐渐积水。在湖泊前滨地区，很难发现海岸前滨区发育的菱形波痕和逆行沙丘底形，泡沫砂构造也很少见到。除了三角洲滨岸和沙丘滨岸带外，青海湖岸线普遍发育砾质湖滩及滩后潟湖体系（图5-13）。这些砾滩的出现，与青海湖的构造–沉积演化历史密不可分，湖盆周围的基岩及先期形成的坡积物、冲积扇、滨岸沉积等都是重要的物源体系。湖滩滩脊向陆方向分布有冲越扇和水塘，滩脊走向多与岸线平行，形态多表现为线状、鳍状和钩镰状。湖滩沉积物多为中–细砾，部分为砾石质粗砂，探槽显示靠滩脊近湖一侧多发育低角度斜层理，多由2～3cm厚的定向排列的细砾层与粗砂层相间排列组成，这些厘米级的砾石层代表了波浪活动作用强烈时期的沉积产物。滩脊向陆一侧分布一系列冲越扇，前端深入后滨水塘中，内部构造为低缓的向陆倾斜的斜层理。滩体表面多发育向陆方向展宽的舌状冲蚀沟。后滨水塘沉积物以泥质砂和砂质泥为主，多数水草发育，形成滨岸沼泽。

按照物源–沉降体系的划分，可将这些砾质滨岸划分为以下5种类型（图5-14）：①基岩–滨岸沉积体系，该类型主要分布于青海湖西南沿岸一带，滨岸带的砾滩砾石主要来自基岩的崩塌和波浪的磨蚀作用，砾石成分与基岩岩性一致，基本上为单成分砾石。波浪作用的时间越长，砾石的分选性和磨圆度越好，砾石的组构和定向与海滩砾石相似，平行于岸线排列且倾向于湖盆方向。砾滩沿岸线分布，并随着岸线的凹凸而发生变化，滩脊向陆一侧亦发育冲越扇和浅水洼地，但多缺乏滨岸沼泽沉积。②坡积物–滨岸沉积体系，该类型主要分布于青海湖南岸陡坡处，在缺乏主要沟谷的陡坡带，洪水对斜坡上的风化产物不断侵蚀，并伴有岩壁的垮塌，大量的近源粗碎屑沉积便沿着坡脚堆积，形成大量的坡积物和坡积物群，这些沉积物临近滨岸并受到湖水进退的改造，形成砾滩。与基岩滨岸一样，该区湖岸地形比较狭窄，后滨带可以出现浅水洼地，滨岸沼泽发育较差。③冲积平原–滨岸沉积体系，在青海湖更新世—全新世断陷发育期，山区洪流流出山口后，因地形

图 5-13　青海湖滨岸砾滩沉积特征

A. 湖岸前滨带砾滩，分选和磨圆俱佳，左下角插图为砾滩探槽剖面，显示向湖倾斜的层理，层理由粒度变化显现；B. 持续的叠加的波浪对湖滩面的改造，左下角插图显示了波浪越过滩脊形成舌状水流；C. 越岸水流冲刷湖滩形成一系列冲越扇，右上角插图为冲越扇探槽剖面，显示向岸缓倾的斜层理及低角度前积层理；D. 后滨带发育的一系列冲越扇和积水洼地（潟湖），右上角插图为滨岸浅水沼泽；E. 基岩滨岸发育的沿岸砾质堤坝，随着滨线形态而蜿蜒分布，向陆有积水洼地并有大量水鸟活动；F. 切莫河剖面显示辫状河扇末端的砂砾岩受到湖泊作用的改造后显示前滨沉积环境，左上角插图为银河采沙场剖面，辫状河道砂砾岩体受到湖泊作用改造，显示前滨-后滨沉积环境

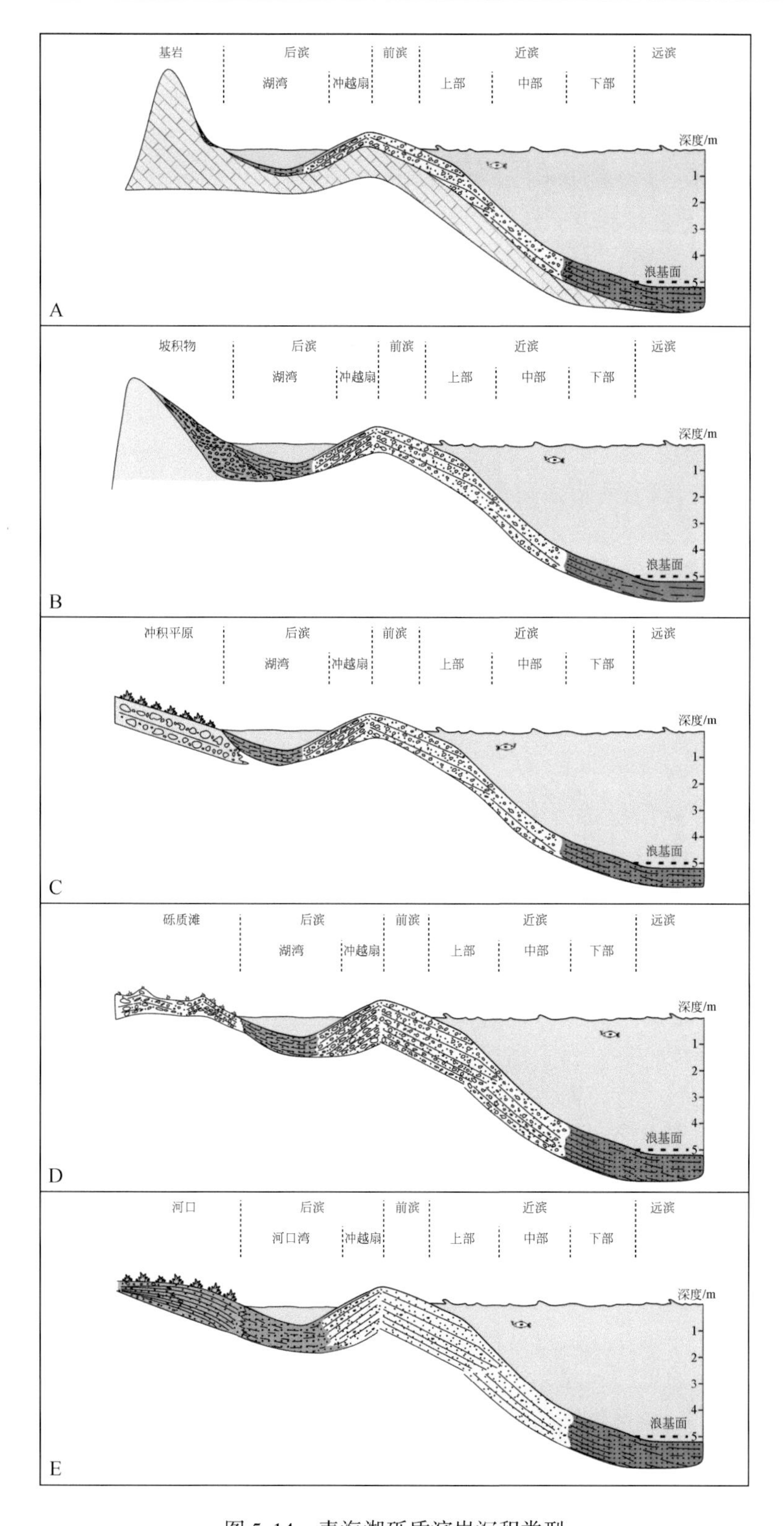

图 5-14 青海湖砾质滨岸沉积类型

A. 基岩-滨岸沉积体系；B. 坡积物-滨岸沉积体系；C. 冲积平原-滨岸沉积体系；D. 砾质滨岸-滨岸沉积体系；E. 浪控河口湾沉积体系

开阔、水流分散，流速骤然减弱，所搬运的大量粗碎屑物质迅速堆积下来，形成冲积扇或者辫状河扇沉积体，沉积物总体上是从沟口向外逐渐由粗变细的，扇端边缘处多为细砾质沉积和漫流砂质沉积，这些扇状沉积物形成了较为广阔的辫状平原，虽然沉积作用已不活跃，并被风沙、黄土和草原所覆盖，但在波浪侵蚀下，形成了砾滩的充足物源供给体系。湖盆滨岸发育的砾石坝多由冲积平原提供物源，包括著名的二郎剑景区的砾石坝。该类湖岸地形比较宽阔，后滨带可发育很好的冲越扇和浅水洼地及滨岸沼泽。④砾质滨岸-滨岸沉积体系，在青海湖断陷湖盆发育期，湖平面高于目前的湖平面，某些冲积扇或者辫状河扇的前端处于前滨和后滨交界处，受到波浪改造形成砾滩沉积。青海湖东北岸的切莫河剖面和银湖采沙场剖面显示了向上变浅的沉积层序，由前滨环境向上演化为后滨-沙丘环境。由于海平面的变化，可形成多套砾石堤。当岸线向盆地推进时，即会形成新的沿岸堤坝，原来的沿岸堤坝变为古沿岸堤坝，这也是湖岸线变迁的标志。⑤浪控河口湾沉积体系，这里的河口湾主要是与砾质河道入湖受波浪改造形成的浪控河口湾，河口湾的出口受到高能波浪的改造。砾质沉积物趋向于沿着滨岸向河口湾出口两侧处搬运，并在那里形成出露水面的障壁堤坝。障壁堤坝将波浪的大部分能量阻止在河口湾外部，障壁向岸一侧发育冲越扇和湖湾。

二、沙漠沙丘滨岸沉积

除了海岸带发育沙漠沙丘外，某些湖盆滨岸也同样可以发育独特的沙丘地貌特征。青海湖滨岸带除了发育滨岸砾滩及滩后潟湖体系外，还发育了沙漠湖岸和湖湾体系，尤其是东北滨岸带的沙丘地貌独具特色，形成了类型多样的封闭的和半封闭的滨岸障壁-湖湾体系。湖岸上以风为主要地质营力的沙丘迁移，加上滨岸带波浪和岸流的改造，多排沙坝深入滨岸浅水处，形成了半封闭的金沙湾和封闭的尕海及沙岛湖等湖湾（图5-15）。

在前面富砂海岸沉积部分，我们介绍了风的地质作用及产生的地貌特征，并对沙漠地区常见的沙丘地貌特征进行了描述。该区湖岸沙丘带最为发育的沙丘类型为新月形沙丘，迎风面一侧坡缓，背风面一侧坡陡，沙丘相互连接形成新月形沙丘脊，根据沙丘的形态可以很好地判别出盛行风的风向。在尕海-沙岛湖一带为新月形沙丘分布的中心地带，广泛发育新月形沙丘脊。砂源充足的地区位于东北，在由东向西的盛行风的作用下很容易将沙丘往西推进，新月形沙丘相互连接而成一条条新月形沙丘脊。新月形沙丘高度为30～80m，沙丘间沉积物较细，有的丘间积水而形成大小不一的水塘，有的水塘有植被生长，有的已经干涸，表面有薄的泥层并发育泥裂构造。在临近湖岸地区，丘间积水洼地逐渐增多，并相互连接沿着沙丘脊的前部呈伸长状分布。除了新月形沙丘外，本区还发育一些孤立的星状沙丘，主要出现在离湖岸较远的山脚下和侵入湖泊的某些岬角处，在尕海西侧、金沙湾北侧和达坂山的山前地带较为发育，高度一般为50～100m。星状沙丘间多为草地和沙地，近湖岸处为小型湖泊和湿地。星状沙丘的形成反映了风向的改变和交替作用（图5-16）。

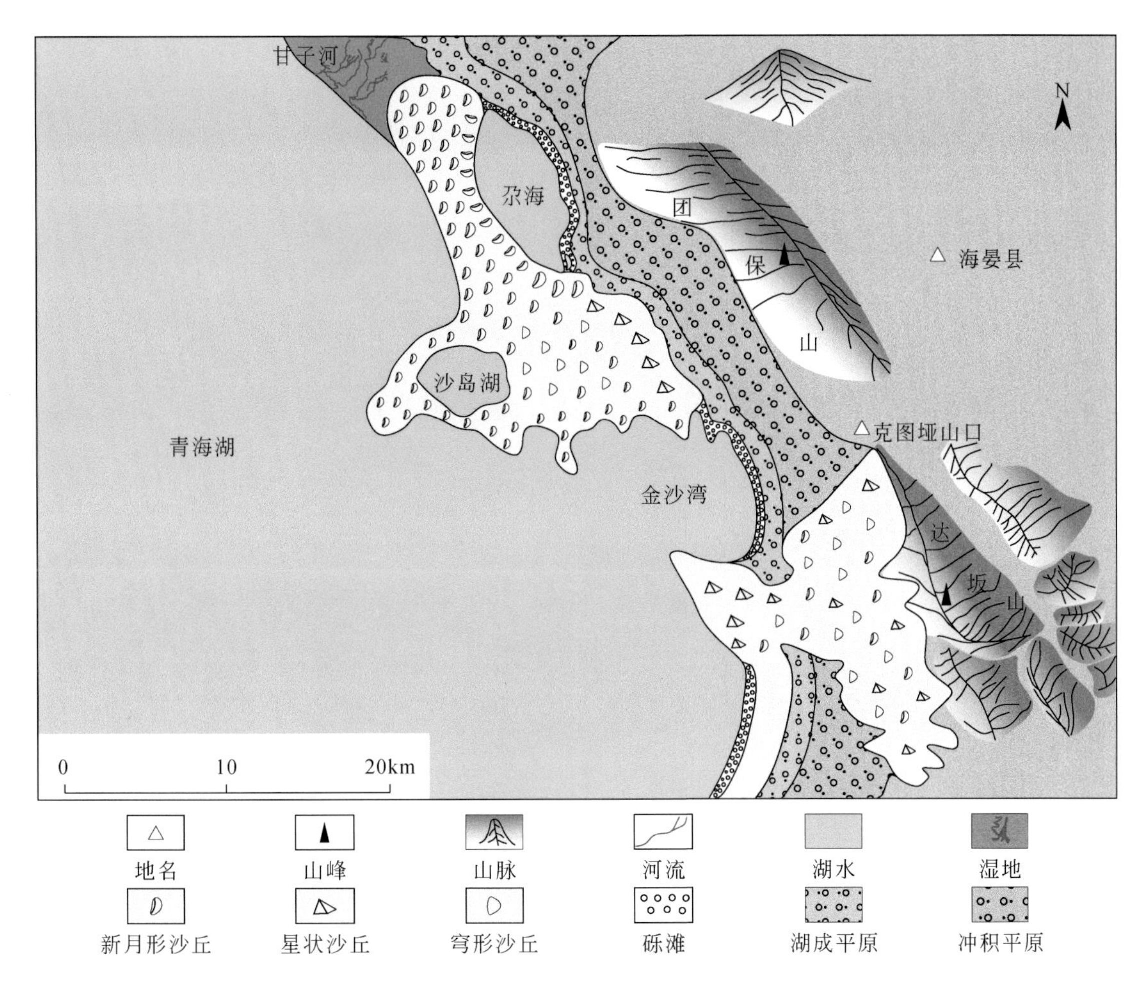

图 5-15　青海湖东北滨岸带沙漠沙丘分布特征

尕海东岸和且末河一带发育的湖成平原与冲积平原的交互，指示了古滨岸沉积更加广阔，随着湖平面的下降，大面积的古滨岸沉积和古沙丘受到侵蚀，为风成滨岸沉积提供了物源，同时干旱–半干旱气候为沙漠沙丘的形成提供了有利条件，盛行风的方向与湖盆长轴方向一致，增加了吹程，形成了“倒沙入湖”的自然地貌景观。除了夏秋两季的东南风导致大规模的沙丘向湖盆迁移外，冬春两季的西北风还可作用于金沙湾和尕海滨岸带，导致砂体的不断堆积形成沿岸沙坝。随着湖平面的下降，沿岸沙坝出露水面，并逐渐闭合形成障壁岛–湖湾体系。在倒淌河入湖一带，本来就有大面积的古沙丘存在，在波浪及沿岸流的作用下，很容易形成障壁岛–湖湾沉积。

图 5-16　青海湖沙漠沙丘滨岸沉积特征

A. 金沙湾湖岸沙漠沙丘推进到前滨带，并形成滨岸沙坝，左下角插图为推进到金沙湾的星状沙丘；B. 金沙湾滨岸的沙漠沙丘，形成了倒沙入湖的地貌景观，左下角插图为推进到湖滨的新月形沙丘；C. 尕海西侧滨岸带的新月形沙丘，伸入前滨带的沙丘被波浪改造成一系列的横向沙坝，左下角插图为推进到尕海西南沿岸的新月形沙丘；D. 尕海西侧发育的一系列新月形沙丘脊，左下角插图为尕海西南侧的新月形沙丘脊；E. 尕海西侧发育的新月形沙丘脊和丘间积水洼地，左下角插图为沿新月形沙丘脊陡坡带前缘的积水洼地，有植被生长；F. 大板山前发育的沙漠沙丘形态，左下角插图为山前的星状沙丘

第四节　障壁–潟湖沉积相

地质历史上发育完善的障壁岛沉积体系可以进一步划分为成因上有联系的亚环境或相组合，概括起来主要有障壁岛、潟湖和进潮口–潮汐三角洲相。障壁岛主要受控于波浪作用，潟湖主要受控于潮汐作用，进潮口–潮汐三角洲环境受控于波浪和潮汐作用，但整体上障壁体系是一个多种相组合共生的浪控滨岸体系（图5-17）。

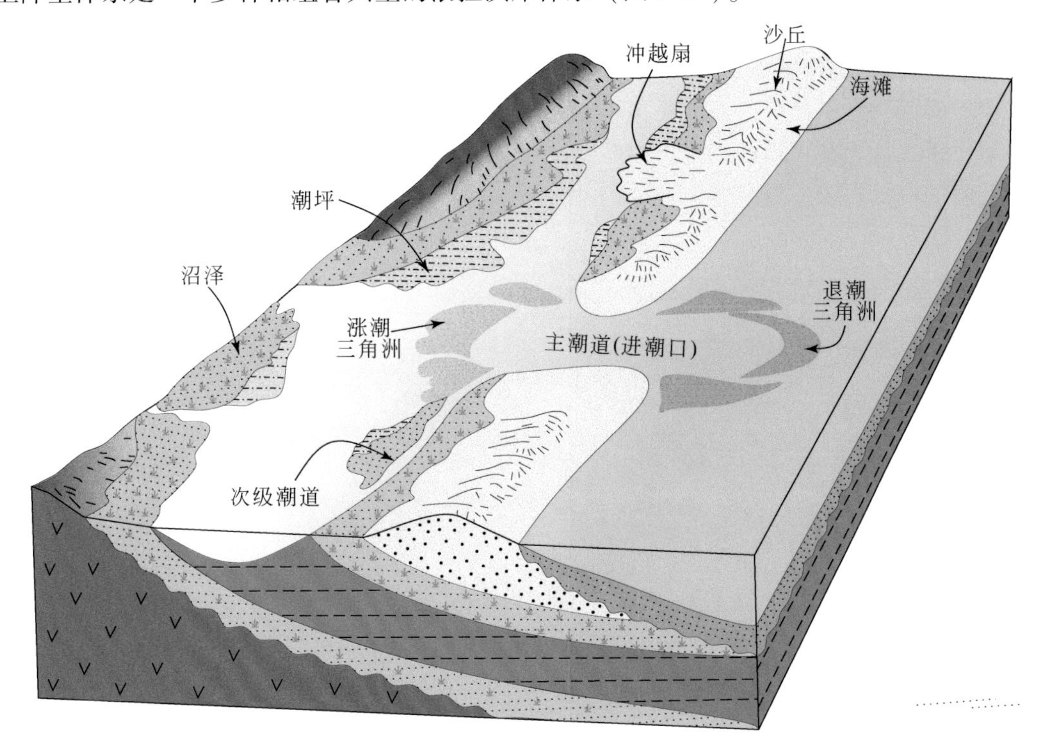

图5-17　海侵型障壁岛沉积相组合分布关系（据Reinson，1992）

一、障壁岛相组合

（一）障壁岛相

障壁岛在近岸地区平行于海岸分布，可以是笔直的，也可有弯曲或具微弱分支，通常许多个障壁砂体相连。障壁岛向海一侧较为平整整齐，向陆地一侧则凹凸不平。这主要是由风暴浪所形成的冲越扇而造成的。在横剖面上，呈大的透镜体状，一般与下伏地层逐渐过渡，由比较纯净、分选好的砂质沉积物组成。障壁岛包括滨面带、前滨带、后滨–沙丘带，以及冲越扇等环境。滨面带构成障壁岛沉积的基础，前滨和后滨–沙丘带是障壁岛水上的主体。冲越扇叠加在障壁岛后并可覆盖到岛后潟湖沉积物之上，是障壁岛的附属沉积体。

业已说明，根据海平面波动，沉积盆地下沉速度与沉积物供给速率变化之间的相对平衡，障壁岛沉积体系可以进一步划分为三种地层模式，即海进障壁岛、海退障壁岛和加积障壁岛。前面所提到的现代障壁岛模式都属于海退障壁岛，沉积层序是以陆架泥-过渡带、滨面、前滨、后滨-沙丘为主体的向上变粗变厚的相组合，以美国墨西哥湾的加尔维斯顿岛为代表。

海进障壁岛层序较海退障壁岛层序更加复杂，可能会出现这样的层序，即下部为潟湖相，向上依次为涨潮三角洲、潮坪、潮道或冲越扇，然后才为后滨-沙丘相。海进障壁岛体系可能有两种演化机制，一种是侵蚀滨面后退机制，而另一种是原地淹没机制（图5-18）。侵蚀滨面后退模式认为在海平面上升的过程中，障壁岛被风暴所侵蚀，将沉积在障壁岛上的碎屑物质一部分搬运到下滨面，另一部分搬运到潟湖中，造成了滨面的后退，而原地淹没模式认为在海平面的上升过程中障壁岛在原地不动，直到被海水淹没，新的障壁岛在潟湖的内侧形成。

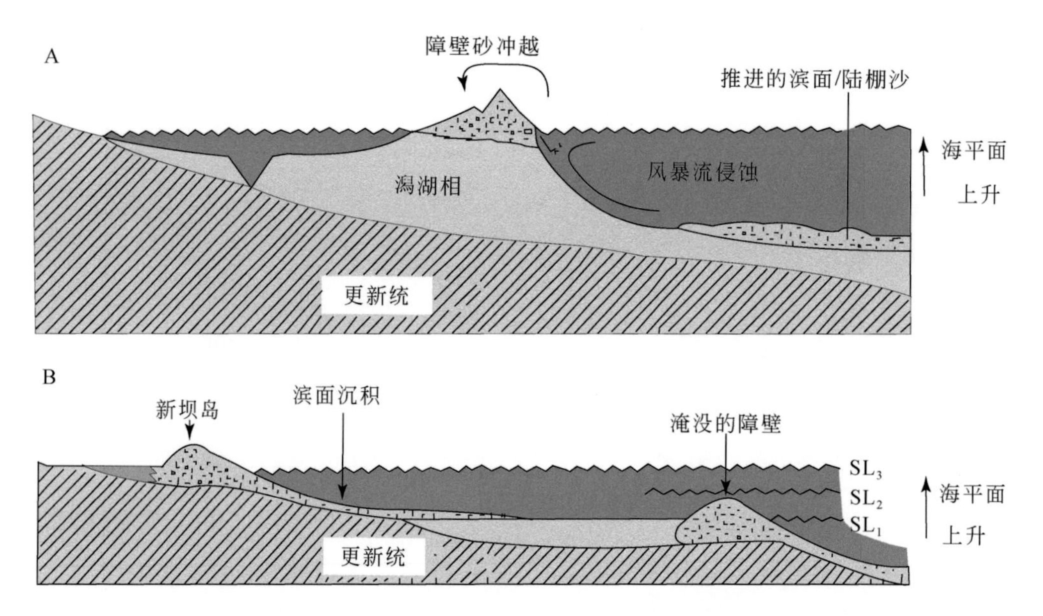

图5-18　海进时障壁岛向陆迁移的机制（据 Sanders and Kumar，1975）
A. 滨面后退机制；B. 原地淹没机制；SL_1、SL_2、SL_3为海平面快速上升的不同位置

障壁岛体系一般是一个穿时的单旋回的沉积序列。在障壁岛湖沉积体系的不同部位，剖面结构有所不同。如障壁砂体表现为向上变粗的层序，障壁入口常表现为向上变细的层序，其交错层系的厚度也向上变薄，而涨潮三角洲则为一砂质朵体，由一系列厚度向上变薄的板状交错层序组成（图5-19）。

在地质历史记录中，很容易识别出障壁岛及其伴生的沉积相。在地中海，许多现代海岸与更新世海岸仅相距几米，这说明除了构造垂直运动导致的海平面升降以外，还有可能就是当初海岸带形成的障壁岛体系十分高大（图5-20）。

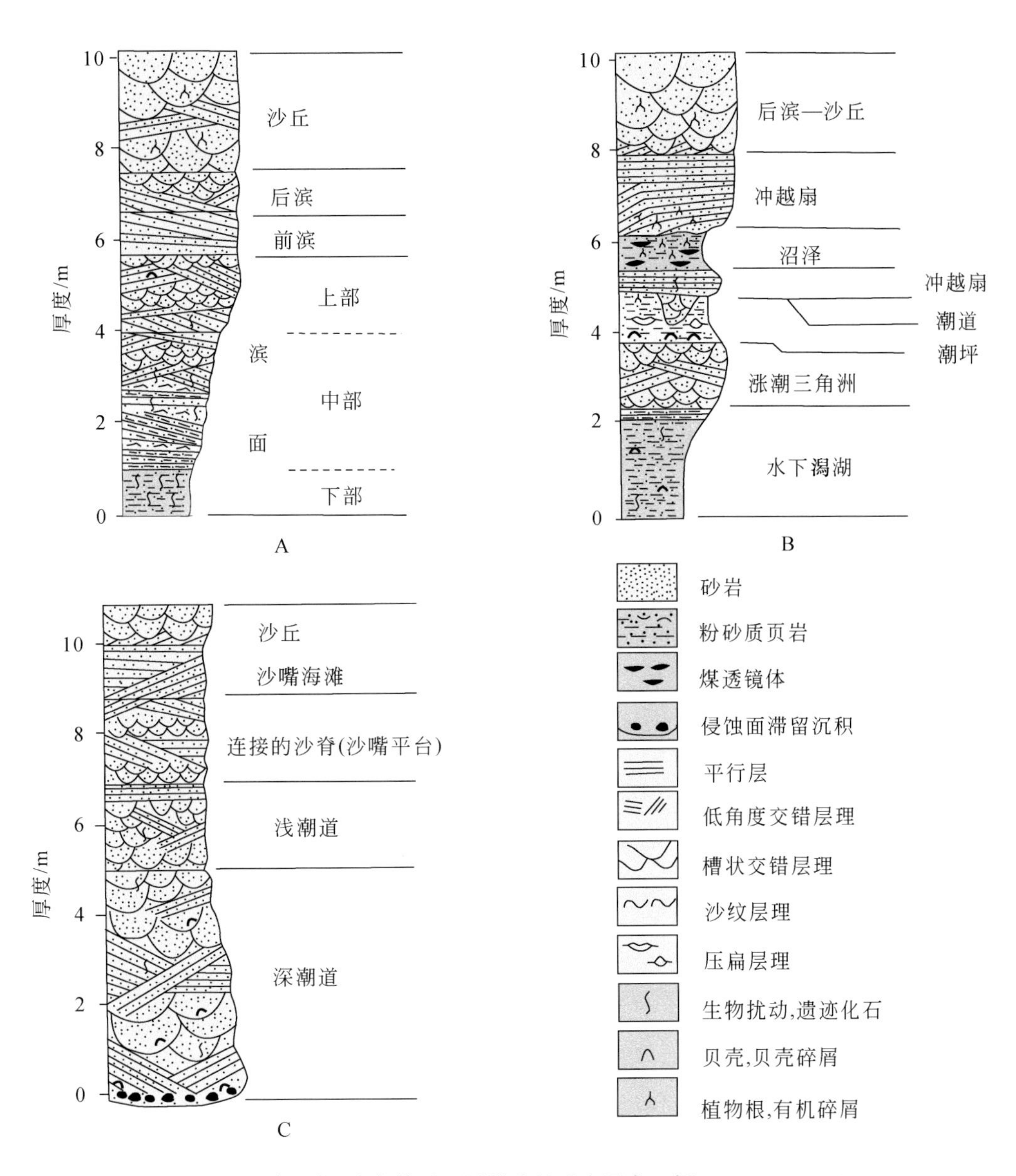

图 5-19　障壁岛-潟湖体系地层模式的垂直层序（据 Reinson，1992）

A. 海退进积障壁模式；B. 海侵障壁模式；C. 障壁-进潮口模式

障壁岛主体由下部的低角度交错层砂岩和上部的大型沙丘交错层砂岩组成（图 5-20A）。障壁岛下面的潟湖为低能环境，沉积物以泥质为主，底质为贝壳滩和海侵滞留沉积。障壁岛层序在横向上可以相变为潮道和潮汐三角洲层序，它们是由与障壁岛呈垂直或斜交的潮流作用形成的。在障壁入口或潮汐通道的向陆一侧由涨潮流形成涨潮三角洲，而向海一侧则由退潮流形退潮三角洲，一般多见涨潮三角洲，退潮三角洲因受到波浪改造发育较差，多形成滨外浅滩或席状砂。涨潮三角洲沉积位于潟湖一侧，是一个受保护的低能环境，很少受波浪作用改造，因此常能保存完好的层序。涨潮三角洲以向陆为主的大型和

图 5-20　撒丁岛西海岸更新世发育的障壁岛及伴生体系

A. 障壁-潟湖体系沉积剖面，障壁岛下伏地层为潟湖泥质沉积，左上角插图表示障壁岛主体由下部的低角度交错层砂岩和上部的大型沙丘交错层砂岩组成；B. 障壁岛层序在横向上可以相变为潮道和涨潮三角洲层序，涨潮三角洲发育板状交错层系，左下角插图为潟湖下部的介壳层；C. 潮道充填沉积为槽状交错层理和板状交错层理，槽状和板状交错层理方向以双向为主

中型板状交错层理为主，并可夹有退潮时形成的砂层，其层系具有向上变薄的特点（图5-20B）。潮道充填砂体随着进潮口不断侧向迁移而不断加积扩展，层序的底部常有侵蚀面和滞留砾石，潮道下部为槽状交错层理和板状交错层理，槽状和板状交错层理方向多变，但多以双向为主，潮道上部为具双向小型至中型槽状交错层理和波纹层理构成的中细粒砂层，从下而上粒度变细，层理变薄，为向上变细的似河道层序（图5-20C）。

在东海西湖凹陷平湖组及花港组下部的油气田钻井取心中，砂岩储层最引人注目的层理构造类型为低角度交错层理和楔状交错层理，形成于富砂的海滩和滨面环境，构成了障壁海滩和障壁沙坝的主体，形成了致密气田的主要储层类型（图5-21）。

（二）冲越相

冲越相是产生在障壁岛向陆一侧或向潟湖一侧的扇形砂体或席状砂体，通常称为冲越扇，其成因与障壁岛上风暴活动有关。当风暴浪冲越障壁滩脊顶部，会侵蚀出一条穿过后滨的漫流水道并逐渐展宽，携带的大量沉积物搬运到岛后潮坪或潟湖中沉积而形成冲越扇叶状体。障壁岛被冲开的缺口称作冲越沟。大多数冲越沟的切割深度在正常海面以上，风暴时被水淹没，风暴后即行干涸。但在某些特大风暴时，冲越沟也可切割到海平面以下，风暴后仍有海水相通，下次风暴时将继续遭受冲刷侵蚀而不断扩大。这时冲越沟可转化为进潮口。冲越扇沉积在横剖面上成楔形，向潟湖方向逐渐尖灭，与潮坪、沼泽或潟湖沉积物成指状交错。

冲越扇在平面上为细长椭圆状或朵状的席状砂体，宽可达几百米，与障壁岛走向近于垂直（图5-22A）。许多相邻的冲越扇或叠置形成复合扇体，宽可达数千米（图5-22B）。每次冲越作用均可形成几厘米至几米薄的沉积层。冲越扇沉积物组成主要是细砂及中粒级砂，也可有粗砂及细砾，常含有大量生物贝壳碎屑和木块，一般在障壁岛后的斜坡或潮坪上形成平行层理和低角度斜层理，受潮流改造时可出现再作用面构造。在进入潟湖的地方，可以形成小型和中型前积纹层。风暴过后冲溢扇表面可以生长少量植物，沉积构造也常因生物扰动而破坏。单个冲越扇的沉积层序自下而上一般为底部侵蚀面，侵蚀面之上为富含生物介壳的底层沉积，然后是具平行纹层、波痕纹层或逆行沙丘层理的砂质沉积单元，局部被植物根系扰动。在复合冲越扇中，各个冲溢单元常被微细的冲刷面和风改造的薄层砂分隔开。

冲越扇在小潮区尤为发育，它们构成障壁岛的重要部分。尤其是在海侵的条件下，冲越扇的发育加宽了障壁岛的厚度，是障壁岛向陆迁移的主要原因。

二、潟湖相组合

（一）潟湖相

障壁岛后发育潟湖。潟湖是一个复杂多变的环境，取决于沉积物的供给、波浪、潮差和气候的综合影响。潟湖的形态也是多种多样，除了常见的平行海岸排列的以外，还有

图 5-21　东海油气田取心中常见的冲洗交错层理

A. 黄岩-1-3S 井，取心块号 2 $\frac{25}{80}$，花港组；B. 天台 12-1-2 井，取心块号 2 $\frac{19}{27}$，平湖组；C. 天台 12-1-2 井，取心块号$\frac{13}{47}$，平湖组；D. 黄岩-1-3S 井，取心深度 4186. 34m，花港组；E. 黄岩-1-3S 井，取心块号 2 $\frac{23}{80}$，花港组；F. 天台 12-1-2 井，取心块号$\frac{17}{47}$，平湖组

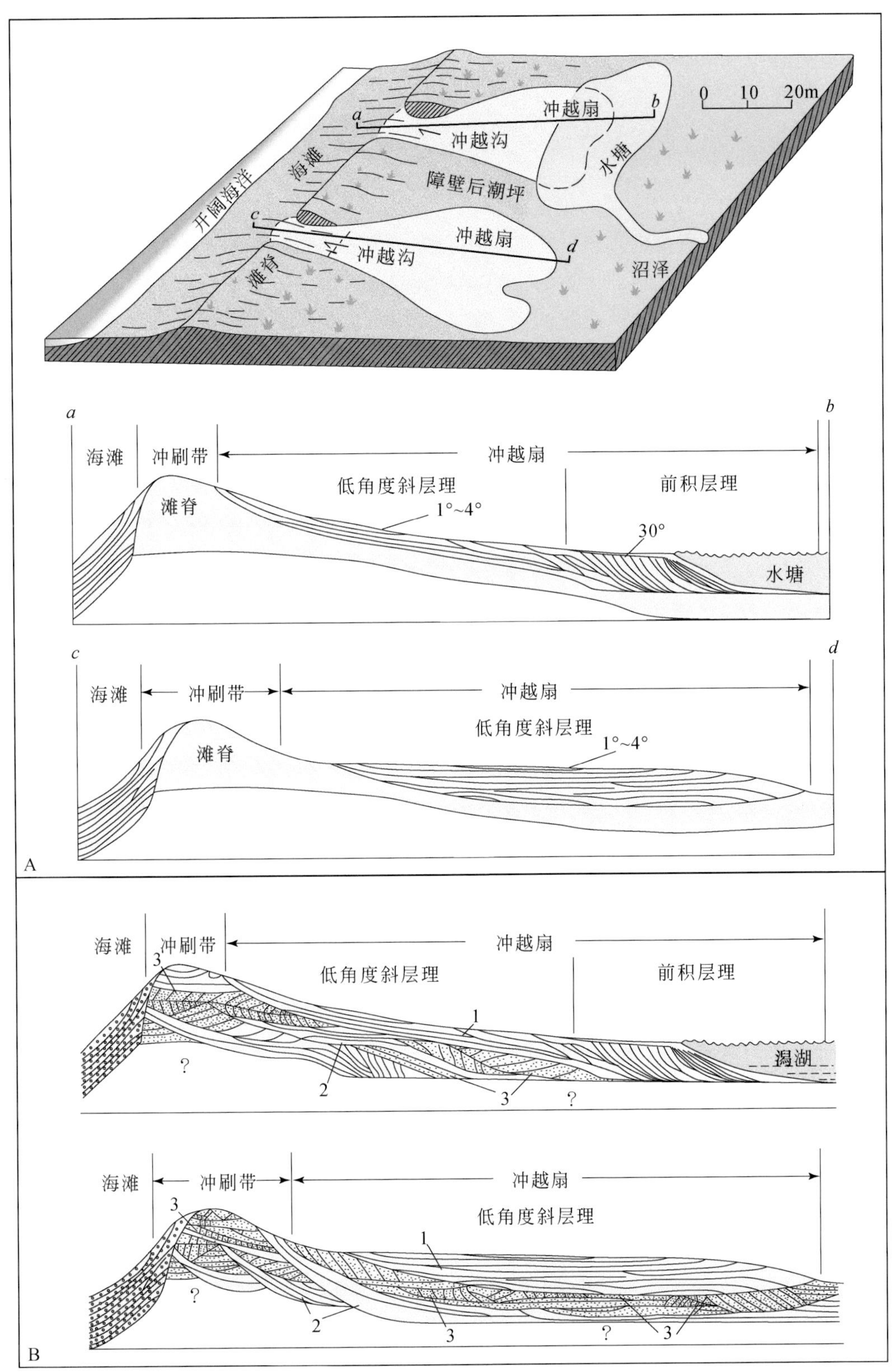

图 5-22　冲越扇立体图及内部构造剖面图（据 Schwartz，1975）

A. 两个小型单一冲越扇立体图及断面图；B. 复合冲越扇体的内部构造图

1. 新沉积的冲越扇；2. 老冲越扇；3. 风成沉积

向陆的凹港或海湾，代表溺谷的下游段。因受到障壁岛的保护，波浪和潮汐作用减弱属于低能环境，沉积速率一般较低。因与外海之间水体交流不畅，常受陆上来水多寡的影响而发生水质的淡化或盐化。潮湿气候条件下，潟湖沉积一般是砂岩、粉砂岩、页岩和泥岩以及煤层等彼此互层或交替叠置的沉积组合，潮道、涨潮三角洲和冲越扇构成了潟湖环境的富砂单元，细粒沉积单元包括水下潟湖、潮坪和沼泽。图 5-23 为美国肯塔基州东部和西弗吉尼亚州南部石炭系障壁后潟湖沉积层序，层序厚度为 7.5 ~ 24m。水下潟湖沉积悬浮质泥和粉砂沉积，一般具有水平层理和沙纹交错层理，并含各种贝壳碎片，主要是软体动物贝壳。泥质沉积可以是黄铁矿质的、海绿石质或白云质的。煤层一般较薄，出现在潟湖边缘和冲越扇沙席之上。在淡水流入量少以及与海水交换受到限制的潟湖内部，蒸发作用增强形成咸化潟湖，在边缘地区发育收缩泥裂和泥碎屑，内部浅水底部出现盐类沉积。

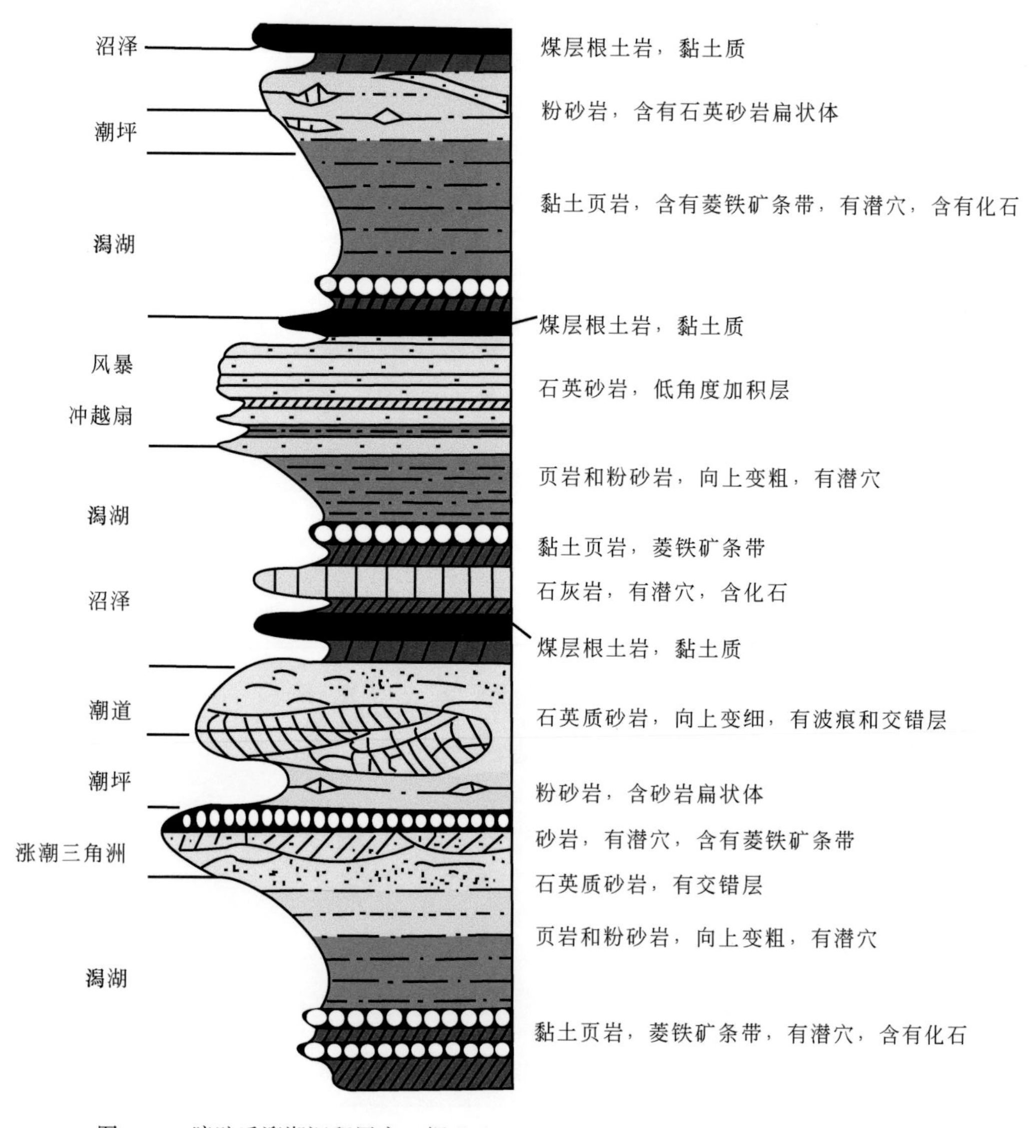

图 5-23 障壁后潟湖沉积层序（据 Horne and Ferm，1978，转引自 Reinson，1992）

（二）潮坪和沼泽

潟湖的伴生沉积相中最重要的是潮坪沉积，它们围绕在潟湖周边发育。潟湖中的潮汐是通过狭窄的障壁通道传入的，所以作用的强度一般不大，只有在喇叭形的河口湾内，潮汐作用的强度才会大大增加。潟湖边缘潮坪的面积一般与潮差成正比。中等潮差的潟湖有快速充填的趋势，形成潮道纵横交错的广阔潮间沼泽。潮湿气候下，潮坪往往有植物生长，并逐渐发展成为沼泽，而较干旱地区盐度的变化阻止了生根植物的生长，成为盐沼地，但可有藻席发育。这些藻席因暴露而脱水干化、裂开和剥离，并被改造成为藻泥岩内碎屑，它是古代潮坪沉积中非常常见的组分。砂层和生物化学沉积的碳酸盐岩层通常和藻泥层交互，纹层还可受有机质腐烂时释放的气体所扰动。潟湖边缘的潮坪和沼泽的进积作用导致了潟湖面积的缩小，植被的生长大大加速了潟湖的淤塞，潟湖边缘地带生长的红树林和芦苇植物，会不断地向潟湖中心蔓延，形成泥炭层。正如在三明治潟湖中所看到的，随着潟湖内部发育的小型的次级沙坝和沙滩的不断生长，潟湖被逐渐分割成若干更小的水体，加快了潟湖的充填和消亡。

在东海西湖凹陷平湖组取心中，在与主砂体伴生的砂泥层序中，出现类似微潮汐海岸的沉积特征，含有大量不连续的泥质透镜体、泥层和泥屑层等，反映了障壁后潟湖内潮汐沉积特征（图 5-24）。在地中海的威尼斯潟湖和冀东的七里海潟湖里面，潮汐作用特征明显。

三、进潮口–潮汐三角洲相组合

（一）进潮口相

进潮口也称潮汐通道或障壁入口，位于障壁岛之间，它是联系开阔海与潟湖的通道。涨潮时，潮水经过进潮口涌进潟湖，平潮期有短暂的停留，然后在退潮时又从进潮口排出。进潮口使障壁后潟湖和开阔海发生水体交换，进潮口间距随潮差的增大而逐渐缩小。在中潮差地区进潮口最发育，障壁岛被分割成许多段。进潮口宽度一般几十米至数百米不等，深可达 10 ~ 20m，长度受障壁岛宽度所限。进潮口多受沿岸流的影响不断向下游迁移，下游岸不断被侵蚀而后退，潮道充填砂体就是在进潮口向沿岸流下游迁移过程中不断侧向加积形成的（图 5-25）。小潮差的障壁进潮口往往间距大寿命短，迁移快速。比较深的中潮差进潮口沿岸迁移不大，但随间距加密可能变成一个主要的富砂相。随着潮差的加大，障壁岛逐渐被潮道切割乃至破坏。当进潮口切割到海平面以下时，进潮口的沉积即被保存下来，如果迁移速度高而稳定，整个障壁岛可由进潮口沉积构成。

进潮口充填沉积层序是底部为不规则的侵蚀面，其上为介壳和砾石组成的滞留沉积；再向上为深潮道沉积砂层，具有双向大型板状交错层理和中型槽状交错层理；再上为浅潮道沉积，为具双向小型至中型槽状交错层理和沙纹层理构成的中细粒砂层。从下而上粒度变细，层理变薄，为向上变细的层序（图 5-26）。深潮道沉积主要受涨潮流和退潮流往返运动的影响，发育双向底形和交错层，但主要还是受退潮流控制，向海方向的沙浪形成的

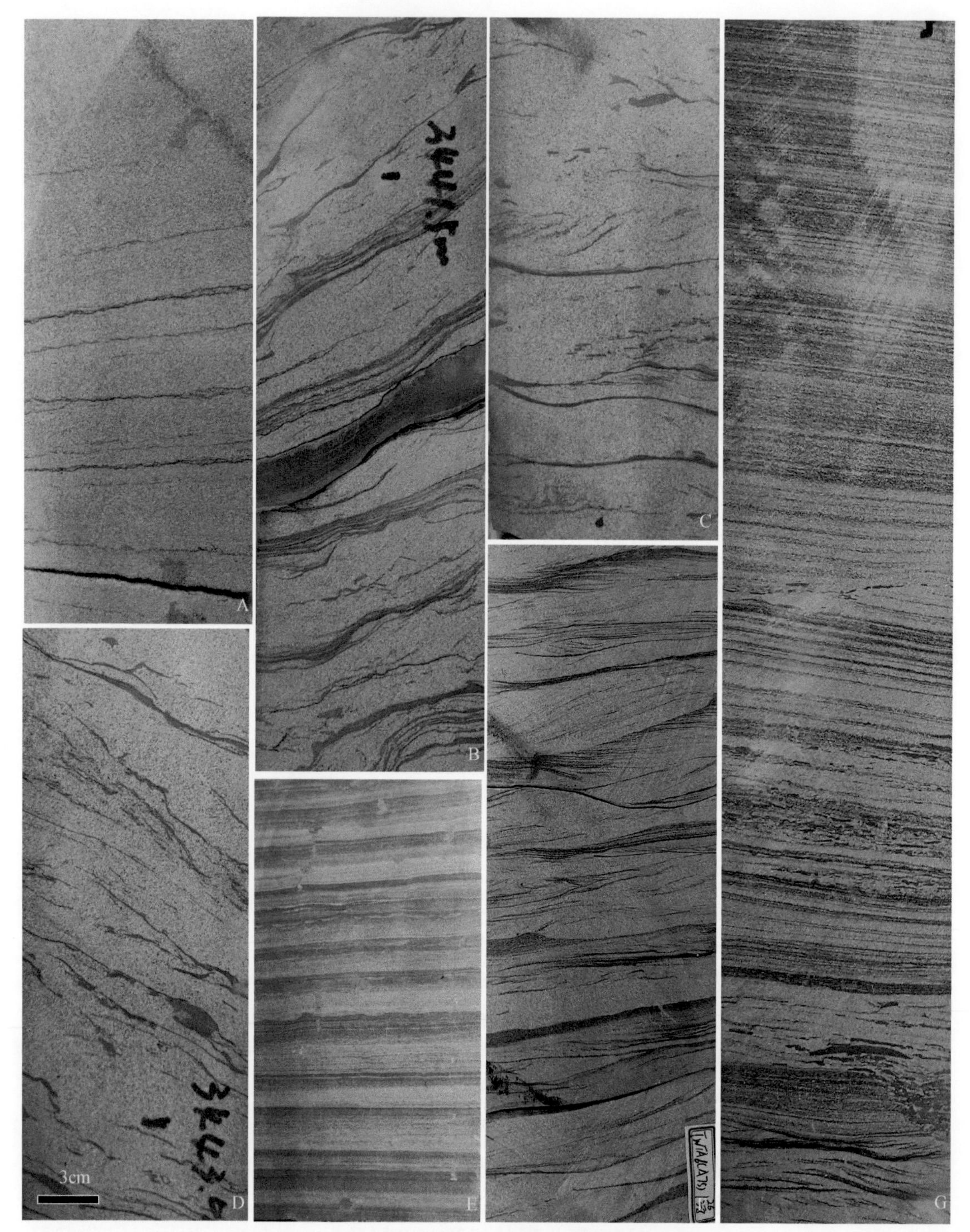

图 5-24　东海油气田取心中受潮汐影响的沉积构造

A. 砂岩中的流体泥层，常见于障壁岛退潮潮道或潮下带，宁波 14-3-1 井，取心块号 1 $\frac{10}{36}$，平湖组；B. 砂岩中的泥屑和泥层，宁波 25-35-1D 井，取心深度 3441.50m，平湖组；C. 砂岩中的泥屑和泥层，宁波 25-35-1D 井，取心深度 3442.70m，平湖组；D. 砂岩中的撕裂状泥屑和泥层，宁波 25-35-1D，取心深度 3443.00m，平湖组；E. 不等厚的砂泥层，天台 12-1-1 井，取心块号 2 $\frac{30}{48}$，平湖组；F. 压扁状层理，天台-A6 井，取心块号 1 $\frac{26}{58}$，平湖组；G. 层内微冲刷和再作用面构造，天台-A6 井，取心深度 3965.80m，平湖组

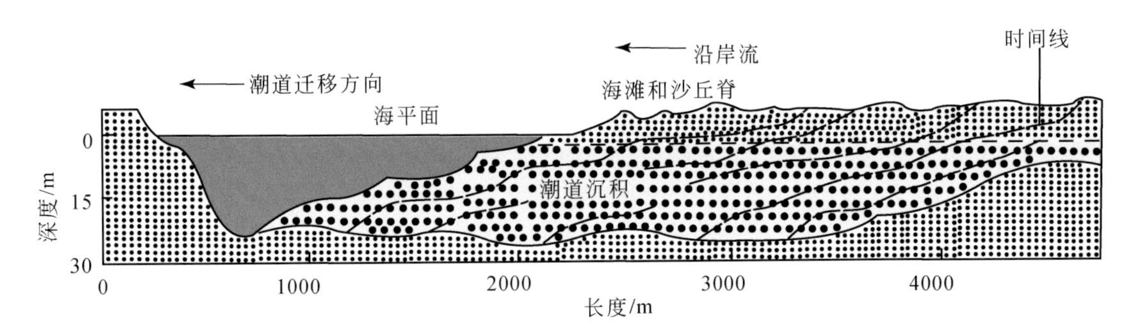

图 5-25　表示潮道侧向迁移的平行岸线剖面图（据 Reinson，1992）

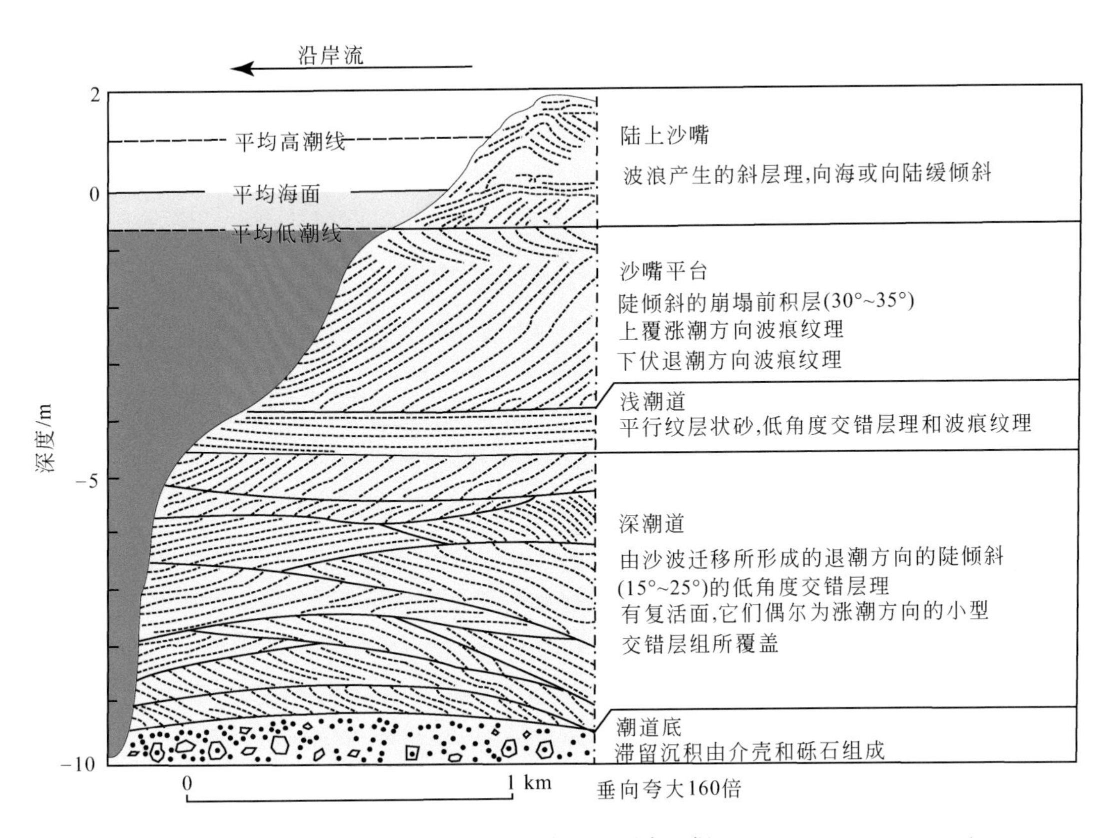

图 5-26　纽约长岛菲尔岛进潮口的垂直剖面和层序（据 Kumar and Sanders，1974）

大型斜层理，通常受涨潮流的改造而出现再作用面。浅潮道通常在波基面以上，既受潮汐流的影响，也遭受波浪的作用，但可随进潮口的形态和水动力情况而变化。某些进潮口只受单一的涨潮或退潮控制，从而形成规模向上变小的单向交错层理。进潮口层序的顶部主要是低角度的冲洗层理，反映了前滨沉积。进潮口充填沉积厚度一般为 4 ~ 8m，厚者可达 15 ~ 20m，沿走向变化很大。潮道迁移产生的侧向加积层类似于河流点坝的侧向加积层，可以根据双向交错层、沉积物的结构和生物化石类型进行区别。进潮口迁移和滨线的推进和后退，产生了一系列叠加的进潮口充填沉积及其共生沉积，在野外借助连续性剖面的层序变化可以很好地识别出来，但在岩心描述中很难准确地将它们表述。在潮道层序识别中，要特别注意双向板状和槽状交错层理、青鱼骨状交错层、再作用面和黏土披盖层，还要注意潮汐引起水流速度周期性变化的证据，包括交错层系的不等厚韵律层、高角度和低角度交错层系的互层，以及海洋生物化石的出现。

（二）潮汐三角洲相

潮汐三角洲通过狭窄的障壁进潮口流入两端开阔的水域后，流速因水流分散而突然减小，沉积物会在进潮口两端沉积下来，形成涨潮三角洲和退潮三角洲。潮汐三角洲可能呈多种形式出现，从长形条滩到复杂的潮道–浅滩体系都有发育，这主要取决于潮差、风浪强度和沉积物的补充情况。退潮三角洲砂体覆盖在近滨带沉积之上，但多受到沿岸流和波浪的改造，形成多方向多变的底形。在潮汐水道和退潮三角洲朵体中部以潮汐作用为主，发育有板状交错层理，而朵体的翼部则因受到波浪的强烈改造以多向槽状交错层理为主。退潮三角洲因位于开阔海一侧，比较容易受到波浪和岸流的改造或破坏，即使这些底形形成，但随着潮道的向下游迁移，这些沉积物很快加入到沿岸流的搬运行列，原有的沉积地貌和内部构造也就荡然无存了，所以在古代地层中发育的大部分是涨潮三角洲。涨潮三角洲沉积与潟湖沉积共生，由于其所处部位为低能环境，很少受波浪作用改造，常能保存完好的层序。由退潮流和涨潮流形成的沉积地貌特征很早就有人提出，并建立了综合沉积层序（图 5-27）。涨潮三角洲以向陆为主的大型板状和槽状交错层理为主，并夹有退潮时形成的砂层，双向交错层理发育，其层系具有向上变薄的特点（图 5-28）。

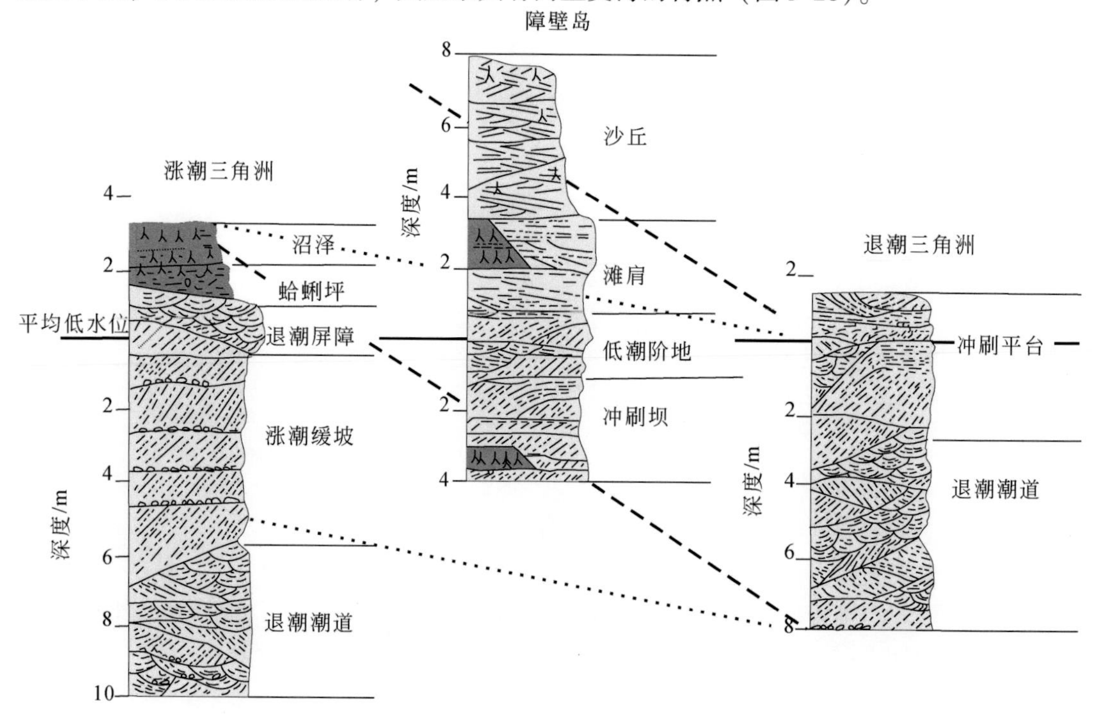

图 5-27　退潮和涨潮三角洲层序（据 Boothroyd，1985）

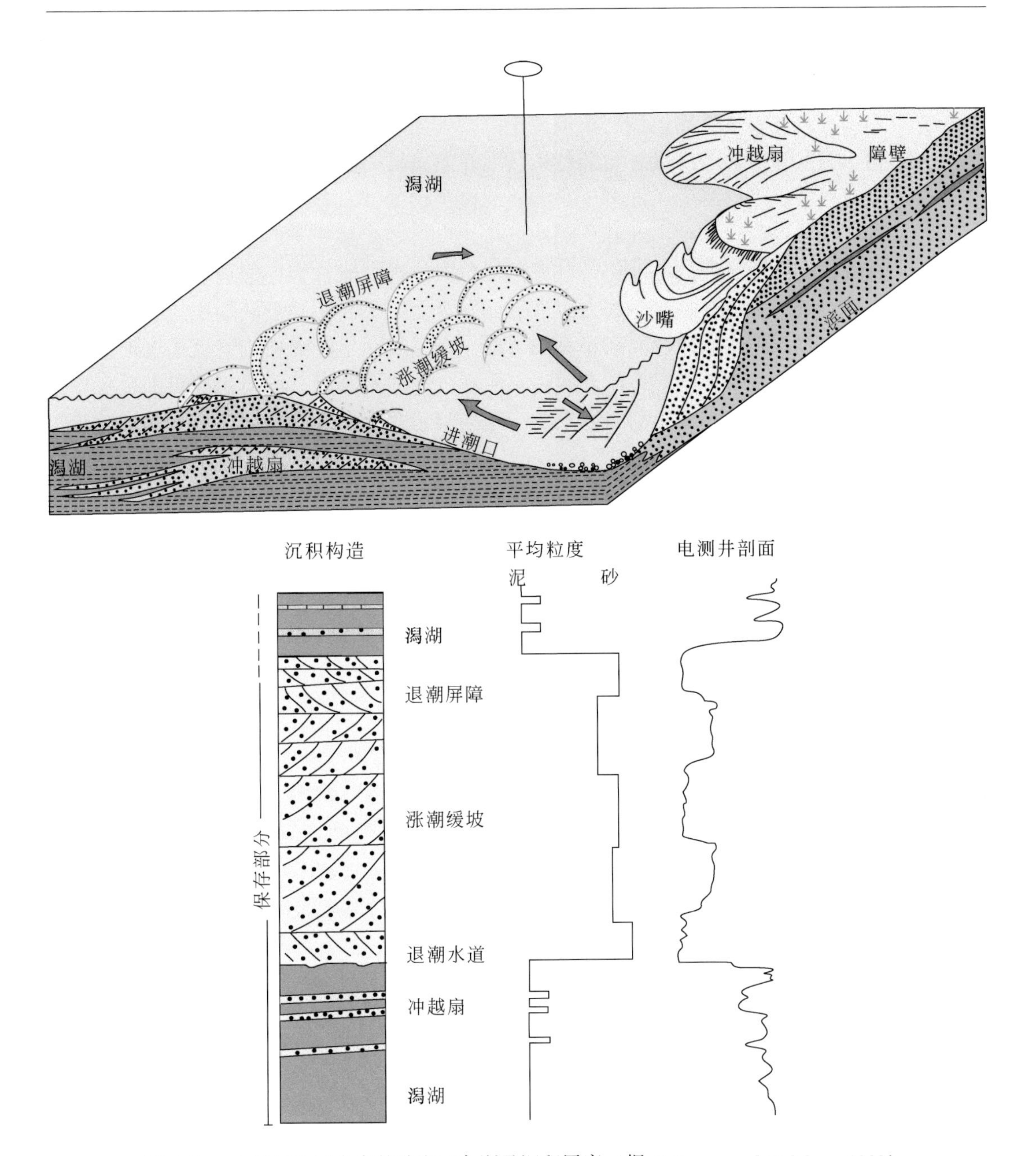

图5-28　小潮差地区发育的涨潮三角洲及沉积层序（据 Galloway and Hobday，1983）

Galloway 和 Hobday（1983）在前人研究的基础上，提出了小潮差地区发育的涨潮三角洲及沉积层序（图5-28）。在小潮汐障壁海岸带，虽然涨潮流较弱，但是风暴浪的作用可以通过进潮口向陆方向搬运大量的砂质沉积物，在潟湖内部形成了广泛分布的顶部平坦的沙坝，发育板状交错层系，并可出现较小的反向前积层，反映了退潮流的作用。这些大型沙坝的核部会富含介壳，受到潮道切割还会变成沙岛，沙岛上还会发育小型介壳滩、滩肩、潜穴发育的潮坪和盐沼。某些潮汐三角洲具有开阔的砂质退潮屏障，但有些可能向陆地方向慢慢渐变为细粒沉积。

在沉积学文献中，涨潮三角洲的层序描述较多，这也可能因为现代涨潮三角洲位于潟湖一侧更容易近距离观测，而退潮三角洲位于海的一面不容易接近。在某些障壁岛中，进潮口向潟湖一侧发育明显的涨潮三角洲砂体，而在向海的一侧则没有明显的退潮三角洲砂体的存在。在小潮差障壁海岸，涨潮三角洲的规模比较大，发育多个叶状体，但退潮三角洲发育不好。随着进潮口的侧向迁移，潮汐三角洲也随之迁移并侧向生长，形成大量的砂质沉积。在现代波浪能量强烈的海岸带，涨潮三角洲的规模非常大，但退潮三角洲发育不好。有的涨潮三角洲砂体叠加在潮道之上，可以发育侵蚀底面，厚度向陆变薄，向陆倾的前积层系中可以出现再作用面和复杂小型的层理，普遍出现悬浮细粒物质沉降所形成的黏土披盖层，还有可能来自下部黏土层和附近藻泥坪侵蚀的泥屑层。许多前积层上发育有叠加的波纹，系水位下降和潮汐退落时形成的。这些倾斜的席状砂与潟湖泥岩和泥炭层成指状交错。

涨潮三角洲常常发育向陆倾斜的板状交错层系，反映了一系列沙浪在涨潮斜坡上的迁移，可以根据板状层系的发育将这一沉积类型从障壁岛–潟湖层序中识别出来。这些层系厚度向上变薄，且常被泥坪和沼泽沉积所覆盖。当然，这种层序的发育特征会受到波浪、潮汐和进潮口动力状况的影响。有些海岸砂体中沙浪交错层非常发育，厚度也大，可能反映了潟湖或河口湾环境中一系列沙浪在涨潮斜坡上的迁移（图 5-29）。涨潮三角洲板状交错层层系厚度向上变薄，上部叠加有退潮屏障加积体，最上部被泥坪和沼泽沉积所覆盖。某些板状交错层底部含有泥砾，顶部可出现浪成波纹。这些小型沙纹的出现可能是由于水位下降和潮汐退落时形成的。

在东海西湖凹陷平湖组油气田取心中，潟湖潮坪和障壁岛的层序都有发育。在平湖组沉积过程中既有波浪和岸流的作用，也有潮汐的影响。波浪和岸流是控砂作用，而潮汐是伴生作用。滨岸带发育障壁–潟湖体系，潟湖内部发育泥坪、沼泽、潮坪和潮下浅滩，可与威尼斯潟湖和七里海潟湖的沉积层序相对比。在障壁体系中，可发育潮道和涨潮三角洲沉积组合，上部发育潮坪沉积层序，中部发育不同规模的板状交错层系，推测为涨潮三角洲形成的层序，下部出现一些水道冲刷层序，除了发育泥岩内碎屑层，层理构造十分发育，常见大型槽状交错层理、板状交错层理、变形层理，形成了一个由进潮口–涨潮斜坡–退潮屏障–潮坪的沉积序列（图 5-30）。当然，这些层序是建立在单井岩心分析的基础上，只有通过精细的砂体制图，才可以准确地判断其砂体成因类型。

当然这些沿岸障壁层序不一定单独出现，它们可以作为浪控三角洲的伴生体系出现。实际上，在一些三角洲体系中也会发育类似的障壁–潟湖体系，出现波浪和潮汐联合作用的特征，这已经成为东海油气田重要的沉积特点。

四、沉积相模式及相分布

通过对现代和古代障壁海岸体系的调研可以看出，海平面的变化、物源供给及波浪和沿岸流的作用是形成障壁岛体系的关键的因素，潮差的大小与障壁岛体系的形成和发育关系十分密切。障壁岛的成因类型多样，层序变化多样，很难用一种模式来表述。障

图 5-29　突尼斯撒哈拉南部白垩系潮汐三角洲沉积特征

A. 板状交错层系，层系厚度向上变小，涨潮斜坡沉积；B. 大型板状交错层系，涨潮斜坡沉积；C. 板状交错层系，层系厚度向上变小，涨潮斜坡沉积；D. 涨潮斜坡板状交错层，截切面以上为退潮屏障槽状交错层系；E. 砂层表面的小型沙纹；F. 大型低角度交错层理顶部叠加的小型沙纹

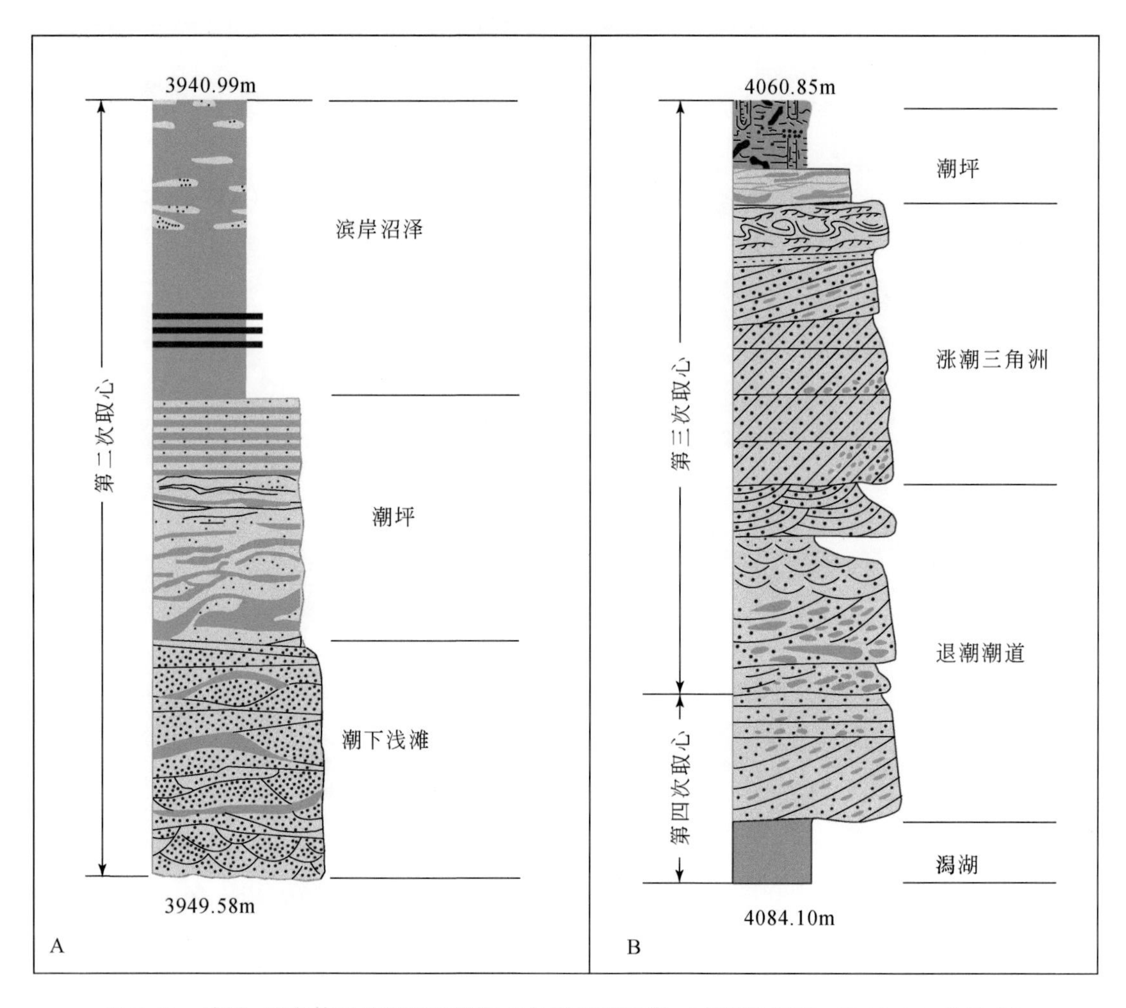

图 5-30　障壁-潟湖体系的潮坪和涨潮三角洲沉积层序（东海油气田，TT12-1-1 井取心）
A. 潟湖发育有滨岸沼泽、潮坪和潮下浅滩等多种环境，岩性剖面由一般砂岩、粉砂岩、泥岩和薄煤层组成，砂泥层和流体泥层发育；B. 潮汐水道发育多向槽状交错层理和平行层理，涨潮三角洲发育板状交错层理，潮坪发育砂泥层和流体泥层，上部有生物扰动

壁岛相的分布也比较复杂，障壁岛主体分布环境是一个涵盖了潮下带到潮上带的多种相的组合，障壁岛后的潟湖环境包括潮下至潮间环境的潟湖、潮坪和沼泽组合，切入障壁并连通潟湖和广海的潮汐通道环境包括潮下带至潮间带的潮道和潮汐三角洲组合。可见，在障壁岛沉积体系中，每三个亚环境都是多个微环境的组合。障壁岛将开阔海与潟湖隔开，主要受波浪和沿岸流控制。潟湖被沼泽和潮坪所包围，以悬浮泥质沉积为主，并与冲溢扇、涨潮三角洲等砂体相互连接和叠置。进潮口-潮汐三角洲相与障壁岛走向垂直或斜交的砂体，向岸方向延伸入潟湖，向海伸入滨面带，主要受控于潮汐作用，并受到波浪作用的改造。在海退型障壁岛体系中，往往发育底部渐变的向上富砂的沉积层序。但在海侵过程中，波浪对滨岸冲刷形成滞留沉积，并在下切滨面上发展为障壁体系，随着海平面和物源供给的变化，形成向上变深或向上变浅的沉积序列。在向上变浅的沉积序列中，潟湖

很快被砂质沉积物淤积，潟湖层序较薄，中-上滨面也随后被广泛发育的前滨和后滨沙丘覆盖（图5-31）。

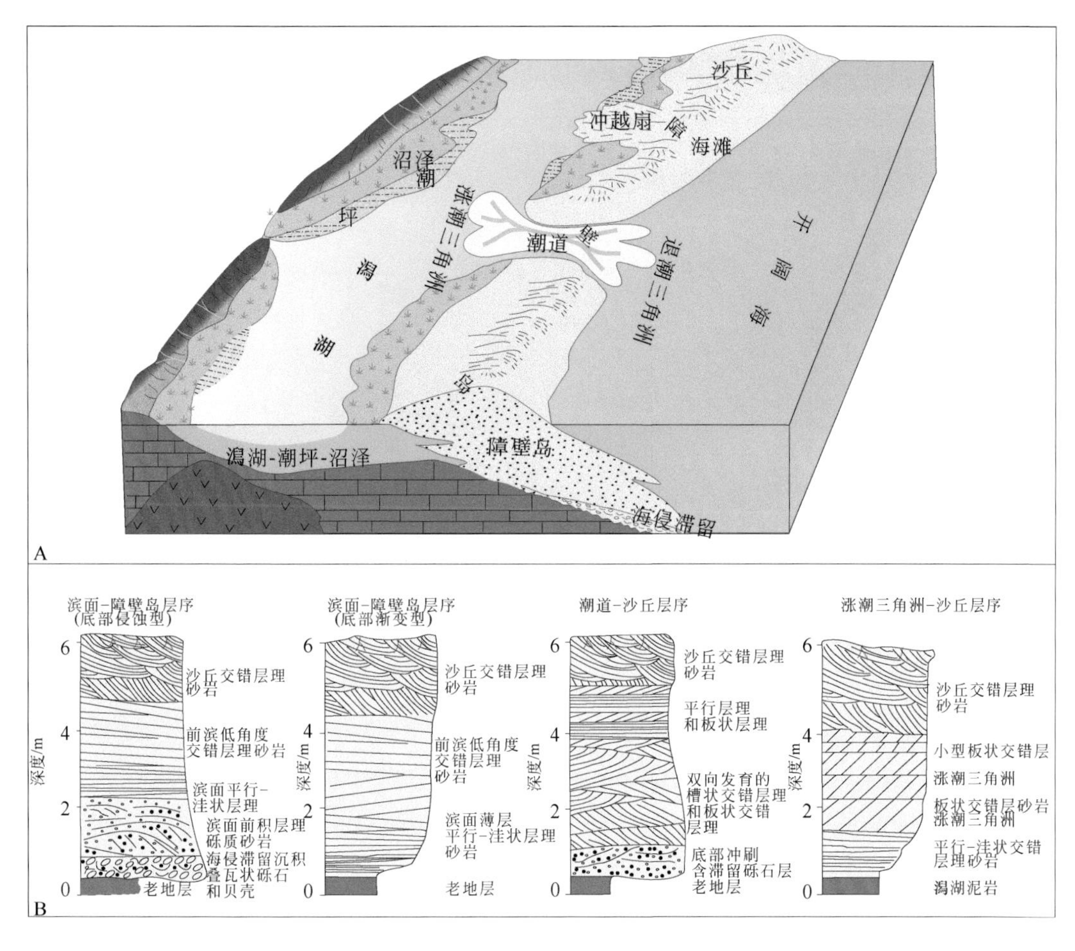

图5-31　海侵-淤浅型障壁岛沉积模式

鄂尔多斯盆地太原组沉积时期，由于东西海域扩大，从而结束了以中央古隆起为界的东西分割的沉积面貌，形成了连片的太原组沉积。该时期，由于受古构造和古地形的影响，区内沉积环境仍存在明显差异。北部山区有大量的粗碎屑物质通过河流进入滨岸地带，并受到海侵作用的改造，也为障壁砂体的形成提供了物源。西部海域沉降、补偿快，沉积厚度大，岩性变化快，发育局限海湾系统。中央隆起部位，接受东-西海水的超覆沉积作用，沉积环境处于前滨地带，由于底形平缓，沉积作用基本上发生在潮间环境。东部地区海域逐渐扩大，海水加深，出现滨面-远滨相。在中央隆起带与东部开阔浅海的结合部位，出现近南北方向延伸的大型障壁复合砂体，部分砂体没入水下，形成水下沙坝和水下浅滩。障壁后的浅滩和潟湖是含煤沼泽发育的有利地带，煤层厚度一般为5～20m，砂体厚度一般为20～50m，在离物源区较远的近滨地带，可形成水下碳酸盐沙坝和浅滩沉积。大牛地气田太原组下部的太2段致密储层便形成于海岸障壁体系。

大牛地气田上古生界天然气分布层位较广，太原组、山西组和下石河子组都有分布。

太原组太 2 段以发育障壁沙坝为特征，砂岩岩性主要由灰白色和灰色中厚层状含砾石英砂岩、岩屑石英砂岩组成。太原组沉积早期发生海侵，形成了一系列北东–南西分布的上倾超覆砂体，随着海平面的不断升降和岸线迁移，在平缓开阔的滨岸浅水地区出现了一系列沿岸障壁砂体（图 5-32）。这些障壁砂体长度可跨越气田区延伸长达数十千米，宽度一般

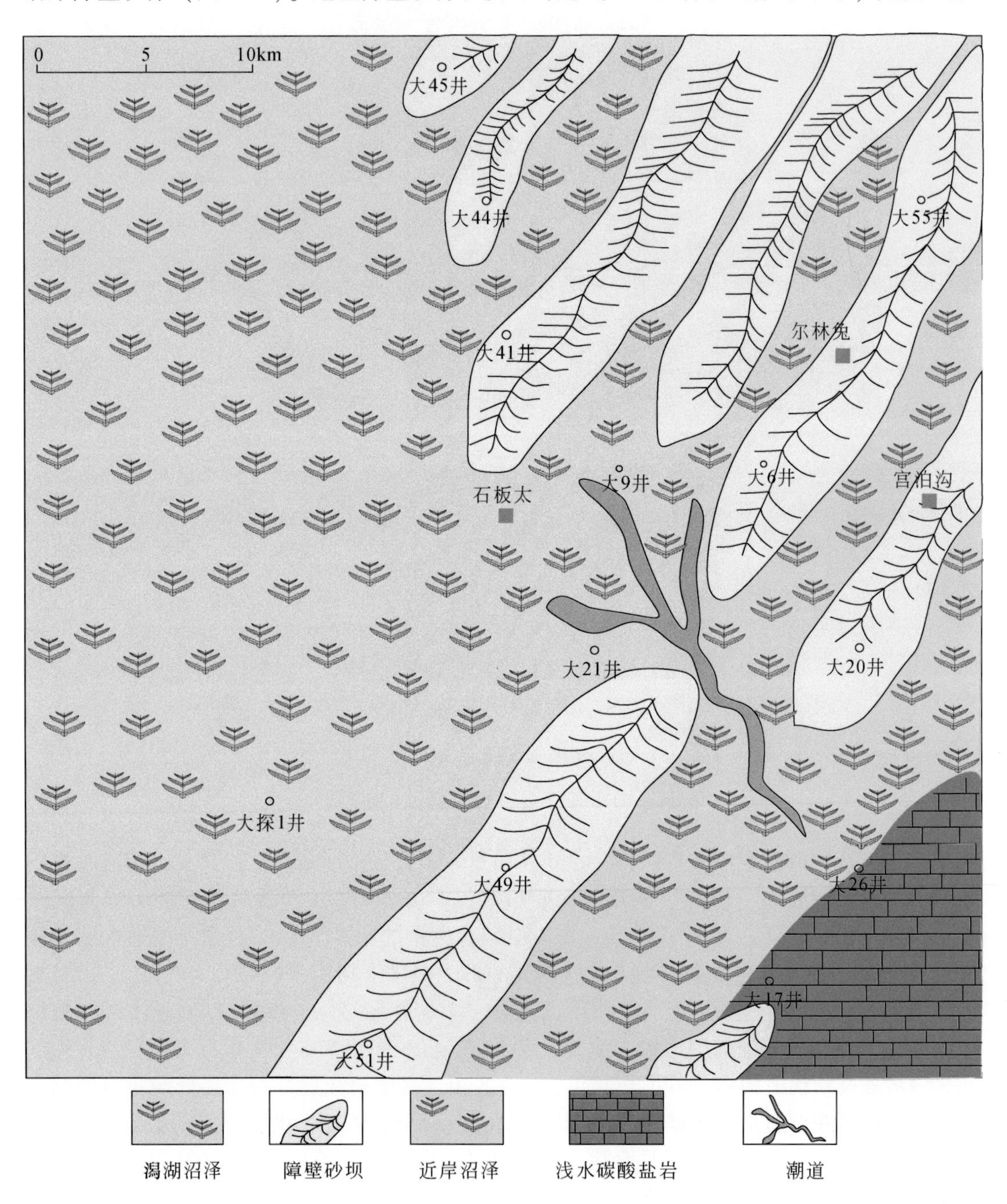

图 5-32　鄂尔多斯盆地大牛地气田太原组太 2 段沉积相分布图

为3～5km，厚度为10～20m。该区主障壁砂体位于大51井-大49井一带，障壁西侧为宽广的潟湖沼泽沉积，以煤和碳质泥岩发育为主，煤层厚度为5～10m。障壁东侧的近岸带亦发育浅水沼泽，煤层厚度为3～8m。向东南远滨区逐渐过渡为浅水碳酸盐岩沉积，厚度一般为4～6m。虽然障壁砂体的发育不需要恒定的物源供给，但从本区砂体的展布特点来看，或多或少受到北部物源的影响，尤其是东北部发育的砂体，可能与中小型河流扇末端体系的改造相关。

第五节　三角洲与沿岸障壁

三角洲海岸带是河流建设作用和盆地破坏作用相互影响最激烈的地带，沉积作用活跃，河流携带的碎屑物质主要卸载、堆积在这里，沉积物砂质含量高，是油气储层的主体。在三角洲的发育过程中既有建设期也有破坏期。在物源充足的情况下，三角洲向前推进发展。三角洲废弃后，沉积物遭受海洋改造，形成海岸障壁体系。

一、三角洲主要类型

在现代海洋环境，有陆架三角洲也有陆架边缘三角洲。发育在被动大陆边缘宽而浅的陆架上的三角洲，一般称之为大陆架三角洲，世界上大型三角洲均属这种类型。一般来说，低坡度陆架海洋能量消耗快，有利于三角洲向海推进，易形成河控三角洲，而陡坡陆架三角洲沉积物易被海洋作用改造，一般形成浪控或潮控三角洲。在一次海平面升降过程中，随着沉积物的不断向海洋方向传输，沿大陆架逐渐发生湾头三角洲—内陆架三角洲—外陆架三角洲—陆架边缘三角洲的转化。湾头三角洲的规模较小，内陆架三角洲与外陆架三角洲规模相对较大，陆架边缘三角洲在陆架坡折处形成最厚沉积。有些陆架坡度极为平缓，内陆架三角洲近乎水平发育，平面上趋向于形成伸长状三角洲体系，表现出典型的河控特征，由于水体较浅，一般称之为浅水三角洲。这类三角洲的分流河道十分发育，前缘砂质体和前三角洲泥质岩均较薄，河口沙坝连接成席状砂体，滑塌构造和浊流沉积均不发育。虽然这类三角洲形成的水体相对较浅，但并没有脱离稳定水体，与涨缩湖盆中河流推进到不稳定水体形成的曲流河扇和末端扇体系是有明显区别的（张金亮等，2007）。

陆架边缘三角洲，主要发育于陆架和陆坡之间，以发育厚层的斜坡沉积体为特征，是由物源越过陆架坡折快速在陆坡堆积而形成，物源供给是其生长进积的主要因素。斜坡沉积体最厚部分一般位于陆架坡折线附近，主要为水下分流河道及河口坝沉积。由于陆坡较陡，河口坝前方以浊流沉积为主，容易形成海底扇沉积。

一般来说，构造稳定的盆地，如克拉通上的陆表海，三角洲体系变化缓慢，可形成浅水三角洲；而在构造下沉迅速的盆地中，则发育厚度巨大的三角洲体系，形成深水三角洲。受水盆地的形状对三角洲的形态、沉积物的分散特点、变迁形式都有很大影响。世界各地的三角洲体系实例不胜枚举，各类研究卷帙浩繁，在此不做进一步的评述。

研究现代三角洲中的作用格架和伴生的地貌形态以及沉积物的分布形式表明，有三种基本的作用决定三角洲的几何形状和骨架相的分布：①沉积物的注入；②波能通量；③潮能通量。这为识别三角洲类型的三端元分类提供了基础（Galloway，1975）。大多数三角洲都反映了建设性的河流作用和破坏性的波浪或潮汐作用的综合影响，河控三角洲的平面形态一般呈狭长形到不规则的朵状；浪控三角洲呈不规则的朵状到尖头状，反映出沿走向受到波浪作用的改造；潮控三角洲的外形呈不规则状乃至港湾状。在浪控三角洲体系里，最初沉积在分流河口处的砂质沉积物受到波浪和岸流的改造，并沿前三角洲前缘进行再分布。结果，不仅三角洲水上部分的形态呈弧形到尖头状，在三角洲前缘形成了一系列沿岸沙坝或沿岸障壁。许多现代海洋三角洲，包括罗纳河、尼罗河、伯德金河、奥里诺科河、吉兰丹河和圣弗朗西斯科河都是浪控三角洲的实例，尤其是罗纳河三角洲研究的人很多。

在现代三角洲形成过程中，各种因素的相互作用影响和控制了三角洲的形态、组成、结构及砂体分布特征，而单一因素只是对三角洲的某些部分起主导作用。每一个三角洲模式，都有一个确定的背景，都有其独特的砂体分布形态，正是多因素相互作用的背景对三角洲砂体的形态、分布、厚度变化起到控制作用（Coleman and Wright，1975）。在三角洲分类图中，也可以看出每个三角洲发育的主要控制因素（图5-33）。

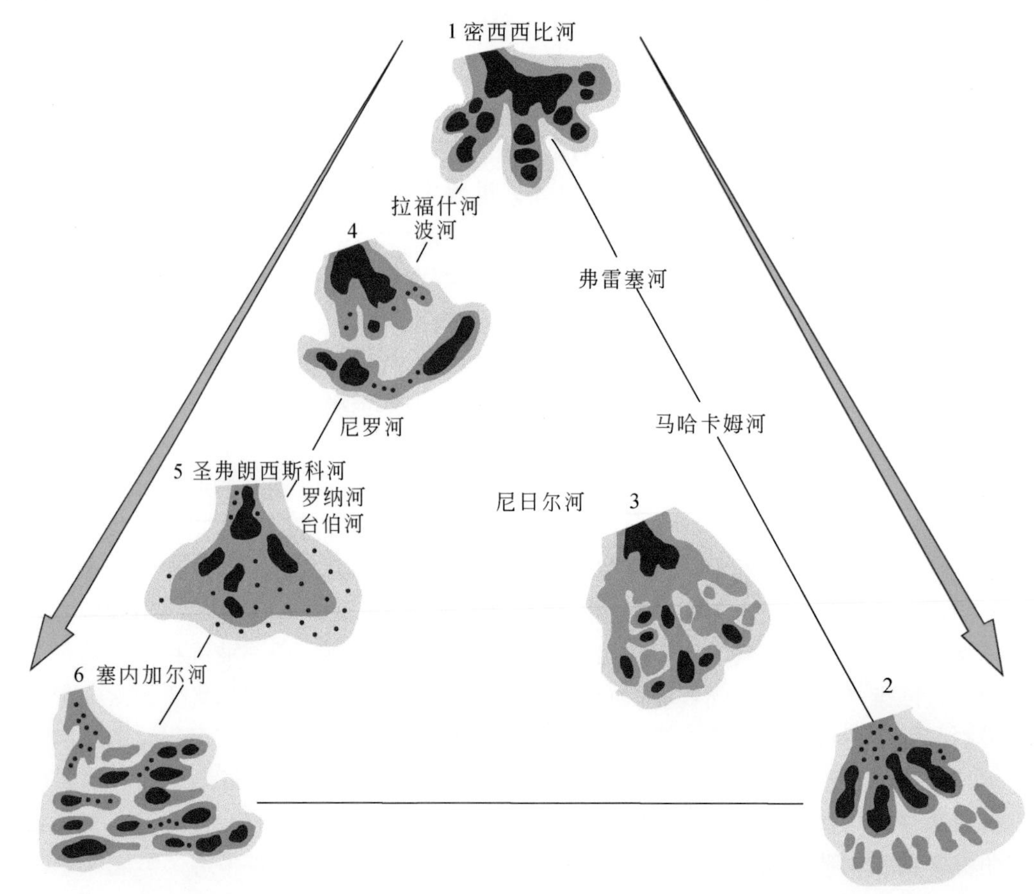

图5-33　三角洲砂体形态分布三角图（据 Walker and James，1992）

波浪和潮汐作用对河口砂体的再搬运和三角洲岸线变化有极大影响。在受波浪作用的河口区，砂体的分布和形态主要取决于河流供应沉积物的能力与波浪对沉积物改造和再分配能力的相互消长关系，随着河流作用减弱和波浪作用增强，滨岸带的骨架砂体形态将由三角洲过渡为浪控滨岸带。在强潮汐的河口区及下游河段，水流在每个潮汐周期中均形成双向流，双向的潮汐运动常将河流带来的沉积物改造成一系列平行流向（垂直岸线）的水下潮汐砂脊，潮汐砂脊可伸展到河道中，强潮汐的河道多呈喇叭形。Galloway 和 Hobday (1996) 将上述三角洲分类进行了扩展，并将滨岸带体系纳入分类并作为一个大类放至三角图的底部，强调了不同类型的储层分布及连通性（图 5-34）。

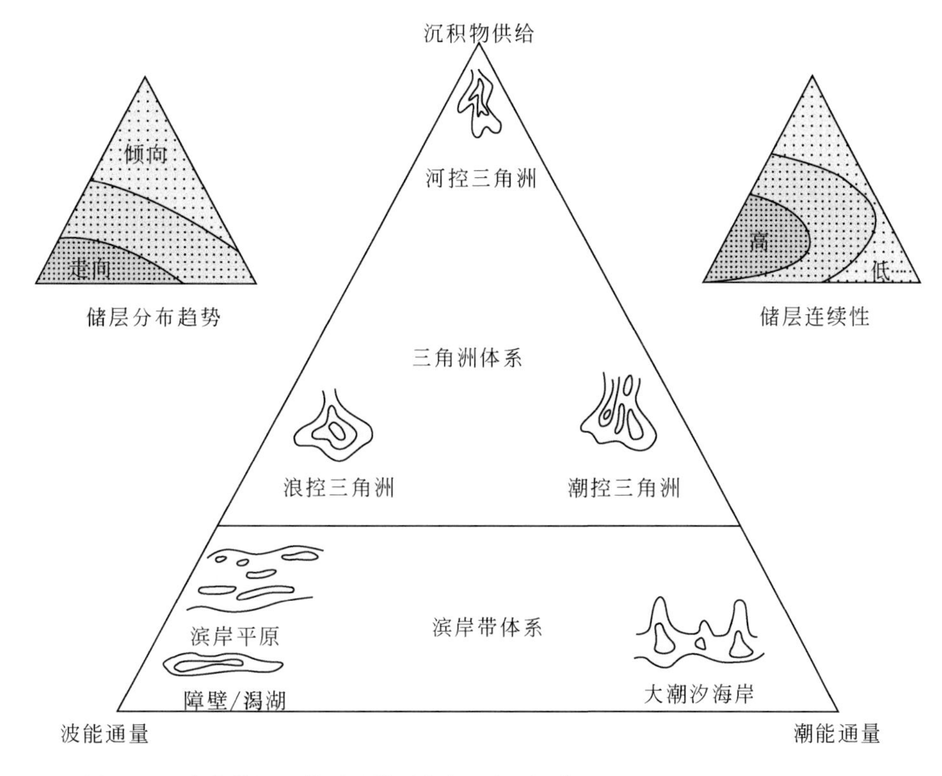

图 5-34　滨岸带沉积体系及储层分布三角图（据 Galloway and Hobday，1996）

三角洲体系与障壁体系有着密切的关系。在早期一些学者对美国白垩系海岸沉积体系的研究中，就提出了包括三角洲在内的障壁岛沉积模式，三角洲为两侧障壁岛的发育提供了充足的砂质沉积物来源（图 5-35）。

二、三角洲的废弃相

在三角洲的发育历史中既有建设期，也有破坏期或称废弃期。建设期三角洲向前推进，而废弃期三角洲后退和消亡，沉积物遭受盆地作用的改造。密西西比河三角洲有 15 个朵体，都是在过去的 6000 年中逐渐被废弃的，目前所看到的各个三角洲复合体，现都处于不同的废弃阶段。黄河在历史上决口改道频繁，几次大的改道，夺淮（河）入黄（海），并在黄海苏北沿岸地区留下了废弃的三角洲，至今这些朵体仍保持着三角洲的地貌形态并受到波浪的改造，在三角洲外围形成一条砂质浅滩。

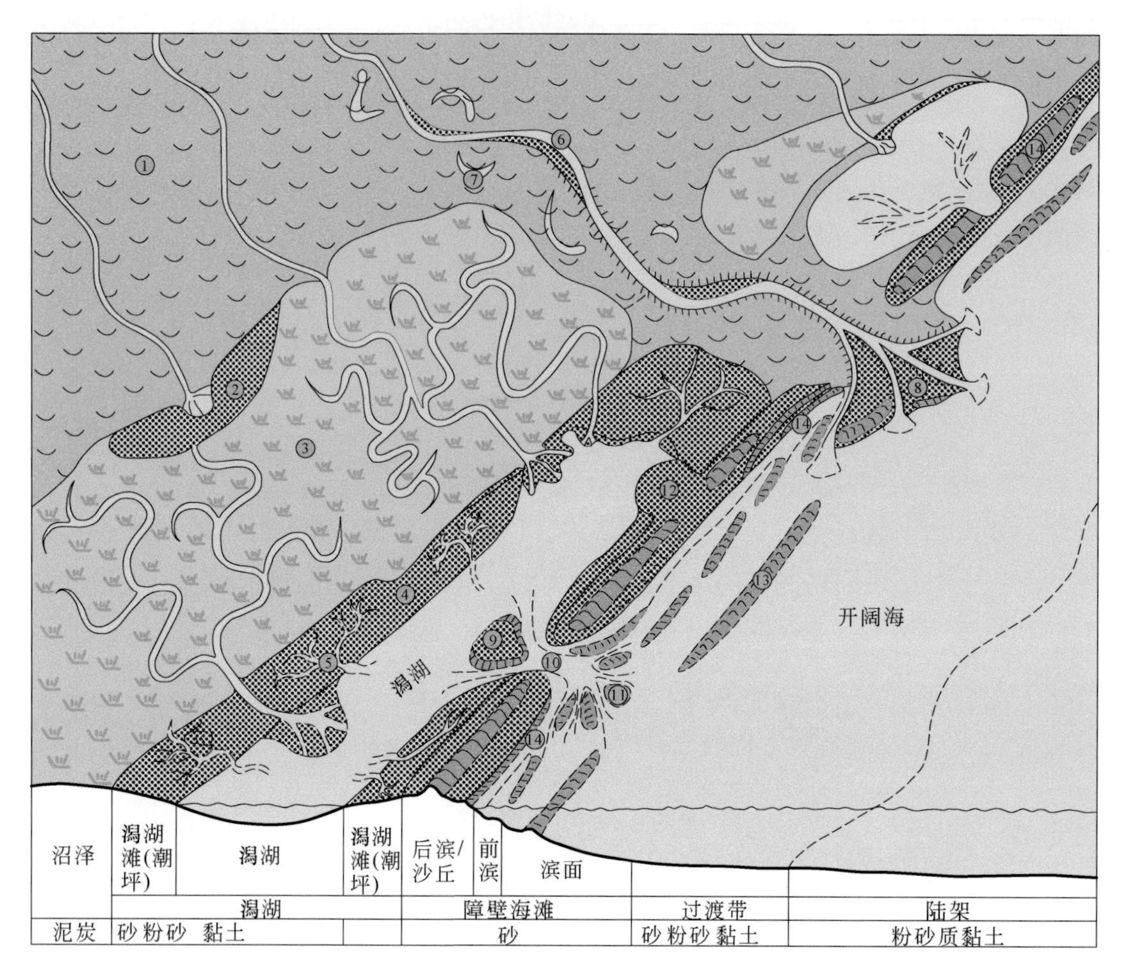

图 5-35　障壁岛沉积相分布示意图（据 Reineck and Singh，1980 略有改动）

①-冲积平原；②-河流扇；③-沼泽；④-潮坪；⑤-潮道；⑥-河道；⑦-牛轭湖；⑧-三角洲；⑨-涨潮三角洲；⑩-进潮口；⑪-退潮三角洲；⑫-冲越扇；⑬-水下沙坝；⑭-沙丘

三角洲的废弃有不同的原因，因此也有不同成因的三角洲旋回，人们常用自旋回和它旋回两个概念来描述三角洲沉积体系的多旋回层序。三角洲沉积体系的自旋回形成原因主要是分流河道迁移、袭夺、决口以及因压实作用而使负载沉积均衡调整等，这些作用均发生在三角洲沉积体系内部。它旋回则是由于沉积体系以外的原因所致，最常见的因素是海平面的波动、区域性或全球性大气候的变化对整个大陆水系流域的影响、物源区和盆地相互间发生的差异升降运动，以及其他地质构造的原因。前者多形成三角洲复合体内部各分流三角洲朵体的相互叠置交错，而后者则发生整个三角洲体系的产生和消亡。当沉积速率大于盆地基底下沉速率时，三角洲沉积体不断向盆地方向推进。当沉积速率与盆地基底下沉速率相等时，三角洲沉积体基本上往复于岸线附近，沉积厚度将极大地增厚。当沉积速率小于盆地下陷速率，海水不断加深，三角洲沉积体将向陆方向退却，即海水向陆地方向侵进发生海侵。每次海侵都将造成三角洲沉积层序顶部被侵蚀，形成一个废弃相夹层。

在三角洲成煤环境中，只有不受海水侵入的影响时，泥炭的生长才会开始。煤层在平面上沿着天然堤和海湾堆积，垂向上覆盖在向上变粗的三角洲前缘层序上部。在三角洲的建设阶段，泥炭的形成一般限于分流间地区，以薄煤层或上倾尖灭状分布为主，分布广泛而厚度大的煤层只有在三角洲废弃后才能形成。废弃的三角洲朵体由于受到波浪的冲击，在前缘地带形成海侵障壁沙坝，障壁后便是半咸水的浅海湾。这时泥炭从三角洲台地上逐渐扩展开来，分布范围的大小受下伏台地的面积所决定。一般厚度大连续性好的煤层代表废弃三角洲环境，而厚度薄分布局限的煤层多是三角洲活动阶段的产物。

在断陷缓坡地带或者盆地的长轴方向上，由于三角洲分流河道决口和改道，或者是河流沉积物供给减弱以及三角洲砂体因压实而下陷，原三角洲前缘砂体在波浪和岸流的作用下，可以被改造成一系列狭长的弧形障壁。即使在进积作用强烈的三角洲体系中，由于物源、构造和海平面的变化，也会形成十分发育的废弃相，如有名的密西西比三角洲体系。

密西西比三角洲体系，一直以来作为河控三角洲端元组分出现在教科书中，但是该三角洲体系废弃的朵体上表现出明显的破坏作用并形成明显的破坏相（图5-36）。随着朵体的废弃和下沉，三角洲前缘受到海侵和海洋作用的改造，形成一系列弧形分布的浅滩或障壁砂体，某些海侵层序的底部含有大量的介壳和生物化石。废弃的三角洲平原部分逐渐被

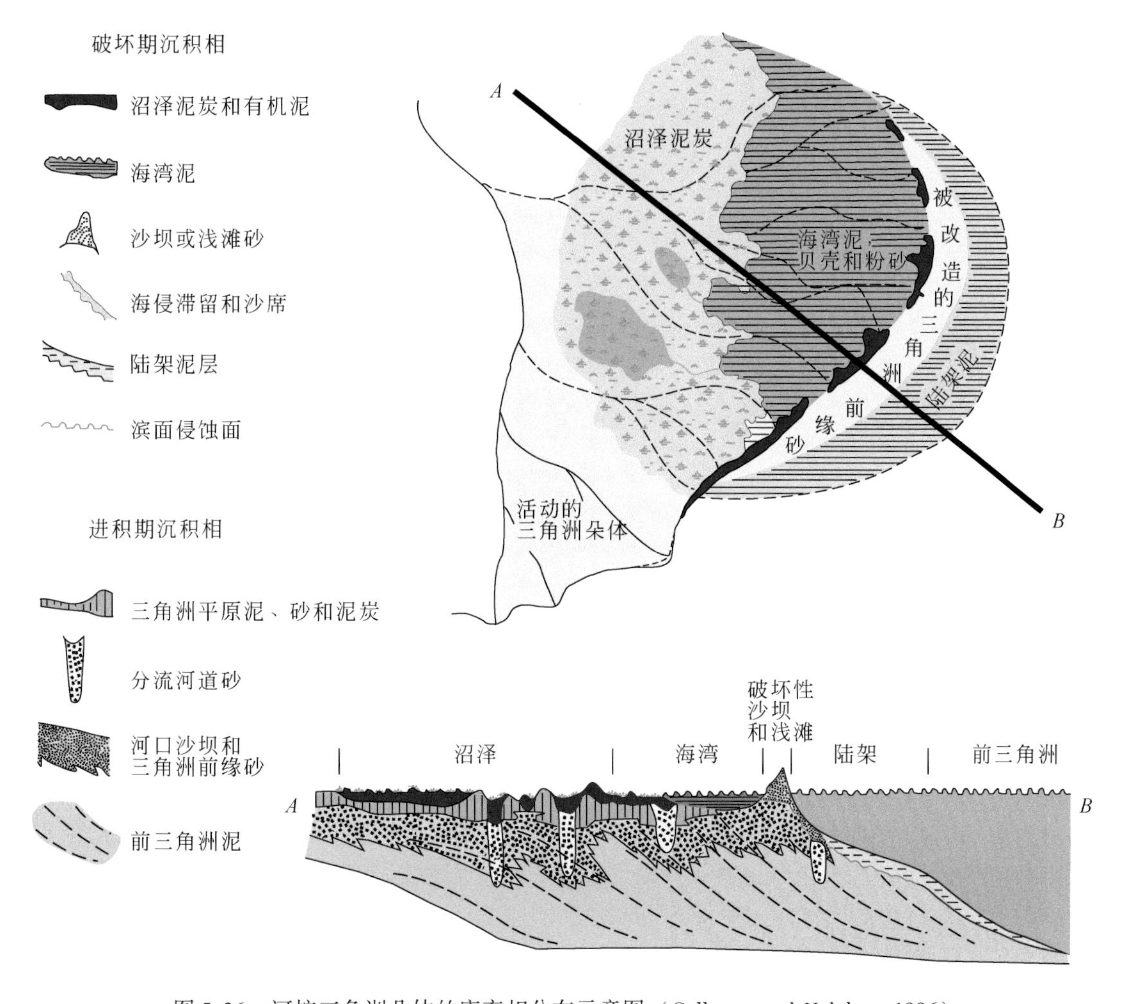

图5-36　河控三角洲朵体的废弃相分布示意图（Galloway and Hobday, 1996）

水淹没形成海湾和沼泽，海湾泥质沉积物夹有牡蛎层。在废弃河道砂体上还可繁衍大量的生物而形成生物层，如牡蛎礁滩层。

河控型三角洲一般具有地形起伏小的广阔三角洲平原和前缘砂体，废弃的三角洲朵体不能再接受河流沉积物的供给，三角洲前缘或边缘便受到盆地作用的持续改造。由于三角洲沉积速率很大，前三角洲泥岩的压实也加快了三角洲朵体的沉降，加大了盆地作用的影响。最终，这些废弃的朵体会被较深水的泥岩包裹，也就是砂岩层序上下均以远滨沉积为界。当然，随着三角洲旋回的重新开始，会产生另一个向上变浅的沉积旋回，多个朵体的叠复形成了三角洲为主的富砂层序。三角洲废弃后发育薄而稳定的砂体代表废弃相的改造单元。一般是含海相化石的黏土、粉砂和砂岩层，或为薄层灰岩。该层向陆方向可逐渐过渡为含泥炭或煤层的泥岩和粉砂质泥岩。向盆地方向过渡为三角洲边缘障壁砂体及含正常海相动物群化石的远滨和浅海沉积。

在我国海域的多个含油气盆地的斜坡地带，都存在这种三角洲-沿岸障壁沉积类型。如珠江口盆地惠州凹陷惠西地区珠江组 K 系列砂体，便为三角洲体系的废弃改造而形成的。在滨岸三角洲体系的海侵阶段，波浪改造河口沙坝和三角洲前缘，形成一系列障壁沙坝，当进一步下沉被淹没，形成浅海湾和内陆架浅滩（图 5-37）。

根据层序地层、沉积构造、沉积层序、砂体形态、古流向等相标志的综合分析，惠州凹陷西部 K 系列砂体沉积特征显示浅水浪控特征，沉积环境位于浪基面以上的内陆架，常见平行层理、斜层理、浪成沙纹层理、水流沙纹层理，局部出现风暴侵蚀面和口袋构造，常发育滨面带生物遗迹相。在障壁后或障壁间的局限水域可以出现类似潟湖环境的沉积特征，粉细砂岩中常夹泥质条带、不规则的撕裂泥屑和黏土层。三角洲沉积体系受到海侵作用的影响，发育了明显的三角洲废弃相，在三角洲前缘斜坡地带形成了一系列的围绕三角洲前缘呈弧形分布的厚度不等的连通性较好的沙坝砂体。沙坝相间排列，油水关系复杂。通过沉积体系再认识，通过井震结合确定储层空间参数场的分布，并通过油田实际生产动态资料和测井资料的静动态综合分析，可对有利砂体进行刻画，搞清楚含油砂体空间定位，研究储层的连通性，准确地反映油气水分布特征。

三、浪控三角洲-沿岸障壁体系

在浪控三角洲中，分流河道一般不太发育，通常只有一条或两条主河流。三角洲前缘斜坡一般比较陡，河流输入的泥砂在强波浪的正面冲击下被改造、再分配，在河口两侧形成一系列平行于海岸的海滩脊，仅在主河口区才有较多的砂质堆积，形成向海方向突出的河口，形似弓形或鸟咀状。浪控三角洲除了障壁砂体和分流河道及其伴生的漫岸沉积外，障壁间主要为沼泽环境。

波浪作用对河口砂体的再搬运和三角洲岸线变化有极大影响。在受波浪作用的河口区，砂体的分布和形态主要取决于河流供应沉积物的能力与波浪对沉积物改造和再分配能力的相互消长关系。与河控三角洲不同的是，在浪控三角洲分流活动时期，沿岸障壁就可以形成，不需要像某些河控三角洲那样要经过废弃后的改造。当浪控三角洲废弃时，强大的波浪可以将三角洲前缘及三角洲平原冲毁掉，形成由海滩脊构成的海侵砂体。真正的废

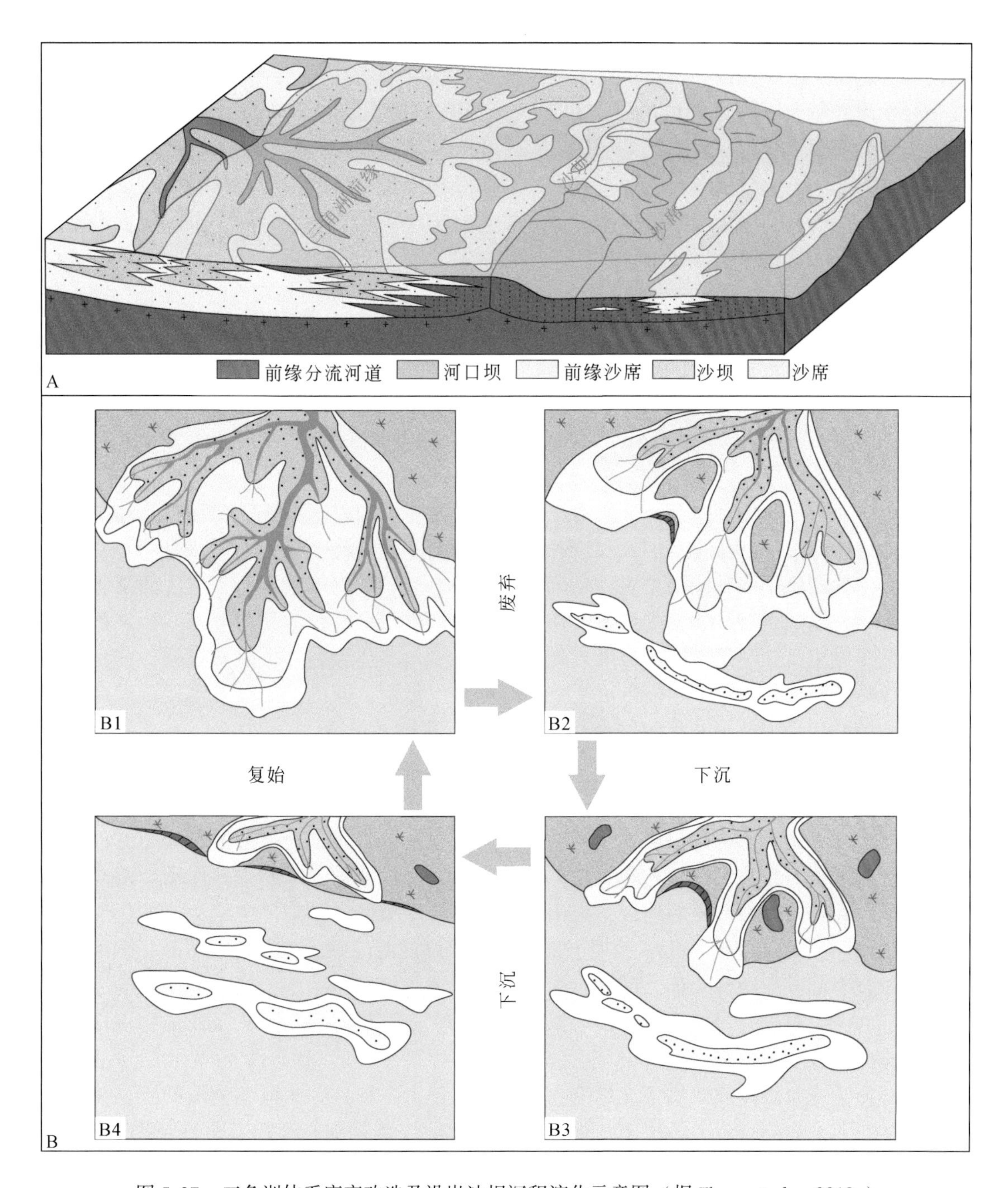

图 5-37　三角洲体系废弃改造及沿岸沙坝沉积演化示意图（据 Zhang et al., 2019c）

A. 三角洲-沿岸沙坝沉积模式示意图；B. 三角洲时期的建设和破坏阶段，B1 为三角洲建设阶段，B2 ~ B4 为三角洲的破坏阶段，盆地作用的改造形成了弧形的沿岸障壁，随着盆地下沉逐渐形成内陆架浅滩

弃相是叠置在三角洲朵体上的一个薄而稳定的海相层，其底部常具有波浪改造而形成的侵蚀面。可见无论是河控三角洲还是浪控三角洲，都有可能受到海洋作用的改造而形成沿岸障壁体系。

浪控三角洲表现为一系列依次平行海岸的滩脊，其间分布有泥沼和海湾，随着充填作用的继续进行，这些泥沼和海湾最终会变成泥炭沼泽。因此，在这一体系中，煤层与砂体都平行于岸线展布。随着三角洲的进积，浅海湾和潟湖不断接受来自陆地和海洋的沉积物，并逐渐演变成草沼。这些潟湖煤层往往上覆于碳质泥岩和粉砂岩的向上变粗的层序之上，常含大量的植物根茎和菱铁矿，并有半咸水动物群和大量的生物潜穴。在剖面上，含煤层序与周围的三角洲和障壁砂体的接触关系犬牙交错，有的煤层直接位于障壁坝砂岩之上，两者呈突变接触关系。

浪控三角洲进积作用通常沿整个三角洲前缘发生，形成广阔而又连续的沙席或沙裙，砂质含量高，成熟度也高。三角洲前缘砂体在强波浪的正面冲击下，河流倾泻在河口区的沉积物在波浪的强烈淘洗下，除了在河口的侧翼形成海滩脊，还可在河口沙坝前方形成一系列沿岸障壁砂体，并随着三角洲前缘向海推进，在近滨外部乃至远滨带可形成大面积的朵状砂体。浪控三角洲层序结构与一般海滩层序十分相似，二者的区别在于区域背景中是否河流体系及分流河道沉积层的发育，浪控三角洲层序顶部一般都出现三角洲平原的沼泽和分支河道沉积。在浪控三角洲环境中，分流河道比较稀少，这对识别古代浪控三角洲沉积增加了困难。所以在钻井较少的地区，浪控三角洲和障壁–潟湖体系是很难区分的。

东海盆地西湖凹陷平湖组主要为断陷海盆沉积，滨岸沉积体系类型多样。西部斜坡带上发育多种三角洲类型，他们受到海洋作用的改造而呈现出复杂的结构形态。西湖凹陷西斜坡地区平湖组沉积早期，由于坡度较陡，波浪对三角洲前缘的冲击能力很强，三角洲表现为浪控特点。这些浪控三角洲形成了一系列的沿岸障壁，促成了局限海湾或潟湖环境的出现，在障壁后形成波浪和潮汐联合作用的海岸沉积体系组合（图 5-38A）。平湖组中晚期，坡度变缓，河流作用加强，西缘主要发育浅水三角洲体系，并随着三角洲的废弃逐渐被改造成沿岸障壁–潟湖体系。三角洲除了河口出现砂体外，在有沿岸障壁存在的海湾或潟湖地区也会受到潮汐作用的影响，甚至在三角洲发育和废弃过程中，很难断定波浪和潮汐哪一个因素占主导地位，只是在三角洲体系的不同部位某种因素起主导作用。潮汐影响局限于沿岸障壁入口及障壁后地区，三角洲前缘及沿岸障壁前沿则是波浪活动的场所，形成了厚达 10～20m 的障壁沙坝，沙坝上部为分选很好的海滩砂，被潮道所切割。潮道向陆一侧则发育有涨潮三角洲朵体。因此，在这种三角洲及相关体系中，河成冲积平原、潮坪和潮道、海滩、障壁–潟湖等各种环境均有发育，形成了沉积相类型最为齐全和多样化的浪控海岸（图 5-38B）。

正是由于三角洲砂体提供了充足的物源，才能使得这种具有非恒定物源的沉积体系得以借势生长和发育。在地质历史上，很多近海盆地的缓坡带都有浪控三角洲–障壁海岸出现，已经成为致密砂岩气的重要储层类型。

盆地中分布的障壁砂体可以来源于早期三角洲朵体的废弃改造，也可以是同期三角洲的改造。在盆地水进阶段发育的三角洲属于三角洲的同期改造，如松辽盆地南部大情字井地区青一段发育的水进型三角洲具有明显的浪控三角洲砂体结构（图 5-39）。

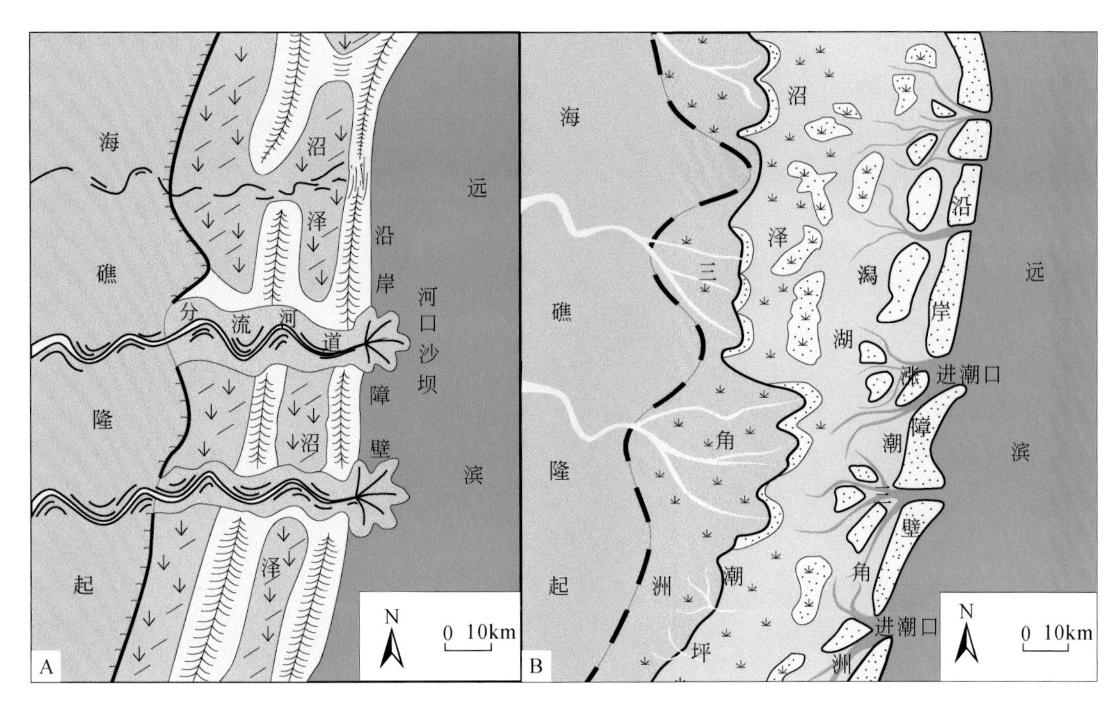

图 5-38　三角洲-沿岸障壁沉积示意图

A. 浪控三角洲-沿岸障壁沉积相分布；B. 浅水三角洲-沿岸障壁沉积相分布

松辽盆地上白垩统青山口组沉积时期，盆地发生急剧拗陷和扩张，气候由干热变为温暖潮湿，是水进体系发育的主要时期。青山口组沉积早期盆地整体下沉扩张，具明显的水进层序，深水面积大，中晚期盆地收缩具明显的水退层序，滨岸地区形成面积广阔的三角洲沉积。这些三角洲体系的沉积特征在各时期明显不同，表现出不同的三角洲沉积模式。以松辽盆地南部大情字井区为例，早期发育水进型三角洲沉积，中晚期发育水退型三角洲，由于波浪改造作用较强，皆属于破坏性三角洲。青山口组沉积早期，由西南通榆-保康水系携带的碎屑物质在大情字井地区形成三角洲沉积。在水进背景下，湖盆波浪对已形成和正在形成的三角洲体系的改造作用越来越强，河口地区卸载的砂体被破坏和再分配。先期沉积的河口沙坝和水下分流河道砂体经湖泊波浪改造和再搬运，形成沿岸沙坝。

这些沿岸沙坝的粒度特征和层理构造发育与河口沙坝极其相似，呈向上变细的反韵律，顶部与上覆泥岩呈突变接触，底部与下伏泥岩多渐变接触，主要发育波状层理、水流或浪成沙纹层理、平行层理、槽状交错层理和低角度交错层理，岩性多为细砂岩和粉砂岩，厚度有时大于同期的河口沙坝砂体。同时被波浪再搬运的碎屑物质在滨外斜坡上形成远岸沙坝沉积，并与三角洲前缘相连接。有些沙坝发育于低缓的湖盆斜坡或滨外古隆起周围，被广泛分布的席状砂所包围，厚度偏薄，单砂层厚度一般小于 3m，砂岩岩性偏细，多为细砂岩、粉砂岩和泥质粉砂岩，底部以波状-透镜状层理与下伏泥岩呈渐变接触，依次向上可出现波状层理、沙纹层理、平行层理和低角度交错层理。滨外沙坝出现另一个可能性是水进条件下，先期沉积的三角洲砂体的淹没和废弃改造。在以前根据地震所做的砂体解释，多将其定为三角洲前缘的滑塌浊积扇，但根据钻井岩心层序可以进行很好地识别。

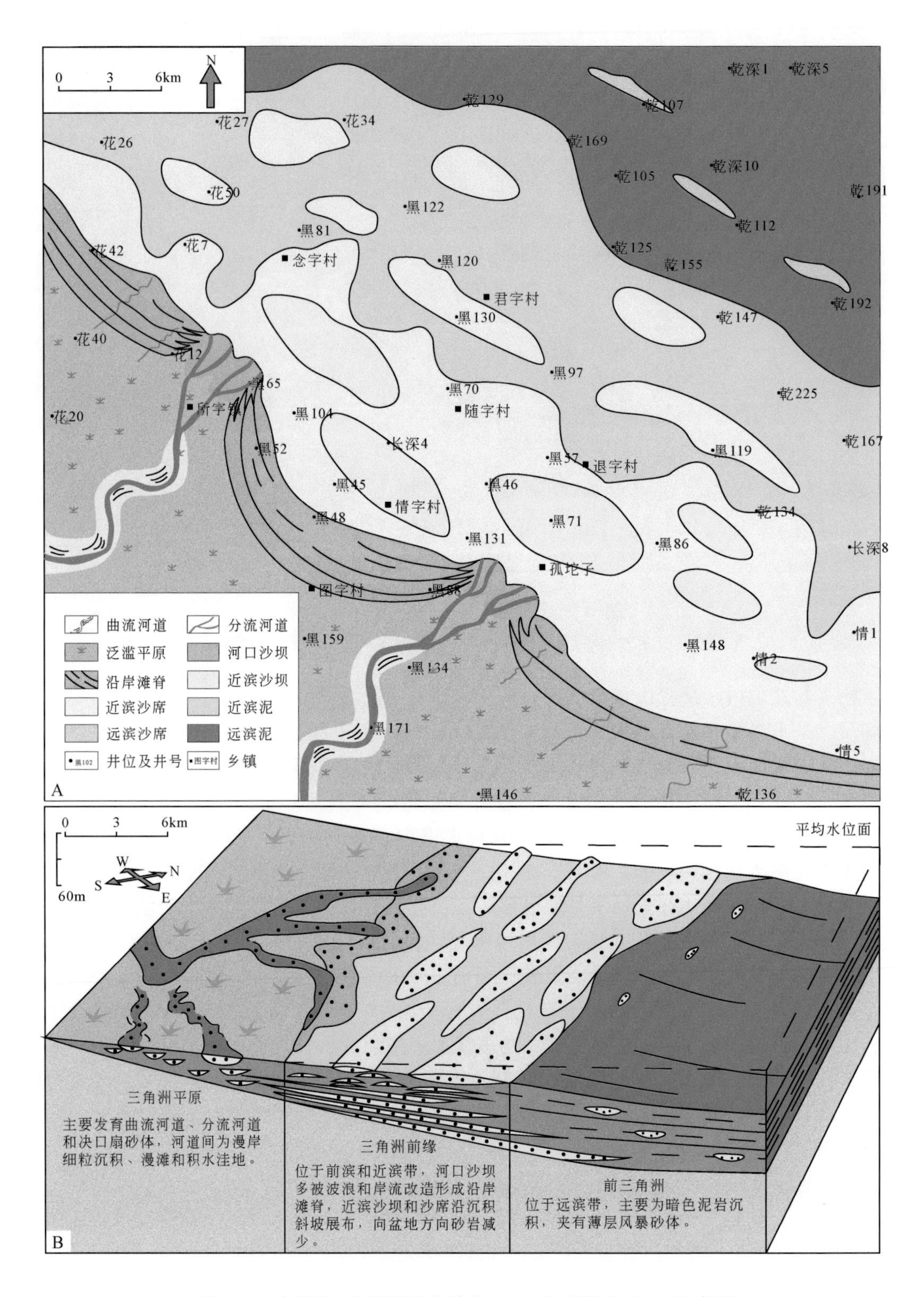

图 5-39　水进型三角洲沉积相分布（A）及相模式（B）示意图

在一个河控三角洲的活动期也会因为海湖平面的周期性升降、物源供屑能力的下降和强烈的波浪及风暴作用而遭到破坏和改造，总体沉积层序虽然具有向上变粗的特征，但砂体结构复杂，深水和浅水沉积交互出现，远滨沙席和沙浪砂体组合常相变为近滨沙坝和沙席组合。

在东营凹陷东部长轴方向的广大缓坡地区，沙3段中亚段沉积时期发育大型的三角洲体系。三角洲体系由东向西推进，沉积范围逐渐扩大，自下而上可以划分为$Z_6 \sim Z_1$6个砂层组。近年来，在三角洲前缘斜坡下部又发现了一些孤立状砂体，钻井取心中滑动和滑塌变形构造发育，认为是三角洲前缘的滑移体和滑塌体（刘鑫金等，2017）。东营三角洲实际上包括南北两个物源区，系由通常所说的东营三角洲和北部的永安三角洲体系迁移交汇而成。目前，有关三角洲类型及相关重力流体系发育规模、三角洲旋回发育及控制因素等方面的认识仍存在较大争议。

一般来说，三角洲沉积相的识别并不复杂。一般识别标志有以下几点：①三角洲是富砂的沉积体，地震剖面上一般具有前积结构，岩性剖面上通常由数百年厚的岩、粉砂岩和泥岩的互层沉积组成，往往夹有暗色有机质细粒沉积，有泥炭层或煤层的发育视气候条件而定；②沉积层序中牵引沉积构造发育，层理类型复杂多样，常见槽状和低角度交错层理、平行层理、水流沙纹层理和浪成沙纹层理，细粒沉积中还发育有波状层理、透镜状层理、包卷层理及生物成因构造；③三角洲垂直层序一般被视为向上变粗的层序，实际情况却是随条件的变化层序亦有变化，特别是进积型三角洲一般为粒度向上变粗的反韵律结构，并常显示有旋回性；④砂体几何形态视盆地作用的差异而表现出不同性，平面形态上呈朵状或指状，垂直或平行海岸线分布，呈指状或条带状向盆地方向延伸，一般是河控三角洲沉积的一个重要特征。在三角洲沉积相的识别中，还有重要的一点，就是这些厚层富砂层序的来源由河流提供，必须有河流层序伴生。这些河流可以从岸上一致延伸到水下近滨地区，当然在波浪和岸流作用活跃的地区，河流的作用会受到大大的减弱。

在济阳拗陷早期的油气勘探中，人们便认识到东营凹陷东部发育大型的三角洲沉积体系。来自长轴方向的物源体系自东向西推进，沙3段中亚段沉积时为其发育鼎盛时期，主要分布在牛庄洼陷、中央隆起带以及利津洼陷部分地区，分布范围及厚度均较大。自Z_6砂层组沉积期至Z_1砂层组沉积期，虽然东营三角洲呈近东西向不断向前推进，随着三角洲朵体不断向西推进，泛滥平原范围也不断向西延伸。从砂体的内部结构来看，每一期是由多个进积和退积旋回组成，特别是自Z_6至Z_4沉积期，三角洲的进积作用受到盆地作用的制约，废弃相发育。从东营三角洲体系钻井取心来看，砂体成因类型多系沙坝和沙席，水下分流河道沉积层序不发育，对于水下分流河道的解释也主要是依靠测井曲线中的正韵律层序而做出的推测。同样，浊积砂体成因类型也不发育，除了准同生变形构造发育外，缺乏浊积岩的沉积层序支撑。从东营三角洲Z_6至Z_4砂层组的砂体分布看，砂体并没有呈指状或条带状向盆地方向延伸，而是多平行于盆地斜坡分布，从三角洲体系的砂体结构分类来看，该三角洲类型应属于高破坏性三角洲体系（图5-40）。该区近滨–远滨砂质沉积物来源主要由朵状三角洲体系供给，部分可能来自广饶凸起的沿岸滩坝体系。砂体的几何形态和内部结构受沉积物供给和风浪作用的强度和频度控制。在风暴活动期间，随着浪基面的大幅度降低，底部回流把较粗粒的沉积物向盆地搬运，近滨带的沉积物会被迅速地带入远滨地区，形成风暴沉积砂层和浪控沙浪和沙席，较厚的沙浪复合体可发育前积层。实际上，在远滨地带，多种因素引起的非重力底流活动是非常普遍的，这些低流可以产生多种砂质底形，底形的迁移产生了厚度不大但分布广泛的沙纹层理和交错层理砂层，这些非浊流成因的砂层可称之为深水牵引层。

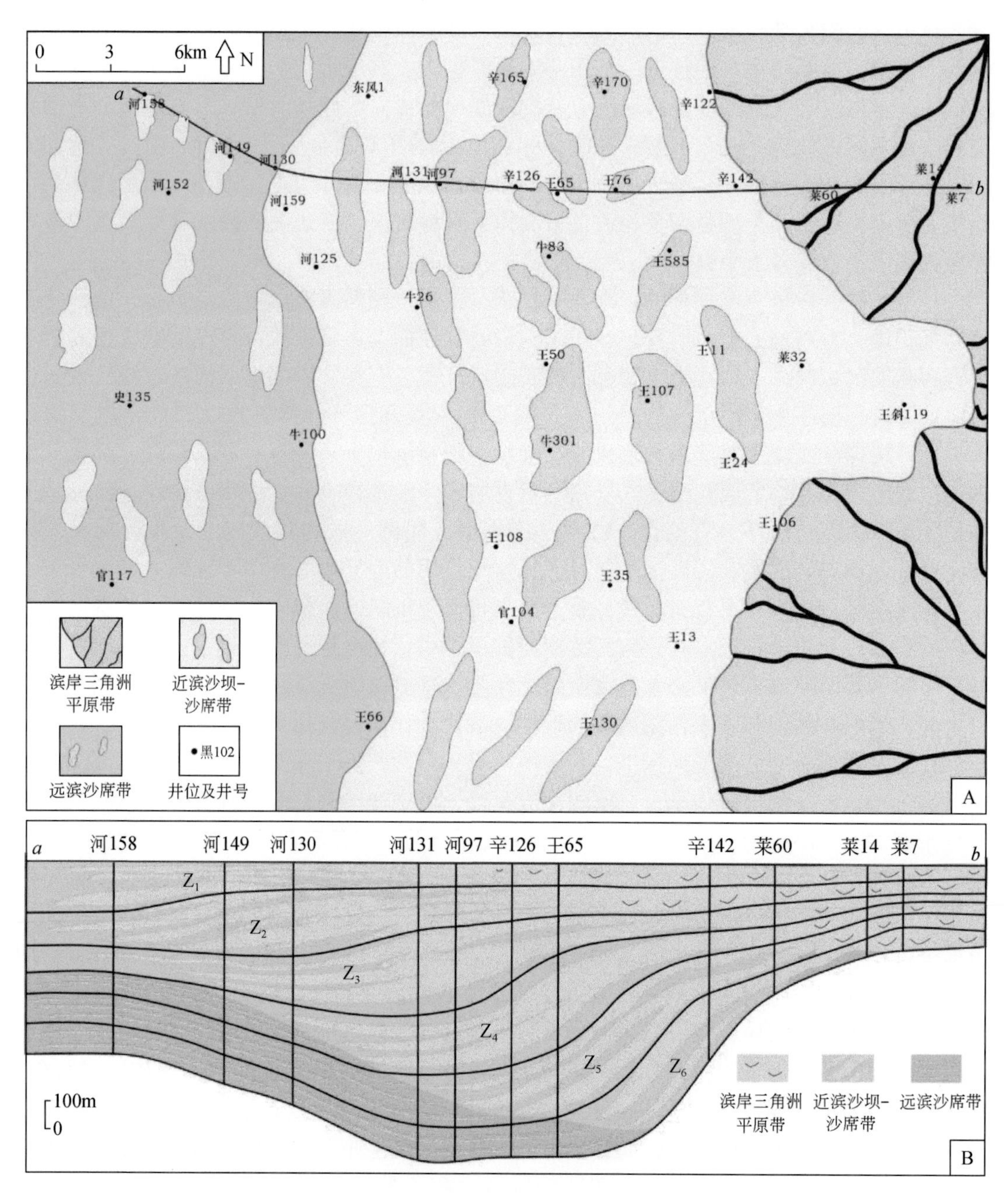

图 5-40　东营三角洲沉积相平面分布（A）及剖面分布（B）示意图

四、浪控河口湾体系

1. 河口湾的概念及类型

河口湾是一个物理条件十分复杂的环境。Pritchard（1967）从含盐度的角度将其定义为“一个半封闭的近岸水体，与开阔海洋自由联通，湾内海水被来自陆地的淡水显著稀释”。Fairbridge（1980）根据地貌特征将其定义为“河口湾是海水进入河谷的入口，上限是潮汐最高位置。通常可以划分为三部分：下部海洋部分，与开阔海相连；中部淡水与高盐度海水的混合带；上部冲积部分，以淡水为主要特征但可受潮汐作用的影响。”根据上述定义，河口湾很难与某些滨岸三角洲分流河道或障壁-潟湖体系进行区别，在古代实际应用上可能会受到限制或误判。Dalrymple 等（1992）将河口湾定义为“淹没河谷体系的向海部分，从河口湾顶部潮坪相所能到达的极限开始，向海延伸到河口湾嘴部的海岸沉积。沉积物为河流和海洋两个来源，沉积相同时受到潮汐、波浪和河流作用的影响。”很显然，按照这一定义，河口湾只有在相对海平面上升的情况下才能形成。当海平面相对稳定或缓慢上升，河口湾开始不断充填，而当海平面继续不断上升，河口湾则将完全没入水下。

河口湾内湾头水体的盐度接近为零，向海方向逐渐增大，到河口湾入海口处海水盐度接近外部开阔海。淡水径流进入河口湾后向来自外海的咸水体扩散，这两种具有不同盐度、不同密度的水体的混合速率和程度取决于径流、潮流、波浪的相互作用。河口湾内碎屑物质的搬运和沉积过程以及底形特征受径流、潮汐和波浪等水动力要素控制。潮汐作用对河口湾的动力过程具有最重要的影响，是河口湾内淡、咸水混合的能量来源，并促使底质再悬浮以及向海或向陆搬运悬浮体。微潮汐海岸带发育的河口湾，由于径流搬运相当数量的碎屑物质至河口湾，并使湾内水体不断更新，在径流量较大的情况下，河口湾内的水体可完全变为淡水。不同的河口湾水文特征各不相同，湾内水体的环流类型和沉积物的运移路径也不相同。

河口湾保持了纵向和垂向的盐度梯度，驱动了扩散碎屑载荷的水体环流。虽然河口湾是半封闭环境，但波浪仍能侵蚀湾岸，使沉积物再悬浮以至影响整个沉积过程。

河口湾具有复杂多变的内部环境和沉积相类型，沉积了分选良好的纯净砂岩和泥岩。砂岩的主要来源是地表径流和海洋，泥质沉积则以径流带入为主。在地层中，砂岩和泥岩往往以互层形式出现，生物扰动强烈的地方则容易形成砂质泥岩或是泥质砂岩。根据河口湾的水动力学特征及沉积相分布可将河口湾划分为两种基本模式，即以波浪为主的河口湾和以潮汐为主的河口湾，当然还可以出现过渡类型，如波浪-潮汐联合作用的河口湾。加拿大新不伦瑞克省的东部海岸带分布有一系列大大小小的浪控河口湾，其中米拉米契（miramichi）河口湾规模最大。在我国华南沿海地区，20 世纪末还有多种类型的浪控河口沉积体系，如练江、鉴江、螺河和漠阳江等，但目前因受到人工改造，地貌单元已难以辨认。现代潮控控河口湾的实例可以加拿大的科伯奎德湾-萨蒙（cobequid bay-salmon）河河口湾及法国的吉伦特（gironde）河口湾为代表。

以波浪为主的河口湾常具发育良好的三个相带组合，即由障壁、冲越扇、潮汐通道和潮汐三角洲沉积组成的海相砂体带、主要由细粒通常为泥质沉积物组成的中央盆地带和受潮汐和盐水影响的弯头三角洲。以潮汐为主的河口湾的海相砂体带主要由伸长状的沙坝和宽阔的沙坪组成，向弯头方向过渡为低弯度（顺直型）单河道，纯净的砂向弯头方向搬运；相对应的中央盆地带主要由曲流带组成，床沙载荷由涨潮和河道水流搬运；内部河流作用带主要由单一的低弯度（顺直型）河道组成（图 5-41）。

2. 浪控河口湾

浪控河口湾中潮汐影响较小，河口主要受到高能波浪的影响。在波浪和岸流的作用下，沉积物趋向于沿着海岸、滨岸向河口湾出口处搬运，并在那里形成出露海面的障壁/沙嘴或水下沙坝。障壁的出现进一步阻止了大部分波浪能量进入河口湾，所以障壁后面主要是内生波浪。如果潮差和潮流流速足够大，障壁沙坝可能出现一系列的进潮口。随着时间的推移，障壁沙坝可能封闭整个河口湾出口，将河口湾改造成封闭河口湾或海岸湖。可见河口湾环境是一个不稳定的环境，在地质历史中发现的也较少。由于海洋与河流过程的相对作用，浪控河口湾亦可形成多种沉积相（图 5-42）。

浪控河口湾沉积物具有发育良好的三带结构，由海向陆沉积物表现为粗–细–粗。海水将来自海洋的砂粒向陆搬运，在临近障壁内侧形成冲越扇和涨潮三角洲砂体，而障壁外侧面对开阔海，往往发育浪控滨岸沉积。在海侵层序中，障壁岛复合体在滨面后退过程中会受到侵蚀，上覆有海侵面。较深部的相带保存条件较好，包括具有侵蚀面的潮道、涨潮三角洲和冲越扇，这些向陆一侧发育的交错层砂与下伏中央盆地泥呈指状交错（图 5-42）。在进积条件下，海相砂体的保存较好，滨面和海滩沉积会叠加于冲越扇、涨潮三角洲和潮汐通道之上（图 5-42）。河流带来大量细粒泥质沉积物中含大量带有负电荷的黏土矿物胶，这些黏土矿物胶带有相同电荷相互排斥而不下沉，一直到达河口湾总能量最低的中心盆地。此处河水与海水混合，海水中的阳离子与黏土颗粒上的负电荷中和引起黏土的絮凝作用从而使泥质沉积作用加强，细粒物质大量沉积。泥质沉积物发育水平、近水平层理，生物遗迹比较常见，可能含有生物碎片，如软体动物壳、树木碎屑、有机粪便。在垂向剖面上，细粒的中央盆地沉积呈现出理想的对称粒度分布趋势。底部向上变细的层序代表了海侵的河流和弯头三角洲沉积，向上逐渐过渡为远端前三角洲沉积，中部最细的沉积物代表了中央盆地沉积，而上部向上变粗的层序代表了涨潮三角洲/冲越扇沉积（图 5-42），抑或是弯头三角洲沉积，这取决于河口湾剖面的位置。在河口湾的顶部，河道沉积了粗粒沉积物，以及与河道沉积相邻的漫岸细粒沉积和沼泽。根据潮汐构造和半咸水动物群的有无可以区分它们是正常的河流沉积物还是弯头三角洲相。

除了上述经典的浪控河口湾模式外，在河口区还可以出现由斜交海岸的强劲风浪或其他海流所形成的沿岸流为主的河口湾，如非洲西部的塞内加尔河口和我国海南博鳌地区的万泉河口（图 5-43）。在塞内加尔河三角洲海岸带，斜交海岸的强劲风浪形成了强大的沿岸流。在高能波浪和沿岸流的作用下，砂体的分布和排列方向产生了强烈的变化，沿河口形成伸长状的海滩障壁砂体。这些砂体从一侧阻挡河水垂直入海，迫使河流下游水道向沿岸流下游方向急速偏转。由于障壁砂的阻挡，在障壁后发育有河口湾、残留的障壁砂、潮坪和沼泽，早期的障壁砂体受到改造，其上分布有纵横交错的潮溪、潮道和主要河道。近年来，浪控河口湾的障壁系统逐渐被潮汐和波浪破坏，原来的障壁沙坝变得越来越不完整，随着波浪和潮汐涌入河口，原来的河控三角洲平原的下部也逐渐被改造为潮控三角洲平原。

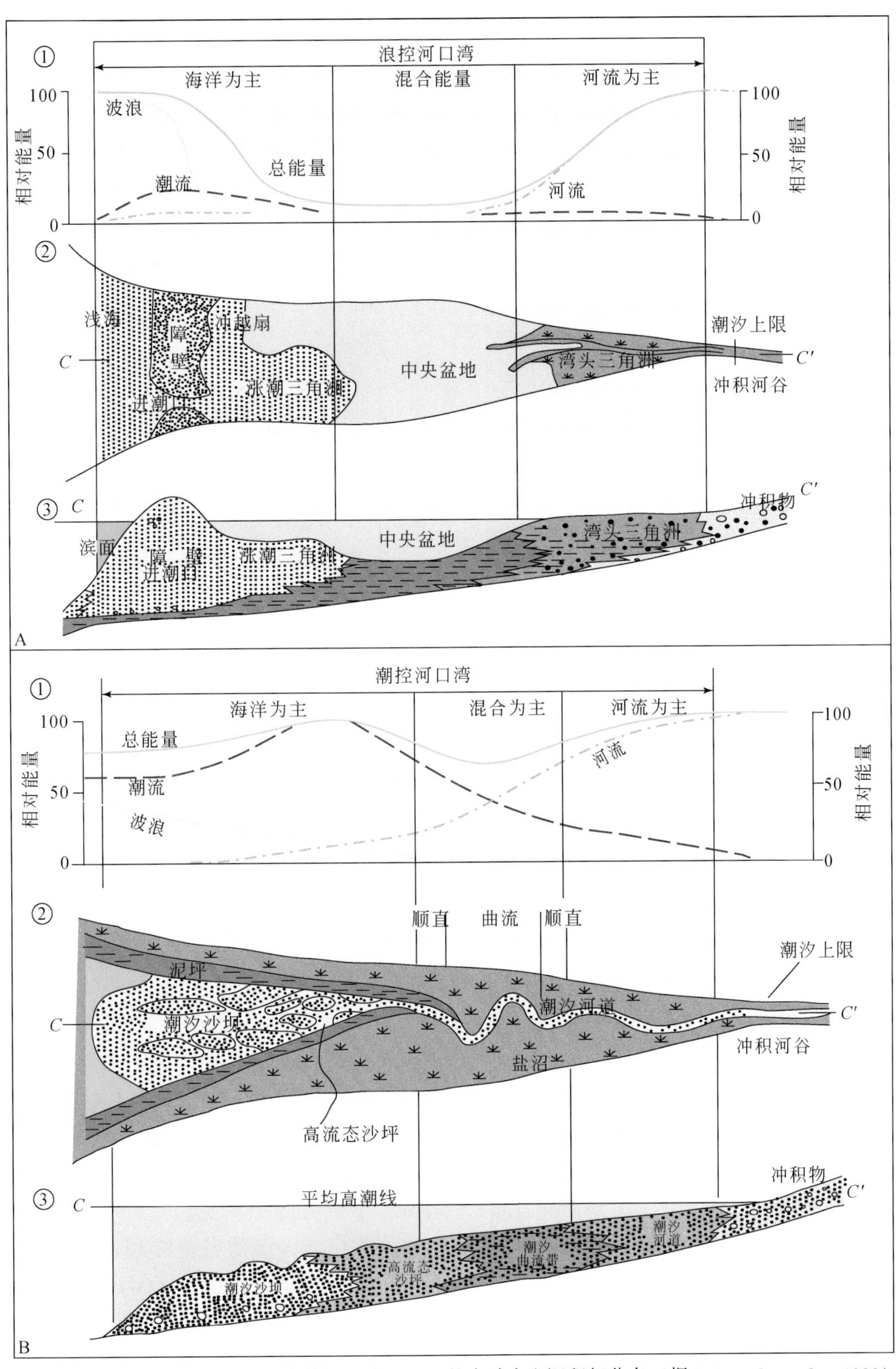

图 5-41　浪控河口湾（A）和潮控河口湾（B）的水动力和沉积相分布（据 Dalrymple et al.，1992）

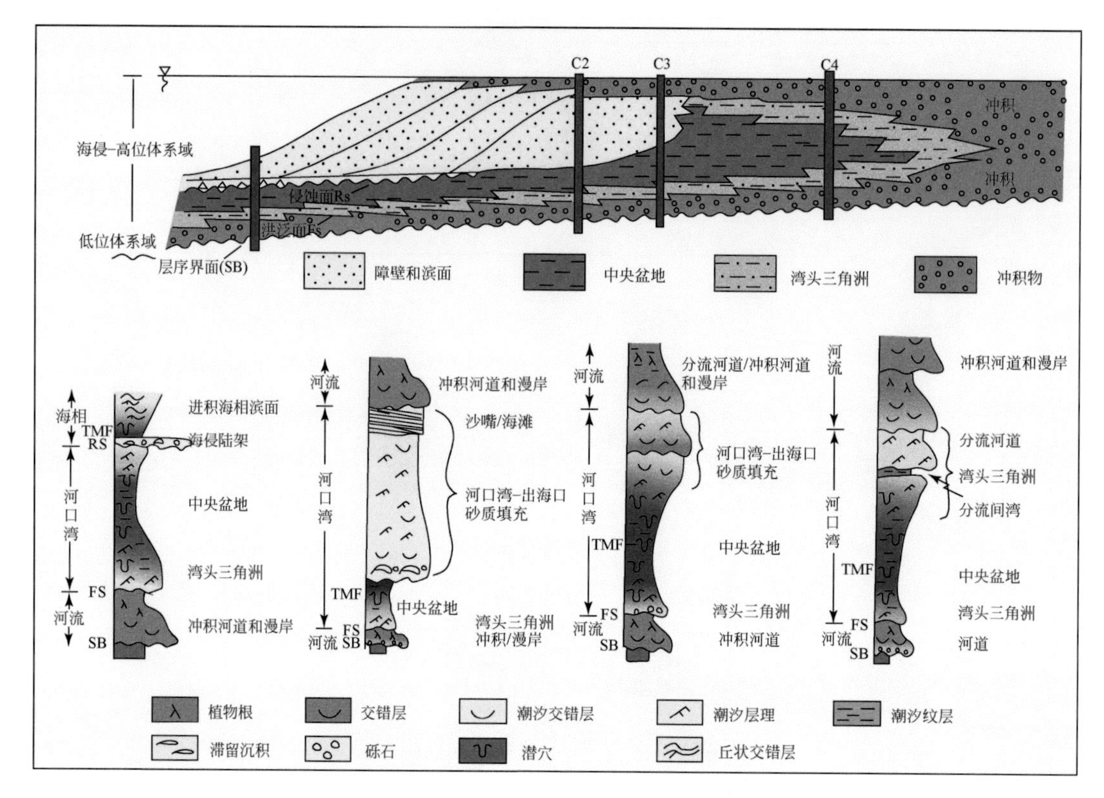

图 5-42 浪控河口湾轴向剖面示意图

表示了河口湾海侵、随后的河口湾充填和滨面进积，海侵层序的保存取决于相对海平面升高的速率和滨面向头部的迁移（据 Dalrymple et al.，1992）

万泉河口位于海南省博鳌亚洲经济论坛的会址附近，虽然是一个国际化综合旅游度假区，但目前该区尚未受到大规模人工改造，仍然保持着原有的河口地貌形态。万泉河为海南岛第三大河流，全长156km，年均流量为165m^3/s，年均输沙量为30×10^4t，在河口形成了东屿岛和沙坡岛等大型冲积沙洲。万泉河口区为波浪作用为主的海岸，平均潮差为0.7m，属于微潮汐海岸带。博鳌海滩上的沉积物为粗砂和细砾，以万泉河的出海口为界，并呈沙咀向海延伸。南边的玉带滩自南向北延伸约8km，在万泉河口形成障壁，宽度为50～150m。在波浪和岸流的作用下，海滩宽度总体上缩窄，向海一侧发生侵蚀，并发育高达1m左右的海蚀台阶，侵蚀后的砂质碎屑在沿岸流的作用下向北迁移，即以横向运动为主。根据不同时期的障壁的平面形态分析，玉带滩障壁在波浪、潮流和河流的作用下不断发生迁移和变化，总体上面积呈现减小趋势，但是由于南部有稳定的沙源供给，玉带滩整体上处于向北增长的态势。玉带滩向海的一侧较陡，较粗粒的海滩面上，分布有齿状的波浪和岸流冲洗痕，由砂脊和植物碎屑而显现，标志着每次波浪向岸作用的范围轨迹（图5-44A）。在平行于岸线的侵蚀台阶上，发育很好的平行状层理，而在垂直于岸线方向的台阶上则发育低角度斜层理及反沙丘交错层理，层序内部还发育有侵蚀面（图5-44B、C）。玉带滩后滨地区为向陆倾斜的低缓地带，植被发育，分布有风成沙丘和生物的潜穴

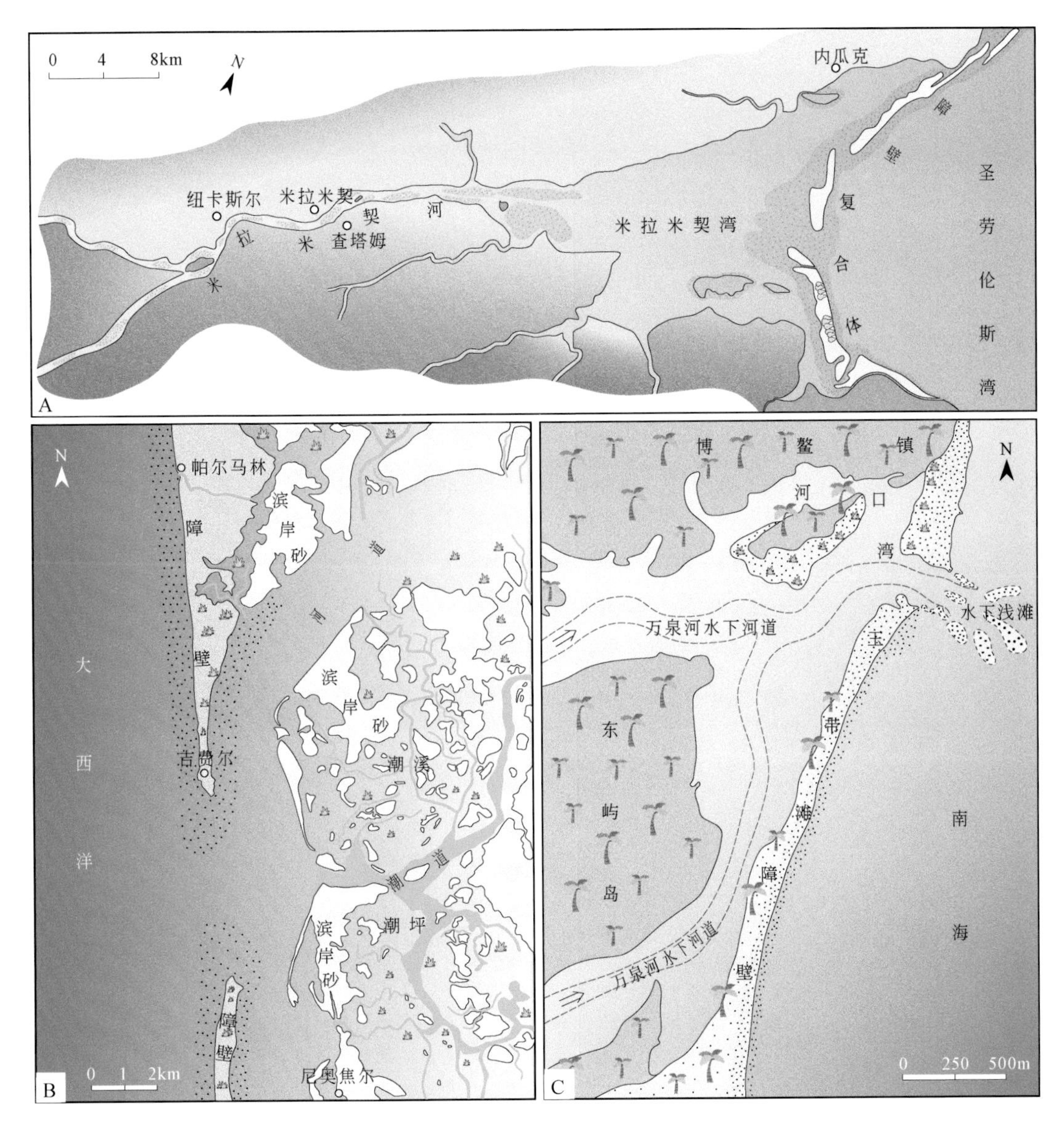

图 5-43　现代波浪和沿岸流控制的河口湾类型示意图

A. 波浪为主的河口湾，加拿大米拉米契河口湾；B. 沿岸流为主的河口湾，非洲塞内加尔河口湾；C. 沿岸流为主的河口湾，海南博鳌万泉河河口湾

(图 5-44D)。在河口湾出海口的沙坝侵蚀断面上，可以看到海水面之上的障壁砂体主要由向海陡倾的和向陆缓倾的大型斜层理砂岩组成（图 5-44E)。海滩的侵蚀和后退，可能与全球海平面上升（1.7 mm/a）和热带风暴侵蚀作用相关，当然人类的活动也是一个重要的原因，特别是 20 世纪 80 年代以来万泉河流域建坝工程，直接导致了河流输沙量锐减，从而加快了河口玉带滩沙坝的快速侵蚀和河口湾相的发育。

图 5-44　现代万泉河河口湾沉积特征

A. 较陡的海滩面上分布的齿状冲流痕，黑色的植物碎屑标志着每次波浪向岸作用的范围轨迹；B. 平行于岸线的侵蚀台阶上，发育很好的平行状层理；C. 垂直于岸线方向的台阶上发育低角度斜层理，层序内部发育向海倾斜的侵蚀面和向陆倾斜的反沙丘交错层，镜头直径 72mm；D. 后滨地区为向陆倾斜的低缓地带，植被发育，分布有风成沙丘和生物的潜穴；E. 障壁砂体的上部主要由向海陡倾的和向陆缓倾的大型斜层理组成

第六章　海湖环境演变分析

第一节　概　　述

我国古生代后期，海水向南和东南方向退却。印支运动以后，我国北方在海西或加里东褶皱基底上形成了众多的陆内裂谷盆地。这些裂谷盆地虽然与大洋分离，但地球运动发育的断裂和水道也难免与其连通，形成了与外海连通的陆内海盆。盆地面积大，发育时间长，沉积厚度大，沉积岩中保存了大量的古环境和生物地球化学信息。研究古环境的演化对认识沉积砂体分布和成藏规律具有十分重要的意义。油气勘探实践表明，我国目前已经探明油气储量的95%产于中、新生代裂谷盆地中。中、新生代生物种属繁多，高等动物和植物征服了水域及陆地，是地史中动植物生命最为繁茂多样时期，同时也是生物成矿的主要时期，古环境的恢复对深入了解生物地球化学循环中的成矿作用也是非常重要的。我国中、新生代气候带在不断地变化，如晚三叠世及早、中侏罗世为潮湿气候期，与中晚侏罗世形成三个气候带。白垩纪以后，干燥气候带逐渐扩大，控制了生物地球化学循环的重要环节。我国中、新生代裂谷盆地水介质类型复杂，与气候分带紧密相关，有淡水型、咸水型和盐湖型。处于不同古地理、古气候的沉积盆地，其生态结构、生物群落组成都存在着差异，每个盆地则有其独特的生物地球化学过程（叶连俊等，1995）。

大家熟悉的陆相生油理论，曾为现代中国石油工业的发展，起到了巨大的推动作用。从李四光（仲揆，1928）战略观点到潘钟祥的地质实践，向当时流传的只有海相才能生油的论断提出了挑战（Pan，1941）。潘钟祥认为，某一地层是否含有丰富油藏的关键不在于是陆相地层还是海相地层，而在于当时是否具有生油的环境和条件，唯海相地层生油论是一种片面性的认识（Pan，1941）。近百年以来，中国石油地质学家坚持，中国的陆相生油理论是全球烃源岩生油理论的特色和重要的组成部分，不管陆相还是海相都具有相同的沉积环境、相同的有机物质来源、相同的岩性特征及沉积成岩和有机物质热演化过程（杨万里等，1989；傅诚德，2000；关德范，2014）。这些观点，在石油地质研究和石油勘探的初期阶段，对油气勘探无疑起到了很大的推动作用。由于受到当时条件限制，很难去进一步地厘定这些裂谷盆地的沉积环境是陆内海盆还是断陷湖盆。一直以来，很多学者不断地提出在这些裂谷盆地中发现大量的海洋生态和海侵证据。例如，渤海湾盆地的主要烃源岩是古近系沙河街组，其沉积环境为半咸水-咸水，发育有异常繁盛的沟鞭藻生物，传统的古生物学观点认为沟鞭藻只存在于海相地层，这一观点对渤海湾盆地古近系是海相生油还是陆相生油的根本产生了某些争议（任来义等，2000）。在松辽盆地早期勘探中，人们就发现嫩江组古生物化石与海相属种相似，属于半咸水生物化石，有人推测它们是海侵的产物（张弥曼等，1977）。根据松辽盆地的生物群发育特征，国内外古生物学者多数认为其存在海相沉积或滨海沉积。也有学者根据对松辽盆地沟鞭藻的研究结果，认为松辽盆地为非海相盆地，但也不否认在其漫长的陆相沉积历史中，曾经遭受过两次短暂的海侵事件（高瑞琪，1980）。他们认为海侵是由于松辽盆地湖泊面积迅速扩大，湖泊与海岸线距离不断缩小，从而导致海湖短暂沟通。在沉积学文献中，凡是出现类似海侵事件的盆地，都划分为近海湖盆（吴崇筠和薛叔浩，1993）。但是海陆分布格局如何，目前还缺乏相关资料的支持。实际上在湖盆扩张阶段，也是全球海平面上升期，正是海水通过海峡或水道向湖盆的大幅度入侵阶段，才能形成长期沉降的半咸水-咸水陆内海盆沉积环境。从这样的角度来看，我们陆相盆地的生油环境并不纯粹，这些构造湖盆的水体或多或少都被海洋水体"勾兑"过。

从盆地构造特征来看，我国东部诸多含油气盆地属于断陷盆地性质。盆地的性质到底是属于近海的湖盆还是陆内的海盆，还是一种海陆交互环境，不同的学者有不同的认识。盆地的充填沉积层序到底是海相还是陆相，长期以来并没有得到根本解决。若是海盆，那么当时的沉积环境是类似于现代的红海、黑海还是波罗的海？若是湖盆，是一种里海模式还是贝加尔湖模式？既然海相和陆相都能生油，那么海相生油和陆相生油的本质上有无区别？尤其是围绕海相生油和陆相生油争论所涉及的海湖古环境的判别，更是一个深层次的科学问题。

根据现代裂谷盆地地质考察和野外剖面观察，尽管它们在沉积环境、水动力、水体性质和生态系统多个方面都具有某些共性，但海盆沉积所特有的某些标志还是存在的，根据这些标志的存在与否可以进行海相和陆相的识别。在岩心观察中，注意识别潮汐影响和海浪影响的重要环境参数，也是海相-陆相重要的判别标志。沉积构造及其层理旋回是相分析的基础，只要发现明显的潮汐影响标志，那么海盆的性质基本可以确认下来，当然一些大型湖盆滨岸带也具有微潮汐海岸的特点，通过综合分析还是可以做出正确的判断。陆内海盆和湖盆都可以形成浪控滨岸沉积体系，都发育的规模及其共生标志还是有很大的区别，详细的观察可以发现两者存在的差别。海（湖）平面变化是一个重要的识别标志，而古盐度和海洋生态系统的发育可以作为一个重要的辅助标志。将多学科证据与海（湖）平面变化结合起来，建立一个综合评判标准，才能有效地判别盆地的海湖性质和沉积演化规律（图6-1）。

本章内容不涉及特定含油气海盆的沉积环境和沉积相的表征技术，也不想就我国特定陆相断陷湖盆进行沉积学描述，只是对致密储层研究中可能涉及的沉积学问题从地质考察和实践的侧面进行一些浅显的分析。本着"将今论古"的地质思维，我们相继对各类陆内海盆和断陷湖盆进行了地质类比分析，提出一些粗浅的认识，试图对含油气盆地海湖环境的判别起到抛砖引玉的作用。实际上，只有将多学科证据结合起来，才能有效地判别盆地的海湖性质和沉积演化规律。

对地质历史中的古代沉积环境已不可能再用直接观测环境参数的方法进行研究，只能通过分析在这些古环境中形成的沉积岩所具有的那些能反映古环境参数的各种特征来推断、解释古环境。

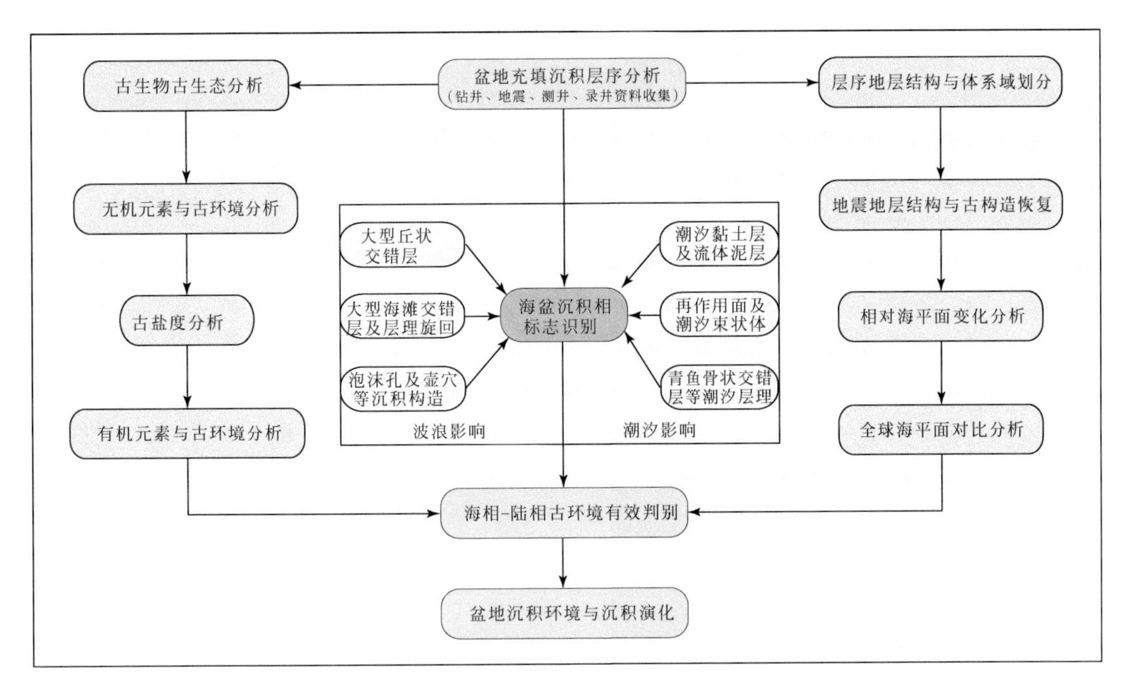

图6-1　近海盆地海相-陆相沉积环境判识技术路线

第二节　现代海湖盆地沉积环境浅析

众所周知，我们俗称的“海”一般位于大洋的边缘、大陆之间或大陆内部。位于大陆边缘的海一般称为陆缘海或边缘海，既是海洋的边缘又是大陆前缘，在现代大陆边缘分布广泛，外围一般由一系列群岛分割，如我国的东海、南海就是太平洋的边缘海。位于大陆之间的海称为陆间海或地中海，面积和深度均较大，有海峡与毗邻大洋相通，如欧洲、亚洲、非洲三大洲之间的地中海以及位于南、北美洲之间的加勒比海。位于大陆内部的海称为陆内海，是通过狭窄的海峡与大洋或其他海相沟通的陆内水域，如红海、黑海、波罗的海等。在大陆内部还有一些大型水域，如里海、咸海等，它们与大洋完全分离或与之没有直接的联系，因其范围广大而被称为“海”，其实它们都应该属于湖泊而非海。从里海和咸海的形成原因来看，它们原来都是古地中海的一部分，经过海陆演变而与地中海分离，形成封闭状态的湖泊，所以在地理学上又将它们称之为“海迹湖”。另外，地质学家还创造了一个只在地质历史上存在的海，称为“陆表海”，这是一个地形变化很小且极为宽广的浅海盆地，台地的水体深度一般不超过5～10m，沉积环境以潮间带到潮下带上部为主，而且潮坪沉积环境极为宽广，仅潮间带的沉积层序即可厚达数千米以上。

探讨地层形成的自然地理环境，恢复再造沉积时期古地理面貌的基本方法是沉积相分析法。沉积相分析的原则就是众所周知的“现实主义”原则。这个原则是莱伊尔（charles lyell）在1830年的著名著作《地质学原理》中详细论述的一个原则。其真正的涵义为现在正在进行着的地质作用，也曾以基本相同的强度在整个地质时期发生过，古代的地质事件可以用今天所观察到的现象和作用加以解释，有人概括为“现代是打开过去的钥匙”。在我国常将这个原则通俗地称为“将今论古”或“历史比较法”，这些称谓都是同一个意思。需要指出的是，不应将现实主义原则与“均变论”等同。前者强调通过对现代地质作用的认识去分析判断古代曾发生过的地质作用，而后者是关于事物演化规律的一种观点。

实际上事物发展即有均变的特点，也有突变的特点，二者是辩证的统一。这种辩证统一的性质在现代的地质作用如此，地质时期也如此。正是由于人们认识了现代地质过程的这种辩证统一规律，才能正确地解释和认识地质时期也曾发生的地质过程。现实主义原则作为地质科学的一种方法论和基本原则，对沉积相分析和古地理研究尤为重要。另外，需要特别指出的是，在应用现实主义原则时必须考虑到地质历史是发展的，各地质时期的地质作用方式和特点既有继承性也有变化性，即有连续性又有阶段性。

通过对现代正在发育的各种陆内海盆和断陷湖盆的考察和研究，根据“将今论古”原则和比较沉积学思想，来推论沉积盆地的沉积背景，无疑是一个很重要的工作。近年来，我们相继对各类现代海盆和湖盆进行了地质考察，对红海、黑海、波罗的海、地中海、墨西哥湾等海盆及里海、贝加尔湖和青海湖等湖盆进行了实地调研，从现代沉积环境和沉积体系类型、相标志、底形和层理及沉积层序等一系列沉积学问题入手，到水体的波浪和潮汐作用的强度、水体含盐度、生态和水平面变化分析等，进行了初步探析。虽然现代沉积与古代沉积之间仍存在一定的差异，但可以帮助我们针对研究的目的找出一般的沉积规律，并对地质历史时期的沉积环境做出大致的推论，为研究工作提供可以借鉴的模式。图6-2为现代沉积考察涉及的主要海湖盆地位置分布简图，表6-1总结了相关盆地的主要沉积环境参数，以便于对比分析。

一、海盆滨岸环境浅析

现代陆内海盆环境研究表明，海水介质的物理化学条件，特别是化学条件与断陷湖盆的水介质没有本质相同。如在水体较浅的地区，由波浪和岸流作用引起的海水运动比较显著，潮汐作用较弱，为无潮汐–微潮汐；有的海水的温度比大陆低，有的则较高，主要受到海底扩展和海底热液活动的控制；海水中的氧含量变化也不均一，取决于沉积作用的氧化–还原条件；含盐度虽然是海水的重要性质之一，但是不同的盆地含盐度变化很大，高于或者低于正常海水盐度，取决于海盆与广海的沟通方式、河流补给和气候条件的影响。只有在缺乏物源供给的盆地或水域中，才可形成生物礁。由于陆内海盆四周临近物源区，海相生物组合与陆相或海陆交互相很难区分。

1. 红海

红海盆地是在阿拉伯–非洲板块古陆基础上发育起来的新生代裂谷盆地，是较为典型的主动裂谷盆地，也是世界上最年轻的盆地之一。红海的北端滨海平原分叉成两个海湾：东为亚喀巴湾，西为苏伊士湾，并通过苏伊士河与地中海相通；南边通过曼德海峡与亚丁湾相连；中部地段有一条宽50km的深海槽，最大深度可达2514m，海水平均深度约558m。今天的红海可能是一个处在萌芽期的海洋，一个正在积极扩张的海洋。红海两岸没

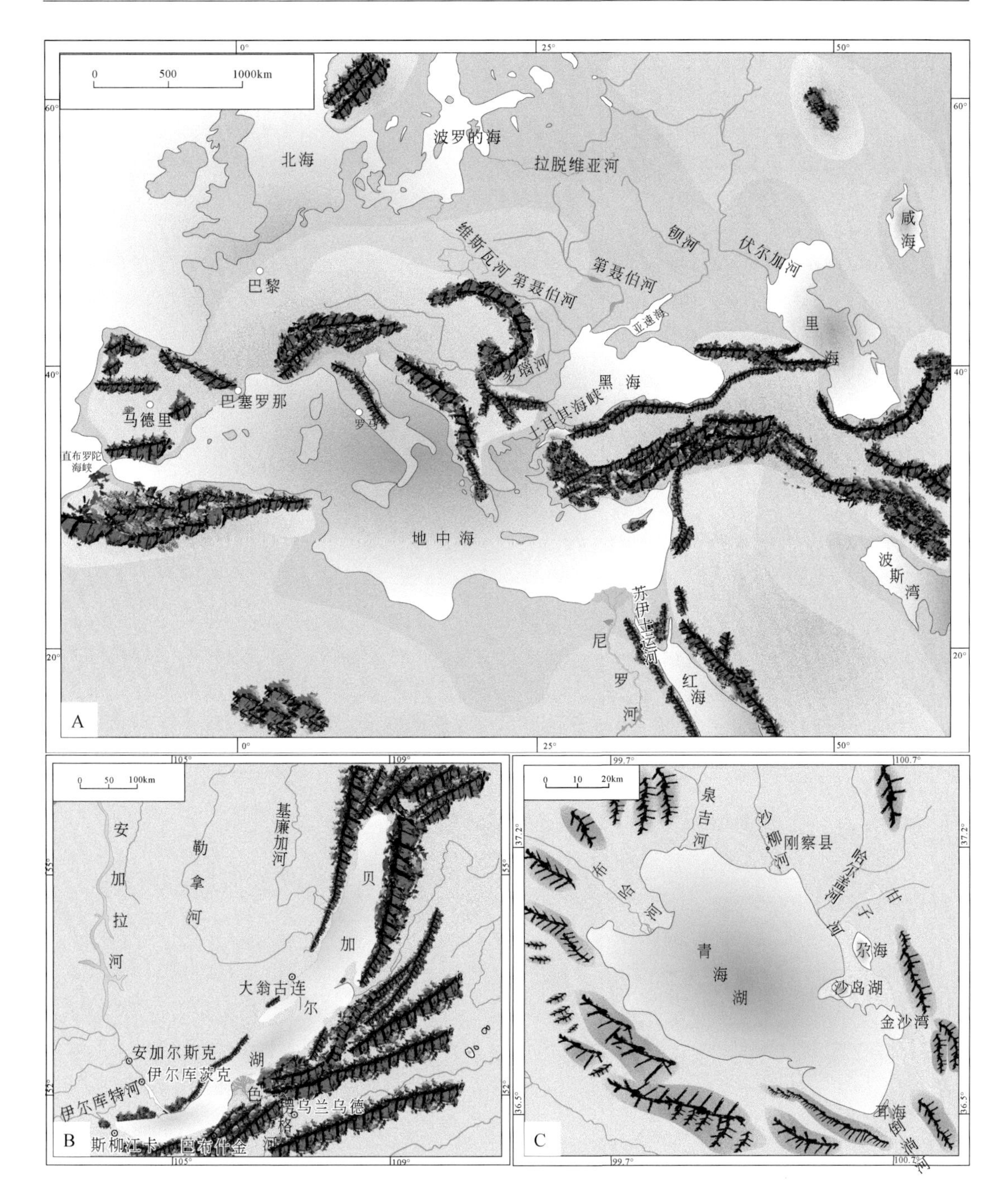

图 6-2　现代沉积考察海湖盆地位置分布简图

A. 地中海及周围海湖盆地；B. 贝加尔湖；C. 青海湖

有河水注入加上处于热带沙漠气候区，蒸发量大，盐度在 37‰～40‰。盆地内部钻孔取心资料揭示，沉积物主要为碳酸盐细粒沉积，主要由方解石、镁方解石、文石和白云石组成，有机碳含量大于 0.5%（Locke and Thunell，1988）。红海海岸带有陡峭的岩石海岸、

表 6-1　现代主要海盆和湖盆沉积环境参数对比表

名称	盆地构造性质	相连海峡	跨度及面积	最大水深/平均水深/m	含盐度/‰	主要河流	盆地水动力	海/湖面与海平面差值/m	海洋生态
红海	断陷盆地	曼德海峡	长约 2000km，最宽约 300km，面积 450000km^2	2514/558	37～40	—	微潮汐，潮汐变化小，有波浪	0	海洋生物丰富
黑海	陆内海，断陷盆地	土耳其海峡	长约 1150km，宽约 600km，面积 424000km^2	2212/1315	12～22	多瑙河、聂伯河和聂斯特河等	无潮汐，波浪几乎与里海相等	0	海洋生物丰富
波罗的海	陆内海，断陷－拗陷盆地	厄勒海峡、卡特加特海峡等	长约 1600km，平均宽度 190km，面积约 420000km^2	459/55	7～8	维斯瓦河、奥得河和涅瓦河等 250 条河流注入	微潮汐，潮差变化小，缺少潮流，潮波变化小	0	海洋生物丰富
地中海	陆间海	直布罗陀海峡、土耳其海峡、苏伊士运河	长 4000km，宽约 1800km，面积约 2512000km^2	4594/1600	37～39	尼罗河、罗纳河、埃布罗河等众多河流注入	波浪作用为主，在西部潟湖区发育微潮汐海岸	0	海洋生物丰富
里海	拗陷湖盆	—	东西跨度 320km，南北跨度 1200km，面积 386400km^2	1025/180	12～13	伏尔加河、乌拉尔河和萨穆尔河等 130 多条河流注入	波浪短而急，拍案浪南岸与北岸呈明显对比	−28.5	海洋生物丰富
贝加尔湖	断陷湖盆	—	长约 630km，宽约 60km，面积 32000km^2	1637/730	<1	色楞格河等 336 条河流注入；流出河流为安加拉河	有波浪，坏天气浪高可达数米	455	贝加尔海豹、鲨鱼、海绵等海洋生物发育
青海湖	断陷－拗陷湖盆	—	长 105km，宽 63km，面积 4700km^2	31/18	6～7	布哈河、沙流河、哈尔盖河、泉吉河、黑马河、倒淌河等 48 条河流注入，多为季节性河流	有波浪，坏天气浪高可达数米	3196	无海洋生物，湖中湟鱼繁盛

沙漠海岸和砂泥质海岸，在陡峭的滨岸带和滨外浅滩上可见到珊瑚礁发育。在低缓的沙滩和泥坪上，生长有大量的红树林，可以见到小型潮沟，具微潮汐海岸沉积特征（图 6-3）。

图6-3　红海砂泥质海岸现代沉积特征

A. 本书作者在红海海岸带考察，站立处为高潮线附近，背后为潮间带，生长红树林；B. 由于潮流周期涨落和往返侵蚀，在潮间带上发育了许多小型蛇曲形潮汐水道，宽度为1～3m，其上游延至高潮线，下游进入潮下带，水道内发育小型沙纹；C. 海岸后滨（潮上带）发育沙滩和沙丘，沙丘上有红树林生长；D. 沙泥质海岸，潮间带生长红树林；E. 海岸水下砾质浅滩发育的珊瑚碎屑，可见较为完整的红珊瑚块体；F. 泥质海岸潮上带发育的盐沼地，生长耐盐性植物

2. 黑海

黑海位于欧洲东南部的巴尔干半岛和亚洲西部的小亚细亚半岛之间，是世界上最大的内陆海。黑海作为古地中海的一个残留海盆，与地中海之间曾多次分隔又连通，时而为湖时而为海，水体盐度也不断地发生变化。大约在更新世沉积时期，黑海西南部的陆地沿一条早期的断层线发生沉陷，形成马尔马拉海及其两侧海峡，黑海与地中海相通（Elmas，2003）。通过多口钻孔取心分析，揭示了黑海晚中新世以来的沉积历史（Hsü and Giovanoli，1979）。晚中新世沉积主要为黑色页岩，随后的晚中新世到第四纪早期主要为周期性的化学沉积，从第四纪中期开始，主要为陆源碎屑沉积（Karlin and Calvert，1990）。远洋和浊流沉积主要为湖泊和咸化海洋沉积。晚中新世米辛尼亚期沉积物主要由叠层石白云岩、鲕粒灰岩和粗的砾石组成，沉积环境为潮上带和潮间带。浅水沉积和深水沉积交互出现说明，在米辛尼亚期黑海的水平面发生了剧烈的下降，原来的深海平原变成了浅水湖泊的边缘。由于水体排出和蒸发作用，湖泊逐渐变为盐湖，也就是地中海地区发生的米辛尼亚期盐危机事件。这个时期持续了 10 个百万年，直到发生来自地中海的大规模海水入侵，黑海才被淹没。发生在距今 7150 年前的海水通过马尔马拉海沿着博斯普鲁斯海峡的快速涌入，对海底地形也起到了重塑作用（Ryan et al.，1997；Uchupi and Ross，2000）。目前黑海海水含盐度较低，平均为 12‰～22‰。黑海深水层和浅水层之间不相混合，100m 到 150m 之间存在盐度或密度跃层。海底严重缺氧，富含有毒的硫化氢气体。博斯普鲁斯海峡长约 30km，峡道狭窄弯曲，东北部最宽处达 3.7km，中部最小宽度仅为 747m，水深 27.5～124m。海峡两岸为坚硬的花岗岩和片麻岩，不易侵蚀，岸壁陡峭、水流湍急。由于黑海与地中海之间海水交换受限，使黑海基本成为一个近于封闭的无潮汐海盆，在低缓的非三角洲海岸主要发育浪控沙滩、沙坝和小型的三角洲沉积，未见潮汐黏土层沉积（图 6-4）。

3. 波罗的海

波罗的海位于斯堪的纳维亚半岛与欧洲大陆之间，是欧洲北部的内陆海。波罗的海呈

图6-4　黑海砂质海岸带现代沉积特征

A. 本书作者在黑海海岸带考察，右上角插图为博斯普鲁斯海峡，跨越海峡的公路大桥，长1560m；B. 前滨向后滨过渡区发育的海滩脊，脊线向陆弯曲；C. 前滨带上部发育的滩脊，尾端被改造成沙嘴；D. 在前滨带形成的滩角，受冲流回流作用改造；E. 前滨带上部发育的沙滩、沙脊较为平缓；F. 前滨地区发育的小型辫状小溪和水道，侵蚀和改造沙滩

三岔形，在西部经厄勒海峡、卡特加特海峡和斯卡格拉克海峡等与北海以及大西洋相通。波罗的海是世界上最大的半咸水浅海，海水含盐度只有7‰～8‰，大大低于全世界海水平均含盐度。波罗的海深层海水盐度较高，是由于含盐度较高的北海海水流入所致。水深70～100m，平均水深55m，最深为哥特兰沟459m处。波罗的海在更新时还是一个冰川湖泊，随着全新世早期冰期结束，冰川大量融化，并随着盆地下陷部分积贮的水域与外海沟通形成海域，水体盐度也发生多次淡化（Müller，2001；Novak and Björck，2004）。海岸复杂曲折，南部和东南部是以低地、沙滩和潟湖为主的海岸，北部以高陡的岩礁型海岸为主。波罗的海缺少潮流，潮波也很小，潮差变化为4～10cm。波罗的海中岛屿林立，港湾众多，散布着奇形怪状的小岛和暗礁，海岸带整体表现为浪控特点，潮汐现象不明显（图6-5）。

图 6-5 波罗的海南部海岸现代沉积特征

A. 本书作者在波罗的海海岸带考察，右上角插图为海滩一角及后滨表面的风成沙纹；B. 波罗的海中岛屿林立，港湾众多，各种规模的小岛和暗礁星罗棋布；C. 前滨地势平坦而微向海倾斜，主要为水流线状平面底床为主，岸线因小的滩角发育而成不规则状；D. 后滨发育多排低矮的海岸平原脊，沙丘表面有植物生长；E. 前滨沉积物表面发育的微型滩角泡沫孔、冲流痕、生物潜穴、生物足迹及散落的贝壳；F. 在波浪能量低的前滨低洼地，发育小型水流波痕

4. 地中海

地中海虽然是一个陆间海，但它已经成为一个近似独立的海洋系统，环地中海的沉积考察可以加深对海洋沉积规律的认识。地中海是世界上最古老的海，而其附属的大西洋却是年轻的海洋。地中海处在欧亚板块和非洲板块交界处，是中-新生代非洲板块和欧亚板块相对运动形成的，是特提斯海（古地中海）的残存水域。地中海是世界强地震带之一，附近分布有著名的维苏威火山和埃特纳火山。地中海中沿岸海岸线曲折、岛屿众多，大的岛屿有西西里岛、撒丁岛、塞浦路斯岛、科西嘉岛和克里特岛等。它东西长约4000km，南北最宽处约1800km，面积约2512000km^2，平均深度约为1600m，最深处达4594m。地中海西部通过直布罗陀海峡与大西洋相通，最窄处仅13km，东北面以达达尼尔海峡、马尔马拉海和博斯普鲁斯海峡与黑海相连，东南以苏伊士运河与红海相通，经红海出印度洋。地中海虽无明显潮汐，但由于地中海内部降水和蒸发不均衡，会导致海水平面高低不同，形成小于0.2m潮差。在滨岸潟湖环境中，可出现明显的潮汐沉积作用，以威尼斯潟湖为代表，潮差一般为0.2~0.3m。虽然有诸多的河流注入地中海，如尼罗河、罗纳河、埃布罗河等，但蒸发量大，海水的含盐度比大西洋高得多，含盐度可高达39‰。由于海水循环不畅，海洋生物类型较为稀少，鱼类资源不丰富。地中海的现代海岸类型多样，侵蚀地貌和沉积地貌丰富多彩，有悬崖海岸、阶梯海岸、砾石堆、砾石滩、沙滩和浪控三角洲等都非常发育（图6-6）。多数海岸带陡峭多岩，但亦分布宽浅型海岸带，尤以突尼斯东部海岸最为典型。由于持续的波浪和岸流作用，宽浅型海岸带发育很好的大型冲洗交错层和泡沫孔等沉积构造，局部海岸出现类似“藻灰结核”堆积，这些都是海盆多具有的沉积现象。隆河、波河和尼罗河构成了地中海中仅有的几个大型三角洲体系。从海岸带沉积物来看，有陆源碎屑海岸也有碳酸盐沉积海岸，在此不做详述。

地中海发生的最著名的地质事件就是墨西拿盐度危机（messinian salinity crisis，MSC）。在中新世晚期的墨西拿期，地中海盆地是地球历史上最大的一个蒸发岩盆地（Hsü and Giovanoli，1979）。由于构造活动和海水的蒸发，地中海与大西洋的连通变弱，海水的

图 6-6　地中海局部海岸带沉积地质特征

A. 法国南部的埃兹小镇，建立在陡峭岩壁上，右上角插图为陡峭崖壁及其下部的海岸砾石堆积；B. 意大利西西里岛的土耳其阶梯海岸，悬崖发育崩塌砾石堆，右上角插图显示白垩石灰岩阶梯上垂直于海岸的侵蚀沟；C. 意大利撒丁岛海岸带的更新世海滩砾岩，左上角插图显示更新世海滩粗砾岩层面和探槽剖面中砾石的分布特征；D. 意大利撒丁岛现代陡岸带崩塌砾石与海滩砂混合，经水动力改造形成类似更新世的砾质海岸沉积；E. 法国南部尼斯天使湾的灰岩砾石海滩，发育沿岸砾石坝，左上角插图显示砾石被波浪冲洗干净；F. 突尼斯哈马马特湾海岸带发育的“藻灰结核”，左下角插图为前滨带发育的泡沫孔

含盐度升高，在不到 70 万年的时期内，便形成了约 $10^5 km^3$ 的蒸发岩，包括石膏、硬石膏和岩盐。这些蒸发岩夹于深水沉积之中，在各个地区的岩性组合和分布不尽相同，反映了不同地区海水的地球化学的差异。如此规模的蒸发岩沉积，表明在这个时期，地中海海水多次发生了蒸发和干涸。每当地中海的外部补给水源被切断，盆地内的水体也会很快蒸发，随着水位不断下降，大量石膏和岩盐便沉淀在海底。目前，地中海的海水补给主要来自从大西洋通过欧洲和非洲之间被称为直布罗陀海峡的狭窄通道，当然一些大气淡水也会汇入地中海中。如果没有大西洋的海水补充，地中海所处的气候带蒸发率极高，海水变咸，盐危机事件就有可能在地质历史上再度发生。

二、构造湖盆滨岸环境浅析

现代大型构造湖盆环境研究表明，滨岸带的水动力条件、水化学状况以及地形地貌都极为复杂，可与陆内海盆对比。岸线受到明显的波浪及沿岸流的作用，形成了与海盆海岸类似的沉积特征，可以出现沙滩、沙坝和生物礁滩等。水体温度、盐度和含氧量的变化规律与海盆无异。受到河流补给和气候条件的影响，湖泊水体盐度高于或者低于海水盐度。有的湖盆可以拥有与海洋相似的水体环境和海洋生态系统，在地理学上通常称为“海迹湖”。

1. 里海

里海位于亚洲与欧洲的交界处，其西南面和南面为高加索山脉和厄尔布尔士山脉，其余三面为辽阔的平原和低地。里海是世界上最大的咸水湖，由于河流径流对里海海水化学成分的影响，里海的盐度介于河流与大洋之间，平均盐度为12.9‰。里海的生物资源也相当丰富，部分植物和动物具有典型的海洋生物特征。里海滨岸主要发育浪控砾质和沙质海滩及贝壳滩，北部发育大型三角洲沉积（图6-7）。北部河流的注入量远大于盆地作用，且河控三角洲发育，导致里海的水平面以每年15cm的速度增加，三角洲沉积层序也表现为向上变细的旋回（Kroonenberg et al.，1997）。目前，里海的湖面仍低于海平面28.5m，属于独立的拗陷湖盆。里海周围的湖盆和洼地水平面变化很大，如位于里海和咸海之间的萨雷卡梅什湖的湖水平面为海拔-12m，卡拉吉野洼地某些泉水湖泊湖面的最低海拔为-132m。

2. 贝加尔湖

贝加尔湖位于俄罗斯西伯利亚南部，是一个形似新月形的裂谷盆地，充填沉积物厚度达9000m，湖水最大深度超过1600m，也是世界上容量最大、最深的淡水湖（Scholz and Hutchinson，2000）。由于湖水透明度深达四十多米，因而也被誉为“西伯利亚的明眸”。色楞格河是注入贝加尔湖的最大河流，在入湖口处形成湖泊三角洲面积近700km^2。通过高分辨率地震资料并结合碳同位素分析，可以重塑三角洲前积层形成的湖泊水平面变化和

图 6-7　里海现代海岸沉积特征

A. 本书作者在里海滨岸带考察，左上角插图为海滩砾石和贝壳；B. 里海岩石滨岸带，前滨分布大量的漂砾，岩石表面有溶沟和壶穴发育；C. 前滨发育贝壳滩，向湖突出呈尖头状；D. 平坦的前滨-后滨带，表面发育各种复杂的小型沙纹，右上角插图为探槽揭示的冲洗交错层理；E. 由滨岸向陆地依次出现前滨、后滨和沙丘沉积地貌，沙丘表面有植物生长，向陆地出现多排海岸平原脊；F. 河流入湖形成的三角洲，因受到波浪和岸流的改造，岸线突出不明显

古气候（Romashkin and Williams，1997；Urabe et al.，2004）。从贝加尔湖流出的唯一河流是安加拉河，最终流入叶尼塞河，直达北冰洋。贝加尔湖的水大致分为 3 层：0 ~ 70m 为绿色水，多为光合作用的藻类植物；70 ~ 150m，水色突然变得灰白，出现大量浮游动物；从 150m 深开始，水变得清亮，到 500m 的深水区，常见的生物是各种鱼虾和蠕虫。贝加尔湖中生长着独特的海洋生物如海绵、海豹（湖中唯一的哺乳类动物）、海螺、龙虾。贝加尔湖沿岸除了色楞格河三角洲外，还发育有悬崖峭壁、砾石滩和沙滩。奥利洪岛是贝加尔湖中最大的岛，长约 71km，宽 15km，面积约为 730km^2，西面隔湖与西岸相望，北端东面临近湖泊最深处。岛上主要出露早古生代岩浆岩和变质岩，发育悬崖湖岸、滑坡、砾石滩和沙滩（Tyszkowski et al.，2015）。可见，奥利洪岛沉积特征可与丽水凹陷灵峰凸起周缘的沉积相对比（图 6-8）。

图 6-8　贝加尔湖现代滨岸沉积特征

A. 本书作者在贝加尔湖滨岸带考察，站立处为安加拉河口，右上角为安加拉河岸高地，为河道砂砾岩层序；B. 贝加尔湖西部滨岸带，发育砾质湖滩；C. 奥利洪岛西部滨岸带，前滨发育砾石滩，上滨面发育砂质滩坝多呈新月形和弯月形；D. 奥利洪岛西部滨岸带，前滨为砾石滩，后滨为砂质滩，左下角插图为岸上发育的细沟和冲沟；E. 奥利洪岛南部倾没端，滨岸带地形平坦，由湖岸向陆地依次出现水下沙坝、前滨、后滨和沙丘沉积地貌，沙丘表面有树木生长；F. 贝加尔湖悬崖湖岸发育的浪蚀洞，注意白色的湖水面变化线，水面波动幅度类似于微潮汐海岸

3. 青海湖

青海湖位于青藏高原东北部，平均水深为18m，最大水深为30m，水面面积达4700km^2，是我国最大的内陆咸水湖，呈北西西—南东东走向。湖盆四周群山环绕，被具有相似走向的海拔4000～5000m的山体所包围，北依大通山，南临青海南山，东临日月山，西靠阿木尼尼库山。在湖中心和岸边分布着海心山、三块石、鸟岛、蛋岛等，它们是湖泊形成时产生的地垒断块，后来随着水位下降而逐渐出露水面，成为岛屿并逐渐与陆地相连。受湖水长期侵蚀影响，岛上基岩裸露，形成规模大小不一的湖蚀穴、湖蚀崖、湖蚀阶地等。

青海湖作为一个相对独立的封闭式山间内陆盆地，其河流多发源于四周的群山，整个流域以青海湖为集水中心，蜿蜒向青海湖汇聚。河川径流的补给主要来自大气降水（包括降水和融雪径流），其次为冰川融水，经过转化地下水也有一定比重。青海湖地区流域面积大于5km^2的河流有48条，且多为季节性河流。流域内水系分布不均衡，西部和北部水系发达，东部和南部相反。河流大多发源于四周高山向中心辐聚，最终汇聚于青海湖，较大的河流有布哈河、沙柳河、哈尔盖河、泉吉河、黑马河等。流域西部的布哈河最大，其次为湖北岸的沙柳河和哈尔盖河，这三条河流的径流量占入湖总径流量的75%以上。再加上泉吉河和黑马河，五条河流的年总径流量达13.71×10^8m^3，占入湖地表径流量的82.19%（李小雁等，2018）。

青海湖已成为开展沉积学研究的天然实验室，也是石油地质学领域将今论古研究的热点地区，不同学者从不同的角度开展了青海湖现代沉积环境的研究，也为青海湖的形成演化提供了某些证据（师永民等，1996；王新民等，1997；宋春晖等，1999；陈骥等，2018）。从湖岸线到四周山岭之间，呈环带状分布着宽窄不一的湖积平原、冲积平原和风成沉积。湖盆除了内部湖底存在断垒凸起和出露水面的残山外，沉积作用呈现出拗陷型盆地的环带特征。通过现代沉积考察，可以大致确定青海湖的现代沉积类型和沉积体系，主要沉积作用类型有三角洲、浪控滨岸、浪控河口湾和沙漠滨岸等，由岸向盆地方向可进一步划分为后滨、前滨、近滨、远滨和深水盆地沉积亚环境（图6-9）。在湖的西岸和西北岸边布哈河和沙柳河形成了最为明显的三角洲岸线突出地貌，在河口地区形成了三角洲平原沉积，向岸则为辫状平原沉积，河道切入了原来的砾质冲积平原，形成了宽浅的粗粒河道沉积体系，发育各种河道沙坝（图6-10A）。在湖的北岸，切入冲积平原的河道规模较小，河道入湖不仅没有形成明显的岸线突出地貌，在河口地区还受到波浪和岸流的改造而形成浪控河口湾（图6-10B）。在湖的南岸，山势陡峻，多侵蚀沟谷山麓与湖岸过渡带多发育坡积裙和小型冲积扇，部分地区基岩出露，形成湖岸侵蚀地貌（图6-10C、D）。湖东岸地形相对低缓，倒淌河入湖处地势低洼，形成大片沼泽湿地（图6-10E）。由于倒淌河规模较小，河流动力较弱，虽然切入了湖岸沙丘带，但缺乏三角洲地貌形态。湖东北沿岸有大面积沙地和沙丘分布，其形成因素主要受物源和风场的影响。由于受高空西风带和东南季风带共同影响，境内常年多风，夏秋两季以东南风为主，形成了一系列的新月形沙丘和新月形沙丘链（图6-10F）；冬春两季则偏西风盛行，多发沙尘天气对沙丘进行多向改造，造成湖滨地带沙丘的改造而形成星状沙丘和穹状沙丘，尤其是在山脚下风向的多变形成了典型的星状沙丘。

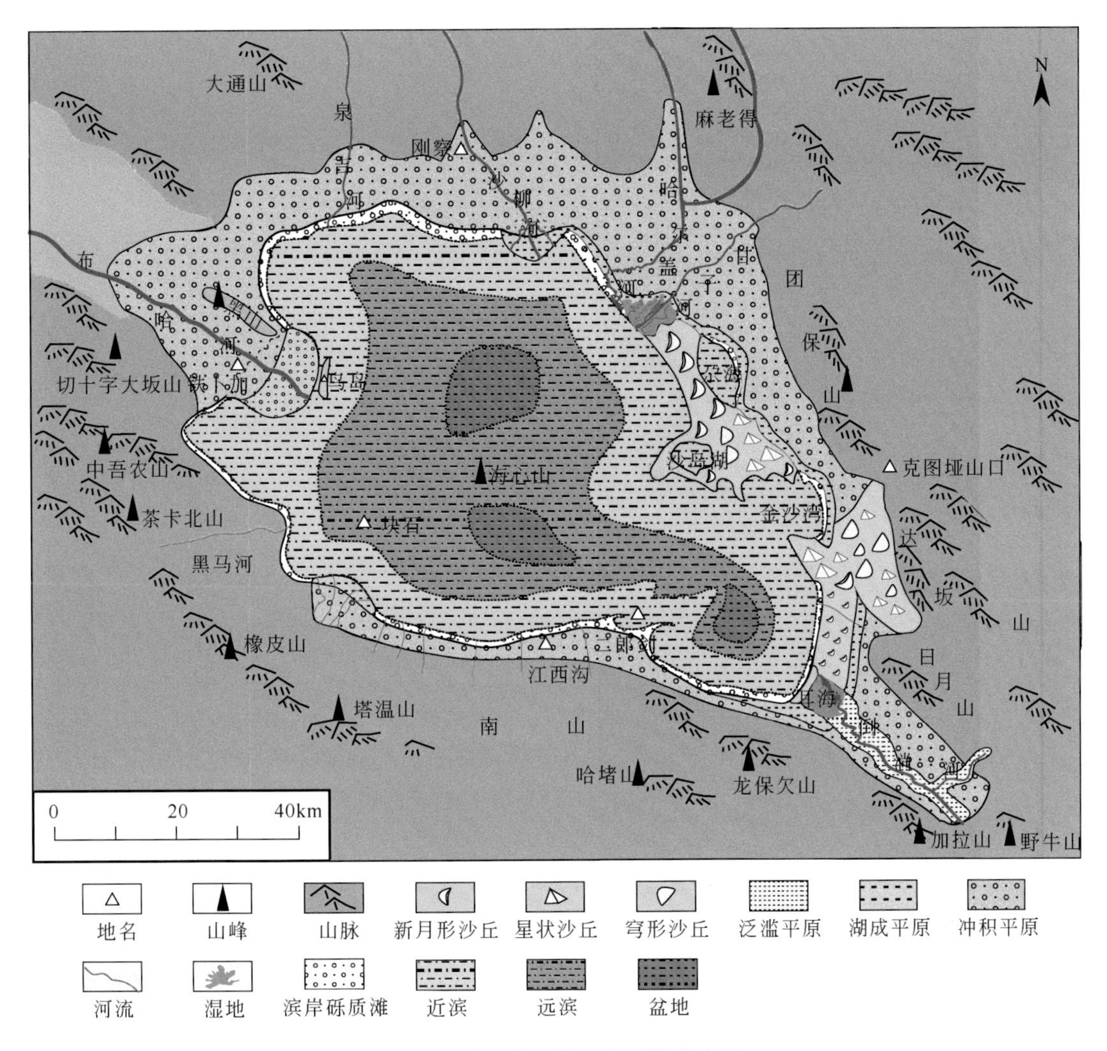

图6-9　青海湖现代沉积环境分布图

图 6-10　青海湖现代滨岸沉积特征

A. 布哈河三角洲平原的湿地，左下角插图为布哈河河口，右上角插图为三角洲平原上粗粒河道内的砾石滩；B. 湖盆北岸甘子河口发育的浪控河口湾，左下角插图为沿岸砾石坝；C. 湖盆南岸陡坡带形成的坡积物，边部受到波浪的改造形成砾石滩；D. 湖盆南岸的基岩湖岸受波浪侵蚀形成沿岸砾石滩，左下角插图显示基岩成岬角伸入湖盆滨岸，形成袋状砾石滩；E. 湖盆东岸倒淌河入户处形成的滨岸湿地，湿地表面发育大量的泥丘构造或称为冻胀丘，并有大量鸟类（左下角插图为其中一种）栖息；F. 湖盆东北部尕海南部发育的沙丘滨岸，沙丘形态为新月形，风向来自东南方向，左下角插图为金沙湾发育的滨岸沙丘

综上所述，现代陆内海盆和断陷湖盆在沉积环境、水动力、水体性质和生态系统多个方面都有交叉和重叠，主要表现在以下几个方面：①海盆和湖盆的水动力系统相似，都可以形成类似的浪控滨岸沉积体系，但湖盆缺乏明显的潮汐作用；②海盆和湖盆的水体盐度都可以从微咸水到咸水变化，仅仅依靠烃源岩的含盐度预测海相-湖相不是一个行之有效的方法；③断陷湖盆不管淡水还是咸水，同样可以拥有海洋生态系统，但从盆地是否拥有海洋生态系统来判别海湖环境也是不可靠的。另外，从沉积学调研和实测中，我们看出一个规律，只要是海盆，海平面与外海和大洋的海平面都是保持一致的，但是湖盆就不一样，它们总是高于或者低于海平面，等于海平面的情况都极少见到。这为我们在地质历史中识别海相-陆相沉积环境也提供了一个重要的启示，也就是把海湖水平面的变化与盆地的性质联系起来，建立一个重要的评判标准。

第三节　沉积相分析

沉积相分析基础就是对各种沉积相标志的掌握。沉积岩的岩石学、沉积构造、古流向、古生物、几何形态等能够反映沉积相类型的参数称为相标志。一般来说，相标志可分为岩性标志、古生物标志和地球化学标志三类。岩性标志主要包括沉积岩的颜色、类型、结构和构造等；古生物标志是指生物活动或生长等作用形成的各种特征；地球化学标志是指沉积物在其搬运、沉积过程中由于化学作用而形成的特征。大部分的相标志在其形成时均遭受强度不等的水动力的影响，因此水动力学也是分析相标志的基础。

沉积相分析有多种技术和方法，各种手段在实际应用中应相互结合，只有在综合了各种实际资料后，才能正确确定相的类型和恢复沉积环境。在相分析方法中，野外相分析是基础和标准，室内相分析是野外相分析的补充，室内研究必须在野外研究的基础上进行。地下相分析应与地面相分析结合，能起到地面相分析所不能起到的补充作用，某些地表露头常常不完备，难以获得连续而完整的资料。

油区岩心描述和相分析，也是地下相分析的重要一环。对于油区沉积相的研究，取心井岩心是最直观、最可靠反映地下地质特征的资料，是研究区古沉积环境最直接的反映。在岩心观察时，观察的内容要齐全，特别注意观察岩石颜色、岩性、矿物成分、圆度、层理构造、接触关系、韵律性、古生物、岩性组合特征等，还要确定砂体的层序结构、各级构型界面和砂体的顶底面接触关系。确认砂体是底部渐变向上变粗的沙坝型层序，还是底部冲刷向上变细的河道型层序。样品选择要合理，采样位置要精确，并标注在信手岩心剖面上。通过岩心描述和分析，对于认识储层的“四性”（岩性、物性、电性、含油性）关系、确定地层年代、进行地层对比、判断沉积环境、了解地质构造等都有很重要的意义。

当然地下相分析涉及的内容很多，除了岩心相分析外，还包括测井相分析和地震相分析。测井相分析是利用测井资料进行岩性判别和岩相分析，而地震相分析是利用地震资料通过对各沉积体和沉积界面的反射特征研究而进行沉积相的分析。地下相分析是研究油区地下地层和沉积相以及圈定油气储集层的重要手段。

一、岩性和岩相分析

现代不同的气候环境产生了不同的沉积物类型，那么古代的沉积物类型或岩性的不同则可反映不同的气候环境，如煤层的出现代表了温暖潮湿的气候环境，而蒸发岩的出现则代表了干旱的气候（图6-11A、B）。同样，岩石的颜色也会受到气候环境的影响，并随着有机碳含量的增加而变深。在潮湿气候条件下，泥岩的颜色多为暗色，很难通过泥岩的颜色来判别水体环境。在半干旱气候条件下，由岸线向盆地，泥岩的颜色由陆上的棕色逐渐变为浅水的灰绿色，随着水体的加深则会变为灰色和深灰色，厚层暗色泥岩和页岩层的发育，表明其形成于还原或强还原环境（图6-11C、D）。某些灰黑色页岩和油页岩层，还夹有少量白云岩，可能反映了一种停滞缺氧的局限海（湖）环境（图6-11E）。当然，任何事物的发生都是有条件的，即使在干旱气候条件下，若是有充足的外部水源补给，也同样可以出现大面积的湿地沼泽环境。

图 6-11　不同沉积环境发育的岩性特征

A. 准噶尔盆地侏罗系八道湾组煤层发育特征，新疆沙湾；B. 突尼斯南撒哈拉盆地三叠纪石膏沉积，左上角插图为矿坑剖面，石膏单层厚度为 5 ~ 10m；C. 东营凹陷樊页 1 井沙 3 段下亚段暗色泥岩，水平纹层和微裂缝发育，岩心深度为 3230.01 ~ 3235.01m；D. 美国尤因塔盆地绿河组页岩剖面，左上角插图为绿河组取心中的微生物岩；E. 新疆吉木萨尔二叠系芦草沟组发育的灰黑色页岩和油页岩；F. 金湖凹陷高 2 井阜 2 段发育的虫管灰岩，岩心顶部深度为 1715m；G. 高邮凹陷阜 2 段发育的交错层鲕粒灰岩显微特征，右上角插图为同一样品的阴极发光特征，沙 20 井，2330m；H. 饶阳凹陷留 101 井沙 3 段夹于河流层序中的生物灰岩，岩心深度为 3604.44 ~ 3620.75m

在沉积相研究的早期，“微相”这一术语代表的是“结构相”，用以表示在显微镜下所显示出来的结构特征。也就是说，“微相”是在薄片、揭片和光片中能够被分类的所有古生物学和沉积学标志的总和，这对于碳酸盐岩沉积环境的分析尤为重要。人们在早期的相分析中，就把岩性与古生物学的标志同等考虑，按定性和定量标志进行资料分类，并通过现代沉积考察、野外露头调查、古生态学解释以及地球化学标志的对比来检验相分析的准确性。近海湖盆中特定时期的岩性和岩相类型的出现，可能昭示了一种海水入侵和海洋生物后续适应性繁衍的环境。在我国东部渤海湾盆地和苏北盆地中，均有碳酸盐岩发育，甚至在一些泛滥平原层序之间也可以出现生物碎屑灰岩和生物层（图6-11F、G、H）。在缺乏物源注入的水下缓坡地带，生物碎屑-鲕粒滩最为发育，在滨岸带以离岸滩坝的形式存在。在一些水下台地的边缘，常见生物礁或生物层，如东营凹陷西部沙4段上部平方王礁体厚度为49.5m，由中国枝管藻及山东龙介虫建造而成。

我国海南省三亚市天涯海角海岸，有上百块巨岩奇石立于沙滩和滨面带上，这些遭受长期风化剥蚀和长期海浪侵蚀的花岗岩体，形成了形态各异的海蚀石、海蚀柱、海蚀平台等地貌奇观。巨石之间分布有纯净松软的沙滩，宽度为30～50m。沙滩上部，有厚30～50cm的近代海滩岩层，岩层呈板状向大海倾斜，倾角为5°左右，碎屑物质主要有珊瑚礁块、贝壳、砾石和砂质，现代铁铆钉也被胶结在岩石中，据此可推测其形成年龄最早距今约4500年，也就是全新世中期以后形成的。目前出露的海滩岩层已高出海平面3～5m，下部受到海浪的侵蚀。说明在全新世中期，海平面至少比现在海平面高出3～5m，这也是海平面变化的证据（图6-12）。

岩石相或岩相是表示岩石综合特征的岩石单位，单个岩相是一个岩石单位，它依其独特的岩性特征（包括组分、粒径，层理特征和沉积构造）而定义。每一个岩相都代表了一个单独的沉积事件。若干岩相可组成一个岩相组合。一个沉积体可被划分为一系列的岩相，这些岩相可以是厚仅几毫米的单层到几十米甚至几百米厚的一个层序。例如，50年前沉积学家把大多数深海沉积物仅归结为5个基本岩相，即经典的Bouma序列。随后人们发现确有些厚层状粗粒层与此模式不符，然而，直到海底扇模式提出时人们才注意到这点。海底扇相模式表明，Bouma序列趋向于在扇外侧非水道的部分产出。目前，Bouma序列及其伴生的沉积构造，仍然是人们鉴别浊积岩的重要标志，在一些非扇浊积岩体中，Bouma序列组成了厚层的储集砂体，如琼东南盆地晚中新世黄流组的峡谷水道浊积岩体，便由不完整的鲍马序列叠合组成厚层砂体。

二、沉积构造及沉积层序分析

沉积构造是沉积物和沉积岩中最常见的宏观特征之一，是由物理、化学、生物等作用在沉积物表面或内部所形成的构造，其中沉积期及准同生期所形成的构造称为原生沉积构造，如波痕、层理和表面痕迹等，而进入成岩期所形成的构造则称为次生沉积构造，如结核、缝合线等。沉积构造研究有助于沉积环境的判别，如前述深水浊流沉积除了鲍马序列和多种准同生变形构造外，砂层的底面还发育有槽模、沟模和菜叶模等，砂层内部发育递变层理、平行层理、水流沙纹层理，还可以出现反沙丘层理、碟状构造、泄水管道等（图6-13）。

图 6-12　海南天涯海角现代海滩岩沉积特征

A. 风化和海蚀形成的花岗岩石块之间分布有海滩岩，向海为松软的沙滩，左上角插图为交叉矗立于浅水中的日月石；B. 现代沙滩上部的海滩岩，遭受波浪的侵蚀，镜头直径为 72mm；C. 海滩岩碎屑中含有大量的贝壳和珊瑚礁；D. 海滩岩中的珊瑚礁块，碎屑的分选和磨圆很差；E. 海滩岩中含有大量的生物碎块和花岗岩岩块，并含有现代铁铆钉和铁块；F. 分选较好的海滩岩层段，发育不规则的青鱼骨状交错层理

从滨岸带水动力系统及其底形的发育来看，海盆和大型湖盆的水动力系统相似，都可以形成类似的浪控滨岸沉积体系，沉积构造的层理组合也是非常相似，这在有关沉积相论著中都有详细的介绍（赵澄林，2001；张金亮和谢俊，2008）。海盆和大型湖盆的滨岸沉积水动力多以波浪和岸流作用为主，部分海盆海岸具有潮汐作用。一般来看，某些海盆的

图6-13　意大利亚平宁前陆盆地中新世浊积岩特征

A. 浊积岩层底面发育的分散状槽模，左下角插图为平行水流方向排列的槽模，尖端指向上游；B. 浊积岩层底面发育的平行排列的沟模，右下角插图为浊积岩层底面发育的V形沟模；C. 浊积岩层底面发育的菜叶模（frondescent cast）；D. 浊积岩砂层内部发育的碟状构造，左下角插图小型碟状构造似槽状纹层，形成于沉积物的液化和泄水作用；E. 不完整的鲍马序列，平行纹层下部发育反沙丘交错层；F. 鲍马序列Tc段发育的攀升沙纹层理；G. 鲍马序列Tc段发育的变形沙纹层理

水动力强度远远大于封闭的湖盆，可以形成一些能够反映海洋作用特点的沉积构造类型（图6-14）。

图 6-14　古代海盆海岸带典型沉积构造特征

A. 大型丘状交错层理，指示浪控海岸近滨－远滨沉积环境；B. 青鱼骨状交错层理，指示潮下带或潮道沉积环境；C. 大型冲洗交错层理，指示浪控海岸前滨沉积环境；D. 板状交错层系，指示涨潮流或退潮流活跃的障壁入口－潮汐三角洲沉积环境；E. 大型低角度交错层理和壶穴，指示了前滨沉积环境；F. 岩层表面的泡沫孔和恐龙足迹，指示前滨沉积环境

海盆和湖盆沉积构造的规模有较大的区别，如海洋环境的丘状交错层理和海滩交错层发育规模较大，可与湖盆类似的成因类型相区别（张金亮等，1988）。海盆或大型湖盆波浪的持续时间长久，会在前滨带形成泡沫孔、壶穴等构造。潮汐作用的证据，可有助于盆地海湖性质的确认，特别是青鱼骨状交错层、再作用面及潮汐束状体、潮汐黏土层等沉积构造，是识别潮汐影响的重要标志。在某些大的障壁入口和河口湾地区，涨潮和退潮形成的板状交错层系也非常发育。虽然某些沉积构造与特定的环境相关，但沉积构造的形成环

境也具有多解性，即青鱼骨状交错层也可以出现在非潮汐环境，甚至在某些流向逆转的河流层序中也可以出现。在涨潮期潮水流速较快，携带沉积物的能力较强，因此易形成厚层砂岩沉积。而在落潮期潮水流速较慢，携带沉积物能力较弱，易形成薄层砂体沉积。在平潮期，由于缺少潮水带来的砂质沉积，易形成黏土质泥层。一个潮汐旋回形成一对黏土层，即为双黏土层（Visser，1980）。

很多研究者都试图从东海油气田岩心中找到潮汐作用的证据。除了常见的透镜层理、波状层理和压扁状层理这些称为潮汐层理而不一定是潮汐成因的层理外，有人提出这些地区出现双黏土层和对偶层作为识别潮汐沉积的典型标志，还有同时发育的青鱼骨状交错层、再作用面及潮汐束状体等。但是在岩心描述中，限于岩心的规模，能够经得起推敲的指相构造并不多。在西湖凹陷岩心中，微潮汐海岸相关构造还算丰富，但在丽水凹陷，典型的潮汐成因构造并不常见，某些双黏土层和对偶层也似是而非，甚至某些砂岩中的厘米级的碳屑富集层也被当成了流体泥层进行描述。即使存在潮汐影响的证据，也不能推论潮汐作用就非常强，还得根据砂体层序结构及相分布进行分析，即使含有潮汐构造的砂体也不能判定为潮控三角洲和潮控河口湾。在浪控海岸的障壁后和潮坪环境都可以出现潮汐沉积，现代海盆这种情况非常普遍，如威尼斯潟湖里面流体泥层和双黏土层构造非常发育。当然，在与外海相连或两海域相连的海峡内都可能出现强烈潮流活动，他们可以是单向的也可以是双向的，会形成大的沙丘底形，如意大利墨西拿海峡更新世沉积就存在很多大型底形。在沉积学术语中，有些冠以潮汐的沉积体系并不一定是潮汐控制的体系，相反却是出现在浪控环境。不同潮差的海岸各自具有不同的地貌特征，如滨岸平原和障壁岛及其障壁岛共生的潮汐通道和潮汐三角洲，多沿微潮汐海岸发育；而潮坪、盐沼、潮汐沙脊，则沿潮差大的海岸发育（图6-15）。

垂向层序作为重要的相标志之一，以自下而上岩石相的组合序列来表示，以最基本的沉积旋回为单元进行组合。垂向层序的分类和描述要满足划分微相和各微相作用沉积学解释的要求，即每类垂向层序都要做出微相判别，并对其沉积过程做出分析和解释。每类垂向层序应选择代表性取心段分别做出标准微相柱状剖面图。不同沉积相具有不同的垂向沉积序列特征且一般不具多解性，所以在储层沉积学分析中，沉积构造的层理旋回或沉积层序比起单一的沉积构造类型更为可靠。

自然界为我们提供了不同地质历史的各种沉积环境的大量露头剖面，从大陆红层到深水浊积岩，形成了丰富多彩的地质记录（图6-16）。通过对野外露头的观察、描述、测量、取样和制图工作，可以明确沉积相的内部构成和外部形态及其与相邻相带之间的关系。

现以浪控海岸和潮控海岸的层序对比来说明沉积动力的差异。在河口外地区，潮流作用可形成平行于河口长轴方向延伸的沙坝，即潮汐砂脊。岩性主要是分选和磨圆都很好的细砂和粉砂，但它们有个特点，就是常含有大量不连续的泥质透镜体、泥层和泥屑层。虽然它们与浪成沙坝一样具有向上变粗的垂向层序，但是砂体定向不一样，内部结构也不一样。

在浪控的三角洲海岸或非三角洲海岸，都发育相似的浪控沙坝层序，二者的区别在于区域背景中是否存在河流体系及分流河道沉积层的发育。一般来说，浪控沙坝的垂向层序

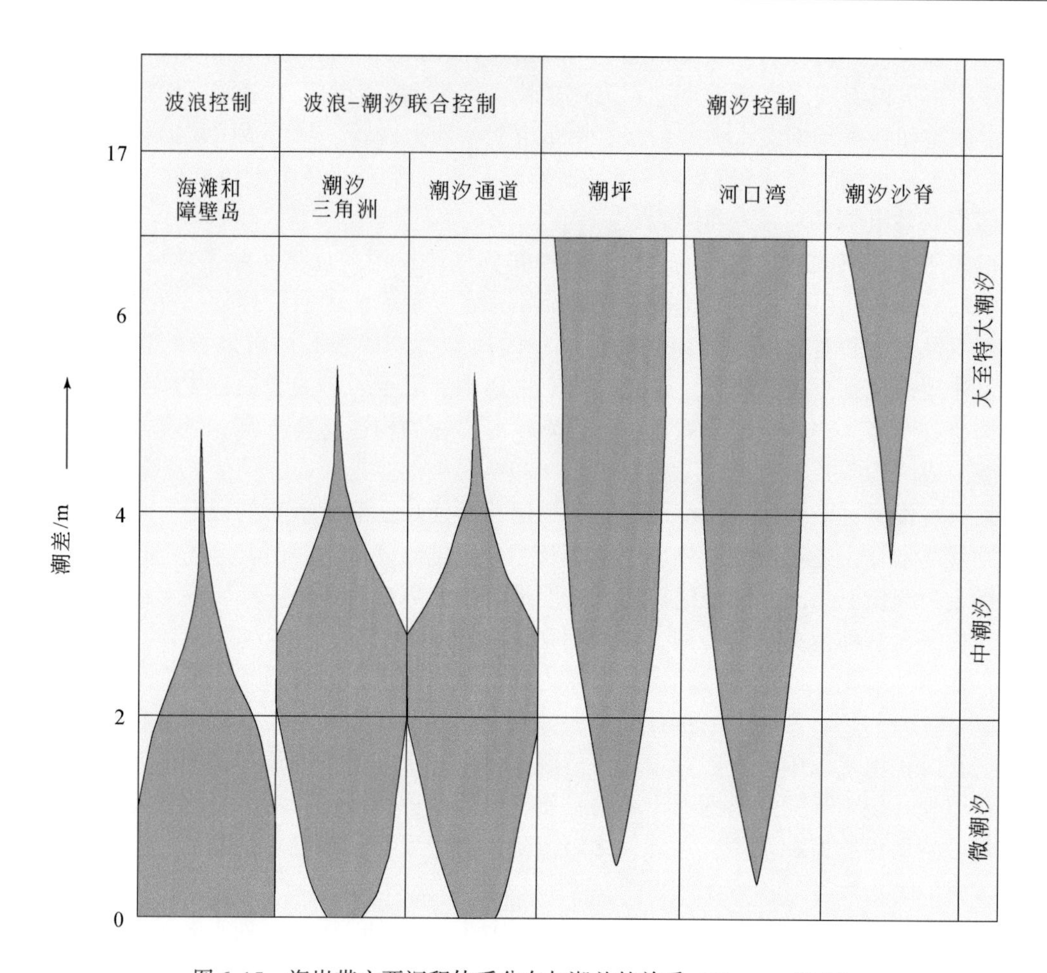

图6-15　海岸带主要沉积体系分布与潮差的关系（Hayes，1979）

图6-16　几种常见沉积环境的野外露头剖面

A. 美国犹他州拱门国家公园的侏罗系恩特拉达（entrada）砂岩层序，由厚层的大型交错层砂岩组成，显示沙丘原沉积环境，左下角插图为精致拱门；B. 美国犹他州鲍威尔湖（lake powell）峡谷的风成沙丘沉积层序，由侏罗系大型前积交错层砂岩组成，左上角插图为附近羚羊峡谷内被侵蚀的风成沙交错层；C. 推进到干盐湖的冲积扇远端片流沉积层序，左上角插图显示砂层中夹有石膏层，新疆吐鲁番塔尔郎沟二叠系；D. 准噶尔盆地南缘下二叠统塔什库拉组沉积层序，层面上发育大面积分布的小型波痕，显示浅水滨岸沉积环境（左下角插图为波痕）；E. 新疆塔里木盆地柯坪地区大湾沟志留系砂岩，低角度交错层发育，指示浪控滨岸沉积环境；F. 意大利亚平宁前陆盆地中新世海底扇朵体层序，右下角插图为切入海底扇上的浊积水道沉积特征

通常都为下细上粗的反旋回层序，层序底部是生物扰动的远滨泥质沉积，向上过渡为互层的泥、粉砂和砂的沉积，层理和所含的原生构造可以全部或部分地被生物扰动所破坏。向上砂岩的粒度和厚度都增加，潜穴也变少，交错层理发育，最后变为低角度交错层理或冲洗交错层理的分选好的高能海滩沉积（图6-17A）。在浪控沙坝沉积层序的底部，细粒段经常发育不好，粉砂和泥的互层过渡段常常缺失，形成砂岩底部与下伏泥岩突变接触。

潮汐沙脊往往含有一个不规则的反韵律垂向层序，层序的底部主要由泥岩、粉砂岩组成，发育透镜状层理、沙纹层理，生物潜穴和扰动也比较常见；向上砂岩层的厚度和比例逐渐增大，波状层理、压扁层理占主导地位；层序的中部发育平行层理、双向交错层理细砂岩、中砂岩，含有泥质薄层；层序的上部发育大型槽状交错层理粗砂岩，交错层理的前

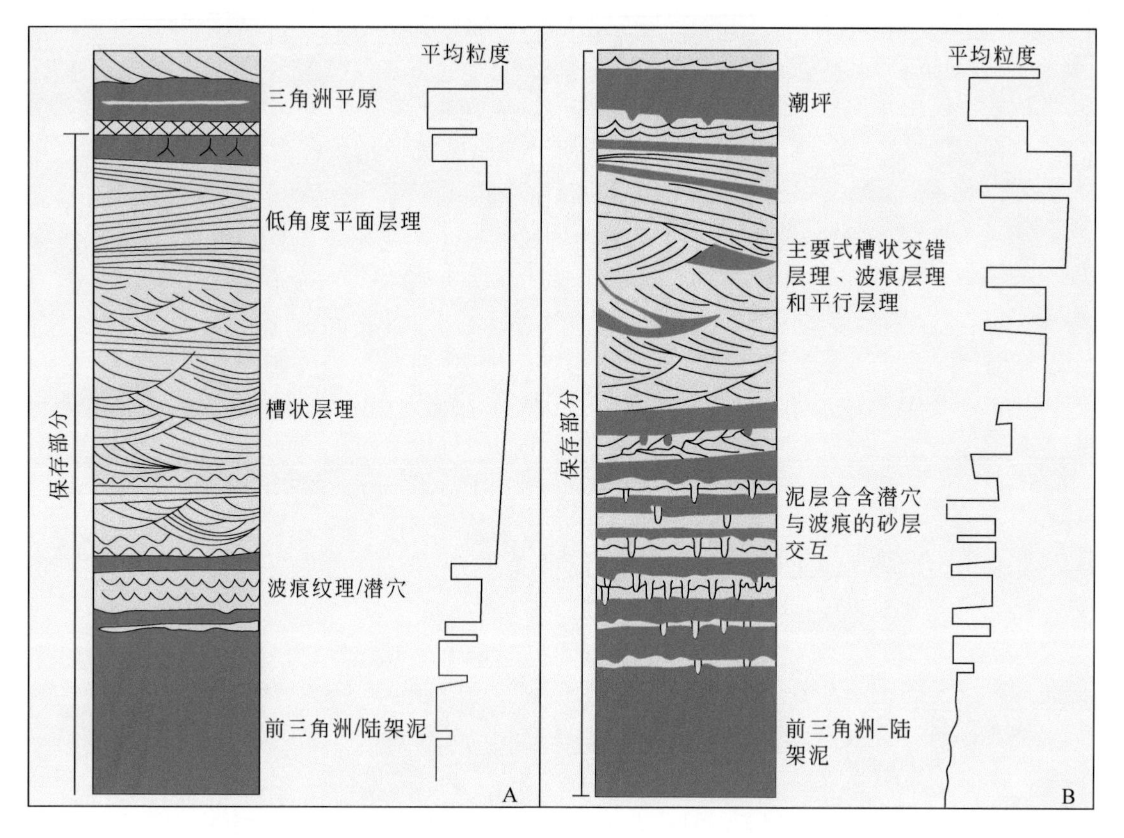

图 6-17　浪控三角洲沿岸障壁（A）和潮控三角洲前缘潮汐砂脊（B）的层序对比（据 Galloway and Hobday，1983，修改）

积层中含有薄的泥岩夹层和内碎屑（图 6-17B）。当然在一些潮流作用非常强烈的海峡环境形成的潮汐层序，内部的泥层常不发育。

三、沉积演化规律分析

由于陆内盆地的大小、形状、深度、构造特征、气候条件和水化性质各不相同，所以不可能提出通用的沉积演化模式。在盆地演化的不同阶段，由于构造、地形、物源、气候等条件的变化，层序地层结构类型亦随之变化。处于盆地同一演化阶段的不同构造带，由于物源、水深、地形地貌等均有不同，体系域及沉积相的结构也有明显差别。从石油地质观点出发，可将陆内盆地划分为断陷型、拗陷型和断陷-拗陷过渡型三大类，它们在其演化的不同阶段表现出不同的沉积格局，形成不同的沉积模式。我国东部油气盆地多具有断陷特征，盆地在其发育过程中一般都经过了初陷期、深陷期和收缩期，各发育时期的特点不同。盆地初陷期初始块段作用表现得较为强烈，造成了明显的地形高差，为形成粗碎屑沉积物提供了条件，盆地边缘分布有冲积扇和扇三角洲，向盆地方向可出现浅水砂泥岩沉积或膏盐湖沉积，这个时期属于成盆阶段，很难与外海沟通，多为陆内断陷湖盆发育阶段。

在断陷盆地的断陷期，块断作用持续增强，水体加深，边界大断层下降盘形成深洼陷，深水区持续时间长，沉积中心与沉降中心一致，属于非补偿沉积状态，是烃源岩的主要形成阶段。由于盆地不同位置有不同的构造特征，沉积物可分为三大体系，即横向陡坡体系、横向缓坡体系和纵向体系。在凸起区广阔和物源充足的条件下，靠近盆缘大断裂一侧，近源、坡陡、流急的洪水形成近岸水下扇体；在相对较缓的一侧，可形成三角洲或滩坝砂体。在某些盆地中，沿盆地轴部还可发育轴向浊积岩或风暴岩透镜体等。这个时期，断块活动强烈，形成了各种断裂系统。这些断裂系统形成了与外海沟通海峡和水道，导致海水入侵，并成为盆地水体补给的主要来源。

随着沉积充填和构造抬升，盆地性质由断陷向拗陷转化，盆底地形发生明显变化，变得比较平缓，原来陡岸的坡度也减小。常见的滨线沉积为三角洲和障壁砂体。即使陡岸一侧有小规模的扇三角洲发育，但产生浊流沉积的可能性极小。这个时期，盆地水体与外海沟通不畅，有的盆地进入了海迹湖演化阶段，但也不排除某些盆地出现微陷扩张期，伴随着短暂的海水入侵。最终盆地会被河流相粗碎屑物质填充或进一步发展为河流湿地扇沉积环境。从大多数盆地的充填沉积剖面上看，由下往上，沉积物粒度呈现出粗-细-粗的特点，盆地水体表现为浅-深-浅的变化。

在单井沉积层序分析的基础上，结合剖面相分析和平面相分析，并通过精细的砂体制图，即可以准确地判断研究区的沉积体系类型，根据沉积演化特征可以推断海湖性质的演化规律。Zhang 等（2015）和 Sun 等（2020）在层序地层研究的基础上，通过岩心观察和描述，结合地震沉积学和地球化学分析，对东海丽水凹陷充填层序进行了沉积相分布研究，并在相标志分析的基础上，明确了盆地不同演化阶段的沉积特征。现以丽水西次凹为例，对主要充填层序的沉积相做一简单的概述（图 6-18）。考虑到这些近海盆地的充填层序中有海侵层序的存在，在沉积相描述上，统一使用了前滨、近滨（滨面）和远滨等术语。

月桂峰组沉积时期为断陷盆地发育的早期阶段，具有独立的陆相沉积演化特征，发育前滨-远滨沉积背景，在丽水西次凹西侧缓斜坡带主要发育河流三角洲体系和滨岸滩坝沉积，物源来自西部的浙闽隆起。盆地大面积分布滨岸相，缺乏深水重力流沉积。灵峰组显示海侵断陷盆地的特征，盆地与外海有通道相连，沉积环境属于滨岸-远滨环境，在西部缓坡地带才能形成一定规模的粗粒三角洲及滩坝沉积体系，河流供屑能力较弱，未能形成明显的三角洲体系。明月峰组沉积早期，丽水凹陷仍然继承了海侵湖盆或陆内海盆的沉积特点，此时灵峰凸起逐渐没入水下，丽水西次凹西斜坡发育下切谷，有一定的供屑能力，河口外形成大面积分布的水下浅滩，西斜坡呈现开阔的滨岸沉积环境，沉积物广泛分布于斜坡之上，甚至延伸至远滨地区。明月峰组上段沉积时期，海水逐渐退去，丽水凹陷进入盆地变浅收缩期，部分地区逐渐变为浅水湿地沼泽环境，局部残留湖泊浅水盆地。可见，丽水凹陷沉积格局是由内陆断陷湖盆转为陆内断陷海盆再转变为内陆湖盆的演变过程。

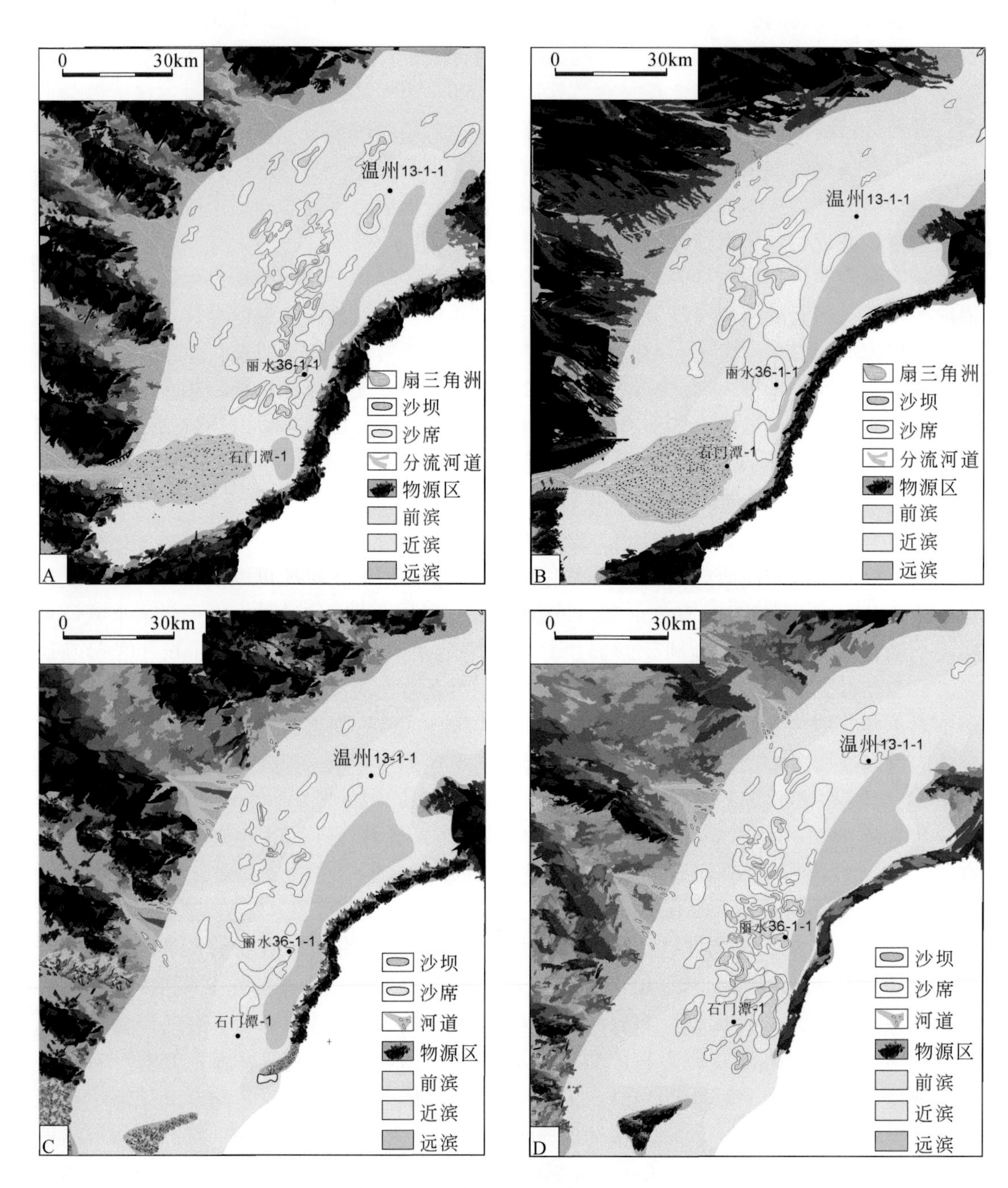

图 6-18　东海丽水西次凹不同时期沉积相分布示意图

A. 月桂峰组；B. 灵峰组下段；C. 灵峰组上段；D. 明月峰组下段

第四节 古生物、古生态和古环境分析

一、古生物与古环境分析

生物生存在一定的自然环境中。在不断适应环境过程中，其身体结构形态具有反映环境条件的特征，借鉴这些特征就能推断出古生物的生活环境。同时古生物群落、生物之间的生态关系和生物分异度等，都是反映古环境的最好标志，因此可通过“将今论古”的方法推断古地理和古环境。

利用化石的生活环境和形态特征可以判断古环境。生物的生存繁衍往往需要特定的生活环境，古生物与现代生物一样，他们的生活环境和空间位置多种多样，因此分析某个地质时期各种古生物的生活环境，就能够推断出该时期地表的海陆分布、湖泊、河流、沼泽的范围以及海岸线的位置等。如腕足动物、珊瑚、有孔虫这些生物，多分布在海洋环境；舌形贝和牡蛎这些生物多生活在滨岸地带，可以推测岸线的位置；还有生活于陆地或淡水的昆虫、叶肢介以及陆生植物的根、茎、叶等生物，其分布范围属于湖泊、河流或沼泽。对环境反应敏感的生物形成的化石可以成为指相化石，像珊瑚、腕足、棘皮动物等，可以用来恢复地史时期的古环境。大量蕨类植物化石出现表明当时的古气候温暖潮湿，造礁珊瑚化石的出现指示一种暖、清、浅的海洋环境。在油田取心中，我们会观察到各种各样的生物化石，如在某些废弃河流层序的上部泥岩中会出现丰富的海相生物化石，指示了一种海侵环境的出现（图 6-19）。指相化石和标准化石属种的发现，可很好地用来判别古环境。同时，通过综合分析生物群全貌，可以提供更加丰富的沉积环境的信息。综合多门类古生物化石分析，可以得到更全面的信息，如微体古生物定量法即利用多门类微体古生物的生态习性综合分析，结合高分辨率层序地层划分结果，可获得沉积时期较高分辨率的古水深等古环境参数。

微体化石是保存在各个地质历史时期所沉积的地层中古生物的微小遗体和遗迹，其大小一般以微米度量。由于钻井岩心可以提供丰富的微体化石，这也使得其应用范围远远超过了宏体化石。现在常用来分析古环境的微体化石有有孔虫、沟鞭藻、钙质超微化石以及孢粉等。在定量恢复古环境的研究中，介形虫和孢粉化石的应用较为普遍。湖相和海相介形虫的种类多样，各属种的生态习性都不相同，因此在不同的环境中生活着不同的介形虫组合。通过计算这些组合的优势分异度，再利用有关的转换函数或其他统计方法即可获得相关的定量古水深。古气候的变化直接控制植物群落的生长发育，同时在特定的自然条件下会发育不同的植被类型，这些植物群落产生的孢粉数量多且易于保存，因此孢粉组合及其丰度是定量推测温度和湿度变化的良好指标。

据 Sun 等（2020）研究，东海盆地丽水凹陷各钻井古生物化石丰富，取心中发现大量的有孔虫、介形虫、沟鞭藻、钙质超微化石和孢粉等微体古生物。有孔虫主要出现于灵峰组和明月峰下段，以底栖类有孔虫为主。通过对有孔虫（底栖类及浮游类）丰度、分异度

图6-19　岩心中的生物化石

废弃河流层序上部泥岩段现场照片中取心段含有大量的菊石、腕足动物、棘皮类和鹦鹉螺类等化石，取心井段223.20～223.60m，A为取心段，BCDE为该取心段所见部分生物化石

等特征综合分析认为，该沉积时期其沉积环境可能与海侵作用相关（图6-20）。现代的有孔虫绝大多数都是海生的，只有少数生活在潟湖、河口等半咸水的环境里，也有极少数广盐性的可以生活在超过正常盐度的咸水里，还有极个别的可以生活在淡水里，如瓶形虫超科中的个别种属。有孔虫可以是浮游生物，也可以是底栖生物。在开阔海洋中发现的浮游有孔虫经常被用于海洋洋流或气候研究。

介形虫丰度较低，呈多个尖峰状态出现，可能指示滨岸-上远滨浅水海盆环境；沟鞭藻大致分布在明月峰组下段和灵峰组上段，其种属组合表明该时期可能为浅水海盆环境；钙质超微化石组合整体保存完好，可能代表正常浅水海盆环境；孢粉在灵峰组上段和明月峰组丰度分布，对是否存在海侵过程也有一定的推测作用。微体古生物分析结果表明，丽水凹陷在灵峰组和明月峰组沉积时期，出现海洋生态环境。但是，正如我们讨论过的，依据海洋生态对海湖环境判别是不确定的，只能作为辅助指标，应结合多因素进行综合判断。

利用化石元素分析，可以进行古环境判断。该研究方法与地球化学方法结合判别古环境，利用化石中的元素重建沉积时期的古气候及古环境。特别是微体化石的壳体被认为是反映古沉积环境的理想对象。将介形虫、有孔虫、放射虫等生物的硬质壳体从岩石中分离并富集，经处理后测量其同位素含量，以此恢复地质历史时期的古环境。如湖水的同位素

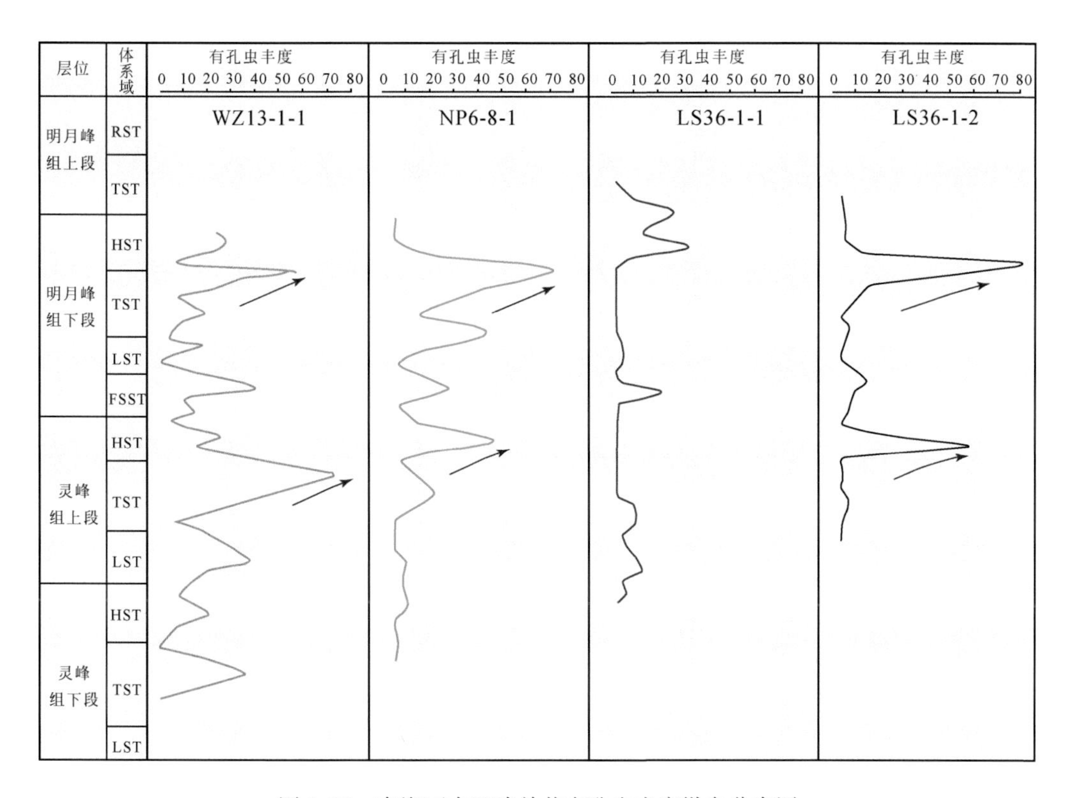

图 6-20　东海丽水凹陷单井有孔虫丰度纵向分布图

组成和温度决定了介形虫壳体形成时的氧同位素，能够反映由气候变化情况所引起的湖水水化学变化；水体的盐度和温度决定了介壳中 Mg 和 Sr 的含量，能够反映湖泊的温度和盐度的变化。

二、古生态与古环境分析

遗迹化石的发现也能够在一定程度上反映沉积环境。遗迹化石是生物尤其是动物在层内或层面活动留下的沉积构造，这些构造与影响动物生活和生存的环境因素有关，而且都是原地形成的，不被搬运转移，并随沉积物固结成岩而保存下来，所以是判断环境的良好标志。海洋滨岸带可以划分为多个遗迹相，这些生物遗迹组合在水深、盐度、能量等级、沉积速度以及底层性质和气体状况等方面提供环境解释的重要资料（图 6-21）。

东海丽水凹陷所见遗迹相基本属于石针迹和二叶石迹，反映了滨岸沉积环境（图 6-22）。

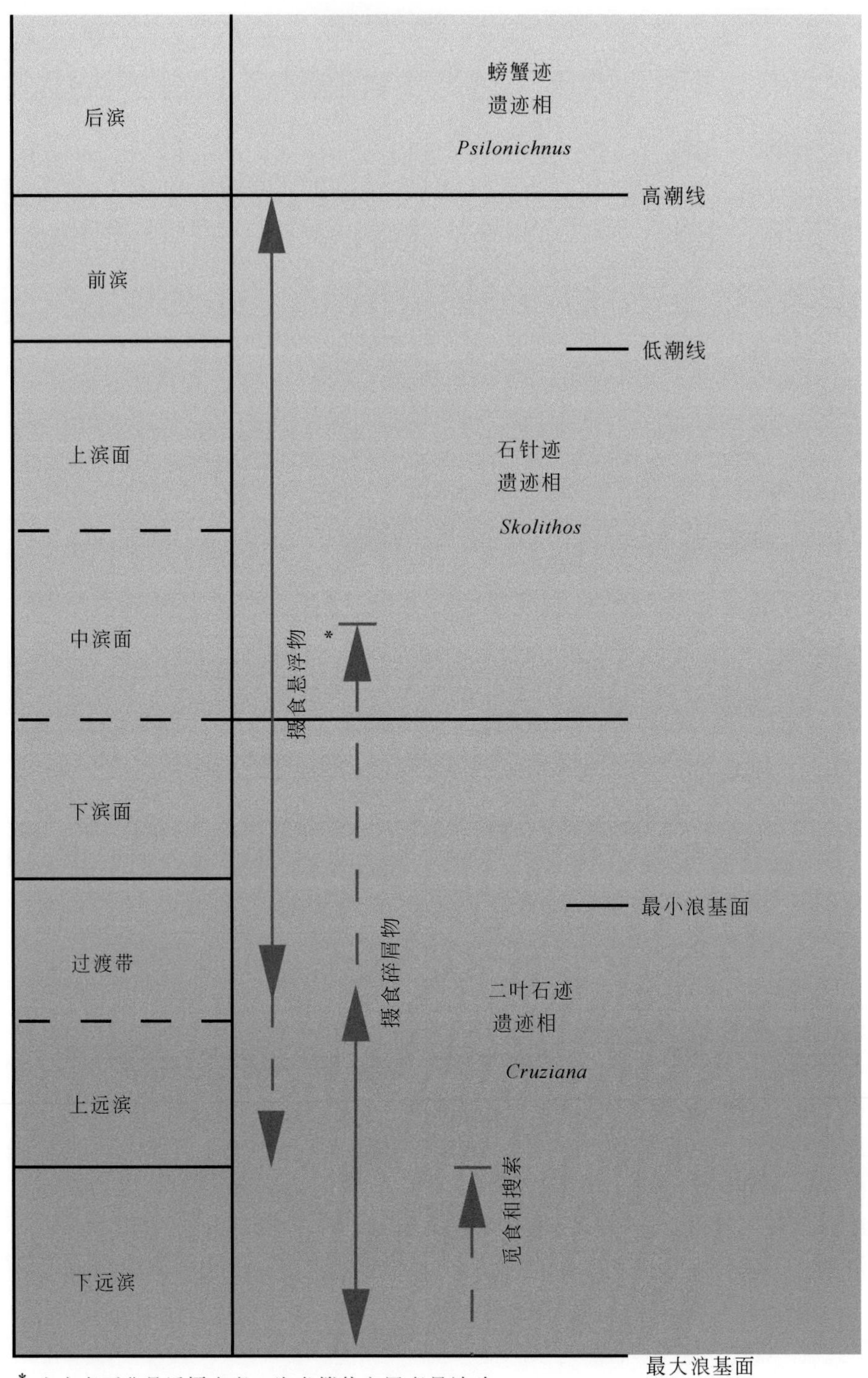

图6-21　海岸带生物遗迹相分布的理想模式示意图（据 Frey et al.，1990）

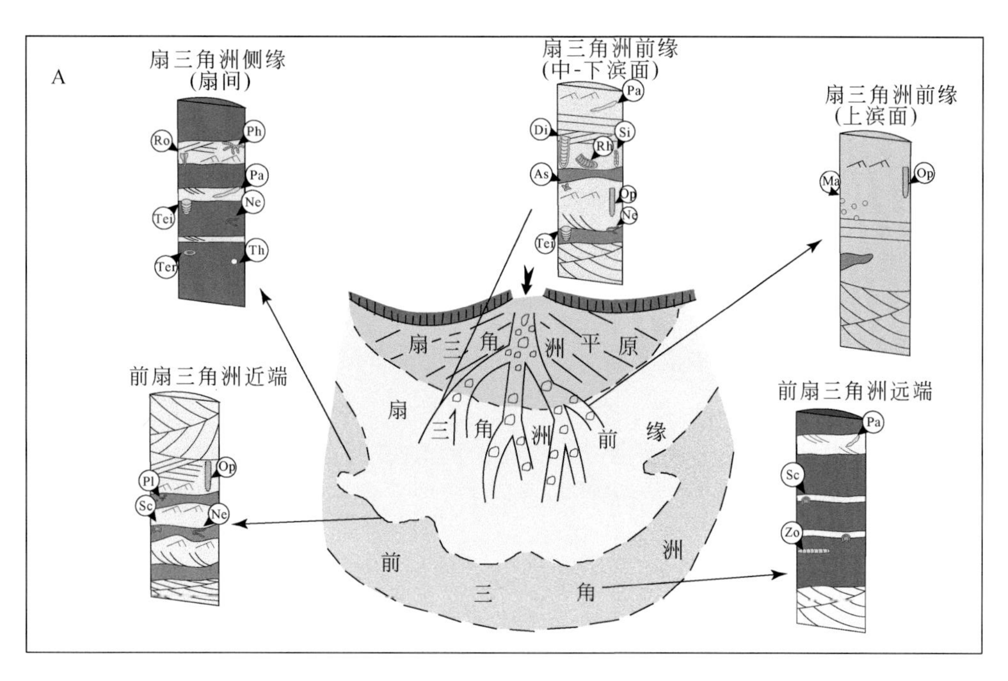

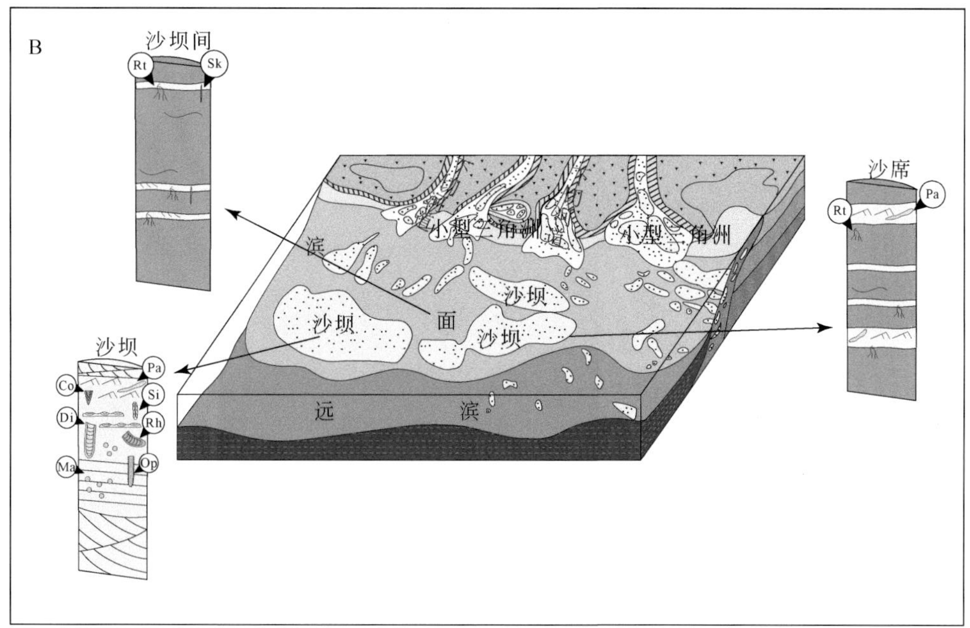

图 6-22 丽水凹陷不同沉积环境遗迹相分布（据 Sun et al., 2020 修改）

A. 扇三角洲环境；B. 河口滨岸环境。Ma. 通心粉管迹；Op. 节状蛇形迹；Pa. 古藻迹；Di. 双杯迹；Si. 虹吸迹；Rh. 根珊瑚迹；As. 星状迹；Ne. 沙蚕迹；Tei. 墙迹；Ro. 罗赛尼迹；Ph. 藻管迹；Ter. 钻风螺迹；Th. 海生迹；Pl. 漫游迹；Sc. 环带迹；Zo. 动藻迹；Co. 锥迹；Rt. 根迹；Sk. 石针迹

第五节　古盐度与古环境分析

一、泥岩无机元素与古环境分析

近年来，随着国内外沉积地球化学的逐步发展，元素地球化学方法在古环境恢复方面的应用得到了重视，利用不同的元素地球化学特征来判别沉积环境已成为沉积学研究的重要方法。作为古环境研究方法的完善，利用沉积物沉积过程中元素的组合、迁移、聚集与分布等规律来判别和恢复古环境已经成为沉积学工作的一种有效方法。大量研究实例与实验数据表明，元素地球化学与古盐度、古气候、古水深、古水温以及氧化还原性等古环境之间存在着十分密切的联系，因此可以借助元素地球化学来判别和恢复古环境。

（一）古盐度分析

元素地球化学方法经常被用来研究古水体盐度，其中包括微量元素方法、同位素方法和沉积磷酸盐法等多种方法。海相泥质沉积物比陆相沉积物中硼的含量要高，因此微量元素硼常用来指示古盐度环境（Goldschmidt，1932）。此外还可以使用“校正硼含量”来判别不同的古盐度环境（Walker and Price，1963）；利用等温吸附曲线拟合线性回归方程能够定量计算古盐度值（Couch，1971）。沉积磷酸盐中钙盐与铁盐的比值与盐度之间具有密切关系（Nelson，1967）。此外，C 同位素和 O 同位素、Sr 元素和 Ba 元素含量、Sr/Ba 值、B/Ga 值、Rb/K 值等也经常用来分析和判别古水体盐度。

1. Sr/Ba 值法

Sr/Ba 值是判别古盐度的一种重要参数，因其变化相对比较敏感，故而常被广泛使用。Ba 元素在溶液中的迁移能力和溶解度要远小于 Sr 元素，当淡水或微咸水与盐度较高的海水发生混合时，海水中过量的 SO_4^{2-} 会和淡水所携带的 Ba^{2+} 和 Sr^{2+} 先后发生反应。显然，$BaSO_4$ 沉淀的溶解度要小于 $SrSO_4$，因此大量的 $BaSO_4$ 会在海陆过渡带或滨岸带沉淀下来，而 $SrSO_4$ 则会向远滨迁移进而随沉积物一起沉积下来。因此，由陆相到海相，随着水体盐度的加大，Sr 会越来越多的以 $SrSO_4$ 的形式发生沉淀。所以通过计算 Sr/Ba 值，能够判别沉积环境，也可以间接地判别古水体盐度。一般认为海洋沉积物的 Sr/Ba 值要高于陆相沉积物，海相沉积物 Sr/Ba 大于 1，而陆相淡水环境 Sr/Ba 小于 1。

2. B/Ga 值法

除了 Ba、Sr 元素之间的地球化学特征有差异之外，B、Ga 元素之间也有差别。B 元素比 Ga 元素更易迁移，因而二者在不同的环境中富集程度不相同。由陆相到海相环境，Ga 随着沉积物逐渐沉积进而逐渐减少，B 则可以迁移到远滨，因此 B/Ga 值能够反映沉积环境的变化。一般来说，海相 B/Ga 值要远高于陆相的 B/Ga 值，而陆相湖泊中的 B/Ga 值要高于河流相的 B/Ga 值。邓宏文和钱凯（1993）、Chen（1997）等总结了 B/Ga 值与古水体环境的相互关系：B/Ga 值在 0.5～1.5 时，为淡水相；B/Ga 值在 1.5～3 时，为淡水湖相；B/Ga 值在 3～4.5 时，属于半咸水相；B/Ga 值大于 4.5 时，为咸水相。

3. 硼含量法

泥质沉积物中硼元素一直以来被当作一种十分有效的盐度指标（Walker and Price, 1963）。大量的研究实例表明，海相泥质沉积物比陆相沉积物中含有更多的硼元素。微咸水相的硼元素含量一般小于 60×10^{-6}，半咸水相中的硼元素含量一般在 $60\times10^{-6}\sim80\times10^{-6}$，而海相泥质沉积物中的硼元素含量一般在 $80\times10^{-6}\sim125\times10^{-6}$，据此可以判别沉积水体的盐度环境。

4. 相当硼含量法

Eager（1962）和 Curtis 等（1964）认为泥质沉积物中的硼元素主要反映了烃源岩的发育，而沉积过程中的硼元素则与其相伴生的有机质有关，而绝大多数含油气盆地的烃源岩都与沉积盆地古水体的盐度关系密切，所以研究泥质沉积物中的硼元素含量对古盐度研究意义重大。Walker 和 Price（1963）证明了泥质沉积物样品中的硼主要存在于黏土矿物伊利石中，首次将硼的含量和伊利石的含量转变为“校正硼含量”和“相当硼含量”，并将之与古生物学联系起来。但是，除了伊利石之外的其他黏土矿物中也可能含有大量的硼元素。Harder（1961）的实验结果表明，伊利石、高岭石以及蒙脱石中都能够提取硼。因此，仅仅利用 Walker 的“伊利石硼”来计算“相当硼含量”显然是远远不够的。Couch（1971）的实验数据表明：在一定条件下，黏土矿物伊利石中提取的硼大约是蒙脱石的 2 倍，高岭石的 4 倍，进而得出“相当硼含量”公式：

$$B_k = B/4X_i + 2X_m + X_k \tag{6-1}$$

式中，B_k 为相当硼含量，$\times10^{-6}$；B 为硼元素的浓度，$\times10^{-6}$；X_i、X_m、X_k 分别为 X-衍射测定的伊利石、蒙脱土和高岭石的相对含量，%。

当硼含量小于 200×10^{-6} 时为淡水-微咸水环境；当硼含量为 $200\times10^{-6}\sim300\times10^{-6}$ 时为半咸水；当硼含量为 $300\times10^{-6}\sim400\times10^{-6}$ 时为咸水，当硼含量大于 400×10^{-6} 时为超盐度咸水环境。

5. Adams 公式法

Adams 等（1965）发现 Dovey 河口现代泥质沉积物中实测的水体盐度为 16‰～33‰，吸附的硼元素含量和盐度之间存在着很强的相关性。根据二者之间的关系拟合线性回归方程并得到了定量计算沉积盆地盐度的公式：

$$Y = 0.0977X - 7.043 \tag{6-2}$$

式中，Y 为水体的盐度，‰；X 为黏土矿物吸附的硼含量，$\times10^{-6}$。

硼元素绝大多数来自黏土矿物伊利石的吸附作用，因而 X 即泥质沉积物中硼元素浓度与黏土矿物伊利石含量的比值。古盐度值在小于 0.5‰时为淡水环境，古盐度值为0.5‰～5‰时为微咸水，在 5‰和 18‰之间时为半咸水，大于 18‰为咸水环境。

6. Couch 公式法

Couch（1971）在“相当硼含量”的基础上，对古盐度的计算公式进行了重新标定，得出 Couch 古盐度计算公式：

$$\lg S_p = (\lg B_k - 0.11)/1.28 \tag{6-3}$$

式中，S_p为待求的古盐度,‰；B_k为“相当硼含量”，$\times10^{-6}$。

一般来说，Couch 公式法适用于成分比较复杂的黏土矿物组成的泥质沉积物，而 Adams 公式法则主要适用于以黏土矿物伊利石为主的泥质沉积物。

7. 综合分析

以单井元素分析资料为基础进行多井对比分析，可以发现 6 种古盐度分析方法变化趋势是相似的（图 6-23）。但是从分析结果的可靠性和对古盐度的敏感度来看，元素比值法和公式法均优于硼含量法和相当硼含量法。

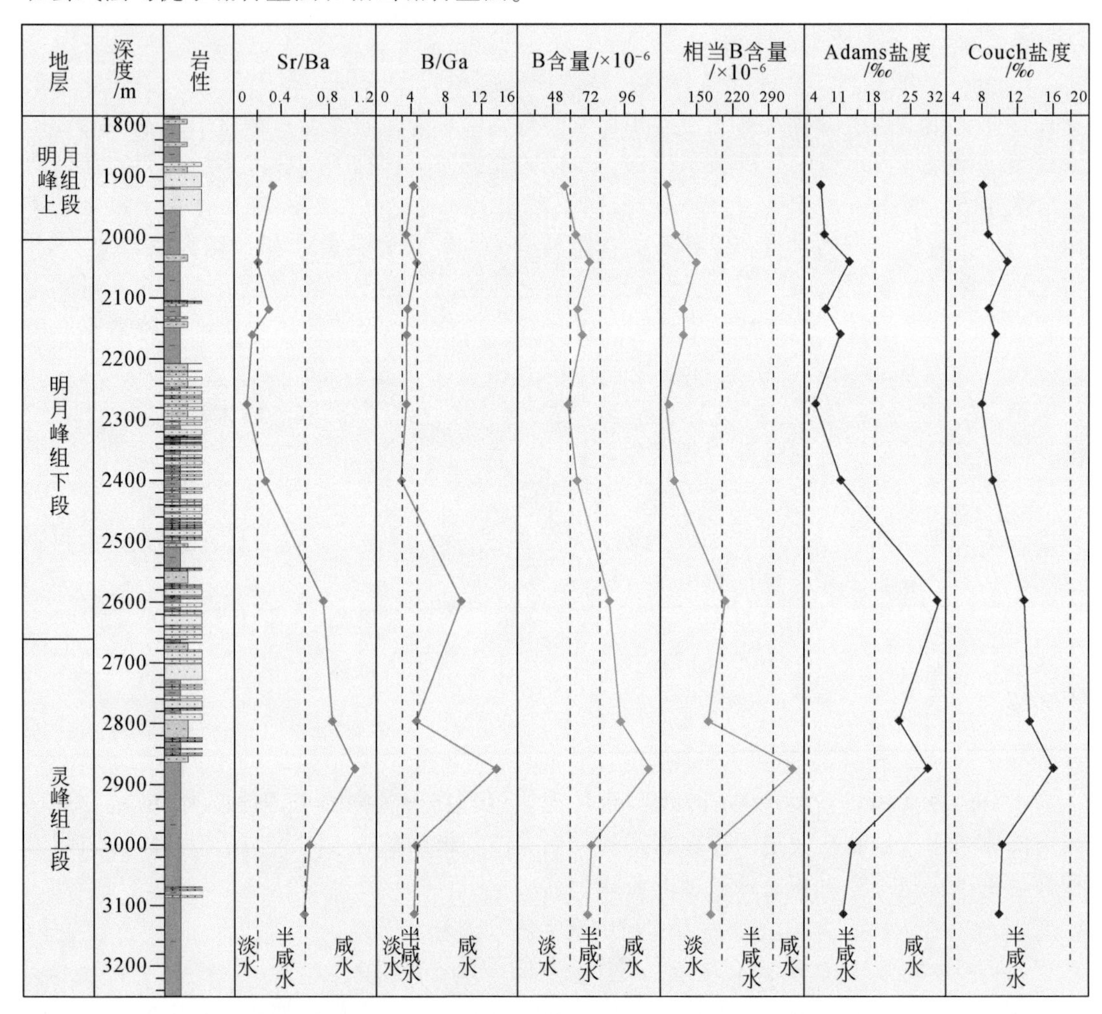

图 6-23　丽水凹陷单井古盐度演化剖面（丽水 36-1-1 井）

综合分析丽水凹陷东、西次凹各井的古盐度演化剖面，认为丽水凹陷东次凹月桂峰组沉积时期古水体为咸水-半咸水环境；灵峰组为咸水环境；明月峰组则属于半咸水环境。月桂峰组至明月峰组盐度整体上呈降低的趋势，逐渐由咸水过渡到半咸水环境。丽水凹陷西次凹月桂峰组和灵峰组沉积时期为咸水环境；明月峰组则属于半咸水-淡水环境。月桂峰组至明月峰组盐度整体上同样呈降低的趋势，逐渐由咸水过渡到半咸水再到淡水环境。丽水凹陷明月峰组沉积时期西次凹水体盐度略低于东次凹，推测可能为物源和水系发生变化的原因。

通过对丽水凹陷东、西次凹多口井古盐度演化的分析，综合古盐度、古气候、岩心观察等，认为月桂峰组和灵峰组下段为湖相沉积，随后发生海侵，凹陷与外海沟通，明月峰组下段发育下降体系域，至上段海平面逐渐降低，凹陷与外海不再沟通，凹陷进入海迹湖演化阶段。

（二）古气候分析

元素地球化学方法可以很好地用来判别并恢复古气候，如 Sr、Al、Ti、Nb、Ta、Th 等元素作为气候敏感元素，常指示湿热气候，而 P 元素含量相对高则指示干热的气候环境；通过 Sr、Cu 以及 Sr/Cu、Sr/Ca、Sr/Ba、Mg/Ca、Mg/Sr、FeO/MnO、Al_2O_3/MgO 等元素或化合物比值方法可以定性地判别古气候；C、O 同位素也能够指示古气候，沉积岩中 $\delta^{13}C$ 值的增加或降低常指示全球气候和海平面的变化。此外，还可以借助古气候指数、CIA 指数和 ICV 指数判断物源区风化作用强弱进而恢复古气候。

古气候演化与元素含量的分配、元素比值变化及古水体盐度之间的关系十分密切。古气候、古盐度等古沉积环境在一定程度上影响了泥岩等岩石中元素的分配特征。当古气候发生变动时，古水体的水位也会随即升降，导致古沉积环境随之改变进而影响了元素的分配特征与元素比值的变化。元素比值法作为一种恢复古气候的指标，得到了广泛的应用。但在应用时，要根据沉积环境来选用不同的常、微量元素比值作为判别古气候的指标。

一般认为，泥岩中 Fe、Ni、V、Zn、Ba、Al 等元素含量高反映潮湿的气候条件，而 Ca、Na、Mg、Mn、Sr 等元素含量相对增高则反映了干燥或干寒的气候环境。据此可选用 Sr/Cu、Sr/Ba、Al_2O_3/MgO、Fe/Mn、Mg/Ca、Sr/Ca 等元素的比值作为判别和恢复古气候的指标。

Sr/Cu 值常用来判别古气候环境，一般来说，Sr/Cu 值为 1.3～5.0 时代表潮湿的气候条件，Sr/Cu 值大于 5 时，则指示干燥的气候环境。Sr/Ba 值的上升指示气候干燥，下降则指示气候变湿润。对比 Sr/Ba 值和 Sr/Cu 值的演化剖面，发现两者相关性很强。泥质沉积物中 Fe/Mn 的比值对古气候环境的变化也十分敏感，Fe/Mn 值较高时为潮湿的气候环境，反之则为干热的气候条件，这与 Sr/Cu 值恰好相反。与 Sr/Cu 值、Fe/Mn 值一样，Mg/Ca 值同样能够指示古气候环境的变化。一般情况下，Mg/Ca 值高时为干燥的气候环境，低时为潮湿的气候环境，但是极度干燥的碱层则恰恰相反。

常量元素的比值大小及变化同样能够反映沉积时期的古气候环境。一般来说，Al_2O_3/MgO 值越大，表明气候温湿，反之，则表明气候干燥。

经过对各种元素比值变化的多井剖面的对比分析认为，上述元素比值法得出的结论具有一致性，如丽水凹陷古新统整体处于干燥的气候背景，自月桂峰期至明月峰期依次经历了潮湿—干燥—潮湿的演化过程（图 6-24）。

（三）氧化还原性

沉积环境的氧化还原性与很多微量元素以及稀土元素的含量都密切相关。如沉积物中常含有 U、V、Mo、Cr 等氧化还原敏感元素；Cu/Zn 值随着介质的氧逸度变化而变化，因此可以判别氧化还原条件；U/Th、Ni/Co、V/Cr、V/(V+Ni) 等元素的比值也能够判别氧

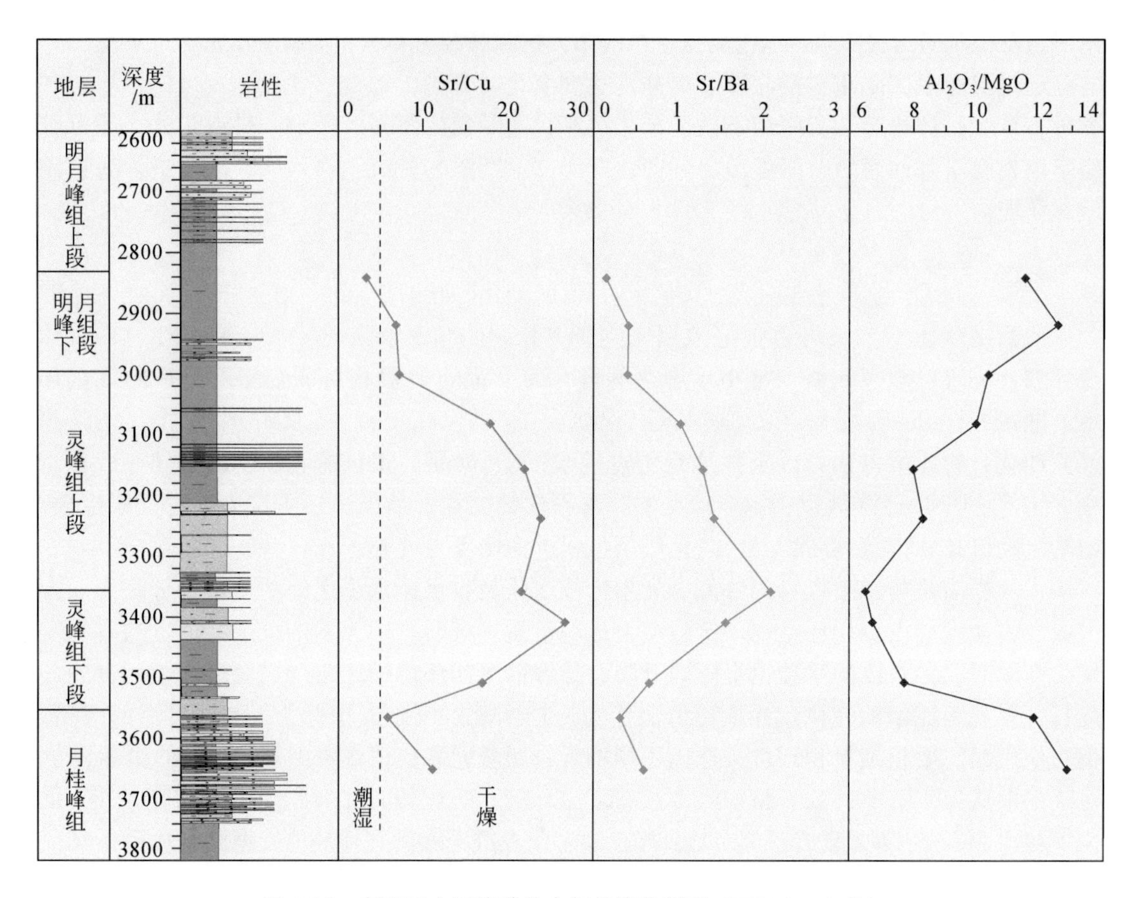

图 6-24　东海丽水凹陷单井古气候演化剖面（WZ26-1-1 井）

化还原性；除微量元素外，Ce 等稀土元素也可以有效的判别沉积环境的氧化还原性（Wright et al.，1987）。

泥质沉积物中常含有 Cu、Zn、V、Ni 等对环境敏感的元素，它们的富集程度常受海水的氧化还原性控制。因此，利用泥质沉积物中对环境敏感的元素含量和比值能够复原古沉积环境的氧化还原条件，判断氧化还原性。

Cu/Zn 值常与介质氧逸度有关，因而能够用来判断氧化还原状态。一般来说，Cu/Zn 值大于 0.63 时，指示氧化环境；Cu/Zn 值介于 0.5～0.63 时，指示弱氧化环境；Cu/Zn 值在 0.38～0.5 时，指示还原-氧化环境；Cu/Zn 值在 0.21～0.38 时，指示弱还原环境；Cu/Zn 值小于 0.21 时，指示还原环境。

此外，V/Ni 值和 Cu/Zn 值一样，也能够反映出泥质沉积物沉积过程中的氧化还原环境。通常来说，V/Ni 值小于 1 时，指示氧化环境；大于 1 时，指示还原环境。

（四）古水深

由于沉积物中的元素在沉积过程中发生分异作用，表现出元素的分散与聚集和离岸的距离（水深）有关，故元素地球化学方法也可以分析古水深，目前多用微量元素和稀土元素来研究古水深。一般认为，由海岸带到深海盆地，沉积物中富集的元素常呈规律性变化，且稀土元素的浓度与水深呈正相关（Strakhov，1958）；Fe元素易氧化，Mn元素能稳定存在于溶液中，因此Fe/Mn值可以反映水深；对于海相沉积而言，通常近源的Ba元素含量高、Sr元素含量低；V、Ni元素等含量随着水深变化而逐渐变化；此外，$^{87}Sr/^{86}Sr$值也可以用来反映海平面的升降。

（五）古水温

古水温的变化也能引起元素地球化学特征的变化。碳酸盐沉淀时温度的变化会使氧的同位素$^{18}O/^{16}O$发生变化，因而可以用同位素来定量计算古水体温度（Shackleton，1974）。此外，古水体温度还和Sr元素的含量之间存在着一定的关系，因而也能够利用Sr元素含量来定量计算古水温。

利用元素地球化学方法能够进行古环境的恢复与判别，但是沉积环境的判别还需要结合岩石特征、沉积构造、古生物等多种方法进行综合研究。

二、有机质来源与古环境

陆内海盆和湖盆都是陆地上相对低洼的汇水处，河流携带的陆源、有机碎屑和营养物质都可以源源不断地注入盆内，为水生生物的生长和繁衍创造了条件，一些低等的浮游藻类和微生物的生长发育，死亡后同高等植物的碎屑被埋藏，这些构造盆地都是长期继承性沉降的盆地，沉降中心和沉积中心都是强还原环境，在这些非补偿区可以形成良好的生油层，并十分有利于有机物质的保存和转化，这些陆相盆地与海相盆地在沉积环境上即使差别不大，在沉积有机质的输入上还是会存在一些差异。

陆相生油层主要沉积于弱还原亚相和还原亚相，而海相生油层则主要沉积于还原亚相、强还原亚相和硫化氢相。陆相生油层有机碳含量比较高，它的下限值为0.4%，而一般值为1%～2%；海相生油层有机碳含量般为1%左右。从沉积学的角度来看，这些烃源岩环境的差异，主要是受控于盆地的构造与沉积环境，与盆地的海陆性质并无太多关系。实际上，陆内海盆与陆相湖盆生烃母质不仅仅来源于盆地内的低等生物，也可以来源于陆源高等植物中富含类脂物的稳定组分，所以两者生油母质都可以出现水生和陆生的混合型母质（腐殖腐泥型和腐泥腐殖型干酪根）。所谓的高蜡、低硫、低钒/镍值，也并不是陆相原油所特有的。

生物标志化合物（biomakers）是起源于活体生物的由碳、氢及其他元素组成复杂的有机化合物（Peters et al.，2005）。其在有机质演化过程中具有较强的稳定性，基本保持了原始的化学结构，能够较为准确地反映其来源信息。沉积岩中的生物标志物常被用来判断其古沉积环境特征。其中利用沉积岩的生物标志化合物特征判断其沉积时的氧化还原条件得到了广泛的应用。目前常用于沉积岩的古沉积环境氧化还原条件判别的生物标志化合物参数主要有姥鲛烷/植烷值（Pr/Ph）、升藿烷指数［$C_{35}S/(C_{31}-C_{35}S)$］、伽马蜡烷指数（$Ga/C_{31}22R$）和胡萝卜烷含量等。

（1）姥鲛烷/植烷值（Pr/Ph）：姥鲛烷（Pr）和植烷（Ph）都由植醇分解而成，还原条件或缺氧环境中植醇易被还原为植烷，氧化环境中则优先转化为姥鲛烷。通常情况下，高姥植比（Pr/Ph>3.0）指示富氧环境，反映氧化条件下的陆相有机质输入；低姥植比

(Pr/Ph<0.8) 指示缺氧环境，反映高盐度的还原环境。姥植比在受沉积环境影响的同时也受到其他因素的影响，因此，当姥植比在 0.8 和 3.0 之间（0.8<Pr/Ph<3.0）时，应结合其他参数判断沉积岩沉积时的氧化还原条件。

（2）升藿烷指数［$C_{35}S/(C_{31}-C_{35}S)$］：升藿烷是成岩作用最早期由细菌改造藿四醇在形成低碳数本族化合物过程中的产物，常见于富硫化物的缺氧沉积。高丰度的 C_{35} 升藿烷常被认为是强还原条件下的海相沉积的指标（Peters and Moldowan，1991）。但此比值受成熟度的影响较大，在使用时应考虑沉积岩的成熟度的影响。

（3）伽马蜡烷指数（$Ga/C_{31}22R$）：伽马蜡烷可能是由海相沉积环境中常见的四膜虫醇被还原形成的一类生物标志化合物。其对高盐度、强还原的沉积环境具有很强的专属性。由于伽马蜡烷在沉积岩和原油中通常是痕量分布，该比值变化范围较窄，不便于定量区分。因此定性描述更为妥当，如随伽马蜡烷指数的增加，沉积环境水体含盐度升高。

（4）在强还原条件下，类胡萝卜素才能得以保存，因此类胡萝卜素可指示缺氧的盐湖相或海相沉积环境。缺氧环境盐湖沉积中的藻类有机质输入将极大地增加沉积岩中胡萝卜烷的含量。与其他典型的环状生物标志物类似，类胡萝卜素的含量很低，但其存在就暗示了局限性的还原条件下的沉积环境。

Li 等（2019）通过对东海盆地丽水凹陷烃源岩的饱和烃气相色谱及色谱质谱分析，并利用生物标志化合物参数对烃源岩的有机质来源及古环境进行了探索。从正构烷烃及类异戊二烯的分布特征来看，月桂峰组泥岩显示了较高的成熟度和水生有机质的输入优势；灵峰组下段与上段泥岩的有机质输入有差异，下段水生输入占优势，上段陆源输入占优势；明月峰组泥岩以水生生物输入为主（图 6-25）。结合萜烷、藿烷及甾烷等生物标志化

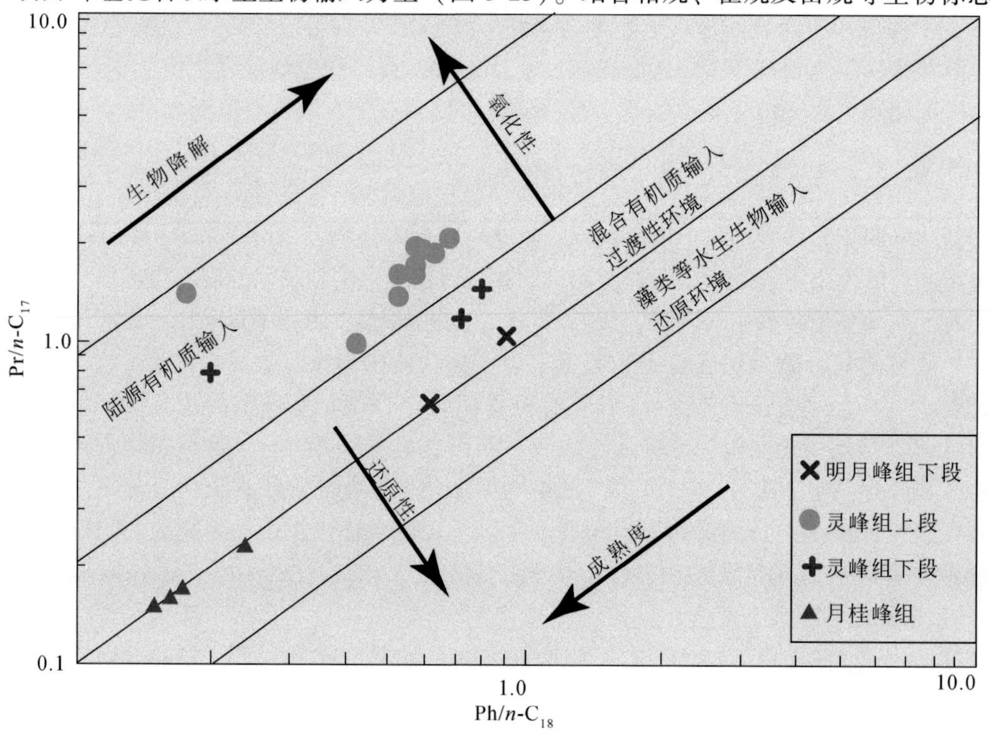

图 6-25　东海丽水凹陷烃源岩类异戊二烯与相邻正烷烃比值分布图（据 Li et al.，2019）

合物参数分布特征来看，月桂峰组泥岩沉积于黏土含量较高且相对高盐的咸水湖沉积环境，灵峰组泥岩沉积于与外海连通的断陷盆地环境，明月峰组则主要为成熟度较低的泥岩，沉积于水生生物输入为主的、受外海水体入侵影响的沉积环境（图6-26，图6-27）。总的来说，丽水凹陷烃源岩显示了混合有机质输入的特征以及从湖盆到海盆的沉积环境演变过程。

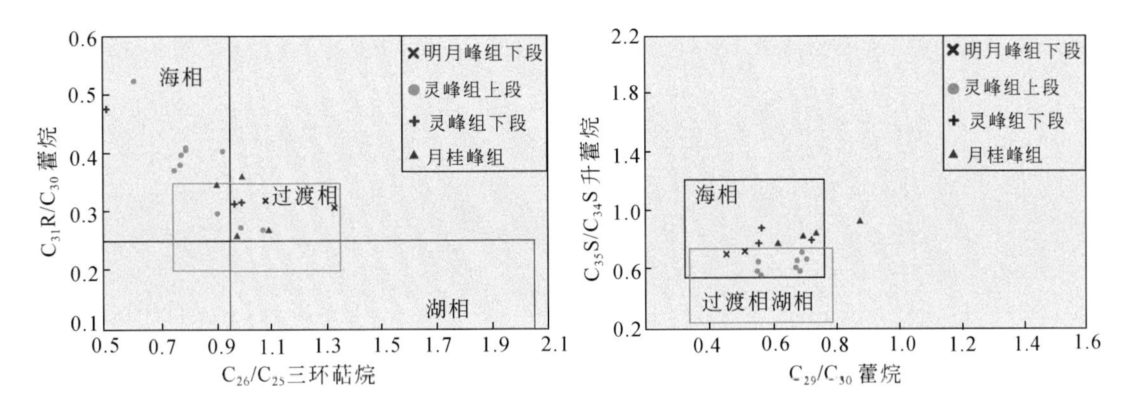

图6-26　东海丽水凹陷烃源岩萜烷及藿烷参数反映沉积环境（据 Li et al.，2019）

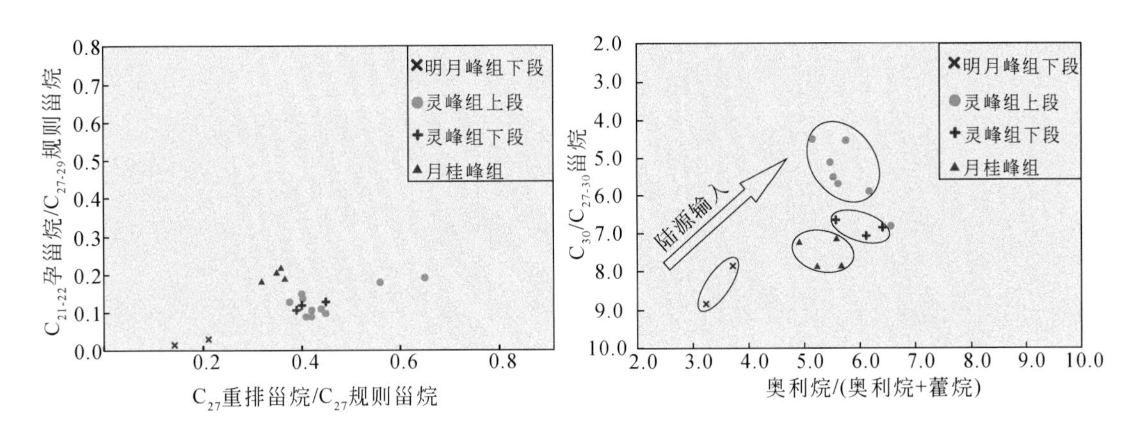

图6-27　东海丽水凹陷烃源岩甾烷相关参数及奥利烷指数分布图（据 Li et al.，2019）

第六节　海平面变化与环境演变分析

一、海平面变化及影响因素

目前全球海平面变化具复杂性和不确定性。大家普遍认为，近百年来全球海平面保持着断断续续的上升，大约上升了15cm，这主要是根据全球上百个验潮站数据计算得出的。在地质历史上，海平面的变化是造成海岸带演化的主要因素。实际上，在地质历史上海平面的升降是频繁发生的现象。它与大地构造运动、火山喷发、冰川消融等因素有关，其中冰川的消长最为敏感。据研究，第四纪海平面变化主要表现为冰期-低海平面-海退与间冰期-高海平面-海侵的交替。据估计，如果全球的冰川融化注入海洋，可使全世界海平面上升 66m。建于公元前古罗马时代的塞拉比斯古庙，被认为是海平面升降的典型实例。古庙照片曾因出现在莱伊尔的《地质学原理》的封面上被大家所熟知，19 世纪 30 年代初该书印刷出版时，当时该区海平面还比现在高出几米。废墟中耸立着最突出的三根大理石柱，见证了那不勒斯地区发生的沧海桑田的变化（图 6-28）。石柱中间 2. 7m 的暗色部分，为海水浸没的痕迹，有海洋生物钻孔；下部的 3. 6m 石柱较为光滑，为公元 79 年火山喷发时火山灰掩埋部分。15 世纪石柱没入海内遭受了海洋侵蚀，18 世纪时石柱重上升至海面以上。

图 6-28　塞拉比斯神庙遗迹

大理石柱子暗色部分代表了原来的海平面

当海面位置发生变化时，海岸带的海蚀地形位置也随之变化。当地壳上升或海面下降时，海蚀阶地（波切台）与海蚀凹槽都将高出于现代海平面。广州七星岗的古海蚀凹槽，形成于距今约 6000 年前，因地壳上升已完全位于陆地之上，距今海岸线 100km 以上。该海岸遗址 1937 年被中山大学地理系教授吴尚时发现，是世界上少数深入内陆的古海岸遗址之一，也是研究珠江三角洲地区海面变化的重要证据（图 6-29）。关于这一古海蚀凹槽的成因及海岸线南移的观点，学术界尚有分歧。

从海洋地质作用来看，海洋水动力作用和海岸带的岩性变化都对岸线的迁移产生影响。在海岸带，坚硬的岩石常突出成为海岬，而松软碎裂的岩石常凹入成海湾，形成带状海滩。但是随着海洋地质作用的进行，海岬岸线遭受剥蚀不断向陆地方向后退，而带状海

图 6-29　广州七星岗的古海蚀凹槽

A. 海蚀凹槽；B. 海蚀洞；C. 海蚀台阶；D. 海蚀台阶上的砾石

滩内沉积作用增强，海岸线不断地向海方向推进，形成岸线的迁移变化。

河流三角洲的旋回和废弃也对岸线的变化产生很大的影响，河口沉积作用与海岸带的演化密切相关。如现代黄河三角洲位于渤海西缘，由多期三角洲朵体叠合而成，其特点是单一河道入海，输砂量大，淤积快，导致河道频频改道，并向海迅速进积，海岸线推进规模堪称当今之最。而黄河古道曾于 1128 ~ 1855 年在江苏入海，黄河带来的泥沙使得河口向海推进了 90km。但是 1855 年后黄河北归而转入渤海入海后，黄河三角洲朵体废弃，海岸线遭受强烈侵蚀，并发生后退，近 100 多年来海岸就后退了十几公里（杨桥，2004）。同样，密西西比三角洲活动的朵体不断向海进积，而废弃的朵体也在不断地发生侵蚀，造成海岸带的后退。

滨岸带是一个敏感的地带，其位置随着海侵与海退而迁移。滨线处的海平面升降、沉降作用与沉积作用控制着盆地充填结构和地层叠加样式。我们看到的现代海岸线迁移，在走向上是不一致的，也就是说这些体系域的边界可能是穿时的，沿滨线的沉降和沉积速率变化时，海盆中各处的水深也会发生变化，不同区域间相对海平面变化可能也存在差异。也就是说，一个盆地的岸线迁移由于受到地质作用的差异影响，在相同的时间单元内可同时表现为岸进和岸退。在研究中应进行综合层序地层学分析，全面掌控体系域的变化规律，不能以点带面，以偏概全，将局部的岸线迁移误判为盆地的相对海平面变化，从而导致与全球海平面变化对比的错误。

海平面变化分析一般包括两个部分，全球海平面变化分析和相对海平面变化分析。全球海平面变化是控制基准面变化的主要因素之一。早期的 Exxon 学派（Vail et al., 1977）以被动大陆边缘为研究对象，认为全球海平面变化对于海相层序地层的形成起唯一的主导作用，并通过以海岸上超点以及后来的露头资料、地磁资料和古生物资料的修正得出了著名的全球海平面变化曲线。虽然全球海平面变化的重要性被认为夸大了，但其仍然是控制沉积趋势的最主要因素之一（Hunt and Tucker，1992）。

相对海平面变化，也可以近似看作基准面变化（二者区别在于前者未考虑波浪、气候等能量因素，后者考虑了这些因素，但差别不大，一般可以忽略不计），是海平面相对基面距离的变化（Catuneanu，2002）。从定义可以看出，相对海平面变化（基准面变化）是一种相对运动，它的参考系为选定的基面。基面就是一个假想的参考平面，它在海床以下用以监测构造运动相对地心的升降幅度。基面的选择是有讲究的，为了反映相对于沉积压实的全部沉降作用，选择的基面应尽量靠近海底，它的位置可以想象成埋在海底以下未固结沉积物中的一个 GPS 仪，可以测量纵向运动的大小（图 6-30）。全球海平面变化并不是和相对海平面变化同步的，原因在于相对海平面变化（基准面变化）的参考系为基面，而全球海平面变化的参考系为地心。

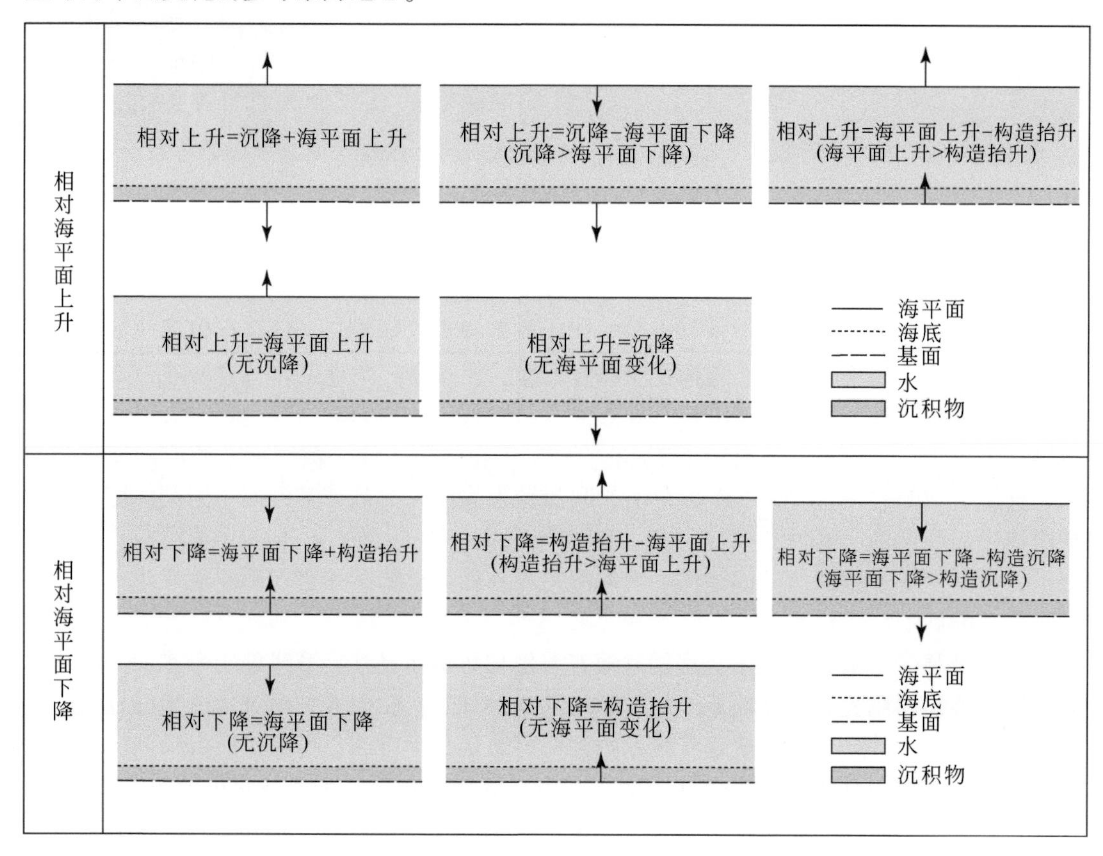

图 6-30　全球海平面变化与构造升降共同控制相对海平面变化（据 Catuneanu，2002 修改）

目前并没有任何直接的方法可以推出全球海平面的变化幅度，因为无法找到一个固定不变的基准面，使研究人员可以根据它测量出相应的变化。出于这一原因，目前对于全球海平面变化幅度的研究都是采用间接方法。这些方法大致包括：①利用大陆被海相沉积物覆盖面积的变化确定海面变迁的幅度，这一类方法的典型代表是测线高法。测高曲线法是指针对当今地形的测高曲线，计算与被海覆盖的大陆面积成比例的海平面上升了多少的一种方法。任一特定时间间隔中海水跨过大陆推进的数量，可以利用一个求积仪和一个等面积投影从该时期海相沉积层序的古地理图中得到（Eyged，1956；Cogley，1981）。②根据沉积记录确定全球海平面变化幅度，古水深标志与古海岸滨线位置的结合，可以用于对全球海平面变化幅度的计算。这些标志包括变浅旋回中指示高水位的沉积构造、古海滩线、古海蚀阶地及指相化石和岩性岩相等。③应用同位素地球化学方法确定全球海平面变化，Fillon 和 Williams（1983）根据取自深海的浮游微生物得出的 $^{18}O/^{16}O$值变化测定了冰川期全球海平面变化的地质年代；Matthews（1984）在环绕巴巴多斯的珊瑚礁阶地中，记录了更新世构造上升时期全球海平面的变化，这些阶地用U/Th法测定了年代。④应用地震剖面确定滨线迁移幅度，Wheeler（1958）提出年代地层学的研究方法，将不同年代的岩体绘制在时间域的垂向剖面上，实现了地层的年代分析。Vail 等（1977）将这一概念应用于地震资料，并提出了应用地震剖面求取海平面升降幅度的方法，即海岸上超法（wheeler 图法）。Haq 等（1987，1988）在研究了世界各地大量的野外露头资料、地磁资料和古生物资料之后，发表了修正后的全球海平面变化曲线。虽然这一海平面变化曲线在受到推崇的同时也受到质疑，但对层序地层学发展还是起到了很大的推动作用。近年来采用地震数据体构建 wheeler 图形的方法，对分析海平面变化过程具有重要意义（张明，2015）。

二、海平面变化与环境演变分析

业已说明，海平面变化研究有多种方法。在含油气盆地分析中，常用的海平面变化分析方法有岸线迁移法、海岸上超法、古生物和地球化学元素分析法，也有人使用最大熵谱和小波分析方法间接判断水深变化特征。基本分析流程包括以下几点：①应用岸线迁移法和海岸上超法建立初始的相对海平面变化曲线；②应用古生物、地球化学及测井分析法对所建立的曲线进行验证与调整；③建立研究区相对海平面变化曲线并与全球海平面进行对比分析。以下以东海盆地丽水凹陷为例，简要概况一下海平面变化的几种分析方法，并对研究区的环境演变进行简要分析（张明，2015）。

1. 岸线迁移法

岸线迁移法，就是研究水体表面与海岸接触位置的水平变化，进而推断水深变化的一种方法。当滨线向海迁移时，表面发生水退，水深减小；而当滨线向陆迁移时，发生水进，水深增加（图6-31）。在研究过程中，不但要借助地震相研究，还需要借助单井相的岩心描述与岩相古地理编图。选择一个典型剖面来进行滨线变化轨迹研究，进而拟合出由滨线迁移主导的水深变化曲线（图6-32）。

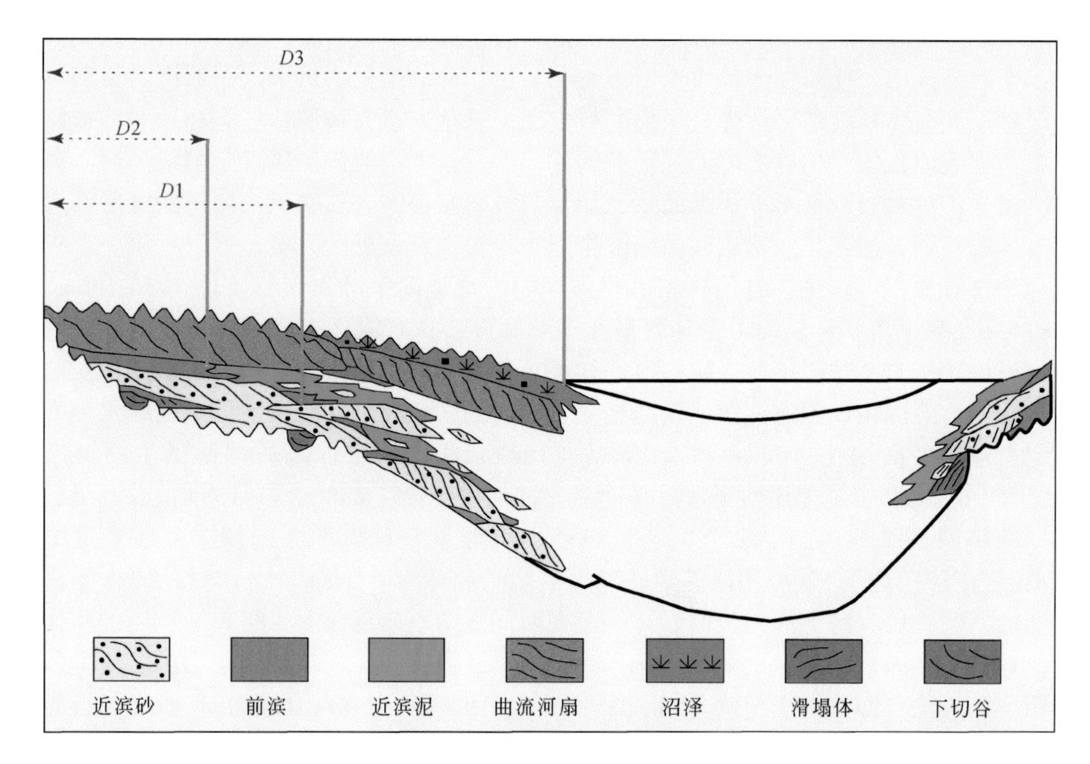

图 6-31　滨线迁移研究方法的基本原理示意图

2. 海岸上超法（Wheeler 图法）

在层序地层格架建立的基础上，首先应用三维地震资料进行海岸上超法分析，建立相对海平面变化曲线，其具体流程如下。

（1）对地震剖面上的反射终止现象进行仔细识别，并明确反射终止类型（包括上超、下超、顶超、超覆、削截）。这些反射终止被认为是同时代地质体的沉积边界。

（2）依照沉积顺序（由老至新）对沉积物的地震反射进行一次编号。

（3）保持地震反射轴的起点位置不变，依此将其拉平并投影到表格当中。表格的横坐标为炮点位置，纵坐标则代表地震反射的时间顺序。时间上最老的地震反射位于表格的底部，所有的地震反射按时间顺序依次向上叠加。空白区域即代表无沉积、剥蚀或厚度低于地震分辨率的凝缩段。

（4）将表格的纵坐标替换为地质沉积对应的地质年代，并鉴定海平面相对升降的周期、测量相对升降的幅度。

从丽水凹陷海岸上超法研究结果中可以看出，丽水凹陷在灵峰上段初期和明月峰下段分别经历了大规模、快速的相对海平面下降，随后迎来了上升阶段（图 6-33）。

3. 最大熵谱分析法

最大熵谱分析是按信息熵最大准则外推得到自相关函数的方法，可提高频谱估计的分辨率。最大熵谱分析之前要先对原始曲线进行滤波处理（通常是中值滤波处理），然后对测井曲线进行谱分析，目的在于充分挖掘测井资料所包含的地层信息，建立测井数据向地

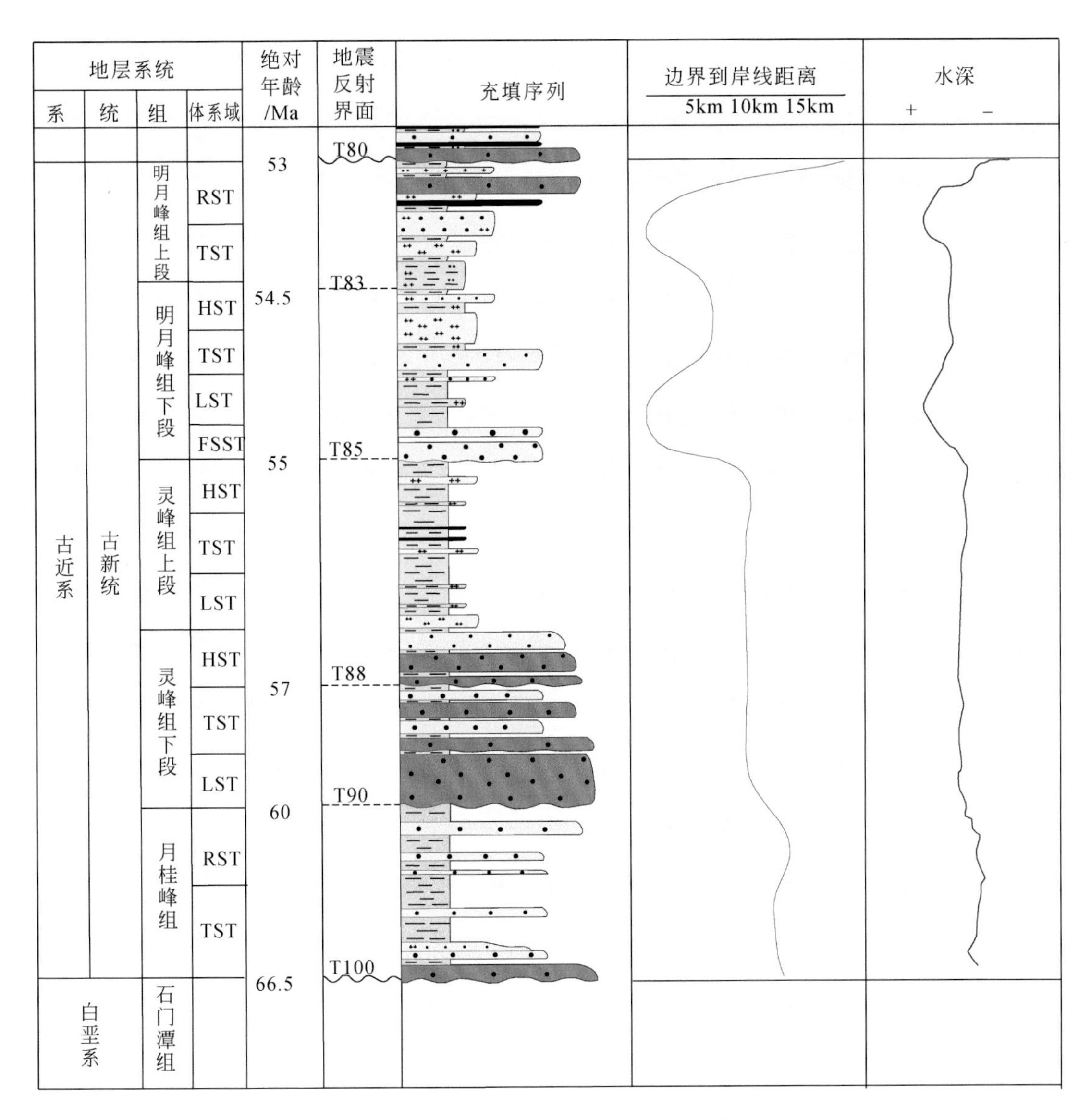

图 6-32　滨线迁移轨迹与其水深变化曲线

质目标的映射关系，提取隐藏的地层序列周期性特征，并找出其主要的周期，描述目的层的地质特征（Nio et al.，2005）。根据测井地质学原理，不同的测井曲线反映不同的地质特征，自然伽马曲线与其他测井曲线相比，最能敏感地反映泥质含量变化。基于最大熵谱分析的水体深度还原，依据的是沉积地层的泥质含量变化。测井曲线最大熵谱分析得到的合成预测误差滤波分析曲线（INPEFA）近似代表了盆地的水体深度变化，据此结合地层特征分析，可拟合出相对水深变化曲线（图 6-34）。

4. 古生物和地球化学元素分析法

浮游有孔虫丰度和水深有密切关系。一般情况下，在陆架区域水深达到最大时（最大海泛面附近），浮游有孔虫丰度也出现极大值，并且出现深水类型有孔虫组合。除此之外，

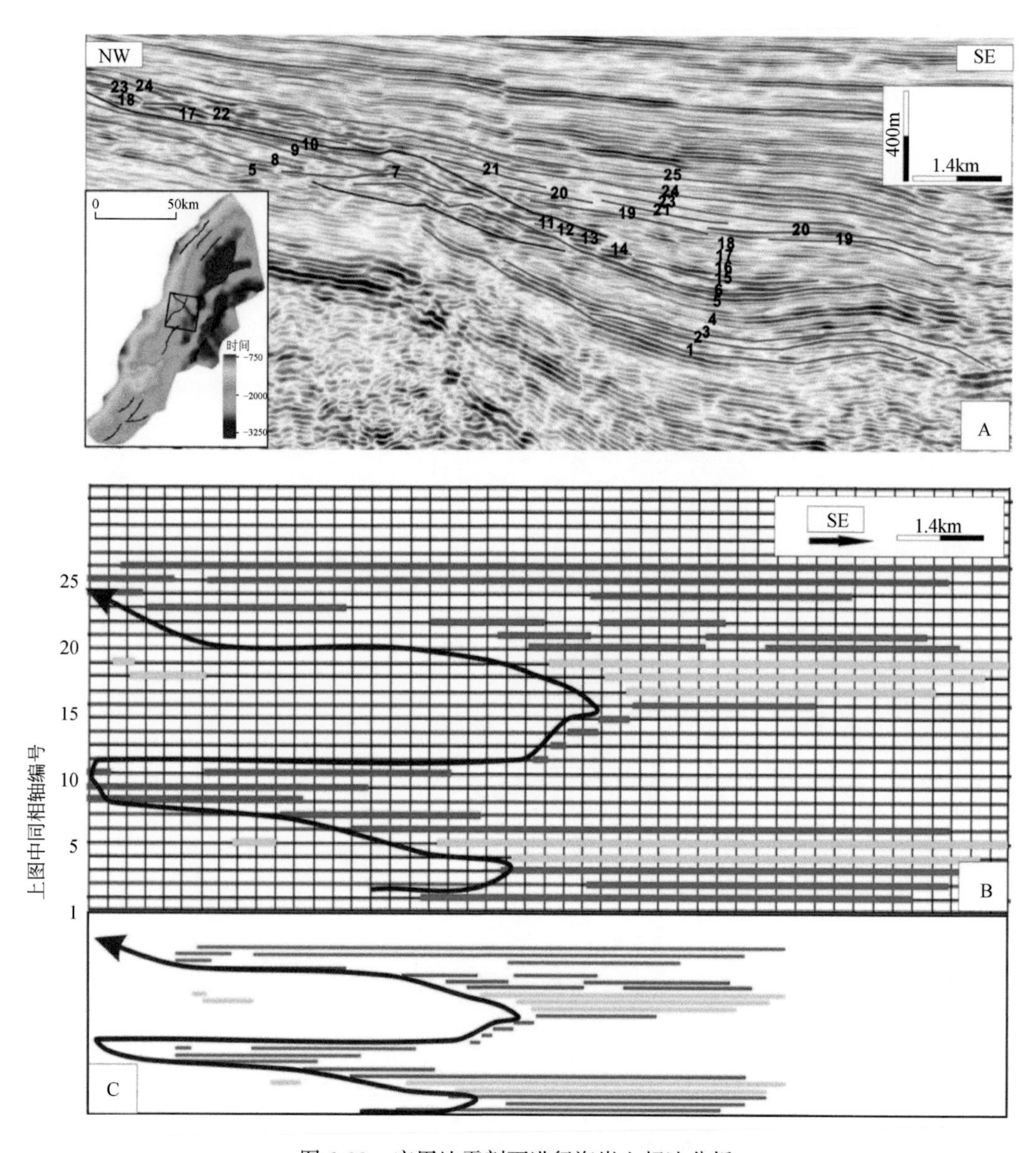

图 6-33　应用地震剖面进行海岸上超法分析

A. 选取地震同相轴代表准层序组并编号；B. 将地震同相轴拉平并投影到表格中；C. 将表格的纵坐标替换为地质沉积对应的地质年代，建立相对海平面变化曲线

常量、微量元素也是对沉积环境的记录，保存了相当丰富的地质信息。古生物和地球化学元素分析结果与应用海岸上超法建立的相对海平面变化曲线具有良好的对应关系，验证了海岸上超法的研究结果。

5. 环境演变分析

将相对海平面变化曲线与 Miller 等（2005）建立的全球海平面变化曲线进行比较，可对研究区海湖环境的演变规律进行分析。如丽水凹陷自灵峰组至明月峰组下段沉积时期，

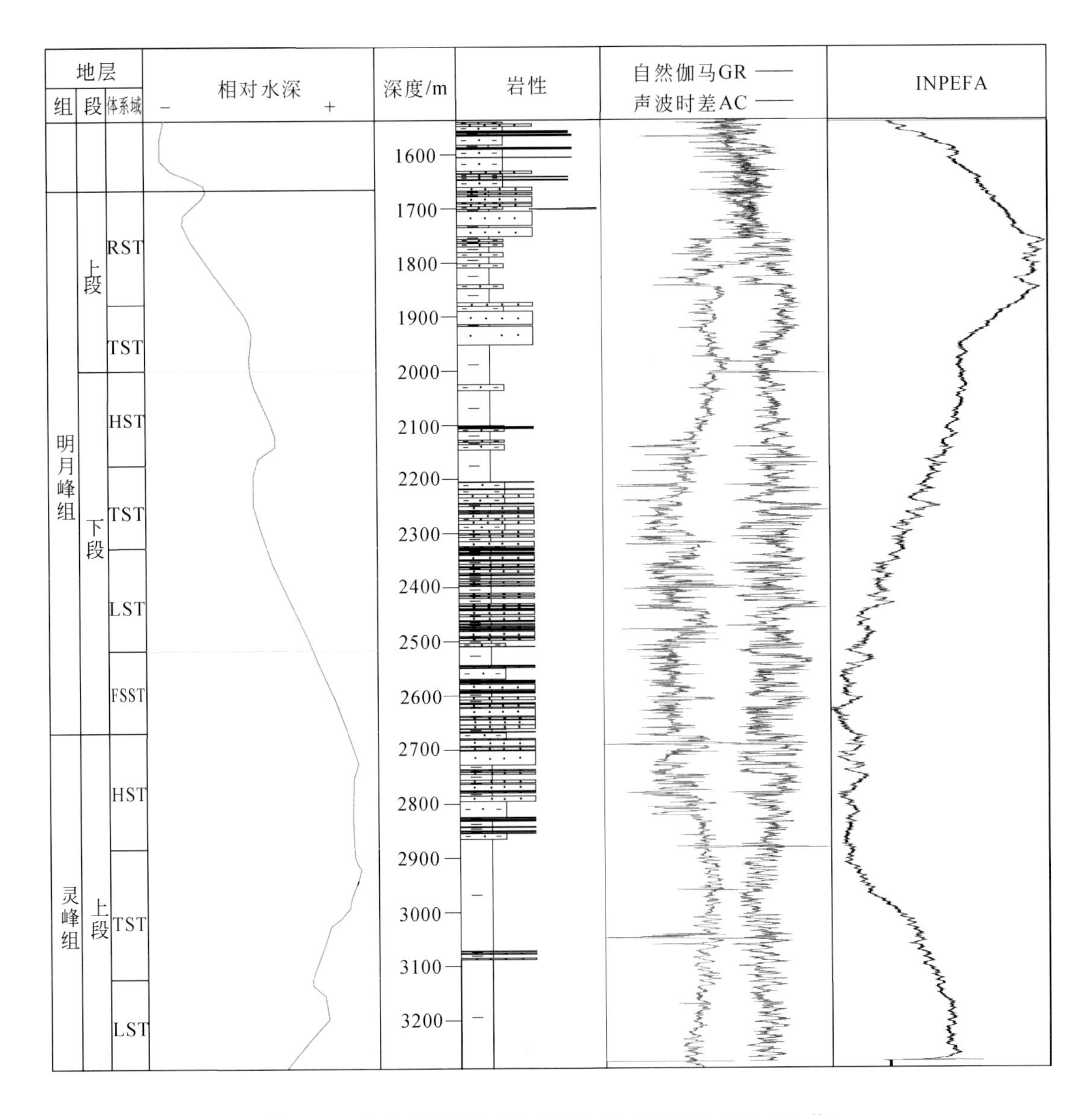

图 6-34 单井水体深度变化曲线分析（东海丽水 36-1-1 井）

区域海平面经历了整体上升，发生了海侵，而明月峰组上段则出现下降趋势，发生海退；月桂峰组和明月峰组上段曲线则与全球海平面变化曲线不一致，通过综合分析可对沉积环境的纵向演变做出推测（图 6-35）。丽水凹陷月桂峰组沉积时期属于分割性较强湖相沉积环境，处于半湿润–湿润型亚热带气候，以低等水生生物贡献为主，水体的盐度变化较大，从淡水到咸水湖相都有发育。灵峰组下段沉积时期开始发生海侵，当然盆地性质并没有发生本质变化，仍然是陆内断陷盆地，并不存在所谓的浅海–深海环境。灵峰组上段沉积时期，丽水凹陷仍处于断裂稳定发展阶段，凹陷范围进一步扩大，此时气候寒冷干燥，沉积物中有机质含量相对较低。明月峰组下段沉积时期，裂陷作用逐渐减弱，同时海平面在经历了沉积初期的迅速下降后进入缓慢上升阶段，盆地大范围呈现开阔的滨岸沉积环境，西部缓坡带发育河口–沿岸沙坝。明月峰组上段沉积时期，海水逐渐退去，丽水凹陷进入盆地变浅收缩期，部分地区逐渐变为浅水湿地沼泽环境。

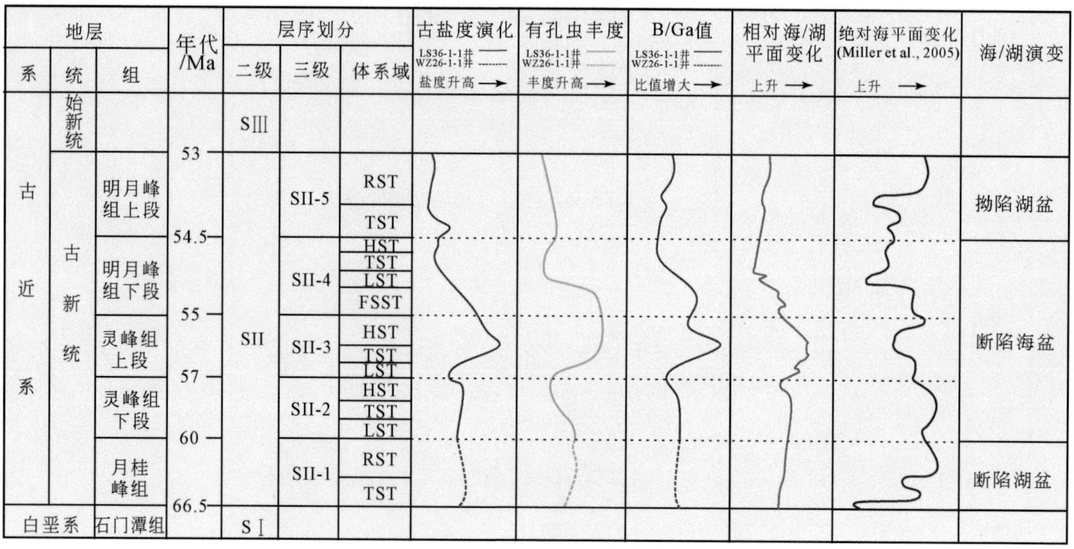

地层			年代/Ma	层序划分			古盐度演化	有孔虫丰度	B/Ga值	相对海/湖平面变化	绝对海平面变化 (Miller et al., 2005)	海/湖演变
系	统	组		二级	三级	体系域	LS36-1-1井 WZ26-1-1井 盐度升高→	LS36-1-1井 WZ26-1-1井 丰度升高→	LS36-1-1井 WZ26-1-1井 比值增大→	上升→	上升→	
古近系	始新统			SⅢ								
			53									
	古新统	明月峰组上段		SII	SII-5	RST TST						坳陷湖盆
			54.5									
		明月峰组下段			SII-4	HST TST LST FSST						断陷海盆
			55									
		灵峰组上段			SII-3	HST TST LST						
			57									
		灵峰组下段			SII-2	HST TST LST						
			60									
		月桂峰组			SII-1	RST TST						断陷湖盆
			66.5									
白垩系		石门潭组		SⅠ								

图 6-35　东海盆地丽水凹陷沉积环境纵向演化简图

参 考 文 献

陈大友．2016. 恒速压汞技术在致密砂岩储层微观孔隙空间刻画中的应用－以鄂尔多斯盆地中部中二叠统石盒子组盒 8 段为例．西北大学学报（自然科学版），46：423-428.

陈骥，姜在兴，刘超，许文茂．2018. “源－汇”体系主导下的障壁滨岸沉积体系发育模式－以青海湖倒淌河流域为例．岩性油气藏，30（3）：71-79.

陈忠，罗蛰潭，沈明道，等．1996. 由储层矿物在碱性驱替剂中的化学行为到砂岩储层次生孔隙的形成．西南石油学院学报，18（2）：15-19.

戴金星．2014. 中国煤成大气田及气源．北京：科学出版社．

戴金星，钟宁宁，刘德汉，等．2000. 中国煤成大中型气田地质基础和主控因素．北京：石油工业出版社．

邓宏文，钱凯．1993. 沉积地球化学与环境分析．兰州：甘肃科学技术出版社．

傅诚德．2000. 中国石油科学技术 50 年．北京：石油工业出版社．

高瑞祺．1980. 松辽盆地白垩纪陆相沉积特征．地质学报，54（1）：9-23+85-86.

顾家裕．1996. 塔里木盆地石炭系东河砂岩沉积环境分析及储层研究．地质学报，70（2）：153-161.

关德范．2014. 论海相生油与陆相生油．中外能源，19（10）：1-12.

黄定华．2004. 普通地质学．北京：高等教育出版社．

贾爱林．2011. 中国储层地质模型 20 年．石油学报，32（1）：181-188.

赖锦，王贵文，王书南，等．2013. 碎屑岩储层成岩相研究现状及进展．地球科学进展，28（1）：39-50.

李明诚，李先奇，尚尔杰．2001. 深盆气预测与评价中的两个问题．石油勘探与开发，28（2）：6-7.

李小雁，马育军，黄永梅，等．2018. 青海湖流域生态水文过程与水分收支研究．北京：科学出版社．

林壬子，张金亮．1996. 陆相储层沉积学进展．北京：石油工业出版社．

刘宝珺，张锦泉．1992. 沉积成岩作用．北京：科学出版社．

刘鑫金，刘惠民，宋国奇，等．2017. 济阳拗陷东营三角洲前缘斜坡重力流成因砂体特征及形成条件．中国石油大学学报：自然科学版，（41）：36-45.

吕传炳，付亮亮，郑元超，等．2020. 断陷盆地油藏单元分析方法及勘探开发意义．石油学报，41（2）：163-178.

钱宁．1985. 关于河流分类及成因问题的讨论．地理学报，（1）：1-10.

邱隆伟，姜在兴．2006. 陆源碎屑岩的碱性成岩作用．北京：地质出版社．

邱隆伟，姜在兴，操应长，等．2001. 泌阳凹陷碱性成岩作用及其对储层的影响．中国科学 D 辑，31（9）：752-759.

任来义，林桂芳，赵志清，等．2000. 东濮凹陷早第三纪的海侵（泛）事件．古生物学报，39（4）：553-557.

师永民，王新民，宋春晖．1996. 青海湖湖区风成沙堆积．沉积学报，（S1）：234-238+239-240.

施和生，雷永昌，吴梦霜，等．2008. 珠一拗陷深层砂岩储层孔隙演化研究．地学前缘，15（1）：169-175.

宋春晖，王新民，师永明，等．1999. 青海湖现代滨岸沉积微相及其特征．沉积学报，1：51-57.

宋明水，徐春华．2019. 从烃源灶到油气田运移路径上的圈闭勘探．北京：石油工业出版社．

孙龙德，邹才能，朱如凯，等. 2013. 中国深层油气形成、分布与潜力分析. 石油勘探与开发，40（6）：641-649.
王大兴. 2016. 致密砂岩气储层的岩石物理模型研究. 地球物理学报，（12）：4603-4622.
王良忱，张金亮. 1996. 沉积环境和沉积相. 北京：石油工业出版社.
王新民，宋春晖，师永民，等. 1997. 青海湖现代沉积环境与沉积相特征. 沉积学报，15（增刊）：157-162.
王祝文，刘菁华，许延清. 2003. 大庆深部致密砂砾岩含气储层产能预测. 吉林大学学报：地球科学版，33（4）：485-489.
吴崇筠，薛叔浩. 1993. 中国含油气盆地沉积学. 北京：石油工业出版社.
吴因业，朱如凯，罗平，等. 2011. 沉积学与层序地层学研究新进展——第18届国际沉积学大会综述. 沉积学报，29（1）：199-206.
杨桥. 2004. 地球科学概论. 北京：石油工业出版社.
杨万里，石宝珩，高瑞祺. 1989. 中国含油气盆地烃源岩评价. 北京：石油工业出版社.
叶连俊，范璞，马宝林，等. 1995. 中、新生代陆相沉积盆地生物地球化学循环、古环境与成矿. 地球科学进展，10（5）：427-431.
张昌民，宋新民，支东明，等. 2020. 陆相含油气盆地沉积体系再思考：来自分支河流体系的启示. 石油学报，41（2）：127-153.
张金亮，常象春，王世谦. 2002a. 四川盆地上三叠统深盆气研究. 石油学报，23（3）：27-33.
张金亮，常象春，刘宝珺. 2002b. 楚雄盆地上三叠统深盆气成藏条件研究. 沉积学报，20（3）：469-476.
张金亮，常象春，刘宝珺，等. 2002c. 苏北盐城油气藏流体历史分析及成藏机理. 地质学报，76（2）：254-259.
张金亮，常象春，张金功. 2000a. 鄂尔多斯盆地上古生界深盆气藏研究. 石油勘探与开发，27（4）：30-35.
张金亮，张金功，洪峰，等. 2000b. 中国中部深盆气成藏机制及潜力评价. 天然气地质研究及进展. 北京：石油工业出版社.
张金亮，常象春. 2002. 深盆气地质理论及应用. 北京：地质出版社.
张金亮，常象春. 2004. 石油地质学. 北京：石油工业出版社.
张金亮，戴朝强，张晓华. 2007. 末端扇——在中国被忽略的一种沉积作用类型. 地质论评，53（2）：170-179.
张金亮，李德勇，司学强. 2011. 惠民凹陷孔店组末端扇沉积及其储层特征. 沉积学报，29（1）：1-12.
张金亮，刘宝珺，毛凤鸣，等. 2003. 苏北盆地高邮凹陷北斜坡阜宁组成岩作用及储层特征. 石油学报，（2）：43-49.
张金亮，寿建峰，赵澂林，等. 1988. 东濮凹陷沙三段的风暴沉积. 沉积学报，6（1）：50-57+135.
张金亮，司学强，梁杰，等. 2004. 陕甘宁盆地庆阳地区长8油层砂岩成岩作用及其对储层性质的影响. 沉积学报，22（2）：225-233.
张金亮，司学强. 2007. 断陷湖盆碳酸盐与陆源碎屑混合沉积——以东营凹陷金家地区古近系沙河街组第四段上亚段为例. 地质论评，53（4）：448-453.
张金亮，王金凯，徐文，等. 2018. 河流储层构型和建模技术. 北京：石油工业出版社.
张金亮，谢俊. 2008. 储层沉积相. 北京：石油工业出版社.
张金亮，谢俊. 2011. 油田开发地质学. 北京：石油工业出版社.
张金亮，张金功，洪峰，等. 2005. 鄂尔多斯盆地下二叠统深盆气藏形成的地质条件. 天然气地球科学，

16（4）：526-534.

张金亮，张鹏辉，谢俊，等.2013. 碎屑岩储集层成岩作用研究进展与展望. 地球科学进展，28（9）：957-967.

张金亮，张鑫.2007. 塔中地区志留系砂岩元素地球化学特征与物源判别意义. 岩石学报，23（11）：2990-3002.

张金亮.2019. 河流沉积相类型及相模式. 新疆石油地质，40（2）：156-164.

张金亮.2022. 曲流河扇相模式及应用. 地质论评，68（2）：408-430.

张弥曼，周家健，刘智成.1977. 东北白垩纪含鱼化石地层的时代和沉积环境——东北白垩纪鱼化石之四. 古脊椎动物与古人类，15（3）：194-197+236.

张明.2015. 丽水凹陷古近系油气成藏条件与富集规律研究. 北京：北京师范大学.

张鹏辉，Lee Y I，张金亮，等.2019. 砂岩储集层粒间孔隙保存机制. 天然气工业，39（7）：31-40.

张鹏辉，张金亮，董紫睿，等.2012. 松辽盆地长岭凹陷中部上白垩统砂岩成岩作用及成岩相带. 矿物岩石，32（4）：94-101.

赵澄林.1998. 储层沉积学. 北京：石油工业出版社.

赵澄林.2001. 沉积学原理. 北京：石油工业出版社.

赵澄林，刘孟慧，纪友亮.1992. 东濮凹陷下第三系碎屑岩沉积体系与成岩作用. 北京：石油工业出版社.

郑浚茂，庞明.1989. 碎屑储集岩的成岩作用研究. 武汉：中国地质大学出版社.

仲揆.1928. 燃料问题. 现代论评，7：173.

周心怀，刘震，李潍莲.2009. 辽东湾断陷油气成藏机理. 北京：石油工业出版社.

邹才能，陶士振，周慧，等.2008. 成岩相的形成、分类与定量评价方法. 石油勘探与开发，35（5）：526-539.

Adams T D, Hayenes J R, Walker C T. 1965. Boron in holocene illites of the dovey estuary, wales, and its relationship to paleosalinity in cyclothems. Sedimentology, 43: 189-195.

Ahmadi M A. 2015. Connectionist approach estimates gas- oil relative permeability in petroleum reservoirs: Application to reservoir simulation. Fuel, 140: 429-439.

Ajdukiewicz J M, Larese R E. 2012. How clay grain coats inhibit quartz cement and preserve porosity in deeply buried sandstones: Observations and experiments. AAPG Bulletin, 96 (11): 2091-2119.

Allen J R L. 1963. The classification of cross- stratified units, with notes on their origin. Sedimentology, 2: 93-144.

Allen J R L. 1964. Studies in fluviatile sedimentation: six cyclothems from the Lower Old Red Sandstone, Anglo-Welsh Basin. Sedimentology, 3: 163-198.

Allen J R L. 1965a. Fining-upwards cycles in alluvial successions. Geological Jour, 4: 229-246.

Allen J R L. 1965b. Sedimentation and palaeogeography of the old red sandstone of anglesey, North Wales. Proceedings-Yorkshire Geological Society, 35: 139-185.

Allen J R L. 1965c. A review of the origin and characteristics of recent alluvial sediments. Sedimentology, 5: 91-191.

Allen J R L. 1970. Studies in fluviatile sedimentation: a comparison of fining-upwards cyclothems, with particular reference to coarse-member composition and interpretation. Sediment Petrol, 40 (1): 298-323.

Allen J R L. 1982. Sedimentary structures: their character and physical basis. Amsterdam: Elsevier.

Allen J R L. 1983. Studies in fluviatile sedimentation: bars, bar complexes and sandstone sheet (low-sinuosity braided streams) in the Brownstones (Devonian L.), Welsh Borders. Sediment. Geol, 33: 237-293.

Anjos S M C, De R L F, Silva C M A. 2003. Chlorite authigenesis and porosity preservation in the Upper Cretaceous marine sandstones of the Santos Basin, offshore eastern Brazil. // Worden R H, Morad S. Clay Mineral Cements in Sandstones. International Association of Sedimentology Special Publication, 34: 291-316.

Assine M L, Corradini F A, Pupim F N, et al. 2014. Channel arrangements and depositional styles in the Sao Lourenco fluvial megafan, Brazilian Pantanal wetland. Sediment Geology, 301 (15): 172-184.

Barwis J H, Hayes M O. 1979. Regional patterns of modem barrier island and tidal inlet deposits as applied to paleoenvironmental studies//Ferm J C, Home J C. Carboniferous depositional environments in the Appalachian region, pp. 472-498.

Berger A, Gier S, Krois P. 2009. Porosity- preserving chlorite cements in shallow- marine volcaniclastic sandstones: Evidence from Cretaceous sandstones of the Sawan gas field, Pakistan. AAPG Bulletin, 93 (5): 595-615.

Berkenpas P G. 1991. The Milk River shallow gas pool: role of the undip water trap and connate water in gas production from the pool. SPE, 22922: 371-380.

Blair T C. 1999. Sedimentary processes and facies of the waterlaid Anvil Spring Canyon alluvial fan, Death Valley, California. Sedimentology, 46: 913-940.

Blair T C. 2000. Sedimentology and progressive tectonic unconformities of the sheetflood- dominated Hell's Gate alluvial fan, Death Valley, California. Sedimentary Geology, 132: 233-262.

Blair T C, McPherson J G. 1994. Alluvial fans and their natural distinction from rivers based on morphology, hydraulic processes, sedimentary processes and facies assemblages. Journal of Sedimentary Research, 64: 450-489.

Boothroyd J C. 1985. Tidal inlets and tidal deltas//Davis R A. Coastal sedimentary environments: New York: Springer- Verlag.

Bridge J S, Mackey S D. 1993. A theoretical study of fluvial sandstone body dimensions//Flint S S and Bryant I D, eds. , Geological modeling of hydrocarbon reservoirs: international association of sedimentologists, Special Publication 15. Utrecht, Netherlands, p: 213-236.

Bridge J S, Tye R S. 2000. Interpreting the dimensions of ancient fluvial channel bars, channels, and channel belts from wireline-logs and cores. AAPG Bulletin, 84 (8): 1205-1228.

Bridge J S. 2003. Rivers and Floodplains: Forms, Processes, and Sedimentary Record. Oxford: Blackwell Science.

Cant D J, Walker R G. 1976. Development of a braided- fluvial facies model for the Devonian Battery Point Sandstone, Quebec. Canadian Journal of Earth Sciences, 13: 102-119.

Cant D J, Walker R G. 1978. Fluvial processes and facies sequences in the sandy braided South Saskatchewan River, Canada. Sedimentology, 25: 625-648.

Cant D J. 1982. Fluvial facies models and their application// Scholle P A, Spearing D. Sandstone depositional environments, Amer Assoc. Petroleun Geologists Mem, 31: 115-138.

Cant D J. 1983. Spirit River Formation—a stratigraphic- diagenetic gas trap in the Deep Basin of Alberta. AAPG Bulletin, 67: 577-587.

Catuneanu O. 2002. Sequence stratigraphy of clastic systems: concepts, merits, and pitfalls. Journal of African Earth Sciences, 35 (1): 1-43.

Chang H H. 1979. Minimum stream power and river channel patterns. Hydrol J, 41: 303-327.

Chang H H. 1985. River morphology and thresholds. Journal of Hydraulic Engineering, 111: 503-519.

Chen Z Y, Chen Z L, Zhang W U. 1997. Quaternary stratigraphy and trace element indicates of the Yangtze delta, eastern China, with special reference to marine transgressions. Quaternary Research, 17: 181-191.

Cogley J G. 1981. Late Phanerozoic extent of dry hand. Nature, 291: 56-58.

Coleman J M, Wright L D. 1975. Modern river deltas: variability of process and sand bodies// Broussard M L Deltas, models for Exploration. Houston: Houston Geological Society, 99-150.

Collinson J D. 1970. Bedforms of the Tana river, Norway. Geografiska Annaler: Series A, Physical Geography, 52: 31-56.

Couch E L. 1971. Calculation of paleosalinities from boron and clay mineral data. AAPG Bulletin, 55 (10): 1829-1837.

Curtis C D. 1964. Studies on the use of boron as a paleoenvironmental indicator. Geochim et Cosmochim Acta, 28 (7): 1125-1137.

Dalrymple R W, Zaitlin B A, Boyd R. 1992. Estuary facies model: conceptual basin and stratigraphic implications. Journal of Sedimentary Research, 32: 1130-1146.

Davidson S K, Hartley A J, Weissmann G S, et al. 2013. Geomorphic elements on modern distributive fluvial systems. Geomorphology, 180-181 (JAN. 1): 82-95.

Decelles P G, Cavazza W. 1999. A comparison of fluvial megafans in the Cordilleran (Upper Cretaceous) and modern Himalayan foreland basin systems. Geological Society of America Bulletin, 111: 1315-1334.

Drew F. 1873. Alluvial and lacustrine deposits and glacial records of the Upper Indus Basin. Geological Society of London Quarterly Journal, 29: 441-471.

Dury G H. 1969. Relation of morphometry to runoff frequency// Chorley R J. Water, Earth, and Man: A Synthesis of Hydrology, Geomorphology, and Socio-Economic Geography. London: Methuen.

Eager R M. 1962. Boron content in Velation to organic carbon in certain sediments of the British coalmeasures. Nature, 196: 428-431.

Elmas A. 2003. Late Cenozoic tectonics and stratigraphy of northwestern Anatolia: the effects of the North Anatolian Fault to the region. International Journal of Earth Sciences, 92 (3): 380-396.

El-Ghali M A K, Mansurbeg H, Morad S, et al. 2006. Distribution of diagenetic alterations in glaciogenic sandstones within a depositional facies and sequence stratigraphic framework; evidence from the upper Ordovician of the Murzuq Basin, SW Libya. Sedimentary Geology, 190: 323-351.

Emmons W H. 1921. Geology of petroleum. New York: McGraw-Hill.

Eyged L. 1956. Determination of changes in the dimensions of the earth from paleogeographic data. Nature, 173: 534.

Fairbridge R W. 1980. The estuary: its denition and geodynamic cycle//Olausson E and Cato I (eds.), Chemistry and biochemistry of estuaries. New York: John Wiley & Sons.

Fielding C R, Ashworth P J, Best J L, et al. 2012. Tributary, distributary and other fluvial patterns: What really represents the norm in the continental rock record? . Sedimentary Geology, 261-262: 15-32.

Fillon R H, Williams D F. 1983. Glacial evolution of the Plio-Pleistocene role of continental and Arctic Ocean ice sheets. Palaeogeography, Palaeoclimatology, Palaeoecology, 43: 7-33.

Fisk H N. 1947. Fine-grained alluvial deposits and their effects on Mississippi River activity. Mississippi River Commission, Vicksberg, Miss: 82.

Fontana A, Mozzi P, Bondesan A. 2008. Alluvial megafans in the Venetian-Friulian Plain (north-eastern Italy): evidence of sedimentary and erosive phases during Late Pleistocene and Holocene. Quaternary International, 189: 71-90.

Fontana A, Mozzi P, Marchetti M. 2014. Alluvial fans and megafans along the southern side of the

Alps. Sedimentary Geology, 301: 150-171.

Frey R W, Pemberton S G, Saunders T D A. 1990. Lchnofacies and bathymetry: a passive relationship. Journal of Paleontology, 64: 155-158.

Fujiwara O, Kamataki T. 2007. Identification of tsunami deposits considering the tsunami waveform: an example of subaqueous tsunami deposits in Holocene shallow bay on southern Boso Peninsula, Central Japan. Sedimentary Geology, 200: 295-313.

Galloway W E. 1975. Process framework for describing the morphologic and stratigraphic evolution of deltaic depositional systems//Broussard M L. Deltas, models for Exploration. Houston: Houston Geological Society, 87-98.

Galloway W E, Hobday D K. 1983. Terrigenous clastic depositional systems. Applications to Petroleum, Coal and Uranium exploration. New York: Springer.

Galloway W E, Hobday D K. 1996. Terrigenous clastic depositional systems. 2nd Ed. New York: Springer-Verlag.

Gaupp R, Matter A, Platt J, et al. 1993. Diagenesis and fluid evolution of deeply buried Permian (Rotliegende) gas reservoirs, northwest Germany. AAPG Bulletin, 77: 1111-1128.

Gautier D L, Dolton G L, Kenneth I, et al. 1996. National assessment of United States oil and gas resources: Results, methodology, and supporting data. U. S. Gelogical Survey Digital Data Series DDS-30.

Ghazi S, Mountney N P. 2009. Facies and architectural element analysis of a meandering fluvial succession: The Permian Warchha Sandstone, Salt Range, Pakistan. Sedimentary Geology, 221 (1): 99-126.

Gibling M R. 2006. Width and thickness of fluvial channel bodies and valley fills in the geological Record. A literature compilation and classification: Journal of Sedimentary Research, 76: 731-770.

Gies R M. 1984. Case history for a major Alberta Deep Basin gas trap: the Cadomin formation// Masters J A. Elmworth-Case study of a Deep Basin gas field. AAPG Memoir, 38.

Goldschmidt V M. 1932. Geochemische leit-elemente. Springer-Verlag, 20 (51): 402-407.

Gulliford A R, Flint S S, Hodgson D M. 2014. Testing applicability of models of distributive fluvial systems or trunk rivers in ephemeral system: reconstructing 3-D fluvial architecture in the Beaufort Group, South Africa. Journal of Sedimentary Research, 84: 1147-1169.

Gumbricht T, McCarthy J, McCarthy T S. 2004. Channels, wetlands and islands in the okavango fan delta, Botswana, and their relation to hydrological and sedimentological prosecses. Earth Surface Processes and Landforms, 29: 15-29.

Haq B U, Hardenbol J A N, Vail P R. 1987. Chronology of fluctuating sea levels since the Triassic. Science, 235 (4793): 1156-1167.

Haq B U, Hardenbol J, Vail P R. 1988. Mesozoic and Cenozoic chronostratigraphy and eustatic cycles // Wilgus C K, et al. Sea-level changes: an integrated approach, society economy paleontology mineral. Special Publication, 42: 71-108.

Harder H. 1961. Einbau von bor in detritische tonminerale: experimente zur Erklärung des Borgehaltes toniger sediments. Geochim et Cosmochim Acta, 21 (3-4): 284-294.

Harms J C, Mackenzie D B, McCubbin D G. 1963. Stratification in modern sands of the Red River. Louisiana. Journal of Geology, 71: 655-680.

Hartley A J, Weissmann G S, Nichols G J, et al. 2010. Large distributive fluvial systems: characteristics, distribution, and controls on development. Journal of Sedimentary Research, 80: 167-183.

Hayes M O. 1979. Barrier island morphology as a function of tidal and wave regime// Leatherman S P. Barrier islands. New York: Academic Press.

Hickin E J. 1986. Concave- bank benches in the floodplains of Muskwa and Fort Nelson Rivers, British Columbia. Can. Geogr, 30: 111-122.

Hjulstrøm F. 1935. Studies of the morphological activity of rivers as illustrated by the River Fyris. Bulletin of the Geological Institute of Uppsala, 25: 221-527.

Hooke R L. 1967. Processes on arid-region alluvial fans. Journal of Geology, 75: 438-460.

Horne J C, Ferm J C. 1978. Carboniferous depositional environments: eastern Kentucky and southern west Virginia. Department of Geology, University of South Carolina, p: 151.

Houseknecht D W. 1987. Assessing the relative importance of compaction processes and cementation to reduction of porosity in sandstones. AAPG Bulletin, 71: 633-642.

Hsü K J, Giovanoli F. 1979. Messinian event in the Black Sea. Palaeogeography, Palaeoclimatology, Palaeoecology, 29: 75-93.

Hu W R, Wei Y, Bao J W. 2018. Developments of the theory and technology for low permeability reservoirs in China. Petroleum Exploration and Development, 45 (4): 1-11.

Huggett R J. 2011. Fundamentals of geomorphology (third edition) . London and New York: Routledge.

Hunt D, Tucker M E. 1992. Stranded parasequences and the forced regressive wedge systems tract: deposition during base-level fall. Sedimentary Geology, 81: 1-9.

Jain S. 2014. Fundamentals of physical geology. India: Springer.

Jordan DW, Pryor W A. 1992. Hierarchical levels of heterogeneity in a Mississippi River meander belt and application to reservoir systems. AAPG Bulletin, 76: 1601-1624.

Judd D A, Rutherford I D, Tilleard J W, et al. 2007. A case study of the processes displacing flow from the anabranching Ovens River, Victoria, Australia. Earth Surface Processes and Landforms, 32: 2120-2132.

Karlin R, Calvert S E. 1990. Sediment history of the Black Sea during the late Quaternary. EOS, 71: 172-173.

Kelly S B, Olsen H. 1993. Terminal fans—a review with reference to Devonian examples. Sedimentary Geology, 85 (1): 339-374.

Ketzer J M, Holz M, Morad S, et al. 2003. Sequence stratigraphic distribution of diagenetic alterations in coal-bearing, paralic sandstones: evidence from the Rio Bonito formation (early Permian), southern Brazil. Sedimentology, 50: 855-877.

Komar P D, Sanders J E. 1974. Inlet sequence: a vertical succession of sedimentary structures and textures created by the lateral migration of tidal inlets. Sedimentology, 21: 491-532.

Komar P D. 1998. Beach Processes and Sedimentation, 2nd edition. Upper Saddle River, New Jersey: Prentice Hall.

Kordi M, Turner B, Salem A M K. 2011. Linking diagenesis to sequence stratigraphy in fluvial and shallow marine sandstones: evidence from the Cambrian-Ordovician lower sandstone unit in southwestern Sinai, Egypt. Marine and Petroleum Geology, 28: 1554-1571.

Kroonenberg S B, Rusakov G V, Svitoch A A. 1997. The wandering of the Volga delta: a response to rapid Caspian sea-level change. Sedimentary Geology, 107 (3-4): 189-209.

Law B E, Dickinson W W. 1985. Conceptual model or origin, of abnormally pressured gas accumulation in low-permeability reservoirs. AAPG Bulletin, 69 (8): 1295-1304.

Law B E. 1992. Thermal Maturity patterns of Cretaceous and Tertiary rock, San Juan basin, Colorado and New Mexico. The Geological Society of America Bulletin, 104 (2): 192-207.

Law B E. 2002. Basin-centered gas systems. AAPG Bulletin, 86 (11): 1891-1919.

Leier A L, DeCelles P G, Pelletier J D. 2005. Mountains, monsoons, and megafans. Geology, 33: 289-292.

Li Y, Zhang J L, Liu Y, et al. 2019. Organic geochemistry, distribution and hydrocarbon potential of source rocks in the Paleocene, Lishui Sag, East China Sea Shelf Basin. Marine and Petroleum Geology, 107: 382-396.

Liu L L, Zhang J L, Sun Z Q, et al. 2017. Diagenesis of chang formation of Hu block, Huanjiang oilfield, Ordos Basin. Petroleum Science and Technology, 35 (24): 2296-2301.

Liu L L, Zhang J L, Sun Z Q, et al. 2019. Constraints of three-dimensional geological modeling on reservoir connectivity: a case study of the huizhou depression, pearl river mouth basin, South China sea. Journal of Asian earth sciences, 171: 144-161.

Livingstone I, Warren A. 1996. Aeolian geomorphology: an introduction. Harlow, Essex: Longman.

Locke S, Thunell R C. 1988. Paleoceanographic record of the last glacial/interglacial cycle in the Red Sea and Gulf of Aden. Palaeogeography, Palaeoclimatology, Palaeoecology, 64 (3-4): 163-187.

Makaske B. 2001. Anastomosing rivers: a review of their classification, origin and sedimentary products. Earth Science Reviews, 53 (3): 149-196.

Masters J A. 1979. Deep Basin Gas Traps, Western Canad. AAPG Bulletin, 34 (2): 152-181.

Masters J A. 1984. Elmworth-case study of a deep basin gas field. AAPG Memoir, 38: 316.

Masters J A. 1984. Low Cretaceous oil and gas in Western Canada// Masters J A. Elmworth-Case study of a Deep Basin gas field: AAPG Memoir, 38.

Matthews R K. 1984. Dynamic stratigraphy. Englewood Cliffs, New Jersey: Prentice-Hall.

Mcaulay G E, Burley S D, Fallick A E, et al. 1994. Palaeohydrodynamic fluid flow regimes during diagenesis of the Brent group in the Hutton - NW Hutton reservoirs, constraints from oxygen isotope studies of authigenic kaolin and reserves flexural modeling. Clay Minerals, 29: 609-629.

Mccarthy T S, Ellery W N. 1995. Sedimentation on the distal reaches of the okavango fan, botswana, and its bearing on calcrete and silcrete (ganister) formation. Journal of Sedimentary Research, 65A: 7-90.

Mccarthy T S, Stanistreet I G, Cairncross B. 1991. The sedimentary dynamics of active fluvial channels on the okavango fan, Botswana. Sedimentology, 38 (3): 471-487.

Mccarthy T S, Eller W N, Stanistreet I G. 1992. Avulsion mechanisms on the Okavango fan, Botswana: the control of a fluvial system by vegetation. Sedimentology, 39: 119-195.

Mccarthy T S, Barry M, Bloem A, et al. 1997. The gradient of the okavango fan, botswana, and its sedimentological and tectonic implications. Journal of African Earth Sciences, 26 (1/2): 65-78.

Mccarthy T S, Ellery W N, Stanistreet I G. 2010. Avulsion mechanisms on the okavango fan, botswana: the control of a fluvial system by vegetation. Sedimentology, 39 (5): 779-795.

Mccubbin D G. 1982. Barrier island and strand plain facies//Scholle P A, Spearing D. Sandstone depositional environments: AAPG Memoir, 31: 247-279.

Mcgowen G H, Garner L E. 1970. Physiographic features and stratification types of coarse- grained point bar: Modern and ancient examples. Sedimentology, 14: 77-111.

Mcgowen J H, Groat C G. 1971. Van Hom Sandstone, West Texas: an alluvial fan model for mineral exploration. Bur. Econ. Geo! . Univ. Texas, Austin, Rept. Invest. No. 72.

Mcmasters G E. 1981. Gas reservoirs, Deep Basin, Western Canada: the Journal of Canadian. the Journal of Canadian Petroleum Tecnology, 20 (3): 62-66.

Meissner F F. 1979. Examples of abnormal pressure generation by organic matter transformations. AAPC Bulletin, 63 (8): 1440.

Meissner F F. 1982. Abnormal pressures produced by hydrocarbon generation and maturation, and their relation to processes of migration and accumulation. AAPG Bulletin, 65 (11): 2467.

Meissner F F. 1987. Mechanisms and patterns of gas generation, storage, expulsion-migration and accumulation associated with coal measures in the Green River and San Juan basins, Rocky Mountain region, USA// B Doligez. Migration of hydrocarbons in sedimentary basins: 2nd. Paris: Institut Francais du Petrole Exploration Research Conference, 79-112.

Miall A D. 1977. A review of the braided-river depositional environment. Earth Science Reviews, 13 (1): 1-62.

Miall A D. 1978. Facies types and vertical profile models in braided river deposits: a summary// Miall A D. Fluvial sedimentology: Canadian Society of Petroleum Geologists, Memoir 5: 597-604.

Miall A D. 1985. Architectural-element analysis: a new method of facies analysis applied to fluvial deposits. Earth Sci, Rev, 22: 261-308.

Miall A D. 1988. Architectural-element and bounding surface in fluvial deposits: anatomy of the Kayenta Formation (Lower Jurassic), southwest Colorado. Sediment, Geol, 55: 233-262.

Miall A D. 1991. Hierarchies of architectural units in clastic rocks, and their relationship to sedimentation rate// Miall A D, Tyler N. The three-dimensional facies architecture of terrigenous clastic sediments, and its implications for hydrocarbon discovery and recovery: society of economic paleontologists and mineralogists. Concepts in Sedimentology and Paleontology, 3: 6-12.

Miall A D. 1992. Alluvial deposits// Walker R G, James N P. Facies models. Geological Association of Canada.

Miall A D. 1994. Reconstructing fluvial macroform architecture from two-dimensional outcrops: examples from the Castlegate Sandstone, Book Cliffs, Utah. J. Sediment Res, 64: 146-158.

Miall A D. 1996. The geology of fluvial deposits: sedimentary facies, basin analysis and petroleum geology. New York: Springer-Verlag.

Miall A D. 2002. Architecture and sequence stratigraphy of Pleistocene fluvial systems in the Malay Basin, based on seismic time-slice analysis. American Association of Petroleum Geologists Bulletin, 86: 1201-1216.

Miall A D, Jones B G. 2003. Fluvial architecture of the Hawkesbury Sandstone (Triassic), near Sydney, Australia. Journal of Sedimentary Research, 73: 531-545.

Miller K G, Kominz M A, Browning J V, et al. 2005. The Phanerozoic record of global sea-level change. Science, 310: 1293-1298.

Milliken K L. 2003. Diagenesis//Middleton G V. Encyclopedia of Sediments and Sedimentary Rocks. London: Kluwer Academic Publishers.

Morad S, Al-Ramadan K, Ketzer J M, et al. 2010. The impact of diagenesis on the heterogeneity of sandstone reservoirs: a review of the role of depositional facies and sequence stratigraphy. AAPG Bulletin, 94 (8): 1267-1309.

Murray-Hudson M, Combs F, Wolski P, et al. 2011. A vegetation-based hierarchical classification for seasonally pulsed floodplains in the okavango delta, botswana. Journal of the Limnological Society of Southern Africa, 36 (3): 223-234.

Müller A. 2001. Late-and postglacial sea-level change and paleoenvironments in the Oder Estuary, Southern Baltic Sea. Quaternary research, 55 (1): 86-96.

Nanson G C, Page K J. 1983. Lateral accretion of finegrained concave benches on meandering rivers// Collinson, Lewin J. Modern and ancient fluvial systems, 6: 133-143.

Nelson B W. 1967. Sedimentary phosphate method for estimating palcosalinities. Science, 158 (3803): 917-925.

Newell A J, Tverdokhlebov V P, Benton M J. 1999. Interplay of tectonics and climate on a transverse fluvial system, Upper Permian, Southern Uralian Foreland Basin, Russia. Sedimentary Geology, 127: 11-29.

Nichols G J, Fisher J A. 2007. Processes, facies and architecture of fluvial distributary system deposits. Sedimentary geology, 195: 75-90.

Nio S D, Brouwer J, Smith D, et al. 2005. Spectral trend attribute analysis: applications in the stratigraphic analysis of wireline logs. First Break, 23 (4): 71-75.

North C P, Nanson G C, Fagan S D. 2007. Recognition of the sedimentary architecture of dryland anabranching (anastomosing) rivers. Journal of Sedimentary Research, 77 (12): 925-938.

North C P, Warwick G L. 2007. Fluvial fans: myths, misconceptions, and the end of the terminal- fan model. Journal of Sedimentary Research, 77: 693-701.

Novak B, Björck S A. 2004. Late pleistocene lacustrine transgression in the Fehmarn Belt, southwestern Baltic Sea. International Journal of Earth Sciences, 93 (4): 634-644.

Orton G J, Reading H G. 1993. Variability of deltaic processes in terms of sediment supply, with particular emphasis on grain size. Sedimenrology, 40: 475-512.

Owen A, Jupp P E, Nichols G J, et al. 2015. Statistical estimation of the position of an apex: application to the geological record. Journal of Sedimentary Research, 85 (2): 142-152.

Pan C H. 1941. Non-marine origin of petroleum in North Shensi and the Cretaceous of Szechuan, China. AAPG Bulletin, 25: 2058-2068.

Parkash B, Awasthi A K, Gohain K. 1983. Lithofacies of the Markanda terminal fan, kurukshetra district, Haryana, India//Collinson J D, Lewin J. Modern and ancient fluvial systems. International Association of Sedimentologists Special Publication, 6: 337-344.

Parker G. 1976. On the cause and characteristic scales of meandering and braiding in rivers. Journal of Fluid Mechanics, 76: 459-480.

Parsons A J, Abrahams A D. 2009. Geomorphology of desert environments. London: Chapman and Hall.

Patricia M. 1994. Dove the dissolution kineties of quartz in sodium chloride solution at 25° to 300°. American Journal of Science, 294: 665-712.

Peters K E, Cassa M R. 1994. Applied source rock geochemistry// Magoon L B, Dow W G. The petroleum system—from source to trap. AAPG Memoir, 14 (3): 93-120.

Peters K E, Moldowan J M. 1991. Effects of source, thermal maturity, and biodegradation on the distribution and isomerization of homohopanes in petroleum. Organic Geochemistry, 17 (1): 47-61.

Peters K E, Walters C C, Moldowan J M. 2005. The biomarker guide: biomarkers and isotopes in petroleum exploration and earth history, 2nd ed. Cambridge: Cambridge University Press.

Pittman E D, Larese R E. 1991. Compaction of lithic sands: experimental results and applications. AAPG Bulletin, 75 (8): 1279-1299.

Pittman E D, Larese R E, Heald M T. 1992. Clay coats: occurrence and relevance to preservation of porosity in sandstones// Houseknecht D W, Pittman E D. Origin, diagenesis, and petrophysics of clay minerals in sandstones. SEPM Sepical Publication, 47: 241-264.

Plint A G, Walker R G. 1987. Cardium formation 8 facies and environments of the Cardium shoreline and coastal plain in the Kakwa field and adjacent areas, Northwestern Alberta. Bull. Can. Petrol. Geol, 35: 48-64.

Primmer T J, Cade C A, Evans J, et al. 1997. Global patterns in sandstone diagenesis: their application to reservoir quality prediction for petroleum exploration// Kupecz J A, Gluyas J, Bloch S. Reservoir quality prediction in sandstones and carbonates. AAPG Memoir, 69: 61-77.

Pritchard D W. 1967. What is an estuary: physical viewpoint//Lauff G H Estuaries. American Association for the Advancement of Science, 83: 3-5.

Reading H G. 1996. Sedimentary environments: processes, facies and stratigraphy. Oxford: Blackwell.

Reineck H E, Singh I B. 1980. Depositional sedimentary environments: with reference to terrigenous clastics. Berlin: Springer Science & Business Media.

Reinson G E. 1992. Transgressive barrier island and estuarine systems// Walker R G, James N P. Facies models. Geological Association of Canada.

Romashkin P A, Williams D F. 1997. Sedimentation history of the Selenga Delta, Lake Baikal: simulation and interpretation. Journal of Paleolimnology, 18 (2): 181-188.

Rose P R, Everett J R, Merin I S. 1984. Possible basin centered gas accumulation, raton basin, Southern Colorado. Oil & Gas Journal, 82: 190-197.

Rust B R. 1978. A classification of alluvial channel systems// Miall A D. Fluvial sedimentology. Calgary: Canadian Society of Petroleum Geologists Memoir, 5: 187-198.

Ryan W B F, Pitman III W C, Major C O, et al. 1997. An abrupt drowning of the Black Sea shelf. Marine Geology, 138 (1-2): 119-126.

Sahu S, Saha D. 2014. Geomorphologic, stratigraphic and sedimentologic evidences oftectonic activity in Sone-Ganga alluvial tract in Middle Ganga Plain, India. Syst J E. Sci, 123 (6): 1335-1347.

Salem A M, Morad S, Mato L F, et al. 2000. Diagenesis and reservoir- quality evolution of fluvial sandstones during progressive burial and uplift: Evidence from the Upper Jurassic Boipeba Member, Recôncavo Basin, northeastern Brazil. AAPG Bulletin, 84 (7): 1015-1040.

Sanders J E, Komar P D. 1975. Evidence of shoreface retreat and in- place "drowning" during Holocene submergence of barriers, shelf off Fire Island, New York. Bull. Geol. Soc. Am. , 86: 65-76.

Schmoker J W. 2002. Resource- assessment perspectives for unconventional gas systems. AAPG Bulletin, 86: 1993-1999.

Scholz C A, Hutchinson D R. 2000. Stratigraphic and structural evolution of the Selenga Delta accommodation zone, Lake Baikal Rift, Siberia. International Journal of Earth Sciences, 89 (2): 212-228.

Schumm S A, Khan H R. 1972. Experimental study of channel patterns. Geological Society of America Bulletin, 83: 1755-1770.

Schumm S A. 1977. The fluvial system. New York: Wiley.

Schumm S A. 1981. Evolution and response of the fluvial system, sedimentological implications//Ethridge F G, Flores R M. Recent and ancient nonmarine depositional environments: models for exploration. Society of Economic Paleontologists and Mineralogists, Special Publication, 31: 19-29.

Schumm S A. 1985. Patterns of alluvial rivers. Annual Review of Earth and Planetary Sciences, 13: 5-27.

Schwartz R K. 1975. Nature and genesis of some washover deposits. U. S. Army Corps. Engin. Coastal Eng. Res. Centre Tech. Mem. , 61: 98.

Shackleton N J. 1974. Attainment of isotopic equilibrium between ocean water and benthonic foraminifera genus Uvigerina: isotopic changes in the ocean during the last glacial. Colloque International CNRS, 219: 203-209.

Shanley K W, Cluff R M, Robinson J W. 2004. Factors controlling prolific gas production from low-permeability sandstone reservoirs: implications for resource assessment, prospect development, and risk analysis. AAPG Bulletin, 88: 1083-1121.

Short A D. 1979 Three dimensional beach stage model. The Journal of Geology, 81: 553-557.

Smith D G. 1983. Anastomosed fluvial deposits: modern examples from Western Canada//Collinson J, Lewin J. Modern and ancient fluvial systems. Oxford: Special Publication of the International Association of Sedimentologists, 6: 155-168.

Smith D G, Smith N D. 1980. Sedimentation in anastomosed river systems: examples from alluvial valleys near Banff, Alberta. Journal of Sedimentary Petrology, 50: 157-164.

Smith D G, Zorn D E, Sneider R M. 1984. The paleography of the Lower Cretaceous of western Alberta and northeastern British Columbia in and adjacent to the deep basin of the Elmworth// Masters J A. Elmworth-Case study of a Deep Basin gas field. AAPG Memoir, 38: 79-114.

Smith D G, Hubbard S M, Leckie D A, et al. 2009. Counter point bar deposits: lithofacies and reservoir significance in the meandering modern Peace River and ancient McMurray Formation, Alberta, Canada. Sedimentology, 56 (6): 1655-1669.

Smith G. 1754. Dreadful storm in Cumberland. Gentleman's Magazine, 24: 464-467.

Smith N D, Mccarthy T S, Ellery W N, et al. 1997. Avulsion and anastomosis in the panhandle region of the okavango fan, botswana. Geomorphology, 20 (1): 49-65.

Sneider R M. 1987. Practical petrophysics for exploration and development. AAPG education department short course notes, variously paginated.

Southard J B, Boguchwal L A. 1990. Bed configuration in steady unidirectional water flows; Part 2, Synthesis of flume data. Journal of Sedimentary Research, 60 (5): 658-679.

Spencer C W. 1985. Geologic aspects of tight gas reservoirs in the Rocky Mountain Region. Journal of Petroleum Technology, 37: 1308-1314.

Spencer C W, Mast R F. 1986. Geology of tight gas reservoir. AAPG Study in Geology.

Spencer C W. 1987. Hydrocarbon generation as a mechanism for overpressuring in Rocky mountain region. AAPG Bulletin, 71 (4): 368-388.

Stanistreet I G, Cairncross B, Mccarthy T S. 1993. Low sinuosity and meandering bedload rivers of the okavango fan: channel confinement by vegetated levées without fine sediment. Sedimentary Geology, 85 (1-4): 135-156.

Stanistreet I G, McCarthy T S. 1993. The okavango fan and the classification of subaerial fan systems. Sedimentary Geology, 85: 115-133.

Strakhov N M. 1958. The types of iron in sediments of the Black Sea. Doklady Akademii Nauk Sssr, 118 (4): 803-806.

Sun Z, Zhang J L, Liu Y, et al. 2020. Sedimentological signatures and identification of Paleocene sedimentary facies in the Lishui Sag, East China Sea Shelf Basin. Canadian Journal of Earth Sciences, 57 (3): 377-395.

Sundborg A, 1956. The River klaralven: a study of fluvial processes. Geogr. Ann, 38: 127-316.

Surdam R C, Jiao Z S, Heasler H P. 1997. Anomalouslv nressred mas oomnortments in Cretaceous rocks of the Laramide basins of Wyoming: a new class of hydrocarbon aoomulation// R C Surdam. Seals, traps, and the petroleum system. AAPG Memoir, 67: 199-222.

Taylor K G, Gawthorpe R L, Van Wagoner J C. 1995. Stratigraphic control on laterally persistent cementation, Book Cliffs, Utah. Journal of Sedimentary Research, 69: 225-228.

Taylor T R, Giles M R, Hathon L A, et al. 2010. Sandstone diagenesis and reservoir quality prediction: models, myths, and reality. AAPG Bulletin, 94 (8): 1093-1132.

Thomas D S G. 2011. Arid zone geomorphology: process, form and change in drylands. Third Edition. John Wiley & Sons, Ltd.

Tobin R C, McClain T, Lieber R B, et al. 2010. Reservoir quality modeling of tight-gas sands in Wamsutter field: integration of diagenesis, petroleum systems, and production data. AAPG Bulletin, 94 (8): 1229-1266.

Tooth S. 1999. Floodouts in Central Australia//Miller A J, Gupta A. (Eds.), Varieties of fluvial form. John

Wiley & Sons, Chichester, UK, pp: 219-247.

Tooth S, McCarthy T S. 2004. Controls on the transition from meandering to straight channels in the wetlands of the okavango delta, botswana. Earth Surface Processes & Landforms, 29: 1627-1649.

Trendell A M, Atchley S C, Nordt L C. 2013. Facies analysis of a probable large-fluvial-fan depositional system: the Upper Triassic Chinle Formation at Petrified Forest National Park, Arizona, USA. Journal of Sedimentary Research, 83: 873-895.

Tyszkowski S, Kaczmarek H, Słowiński M, et al. 2015. Geology, permafrost, and lake level changes as factors initiating landslides on Olkhon Island (Lake Baikal, Siberia). Landslides, 12 (3): 573-583.

Uchupi E, Ross D A. 2000. Early Holocene marine flooding of the Black Sea. Quaternary Research, 54 (1): 68-71.

Urabe A, Tateishi M, Inouchi Y, et al. 2004. Lake-level changes during the past 100000 years at Lake Baikal, southern Siberia. Quaternary Research, 62 (2): 214-222.

Urey H C. 1947. Thermodynamic properties of isotopic substance. Journal of the Chemical Society, 562-581.

Vail P R, Mitchum Jr R M, Thompson III S. 1977. Seismic stratigraphy and global changes of sea level. Part 3: relative changes of sea level from coastal onlap//Payton C E. Seismic stratigraphy—applications to hydrocarbon exploration. American Association of Petroleum Geologists Memoir, 26: 63-81.

Visser M J. 1980. Neap-spring cycles reflected in Holocene subtidal large-scale bedform deposits: a preliminary note. Geology, 8: 543-546.

Walker C T, Price N B. 1963. Departure curves for computing paleosalinity from boron in illites and shale. AAPG Bull, 47: 833-841.

Walker R G. 1976. Facies models. Geological Association of Canada.

Walker R G, Cant D J. 1984. Sandy fluvial systems//Walker R G, ed. Facies models, 2nd. Geoscience Canada Reprint Series. 1: 71-89.

Walker R G, James N P. 1992. Facies models. Geological Association of Canada.

Weimer R J, Sonnenberg S A. 1994. Low resistivity pays in J Sandstone, deep basin center accumulations, Denver basin (abstract). AAPG Annual Convention Program, 6: 280.

Weissmann G S, Hartley A J, Nichols G J, et al. 2010. Fluvial form in modern continental sedimentary basins: distributive fluvial systems. Geology, 38: 39-42.

Weissmann G S, Hartley A J, Scuderi L A, et al. 2013. Pro-grading distributive fluvial systems: geomorphic models andancient examples. Society for Sedimentary Geology Special Publication, (104): 131-147.

Welte D H, et al. 1984. Gas generation and migration in the Deep Basin of western Canada//Masters J A. Elmworth-case study of a Deep Basin gas field. AAPG Memoir, 38: 1984.

Wescott W A. 1983. Diagenesis of Cotton Valley sandstone (Upper Jurassic), east Texas: implications for tight gas formation pay recognition. AAPG Bulletin, 67: 1002-1013.

Wheeler H E, Murray H H. 1957. Base-level control patterns in cyclothemic sedimentation. AAPG Bulletin, 41 (9): 1985-2011.

Wheeler H E. 1958. Time-stratigraphy. AAPG Bulletin, 42 (5): 1047-1063.

Williams P F, Rust B R. 1969. The sedimentology of braided river. Journal of Sedimentary Petrology, 39: 649-679.

Wilson M D. 1982. Origin of clays controlling permeability in tight gas sands. Journal of Petroleum Technology, 34: 2871-2876.

Wilson M D, Pittman E D. 1977. Authigenic clays in sandstones: recognition and influence on reservoir properties and paleoenvironmental analysis. Journal of Sedimentary Petrology, 47 (1): 3-31.

Wilson M D, Stanton P T. 1994. Diagenetic mechanisms of porosity and permeability reduction and enhancement// Wilson M D. Reservoir quality assessment and prediction in clastic rocks. SEPM Short Course, 30: 59-118.

Wolf K H, Chilingar G V. 1992. Diagenesis III. Amsterdam: Elsevier.

Wolski P, Murray-Hudson M. 2006. Flooding dynamics in a large low-gradient alluvial fan, the Okavango Delta, Botswana, from analysis and interpretation of a 30- year hydrometric record. Hydrology and Earth System Sciences, 10: 127-137.

Wright J, Schrader H, Holser W T. 1987. Paleoredox variations in ancient oceans recorded by rare earth elements in fossil apatite. Geochimica et Cosmochimica Acta, 51: 631-644.

Wright L D, Chappell J, Thom B G, et al. 1979. Morphodynamics of reflective and dissipative beach and inshore systems. Southeastern Australia. Mar. Geol. , 32: 105-140.

Wright L D, Short A D. 1984. Morphodynamic variability of surf zones and beaches: a synthesis. Marine Geology, 56: 93-118.

Xu F, Zhang P H, Zhang J L, et al. 2015. Diagenesis and diagenetic evolution of deltaic and neritic gas-bearing sandstones in the lower mingyuefeng formation of paleogene, Lishui Sag, East China Sea Shelf Basin: implications for depositional environments and sequence stratigraphy controls. Acta Geologica Sinica (English Edition), 89 (5): 1625-1635.

Yurewicz D A, Bohacs K M, Kendall J, et al. 2008. Controls on gas and water distribution, Mesaverde basin-centered gas play, Piceance Basin, Colorado//Cumella S P, Shanley K W, Camp W K. Understanding, exploring, and developing tight- gas sands—2005 Vail Hedberg Conference. AAPG Hedberg Series, 3: 105-136.

Zhang J L, Dong Z R, Li D Y. 2014a. A reservoir assessment of the Qingshankou Sandstones (The Upper Cretaceous), Daqingzijing Field, South Songliao Basin, Northeastern China. Petroleum Science and Technology, 32: 274-280.

Zhang J L, Zhang P H, Dong Z R, et al. 2014b. Diagenesis of the Funing Sandstones (Paleogene), Gaoji Oilfield, Subei Basin, East of China. Petroleum Science and Technology, (32): 1095-1103.

Zhang J L, Yuan Y, Dong Z R, et al. 2014c. Seismic sedimentology of the Shawan Formation (Neocene) in Chunfeng Oilfeld, Junggar Basin, Northwest China. Petroleum Science and Technology, 32: 1-9.

Zhang J L, Jiang Z Q, Li D Y, et al. 2009. Sequence stratigrathy analysis of the first layer, upper second submember, Shahejie formation in Pucheng olifiled. Journal of Earth Science, 20 (6): 932-940.

Zhang J L, Li J Z, Liu S S, et al. 2015. Sedimentology and sequence stratigraphy of the second member of Shuangyang formation, Y45 Block, Moliqing oilfield, Yitong Basin, China. Arab Journal of Geosciences, 8: 6697-6707.

Zhang J L, Liu L L, Wang R S. 2017. Geostatistical three-dimensional modeling of a tight gas reservoir: a case study of block S6 of the Sulige Gas Field, Ordos Basin, China. Energies, 10 (9): 1439.

Zhang J L, Qin L J, Zhang Z J. 2008. Depositional facies, diagenesis and their impact on the reservoir quality of Silurian sandstones from Tazhang area in central Tarim Basin, western China. Journal of Asian Earth Sciences, 33: 42-60.

Zhang J L, Sun Z Q, Li Y, et al. 2019c. Sedimentary model of k-successions sandstones in H_{21} area of Huizhou Depression, Pearl River Mouth Basin, South China Sea. Open Geosciences, 11: 997-1013.

Zhang J L, Wang B Q. 1995. Beach and bar deposits of the palaeogene Dongying formation in the Hejian oil-field. Scientia Geologica Sinica, 4 (4): 497-504.

Zhang J L, Zhang X. 2008. Composition and provenance of sandstones and siltstones in paleogene, huimin depression, Bohai Bay Basin, Eastern China. Journal of China University of Geosciences, 19 (3): 252-270.

Zhang J L, Guo J Q, Li Y, et al. 2019a. 3D-basin modeling of the Changling depression, NE China: exploring petroleum evolution in deep tight sandstone reservoirs. Energies, 12 (6): 1043.

Zhang J L, Guo J Q, Liu J S, et al. 2019b. 3D -basin modeling of the Lishui Sag: research of hydrocarbon potential, petroleum generation and migration. Energies, 12 (4): 650.